Montane Netzwerke

Wissenszirkulation im Montanwesen zwischen Sachsen und der spanisch- und portugiesischsprachigen Welt an der Wende vom 18. zum 19. Jahrhundert

FREIBERGER FORSCHUNGEN
ZUR WISSENSCHAFTS- UND TECHNIKGESCHICHTE

Herausgegeben von Helmuth Albrecht
Institut für Industriearchäologie, Wissenschafts- und Technikgeschichte (IWTG)
TU Bergakademie Freiberg

Band 3

ANNETT WULKOW MOREIRA DA SILVA

Montane Netzwerke

Wissenszirkulation im Montanwesen zwischen Sachsen und der spanisch- und portugiesischsprachigen Welt an der Wende vom 18. zum 19. Jahrhundert

Leipziger Universitätsverlag 2023

Bibliografische Information der Deutschen Nationalbibliothek

Die Deutsche Nationalbibliothek verzeichnet diese Publikation in der Deutschen Nationalbibliografie; detaillierte bibliografische Daten sind im Internet über http://dnb.d-nb.de abrufbar.

Die Collage auf dem Cover dieses Buches zeigt in der hinteren Reihe (von links nach rechts) Fausto d'Elhuyar, Abraham Gottlob Werner und José Bonifácio de Andrada e Silva, in der vorderen Reihe (ebenfalls von links nach rechts) António de Araújo e Azevedo, Joaquín Ezquerra del Bayo, Johann Friedrich Wilhelm von Charpentier und Lucas Alamán.

Die Porträts von Abraham Gottlob Werner und Johann Friedrich Wilhelm von Charpentier befinden sich im Besitz der Technischen Universität Bergakademie Freiberg, für die Abdruckgenehmigung gilt ihr der Dank der Autorin und des Verlages. Die weiteren Abbildungen sind gemeinfrei im Internet verfügbar.

Satz und Umschlaggestaltung: Annett Jana Berndt, Grafikdesign
Druck: UFER Verlagsherstellung, Leipzig
ISBN 978-3-96023-568-2

Inhalt

Danksagung

Der vorliegende Band stellt eine leicht überarbeitete Fassung meiner im Februar 2023 an der Fakultät für Wirtschaftswissenschaften der Technischen Universität Bergakademie Freiberg verteidigten Dissertation dar.

Für die vielfältige Unterstützung, die ich während der Entstehungszeit dieser Arbeit aus dem akademischen und privaten Umfeld erhalten habe, möchte ich mich an dieser Stelle bedanken.

Mein größter Dank gilt meinem Betreuer Prof. Dr. Helmuth Albrecht, der das Promotionsprojekt engagiert unterstützt und kritisch begleitet hat. Er hat mir einerseits Freiraum bei der Bearbeitung des Themas gewährt, andererseits auch in den verschiedenen Entstehungsphasen wichtige Impulse gegeben. Ebenso gilt mein Dank Dr. Michael Farrenkopf am Deutschen Bergbau-Museum Bochum für die Übernahme des Zweitgutachtens.

Für den fachlichen Austausch, Ratschläge und Hinweise danke ich den Mitarbeiterinnen und Mitarbeitern sowie Doktorandinnen und Doktoranden des Instituts für Industriearchäologie, Wissenschafts- und Technikgeschichte, des Universitätsarchivs (insbesondere Dr. Herbert Kaden und Roland Volkmer) und der Universitätsbibliothek der TU Bergakamie Freiberg. Dank möchte ich auch den vielen hilfsbereiten Mitarbeiterinnen und Mitarbeitern in in- und ausländischen Archiven und Bibliotheken aussprechen, die mir den Zugang zu den Quellen ermöglicht haben. Schließlich gebührt Dr. Kristina Heße, Dr. Herbert Kaden, Dr. Ulrich Thiel und Manfred Wulkow ein besonderer Dank für die kritische Durchsicht des Textes und das akribische Lektorat beziehungsweise Korrektorat.

Nicht zuletzt geht ein großer Dank an das Institut für Industriearchäologie, Wissenschafts- und Technikgeschichte der TU Bergakademie Freiberg und den Freunde und Förderer der TU Bergakademie Freiberg e.V., die den Druck der Arbeit finanziell unterstützt haben.

Freiberg, im Juli 2023 — Annett Wulkow Moreira da Silva

1 Einleitung

1.1 Interkontinentale Wissenszirkulation – Sachsen und das spanische und portugiesische Kolonialreich

> ... wie ich einen wichtigen Teil meiner Bildung und die Richtung meiner Bestrebungen dem vielumfassenden, ordnenden Geist unseres Werner verdanke, ... sich meine frohesten Jugenderinnerungen an das knüpfen, was ich der trefflichen Anstalt der Freiberger Bergakademie, die so wesentlich, besonders zu Werners glänzender Epoche, auf das übrige Europa wie auf das spanische und portugiesische Amerika eingewirkt, ... schuldig bin.[1]

Dieses Zitat ließ Alexander von Humboldt (1769–1859) knapp 60 Jahre nach einem nur neunmonatigen bergakademischen Studium in Freiberg seiner Alma mater anlässlich der Festivitäten zum 100. Geburtstag ihres wohl berühmtesten Lehrers Abraham Gottlob Werner (1749–1817) zukommen. Humboldt war dabei einer der vielen „ausländischen" Studierenden der Ära Werner, die sich an der Bergakademie Freiberg auf ihre zukünftige berufliche Tätigkeit im Berg- und Hüttenwesen vorbereiteten. Das mit ihrer Einrichtung 1765 realisierte Konzept einer umfassenden höheren Ausbildung im Montanwesen und die Beiträge ihrer Lehrer zum wissenschaftlich-technischen Fortschritt begründeten den Status der Institution als einem Leuchtturm der Montanwissenschaften im ausgehenden 18. und beginnenden 19. Jahrhundert. Diese Positionierung war einer der Gründe für den hohen internationalen Zuspruch, den die Bergakademie seit ihrer Etablierung erfuhr und der eine Vielzahl von Studenten, Gelehrten und an der Mineralogie interessierten Laien nach Freiberg führte. Die während der Aufenthalte in Sachsen geknüpften Netzwerke mit permanent und/oder temporär dort agierenden Akteuren beförderten eine geographisch weiträumige Zirkulation von Montanwissen. Wie Humboldt treffend und bestätigt durch eigene Erfahrungen während seiner Lateinamerika-Reise (1798–1804) formulierte, entfaltete die Bergakademie zu Zeiten der Lehrtätigkeit Werners an der Bergakademie (1775 bis 1817) ihre Wirkkraft bis in die hispano- und lusofonen Regionen Amerikas. Zahlreiche Stipendiaten

1 Auszug aus einem Brief von Alexander von Humboldt an das Fest-Comité der Feier von Werner's großem Andenken zu Freiberg vom 17. September 1850 aus Sanssouci. Abgedruckt in: Gedrängte Darstellung des Wernerfestes am 24., 25. und 26. Septbr. 1850 in Freiberg, S. 8-9. Druck der Gerlach'schen Buchdruckerei zu Freiberg. Ohne Jahr. Enthalten in UAF, OBA 37, Bl. 160R-161 (Originalbrief verloren).

aus dem spanischen und portugiesischen Kolonialreich absolvierten Phasen ihrer Ausbildung bei Werner und seinen Kollegen in Freiberg. Das dabei generierte Wissen transferierten sie während und nach ihren Studienaufenthalten in die Montanreviere ihrer Heimatländer, in denen sie als königliche Beamte im Bildungssektor, im praktischen Berg- und Hüttenbetrieb oder der geologischen Landesaufnahme tätig wurden. In diesen Funktionen beeinflussten sie die Entwicklung des regionalen Montanwesens vielfach in hohem Maße.

Die internationale Strahlkraft der Bergakademie wurde bis in die jüngste Zeit und da insbesondere im Kontext ihres 250. Jubiläums (2015) wiederholt als ein kontinuierlich die Hochschulgeschichte seit ihrer Gründung prägendes Charakteristikum im offiziellen Selbstdarstellungsdiskurs der Universität bemüht, ohne dass jedoch detaillierte Einzeluntersuchungen zu ihrer internationalen Wirkmächtigkeit und zu Impulsen, die Freiberger Experten für die Entwicklung des Montanwesens in anderen Staaten gaben, in hinreichender Anzahl existieren. Die vorliegende Arbeit soll durch Analyse der Handlungen von international – in Sachsen und dem spanischen sowie portugiesischen Kolonialreich – agierenden Akteuren und des über ihre Netzwerke zirkulierenden Wissens einen Beitrag zum Schließen dieser Lücke in der Geschichtsschreibung leisten.

Eine Intensivierung dieser transregionalen Wissenszirkulationsbewegungen lässt sich im Kontext der in den iberischen Kolonialreichen im letzten Viertel des 18. Jahrhunderts forcierten Bestrebungen zur Reorganisation des Montanwesens verorten, die dem Ziel folgte, die Rohstoffproduktion zu diversifizieren sowie moderner und effizienter zu gestalten. Beide Kolonialreiche nahmen zu diesem Zeitpunkt Führungspositionen in der globalen Edelmetall- und -steinproduktion ein.

Angelockt durch sagenhaften Goldreichtum hatten Spanien und Portugal seit Ende des 15. Jahrhunderts ausgedehnte Territorien in Mittel- und Südamerika erobert. Statt der erhofften Goldreserven waren es in den spanischen Besitzungen jedoch die Silberlagerstätten, die über Jahrhunderte hinweg die höchsten Ausbeutevolumina garantierten. Das bedeutendste Zentrum der Silberproduktion in der frühen Phase der Kolonialisierung war Potosí im ehemaligen Vizekönigreich Peru (heute Bolivien). Bis in die ersten Dekaden des 17. Jahrhunderts war das Montanrevier um den „Silberberg" für nahezu drei Viertel der amerikanischen Silberproduktion verantwortlich. An der Wende vom 17. zum 18. Jahrhundert wurde es vom Vizekönigreich Neu-Spanien (heute Mexiko) abgelöst, das im 18. Jahrhundert die globale Marktführerschaft im Silbersektor übernahm. Größere Goldvorkommen wiesen im hispanofonen Teil Südamerikas nur Regionen im heutigen Chile und Kolumbien auf. Die Produktion hier reichte in ihrem Umfang jedoch nie an die des portugiesischen Territoriums Brasilien heran, in dem das Edelmetall nach Entdeckung der ersten Goldlagerstätten in Minas Gerais in den 1690er Jahren später auch in den Nachbarprovinzen Mato Grosso und Goiás abgebaut wurde.

Edelmetalle und -steine stellten das wichtigste Exportgut Lateinamerikas über die gesamte Kolonialzeit hinweg dar: Die im 16. und 17. Jahrhundert erreichten Anteile an den Ausfuhrvolumina in Höhe von 90 bis 99 Prozent[2] sanken zwar aufgrund der zunehmenden Diversifikation der kolonialen Wirtschaft im 18. Jahrhundert, blieben jedoch weiterhin auf hohem Niveau. Beispielsweise für den Zeitraum 1747 und 1778 gibt die historische Forschung einen Betrag in Höhe von 77,6 Prozent an.[3] Gemäß wissenschaftlich basierten Schätzungen exportierte Lateinamerika zwischen 1500 und 1800 rund 85.000 bis 90.000 Tonnen Edelmetall. Diese Menge entsprach circa 80 bis 85 Prozent der Weltproduktion.[4] Der Ressourcenreichtum und die -produktion waren für die Spanien und Portugal regierenden Monarchien Segen und Fluch zugleich: Einerseits stellten die Einnahmen aus dem Bergbau einen Grundpfeiler des Staatshaushalts dar und bildeten die Basis für ihre Positionierung im europäischen Mächtekonzert sowie die Machtentfaltung im eigenen Land etwa über prätentiöse Architekturprojekte, höfische Repräsentationskultur und die Förderung der Künste und Literatur. Andererseits mussten die Monarchien geeignete Rahmenbedingungen für die systematische Ausbeutung und Nutzung der Rohstoffvorkommen in den Kolonien schaffen und für effiziente Administrationsstrukturen und Abbau- und Verarbeitungstechnologien, Fachpersonal sowie sichere interkontinentale Kommunikationsverbindungen sorgen.

Die Dominanz der kolonialen Edelmetalle auf den internationalen Märkten seit der Frühen Neuzeit hatte für die europäischen Silberbergbaugebiete weitreichende Konsequenzen: Sie büßten ihre bis dato führende Position als Edelmetallproduzenten ein, ihre Einflussmöglichkeiten auf den internationalen Edelmetallhandel nahmen drastisch ab.[5] In Reaktion auf diese Situation beförderten die Landesherren den technischen und wissenschaftlichen Fortschritt, um auch weiterhin lokale Lagerstätten effizient ausbeuten zu können. Sachsen zählte dabei zu den Regionen, die bereits früh die Rahmenbedingungen für einen profitablen Bergbau schufen und damit eine Vorreiterrolle im europäischen Kontext einnahm. Neben der Etablierung von Montanverwaltungsstrukturen setzte der Staat etwa auf konstante Innovation und den Einsatz entsprechend qualifizierter Fachkräfte, womit auch zur Herausformung spezieller Berufsbilder beigetrugen wurde.

Zu Beginn des 18. Jahrhunderts leiteten dann die Landesregierungen in diversen europäischen Bergrevieren erste Schritte zur Formalisierung der höheren montanistischen Ausbildung ein, die in der zweiten Jahrhunderthälfte in der Schaffung von eigenständigen Institutionen resultierten. Zu den ersten Einrichtungen dieser Art zählten

2 Weitere Exportprodukte in der Frühphase der Kolonialisierung waren Koschenille (Schildlaus), Häute, Indigo, Zucker und Kaffee.

3 Vgl. Reinhard 2018, S. 356.

4 Vgl. Wendt 2016, S. 65.

5 Vgl. Gliech 2013, S. 311.

die in den 1760er Jahren etablierten Bergakademien in Schemnitz (Habsburger Monarchie, heute Banská Štiavnica in der Slowakei) und Freiberg (Sachsen). An ihnen wurde der Montanbeamtennachwuchs auf seinen Einsatz in staatlichen Behörden vorbereitet, in dessen Rahmen er Beiträge zur naturwissenschaftlichen Forschung und zur Entwicklung der Bergtechnik sowie in der Lehre und Administration zu leisten hatte.[6] Die Ausbildung dieser wissenschaftlich-technisch qualifizierten Experten war dem im aufklärerischen Gedankengut verankerten Nützlichkeitsaspekt verpflichtet und auf das Hervorbringen einer kameralistischen Beamtenschaft angelegt, die effizient das Berg- und Hüttenwesen als elementaren Pfeiler der landesherrlichen Wirtschaft betreiben konnte.[7]

Diese Entwicklungen besassen hohe Attraktivität für die spanische und portugiesische Monarchie. Denn insbesondere die Rohstoffproduktion in Übersee war über die gesamte Kolonialzeit hinweg auf eine möglichst hohe unmittelbare Wertabschöpfung und rasche wirtschaftliche Effektivität ausgerichtet. Langfristig angelegte Investitionen in Technik und Betrieb wurden nur in geringem Rahmen getätigt, der Technisierungsgrad war durch hohe Verfügbarkeit menschlicher Arbeitskraft zumeist niedrig, die wissenschaftliche Begleitung von Verfahrensentwicklungen wenig ausgeprägt. Mit den im Laufe des 18. Jahrhunderts infolge intensivierter Explorationsaktivitäten entdeckten Lagerstätten neuer Rohstoffe und dem zunehmenden Bedarf nach Aufbereitung ärmerer Edelmetallerze erwies sich der Einsatz wissenschaftlich-technisch ausgebildeter Experten als notwendig, die unter Nutzung moderner Berg- und Hüttentechnik ein breiteres Ressourcenspektrum als bisher ausbeuten und verarbeiten konnten.

Vor diesem Hintergrund ist die von den iberischen Monarchien in den letzten Dekaden des Säkulums bewirkte Intensivierung der Austauschbeziehungen mit Akteuren in wissenschaftlich-technisch fortschrittlichen Montanrevieren in Mittel- und Nordeuropa zu verorten, die prioritär das Ziel verfolgte, dort generiertes technisches, administratives und pädagogisches Wissen für eigene Zwecke nutzbar zu machen. Mit einer Fokussierung auf Zentral- und Nordeuropa erfolgte eine geographische Ausdehnung des traditionell auf Frankreich und England ausgerichteten Interaktionsradius der Akteure in Spanien und Portugal, die damit die nicht immer einfach zu überwindenden Sprachbarrieren für einen additionalen Erkenntnisgewinn in Kauf nahmen.

Diese internationalen Verflechtungen zum Wissens- und Technologietransfer mit Fokus auf Handlungen von Akteuren der Freiberger Bergakademie und den iberischen Kolonialreichen bilden den thematischen Rahmen dieser Forschungsarbeit. In ihr wird an Untersuchungen angeknüft, deren Ergebnisse in letzter Zeit zuvörderst in spanisch- und portugiesischsprachigen Publikationen dargestellt wurden. Vornehmlich in Mexiko,

6 Vgl. Fessner 2005, S. 8.
7 Vgl. Vogel 2013, S. 14.

Brasilien und Portugal aktive Wissenschaftlerinnen und Wissenschaftler, wie Escamilla, Morelos und Ramos an der *Universidad Nacional Autónoma de México* (UNAM)[8] sowie die Kreise um Figueirôa an der *Universidade Estadual de Campinas* (UNICAMP)[9] und Simões und Carneiro im Umfeld des *Centro Interuniversitário de História das Ciências e da Tecnologia* (CIUHCT) in Lissabon[10] beschäftigten sich darin mit globalen Verflechtungen im Montanwesen im Kontext der Formalisierung der höheren Ausbildung, der Institutionalisierung der Montanwissenschaften und der Innovationsförderung.

In Spanien erhielt die Auseinandersetzung mit der Kolonialgeschichte einen intensiven Schub im Kontext des 500-jährigen Jubiläums der Entdeckung Amerikas, in dessen Vorbereitung der *Consejo Superior de Investigaciones Científicas* (Oberster Rat für wissenschaftliche Forschung) eine Vielzahl relevanter historischer Projekte förderte. Zur Geschichte des Montanwesens forschte vorrangig der spanische Bergingenieur López de Azcona, der in den 1980er Jahren ein mehrbändiges Kompendium mit detaillierten Angaben zum Wirken von Akteuren im iberoamerikanischen Berg- und Hüttenwesen sowie Einzelstudien zu im iberospanischen Bergbau aktiven Experten herausbrachte, die in Teilen noch heute den aktuellen Stand der Forschung abbilden.[11]

Im Gegensatz zu den recht detailliert untersuchten transatlantischen Austauschbeziehungen und Wirkungen des Wissenstransfers fand die internationale Impulsgebung für Entwicklungen im iberischen Montanwesen, wie etwa für Prozesse der Formalisierung von höheren montanistischen Ausbildungsstrukturen in Almadén, Madrid und Coimbra, bisher geringere Beachtung in der historischen Forschung.[12] Erkenntnisse zur Ausformung von Institutionen in Madrid lieferte dabei in in nicht unerheblichen Umfang die Humboldt-Forschung.[13] Charakteristisch für die ausgewertete hispano- und lusofone Forschungsliteratur ist, dass sich die Autorinnen und Autoren größtenteils auf die Darstellung von Entwicklungen in den Regionen des eigenen Sprachraums beschränken und binationale Verflechtungen oder vergleichbare Abläufe im Nachbarland beziehungsweise -kolonialreich kaum in den Blick nehmen, was auf finanzielle

8 Siehe beispielsweise Escamilla 2004, Escamilla 2005, Escamilla 2008, Escamilla 2008a, Escamilla/Morelos 2009, Escamilla/Morelos 2017, Ramos 2000, Ramos 2013.

9 Siehe insbesondere Figueirôa 1994, Figueirôa 1998, Figueirôa/Silva 2000, Varela 2007, Varela 2008a, Varela 2012, Varela et al. 2004, Varela et al. 2005, Varela/Lopes 2013.

10 Siehe beispielsweise Carneiro et al. 2000, Simões et al. 2003, Simões et al. 1999, Fiolhais et al. 2013.

11 Siehe López de Azcona 1984, López de Azcona 1984a, López de Azcona 1985, López de Azcona 1985a, López de Azcona 1985b, López de Azcona 1986, López de Azcona 1987, López de Azcona 1992.

12 Siehe beispielsweise Fernández/Mansilla 2004, Ferreira 1972, Ferreira 1988a, Ferreira 1989, Ferreira 1990a, Gago/Pellón 1994, Morel 2016, Parra/Pelayo 1996, Polo 2000, Sumozas 2007.

13 Siehe beispielsweise Labastida 2004, Puig-Samper 1999, Puig-Samper 2006, Puig-Samper 2018, Puig-Samper/Rebok 2007, Rebok 2010, Rebok 2018, Rebok/Puig-Samper 2007, Rubinovich 1994.

Zwänge der Projektförderung und eine Ausrichtung des akademischen Betriebs auf die Nationalgeschichtsschreibung zurückzuführen ist.[14]

In deutscher Sprache liegt in deutlich geringerem Umfang themenbezogene Forschungsliteratur vor. Hervorzuheben ist der 2013 erschienene Sammelband *Staat, Bergbau und Bergakademie* (herausgegeben von Hartmut Schleiff und Peter Konečný) der neben einer Analyse der Versuche zur technologischen Modernisierung des hispanoamerikanischen Bergbaus von Hausberger[15] einen Überblick über den mexikanischen Silbersektor und die internationale Silberwirtschaft zwischen 1750 und 1810 von Gliech[16] enthält. Eine Reihe relevanter Studien entstand ferner im Rahmen des Vorhabens der Berlin-Brandenburgischen Akademie der Wissenschaften „Alexander von Humboldt auf Reisen – Wissenschaft in Bewegung" (Beginn: 2015, geplante Laufzeit: 18 Jahre), über das zugleich durch Edition von Manuskripten (Reisejournale, Korrespondenzen, Denkschriften und weitere Publikationen) eine leichtere Zugänglichkeit zu den von Humboldt verfassten Schriften zum Themenkomplex Reisen erreicht wird.

Im Rahmen der Erhebung der Daten für die vorliegende Forschungsarbeit wurden neben zeitgenössischen Fachjournalen wie das *(Neue) Bergmännische Journal*, die *Bergbaukunde* oder die *Anales de Historia Natural/Ciencias Naturales*, Veröffentlichungen von Gesellschaften und Akademien (beispielsweise Sitzungsberichte der Baskischen Gesellschaft der Freunde des Landes und *Memorias* der Lissaboner Akademie der Wissenschaften) und Korrespondenz-Editionen (beispielsweise zu Torbern Bergman und Abraham Gottlob Werner) prioritär Quellen aus dem 18. und 19. Jahrhundert in deutschen, spanischen und portugiesischen Archiven ausgewertet.

Der Einstieg in die Quellenrecherche erfolgte durch Konsultation von Dokumenten im Archiv der TU Bergakademie Freiberg, zu denen das zwischen 1769 und 1820 geführte Besucherbuch der Bergakademie und die Archivalien des Bestands Oberbergamt (OBA) zählen. Letztere dokumentieren die durch das Oberbergamt bewegten Prozesse der Formalisierung eines höheren montanistischen Ausbildungsangebots seit Einrichtung einer Stipendienkasse 1702 bis in die zweite Hälfte des 19. Jahrhunderts und geben Auskunft zur Organisation und Durchführung der Lehre an der Bergakademie, zu den an ihr wirkenden Lehrern und von ihnen angebotenen Lehrveranstaltungen, zu Studienverläufen inländischer und auf staatliche Kosten Studierender und zu Studienaufenthalten ausländischer Studenten, inklusive zu den von ihnen intendierten Besuchen von Vorlesungen und Berg- und Hüttenwerken. Dieser Bestand wird durch die im Bergarchiv Freiberg und Hauptstaatsarchiv Dresden aufbewahrte Gegenüberlieferung komplementiert, die weitere interessante Details insbesondere zu Aufenthalten

14 Vgl. Hensel 2017.
15 Siehe Hausberger 2013.
16 Siehe Gliech 2013.

von „Ausländern" in Sachsen liefert.[17] Ein auf Basis der Informationen in den genannten Akten erstelltes Inskriptionsverzeichnis in der anlässlich des 100. Jubiläums der Gründung der Bergakademie publizierten Festschrift führt für den Untersuchungszeitraum insgesamt 25 aus den iberischen Kolonialreichen stammende Studierende auf (20 aus dem spanischen, fünf aus dem portugiesischen Kolonialreich).[18] Die Spanier stellten an der Wende vom 18. zum 19. Jahrhundert neben Polen und Russen die drittstärkste Fraktion nichtdeutscher Studierender und somit eine markante Gruppe innerhalb der bergakademischen Studentenschaft dar.

In Ergänzung zu den sich auf „Ausländer" beziehenden Akten des OBA-Bestands gibt das Besucherbuch der Bergakademie[19] über zumeist kürzere Aufenthalte eines heterogenen Personenkreises in Freiberg Auskunft, der neben Montanexperten auch Laien, die die damalige Modewissenschaft Mineralogie als Hobby betrieben, in den Diensten ausländischer Staaten stehende Beamte, wie Diplomaten, Militärs und Mitarbeiter von Behörden und Ministerien, sowie Unternehmer umfasste. Die insgesamt 2.768 Unterschriften vermitteln ein anschauliches Bild der unterschiedlichen sozialen und professionellen Hintergründe der Akteure, die an Prozessen der Generation und des Transfers von Wissen im Montanwesen beteiligt waren.

Zu der für die Studie relevanten Freiberger Überlieferung zählt ferner der in der Universitätsbibliothek verwahrte Werner-Nachlass, der mit Korrespondenzen und Schriftgut wie Kopien von Fachbeiträgen ausländischer Experten Hinweise auf die internationalen Netzwerke des Freiberger Lehrers und die mit seinen Partnern diskutierten Themen gibt.

Recherchen in den Beständen spanischer und portugiesischer Archive und Bibliotheken brachten weitere Details zu den Aufenthalten der Stipendiaten in Sachsen zu Tage. Interessante Einblicke in die Praxis der wissenschaftlich-technischen Informationsreise geben die in der Bibliothek des *Instituto Geológico y Minero de España* aufbewahrten Aufzeichnungen des späteren Direktors der spanischen Bergbaubehörde Francisco Angulo (?–1815) und die in gedruckter Form vorliegenden, von seinem Bruder Manuel an ihn gerichteten Briefe während dessen Studienreise.[20] Diese Ego-

17 Im Gegensatz zu den relativ gut dokumentierten Studienabläufen der sächsischen Stipendiaten finden sich zu den Aufenthalten der Ausländer in den Akten nur bruchstückhaft Informationen. Einzelne Akteure wurden in Jahresberichten von Bergakademielehrern oder in mit Werner geführten Korrespondenzen erwähnt. Zu den von Werner und von anderen Lehrern gehaltenen Privatissima konnten keine detaillierten Aufzeichnungen gefunden werden.

18 Vgl. Festschrift 1866, S. 226-260.

19 Im Rahmen der Forschungsarbeit wurden noch weitere in Freiberg vorhandene Besucherbücher ausgewertet, unter anderem die im Stadt- und Bergbaumuseum Freiberg verwahrten Besucherbücher des Amalgamierwerks Halsbrücke (1 Band: 1791–1817) und der Grube „Beschert Glück" (2 Bände: 1790–1822, 1823–1885).

20 Siehe *Apuntes de Francisco Angulo* in der Bibliothek des *Instituto Geológico y Minero de España* (IGME) sowie Puig y Larraz 1894, Puig y Larraz 1898, Puig y Larraz 1899, Puig y Larraz 1900.

dokumente enthalten Informationen zu epistemischen Praktiken, zur Netzwerkbildung und Wissenstransferprozessen und dabei insbesondere auch zu Interaktionen mit Akteuren in Freiberg und den sächsischen Bergrevieren.

Für die Analyse der internationalen Weiterbildungsphasen lusofoner Montanstudenten wie José Bonifácio de Andrada e Silva (1763–1838), Manoel Ferreira da Câmara Bittencourt Aguiar e Sá (1762–1835) und Joaquim Pedro Fragoso da Motta de Sequeira (1760–1833) stellten die Bestände des Familienarchivs der Grafen von Barca im Distriktarchiv von Braga (Nordportugal), die erstmalig im Rahmen einer Studie zu internationalen Verflechtungen im Montanwesen ausgewertet wurden, eine ergiebige Quelle dar. Im Ergebnis ihrer Untersuchung konnte die Bedeutung von Akteuren außerhalb der montanistischen Fachcommunity, zu denen der portugiesische Diplomat António Araújo de Azevedo (1754–1817), erster Graf von Barca[21], gehörte, und ihrer Netzwerke bei Prozessen der globalen Wissenszirkulation herausgestellt werden. Diesem Personenkreis zugezählt werden kann auch der mexikanische Politiker Lucas Alamán (1792–1853), der in der Zeit der Ablösung und des Aufbaus von Mexiko als unabhängigem Staat seine Netzwerke mit sächsischen Montanexperten für Aktivitäten zur Wiederbelebung und Modernisierung der Berg- und Hüttenindustrie in seinem Heimatland nutzte. Ein konkretes Beispiel seines Handelns stellte der Ankauf einer Mineraliensammlung in Freiberg für die Bergakademie in Mexiko-Stadt dar, zu dem sich Korrespondenzen im Freiberger Universitätsarchiv und in den Lucas Alamán Papers an der University of Texas finden. Zu Alamáns Netzwerkpartnern zählte ferner Alexander von Humboldt, dessen Tagebuchaufzeichnungen und Schriften zu seiner Lateinamerika-Reise mit Bezug zum Montanwesen – wie beispielsweise der *Essai politique sur le royaume de la Nouvelle Espagne* (1811) – Berücksichtigung im Rahmen der Forschungsarbeit fanden.

Mit dem in Dresden stationierten Luis d'Onís y González Vara (1762–1827) beförderte ein weiterer Diplomat unter Verwendung seiner ausgedehnten Netzwerke den Wissenstransfer in das spanische Kolonialreich. Die im Bergarchiv Freiberg aufbewahrten Archivalien zur Anwerbung lokaler Experten für den Eintritt in spanische Dienste mit Details zu Verträgen und der Versorgung der Famlien während deren Abwesenheit zeichnen ein detailliertes Bild seiner Interaktionen mit lokalen Fachkräften und Behörden. Zum Wirken dieser Experten und ihren Beiträgen zum Technologietransfer in den kolonial-spanischenen Bergbau existieren umfangreiche Aktenkonvolute in spanischen Archiven, wobei ausgewählte Dokumente des *Archivo General de Indias* (AGI), *Archivo Histórico Nacional* (AHN) und *Archivo General de Simancas* (AGS) im Rahmen dieser Forschungsarbeit ausgewertet wurden.

21 Der Titel des *Conde de Barca* wurde Araújo de Azevedo am 17. Dezember 1815 in Anerkennung für seine Verdienste um Portugal von der Königin Maria I. zuerkannt.

Das Montanwesen im portugiesischen Kolonialreich und das Agieren von im deutschen Sprachraum angeworbenen oder ausgebildeten Experten behandeln zahlreiche – in deutscher Sprache erschienene – Publikationen von Wilhelm Ludwig von Eschwege (1777–1855). Sie stellen eine ergiebige Quelle zum Stand und Entwicklung des Wirtschaftszweigs zur Zeit seiner Aufenthalte in Brasilien und Portugal dar. Interessante Einblicke in Praktiken des Wissenserwerbs und -austauschs bieten ferner die Dokumente seines als Depositum im Staatsarchiv Marburg verwahrten Nachlasses.

1.2 Methoden und Forschungskontexte

Zur Untersuchung von Wissenstransferprozessen, darin involvierter Akteure und ihrer Handlungen erscheint die Verwendung von Methoden der historischen Netzwerkforschung als aussichtsreich. Netzwerkforschung wird heute in zahlreichen wissenschaftlichen Disziplinen betrieben; als Teildisziplin der Geschichtswissenschaft setzte sie sich zunächst – etwa zu Beginn des neuen Jahrtausends – im anglo-amerikanischen, etwas später auch im deutschsprachigen Raum durch. In der Netzwerkforschung werden zur Analyse komplexer Quellenbestände Methoden der formalen Datenerhebung und Quantifizierung genutzt.[22] Die Flexibilität von Netzwerktheorie und -methode erlaubt es, komplexe Beziehungsmuster jeder Art und aller historischer Epochen zu untersuchen. So nutzen Historiker sie sowohl für Untersuchungen von Handlungen und Interaktionen sozialer Akteure innerhalb ihrer Beziehungsgeflechte, als auch zur Analyse von Zitations- und Textnetzwerken sowie Migrationsbewegungen.[23] Die Quellenlage und das erkenntnisleitende Interesse bestimmen die Dimension und geben den Rahmen für die Analysen vor. Besonders fruchtbar erwies sich das Netzwerkkonzept bisher in der Familien- und Adelsforschung, aber auch in der genderorientierten und religiösen Geschichtsforschung. Untersuchungen internationaler Beziehungsgeflechte fokussieren häufig auf Austauschprozesse auf wissenschaftlicher, wirtschaftlicher und diplomatischer Ebene.[24]

In der Wissenschaftsgeschichte fand das Netzwerkkonzept in den letzten Dekaden verstärkt Anwendung bei der Erforschung von Gelehrtennetzwerken, wobei häufig das Interagieren ihrer Mitglieder über das Medium der Korrespondenz untersucht wurde.[25] Insbesondere der Austausch in Botanikerkreisen im 18. Jahrhundert stieß auf das Interesse der Geschichtsforschung, wie rezent erschienene Publikationen zu Verflechtungen innerhalb der Deutschen Akademie der Naturforscher und zu den Briefkontakten

22 Vgl. Bixler 2016, Düring/Kerschbaumer 2016.
23 Vgl. Lemercier 2012.
24 Vgl. Düring/Keyserlingk 2015.
25 Vgl. Fohrmann 2005.

Albrecht von Hallers (1708–1777) oder Christoph Jacob Trews (1695–1769) belegen.[26] Die Analyse der zumeist multithematischen Korrespondenzen[27] gibt in Hinsicht auf den fachlichen Austausch Auskunft über die zum damaligen Zeitpunkt diskutierten Forschungsthemen, über generierte Forschungsergebnisse, Beobachtungen und transferierte Objekte wie Mineralien (im Fall von mineralogisch interessierten Korrespondenzpartnern) und/oder Bücher. Die Briefe vermitteln einen Einblick in die Arbeitsweisen der Gelehrten, zeitgenössische Forschungsdebatten und ihre Materialgebundenheit und sind zugleich Abbild der Dynamik, die den Beziehungsgeflechten der europäischen Gelehrtenrepublik zu eigen war.[28]

Zur Analyse der Netzwerkbeziehungen habe ich aktuelle Ansätze der Wissens- und Wissenschafts- und Kolonialgeschichtsschreibung aufgegriffen. Mit ihrem Fokus auf Prozesse der Generierung und Zirkulation von montanistischem Wissen über internationale Netze folgt die vorliegende Forschungsarbeit Ansätzen des recht jungen Forschungsfelds der Wissensgeschichte, das sich in den letzten Jahren zu einem der dynamischsten und produktivsten Bereiche der Wissenschaftsgeschichte entwickelt hat.[29] Die Beschäftigung mit epistemologischen Fragen und materiellen Praktiken der Wissensproduktion gewann seit den 1980er Jahren – dem Zeitraum, der in die Wissenschaftsgeschichte als *practical turn* einging – in Anknüpfung an Forschungsfelder der *Science and Technology Studies* an Bedeutung in der Geschichtswissenschaft. Zu Untersuchungsgegenständen wurden nun verstärkt die vielfältigen Orte der Erkenntnisproduktion, wie beispielsweise Labore oder technische Anlagen, sowie Technologien und Arbeitsweisen als Infrastrukturen der Wissensgenerierung.[30] Unter Einfluss der von Latour und Callon in den 1980er Jahren an der Pariser *École des Mines* ausgearbeiteten Beiträge zur Akteur-Netzwerk-Theorie (ANT) erweiterte sich der Kreis der

---

26 Vgl. Dietz 2017, Mücke/Schnalke 2009, Schnalke 2012, Sigrist/Widmer 2011, Steinke 2010.

27 Anhand der von dem Botaniker Haller verfassten Briefe lässt sich ein breites Spektrum von in den Korrespondenzen behandelten Themen ablesen. Der Austausch zu wissenschaftlichen Erkenntnissen und Beobachtungen wurde mit Berichten zu Vorkommnissen im persönlichen und familiären Umfeld verknüpft. Additional wurden aktuelle Ereignisse und Entwicklungen beispielsweise in Politik, Verwaltung, Ökonomie und Dichtung kommentiert (vgl. Steinke 2010).

28 Vgl. Steinke 2010.

29 Vgl. Lässig/Steinberg 2017. Die Wissensgeschichte hat sich seit etwa der Jahrtausendwende mit der Einrichtung von Lehrstühlen mit entsprechender Ausrichtung an Universitäten und Forschungszentren (z. B. dem Zentrum „Geschichte des Wissens" (gemeinsame Einrichtung der Universität Zürich und der ETH Zürich), Zentrum für Wissengeschichte in Berlin (Kooperation zwischen den Berliner Universitäten und dem Max-Planck-Institut für Wissenschaftsgeschichte), Stevanovich Institute on the Formation of Knowledge (University of Chicago)) sowie der Herausgabe von Fachzeitschriften (z. B. KNOW (https://sifk.uchicago.edu/know-journal/) oder Journal for History of Knowledge (https://www.journalhistoryknowledge.org)) als eigener Forschungsbereich etabliert.

30 Vgl. Bauer 2017, Rheinberger 2017, Wengenroth 2017.

Wissensträger – über menschliche Akteure hinaus – um nicht-menschliche Aktanten wie Objekte, Technologien oder Publikationen, die als in Netzwerken verknüpfte Komponenten zur Wissenschafts- und Technikentwicklung beitrugen.[31]

Als eigener Untersuchungsgegenstand in der historischen Forschung gewann Wissen ab den 1990er Jahren zunehmend an Bedeutung. Arbeiten, die in den darauffolgenden Dekaden entstanden, fokussieren beispielsweise auf die gesellschaftlichen Verflechtungen zur Produktion und Zirkulation von Wissen und analysieren diese in ihren politischen, ökonomischen und kulturellen Kontexten.[32] Berücksichtigung findet, dass an den Prozessen Akteure verschiedener Wissenskulturen – sowohl mit nicht- als auch wissenschaftlichem Hintergrund – beteiligt waren, die gemäß ihrer persönlichen oder beruflichen Schwerpunktsetzung ausgewähltes praktisches und theoretisches Wissen zirkulieren ließen beziehungsweise auch explizit Wissen ignorierten und vom Transfer ausschlossen.[33] In Anlehnung an das *translation*-Konzept von Callon und Latour werden diese Prozesse dabei nicht nur als solche der Wissensvermittlung und -weitergabe, sondern auch als eigene Prozesse der Wissensproduktion analysiert.[34]

Vor allem in der globalen Wissenschafts- und der Kolonialgeschichtsschreibung ist Wissen heute zu einem häufig gewählten Untersuchungsgegenstand geworden. Das Aufeinandertreffen von „westlichen" und indigenen Wissenskonzepten und -ordnungen unter kolonialen Bedingungen und damit einhergehende Adoptionen und Adaptionen von Wissen ist Schwerpunkt zahlreicher Forschungsarbeiten, die vielfach als verbindendem Element der These, das „*Wissen ein konstitutives Element kolonialer Herrschaft*"[35] war, folgen.[36] Sie knüpfen damit auch an Analysen zu Machtwirkungen von Michel Foucault aus den 1970er Jahren an, in deren Resultat er den engen Zusammenhang zwischen Macht und Wissen herausstellte und zeigte, wie bestehende Machtverhältnisse durch Prozesse der Wissensbildung beeinflußt und Machtkonstellationen aufgrund von neu generiertem Wissen modifiziert werden. Im Mittelpunkt der Forschung der letzten Jahre stand auch, welche Bedeutung wissenschaftliches und technisches Wissen bei Expansionen, dem Aufbau und der Sicherung kolonialer und imperialer Herrschaft hatte, welche Rolle lokale und nichtwissenschaftliche Akteure bei der Produktion und Verbreitung von Wissen einnahmen, wie das Aufeinandertreffen verschiedener Wissensformen und die Assimilation unter kolonialen Bedingungen verlief sowie ob und in welchem Umfang in der Peripherie generiertes Wissen in die Metro-

31 Vgl. Schulz-Schaeffer 2000.

32 Vgl. Sarasin 2011.

33 Vgl. Bayly 2006, Burke 2016, Greyerz et al. 2013, Habermas/Przyrembel 2013, Lässig/Steinberg 2017, Müller-Wille et al. 2017, Östling et al. 2018, Paulmann 2013, Roberts 2009, Raj 2013.

34 Vgl. Raposo et al. 2014.

35 Heé 2017, S. 83.

36 Vgl. Ballantyne 2008, Habermas/ Przyrembel 2013, Östling et al. 2018.

pole gelangte.[37] Besondere Beachtung finden dabei Situationen – analog zu den in dieser Forschungsarbeit analysierten –, bei denen trotz eines scheinbar harmonischen, zweckgebundenen Zusammenwirkens eines heterogenen Akteurskreises aus Vertretern von Politik, Administration und Wissenschaft/Technik eine Adaption des transferierten Wissens wenig erfolgreich war oder gänzlich scheiterte.[38]

Zur Beantwortung der Frage nach den Richtungen des Wissenstransfers findet in der aktuellen historischen Forschung häufig das Konzept der Wissenszirkulation Anwendung. Ihm inhärent ist die Überwindung der Vorstellung einseitig gerichteter Transferbewegungen vom Zentrum zur Peripherie, die der Annahme folgte, dass die in Europa seit dem 16./17. Jahrhundert entwickelten modernen Wissenschaften von dort über Kolonialisierungsverläufe in andere Weltteile gelangten.[39] Solche beispielsweise in den 1960er Jahren von George Basalla in seinem Beitrag *The Spread of Western Science* (1967) geäußerten Vorstellungen einer unidirektionalen Verbreitung der „westlichen" Wissenschaft hatten in der Folgezeit in der Forschung zu einer intensiven Beschäftigung mit wissenschaftlichen Praktiken in unterschiedlichen nationalen Kontexten und Mechanismen des globalen Wissensaustauschs angeregt. Supplementär stieß Said[40] mit seiner Analyse des Okzident-Orient-Gegensatzes zu einer kritischen Hinterfragung des Hegemonieanspruchs Europas gegenüber dem „Orient" (respektive den Kolonien) an, die eine Korrektur der bis dahin weitverbreiteten Annahme der Unterlegenheit außereuropäischer Wissenssysteme und ihres „nichtwissenschaftlichen" Charakters nötig machten und heute beispielsweise auch Anliegen der *Postcolonial Studies* sind.[41]

Diesen Ansätzen folgend konzentrieren sich Wissenschaftlerinnen und Wissenschaftler in rezent erschienenen Studien auf die Interaktionen zwischen Wissensträgern und die Bewegung von Wissensinhalten über koloniale oder nationalstaatliche Grenzen hinweg und analysieren sie in ihrer Vielschichtigkeit und Komplexität[42] und unter Berücksichtigung von Machtkonstellationen und Konkurrenzsituationen, die das Handeln der Akteure beeinflussten[43]. Sie nahmen dabei nicht nur die Aktionen von aus

37 Vgl. Greyerz et al. 2013, Bauer 2017, Brahm 2017, Hée 2017.

38 Vgl. Dupré/Somsen 2019.

39 Vgl. Östling et al. 2018. Beispielhaft für ältere historische Untersuchungen zur Entwicklung der Wissenschaften in Brasilien, die vor allem der Vorstellung einseitig gerichteter Transferbewegungen folgten, stehen folgende Schriften: Azevedo, Fernando de: As ciências no Brasil. 2 Bände. São Paulo. 1956; Stepan, Nancy: Beginnings of Brazilian Science. New York. 1976; Schwartzman, Simon: Formação da comunidade científica no Brasil. São Paulo. 1979; Ferri, Mário Guimarães; Motoyama, Shozo: História das ciências no Brasil. 3 Bände. São Paulo. 1979-81 sowie Mendonça 1958 und Falcão 1963.

40 Vgl. Said 1978.

41 Vgl. Vogel 2004, Lipphardt/Ludwig 2011.

42 Vgl. Müller-Wille et al. 2017.

43 Vgl. Vogel 2004, Habermas/ Przyrembel 2013, Fors 2015, Bauer 2017, Brahm 2017.

Europa stammenden Akteuren in den kolonialen Territorien in den Blick, sondern berücksichtigten auch lokale Initiativen. Im Ergebnis nahm die Wissenschaftsgeschichtsschreibung in den letzten Jahren von der Vorstellung der Existenz eurozentrisch-kolonialer Wissensordnungen und einer spezifisch „kolonialen" Wissenschaft Abstand. Dabei unstrittig bleibt, dass Europa aufgrund der frühen Industrialisierung einen wesentlichen Anteil an der Formierung der Wissenschaften weltweit hatte und zahlreiche Elemente und Konzepte – wie beispielsweise das der Systematisierung der Natur – europäischen Ursprungs sind und von dort aus globale Verbreitung fanden.[44]

Unter Nutzung der aufgeführten Ansätze werden in der Forschungsarbeit drei Komplexe untersucht, die nach Auswertung und Analyse der oben genannten Quellen thematische Schwerpunkte des internationalen Wissensaustauschs zwischen Akteuren des sächsischen und spanischen sowie portugiesischen Montanwesens darstellen:

1) Wissenszirkulation im Kontext der Formalisierung von Strukturen der höheren Ausbildung im Berg- und Hüttenwesen und der Institutionalisierung der Montanwissenschaften in den iberischen Kolonialreichen und den Nachfolgestaaten nach deren Auflösung,
2) Wissenszirkulation zu Strukturen der Montanadministration,
3) Zirkulation von wissenschaftlich-technischem Wissen zu Geologie/Mineralogie sowie traditionellen und innovativen berg- und hüttentechnischen Verfahren.

Ziel der Arbeit ist es, auf folgenden Fragenkanon Antworten zu finden: Welche Ziele seitens der iberischen Monarchien wurden mit einer Intensivierung der Austauschbeziehungen in der zweiten Hälfte des 18. Jahrhunderts verfolgt? Wer waren die Akteure, die zur Wissenszirkulation beitrugen, welche Vorbildung und Befähigungen besassen sie, um (Fach)Wissen zu transferieren? Welche Praktiken der Wissensgenerierung und des -transfers nutzten sie? Welche räumlichen Dimensionen hatten die von ihnen etablierten und genutzten Netzwerke? Welche Wirkungen konnten sie mit dem auf ihren Reisen generierten und in ihre Heimatländer transferierten Wissen erzielen?

Der für die vorliegende Forschungsarbeit gewählte Untersuchungszeitraum erstreckt sich über die gesamte zweite Hälfte des 18. Jahrhunderts und reicht bis in die 1830er Jahre hinein. Eckpunkte bilden der erste nachweisbare Aufenthalt von spanischen Stipendiaten am *Metallurgischen Institut* in Freiberg (1753–55) und der Zeitpunkt des Ablebens des spanischen Experten, der an der Wende vom 18. zum 19. Jahrhundert und über sein gesamtes Berufsleben hinweg Netzwerke mit Freiberg wohl am intensivsten gepflegt und genutzt hat: Fausto d'Elhuyar (1755–1833). Eine Zäsur in diesem Zeitraum stellten die französischen Invasionen unter Napoleon dar, die zu einer Schwächung der spanischen Bourbonen- und der portugiesischen Bragança-Dynastie führten und den lateinamerikanischen Ablösebestrebungen Vorschub leisteten. Nach

44 Vgl. Bayly 2006, Fischer 2017.

dem Zerfall der iberischen Kolonialreiche gegen Ende der zweiten Dekade des 19. Jahrhunderts setzte eine Phase der Formierung unabhängiger Staaten und der Neuordnung der Beziehungen zwischen den früheren Kolonialmächten und ihren Kolonien ein.

1.3 Aufbau der Forschungsarbeit

Die Forschungsarbeit gliedert sich in drei Abschnitte. Der erste Teil widmet sich Prozessen der Formalisierung von Strukturen der höheren montanistischen Ausbildung und Institutionalisierung der Montanwissenschaften in den Territorien des spanischen und portugiesischen Kolonialreichs beiderseits des Atlantiks. Der zweite Teil fokussiert auf den Aus- und Aufbau von Administrationsstrukturen und der dritte auf Modernisierungsbestrebungen der Berg- und Hüttentechnik. Der Fokus der Analyse liegt in allen Teilen auf den Interaktionen und Netzwerken von Akteuren aus dem spanischen beziehungsweise portugiesischen Kolonialreich mit sächsischen Montanexperten.

Die Akteure entstammten einem heterogenen Kreis, der neben Montanexperten auch Diplomaten, Angehörige der Ministerialbürokratie und des Adels sowie Unternehmer umfasste. Der Begriff des „Montanexperten" wird in dieser Forschungsarbeit für den hybriden Typus des wissenschaftlich-technisch qualifizierten Staatsbeamten verwendet, der zumeist in leitender Position im Montanwesen tätig (oder dafür vorgesehen) war und in Erfüllung seines breiten Aufgabenspektrums Prospektionen und Bewertungen von Lagerstätten durchführte, Berg- und Hüttenbetriebe inspektionierte, den Einsatz neuer innovativer Technologien vorbereitete, Kurse an höheren Bildungseinrichtungen gab, zur Entwicklung der montanwissenschaftlichen Fachdisziplinen beitrug und in der Verwaltung tätig war. Diese gleichermaßen als Techniker und Naturforscher agierenden Experten übernahmen ab Mitte des 18. Jahrhunderts *„soziale Schlüsselfunktionen, die gleichermaßen weichenstellend für die beginnende Industrialisierung, die Institutionalisierung der nützlichen Wissenschaften und die Ausdifferenzierung der exakten, analysierenden Naturwissenschaften waren"*[45]. Ungehindert ihrer Eingliederung in einen hierarchischen Beamtenapparat, der den Wirtschaftszweig zum Wohle des Staates effizient zu betreiben hatte, waren diese hybriden Montanexperten international gut vernetzt und nutzten eine Vielzahl von Kanälen zum Austausch zu und der Diskussion von wissenschaftlichen und technischen Fragestellungen.

Das Handeln, die Bewegungen und Interaktionen der Akteure in ihren vielschichtigen Dimensionen werden in dieser Forschungsarbeit innerhalb der lokalen, regionalen, territorialstaatlichen und transnationalen Bezugsräume in ihrer Verwobenheit analysiert. Im Bezugsraum des Lokalen lassen sich persönliche Kontakte und Austauschbe-

45 Klein 2016, S. 9-10.

ziehungen zwischen Akteuren an Orten der Wissensgeneration und des -transfers wie Laboratorien, Berg- und Hüttenwerken oder Bildungseinrichtungen verorten. Der Begriff der Region wird in dieser Studie für wirtschaftsgeographische oder administrative Einheiten unterhalb der Ebene des Territorialstaats verwendet und bezieht sich auf Bergreviere, Provinzen/Kapitanien oder Vizekönigreiche. Die Aktivitäten eines Großteils der Akteure lassen sich für einen bestimmten Zeitraum einer solchen regionalen Einheit zuordnen. In den überseeischen Territorien werden sie im Spannungsfeld der politischen und/oder wirtschaftlichen Interessenskonflikte zwischen lokalen Eliten und der Kolonialadministration betrachtet, die maßgeblich die Wirksamkeit des Wissenstransfers beeinflussten. Der territorialstaatliche Bezugsraum umfasst zur Kolonialzeit die Territorien der spanischen und portugiesischen Monarchien beiderseits des Atlantiks, in der postkolonialen Phase die neu entstandenen (unabhängigen) Staaten. Im Handlungsraum des Transnationalen lassen sich Bewegungen verorten, die Landes- und/oder Kontinentgrenzen überschreiten und den Austausch über Netzwerke mit Knotenpunkten in Europa und Amerika beschreiben.

Die Forschungsarbeit orientiert sich in ihrem ersten Teil an der chronologischen Abfolge der Etablierung von höheren montanistischen Ausbildungsstrukturen zunächst im spanischen, dann im portugiesischen Kolonialreich. Zur Einführung und Einordnung in den europäischen Kontext wird ein Abschnitt zu Entwicklungstendenzen in West-, Mittel- und Nordeuropa vorangestellt, in dem schlaglichtartig auf Prozesse und Akteure, die impulsgebende Wirkung für Spanien und Portugal besassen, eingegangen wird (Kapitel 2.1).

Der Einstieg in den Teil zur höheren montanistischen Ausbildung in Spanien erfolgt über Darstellung der Handlungen von Akteuren aus dem Heeresbereich. Der Hintergrund hierfür liegt in der hohen Bedeutung des Militärs als treibende Kraft für wissenschaftliche Forschungen und technologische Innovationen in vielen absolutistischen Staaten bis weit in das 18. Jahrhundert hinein (Kapitel 2.2.1). Um von der für die Produktion von Militärtechnik und -ausrüstung notwendigen bergbaulichen und metallurgischen in Mittel- und Nordeuropa vorhandenen Expertise zu profitieren, gewann das Instrument der Informationsreise zur Stimulation des Wissens- und Technologietransfers in der zweiten Hälfte des 18. Jahrhunderts zunehmend an Bedeutung. Längere Aufenthalte von spanischen Militärangehörigen in Freiberg sind seit den 1750er Jahren nachweisbar.

Ebenfalls partiell in einen militärischen Kontext ist der Aufbau eines höheren montanistischen Kursangebots an dem von der Baskischen Gesellschaft der Freunde des Landes (*Sociedad Bascongada de Amigos del País*) gegründeten Patriotischen Seminar von Vergara zu stellen (Kapitel 2.2.2). An dieser Einrichtung sollten Fachkräfte zur Deckung des Bedarfs der regionalen privat- und staatswirtschaftlichen Betriebe im bergbaulichen und metallurgischen Sektor ausgebildet werden. Die Initiative der *Bascongada* stellte eine der frühesten Aktivitäten nichtstaatlichen Engagements zur Formalisierung eines höheren auf diese Fachbereiche ausgerichteten Bildungsangebots in Spanien dar. Die Gestaltung des Unterrichtsangebots in Vergara erfolgte unter signifikanter Bezugnahme auf Entwicklungen an Zentren in West-, Mittel- und Nordeuropa. Relevantes Wissen transferierten Akteure, die auf ausgedehnten Informationsreisen mit lokalen Experten interagierten und sich mit dem Stand von Technik und Forschung sowie dem Bildungswesen der besuchten Regionen vertraut machten.

Die international erworbenen Erfahrungen und Kenntnisse ließen diverse Mitglieder dieses Akteurskreises zu Schlüsselfiguren bei Prozessen der Formalisierung des höheren montanistischen Lehrangebots in der Folgezeit im gesamten spanischen Kolonialreich werden: Fausto d'Elhuyar wurde nach einem kurzen Intermezzo als Professor in Vergara ein maßgeblicher Gestalter der 1792 gegründeten Bergakademie im Vizekönigreich Neu-Spanien (Kapitel 2.2.4) sowie der Bergakademie in Almadén/Madrid in der Phase ihrer Reorganisation nach dem Zerfall des kolonialen Gefüges (Kapitel 2.2.6), Francisco Angulo trug als Direktor der spanischen Bergbaubehörde zum Aufbau der 1777 etablierten Bergakademie in Almadén bei (Kapitel 2.2.3) und Eugenio Izquierdo (1745–1813) unterstützte Lehre und Forschung am Naturhistorischen Kabinett in Madrid (Kapitel 2.2.3).

Auch der portugiesische Nachbar orientierte sich bei der Gestaltung von Strukturen der höheren Ausbildung für das Montanwesen an internationalen Entwicklungen. Im Gegensatz zu Spanien setzte die Monarchie jedoch zunächst nicht auf die Einrichtung von Spezialschulen (beispielsweise in Form von Bergakademien), sondern auf den Ausbau von relevanten Fachbereichen an der Universität von Coimbra. Die neuen, auf montanwissenschaftliche Disziplinen ausgerichteten Lehrstühle wurden stellenweise mit Akteuren besetzt, die sich auf langjährigen Studienreisen durch Europa hinreichend für eine Übernahme des Unterrichts qualifiziert hatten (Kapitel 2.3.1). Die napoleonischen Kriege und der Umzug des Königshofs nach Brasilien 1807 verhinderten zunächst zwar eine Konsolidierung des montanistischen Ausbildungsbetriebs in Coimbra, brachten aber einen bedeutenden Entwicklungsschub für das Bildungswesen im überseeischen Territorium. Denn mit der Ansiedlung der politischen Eliten wurde das bisher postulierte Verbot, höhere Ausbildungseinrichtungen in Brasilien zu betreiben, hinfällig. Zwar kam es nicht zur Gründung einer spezifisch auf die Belange des Montanwesens ausgerichteten Institution, jedoch waren entsprechende Fachbereiche an der 1810 in Rio de Janeiro eingerichteten Militärakademie vertreten. Für die Ausgestaltung der Lehre war der ehemalige Student der Freiberger Bergakademie Carlo Antonio Napione (1757–1814) zuständig, der sich dabei stark an den Vorbildern in Europa orientierte (Kapitel 2.3.2).

Der zweite Teil der Forschungsarbeit gliedert sich in zwei Kapitel, die sich mit der Reorganisation der Montanadministration im spanischen (Kapitel 3.1) und portugiesischen (Kapitel 3.2) Kolonialreich befassen. Auf Impulse von in Mittel- und Nordeuropa qualifizierten Montanexperten lassen sich Anpassungen und Erweiterungen des herkömmlichen Strukturgebildes zurückführen, die dem Ziel folgten, eine bessere Kontrolle über den Montansektor zu gewinnen. Mit Blick auf eine Diversifizierung der Rohstoffproduktion und der Ausweitung relevanter Bergbauaktivitäten wurde in den Mutterländern jeweils eine eigene Bergbaubehörde eingerichtet, die über mehrere Dekaden hinweg von im Ausland ausgebildeten Experten geleitet wurde (Kapitel 3.1.2/3.2.2). Inwieweit diese Behörden Wirkung entfalten und sich dauerhaft etablieren konnten, ist Bestandteil der Ausführungen in diesen Kapiteln.

Der dritte Teil der Forschungsarbeit konzentriert sich auf die Analyse von Prozessen der Zirkulation von Wissen zu Bergbau- und Hüttentechnik. Im ersten Abschnitt steht das Amalgamationsverfahren zur Verarbeitung von Edelmetallerzen im Fokus (Kapitel 4.1.1). Eine Weiterentwicklung dieser in Lateinamerika weitflächig eingesetzten Verhüttungsmethode durch Habsburger Experten stieß auf hohes Interesse innerhalb der internationalen Fachcommunity Ende der 1780er und Anfang der 1790er Jahre. Nach gemeinsam von Habsburger und sächsischen Montanexperten vorgenommenen Adaptionen des Verfahrens an regionale Gegebenheiten und der sich daran anschließenden Einrichtung von Amalgamierwerken in Ungarn, Böhmen und Sachsen verfolgte insbesondere die spanische Monarchie im Rahmen ihrer Bestrebungen einer Effizienzsteigerung der kolonialen Rohstoffproduktion das Ziel, moderne Berg- und Hüttentechnik – und dabei vor allem das „neuentwickelte" Amalgamationsverfahren – in Lateinamerika zum Einsatz zu bringen. Zur Begleitung des Technologietransfers setzte Spanien auf den Einsatz von Experten aus dem eigenen Königreich, die sich entsprechendes Wissen auf Informationsreisen durch Europa aneigneten, sowie ausländischem Fachpersonal, das in Sachsen und der Habsburger Monarchie angeworben wurde (Kapitel 4.1.2.). Die Forschung zu und Versuche des großtechnischen Einsatzes von Amalgamationsverfahren sowie die Interventionen der europäischen Berg- und Hüttenleute in den spanischen Kolonien in Lateinamerika gehörten in den Dekaden an der Wende vom 18. zum 19. Jahrhundert zu den Themen, die von der internationalen Fachcommunity kontinuierlich und intensiv über Kontinentgrenzen hinweg reflektiert und diskutiert wurden (Kapitel 4.1.3 bis 4.1.5).

Im darauffolgenden Teil der Forschungsarbeit liegt der Fokus auf der Analyse von Wissenstransferprozessen, an denen Akteure im sächsischen und (kolonial-)portugiesischem Montanwesen ab der ersten Dekade des 19. Jahrhunderts beteiligt waren. Für Portugal stellte sich in dieser Zeit aufgrund der politischen Situation – bedingt durch die von Frankreich forcierten Invasionen – die Frage nach einer Förderung und Stärkung des Sektors der militärtechnischen Produktion. Insbesondere die Eisenindustrie wurde dabei zum Bereich von Interventionen durch Experten, die sich Wissen im europäischen Ausland angeeignet hatten (Kapitel 4.2.1) und adaptierte Technologien im portugiesischen Kolonialreich zum Einsatz zu bringen versuchten (Kapitel 4.2.2). Die Etablierung von Anlagen zur Eisenverhüttung blieb auch nach dem Umzug des Königshofs nach Brasilien eines der zentralen Aufgabenbereiche internationaler Fachleute, denn durch den Wegfall des bisher wirksamen Verbots, Fabriken im überseeischen Territorium zu errichten, musste hier erst eine Eisenindustrie von Grund auf etabliert werden (Kapitel 4.2.3).

Die im kolonialen Bergbau aktiven Experten nutzten die Aufenthalte auch, um Lagerstättenerkundungen durchzuführen (gesamtes Kapitel 4). Sie zählten damit zu den ersten Experten, die systematisch die geologische Landesaufnahme in den von ihnen bereisten Regionen betrieben. Ihre Observationen stellten sie sowohl der Kolonialverwaltung in Berichten als auch in an die internationale Fachcommunity gerichteten Publikationen zur Verfügung.

2 Höhere Ausbildung

2.1 West-, Mittel- und Nordeuropa

Das Montanwesen in Europa verzeichnete in der zweiten Hälfte des 18. Jahrhunderts verstärkt Tendenzen hin zu einer Formalisierung von Strukturen für die höhere Ausbildung. Wurden noch in der ersten Jahrhunderthälfte die Beamtenschaft der staatlichen Montanverwaltungen aus erfahrenen Empirikern rekrutiert, so erforderten die Entwicklungen der Bergbau- und Hüttentechnik und die zunehmende Verwissenschaftlichung des Montanwesens in der zweiten Jahrhunderthälfte zunehmend praktisch und theoretisch ausgebildete Experten.[1] Die Bergbauverwaltungen reagierten auf diesen Bedarf und bauten im Laufe des 18. Jahrhunderts ein strukturiertes montanistisches Bildungssystem auf.[2] Die Vorgehensweise unterschied sich dabei von Land zu Land und orientierte sich an den seinerzeit aktuellen Herausforderungen und Entwicklungen des nationalen Bildungssektors. Ein Teil der Regierungen entschied sich für einen Ausbau von Fachbereichen mit bisher primär naturwissenschaftlichem Schwerpunkt an Universitäten, an denen traditionell der Nachwuchs für den Eintritt in den Staatsdienst qualifiziert wurde, und richtete montanwissenschaftliche Lehrstühle ein. Der andere Teil zog die Etablierung von Spezialschulen unter der Bezeichnung „Bergakademie" als Lehrstätten zur wissenschaftlich-technischen Ausbildung von Berg- und Hüttenbeamten vor.[3]

Mit der Einrichtung von Bergakademien als eigenständige Institutionen folgte man Entwicklungen in Frankreich. Dort war mit der *École royale des ponts et chaussées* im Jahr 1747 ein neuer Schultyp für die Ausbildung von technisch versiertem und für administrative Aufgaben geschultem Personal geschaffen worden. Die Bergakademien und spezialisierten Lehrstühle waren freilich nicht nur für Ausbildungsfragen verantwortlich; sie bildeten auch die Keimzellen für die montanwissenschaftliche Forschung. Die an ihnen aktiven, zumeist in den lokalen Montanverwaltungen beschäftigten Beamten trugen maßgeblich zur Ausdifferenzierung relevanter Fachdisziplinen bei.

Im Folgenden werden schlaglichtartig Orte und Prozesse vorgestellt, die für die Entwicklungen in den Territorien der spanischen und portugiesischen Monarchie impulsgebenden Charakter besaßen. Keine Berücksichtigung in dieser Überblicksdarstellung

1 Vgl. Weber 2015, S. 235.
2 Vgl. Fessner 2005, S. 8, Albrecht 2016, S. 62.
3 Vgl. Fessner 2005, S. 8.

finden Institutionen wie das Bergseminar im norwegischen Kongsberg (Gründung 1757), das Bergbauinstitut im russischen St. Petersburg (Gründung 1773) sowie Ausbildungsstrukturen in Preußen (Berlin) oder dem Harz (Clausthal), da keine Nachweise für eine Wahrnehmung von deren Kursprogramm durch relevante Akteure aus Spanien oder Portugal gefunden wurden. Es ist davon auszugehen, dass von ihnen nur geringer Einfluss auf die Prozesse der Formalisierung von höheren montanistischen Ausbildungsstrukturen in den iberischen Kolonialreichen ausging.

2.1.1 Sachsen

In Sachsen setzte der Prozess der Etablierung eines eigenen montanistischen Bildungssystems im Vergleich zu anderen europäischen Montanrevieren relativ früh ein. Die Anfänge liegen in den – wie auch in anderen technisch und wissenschaftlich fortschrittlichen Montanregionen Europas – seit der zweiten Hälfte des 16. Jahrhunderts üblichen Qualifizierungsformen, zu denen Informationsreisen zu benachbarten und ausländischen Montanrevieren mit inkludierten Anlagenbesichtigungen sowie der Privatunterricht bei Fachleuten des Bergbaus, Hüttenwesens oder der Markscheidekunde als Elemente der beruflichen Fortbildung zählten.[4] Die Finanzierung dieser Zusatzausbildungen erfolgte zumeist über Stipendien der jeweiligen Staatsregierung. Dieses in Sachsen seit 1617 bekannte System erhielt mit der 1702 eingerichteten Stipendienkasse eine stabilere finanzielle Grundlage, womit es gelang, eine größere Anzahl von Fachleuten für den sächsischen Bergbau und das Hüttenwesen auszubilden.[5]

Diese individuell gestalteten und auf die speziellen Bedürfnisse des jeweiligen Stipendiaten ausgerichteten Aus- und Weiterbildungsprogramme zielten primär auf eine Übermittlung praktischer Kenntnisse ab. Ein neues Niveau konnte mit dem von Johann Friedrich Henckel (1678–1744)[6] offerierten Angebot einer wissenschaftlich fundierten Zusatzausbildung, die zahlungswillige sächsische Adelige und Ausländer für den Eintritt in den höheren Dienst im Montanwesen qualifizierte, erreicht werden. Henckel vermittelte – unter anderem in seinem 1733 eingerichteten Laboratorium – Kenntnisse der Mineralogie, Metallurgie und Probierkunde, die weit über die an traditionellen Ausbildungsstätten gelehrten hinausgingen.[7] Diese Form der Unterweisung, die Lehrinhalte sowie eine Vielzahl von Publikationen begründeten sein internationales wissenschaftliches Renommée. Sie ließen sein Laboratorium in Freiberg zu einem Leuchtturm der Montanwissenschaften werden, der Interessenten aus dem In- und

4 Vgl. Albrecht 2016, S. 44.
5 Vgl. Festschrift 1965, S. 59, Sennewald 2002, S. 407.
6 Henckel praktizierte ab 1721 als Arzt in Freiberg, seine Ernennung zum Bergrat erfolgte 1732.
7 Vgl. Albrecht 2016, S. 46.

Ausland anzog. Zu den berühmtesten zählten die Russen Michail Wassiljewitsch Lomonossow (1711–1765), Dmitri Iwanowitsch Winogradow (1720–1758) und Ulrich Raiser (1718–1762), die ab 1739 in Freiberg studierten.[8] Nach Henckels Tod führte der zuvor in St. Petersburg tätige Christlieb Ehregott Gellert (1713–1795)[9] den chemisch-metallurgischen Unterricht fort. Dieser entwickelte sich in Verbindung mit dem Kursangebot weiterer sächsischer Fachleute und unter der Bezeichnung *Metallurgisches Institutum* zu einer festen Größe in der montanistischen Ausbildungslandschaft Europas, wie die kontinuierlich steigende Zahl von Studentengruppen aus Ländern wie Italien, Spanien und Frankreich zeigt.

Eine Bündelung dieses vorrangig in Freiberg offerierten Ausbildungsangebots erfolgte im Kontext des Aufenthalts einer Gruppe von Piemonteser Militärbeamten um Spirito Benedetto Nicolis di Robilant (1722–1801) ab 1749, für die das Oberbergamt einen auf zwei Jahre angelegten Kursplan erstellte. Die Behörde folgte damit Tendenzen zur Strukturierung der höheren montanistischen Ausbildung, die in Sachsen seit geraumer Zeit diskutiert wurden, wie beipielsweise die 1746 publizierte Schrift zu *Beschaffenheit, Einrichtung und Nutzen einer Academie derer Bergwercks-wissenschaften* des sächsichen Kommissionsrats Carl Friedrich Zimmermann (1713–1747) zeigt.[10]

Das Gefüge des Kursangebots für Robilant und seine vier Begleiter lässt sich anhand von Aktenmaterial im Sächsischen Hauptstaatsarchiv in Dresden und im Universitätsarchiv Freiberg[11] erschließen. Es umfasste ein breites berg- und hüttenkundliches Fächerspektrum mit Schwerpunkt auf dem Bereich der Metallurgie. Zu den praktischen und theoretischen Unterrichtseinheiten, die der Gruppe um Robilant angeboten wurden, zählten in Freiberg: chemische Metallurgie bei Christlieb Ehregott Gellert (200 Taler/Person, 600 Taler/5 Personen), Metallurgie/Schmelzwesen bei Siegmund

8 Die Mitglieder der Stipendiatengruppe aus Russland nahmen nicht nur Unterricht bei Henckel, sondern auch bei weiteren sächsischen Fachleuten. So ist bekannt, dass Winogradow und Raiser bis zum Sommer 1741 Kurse bei Johann Andreas Klotzsch (um 1710–1777) im Probieren, bei August Beyer (1677–1753) im Markscheiden und Johann Gottlieb Kern (um 1700 bis 1745) in der Bergbaukunde und Aufbereitung absolvierten (vgl. Herrmann 2005, S. 128/177-178 und Sennewald 2002, S. 419).

9 Gellert war zwischen 1735 und 1744 in St. Petersburg an der 1724 gegründeten Akademie der Wissenschaften tätig, die ihren Mangel an Fachleuten in den verschiedenen Wissenschaftsgebieten durch Berufungen aus dem Ausland kompensierte. 1744 wurde er zurück nach Sachsen beordert und 1753 zum Kommissionsrat im Freiberger Oberbergamt ernannt.

10 Zimmermanns Vorschlag sah die Verschmelzung einer Lehranstalt mit einer Gelehrtengesellschaft vor. An dieser Institution sollte Wissen aus den verschiedenen Fachbereichen der Bergwerkswissenschaften gebündelt und zur Förderung des Montanwesens beigetragen werden (vgl. Herrmann 1953, S. 38-40, Klein 2016, S. 17 und Weber 2015, S. 242).

11 Das Universitätsarchiv Freiberg bewahrt dabei kaum Dokumente mit Details zum Kursangebot auf, jedoch die Reskripte, die Genehmigungen zur Befahrung von Berg- und Hüttenwerken in Freiberg und dem „Obergebürge“ enthalten (UAF, OBA 181, Bl. 277-278 und Bl. 320-325).

Ehrenfried Hoffmann (200 Taler/Person, 500 Taler/5 Personen), Probierkunde bei Johann Andreas Klotzsch (70 Taler/Person, 250 Taler/5 Personen) und Markscheidewesen bei Georg Gottfried Seybt (100 Taler/Person, 300 Taler/5 Personen). Darüber hinaus bestand die Möglichkeit, Kurse im Silberbrennen bei Johann Schulze (30 Taler/Person) und im Saigerwesen/Garmachen bei Schichtmeister Samel Zocher in Grünthal (100 Taler/Person) zu besuchen.[12]

Wenngleich aus der Literatur bekannt ist, dass Robilant durch Besuch der im Jahr 1739 gegründeten Militärschule *Reali Scuole teoriche e pratiche d'artiglieria e fortificazioni*, die als wissenschaftlich-technische Qualifizierungsanstalt des Beamtennachwuchses und als Forschungsstätte für die technologischen Anwendungswissenschaften eingerichtet wurde[13], eine fachspezifische Vorbildung besass, ist davon auszugehen, dass die übrigen Piemonteser Stipendiaten ähnliche Bildungswege durchlaufen hatten. Das Ziel der Ausbildung im Ausland, das auf eine Aneignung von rezent generiertem Fachwissen und dessen Transfer zur nützlichen Anwendung im Heimatland fokussierte, legt eine solche Vermutung nahe. Die Wissenstransferaktivitäten der Gruppe Piemonteser Studenten im Einzelnen sind nicht Gegenstand der Untersuchung in dieser Forschungsarbeit. An dieser Stelle soll lediglich auf die von Robilant verfasste, nur in Form eines Manuskripts vorliegende Schrift *Scuola fatta in Freyberg dal cavaliere di Robilant insieme ai Cadetti d'Artiglieria Ponzio, Bussoletti, Fontana e Vallino. Descrizone della Sassonia minerale* mit detaillierten Informationen zum sächsischen Montanwesen und dem Stand der Technik sowie auf eine in Freiberg erworbene Mineraliensammlung für das Mineralogische Museum am Turiner Arsenal[14] verwiesen werden.[15] Eine Analyse der Schrift stellt ein Desiderat der Geschichtsforschung dar und würde sicherlich interessante Erkenntnisse zu den Ausbildungsstrukturen im sächsischen Montanwesen vor Gründung der Bergakademie sowie zu Wissenszirkulationsbewegungen und der internationalen Vernetzung von Montanexperten gegen Mitte des 18. Jahrhunderts bringen.

Reichlich zwanzig Jahre nach dem Besuch Robilants und der Zusammenstellung eines „kompletten" montanistischen Kursangebots kam es im Kontext des sogenannten sächsischen Rétablissements mit Gründung der Bergakademie in Freiberg zur Etablierung einer eigenständigen Ausbildungsinstitution. Mit ihrer Einrichtung wurde eine Maßnahme der seinerzeit angeschobenen Reformen, die den Bergbau in Sachsen

12 Siehe HStAD, 10036 Finanzarchiv, Loc. 41779 Rep. IX b Lit. A Nr. 2 Vol. VI, Bl. 4-5, vgl. auch Sennewald 2002, S. 410.

13 Vgl. Lang 2008, S. 40.

14 Robilant kaufte die Sammlung für Turin von Adam Friedrich von Ponickau (1702–1785). Adam Friedrich von Ponickau entstammte einer weitverzweigten sächsischen Adelsfamilie und war ab 1733 als Bergkommissionsrat und Oberbergamtsassessor, ab 1763 als Berghauptmann und ab 1769 als Oberberghauptmann in Freiberg tätig (Information von Dr. Herbert Kaden, vormaliger Leiter des UAF).

15 Vgl. Lang 2008, S. 42-44.

zu neuer Blüte bringen sollten, zur Umsetzung gebracht. Ein auf die Nutzung heimischer Ressourcen basierter wirtschaftlicher Aufschwung stellte sich für die Sanierer des Staatshaushalts als unabdingbar für die Überwindung der hohen Verschuldung nach dem „Augusteischen Zeitalter" und dem Siebenjährigen Krieg (1756–63) dar.

Für die Erarbeitung von Vorschlägen zur Umgestaltung des Montanwesens war 1763 der braunschweigische Vizeberghauptmann Friedrich Anton von Heynitz (1725–1802) als Bergrat an das Dresdner Kammer- und Bergratskollegium berufen worden. Den Plan für die Struktur und Ausbildungsinhalte der Bergakademie erarbeitete Heynitz in enger Abstimmung mit dem Freiberger Oberberghauptmann Friedrich Wilhelm von Oppel (1720–1769) unter Bezugnahme auf die bereits vorhandenen und beispielweise durch Lomonossow oder Robilant genutzten Angebote. Die Unterrichtung an der 1765 neugegründeten Bergakademie stützte sich auf zwei Säulen: eine „geometrische Zeichenschule" und eine „metallurgisch-chemische Schule". Wie bereits erprobt, sollte die Vermittlung der theoretischen und praktischen Lehrinhalte durch erfahrene Montanexperten erfolgen.

Mit einer breiten Fächerung des Kursangebots sollten die Studenten auf das komplexe Anforderungsprofil ihrer zukünftigen Profession vorbereitet werden, denn als Montanbeamte waren sie für die Erfüllung einer Vielzahl von Aufgaben im praktischen Berg- und Hüttenbetrieb verantwortlich: Sie wirkten bei der Vorbereitung und Einführung technologischer Innovationen, der Administration und Gerichtsbarkeit, bei der Erkundung und Bewertung von Lagerstätten mit und waren darüber hinaus häufig auch für die Unterrichtung des Nachwuchses zuständig.

Das Studium für die von der sächsischen Landesherrschaft finanzierten Stipendiaten war auf einen Zeitraum von drei Jahren ausgelegt, konnte jedoch gemäß den individuellen Fortschritten der Schüler verlängert oder verkürzt werden. Der im Jahr 1766 erstellte Hauptplan der Bergakademie führte jedoch aus, *„(...) daß niemand dieses Stipendium zu seinem Aufenthalt in Freÿberg länger, als höchstens dreÿ Jahr genießen kan."*[16] „Fremden", also nicht aus Sachsen stammenden Personen, war nach behördlicher Genehmigung und Zahlung der *„üblichen honorarii"* die Teilnahme am bergakademischen Unterricht gestattet. Um eine umfassende Wissensaneignung zu gewährleisten, war eine Fortführung des Systems der Vergabe von Reisestipendien vorgesehen, so dass insbesondere talentierte *„Cavalliers"* Einblicke in Abläufe und technische Entwicklungen in fremden Bergrevieren erhalten konnten. Die Ausbildung war auf das Hervorbringen einer kameralistischen Beamtenschaft angelegt, die effizient das Berg- und Hüttenwesen als Grundpfeiler der Wirtschaft eines Staats betreiben konnte, und spiegelt die in der Aufklärung verankerten Diskurse um nützliches Wissen und nützliche Berufsbildung wider.[17]

16 UAF, OBA 236, Bl. 82-83.
17 Vgl. Albrecht 2016, S. 62, Klein 2016, S. 142-145.

Einige der in Freiberg bereits in der Unterrichtung aktiven Montanexperten wurden nahtlos in die Lehrerschaft der neuen Bergakademie eingegliedert. So übernahm der bereits langjährig in der Ausbildung erfahrene Gellert ab 1766 den Unterricht an der „metallurgisch-chemischen Schule“. Als Lehrbücher verwendete er die von ihm selbst verfassten *Anfangsgründe zur metallurgischen Chemie* (1750)[18] und *Anfangsgründe der Probierkunst* (1755), die zu den ersten Lehrbüchern auf diesen Fachgebieten zählen. Den Unterricht konnte er insbesondere durch seine praktischen Erfahrungen im lokalen Hüttenbetrieb, die er in Ausübung diverser Funktionen in der Montanverwaltung (unter anderem ab 1762 als Oberhüttenverwalter) erlangt hatte, bereichern. Hierbei hatte er sich beispielweise mit Untersuchungen der zu verhüttenden Einsatzstoffe, der Verbesserung von Schmelzprozessen und Bergwerksmaschinen beschäftigt.[19]

Der erste Lehrer an der „geometrischen Zeichenschule“ war – ebenso ab 1766 – Johann Friedrich Wilhelm von Charpentier (1738–1805), der das Unterrichtsprogramm in der Mathematik (bis 1785), im Zeichnen (bis 1783) und ab 1769 zusätzlich in Physik und Mechanik (bis 1785) sowie ab 1780 in Theoretischer Markscheidekunst abdeckte, bevor er ab 1785 den Fokus seiner Tätigkeit auf Aufgaben im Hüttenbetrieb und der Montanverwaltung legte.[20] Seine Schüler konnten freilich auch von seinem während der geologischen Erkundung Sachsens erlangten Wissen profitieren, in deren Ergebnis er 1778 mit der *Mineralogischen Geographie Kursächsischen Lande* als erster Vertreter seines Fachs eine geologische Karte eines größeren zusammenhängenden Gebiets veröffentlicht hatte.[21] Für den bergakademischen Unterricht in der Zeit nach der Akademiegründung waren ferner der bereits als Ausbilder im Kursprogramm von Robilant aufgeführte Johann Andreas Klotzsch auf dem Gebiet der Probierkunde[22] sowie Carl Ernst Richter (1718–1780) auf dem der praktischen Markscheidekunst und Christian Hieronymus Lommer (1741–1787) auf dem der Mineralogie[23] und Bergbaukunst verantwortlich.

---

18 Gellert trug gemeinsam mit seinem „Vorgänger“ Henckel und seinen Nachfolgern entscheidend zur Ausdifferenzierung der metallurgischen Chemie und ihrer Etablierung als Spezialgebiet der Chemie bei.

19 Vgl. Kaden 2015, S. 23.

20 Charpentier trieb gemeinsam mit Gellert zwischen 1787 und 1791 die Einrichtung eines Amalgamierwerks in Halsbrücke voran (vgl. Kapitel 4.1.1). Im Jahr 1800 wurde er zum Vizeberghauptmann ernannt, 1802 zum Berghauptmann (vgl. Kaden 2015, S. 22).

21 Vgl. Kaden 2015, S. 22.

22 Klotzsch war als Bergwardein beim Oberhüttenamt in Freiberg beschäftigt und damit für die Analyse der Zusammensetzung der zu verhüttenden Erze zuständig. Nach dem Tod von Johann Andreas Klotzsch führte sein Sohn Andreas Heinrich Klotzsch (1751–1828) den Unterricht in Probierkunde (1777–1802) fort (vgl. Kaden 2015, S. 25).

23 Lommer wurde am 8. Februar 1766 zum Inspektor der Modellsammlung, der Mineraliensammlung und der Bibliothek der Bergakademie berufen. Mineralogische Sachverhalte vermittelte er durch Erläuterung der Mineralien der Stufensammlung (vgl. Kaden 2015, S. 24).

Die Entwicklung von Lehre und Forschung an der Freiberger Bergakademie prägte in besonderem Maße in den ersten 50 Jahren ihres Bestehens Abraham Gottlob Werner (1749–1817), der 1775 in Nachfolge von Lommer zum Lehrer für Bergbaukunst und Mineralogie und zum Akademie-Inspektor berufen worden war. Er selbst hatte zwischen 1769 und 1771 in Freiberg studiert.

Abb. 1 | Eintrag von Abraham Gottlob Werner im Besucherbuch der Bergakademie, 1774, S. 11

Werner hatte sich für eine Anstellung als Lehrer an der Freiberger Bergakademie durch Herausgabe seiner Schrift *Von den äußerlichen Kennzeichen der Foßilien* (1774) qualifiziert. In ihr stellte er eine Methode zur sensualistischen Bestimmung von Mineralien mithilfe systematisierter Merkmale, wie Farbe, Gestalt, Glanz, Bruch, Durchsichtigkeit, Härte, Festigkeit, Biegsamkeit, Geruch oder Geschmack vor. Dieses Identifikationsinstrumentarium war bis weit in das 19. Jahrhundert hinein im In- und Ausland verbreitet und zählte zum Unterrichtsstoff an einer Vielzahl einschlägiger Institutionen. Mit dieser relativ einfach handhabbaren Methode konnte ein vielgestaltiger Akteurskreis, bestehend aus Montanfachleuten und (Hobby-)Mineralogen oder Geologen ohne komplizierte technische Ausstattung eine erste Schnellbestimmung der im Gelände aufgefundenen Mineralien vornehmen. Werners Methode verlor erst an Bedeutung, als mithilfe ausgereifter chemischer Analyseverfahren die Zusammensetzung der Fundobjekte zunehmend präziser bestimmt werden konnte.

In seiner Zeit als Lehrer an der Freiberger Bergakademie trug Werner in bedeutendem Maße zur Binnendifferenzierung der Montanwissenschaften bei, wie auch an seinem Vorlesungsangebot ablesbar ist. Auf seine Initiative hin erfolgte im Jahr 1776 eine Aufteilung des ihm übertragenen „Mineralogischen Collegiums" in zwei voneinander getrennte Kurse: „Bergbaukunst" und „Mineralogie", wobei er letztere ab 1788 unter dem Namen „Oryktognosie" lehrte. In Ergänzung dazu führte Werner 1782 eine Vorlesung zur Gebirgslehre ein, die er ab 1786 unter der Bezeichnung „Geognosie" anbot.[24] Die Abspaltung der Lehre zur Entstehung der Gesteine und Ausformung der Erdkruste war eine logische Konsequenz der damals in Gelehrtenkreisen geführten Diskussion um geologische Entstehungsprozesse, die sich etwa in der Neptunisten-Vulkanisten-Kontroverse äußerte. Konkret am Beispiel des Basalts verfocht Werner – auf Seite der Neptunisten – eine Entstehung durch Sedimentation, also durch Ablagerungen aus

24 Vgl. Albrecht 2003, S. 20.

einem Urmeer; James Hutton (1726–1797) hingegen – als prominenter Vertreter der Plutonisten – tendierte zu einem vulkanischen Ursprung. Wenngleich Werners Konzepte letztlich – insbesondere auch durch Forschungen seiner Schüler wie Alexander von Humboldt – widerlegt wurden, trug die Debatte – gerade durch die zur Untermauerung der eigenen Positionen gesammelten umfangreichen Datensätze – zu einer deutlichen Erweiterung des Klassifikations- und Interpretationsinstrumentariums und zur Ausformung neuer geologischer Konzepte bei.[25]

Während seiner etwa 40 Jahre währenden Lehrtätigkeit bot Werner in Ergänzung zu den genannten „Standard-Vorlesungen" in unregelmäßigen Abständen Spezialkurse an, die sich einerseits geowissenschaftlichen Themengebieten wie der mineralogischen Geographie von Ungarn oder Sachsen beziehungsweise der Versteinerungslehre und andererseits diversen Bereichen der Berg- und Hüttentechnik widmeten (Bergmaschinenlehre, Aufbereitung oder Eisenhüttenkunde).[26] Aus dem von ihm generierten und dem bereits an der Bergakademie etablierten Kursangebot entwickelte Werner ein Muster-Curriculum für ein Studium der Bergwerkskunde, das angehende Montanexperten umfassend auf das zukünftig breite Aufgabenspektrum vorbereiten sollte. Gemäß einer Übersicht auf dem Jahr 1811 umfasste es folgende Lehrgebiete[27]:

- Mineralogischer Teil: Oryktognosie, mineralogische Chemie, Geognosie, mineralogische Geographie, ökonomische Mineralogie
- Technischer Teil: Häuerarbeit, Grubenausbau, Förderung, Maschinenarbeit, Aufbereitung, Hüttenarbeiten
- Ökonomischer Teil: Grubenhaushalt, Hüttenhaushalt, Berg-Stylistik, Berg-Rechnungswesen, Berg-Kommerz-Wissenschaft, Berg-Kameral-Wissenschaft
- Mathematischer Teil: Markscheidekunst, Bergmechanik, Bergmännische Baukunst
- Juristischer Teil: Bergrechtslehre, Auslegungskunst der Berggesetze und die Kunst, Bergwerksgesetze abzufassen
- Historischer Teil: Bergwerksgeschichte, Bergwerksgeographie.

In seine Vorlesungen und in die von ihm entwickelten Konzepte ließ Werner im „Ausland" generiertes Wissen einfließen, dass ihm über seine geographisch weiträumigen Netzwerke von Partnern aus Experten- und Laienkreisen zugetragen wurde. Die in der Universitätsbibliothek Freiberg verwahrten Bände seines Nachlasses (UBF, NL Werner), die eine umfangreiche Sammlung an Fachpublikationen aus dem In- und Ausland beinhalten, zeigen, dass Werner die internationalen Entwicklungen in seinem Fach-

25 Vgl. Ospovat 2003, S. 11-14.
26 Siehe Reich 1850, S. 24-30.
27 Siehe Werner 1811, S. 161-176.

gebiet konstant verfolgte.[28] Dies befähigte ihn auch, seinen Schülern auf deren spezielle Erfordernisse zugeschnittene Lehrinhalte in Spezialkursen und Privatissima zu vermitteln.

Die Bergakademie erlangte in der Ära Werner den Status eines international be- und anerkannten montanwissenschaftlichen Zentrums. Neben Werner trugen freilich auch weitere Lehrer wie Johann Friedrich Lempe (1757–1801), Alexander Wilhelm Köhler (1756–1832) oder Wilhelm August Lampadius (1772–1842) zu dieser Positionierung bei.

Der vormalige Bergakademie-Student Lempe hatte sich – wie auch Werner – mit der Herausgabe einer Fachpublikation, der 1782 erschienenen *Gründlichen Anleitung zur Markscheidekunst,* als Lehrer der Bergakademie beziehungsweise für eine gehobene Position in der Montanverwaltung empfohlen. Nach einer sich dem Studium anschließenden Phase, in der Lempe im Auftrag des Oberbergamts zunächst Privatissima gab, übernahm er ab Frühjahr 1784 zur Entlastung von Charpentier die Lehre der Mathematik und Physik an der Bergakademie, unterrichtete ferner ab 1785 Mechanik und Theoretische Markscheidekunst sowie ab 1797 Bergmaschinenlehre und erhielt Mitte der 1780er Jahre die Aufsicht über die Bibliothek sowie die mathematische und physikalische Instrumentensammlung.[29] Auch Alexander Wilhelm Köhler war ein ehemaliger Student der Bergakademie und arbeitete seit 1779 in der Montanverwaltung in Freiberg. Im Jahr 1786 erhielt er einen Ruf auf den neu an der Bergakademie geschaffenen Lehrstuhl für Bergrecht. Zur Unterrichtung verwendete er den von ihm verfassten *Versuch einer Anleitung zu den Rechten und der Verfassung bey dem Bergbaue in Chursachsen* (1786). In seinen Lehrveranstaltungen vermittelte Köhler neben juristischen Inhalten auch administratives Wissen und wies die angehenden Bergbeamten in Abläufe und Zuständigkeiten innerhalb der Bergverwaltung ein.[30]

Sowohl Lempe als auch Köhler waren nicht nur in der Lehre engagiert, sondern kamen mit der Herausgabe der ersten montanistischen Fachjournale weltweit der bereits 1767 angekündigten periodischen Veröffentlichung „*Bergmännischer Abhandlungen und Nachrichten, zum Nutzen der Churfürstl. Berg-Academie zu Freyberg*" nach, die Beiträge von „*Fremden*" und „*Innländern*" vereinen und dem montanwissenschaftlichen

28 In Bezug auf den in der Forschungsarbeit gelegten Fokus konnten im Werner-Nachlass eine Reihe von Beiträgen und Datensammlungen zum spanischen Montanwesen nachgewiesen werden. Dazu zählen Übersichten zu Montanrevieren in Spanien (Bd. 35), zur Gold- und Silbergewinnung in Amerika (Bd. 38) oder zur Eisenhüttenindustrie in Spanien (Bd. 56).

29 Vgl. Kaden 2015, S. 30.

30 Vgl. Kaden 2015, S. 31 und Kaden 2008, S. 10. Zu den von Köhler angebotenen Lehrveranstaltungen gehörte ab 1788 ein „Collegium über den deutschen Styl" sowie ab 1797 eine „Practische Anweisung zu Canzelley-, Expeditions- und Archivarischen Geschäften".

Austausch über Ländergrenzen hinweg befördern sollte.[31] In dem von Lempe in 13 Bänden zwischen 1785 und 1799 herausgegebenem *Magazin für die Bergbaukunde* dominierten Besprechungen aktueller Themen des sächsischen Berg- und Hüttenwesens, Entwicklungen im Ausland wurden nur marginal reflektiert.[32]

Einen stärkeren Fokus auf die Publikation von Erkenntnissen und Forschungsergebnissen der internationalen Fachcommunity legte Köhler in seinem *Bergmännischen Journal,* das er zwischen 1788 und 1794 allein und bis 1816 gemeinsam mit seinem Schwiegersohn Christian August Siegfried Hoffmann (1760–1813) unter dem Titel *Neues Bergmännisches Journal* redaktionell betreute. Ausländische Autoren gewann Köhler unter Nutzung seiner geographisch weiträumigen Netzwerke, über die er mit ehemaligen Bergakademie-Studenten und Fachkollegen in Kontakt stand.[33] Mit der Herausgabe dieser Fachjournale trugen Lempe, Köhler und Hoffmann zu einer Intensivierung der Zirkulation von montanistischem Wissen über Ländergrenzen hinweg und damit zur Minimierung räumlicher Distanzen bei. Über diese periodisch erscheinenden Abhandlungen gelang es, einen deutlich größeren Interessentenkreis an neuen Erkenntnissen und Beobachtungen partizipieren zu lassen, als es bisher über das Medium der Korrespondenz möglich war.[34] Insbesondere das *Bergmännische Journal,* das gemäß einer Auflistung aus dem Jahr 1789 nicht nur zu Beziehern im gesamten deutschen Sprachraum geliefert wurde[35], hatte als gedrucktes Medium zur Wissens-

31 Die Ankündigung von periodisch zu erscheinenden Fachpublikationen zur Beförderung der überregionalen Wissenszirkulation erfolgte in einem im Leipziger Intelligenzblatt geschalteten Avertissement anlässlich der Einrichtung der Bergakademie in Freiberg (enthalten in UAF, OBA 236, Bl. 115-121).

32 Zu den wenigen Veröffentlichungen im *Magazin der Bergbaukunde*, die internationale Entwicklungen des Fachs thematisieren, zählen die Ausführungen zu der 1784 von Jean-Baptiste Romé de L'Isle (1736–1790) veröffentlichten *Schrift Des caractères extérieurs des minéraux* mit Anmerkungen von Dietrich Ludwig Gustav Carsten (1768–1810) in Band 2 (1786), S. 1-68, zu den 1784 von Richard Kirwan (1733–1812) publizierten *Elements of Mineralogy* in Band 4 (1787), S. 30-111 und Band 7 (1790), S. 1-50, sowie zu Eisenerzeugungsprozessen in Niederungarn in Band 10 (1793), S. 231-244.

33 Der hohe Anteil an überregional aktiven Autoren lässt sich beispielsweise im zweiten Band des dritten Jahrgangs *des Bergmännischen Journals* (1790) ablesen, der eine *Nachricht von dem Bergwerke zu Anglezark in England [...] von dem Verfasser Herrn James Watt Junior [...]* (S. 216-227), eine *Chemische Untersuchung eines noch unbestimmten Foßils, vom Herrn Professor Klaproth*, (S. 227-230), ein *Beitrag zur Geschichte der schlesichen Siegelerden [...] (Vom Herrn Bergsekretär Mihes in Breslau)* (S. 265-281), eine *Uebersetzung einiger Stellen aus des Herrn Hofrath von Born Catalogue de la Collection des Fossiles de M. de Raab, Tom. II. [...]* (S. 287-297) und ein *Auszug eines Schreibens vom Herrn Bergrath Flurl in München [...]* (S. 527-538) enthielt.

34 Vgl. Brianta 2007, S. 341, Wagenbreth et al. 2012, S. 94.

35 Siehe *Subscribenten-Verzeichnis zum bergmännischen Journale auf das Jahr 1789.* in: Bergmännisches Journal. 2. Jahrgang. 1. Band (1789), S. 109-119. Das Journal wurde gemäß dieser Liste bis nach London, Birmingham und Kolywan in Sibirien geliefert.

zirkulation mit einem international ausgerichteten Beitragsspektrum Vorbildcharakter für montan- beziehungsweise geowissenschaftliche Fachjournale, die ab der letzten Dekade des 18. Jahrhunderts in Paris, Frankfurt oder Berlin erschienen.[36]

Mit dem ebenfalls der zweiten Lehrer-Generation der Freiberger Bergakademie angehörenden Lampadius erfolgte erstmalig die Berufung eines Akteurs, der nicht zu den Absolventen der Institution zählte. Lampadius wurde im Studienjahr 1795/96 als Nachfolger von Gellert zum ordentlichen Professor für Chemie und Hüttenkunde bestellt. Um hochqualitativen Unterricht bieten zu können und die Chemie „*mit Nutzen*" betreiben zu können, ließ er mit Unterstützung von Werner und in Anknüpfung an Entwicklungen in den europäischen Zentren der „modernen" Chemie ein chemisches Laboratorium an der Bergakademie einrichten.[37] Lampadius, der als einer der Ersten in Deutschland die Lavoisier'sche Theorie zur Oxidation vertrat, gelang es einen wesentlichen Beitrag zur fachlichen Binnendifferenzierung der Chemie zu leisten. Seine diesbezüglichen Bestrebungen spiegelten sich auch in der Aufteilung des metallurgisch-chemischen Kursangebots auf Lehrveranstaltungen zu Metallhüttenkunde, Allgemeiner Chemie, Analytischer Chemie und Technischer Chemie sowie in von ihm verfassten Publikationen wie dem *Handbuch zur chemischen Analyse der Mineralkörper* (1801), dem *Handbuch der allgemeinen Hüttenkunde, in theoretischer und praktischer Hinsicht* (1801–1810), dem *Grundriß der technischen Chemie* (1815), dem *Grundriß der Elektrochemie* (1817) und dem *Grundriß einer allgemeinen Hüttenkunde* (1827) wider. Lampadius, der Lehre und Forschung grundsätzlich an Nützlichkeitserwägungen ausrichtete, konnte im Rahmen seiner Tätigkeit in Sachsen zu einer Reihe von technischen Erfindungen beitragen und vielfältige Impulse für Innovationen im sächsischen Montanwesen geben. Überregionale Beachtung fanden beispielsweise seine Aktivitäten zur Einrichtung einer großtechnischen Gaserzeugungsanlage, die als erste auf dem europäischen Kontinent am 4. Januar 1816 in Betrieb genommen wurde.[38]

Mit der im Akteurskreis um Werner, Lempe, Köhler, Lampadius und weiteren hier nicht im Einzelnen aufgeführten Lehrern[39] gebündelten Montanexpertise und in Verbindung mit einer den internationalen Austausch begünstigenden Politik der sächsischen (Montan)Behörden entwickelte die Bergakademie an der Wende vom 18. zum 19. Jahrhundert eine hohe Anziehungskraft auch für Studierende aus „fremden" Län-

36 In Paris erschien im Jahr 1794 erstmalig das *Journal des Mines*. Einer der Herausgeber war mit André Jean-Marie Brochant de Villiers (1772–1840) ein ehemaliger Student der Freiberger Bergakademie. Über zehn Jahre später – ab 1807 – wurde in Frankfurt/M. *Leonhards Taschenbuch für die gesamte Mineralogie mit Rücksicht auf die neuesten Entdeckungen* herausgegeben. In Berlin wurde ab 1828 das *Archiv für Mineralogie, Geognosie, Bergbau und Hüttenkunde* publiziert.

37 Vgl. Pohl 2021.

38 Vgl. Kaden 2015, S. 32.

39 Einen Überblick über das gesamte Lehrpersonal der Bergakademie in der Ära Werner bietet der *Catalogus Professorum Fribergensis* (Kaden 2015).

dern – so wie es die seit den 1770er Jahren stetig steigende Anzahl ausländischer Studenten und Besucher beweist.[40] Über diesen Personenkreis fand in Sachsen generiertes Wissen – zu Ausbildungsinhalten und -strukturen, zu Berg- und Hüttentechnik, zur Organisation der Verwaltung etc. – international Verbreitung und machte die Akteure des Freiberger Montanreviers zu Impulsgebern für und Treibern von unterschiedlichsten Entwicklungen im überregionalen Berg- und Hüttenwesen.

2.1.2 *Habsburger Monarchie*

Wie in Sachsen setzten auch in den Territorien der Habsburger Monarchie relativ früh im internationalen Vergleich Prozesse der Formalisierung der höheren montanistischen Ausbildung ein. In der ersten Hälfte des 18. Jahrhunderts entstanden zunächst in mehreren Bergrevieren primär auf die Weitergabe praktischen Wissens ausgerichtete „Bergschulen".[41] Die zunehmende Verwissenschaftlichung des Berg- und Hüttenwesens erforderte jedoch schon bald eine Ausweitung des bestehenden Ausbildungsangebots, der zunächst mit Einrichtung einer Professur für metallurgische Chemie und Mineralogie 1762 in Schemnitz und einem theoretisch ausgerichteten Lehrstuhl für die Bergwissenschaften 1763 an der Universität von Prag genüge getan wurde.[42] Das Lehrangebot in Schemnitz wurde im Jahr 1765 durch Einrichtung einer Professur für Mathematik und Mechanik erweitert.[43]

Die räumliche Distanz zwischen den Unterrichtsorten fand 1770 mit der Schaffung einer Institution unter der Bezeichnung „Kaiserlich-Königliche Bergakademie" in dem in der niederungarischen (heute slowakischen) Edelmetallbergbauregion gelegenen Schemnitz und der Regulierung des höheren montanistischen Ausbildungsangebots über das *Systema Academiœ Montanisticœ* ein Ende.[44] Die hier verankerten Vorgaben enthielten klare Festlegungen zu den zu vermittelnden Lehrinhalten und ihrer Abfolge im Studienverlauf, zur Studiendauer, zu absolvierenden Prüfungen, zu Eintrittsbedin-

40 Der Anteil ausländischer Studierender stieg im Zeitraum 1766–70 von etwa zwölf Prozent auf über 31 Prozent im Zeitraum 1771-80 und auf über 52 Prozent in der Dekade 1801–10. Zu den Herkunftsländern zählten neben Spanien und Portugal auch Holland, Russland, die Habsburger Monarchie, Polen, Norwegen, England, Dänemark, Schweden, Schweiz, Frankreich und Italien (vgl. Albrecht 2016, S. 70).

41 Vgl. Konečný 2012, S. 15, Albrecht 2016, S. 47.

42 Vgl. Weber 2015, S. 237, Albrecht 2016, S. 47.

43 Vgl. Konečný 2012, S. 25.

44 Die mehrjährig andauernde Phase der Konzentration der höheren montanistischen Lehre in Schemnitz fand ihren Abschluss mit dem Umzug des Lehrstuhls für Bergwissenschaften von Prag nach Niederungarn im Jahr 1772 (vgl. Konečný 2012, S. 27).

gungen und dem Einsatz des Lehrpersonals.[45] Im Gegensatz zu der an der Freiberger Bergakademie in ihrer Anfangszeit üblichen Praxis der Belegung von Lehrveranstaltungen in Einklang mit dem individuellen Studienfortschritt war in Schemnitz nun ein fester Studienablaufplan vorgegegeben, demnach das Kursprogramm in drei Studienjahren zu absolvieren war:

- 1. Studienjahr: Physik und Mathematik mit Schwerpunkt auf die bergbauliche Anwendung, Übungen im technischen Zeichnen und Befahrungen von Bergwerken
- 2. Studienjahr: Mineralogie und metallurgische Chemie, Praktika zum Erlernen von Techniken des chemischen Arbeitens und der Analyse von Mineralien im Laboratorium, der Mineraliensammlung und in umliegenden Hüttenwerken
- 3. Studienjahr: Bergbaukunde mit theoretischer Markscheidekunde, Forstkunde, Bergrecht und Bergkameralisitik

Ebenso in Abweichung zur Freiberger Institution wurde die Lehrerschaft der Schemnitzer Bergakademie zunächst nicht nur aus dem Kreis der praktisch und theoretisch tätigen Habsburger Montanbeamten rekrutiert, sondern hatte auch akademischen Hintergrund. Während Johann Thaddäus Peithner (1727–1792), der als Vertreter des Lehrstuhls für Bergwissenschaften in Prag ab dem Wintersemester 1763/64 einen kompletten Kurs der Montanwissenschaften anbot, ein Beamter des Prager Münzamts war[46], konnte Nicolaus Joseph von Jacquin (1727–1817), der die Professur für metallurgische Chemie in Schemnitz übernommen hatte, zunächst „nur" auf eine universitäre medizinische Aus- und botanische Weiterbildung verweisen.[47] Das für den Unterricht der Metallurgie nötige Wissen musste er sich erst durch Studien vor Ort in Schemnitz aneignen und lehnte sich dann in seinen zwischen 1764 und 1768 gehaltenen Vorlesungen an von Christlieb Ehregott Gellert in Freiberg vermittelte Lehrinhalte an.[48] Zu seinem Nachfolger wurde Giovanni Antonio Scopoli (1723–1788) bestimmt, der bereits an der Bergschule in Idrija (Stadt im heutigen Slowenien) Erfahrungen in der Lehre der Mineralogie, Chemie und der Probierkunde gesammelt und dort ein Lehrbuch der Mineralogie verfasst hatte.[49]

Deutlich geringere montan-praktische Erfahrungen wies der Jesuit Nicolaus Poda von Neuhaus (1723–1798) auf, der als Professor für Mathematik und Mechanik seit 1765 schwerpunktmäßig Kenntnisse im bergmännischen Maschinenwesen zu vermit-

45 Vgl. Konečný 2013, S. 103, Weber 2015, S. 239.
46 Vgl. Konečný 2012, S. 21.
47 ibd.
48 Vgl. Konečný 2012, 23, Weber 2015, S. 238.
49 Vgl. Konečný 2012, S. 21 und 25.

teln hatte.[50] Für die Unterrichtung der Bergbaukunde konnte dagegen mit dem bisher mit der Leitung von Bergwerken im Banat betrauten Christoph Traugott Delius (1728–1779) ein Experte gewonnen werden, der mit seiner *Anleitung zur Bergbaukunde* (1773) ein Lehrbuch herausbracht hatte, das den Status eines Standardwerks über 30 Jahre lang aufrecht erhielt und – ins Französische übersetzt – auch Anwendung in der Ausbildung an der *École des Mines* in Paris fand.[51]

Während die Schemnitzer Bergakademie in ihren Anfangsjahren als Lehrstätte kaum für internationale Studenten Anziehungskraft entfaltete, führten die gemeinsam von dem Habsburger Montanbeamten Ignaz von Born und Anton von Rupprecht (1748–1814), dem Nachfolger Scopolis auf den Lehrstuhl für metallurgische Chemie, in den 1780er Jahren betriebenen Aktivitäten zur Weiterentwicklung von in Lateinamerika gängigen Verhüttungsverfahren der Amalgamation zu einer höheren Wahrnehmung des Standorts im In- und Ausland und damit auch zu einem verstärkten Zustrom von Studenten und Besuchern.

Abb. 2 | Eintrag von Ignaz von Born im Besucherbuch der Bergakademie, zwischen 1769 und 1772, S. 6

Sowohl Born als auch Rupprecht waren zu dieser Zeit international ausgesprochen gut vernetzt, wobei Rupprecht sich insbesondere auf seiner knapp zweijährigen Studientour, während der er sich nach dem Weggang von Scopoli auf die Übernahme der Lehrtätigkeit in Schemnitz vorbereitet hatte[52], ein geographisch weiträumiges Netzwerk aufgebaut hatte. Zu seinen Partnern zählten Akteure an montanwissenschaftlichen Zentren in Uppsala (Schweden) und Freiberg. Auf Interaktionen Borns und Rupprechts mit sächsischen Montanexperten verweisen diverse Einträge im Gästebuch der Bergakademie (Abbildungen 2 und 3).[53]

50 Nicolaus Poda von Neuhaus wirkte bis zu seiner Berufung nach Schemnitz als Lehrer der Mathematik an der Universität in Graz, wo er auch die physikalisch-astronomischen Sammlungen und die Sternwarte betreute. Das hohe Niveau des jesuitischen Unterrichts der Mathematik und Physik war einer der Gründe für seine Bestellung zum Lehrer in Schemnitz durch die Wiener Hofkammer (vgl. Konečný 2012, S. 25).

51 Vgl. Konečný 2012, S. 53.

52 Vgl. Konečný 2012, S. 41.

53 Anton von Rupprecht studierte ab 1777 unter der Matrikelnummer 172 an der Bergakademie Freiberg. Dokumente zum Studienbeginn enthält die Akte OBA 182 im Universitätsarchiv Freiberg (Bl. 166, 168 und 173, Antrag und Genehmigung für den Besuch der Vorlesungen an der Bergakademie und von Berg- und Hüttenwerken).

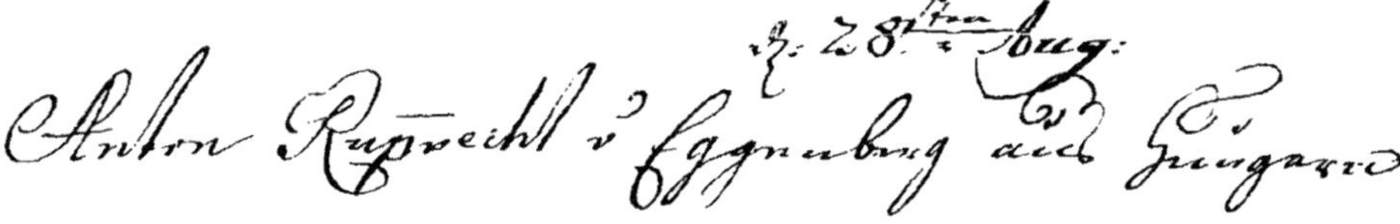

Abb. 3 | Eintrag von Anton von Rupprecht im Besucherbuch der Bergakademie, 28. August 1777, S. 20

Nach Übernahme der Professur der Chemie und Mineralogie im Jahr 1779 ließ Rupprecht seine während der Reisejahre erlangten Kenntnisse nicht nur zur Verbesserung von Berg- und Hüttentechnik einfließen, sondern forcierte auch den Neubau eines chemischen Laboratoriums, mit dem er einen mit modernster Ausstattung versehenen Lehr- und Forschungsort in Schemnitz schuf. Sein chemischer Wissensschatz, den er über seine Netzwerke konstant erweiterte, und das hier vorhandene Instrumentarium ermöglichten es Rupprecht, die chemisch(-metallurgisch)e Lehre an der Bergakademie auf ein neues Niveau zu heben und für ein internationales Publikum von Interesse werden zu lassen. Das Labor entwickelte sich – insbesondere durch Arbeitsbesuche von Fachkollegen aus dem In- und Ausland zum Studium des neu entwickelten Amalgamationsverfahrens – einerseits zu einer bedeutenden Forschungsstätte innerhalb der Habsburger Monarchie und andererseits zu einem Ort des internationalen Wissensaustauschs, an dem wissenschaftliche und technische Weiterentwicklungen diskutiert und Wissen dazu von dort aus in andere Regionen transferiert wurde.[54]

Nach dieser Hochzeit in den 1780/90er Jahren erlebte die Schemnitzer Bergakademie gegen Ende des 18. Jahrhunderts eine interimistische Phase des Niedergangs, die durch fehlendes beziehungsweise nicht ausreichend qualifiziertes Lehrpersonal, Raumnot und Mängel in der Ausstattung bei kontinuierlich steigenden Studentenzahlen gekennzeichnet war.[55] Ihre internationale Anziehungskraft nahm ab, als Ausbildungszentrum verlor sie das Interesse von Studenten beispielsweise aus dem spanischen oder portugiesischen Kolonialreich (vgl. Kapitel 2.2.6 und 2.3.1).

2.1.3 *Frankreich*

Die Prozesse zur Formalisierung höherer montanistischer Ausbildungsstrukturen liefen im 18. Jahrhundert in Frankreich vergleichbar mit denen in Sachsen und der Habsburger Monarchie ab, wenngleich der Schauplatz hier nicht ein Ort in einer Montanregion an der Peripherie, sondern die Hauptstadt Paris war.

54 Vgl. Konečný 2012, S. 43, Konečný 2013, S. 111.

55 Vgl. Konečný 2012, S. 52-53.

Die ab Mitte des Säkulums verstärkten Bestrebungen der französischen Monarchie um eine effektive Nutzung heimischer Rohstoffe hatten einen Mangel an qualifizierten Fachkräften offenbart, der sich über die gesamte Wertschöpfungskette von der Prospektion über den Abbau bis zur Verarbeitung der Ressourcen erstreckte. Zur Deckung des Bedarfs führte der *Intendant des finances* Daniel-Charles Trudaine (1703–1769) Ende der 1740er Jahre ein strukturiertes Ausbildungsprogramm ein, das den Besuch von Kursen an der *École des Ponts et Chausées* und von Chemie-Vorlesungen an der Akademie der Wissenschaften in Paris umfasste.[56] Zu den ersten Studenten, die nach diesen Festlegungen studierten, zählten Antoine-Gabriel Jars (1732–1769) und Jean-Pierre François Guillot-Duhamel (1730–1816). Nach dem Qualifikationsabschnitt in Paris vervollkommneten beide während einer Informationsreise durch Sachsen[57], Böhmen, Ungarn, Tirol, Steiermark und Kärnten zwischen 1757 und 1759 ihre montanistische Ausbildung.[58] Das auf dieser Tour erlangte Wissen übermittelten sie einerseits in Form von Berichten an die Regierung und ließen es andererseits innerhalb der Fachcommunity über die später von Jars' Bruder Gabriel (1729–1808) herausgegebene Publikation *Voyages métallurgiques* (1774-81) zirkulieren.[59]

Einen davon verschiedenen Bildungsweg durchlief Antoine-Grimoald Monnet (1734–1817). Der aus einfachen Verhältnissen stammende Monnet hatte sich nach Abschluss einer Apothekerlehre im Selbststudium profunde chemische Kenntnisse angeeignet, wobei es ihm mit Unterstützung einflussreicher Protektoren gelang, die Akademie der Wissenschaften auf seine Forschungsarbeiten aufmerksam zu machen. In Anerkennung seiner Leistungen billigte ihm die Regierung ein Stipendium für eine Bildungsreise durch deutsche Montanreviere zu.[60] Eine der Stationen war Freiberg, wo er sich im Jahr 1770 aufhielt, wie aus einem Eintrag in das Gästebuch der Bergakademie hervorgeht (Abbildung 4).

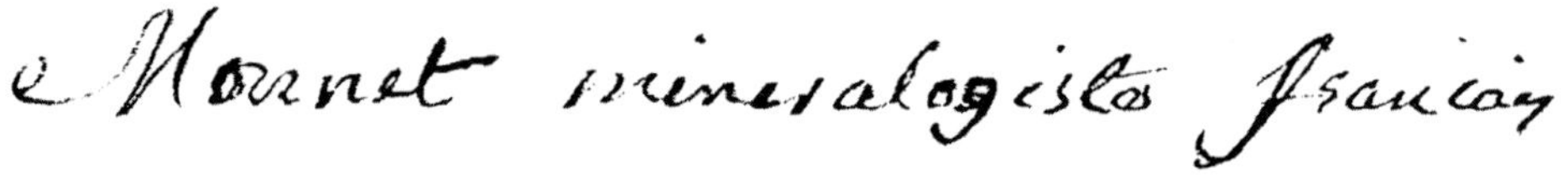

Abb. 4 | Eintrag von Antoine-Grimoald Monnet im Besucherbuch der Bergakademie Freiberg, 1770, S. 4

56 Vgl. Barbian 1989, S. 309, Lichtenbäumer 1988, S. 2.

57 Jars und Guillot-Duhamel verbrachten im Jahr 1757 vier Monate in Freiberg (siehe UAF, OBA 182, Bl. 11).

58 Vgl. Lichtenbäumer 1988, S. 3.

59 Jars' Reiseaufzeichnungen wurden aufgrund der in ihr enthaltenen detaillierten Beschreibungen metallurgischer Verfahren, die teilweise militärtechnische Relevanz besaßen, von der französischen Regierung zunächst nicht zur Veröffentlichung freigegeben. Erst seinem älteren Bruder Gabriel gelang – nach dem frühen Tod von Antoine-Gabriel – zwischen 1774 und 1781 die Herausgabe von drei Bänden der *Voyages metallurgiques*. Eine deutsche Ausgabe in zwei Bänden erschien 1777/1785 in Berlin (vgl. Barbian 1989, S. 309).

60 Vgl. Annales 1817, S. 483-484.

Monnet trat auch mit Übersetzungen von Fachpublikationen ins Französische in Erscheinung: Aus seinen Bemühungen um die Übertragung von Cronstedts *Versuch einer Mineralogie* (vgl. Kapitel 2.1.4) ins Französische resultierte eine 1772 in London publizierte Ausgabe mit dem Titel *Exposition des Mines [...]*, die Teile des Originalwerks umfasste.[61] In Sachsen begegnete ihm der *Bericht vom Bergbau* von Johann Gottlieb Kern[62], den er 1773 – angereichert mit eigenen Anmerkungen – als *Traité de l'exploitation des mines* veröffentlichte.

Auf Grundlage seiner während der „Studienzeit" in Frankreich und international gesammelten Erfahrungen wurde Monnet am 17. Juni 1776 zum *Inspecteur général des mines et miniers du royaume* ernannt. Er übernahm damit die Leitung einer eigenen, von Trudaine ins Leben gerufenen Behörde zur Regulierung des Montanwesens, in deren Verantwortungsbereich die Lagerstättenerkundung[63], die Inspektion von Berg- und Hüttenwerken und die Ausbildung des Beamtennachwuchses fielen.[64]

In der zu Ende der 1770er Jahre verstärkt aufflammenden Debatte zur künftigen Ausgestaltung des höheren montanistischen Ausbildungsangebots positionierte sich Monnet trotz persönlicher Kenntnis der Freiberger Bergakademie und ihres Kursprogramms gegen die Etablierung einer eigenständigen Institution in Frankreich. Er erachtete das montanistische Ausbildungsprogramm der *École des ponts et chaussées* – ergänzt durch praktische Kurse – als ausreichend. Zu den Befürwortern einer eigenen „Spezialschule" zählte dagegen Georges Sage (1740–1824), der Erste Prüfingenieur an der Pariser Münze. Unter dem Eindruck des Austauschs mit dem Initiator der Freiberger Bergakademie, Friedrich Anton von Heynitz, der sich zwischen Oktober 1775 und April 1777 als Berater einer Bergwerksgesellschaft in Paris aufhielt, strebte Sage den Ausbau der an der Münze auf Initiative des Finanzministeriums 1778 etablierten *École Publiqe et Gratuite de Minéralogie et de la Métallurgie docimastique* zu einer vollwertigen höheren montanistischen Bildungseinrichtung an. Verbesserungsbedarf sah er dahingehend, da das bis dato hier angebotene Kursprogramm – ohne bergbaukundlichen Unterricht –

61 Vgl. Annales 1817, S. 484.

62 Johann Gottlieb Kern war Schüler von Johann Friedrich Henckel. In Freiberg wirkte er zwischen 1739 und 1741, unter anderem als Bergmeister, Edelsteininspektor und Lehrer für die Fächer Zeichnen, Bergbaukunde und Aufbereitung. Zu den von ihm betreuten Studenten zählen die Russen Winogradow und Raiser. Den von Kern verfassten und als handschriftliches Manuskript vorliegenden *Ausführlichen und gründlichen Bericht vom Bergbau* hatte Oppel überarbeitet, ergänzt und 1769 in Freiberg als Lehrbuch für die Bergakademie publiziert (vgl. Kroker 1977).

63 Die Erkundung von Lagerstätten in Frankreich wurde seit Mitte der 1760er Jahre federführend durch Antoine Laurent Lavoisier (1743–1794) und Jean-Étienne Guettard (1715–1786) betrieben (vgl. Laudan 1987, S. 52). Als Ergebnis erschien 1780 unter Monnets Federführung ein *Atlas minéralogique* mit 45 Karten. Der in der Folgezeit kontinuierlich erweiterte Atlas enthielt die erste umfassende mineralogische Karte Frankreichs (vgl. Annales 1817, S. 484).

64 Vgl. Lichtenbäumer 1988, S. 2.

nicht ausreichend auf die Bedürfnisse des französischen Montanwesens zugeschnitten war.[65]

Letzlich konnte sich die Fraktion der Befürworter einer „Bergakademie" durchsetzen: Im Jahr 1783 erfolgte die Gründung der *École des Mines* in Paris, zu deren Direktor ihr Fürsprecher Sage berufen wurde. In ihrer Struktur und ihrem Kursangebot orientierte sich die Pariser Bergakademie an Vorbildern in Sachsen und der Habsburger Monarchie.[66] So war das Studium auf eine Dauer von drei Jahren angelegt. Die theoretischen Lehreinheiten waren in Paris zu absolvieren, praktische sollten vorrangig in den Bleibergwerken von Poullaouen in der Bretagne durchlaufen werden. Für den mineralogischen Unterricht wurde eine Sammlung bereitgestellt, die Sage zu Teilen aus seiner privaten Kollektion gestiftet hatte. Als Lehrbücher fanden aufgrund des Mangels an von französischen Experten verfassten Publikationen internationale Abhandlungen, die bereits zuvor oder eigens zu Unterrichtszwecken ins Französische übersetzt wurden, Verwendung.[67]

In Analogie zur Personalpolitik an ähnlichen Bildungseinrichtungen im Ausland wurde bei der Besetzung der Professorenstellen auf erfahrene Bergbau- und Hüttenexperten zurückgegriffen: Auf die zwei zur Eröffnung eingerichteten Lehrstühle wurden Sage und Guillot-Duhamel berufen. Sage war für die Lehre in den Fächern Chemie, Mineralogie und Probierkunst, Guillot-Duhamel für die der Metallurgie, Bergbau- und Bergmaschinenkunde verantwortlich.[68] Weitere Lehrkräfte für den Unterricht im Zeichnen, Geometrie, Physik und deutscher Sprache wurden nur wenig später eingestellt.

Das Ausbildungsprogramm und die -inhalte weckten recht bald das Studieninteresse: 1786 zählte die Einrichtung bereits 21 Hörer. Während die Lehrveranstaltungen von Guillot-Duhamel positiv bewertet wurden, gerieten die von Sage gehaltenen zunehmend in Kritik. Die Gründe lagen prioritär in seiner vehementen Verteidigung der Phlogiston-Lehre. Er verschloss sich neuen Entwicklungen in Chemie und Mineralogie und lehnte die bereits weitläufig akzeptierten Theorien Lavoisiers zur Oxidation und René-Just Haüys (1743–1822) im Bereich der Kristallographie ab.[69]

Die erste Phase des Bestehens der Pariser Bergakademie fand infolge der revolutionären Ereignisse um 1789 und sich daraus ableitenden Finanzierungsproblemen nach nur wenigen Jahren ein frühes Ende. Der Bedeutung des Bergbaus für die französische

65 Vgl. Barbian 1989, S. 309, Lichtenbäumer 1988, S. 4.
66 Vgl. Barbian 1989, S. 311, Vogel 1999, S. 227.
67 Vgl. Lichtenbäumer 1988, S. 5, Vogel 1999, S. 227.
68 Nach Barbian 1989 (S. 310) unterrichtete Guillot-Duhamel Bergbau- und Bergmaschinenkunde, Metallurgie und Bodenkunde. Lichtenbäumer 1988 (S. 5) führt als zusätzliches Fach das Markscheidewesen an.
69 Vgl. Lichtenbäumer 1988, S. 5.

Wirtschaft war es jedoch geschuldet, dass die montanistische Ausbildungsthematik rasch auf die Agenda der neuen Regierung gelangte und Pläne zur Reaktivierung der Einrichtung geschmiedet wurden. Bei Wiedereröffnung der Bergakademie am 21. November 1794 wurde dem sich mittlerweile weiter ausdifferenzierten Spektrum der Montanwissenschaften Rechnung getragen und das Lehrangebot entsprechend erweitert und angepasst. Als Lehrkräfte kamen Experten zum Einsatz, die über Forschungs- oder praktische Tätigkeiten mit dem aktuellen Wissensstand in ihrem Fachgebiet im In- und Ausland vertraut waren und die Bereitschaft zeigten, diesen an den Nachwuchs zu vermitteln.[70] Zu ihnen zählten Louis-Nicolas Vauquelin (1763–1829) für den Unterricht der Analytischen Chemie der Minerale, Jean-Henri Hassenfratz (1755–1827) für den der Mineralogie und Geologie, Haüy für den der Kristallographie, Guillot-Duhamel für den der Bergbaukunde und der Absolvent der Freiberger Bergakademie Johann Gottfried Schreiber (1746–1827)[71] für den der Metallurgie.[72]

Die der Wiedereröffnung nachfolgenden Dekaden waren von zahlreichen Diskussionen um die zukünftige Ausrichtung und Gestaltung der Ausbildung für das französische Montanwesen geprägt. Pläne zur Einrichtung von Bergschulen (*Écoles primaires des mines*) in den wichtigsten Bergrevieren beziehungsweise *Écoles pratiques*[73] zur prioritär praktischen Ausbildung in Ergänzung zu der vorrangig theoretischen an der *École des Mines* in Paris wurden nur partiell verwirklicht und brachten keine dauerhaften Lösungen. Erst in der Regierungszeit von Louis XVIII. (reg. 1814–24) gelang es, die Grundlagen für einen permanenten Betrieb von höheren montanistischen Ausbildungseinrichtungen in Frankreich zu schaffen: für den theoretischen Unterricht wurde die ab 1816 im Pariser Hôtel de Vendôme angesiedelte *École Royale des Mines* zuständig, für die praktische Grundausbildung die *École des mineurs* in Saint-Étienne.[74] Die Austauschbeziehungen zwischen französischen und sächsischen Montanexperten wurden

70 Nach der Wiedereröffnung der *École des Mines* gehörte Sage nicht mehr dem Professorenkreis an (vgl. Barbian 1989, S. 312, Lichtenbäumer 1988, S. 6).

71 Schreiber studierte ab 1771 an der Bergakademie in Freiberg (Matrikelnummer 83).

72 Vgl. Lichtenbäumer 1988, S. 6.

73 Napoleon beispielsweise bestimmte per Erlaß vom 12. Dezember 1802 die Einrichtung von zwei *Écoles pratiques*, eine mit Fokus auf den Eisenerzbergbau, die andere auf den Steinkohlenbergbau (vgl. Lichtenbäumer 1988, S. 8). 1802 wurde die *École pratique des Mines du Mont-Blanc* eingerichtet. Sie wurde von dem aus Sachsen stammenden Johann Gottfried Schreiber, der zugleich Direktor des Bergbaus in Pesey war, geleitet. Im Jahr 1807 kam es zur Gründung der *École Pratique Impériale des Mines de la Sarre* in Geislautern, deren Direktor Guillot-Duhamel bis zu seiner Berufung zum *Inspecteur Géneral des Mines* 1813 war, wobei der Schwerpunkt seiner Tätigkeiten auf die Überwachung und Einführung von Maßnahmen zur Effizienzsteigerung des saarländischen Bergbaus gelegen zu haben schien (vgl. Barbian 1989, S. 319). Der Betrieb der Einrichtungen wurde 1814 (Pesey/Moutiers) respektive 1815 (Geislautern) wieder aufgegeben.

74 Vgl. Barbian 1989, S. 321.

über den gesamten Zeitraum in wechselnder Intensität gepflegt, wie auch an der Zahl französischer Studenten an der Bergakademie in Freiberg ersichtlich wird.[75]

2.1.4 *Schweden*

Im Gegensatz zu Sachsen, der Habsburger Monarchie und Frankreich kam es in Schweden im 18. Jahrhundert nicht zur Gründung einer eigenen, spezifisch auf die Ausbildung der Montanbeamtenschaft ausgerichteten Institution.

Bei der Ausgestaltung der Montanverwaltungsstrukturen war Schweden im 17. Jahrhundert zunächst dem Vorbild Sachsen gefolgt und hatte – in Analogie zu den bergbehördlichen Strukturen in Freiberg – in Stockholm 1637 das *Bergwerkskollegium* als Aufsichtsbehörde über das Montanwesen eingerichtet. Wie auch in Sachsen zählte die Bereitstellung von Fachkräften für den Wirtschaftszweig sowie gegebenenfalls deren Ausbildung zu den Aufgaben dieses Amtes. Um den Bedarf an qualifiziertem Personal zu decken, wurden einerseits Berg- und Hüttenleute – insbesondere aus dem deutschen Sprachraum – angeworben, andererseits schwedischstämmiger Nachwuchs am *Bergwerkskollegium* ausgebildet. Zur Realisierung eines Teils des Unterrichts wurde dort schon in der ersten Hälfte des 17. Jahrhunderts ein chemisches Laboratorium eingerichtet, im dem gleichzeitig auch lokal gewonnene Mineralien analysiert wurden. Unter Christopher Polhem (1661–1751) fand mit einem um 1697 etablierten mechanischen Labor eine Erweitung der Lehr- und Versuchskapazitäten statt.[76] In Analogie zu der in Sachsen und der Habsburger Monarchie geübten Ausbildungspraxis erhielten die schwedischen Studenten die Möglichkeit, unter Nutzung von Reisestipendien fremde Montanreviere zu besuchen und die dort angewendeten Abbau- und Verhüttungsmethoden kennenzulernen.[77]

Der Aufstieg des Landes zum wichtigsten Eisenproduzenten Europas an der Wende vom 17. zum 18. Jahrhundert sowie eine weltweite Führungsposition im Kupferbergbau machten zunehmend einen Ausbau der Montanverwaltungsstrukturen und damit den Einsatz einer größeren Anzahl hinreichend qualifizierter Beamten notwendig.[78] Für deren Ausbildung blieb weiterhin das *Bergwerkskollegium* zuständig, wobei im Laufe des Säkulums offensichtlich keine signifikanten Schritte hin zum Aufbau einer eigenen Institution – wie beispielsweise der Bergakademie in Freiberg als vom Oberbergamt

75 Siehe Übersicht über Studenten aus Frankreich an der Bergakademie Freiberg bis 1945 in UAF, Rektorat 412.

76 Vgl. Fors 2015, S. 82.

77 Vgl. Fors 2013, S. 55, Fors 2015, S. 47/74-75.

78 Vgl. Porter 1981, S. 549, Berg 2000, S. 89, Fors 2013, S. 53-54.

kontrollierter „Ausbildungsabteilung“ – unternommen wurden. Stattdessen sah man die Universität von Uppsala mit ihrem naturwissenschaftlichen Lehr- und Forschungsspektrum, das den Tendenzen der fortschreitenden Ausdifferenzierung wissenschaftlicher Disziplinen folgend kontinuierlich amplifiziert wurde, als einen geeigneten Partner an. Die Universität war auch dahingehend geeignet, als sie in der ersten Jahrhunderthälfte zur wichtigsten Ausbildungsstätte des Nachwuchses für den schwedischen Behördenapparat aufgestiegen war und somit die Vermittlung juristischen und kameralistischen Wissens Bestandteil des Lehrprogramms war.[79]

Die Etablierung von Lehrstühlen mit speziellem Fokus auf montanistische Themen setzte in Schweden mit der 1750 an der Universität Uppsala neu geschaffenen Professur für Chemie, Metallurgie und Pharmazie, auf die Johan Gottschalk Wallerius (1709–1785) berufen wurde, im internationalen Vergleich relativ früh ein. Wallerius hatte sich für die Übernahme dieser Position mit seiner 1747 publizierten Schrift *Mineralogia* qualifiziert, in der er eine Mineralienklassifikation in Anknüpfung an Carl von Linnés (1707–1778) Konzepte zur Systematisierung des Pflanzen-, Tier- und Mineralreichs aufgestellt hatte. Wallerius prägte über knapp zwei Dekaden die chemische Forschung und Lehre an der Universität Uppsala. Während seiner Dienstjahre trug er unter anderem zur Einführung eines neuen, im aufklärerischen Gedankengut verankerten Wissenschaftskonzepts bei, demnach das Forschungsziel über die Anerkennung eines Fachs als Wissenschaft entschied. Am Beispiel der Chemie differenzierte er in „reine“ Chemie, die sich der Untersuchung von Eigenschaften und ihren Reaktionen mit anderen Stoffen widmet, und in „angewandte“ Chemie, die die dabei gewonnenen Erkenntnisse für die menschliche Gesellschaft nutzbar macht.[80]

Insbesondere sein Schüler Axel Frederic von Cronstedt (1722–1765) griff Wallerius' Vorstellungen zur Klassifikation von Mineralien auf und entwickelte diese – auch als Montanbeamter nach Abschluss seines Studiums – unter Anwendung des kontinuierlich wachsenden Spektrums chemischer Analysemethoden kontinuierlich weiter. Cronstedt schlug 1758 als Ergebnis seiner Forschungen ein neues Mineralsystem vor, dessen Ordnung allein auf der chemischen Zusammensetzung der Mineralien beruhte.[81] Der weit verbreiteten Methode der Identifizierung und Klassifizierung von Mineralien anhand ihrer äußeren Merkmale sprach Cronstedt ab, fundierte wissenschaftliche Ergebnisse hervorzubringen.[82] Cronstedts Vorschlag fand weite Verbreitung innerhalb der internationalen Fachcommunity, die durch Übersetzungen von

79 Vgl. Fors 2015, S. 84.
80 Vgl. Weyer 2018, Bd. 1, S. 371.
81 Siehe Cronstedt, Axel Frederic von: Forsök til mineralogie, eller Mineral-Riketes Upställning. Stockholm. 1758.
82 Vgl. Porter 1981, S. 558.

Cronstedts Schrift ins Deutsche[83], Französische (vgl. Kapitel 2.1.3), Englische, Russische und Italienische zur Zirkulation von dessen Konzepten beitrug, mit denen er freilich auch die Verlagerung der Mineralogie aus dem Bereich der deskriptiven Naturgeschichte in den der Chemie vorantrieb. In Verbindung mit der Schrift und ihren Übersetzungen fand das Lötrohr als praktisches, sowohl bei Labor- als auch Felduntersuchungen von Mineralien einsetzbares experimentelles Instrument weite Verbreitung. Hier war es namentlich Cronstedts Schüler Gustav von Engeström (1738–1813), der über diverse Veröffentlichungen[84], in denen er die Möglichkeiten des Gebrauchs des Lötrohrs präsentierte, zu dessen Siegeszug im In- und Ausland verhalf.

Nach dem Ausscheiden von Wallerius übernahm 1767 Torbern Olof Bergman (1735–1784) die chemisch-mineralogische Lehre und Forschung an der Universität Uppsala. Wie bereits sein Vorgänger gab auch Bergman wichtige Impulse zur Ausdifferenzierung naturwissenschaftlicher Disziplinen. Er griff insbesondere auch die bereits von Cronstedt im Geiste Linnés initiierten Bemühungen hinsichtlich der Herausbildung einer mineralogisch-chemischen Fachsprache und systematischen Terminologie auf und entwickelte in engem Austausch mit Fachkollegen in Frankreich[85] Vorschläge für eine chemische Nomenklatur. Seine Anregungen wirkten sich fruchtbar auf die Arbeit von Louis Bernard Guyton de Morveau (1737–1816)[86] aus, der gemeinsam mit Lavoisier, Claude-Louis Berthollet (1748–1822) und Antoine François de Fourcroy (1755–1809) eine *Méthode de nomenclature chimique*[87] erarbeitete, die letztlich für die Chemie allgemeinverbindlich wurde.[88] Internationale Verbreitung fand sie beispiels-

83 Cronstedts *Forsök til mineralogie* erschien in mehreren Ausgaben in deutscher Sprache. Die früheste Übersetzung stammt von Gregorius Wiedemann (1735–1762) (Versuch einer neuen Mineralogie. Kopenhagen. 1760). Der Kopenhagener Professor Morten Thrane Brünnich (1737–1827) gab zehn Jahre später eine überarbeitete Ausgabe versehen mit eigenen Anmerkungen heraus (Cronstedts Versuch einer Mineralogie. Vermehret durch Brünnich. Kopenhagen / Leipzig. 1770) und Abraham Gottlob Werner publizierte im Jahr 1780 *Axel von Kronstedts Versuch einer Mineralogie. Aufs neue aus dem Schwedischen übersetzt und nächst verschiedenen Anmerkungen verzüglich mit äussern Beschreibungen der Fossilien vermehret […].*

84 Engström verfasste beispielsweise in englischer Sprache eine Anleitung zur Nutzung des Lötrohrs als Bestandteil eines portablen mineralogischen Labors, die als Anhang zu Cronstedts *An essay towards a system of mineralogy* (London, 1770) veröffentlicht wurde und 1773 in schwedischer sowie 1774 in deutscher Sprache erschien.

85 Bergman unterhielt beispielsweise zu Louis Bernard Guyton de Morveau eine Korrespondenzpartnerschaft, wobei Guyton de Morveau durch Veröffentlichung diverser Schriften Bergmans in Frankreich zur Zirkulation von in Schweden generiertem Wissen beitrug.

86 Guyton de Morveau hatte erste Gedanken zu einer chemischen Nomenklatur in den *Observations sur la Physique* (Morveau 1782) veröffentlicht.

87 Siehe Morveau 1787.

88 Vgl. Porter 1981, S. 568.

weise über das von Lavoisier zwei Jahre später herausgegebene und anschließend in mehrere Sprachen übersetzte *Traité élémentaire de chimie*.[89]

Bereits im Laufe der Erarbeitung der *Méthode* stellte sich die Frage nach einem System mit Symbolen zur Vereinheitlichung der Bezeichnungen für chemische Verbindungen. Hier konnte sich schließlich ein – bis heute gültiger – Vorschlag des Schweden Jöns Jakob Berzelius (1779–1848) durchsetzen, der zur Benennung der chemischen Elemente charakteristische Buchstabenkürzel, die sich aus den Bezeichnungen der Elemente im Altgriechischen oder Lateinischen ableiteten, umfasste.[90] Bergmans weitgespannte internationale – nicht nur auf den Austausch mit Akteuren in Frankreich beschränkten – Netzwerke trugen dazu bei, dass die Universität Uppsala hohe Anziehungskraft für ausländische Experten und an den Naturwissenschaften interessierten Laien entwickelte und ein wichtiges Zwischenziel auf einer Vielzahl von Fortbildungsreisen wurde.

Von der internationalen Bekanntheit profitierten freilich auch „Nachwuchswissenschaftler" im Umkreis Bergmans, die ihre Forschungsergebnisse mit Fachkollegen aus dem In- und Ausland diskutieren und auf Basis dieser Interaktionen zum Fortschritt der Wissenschaft beitragen konnten. Dem von Bergman geförderten Apotheker Carl Wilhelm Scheele (1742–1786)[91] gelang es beispielsweise durch intensiven fachlichen Austausch diverse neue anorganische und organische Verbindungen sowie chemische Elemente (Chlor, Barium, Molybdän, Stickstoff und Mangan) vorherzusagen beziehungsweise zu entdecken.[92]

Die Betrachtung der Entwicklungen in Schweden in der zweiten Hälfte des 18. Jahrhunderts zeigt den hohen internationalen Einfluss dort agierender Fachleute auf die seinerzeit ablaufenden Ausdifferenzierungsprozesse der Montanwissenschaften. Das an der Universität Uppsala offerierte Ausbildungsangebot widerspiegelt diese Tendenzen. Offensichtlich bedurfte es daher keiner eigenständigen Institution, um die Versorgung des schwedischen Montanwesens mit qualifizierten Führungskräften sicherzustellen, zumal zur Bearbeitung praxisorientierter Themenstellungen intensive Wechselbeziehungen zwischen den Akteuren an der Universität Uppsala, der Akademie der Wissenschaften und dem *Bergwerkskollegium* in Stockholm bestanden.

89 Vgl. Weyer 2018, Bd. 1, S. 555.

90 Vgl. Weyer 2018, Bd. 1, S. 568, Pohl 2021, S. 173.

91 Auf Scheele war Bergman während dessen Tätigkeit als Apotheker in Uppsala (ab 1770) aufmerksam geworden. Scheele hatte sich im Laufe seines Berufslebens (Apothekerlehre in Göteburg (ab 1757), Apothekergehilfe in Malmö (ab 1765), Stockholm (ab 1768) und Uppsala (ab 1770), Apotheker in Köping (ab 1775)) profunde chemische Kenntnisse angeeignet (vgl. Weyer 2018, Bd. 1, S. 489).

92 Vgl. Weyer 2018, Bd. 1, S. 490.

2.2 Spanisches Kolonialreich

Die für Mittel-, West- und Nordeuropa beschriebenen Prozesse der Etablierung von Strukturen der höheren Ausbildung und Institutionalisierung der Montanwissenschaften waren auch für das spanisch-koloniale Berg- und Hüttenwesen an der Wende vom 18. zum 19. Jahrhundert kennzeichnend. In den letzten drei Dekaden des ausgehenden Säkulums entstanden in den Territorien der spanischen Monarchie beiderseits des Atlantiks verschiedene Institutionen in Anlehnung an die in Kapitel 2.1 erwähnten mitteleuropäischen Vorbilder, die jedoch nach einer kurzen Hochzeit ihren Betrieb in den ersten beiden Jahrzehnten des 19. Jahrhunderts infolge der Wirren der französischen Invasionen (Iberospanien) beziehungsweise der Ablösungsbewegungen der Kolonien (Lateinamerika) bereits wieder einschränken mussten.

Erst nach Neuordnung der Beziehungen zwischen ehemaligem Mutterland und Kolonien und im Kontext der Bestrebungen der innenpolitischen Stabilisierung der neu entstandenen Staaten blühten diese Einrichtungen wieder auf, wobei bei der Reorganisation des Ausbildungsbetriebs der zunehmenden Binnendifferenzierung der Montanwissenschaften Rechnung getragen wurde. In den nachfolgenden Abschnitten wird – in Orientierung an der chronologischen Abfolge ihrer Etablierung – ein Überblick über die einzelnen Phasen der Herausbildung und Ausformung dieser Strukturen der höheren montanistischen Ausbildung gegeben.

2.2.1 Initiativen des Militärs

In Spanien herrschte seit dem Jahr 1700 die Bourbonenmonarchie in Ablösung der Habsburger Monarchie. Während die erste Jahrhunderthälfte seit Beginn des Spanischen Erbfolgekriegs (1701–14) von einer Vielzahl kriegerischer Auseinandersetzungen zur Konsolidierung ihrer Macht innerhalb des Kolonialreichs und des europäischen Staatengefüges geprägt war, begann unter Fernando VI. (reg. 1746–1756) eine weitgehend friedliche Phase. Es gelang dem Monarchen, größere Konflikte zu vermeiden und einen Neutralitätskurs gegenüber den übrigen europäischen Großmächten zu fahren. Innenpolitisch setzte Fernando VI. auf ein Bündel an Maßnahmen zur Reformierung und Modernisierung von Verwaltung und Militär. Eine Reorganisation der Steuer- und Finanzverwaltung erwies sich in Hinsicht auf die notwendige Sanierung des Staatshaushalts als geboten; für die Verteidigung des Kolonialreichs mit seinen Territorien in Europa und Amerika und der transatlantischen Kommunikationswege war ein modern ausgerüstetes und schlagkräftiges Heer unentbehrlich.

Sowohl das Militär als auch die Verwaltung waren auf Personal mit einer auf das jeweilige Aufgabenspektrum zugeschnittenen Qualifizierung angewiesen. Insbesondere in den Bereichen Militärtechnik, Schiff- oder Festungsbau stellten eine wissenschaftlich-technische Ausbildung und die kontinuierliche Generierung und Adoption von neuem Wissen die Grundlage für die erfolgreiche Ausübung der Tätigkeit dar. Im Wettlauf mit in Amerika um Einfluss konkurrierenden Staaten, wie dem im Laufe des 18. Jahrhunderts zur bedeutendsten Seemacht Europas aufgestiegenen England, war Spanien gezwungen, seine militärische Ausrüstung stetig anzupassen und zu erneuern sowie effiziente und fortschrittliche Verfahren zu deren Produktion zu nutzen. Voraussetzung hierfür waren profunde Kenntnisse des Bergbaus und der Metallurgie. Die wirkmächtigsten Impulse auf die Entwicklung des Montanwesens kamen daher bis weit in das 18. Jahrhundert hinein aus dem Militär, durch das auch die Strukturen für eine Ausbildung der in diesen Bereichen tätigen Experten geschaffen wurden.[93] Die seit dem frühen 18. Jahrhundert in Spanien etablierten Militärschulen waren daher in unterschiedlicher Intensität und Ausprägung für die Vermittlung von bergbaulichem und metallurgischem Wissen verantwortlich.[94] Erst mit Gründung der *Escuela de Artillería* im Jahr 1764 in Segovia entstand eine Institution für die Ausbildung von Militäringenieuren, die sich an dem französischen Schultyp der Spezialschule mit seinem wissenschaftlich-technischen und auf spezifische berufliche Anforderungsprofile orientierten Lehrprogramm anlehnte und bald zu einem Zentrum chemisch-metallurgischer Forschung in Spanien aufwuchs.[95]

Parallel zu den Initiativen im militärischen Bereich fokussierte insbesondere der, eine Politik des aufgeklärten Absolutismus verfolgende Staatsminister Zenón de Somodevilla y Bengoechea, 1. Marqués de la Ensenada (1702–1781)[96], auf eine Förderung von Wirtschaft, Industrie und Wissenschaften. Zur Präsentation des Reichtums der natürlichen Ressourcen des (kolonial-)spanischen Herrschaftsgebiets ließ er Akademien und wissenschaftliche Institutionen einrichten, an denen auch die Möglichkeiten für dessen Nutzung zum Wohle des Staats eruiert und analysiert werden sollten. Die von ihm initiierten Gründungen umfassen das Königliche Kabinett für Naturgeschichte (1752) und den Botanischen Garten in Madrid (1755).[97] Die Wissenschaft wurde damit immer deutlicher zu einem Instrument, um die Welt zu verstehen und zu beherrschen.[98]

93 Vgl. Brianta 2000, S. 269, Vicente 2008, S. 87-88.

94 Zu den frühen Gründungen höherer militärischer Bildungseinrichtungen in Spanien zählen die *Academia de Guardamarinas* in Cádiz (1717 gegründet), die *Real Escuela Militar de Matemáticas* in Barcelona (1739 gegründet, 1760 aufgelöst), die *Academias Particulares* in Orán und Ceuta (beide 1739 gegründet) und die *Academia de Matemáticas* in Cádiz (1750 gegründet und 1760 wieder aufgelöst) (vgl. Lafuente 1982, S. 203-206).

95 Vgl. Lafuente et al. 2012, S. 63.

96 Der Marques de la Ensenada hatte zwischen 1743–1754 das Amt eines Staatsministers inne.

97 Vgl. Lafuente 2000, S. 171.

98 Vgl. Bonvini 2022, S. 67.

Auf seine Initiative geht auch die gegen Mitte des Jahrhunderts intensivierte Vernetzung mit ausländischen Wissensträgern zurück, über die Spanien aktuelle Entwicklungen in Forschung und Technik in Europa rezipieren konnte und die eine Ausweitung der Wissens- und Technologietransferbewegungen mit sich brachten. Er führte damit die in den 1730er Jahren im Rahmen der Condamine-Südamerikaexpedition (1735–1745) langjährig praktizierte und für Spanien fruchtbare Zusammenarbeit mit internationalen Gelehrten auf ein neues Niveau. Der Marqués setzte zunächst insbesondere auf eine Ausweitung der Reisepraxis. Von der Monarchie sorgfältig ausgewählte Akteure – zunächst ausschließlich dem Kreis des Militärs entstammend – wurden ab Ende der 1740er Jahre auf zweckgebundene Missionen in diverse europäische Länder geschickt, um sich mit aktuellen, für Spanien interessanten Entwicklungen in Wissenschaft und Technik vertraut zu machen und unter dem Deckmantel des Austauschs mit Fachkollegen häufig auch Industriespionage zu betreiben.

Die Missionen von Jorge Juan und Antonio de Ulloa

Besondere Aufmerksamkeit in der Forschung zu internationalen wissenschaftlich-technischen Verflechtungen wurde den Aktivitäten von Jorge Juan y Santacilia (1713–1773) und Antonio de Ulloa y de la Torre-Guiral (1716–1795) zuteil. Zum besseren Verständnis der spanischen Politik der Innovationsförderung und zur Einordnung der daraus resultierenden Handlungen spanischer Akteure im Kontext des Wissens- und Technologietransfers und ihrer Vernetzung mit Wissensträgern des sächsischen Montanwesens sollen diese im Folgenden näher umrissen werden.

Juan und Ulloa hatten nach einer Ausbildung an der *Academia de Guardias Marinas* in Cádiz an der von Charles Marie de La Condamine (1701–1774) geleiteten Südamerika-Expedition (1735–1745) zur Ermittlung der Gestalt der Erde teilgenommen. Durch die mehrjährige enge Zusammenarbeit mit den größtenteils aus Frankreich stammenden, hochqualifizierten Expeditionsmitgliedern erlangten sie umfangreiches Wissen, das sie nach ihrer Rückkehr über diverse wissenschaftliche und literarische Schriften, die teilweise in fremde Sprachen übersetzt wurden, der interessierten Öffentlichkeit vermittelten.[99] In Anerkennung ihrer wissenschaftlichen Leistungen wurden sie als (korrespondierende) Mitglieder in die seinerzeit bedeutendsten europäischen Akademien der Wissenschaften aufgenommen.[100] Ihre Ausbildung, ihr wissenschaft-

99 Zu den publizierten Schriften zählen beispielsweise: Juan, Jorge; Ulloa, Antonio de: Relación histórica del viage a la América Meriodional. Madrid. 1748, Juan, Jorge; Ulloa, Antonio de: Observaciones astronómicas, y phísicas hechas de orden de S. Mag. en los reynos del Perú. Madrid. 1748 oder Juan, Jorge; Ulloa, Antonio de: Dissertación histórica, y geográphica sobre el meridiano de demarcación entre los dominios de España, y Portugal [...]. Madrid. 1749.

100 Beide waren korrespondierende Mitglieder der französischen Akademie der Wissenschaften (Juan seit 26.1.1746, Ulloa seit 6.9.1748) und Fellows der Londoner *Royal Society* (Juan seit

liches Renommée und ihre internationale Vernetzung prädestinierten beide für eine Übernahme wichtiger Missionen der Monarchie, die den Transfer von zumeist geheimen Wissen und Technologien aus dem europäischen Ausland nach Spanien befördern sollten. Unter dem Deckmantel der Pflege des Austauschs mit Mitgliedern der Fachcommunity erkundete beispielsweise Juan im Kontext eines ambitionierten Programms zur Modernisierung der spanischen Marine ab 1748 Technologien des Flottenbaus in englischen Werften. Es gelang ihm im Rahmen seiner Mission, circa 80 Schiffbauexperten aus England für Tätigkeiten in den größten spanischen Militärwerften in El Ferrol (Galicien), Guarnizo (Kantabrien), Cartagena (Murcia), Cádiz (Andalusien) und La Havanna (Kuba) abzuwerben. Mit Unterstützung dieser Fachleute und unter Nutzung moderner Verfahren und neuer Materialien wurden zwischen 1751 und 1769 48 Kriegsschiffe gebaut, womit die Erneuerung der *Armada* maßgeblich vorangebracht und die Position Spaniens als bedeutende Seemacht gefestigt werden konnte.[101] Diese für die Modernisierung der spanischen Militärausstattung äußerst fruchtbringende Mission regte zu Folgeaktivitäten an. So führte Ulloa in Anknüpfung an Juans Mission zwischen 1749 und 1752 eine Reise durch Frankreich, die Schweiz, die Niederlande, Dänemark, Schweden und Deutschland durch, bei der er sich mit aktuellen Entwicklungen militärischer und ziviler Ingenieurstechnik vertraut machte.

Das auf ihren Reisen und durch Interaktionen mit Vertretern der internationalen Fachcommunity gewonnene Wissen setzten Ulloa und Juan gewinnbringend für die Entwicklung von Militärtechnik und dem dafür relevanten Bereich des Bergbaus und Hüttenwesens ein. Zu Impulsen, die von Juan ausgingen, zählen Anregungen zur Einrichtung neuer Bewetterungs- und Entwässerungsanlagen in den für die koloniale Silberproduktion bedeutsamen Quecksilberbergwerken von Almadén sowie die Einführung neuer Legierungsverfahren in staatlichen Münzanstalten. Juan trug darüber hinaus in Anknüpfung an Entwicklungen in den von ihm besuchten europäischen Staaten zu einer stärkeren Verankerung naturwissenschaftlich-technischer Disziplinen im Ausbildungsprogramm höherer Militärbeamter bei. Eine von ihm mitgetragene Überarbeitung des Kursprogramms der Militärakademie von Cádiz im Jahr 1753 brachte einen deutlichen Bedeutungszuwachs für Disziplinen wie Mathematik, Astronomie, Mechanik, Schiff- und Befestigungsanlagenbau, der durch den Aufbau eines eigenen astronomischen Observatoriums für Lehrzwecke und die Neueinstellung von entsprechend qualifiziertem Lehrpersonal unterlegt wurde.[102]

Auch Ulloa konnte seine während der Reisen gewonnenen Kenntnisse im Bereich des Montanwesens einsetzen. Im Nachgang zur Südamerika-Expedition veröffentlichte

9.11.1749, Ulloa seit 11.12.1746). Antonio de Ulloa gehörte darüber hinaus seit 1750 der Akademie der Wissenschaften in Berlin und seit 1751 der Akademie der Wissenschaften in Stockholm an.

101 Vgl. San Juan 2015, S. 40-42.

102 Vgl. Sellés o.D.

er in seinem Reisebericht aus dem Jahr 1748 (vgl. Fußnote 99) eine detaillierte Beschreibung des Platinmetalls, das im andinischen Bergbau als Begleitmaterial bei der Goldproduktion auftrat.[103] Seine Ausführungen stellten den Ausgangspunkt für profundere Untersuchungen dieses bisher in Europa relativ unbekannten Rohstoffs dar und resultierten in der Einrichtung eines chemisch-metallurgischen Platin-Laboratoriums (*Casa del platino*) im Jahr 1752 in Madrid. Die Forschungen an dieser Institution sollten einerseits Erkenntnisse zu Möglichkeiten der zukünftigen Nutzung des Metalls bringen, andererseits zur Unterbindung der in Lateinamerika gängigen Praxis, Platin als gefälschtes Gold in Umlauf zu bringen, beitragen. Um das an diesem Labor generierte Wissen möglichst umfassend an Experten, die im kolonialspanischen Montanwesen in Hüttenwerken, Münzen oder als Probierer tätig waren, zu übermitteln, diente die Institution gleichsam als Ausbildungsstätte. In dieser Funktion blieb sie auch in den darauffolgenden Dekaden für die Qualifizierung des höheren montanistischen Nachwuchses von Bedeutung. Das Beispiel der *Casa del platino* zeigt die Relevanz von Laboratorien als Keimzellen montanistischer Lehr- und Forschungsanstalten in ganz Europa, vergleichbar mit Henckels Laboratorium in Freiberg oder der *École Publiqe et Gratuite de Minéralogie et de la Métallurgie docimastique* an der Pariser Münze.

Als Träger montanistischen Wissens wurde Ulloa von der Monarchie zwischen 1758 und 1764 als Verwalter des Bergreviers Huancavelica, dem Zentrum der peruanischen Quecksilberproduktion, eingesetzt. Diese Ernennung folgte dem Ziel, die Ausbeute der zu diesem Zeitpunkt auf äußerst niedrigem Niveau produzierenden und für den andinischen Bergbau wichtigen Quecksilbergruben zu erhöhen. Insbesondere Interessenskonflikte mit lokalen Eliten verhinderten jedoch die Durchsetzung der monarchischen Interessen. Ulloas weiterer Lebensweg, der ihn zunächst als Gouverneur nach Spanisch-Louisiana und später in verschiedene hohe Positionen innerhalb der Marine führte, wies kaum noch Berührungspunkte mit dem Montanwesen auf.[104]

Interesse des Spanischen Militärs am Sächsischen Montanwesen

Unter Bezugnahme auf die Missionen von Juan und Ulloa gewann die Praxis der Informationsreise zum Wissenserwerb und -transfer sowie zur Intensivierung der Vernetzung mit der internationalen Fachcommunity ab Beginn der 1750er Jahre in Spanien stärker an Bedeutung. Wenngleich die Akteure weiterhin aus dem Kreis der Streitkräfte entstammten, erweiterte sich das Spektrum der für eine Wissensübermittlung relevanten Bereiche deutlich über den rein militärischen hinaus. Für Spanien waren nun vermehrt auch Daten zu Geographie, Administration, Gesetzgebung, Ökonomie, Handel, Industrie, Demographie, Kultur und Wissenschaften der besuchten Regionen von

103 Vgl. Aristizábal-Fúquene 2015, S. 148.

104 Vgl. Losada o.D.

Interesse, wie die von diversen Reisestationen übermittelten Korrespondenzen zeigen. Insbesonders um wissenschaftlich-technisches Spezialwissen korrekt zu erfassen und zu transferieren, wurden für diese Anfang der 1750er Jahre initiierten Missionen entsprechend qualifizierte Akteure ausgewählt. So erhielten die Artillerieoffiziere Dámaso de Latre (?–1760) und Agustín Hurtado (1715-?) die Aufgabe, im Norden gelegene Regionen Europas (England, Niederlande, Dänemark, Schweden und Russland) zu bereisen, José Manes (?-?) und Francisco Estachería Hernandez (1719–?)[105], die davon südlicher gelegenen Gebiete. Die ursprünglich mit der Informationsreise verfolgten Ziele sind heute nur noch über Reiseberichte rekonstruierbar; die detaillierte Reiseinstruktion für Manes und Estachería ist nach Auskunft einer Mitarbeiterin des *Arquivo General de Simancas* nicht mehr auffindbar.

Die erste Zwischenstation auf der Reise von Manes und Estachería war Paris mit einer Vielzahl dort angesiedelter wissenschaftlicher Einrichtungen. Dort hielten sie sich zwischen März und Oktober 1751 auf. Im Anschluss gelangten sie über die Schweiz nach Turin in Sardinien-Piemont, wo es zu einer folgenreichen Begegnung kam, die eine Änderung ihrer Reisepläne bewirkte.

Analog zu Spanien durchlebte das Königreich Sardinien-Piemont nach Ende des Österreichischen Erbfolgekriegs (1748) eine Phase ohne größere Kriegshandlungen, die die Monarchie nutzte, um Reformen im Inneren voranzutreiben und Bereiche des Militär-, Montan- und Bildungswesens zu reorganisieren. In Bezug auf das Berg- und Hüttenwesen strebte die Regierung eine Minimierung des Einsatzes und damit der Abhängigkeit von ausländischen Fachkräften – damals dominierten Berg- und Hüttenleute aus dem Harz den Sektor – durch Aufbau von Ausbildungskapazitäten zur Unterrichtung des Nachwuchses aus dem eigenen Land an.[106] Zur Qualifizierung des Lehrpersonals und dem Transfer von an wissenschaftlich-technisch fortschrittlichen Standorten generiertem Wissen hatte Sardinien-Piemont in den 1740er Jahren hinreichend vorgebildete Experten auf Studienreisen durch Europa entsandt. Zu ihnen zählte Robilant und die vier Piemonteser Militärbeamten, die eine berg- und hüttenmännische Ausbildung am „Metallurgischen Institut" in Freiberg durchlaufen hatten (vgl. Abschnitt 2.1.1). Die Berichterstattung zu dieser Reise führte dazu, dass Manes und Estachería nach Genehmigung durch die spanische Regierung einen längeren Aufenthalt in Freiberg in das Reiseprogramm, das bereits Besuche bedeutender Montanreviere im deutschsprachigen Raum vorsah, inkludierten.[107] Wie häufig bei Studienreisen im 18. Jahrhundert

105 Während zu Manes' Ausbildung und Laufbahn vor Antritt der Informationsreise keine Informationen gefunden wurden, ist bekannt, dass Estachería eine dreijährige Ausbildung an der *Academia de Matemáticas* in Barcelona absolviert und am Österreichischen Erbfolgekrieg (1740–1748) teilgenommen hatte (vgl. Navarro 2011, S. 317).

106 Vgl. Lang 2008, S. 41.

107 Vgl. Helguera 1988, S. 688.

führten auch hier Interaktion mit Fachkollegen und durch sie ausgesprochene Empfehlungen zu einer dynamischen Anpassung des Reiseprogramms. Die Reisenden reagierten damit spontan auf aktuelle Entwicklungen in ihrem Fachbereich, die vor Reiseantritt noch nicht hinreichend in ihrem Mutterland bekannt gewesen waren. Zumeist vertrauten die Regierungen ihren fern von der Heimat weilenden Stipendiaten und gestatteten die Änderung der Pläne für die Reisen, die von vornherein auf eine Dauer von mehreren Jahren angelegt waren und so Zeit und Raum für Modifikationen des geplanten Ablaufs zuließen.

Manes und Estachería begaben sich dann also von Turin über Wien direkt nach Sachsen. Zu ihrem dortigen Aufenthalt[108] und ihren Aktivitäten konnten in sächsischen Archiven oder Bibliotheken kaum Nachweise gefunden werden. Die *Dreßdnischen Wöchentlichen Frag- und Anzeigen* verweisen auf die Ankunft eines Herrn „*von Stachavie und Hr. von Manes, Capitains in K. Sardinis. Diensten*" am 11. April 1753 in Dresden[109] – womit wohl Manes und Estachería gemeint sind –, die gemäß den Korrespondenzen mit ihren Vorgesetzten in Spanien ab diesem Zeitpunkt zwei Jahre in Sachsen verbrachten. Ebenso lässt eine weitere Meldung in dieser Dresdner Zeitung aus dem Jahr 1754 zur Ankunft in Dresden „*Den 8 Nov. Don Augustin Hortado, Artilleriecapitain, und Don Damaso de Latre, Officiers von der Kriegscanzley in königl. spanischen Diensten, kommen aus Rußland*"[110] ein Zusammentreffen mit der zweiten, Nordeuropa bereisenden Gruppe spanischer Artillerieoffiziere vermuten. Im Juli des Jahres 1753 trugen sich Manes und Estachería ferner in das Besucherbuch der Königlichen Bibliothek in Dresden ein (Abbildung 5).

Die Aktivitäten von Manes und Estachería in Sachsen sind nur über die von ihnen für die spanische Regierung verfassten Berichte und Korrespondenzen nachvollziehbar, die heute im *Arquivo General de Simancas* (Leg. 963) verwahrt werden. Ziel des Aufenthalts war es demnach, theoretische und praktische Kenntnisse des Berg- und Hüttenwesens durch Teilnahme an Kursen bei lokalen Experten sowie Besuchen von technischen Anlagen zu erlangen und Industriespionage zu betreiben, das heißt sich Wissen zu technischen Verfahren, die teilweise in Sachsen als Staatsgeheimnisse gehandelt wurden, anzueignen und nach Spanien zu transferieren.

Ein Schwerpunkt des Erwerbs von theoretischem Wissen während des Studienaufenthalts in Freiberg lag auf dem auch für militärische Zwecke relevanten chemisch-metallurgischen Bereich, wie aus einem Brief von Manes und Estacherías vom

108 In der *Berg-Canzley-Acta „Die von verschiedenen Ausländern nachgesuchte Erlaubnis die Sächßischen Berg- und Hüttenwerke befahren und besichtigen zu dürfen"* (HStAD, 10036 Finanzarchiv, Nr. Loc. 41779, Rep. 09b, Abt. A, Sect. 1, Cap. 4, Lit. A, Nr. 0002) sind für die Jahre 1752 bis 1762 keine Gesuche von spanischen Militärbeamten aufgeführt.

109 Dreßdnische Anzeigen 1753, unpaginiert.

110 Dreßdnische Anzeigen 1754, unpaginiert.

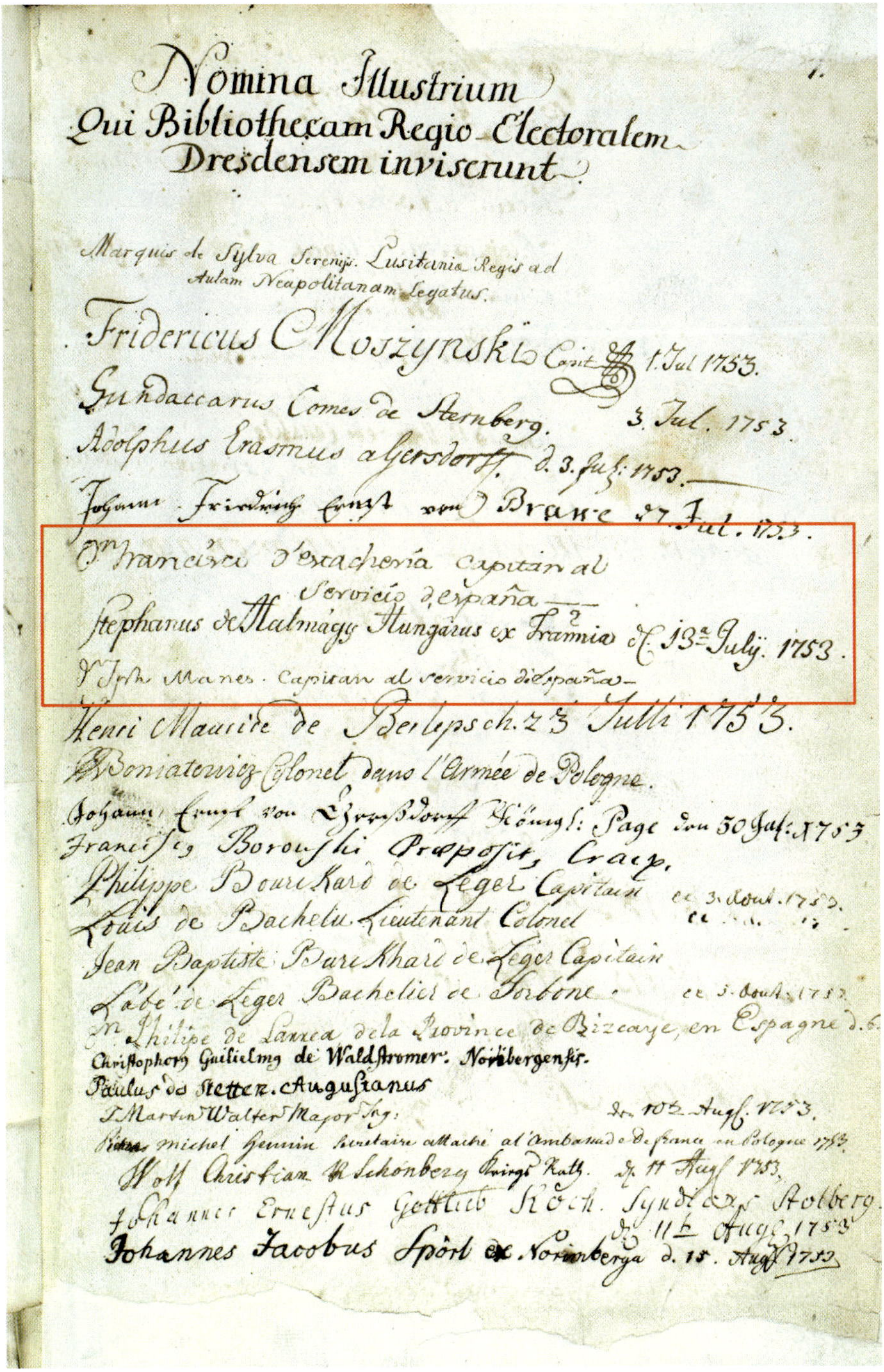

Abb. 5 | Eintrag von José Manes und Francisco Estachería im Besucherbuch der Königlichen Bibliothek in Dresden, Juli 1753, S. 14

2. August 1753 zur kürzlich erlangten Genehmigung, einen entsprechenden Kursus besuchen zu dürfen, hervorgeht.[111] Zu dessen Inhalten und Ausgestaltung übermittelten sie in Folgeschreiben keine Details. Anzunehmen ist jedoch, dass dieser ähnlich dem von Gellert für Robilant und seinen Begleitern gehaltenen aufgebaut war.[112]

Neben den während des Unterrichts entstandenen Kontakten dürften die beiden Spanier im Laufe ihres Besuchs mit vielen weiteren lokalen Wissensträgern interagiert haben, womit sie in die Lage versetzt wurden, umfangreich nützliches Wissen sowohl für das Militär als auch andere Wirtschaftszweige in Spanien zu sammeln und zu transferieren.

Die Korrespondenzen geben beispielsweise Auskunft zum Transfer „*einer [Mineralien]Sammlung mit etwa 1.200 Stufen aus allen Metallen, Halbmetallen, Steinen und einigen Versteinerungen*“[113], die Manes und Estachería in ihrer „*Vollständigkeit und Zusammensetzung*“ als von hohem Nutzen für die militärische und montanistische Forschung in Spanien einschätzten.[114] Ganze Sammlungen oder einzelne Mineralien waren als Träger mineralogischen Wissens häufig Transfer- und Tauschobjekte innerhalb der Fachcommunity. Über sie wurde durch Informationen zu den Fundorten Wissen zu geographischen Vorkommen übermittelt; über Kollektionen fanden darüber hinaus Vorschläge zur Mineralienklassifizierung Verbreitung.

Brisant an der Zusammensetzung dieser Sammlung war, dass sie eine Reihe der für den Export aus Sachsen verbotenen Kobalterzstücke enthielt. Wissen zu Verfahren der Kobaltgewinnung und -verarbeitung waren zum damaligen Zeitpunkt international gefragt. Sachsen war bestrebt, den erzielten Wissensfortschritt zu bewahren und behandelte die relevanten Verfahren als Staatsgeheimnis.[115] Anliegen der Staatsregierung war es daher, jegliche Versuche, sowohl einzelne Kobaltstücke als auch technologisches Wissen zu erlangen und zu transferieren, zu unterbinden. Für den Versand der Sammlung, der sich laut Manes und Estachería im November 1753 in Vorbereitung befand, sahen sie sich daher – auch aufgrund von Spionageaktivitäten anderer Nationalitäten – gezwungen, die Ansprechpartner in ihrem Heimatland um Unterstützung des Transportarrangements durch eine verlässliche Person zu bitten:

111 AGS, Leg. 963, o. Bl.nr. Der Genehmigungsprozess nahm wahrscheinlich einige Zeit in Anspruch, denn Mannes und Estachería hatten per Schreiben vom 2. Juli 1753 aus Dresden mitgeteilt, dass sie bis dato noch nicht die Erlaubnis erhalten hatten, einen Metallurgie-Kurs in Freiberg zu besuchen.

112 Zum Umfang und Inhalt dieses Kurses vgl. auch Kaden 2014, S. 85.

113 Original: „*una coleccion de 1200 piezas q[u]e tiene to[do]s l[os] metal[es], semimetal[es], piedras y algunas petrificacio[nes]*“.

114 Brief von Estachería/Manes aus Freiberg vom 24. November 1753. In: AGS, Leg. 963, o. Bl.nr.

115 Vgl. Haustein 2020, S. 77.

Wir benötigen eine Person in Hamburg, an die wir uns deswegen [Anm. d. V..: bezüglich des Transports der Sammlung von Sachsen nach Spanien] wenden könnten ... Das Verhalten des Ingenieurs Ruvenche, den der König von Neapel zum Studium hierher gesandt hat, ließ den König von Polen befehlen, dass kein einziges Stück Kobalt mehr aus dem Land entfernt werden darf. In unserer Sammlung befinden sich eine Reihe dieser Stücke, darunter sehr seltene, und wir müssen uns aller List bedienen, das Verbot zu umgehen.[116]

Inwieweit der Transport nach Spanien ohne Zwischenfälle verlief, konnte der Korrespondenz nicht entnommen werden, hingegen jedoch, dass es Manes und Estachería trotz der Einschränkungen und Verbote[117] gelang, bis zu ihrer Abreise aus Sachsen im Spätsommer/Herbst 1755 umfangreiche Kenntnisse zur Kobaltherstellung zu erlangen:

Von den zwei streng gehüteten Geheimnissen – Kobalt und Porzellan, die hier als Staatsgeheimnisse bezeichnet und streng behütet werden und deren Verrat mit harten Strafen geahndet wird – haben wir nur von Ersterem zufriedenstellende Kenntnis erhalten und Ausgaben gemäß unseren Möglichkeiten getätigt, um auskunftserteilende Personen zu finden. In Bezug auf das Porzellan haben wir eine Person gefunden, die in der Fabrik gearbeitet hat und uns bei Zahlung von 8.000 Pesos Informationen zu allen Materialien, die zur Herstellung nötig sind sowie über die Brennöfen und die Vorbereitung der Farben, mit denen gemalt wird, geben würde.[118]

Hinsichtlich der Porzellanherstellung dürften die hohen finanziellen Forderungen des sächsischen Wissensträgers eine Übermittlung der gewünschten, detaillierten Informationen verhindert haben. Nachfolgende Korrespondenzen enthalten jedenfalls keine

116 Brief von Estachería/Manes aus Freiberg vom 3. März 1754. In: AGS, Leg. 963, o. Bl.nr., Original: *„Necesitamos de sugeto en Ambourg, para q[ue] este la dirija desde alli; ... El Ingen°. Ruvenche, sugeto que el Rey de Napoles ha embiado aqui p.a instruirse, ha motivado una or[de]n del Rey de Polonia, p.a que no se saque del Pays, ni aun la menor pieza de Cóbolt. Nuestra colleccion continene mucho de esto, y delo mas raro; y assi necessitamos valernos de gran astucia p.a salvar la prohivicion.“*

117 Das kontinuierlich hohe Interesse fremder Staatsregierungen an diversen, als geheim eingestuften Verfahren führte letztlich dazu, dass – wie aus Festlegungen in Reskripten zur Genehmigung von Besuchen von Berg- und Hüttenwerken in den letzten Dekaden des 18. Jahrhunderts hervorgeht – die Behörden Besuche relevanter Orte, wie der sächsischen Kobalt-, Blaufarben- und Arsenikwerke, Ausländern nicht mehr erlaubten.

118 Brief von Estachería/Manes aus Freiberg vom 10. August 1755. In: AGS, Leg. 963, o. Bl.nr., Original: *„De los dos secretos que aqui llaman del estado, y ha cerca de los que hay rigurosas penas, precauciones, y guardas; esto es, en cobalto, y Porcelana; hemos adquirido el conocimiento del primero à nuestra satisfaccion, y gastado à medida de nuestro esfuerzo para ganar sugetos. En quanto al de la Porcelana hemos hallado sugeto de circunstancias he inteligencia que ha estado empleado en la Fabrica y se ofrexe à comunicarnos todos los materiales con que la hacen, idea de los hornos en que la cuecen, y juntamente la preparaxion de colores con que la pintan, mediante ocho mil pesos que le demos.“*

Hinweise, dass über Manes und Estachería Wissen zu dem in Sachsen ebenfalls als Staatsgeheimnis gehandelten Verfahren der Porzellanherstellung den Weg nach Spanien fand.

Nach ihrem etwa zweijährigen Aufenthalt in Sachsen erweiterten Manes und Estachería ihre montanistischen und militärischen Kenntnisse an weiteren Zwischenstationen in Schweden[119], den Niederlanden und England. Nach der Teilnahme als Beobachter an Kriegshandlungen während des Siebenjährigen Krieges – Estachería auf Seite der Habsburger Monarchie, Manes im französischen Heer – zur Erlangung von Wissen der Kriegsführung und zur eingesetzten Technik[120] und einem abschließenden etwa einjährigen Aufenthalt in Frankreich 1759 kehrten Manes und Estachería 1760 nach einer circa 10 Jahre dauernden Informationsreise zurück nach Spanien. Der Historiker Helguera Quijada kam in einer Bewertung der Aktivitäten der Militärreisenden zum Schluss, dass das Duo Manes/Estachería im Gegensatz zu dem von Latre/Hurtado deutlich erfolgreicher seine Mission bewältigt hatte und umfangreich zum Transfer von für das spanische Militär und die Industrie nützlichem Wissen beigetragen hatte.[121]

Die Erwartungen an Manes und Estachería als international hoch qualifizierte Experten, die sich über einen längeren Zeitraum intensiv mit dem aktuellen Stand von Technik und Wissenschaft in für das Militär relevanten Bereichen vertraut gemacht hatten, waren freilich hoch: Ihr Wissen sollten sie daher zügig bei Projekten zur Entwicklung und Produktion innovativer Militärtechnik einbringen. Konkret wurden beide 1761 gemeinsam mit zwei französischen Fachleuten Mitglieder einer Arbeitsgruppe, die in der nordspanischen Militärfabrik von La Cavada ein modernes Kanonengießverfahren einführen sollte. Nach einjähriger Experimentierzeit mussten sie jedoch ihr Scheitern verkünden: Es war ihnen nicht gelungen, unter den an der Fabrik herrschenden und von den an technisch fortschrittlichen Standorten differierenden Rahmenbedingungen mit einem nicht vergleichbaren Niveau der technischen und Personalausstattung das Verfahren zu implementieren. Für ihre Karrieren stellte das erfolglose Projekt zunächst einen herben Einschnitt dar, denn beide wurden in der militärischen Hierarchie degradiert und zu „normalem“ Heeresdienst verpflichtet.[122] Auf einen weiteren Einsatz als technische Experten wurde verzichtet.

Während zu Manes weiterem Berufsleben keine Angaben zu Stationen, bei denen er explizit das auf der Reise erlangte wissenschaftlich-technische Wissen einbrachte, gefunden wurden, konnte für Estachería nachgewiesen werden, dass er nach etwa einer Dekade Heeresdienst, die ihn zur Verteidigung von Spanisch-Louisiana nach Latein-

119 Manes und Estachería zeigten sich in Schweden vom hohen Niveau der Artillerietechnik beeindruckt (vgl. Herrero 1992, S. 174).

120 Vgl. Jaime/Jaime 2001, S. 71.

121 Vgl. Helguera 1988, S. 694.

122 Ibd., S. 693.

amerika geführt hatte, solches in seiner Funktion als Direktor der *Real Escuela Militar* in Ávila zwischen 1774 und 1777 in die Ausbildung von Militärbeamten einbringen konnte. Diese Institution zur Qualifizierung des höheren Kavallerie- und Infanterie-Nachwuchses war 1774 auf Initiative des damaligen *Inspector general de infantería* Alejandro O'Reilly (1723–1794) nach dem Vorbild von Ausbildungseinrichtungen des preußischen Militärs entstanden, die derselbe als Beobachter des Siebenjährigen Krieges kennengelernt hatte.[123] Es dürfte für ihn naheliegend gewesen sein, einen des Ausbildungssystems im deutschen Sprachraum Kundigen mit der Leitung der Einrichtung zu betrauen.[124]

Verdichtung der internationalen Austauschbeziehungen durch Akteure der Artillerie-akademie Segovia

Die *Real Escuela Militar* in Ávila war nicht die einzige Bildungsinstitution, die zur Deckung des Bedarfs von Militärbeamten in Leitungsfunktion in der zweiten Hälfte des 18. Jahrhunderts in Spanien entstand. Im Rahmen der in den 1760er Jahren eingeleiteten Reformierung des spanischen Militärwesens lag ein Schwerpunkt auf der Reorganisation des Ausbildungssystems, wie beispielsweise aus den 1768 veröffentlichten *Ordenanzas de Su Majestad para el régimen, disciplina, subordinación y servicio de sus exércitos* hervorgeht. Zur Qualifizierung der Befehlshaber der verschiedenen Heeresteile war demnach die Einrichtung von speziell auf die Anforderungen des jeweiligen Bereichs ausgerichteten Spezialschulen vorgesehen.

Eine der ersten Institutionen, die in diesem Kontext entstanden, war das 1764 gegründete *Real Colegio de Artillería* in Segovia (Abbildung 6). An ihm sollte der Typus des vielseitig einsetzbaren Beamten, der Heeresteile befehligen, den Festungsbau und Fabriken zur Produktion von Militärtechnik und -material leiten, Forschung für militärtechnische Zwecke betreiben und sein Wissen an den Nachwuchs vermitteln konnte, qualifiziert werden.[125] Wie an anderen vergleichbaren Einrichtungen des Militärs im Ausland – beispielsweise der Schule für Mineralogie und Chemie am Turiner Arsenal – zählte es auch zu den Aufgaben des hier tätigen Lehrpersonals, Forschung zur Entwicklung und Verbesserung von Militärtechnik und -ausrüstung zu betreiben. Vor diesem Hintergrund stieg das *Colegio* schon bald zu einem Leuchtturm der chemisch-metallurgischen Forschung in Spanien auf und avancierte zu einem Zentrum der weit über einen militärischen Fokus hinausreichenden anwendungsorientierten Forschung.

123 Die Ausbildung an dieser Einrichtung war auf einer Dauer von zwei Jahren ausgelegt. Das Lehrprogramm umfasste Unterrichtseinheiten zu Mathematik, Geographie, Artillerie, Heeresführung und dem Bau von Befestigungsanlagen. Bereits 1780/81 stellte sie ihren Betrieb jedoch wieder ein (vgl. Recio 2012, S. 157-166).

124 Vgl. Navarro 2011, S. 317, Caballero 2017.

125 Vgl. Verdera 2005, S. 219.

Abb. 6 | Alcázar in Segovia – Sitz des *Colegio de Artillería* zu dessen Gründungszeit (2017)

Das Untersuchungsspektrum orientierte sich am Bedarf regionaler Industrien und an für die Monarchie wichtigen Bereichen. Am *Colegio de Artillería* tätige Experten trugen so beispielweise zur Erarbeitung und Verbesserungen von chemischen Verfahren für die Tuchfärberei bei[126], waren aber auch für die Analyse der Zusammensetzung von Bodenschätzen aus dem gesamten spanischen Kolonialreich zuständig.[127]

Um Forschung und Lehre an der Institution auf einem hohen fachlichen Niveau durchführen zu können, wurden relevante Entwicklungen im Ausland konstant verfolgt.[128] Zur Verdichtung der internationalen Austauschbeziehungen trugen zu Ende der 1780er Jahren die Entsendung von in Spanien ausgebildeten Militärbeamten auf Reisen durch Europa und die Einstellung von Lehrpersonal mit internationalem Hin-

126 Vgl. González 2011, S. 15.

127 Vgl. Díez 2005, S. 389.

128 Die internationale Orientierung der Institution lässt sich auch über die Bestände der Bibliothek ablesen: Gegen Ende des 18. Jahrhunderts umfassten sie beispielsweise eine Kollektion von über 20 Periodikareihen und Memoiren ausländischer wissenschaftlicher Gesellschaften mit mehr als 1.000 Bänden (vgl. Valles/Hourcade 1991, S. 1971).

tergrund bei. So konnte 1788 auf die 1784 neu eingerichtete Professur für Chemie und Metallurgie der aus Frankreich stammende Joseph Louis Proust (1754–1826) berufen werden, der in Spanien bereits durch seine Lehrtätigkeit am Patriotischen Seminar in Vergara 1779/80 in Erscheinung getreten war, wobei er jedoch an dieser Institution für sich keine Zukunft gesehen hatte (siehe Kapitel 2.2.2) und nach kurzer Dienstzeit nach Frankreich zurückgekehrt war.[129] Proust führte an der Artillerie-Akademie das praktische Arbeiten im Labor mit Fokussierung auf anwendungsbezogene Themen als Element des Unterrichts ein.[130] Hierfür stand ihm ein neu errichtetes, 1792 eröffnetes Laboratorium zur Verfügung, dass in seiner architektonischen Gestaltung als Solitär in unmittelbarer räumlicher Nähe zum *Colegio de Artillería* den ihm zugewiesenen Anspruch als bedeutendem Zentrum der chemisch-metallurgischen Lehre und Forschung zum Ausdruck brachte (Abbildungen 7 und 8).

Proust setzte ferner zu einer Intensivierung der Zirkulation von in diesem Labor generiertem Wissen auf die Herausgabe eines Journals, den *Anales del Real Laboratorio de Química de Segovia*. Trotz der Veröffentlichung von nur zwei Ausgaben (1791 und 1795) leistete er damit einen wichtigen Beitrag zur Etablierung von Fachzeitschriften als periodisch erscheinende Informationsmedien in Spanien.

Abb. 7 und 8 | Ansichten des ehemaligen Laborgebäudes des *Colegio de Artillería* in Segovia (2017)

129 Vgl. Díez 2005, S. 389.
130 Vgl. González 2011, S. 11.

Etwa zeitgleich zur Berufung von Proust entsandte die Monarchie mit Tomás Bruno de Morla Pacheco (1747–1811) und Jorge Juan Guillelmi y Andrada (1734–1809) zwei langjährig am *Colegio de Artillería* tätige Lehrkräfte auf eine Reise durch Europa. Beide hatten eine höhere Ausbildung an einer Lehrstätte des Militärs absolviert – Morla zählte im Jahr 1765 zu den ersten Absolventen des *Colegio de Artillería* in Segovia, Guillelmi hatte die *Real Academia Militar de Matemáticas* in Barcelona besucht – und über lange Jahre Erfahrungen im Militärdienst gesammelt. Guillelmi war nach Dienstausführung in verschiedenen Regimentern ab 1781 als Lehrer der Mathematik an der Militärakademie Segovia tätig[131], Morla wechselte nach Abschluss seines Studiums nahtlos in die Lehrerschaft über. Im Rahmen seiner dienstlichen Verpflichtungen erstellte Morla mit dem dreibändigen *Tratado de Artillería para uso de los Caballeros Cadetes del Real Colegio Militar de Segovia* (erschienen 1784–86) das erste Lehrbuch der Institution. Die Publikation, die auf die Vermittlung chemisch-metallurgischen Wissens zur Produktion von Militärtechnik und -material fokussierte, blieb über Dekaden hinweg für viele Studentengenerationen in Segovia ein Standardwerk in der Ausbildung. Die Schrift fand durch Übersetzungen internationale Verbreitung und wurde als Artillerie-Lehrbuch unter anderem in Frankreich, Deutschland[132] und den Niederlanden genutzt. Die Publikation spiegelt in dieser geographischen Verbreitung und internationalen Anerkennung das hohe wissenschaftlich-technische Niveau am *Colegio* wider.[133]

Mit dieser Qualifizierung und ihren Berufserfahrungen lagen bei diesen Experten beste Voraussetzungen für eine Reise zur umfassenden Aneignung und den Transfer von Wissen vor. Wie schon Manes und Estachería waren auch Morla und Guillelmi angehalten, von den geplanten Reisestationen in England, den Niederlanden, Sachsen, Preußen und der Habsburger Monarchie Informationen zu Geographie, Demographie, Handel, Industrie, Wissenschaft und Kultur nach Spanien zu übermitteln und diese mit detaillierten Beschreibungen beziehungsweise Zeichnungen von besichtigten Fabriken, technischen Anlagen und Sehenswürdigkeiten anzureichern. Morla dokumentierte die Reise in einem Egodokument in Form eines Tagesbuchs, das jedoch nicht im Rahmen der Forschungsarbeit ausgewertet wurde[134], so dass auf Angaben in der Sekundärlitera-

131 Vgl. Vega 1989, S. 22.

132 Die deutsche Übersetzung wurde von J. G. Hoyer, *Premierlieutnant der Churfürstl. Sächsischen Pontoniers*, angefertigt und erschien in zwei Bänden 1795 in Leipzig.

133 Vgl. Herrero 1992, S. 108-113.

134 Das handschriftliche Tagebuch von Tomás de Morla mit dem Titel *Apuntes autografos* wird in der *Biblioteca de Ciencia y Artilleria* in Segovia aufbewahrt. Der Bitte der Autorin um persönliche Konsultation der Aufzeichnungen beziehungsweise Bereitstellung von Digitalisaten wurde seitens der Bibliothek nicht entsprochen. Eine zusammenfassende Darstellung zur Reise von Morla und Guillelmi bietet María Dolores Herrero Fernández-Quesada in ihrem 1992 erschienenen Band *Ciencia y milicia en el Siglo XVIII. Tomás de Morla, artillero ilustrado.*

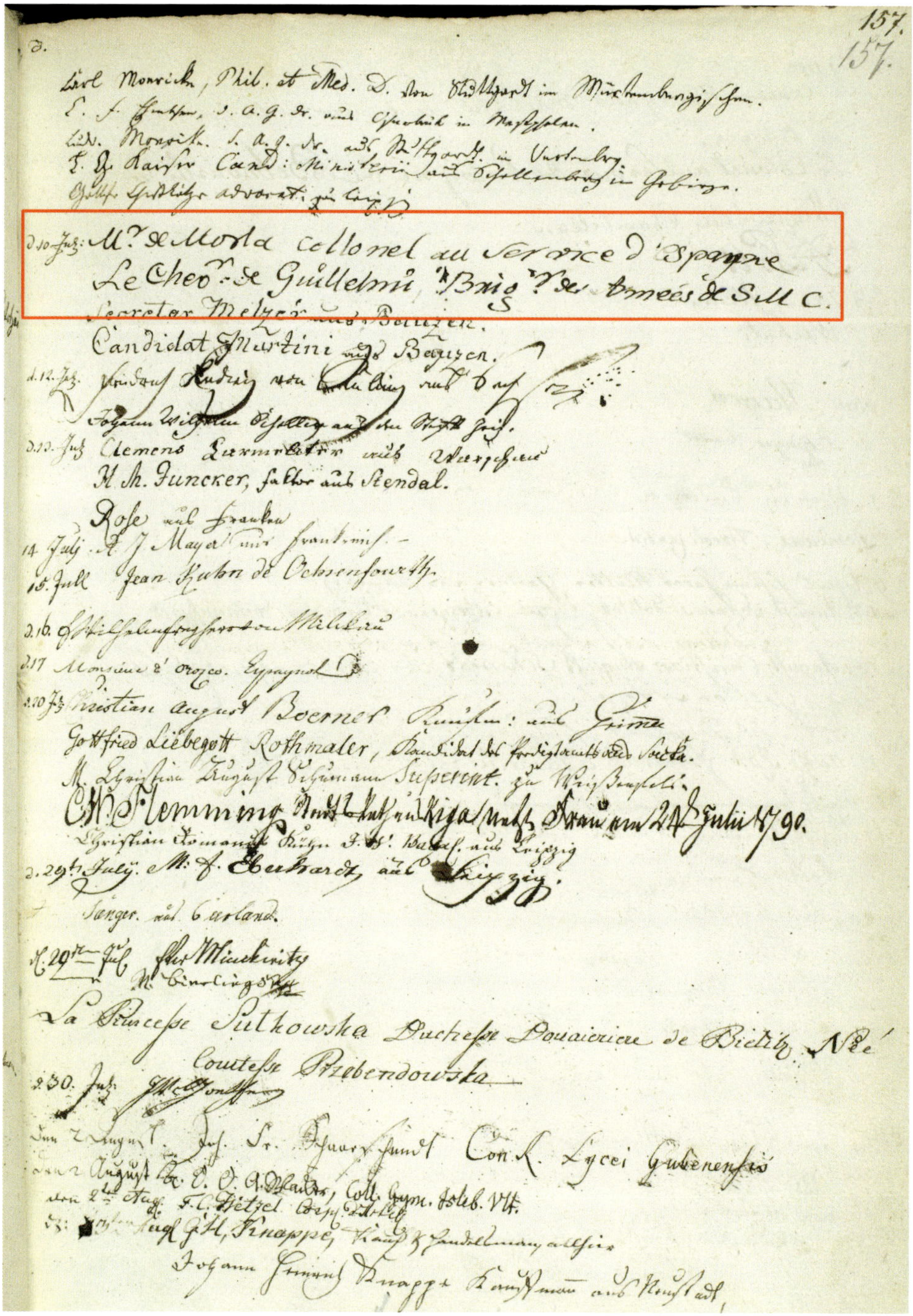

Abb. 9 | Eintrag von Tomás Bruno de Morla und Jorge Juan Guillelmi im Besucherbuch der Königlichen Bibliothek in Dresden, 10. Juli 1790, S. 157

tur zurückgegriffen werden muss. Morla und Guillelmi wandten sich demnach zunächst nach Paris, von wo sie nach einem etwa zweijährigen Aufenthalt (1787–89) weitere Stationen in England, den Niederlanden, Preußen und Sachsen bereisten. In Sachsen dürften sie nur wenige Wochen geblieben sein. In sächsischen Archiven konnten keine Reskripte, die Besichtigungen von Berg- und Hüttenwerken erlaubten, ermittelt werden; es existiert einzig eine Genehmigung für den Besuch der Festung Königstein im Juli 1790[135] sowie Einträge in das Besucherbuch der Königlichen Bibliothek in Dresden am 10. Juli 1790[136] (Abbildung 9).

Gemäß den Angaben in Morlas Tagebuch lag der Schwerpunkt der Aktivitäten in Sachsen auf der Aneignung von militärischem und montanistischem Wissen. Hierfür wurden einerseits die Verfassung und Organisation des sächsichen Heers studiert sowie Befestigungsanlagen (beispielsweise Königstein) besucht, andererseits technische Anlagen der Berg- und Hüttenindustrie begutachtet. Die in Freiberg erlangten Kenntnisse fasste Morla in einem eigenen Tagebuchabschnitt, den *Noticias de las minas de Freiberg en Saxonia* zusammen. Sie enthalten detaillierte Ausführungen zu Erkundungs-, Abbau-, Verarbeitungs- und Verhüttungsmethoden sowie zu Bewetterungs- und Wasserführungsanlagen in sächsischen Bergwerken.[137] Inwieweit die beiden Militärbeamten mit lokalen Experten interagierten und in welchem Umfang das Wissen zum Freiberger Bergbau in Spanien Verbreitung fand, konnte der Forschungsliteratur nicht entnommen werden. Dem Aufenthalt in Sachsen schlossen sich als weitere Reisestationen Wien – von wo Morla aufgrund gesundheitlicher Probleme 1791 nach Spanien zurückkehrte – und die Niederlande[138] an; die Rückkehr Guillelmis nach Spanien erfolgte 1792.[139]

Nach ihrer Wiederkunft wurden Morla und Guillelmi in Positionen eingesetzt, in denen sie die auf der Reise erlangten Kenntnisse fruchtbringend einbringen konnten: Guillelmi fand zunächst als Artillerieoffizier Verwendung. Zwischen 1797 und 1808 konnte er dann in seiner Funktion als *Capitán General* von Aragón[140] sein Wissen zu

135 Siehe HStAD, 111254 Gouvernement Dresden, Loc. 14616/12, 1790–1804 segu., o. Bl.nr.

136 Siehe Besucherbuch der Königlichen Bibliothek (*Nomina Illustrium Qui Bibliothecam Regio-Electoralem Dresdensem inviserunt*) 1753–1813 (Bibl.Arch.I.A,Vol.19.d), S. 157

137 Vgl. Herrero 1992, S. 253.

138 In den Niederlanden beschäftigte sich Guillemi mit Verfahren der Herstellung von Schießpulver (vgl. Herrero 1992, S. 253).

139 Vgl. Herrero 1992, S. 253.

140 Das Amt des Generalkapitäns (*Capitán General*) wurde im Zuge der Neuordnung der spanischen Verwaltung zu Beginn des 18. Jahrhunderts geschaffen. Über Regelungen in den *Decretos de Nueva Planta* wurden Militärbezirke gebildet, die in ihrer geographischen Ausdehnung in etwa den vormals existierenden Königreichen entsprachen. An ihrer Spitze standen Generalkapitäne, die umfassende Vollmachten besassen und sowohl für das Militär als auch die Verwaltung und Rechtsprechung in der jeweiligen Verwaltungseinheit zuständig waren.

Heeresorganisation, Militärtechnik, Administration und Jurisdiktion umfassend einsetzen.[141] Auch Morla wurde wieder im Bereich der Artillerie tätig: Mit seiner Expertise konnte er – im Gegensatz zu Manes und Estachería erfolgreich – dazu beitragen, dass neue Verfahren zur Produktion unterschiedlicher Kanonentypen (nach ihrem Anwendungsgebiet als Bestandteil einer Befestigungsanlage oder als mobiles, bei Kriegshandlungen im Feld einsetzbares Gerät) in der Militärfabrik von Barcelona eingeführt wurden. Er griff dabei Anregungen des französischen Artillerieoffiziers Jean-Baptiste Vaquette de Gribeauval (1715–1789) auf, die auf eine zunehmende Diversifikation der Kanonentechnik gemäß ihren Einsatzgebieten abzielten. Die Umsetzung dieser Vorschläge trug aus Sicht der Historikerin Herrero zu einer deutlichen Erhöhung der Schlagkraft des spanischen Heers bei.[142]

Auch in späteren Karriereabschnitten, bei denen er in Spitzenpositionen innerhalb der Heereshierarchie aufstieg (beispielsweise zum Generalleutnant (1795), zum Generalkapitän von Andalusien und Gouverneur von Cádiz (1801) oder zum Generaldirektor der Artillerie (1808)[143]) konnte Morla das auf der Reise erlangte Wissen bei der Reorganistaion der Artillerietruppe (ab 1797)[144], beim (Aus)Bau von Befestigungsanlagen, bei der Produktion von Militärtechnik und -material und bei Kriegshandlungen erfolgreich einbringen.[145]

Morla trug dabei kontinuierlich durch Veröffentlichung von Publikationen zur Zirkulation wissenschaftlich-technischen Wissens bei. Zu den erfolgreichsten Werken zählt die dreibändige Schrift *El arte de fabricar pólvora* (*Die Kunst, Schießpulver herzustellen*) (1800), in der er detailliert die einzelnen Prozessabschnitte der Wertschöpfungskette von der Prospektion, Gewinnung, Aufbereitung und Verarbeitung von Salpeter bis hin zur Produktion des Schießpulvers als Endprodukt behandelte. Das Buch kam sowohl als Lehrbuch am *Colegio de Artillería* in Segovia als auch als Bedienungsanleitung zur Schießpulverfabrikation in Artilleriegarnisonen in ganz Spanien zum Einsatz.[146]

Die in diesem Abschnitt schlaglichtartig beleuchteten Aktivitäten von Manes, Estachería, Guillelmi und Morla zeigen die Bedeutung, die internationale Austauschbeziehungen mit (Montan)Experten für den wissenschaftlich-technischen Fortschritt des spanischen Militärs hatten. Das Interesse an chemisch-metallurgischem Wissen

141 Vgl. Vega 1989, S. 23.

142 Vgl. Herrero 1992, S. 289.

143 Morla verhandelte beispielsweise in dieser Position im Dezember 1808 mit Napoleon die Kapitulation von Madrid (Herrero o.D).

144 Die Reorganisation der Artillerietruppen wurde in einer 1802 veröffentlichten Verordnung (*Ordenanza dividida en catorce reglamentos que S. M. manda observar en el Real Cuerpo de Artillería para sus diferentes ramos de tropa, cuenta y razón y fábricas*), an deren Erstellung Morla maßgeblich mitgewirkt hatte, festgeschrieben.

145 Vgl. Herrero o.D.

146 Vgl. Vega 1995, S. 174.

rückte das *Metallurgische Institutum* in Freiberg als lohnenswerte Station auf Studienreisen spanischer Akteure[147] in den Mittelpunkt, denn hier konnten Grundlagen und Technologien studiert werden, die die Basis zur Einführung neuer beziehungsweise Optimierung vorhandener Verfahren zur Produktion von Militärtechnik und -ausrüstung bildeten.

Inwieweit Freiberg insbesondere nach Gründung der Bergakademie seine Anziehungskraft auf einen zunehmend heterogenen, über das Militär hinausreichenden Akteurskreis kontinuierlich steigerte, ist Gegenstand der Untersuchung in den folgenden Abschnitten.

2.2.2 Die Bascongada und das Patriotische Seminar in Vergara

Während das Militär über lange Zeit im 18. Jahrhundert die treibende Kraft für die wissenschaftlich-technische Entwicklung in Spanien war und in diesem Kontext Impulse für Prozesse der Formalisierung von Strukturen der höheren berufsspezifischen Ausbildung gab, entstanden ab den 1760er Jahren vornehmlich auf private Initiative von adeligen Intellektuellen und unter Bezugnahme auf Diskurse der Aufklärung neue Orte und Institutionen der Wissensgenerierung und des -austauschs.

Zu den Initiatoren dieser Plattformen zählten Patriotische oder Ökonomische Gesellschaften, die im Kontext der spanischen Wirtschafts- und Bildungspolitik eine zentrale Rolle als Impulsgeber für die Schaffung von Strukturen für eine nützliche Bildung und die Verbreitung nützlichen Wissens, die als notwendig für einen wirtschaftlichen Aufschwung angesehen wurden, spielten. Ausdruck fanden diese Bestrebungen der Monarchie beispielsweise in der 1774 vom Finanzminister Pedro Rodríguez de Campomanes (1723–1802) in einer Auflagenhöhe von 30.000 Exemplaren herausgegebenen Schrift *Discurso sobre la educación popular de los artesanos* oder dem vom damaligen Ministerpräsidenten José Moñino y Redondo (1728–1808), Graf von Floridablanca, ausgearbeiteten und kurze Zeit vor dem Tod Carlos III. (reg. 1759–1788) veröffentlichten Regierungsprogramm (*Instrucción reservada*, 1787).

Einer der ersten Gesellschaften, die in Anknüpfung an diese Politik entstanden, war die 1764 ins Leben gerufene Baskische Gesellschaft der Freunde des Landes (*Sociedad Bascongada de Amigos del País*). Zu ihren Mitgliedern zählten Vertreter aus Adel, Bürgertum, Klerus und Militär. In dieser Zusammensetzung spiegelte sie auch das progressive Klima im Baskenland wider, das etwa durch wirtschaftliches Engagement sowohl des

147 Dass Freiberg auch für weitere Angehörige des spanischen Militärs ein interessantes Zwischenziel auf Reisen war, zeigt beispielsweise der über einen Eintrag aus dem Jahr 1789 in das Besucherbuch der Bergakademie dokumentierte Aufenthalt des Militärbeamten Rafael Valdés y Fernández Bazán (siehe Anhang).

Bürgertums als auch des aufgeklärten Adels in Industrie, Handel und Landwirtschaft gekennzeichnet war. Die Tätigkeitsschwerpunkte der Gesellschaft lagen auf der „Förderung der regionalen Industrie und Wissenschaften“ und „Erhöhung des Bildungsniveaus im Baskenland“. Die Baskische Gesellschaft nahm eine Vorreiterrolle ein und hatte für weitere Gründungen im gesamten spanischen Kolonialreich Vorbildwirkung.[148]

Das Baskenland zählte im 18. Jahrhundert zu den rohstoff-ökonomisch bedeutendsten Regionen Iberospaniens. Die lokalen Eisenerzvorkommen bildeten die Basis für eine prosperierende Montanindustrie, die sich im Laufe der Zeit zu einem wichtigen Grundpfeiler der baskischen Wirtschaft entwickelt hatte.[149] Die Produktion bediente dabei sowohl den zivilen als auch militärischen Bereich; so war das Baskenland Ansiedlungsort für bedeutende Fabriken zur Herstellung von Militärausrüstung. Das geförderte Eisenerz wurde dabei nicht nur zur Befriedigung des nationalen Bedarfs genutzt, sondern stellte ein wichtiges Exportgut dar. Im 18. Jahrhundert wurde es vorrangig nach Frankreich, Portugal, England und die Niederlande sowie in die lateinamerikanischen Kolonien ausgeführt.[150] Die Position als Tor des Seehandels zu Europa und Lateinamerika und die geographische Lage als Grenzregion zu Frankreich begünstigten die internationale Vernetzung baskischer Akteure, die bei ihren Unternehmungen häufig für Impulse aus dem Ausland offen waren und mit ihren Aktivitäten zur überregionalen Wissenszirkulation beitrugen.[151]

In den 1760er/70er Jahren durchlitt die Eisenindustrie eine Krise, die sinkende internationale Exportvolumina zur Folge hatte. Die Ursachen lagen in der technischen Rückständigkeit und den hohen Produktionskosten sowie der stärkeren Konkurrenz durch Russland (quantitative Erhöhung der Ausfuhren) und England (Steigerung der Produktion durch Nutzung industrieller Verfahren).[152] Um den damit einhergehenden Herausforderungen zu begegnen, sahen die unter dem Dach der *Bascongada* vereinten Akteure die Notwendigkeit, die Ausbildung des in relevanten Bereichen tätigen Personals auf ein neues Niveau zu heben und hierfür – in Orientierung an internationalen Tendenzen – Strukturen zu schaffen, an denen der Nachwuchs konform dem damaligen Wissensstand in Technik und Wissenschaft qualifiziert wurde.

148 Vgl. Domínguez 2016, S. 167 und 302-303. Die Etablierung von Ökonomischen beziehungsweise Patriotischen Gesellschaften beschränkte sich dabei nicht nur auf das Mutterland. Auch in den überseeischen Territorien entstanden – wenngleich zu einem späteren Zeitpunkt – derartige Vereinigungen, wie die Gründungen der *Sociedad de Amantes del País in Lima (1790), der Sociedad Patriótica de Quito o Escuela de la Concordia* (1791), der *Sociedad Patriótica de La Habana* (1792) oder der *Sociedad Económica de Guatemala* (1794) zeigen (vgl. Clément 1993, S. 38).

149 Vgl. Recarte 1992, S. 319.

150 Vgl. Uriarte 2003, S. 315-316.

151 Vgl. Gárate 1989, S. 165-166.

152 Vgl. Uriarte 2003, S. 323.

Das Handlungsfeld „Bildung" zählte dabei zu den Interventionsgebieten, in denen die *Bascongada* seit ihrer Gründung besonders aktiv war. Mit der Etablierung von allgemeinbildenden Schulen im gesamten Baskenland hatte sie beispielsweise auf das Vakuum im Elementarbildungsbereich reagiert, das durch die Ausweisung der Jesuiten 1767 entstanden war, die diesen Sektor bis dato maßgeblich bedient und geprägt hatten. Um die Qualität der beruflichen Bildung zu verbessern und den regionalen Fachkräftebedarf zu befriedigen, initiierte sie Prozesse zur Formalisierung entsprechender Strukturen, die mit der Gründung eines Patriotischen Seminars 1776 in Vergara einen wichtigen Meilenstein erreichten.[153] Diese Institution wurde als höhere Lehranstalt mit einem zunächst sich traditionell an dem von Ritterakademien orientierenden Angebot – mit Unterricht in Fächern wie Mathematik, Zeichnen, Fremdsprachen, Tanz, Musik und Reitkunst – angelegt.[154] In einem zweiten Schritt war eine Erweiterung des Lehrspektrums um prioritär natur- und montanwissenschaftliche Inhalte und die Einrichtung enstprechender Lehrstühle vorgesehen. In dessen Vorbereitung nutzten die *Bascongada*-Mitglieder ihre internationalen Netzwerke, um Informationen zu Strukturen und Ausbildungsprogrammen an vergleichbaren Einrichtungen europaweit zu erlangen.[155] Ihre diesbezüglichen Aktivitäten sind detailliert in den Sitzungsberichten der jährlich stattfindenden Hauptversammlungen der Gesellschaft beschrieben, die eine ergiebige Quelle darstellen, um einzelne Handlungen von Akteuren in ihrer regionalen und überregionalen Dimension zu erfassen sowie die Phasen der Etablierung des spezifischen Kursangebots in Vergara unter Berücksichtigung von Impulsen aus dem Ausland nachvollziehen zu können.

Besonders umtriebig in dieser Angelegenheit zeigte sich der – als einer der einflussreichsten Intellektuellen Spaniens seiner Zeit geltende und zu den Initiatoren der Gesellschaft zählende – Adelige Francisco Xavier Maria de Munibe e Idiaquez (1729–1785), VIII. Graf von Peñaflorida.[156] Die Zeit als Abgeordneter der Provinz Gipuzkoa in Madrid zwischen 1758 und 1762 hatte Munibe genutzt, um weitgespannte Netzwerke zu Vertretern in Politik und Verwaltung auszubauen. Er war mit verschiedenen wirtschaftlichen und politischen Interessenslagen vertraut und konnte daraus Gewinn zur Durchsetzung spezifisch baskischer Belange ziehen.[157] Gleichzeitig konnte er über seine internationalen Netzwerke, die er über Korrespondenzpartnerschaften mit Persönlichkeiten aus Politik, Kultur und Wissenschaften in ganz Europa pflegte, zum Wissenstransfer aus anderen Ländern ins Baskenland beitragen.[158] Diese Verflechtungen ge-

153 Vgl. Silvan 1986, S. 87-88, Recarte 1992, S. 320-331.
154 Vgl. Silvan 1986, S. 91.
155 Vgl. Chaparro 2011, S. 198.
156 Vgl. Gago/Pellón 1994, S. 20.
157 Vgl. Chaparro 2011, S. 35.
158 Vgl. Silvan 1986, S. 95.

statteten es ihm insbesondere auch, Informationen zu Prozessen der Formalisierung von Strukturen der höheren Bildung zu erlangen und auf deren Basis die weiteren Schritte zum Aufbau einer entsprechenden Einrichtung im Baskenland zu planen. Sie bildeten ferner die Grundlage für die Organisation einer Reise seines ältesten Sohnes Ramón María Pablo de Munibe y Areizaga (1751–1774) an montanistische Wissenschafts- und Wirtschaftsstandorte in Europa, an denen richtungssweisende Entwicklungen stattfanden, und mit der sich Munibe Senior durch die dabei zu erwartenden persönlichen Interaktionen mit Experten sowie der Netzwerkbildung eine Intensivierung des Transfers von für Bildung und Ökonomie im Baskenland relevanten Wissens erwartete.

Ramón Munibe auf Europatour – Internationale Netzwerkbildung und Wissenstransfer zum Aufbau des montanistischen Bildungsangebots am Patriotischen Seminar in Vergara

Die von Ramón Munibe ab 1770 durchgeführte, über drei Jahre dauernde Reise folgte mit der Wahl ihrer Zwischenstationen konsequent den von Munibe Senior formulierten Zielen. Während eines ersten längeren Aufenthalts über mehrere Monate in Paris widmete sich Munibe ohne größere Sprachbarrieren vorrangig dem Studium der Chemie. Aus ins Baskenland übermittelten Mitschriften geht hervor, dass er beispielsweise die – sich eines hohen nationalen und internationalen Zuspruchs erfreuenden – Vorlesungen bei Guillaume-François Rouelle (1703–1770), einem der Wegbereiter der „modernen" Chemie, besuchte.[159] Rouelle behandelte in seinen Kursen ein breites Themenspektrum, das von der Chemie bis zur Geologie[160] reichte, womit Munibe seine Reise wohl auf einer breiten fachspezifischen Wissensbasis fortführen konnte.

Der Fokus der Paris nachfolgenden Stationen lag auf dem Aneignung und dem Transfer von Wissen aus allen Bereichen des Montanwesens. Über die Niederlande gelangte Munibe nach Schweden, wo er sich bei Besuchen von Eisen-, Kupfer-, Blei-, Silber- und Vitriolbergwerken in diversen Montanrevieren mit unterschiedlichen Methoden des Abbaus der Bodenschätze und Funktionsweisen technischer Anlagen vertraut machte.[161] Aus dem Sitzungsbericht zur *Bascongada*-Hauptversammlung 1773

159 Vgl. Extractos 1772, S. 40.

160 Rouelle vermittelte beispielsweise Wissen zur Entstehung der Erdkruste. Gemäß einer von ihm entwickelten Theorie bestand die Erdkruste aus zwei Schichten: der „Terre ancienne" mit diversen, von Erzgängen durchzogenen Felsgesteinsarten, die im Laufe der Zeit durch vulkanische Aktivitäten geformt wurden, und der „Terre nouvelle", die durch marine Sedimentation entstanden war (Wisniak 2003, S. 243, Gaudant 2004, S. 86-9). Zu Rouelles Schülern zählte Nicolas Desmarest (1715–1825), der durch Untersuchungen der Basaltformationen in der Auvergne 1765 ihren magmatischen Ursprung beweisen konnte und zu einem der frühesten Verfechter des Plutonismus wurde.

161 Vgl. Urquijo 1929, S. 75.

geht beispielsweise hervor, dass er relevante Informationen in Form von Bergwerksplänen, darunter „*acht Pläne der Bergwerke von Haster in Schweden. Idem, neun von denen in Falun*", nach Spanien übermittelte.[162]

In Ergänzung zu den prioritär auf eine Aneignung von technischem Wissen ausgelegten Bergreviersbesuchen lag der Fokus der Aufenthalte in Uppsala und Stockholm auf der Durchdringung von wissenschaftlichen Sachverhalten der Chemie und Mineralogie, wofür Munibe in Austausch mit Akteuren wie Johan Gottschalk Wallerius, Carl von Linné oder Gustav von Engeström trat. Aus den Interaktionen resultierte eine Reihe von konkreten Wissenstransferaktivitäten: Mit der Übersetzung von Cronstedts *Forsök til mineralogie* in seine Heimatsprache, deren erster Teil unter dem Titel *Ensayo de Mineralogía, traducido de el original Sueco de Mr. Cronsted, por un Amigo del País* auf der Hauptversammlung der *Bascongada* 1773 präsentiert wurde[163], trug Munibe dazu bei, dass neueste mineralogische Erkenntnisse einem breiten, fremden Sprachen nicht unbedingt mächtigen Publikum in Spanien zugänglich gemacht wurden. Fach- und interessierte Laienkreise auf der iberischen Halbinsel erhielten über diese Publikation detaillierte Informationen zu dem international zunehmend Akzeptanz findenden System der Klassifizierung von Mineralien auf Basis ihrer chemischen Zusammensetzung, das seinerzeit europaweit von der *scientific community* aufgegriffen und diskutiert wurde.

Zur Mineralienanalyse wurde häufig das Lötrohr verwendet, in dessen Gebrauch Munibe durch Engeström eingewiesen worden war (vgl. Kapitel 2.1.4). Um auch in Spanien zur Verbreitung dieses Geräts als Instrument zur Durchführung von Experimenten zur Bestimmung der chemischen Zusammensetzung von Mineralien beizutragen, verfasste Munibe eine auf Engeströms Ausführungen[164] beruhende Abhandlung mit dem Titel *Espiritu de Cronstedt à Descripcion de un Laboratorio portatil.*[165] Zur Untersetzung und zum besseren Verständnis des in Schweden ausgearbeiteten Klassifikationssystems sowie als Anleitung zum Aufbau eines Mineralienkabinetts übersandte Munibe an die *Bascongada* ferner „*fünf Kisten mit Mineralien aller Arten von Metallen, Halbmetallen, Kristallen, Steinen, Asbesten etc. mit einem Katalog, der die Einteilung in ihre Klassen enthält ...*"[166]. Die Aktivitäten Munibes in Schweden zeigen, dass er sich während

162 Extractos 1773, S. 124. Original: „*Ocho planos de las Minas de Haster en Suecia. Idem, nueve de las de Falum.*"

163 Siehe Extractos 1773, S. 57-58. Ein zweiter Teil fand in dem Sitzungsbericht aus dem Jahr 1774 Erwähnung (siehe Extractos 1774, S. 46).

164 Den Gebrauch eines mineralogischen Reiselabors und des Lötrohrs beschrieb Engestöm in einem Text, der im Anhang zu Cronstedt's *An essay towards a system of mineralogy* (London, 1770) abgedruckt wurde.

165 Vgl. Extractos 1772a, S. 40, Urquijo 1929, S. 80.

166 Extractos 1773, S. 124. Original: „*Cinco Caxones de Minas de todo genero de metales, semimetales, cristales, piedras, asbestos & c. con un Catalogo de su division por clases ....*"

seines Aufenthalts intensiv mit chemisch-mineralogischen Themen beschäftigte. Dass er dabei von der schwedischen Fachcommunity als ein Austauschpartner auf Augenhöhe angesehen wurde, zeigt seine am 6. Mai 1772 erfolgte Aufnahme in die Königlich-Schwedische Akademie der Wissenschaften in Stockholm – als zweites spanisches Mitglied nach Ulloa.[167]

Dem längeren Aufenthalt in Schweden schloss sich Sachsen als nächste Zwischenstation auf der Reise an. Munibe gelangte im Jahr 1772 nach Freiberg, wie ein undatierter Eintrag gemeinsam mit seinem Begleiter, dem Abbé Cluvier, in das Besucherbuch der Bergakademie (Abbildung 10), und ein Reskript vom Juli 1772, das ihm dem Unterricht in „*bergmännischen Wißenschaften*" an der Bergakademie und den Besuch Freiberger und erzgebirgischer Berg- und Hüttenwerke erlaubte, zeigen.[168] Im Inskriptionsverzeichnis der Bergakademie wird er unter der Matrikelnummer 105 geführt.[169] Er zählte damit zu den ersten ausländischen Studenten an der Bergakademie[170], in den im 19. Jahrhundert an der Freiberger Bergakademie erstellten Studentenlisten wird er ferner als erster spanischer Student geführt.

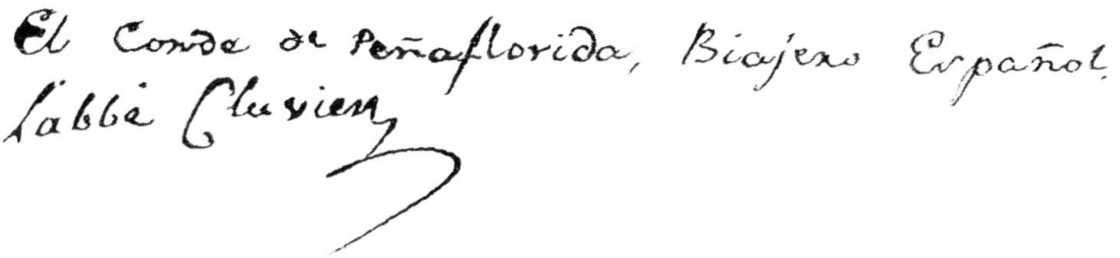

Abb. 10 | Einträge des Grafen von Peñaflorida und Abbé Cluvier im Besucherbuch der Bergakademie, 1772, S. 7

Welche Fachdisziplinen konkret sein Interesse an der Bergakademie weckten, geht aus den in Freiberg verwahrten Archivalien nicht hervor. Der Historiker Pelayo nimmt an, dass sich Munibe mit Markscheidekunst, Bergbaukunst und metallurgischer Chemie beschäftigte – somit den Fächern, die zu Beginn der 1770er Jahre an der Bergakademie gelehrt wurden.[171] Aufgrund des nur knapp dreimonatigen Aufenthalts in Freiberg, den er neben dem Erwerb theoretischen Wissens auch zur Aneignung praktischer Kenntnisse in Berg- und Hüttenwerken in Freiberg und Umgebung nutzte, dürfte er

167 Vgl. Dahlgren 1915, S. 123.

168 Siehe UAF, OBA 182, Bl. 110–111.

169 Das Inskriptionsverzeichnis enthält keinen Hinweis auf Munibes Begleiter, den Abbé Cluvier.

170 Als erster ausländischer Student wird im Inskriptionsverzeichnis der Bergakademie Freiberg der 1771 eingeschriebene Albert A. Vergeel aus Amsterdam aufgeführt.

171 Vgl. Pelayo/Rebok 2004, S. 90. Zum Fächerspektrum an der Bergakademie in den Anfangszeiten: vgl. Reich 1850, S. 23 und Wagenbreth et al. 2012, S. 122, 161, 184.

vorrangig Privatissima bei den Lehrern der Bergakademie besucht beziehungsweise sich im persönlichen Austausch mit lokalen Akteuren zu aktuellen Entwicklungen in den relevanten Fachbereichen informiert haben. Im Gegensatz zu den in den Sitzungsberichten der *Bascongada* recht intensiv beschriebenen Interaktionen mit Vertretern der schwedischen Fachcommunity finden sich zu Freiberg nur relativ knappe Ausführungen, was prioritär an der im Gegensatz zu Schweden verhältnismäßig kurzen Aufenthaltsdauer in Sachsen gelegen haben dürfte.

Besonderes Interesse in Freiberg weckten bei Munibe die Uniformen der im Berg- und Hüttenwesen Beschäftigten. Zu den nach Spanien übermittelten Objekten zählte daher eine Sammlung von Paradekleidern der Bergakademisten mit Stock und Säbel und eine Serie von Drucken mit Uniformen Freiberger Berg- und Hüttenleute. Dazu kamen Pläne von Bergwerken in Freiberg mit Angaben zu ihrer Bewirtschaftung, die gemäß den Darlegungen im Bericht zur Generalversammlung der *Bascongada* 1774 impulsgebende Wirkung auf den baskischen Bergbau ausüben sollten.[172] Zu einer Übersetzung eines von Freiberger Experten publizierten Fachbuchs kam es nicht. Inwieweit Wissen aus Freiberg tatsächlich von Nutzen war und in baskischen Berg- und Hüttenwerken adaptiert wurde, wurde im Rahmen dieser Forschungarbeit nicht untersucht.

Der Aufenthalt an der Freiberg folgenden Zwischenstation Wien dürfte gleichermaßen nur wenige Monate gedauert haben. Bekannt von dieser Reisephase sind einzig Interaktionen mit Nicolaus Joseph von Jacquin, der nach Aufgabe seiner Tätigkeit an der Schemnitzer Bergakademie ab 1769 als Professor für Chemie und Botanik an der Universität Wien lehrte. Ferner stellte Munibe in Wien den zweiten Teil der Übersetzung von Cronstedts Mineralogie fertig, den er am 24. Oktober 1772 nach Spanien übersandte.[173] Im Jahr 1773 kehrte Munibe über Venedig, Rom und Turin nach Spanien zurück. Im Gepäck hatte er umfangreiches Wissen zur Montanindustrie und den Berufsbildern der dort Beschäftigten. Es war ihm gelungen, sich persönlich mit aktuellen Entwicklungen des Montanwesens vertraut zu machen und Kontakte zu Vertretern der Fachcommunity aufzubauen. Für den Ausbau des Patriotischen Seminars zu einem Zentrum der höheren montanistischen Qualifzierung konnten auf Basis des transferierten Wissens wichtige Weichen gestellt werden, denn über Munibe waren nun einerseits Kenntnisse zu Prozessen der Formalisierung von Ausbildungsstrukuren an Standorten in Sachsen oder der Habsburger Monarchie, andererseits zum Wissensstand in relevanten Fachbereichen ins Baskenland gelangt sowie die Netzwerke für zukünftige Wissenstransferaktivitäten geknüpft worden.

Die *Bascongada* dürfte sich für die Aktivitäten in ihren Schwerpunktbereichen Bildung und Wirtschaft mannigfaltige Impulse durch die auf der Reise gesammelten

172 Siehe Extractos 1774, S. 47/104.
173 Vgl. Urquijo 1929, S. 88.

Erfahrungen und Eindrücke erhofft haben und wählte Munibe auf ihrer Generalversammlung am 22. September 1773 zu ihrem Sekretär. Diese Hoffnungen zerschlugen sich jedoch durch seinen frühen Tod im Juni 1774[174]; die Gesellschaft musste nach Alternativen suchen, um ihre ambitionierten Projekte voranzutreiben.

Die Etablierung des Lehrstuhls für Chemie – Impulse aus Frankreich

Auf Basis des insbesondere über die Netzwerke der Familie Munibe erfolgten internationalen und nationalen Austauschs konnte die *Bascongada* in der zweiten Hälfte der Dekade wichtige Meilensteine im Prozess des Aufbaus des höheren Ausbildungsangebots am Patriotischen Seminar in Vergara erreichen. Studienreisen spielten dabei weiterhin eine wichtige Rolle, um durch persönliche Interaktionen mit einem heterogenen Akteurskreis Entwicklungen in relevanten Fachbereichen länderübergreifend zu rezipieren. Darüber hinaus wurde nun verstärkt das Ziel verfolgt, Lehrpersonal aus dem Ausland zur Umsetzung des anvisierten Kursprogramms im Baskenland zu gewinnen.

Vor diesem Hintergrund und bestärkt von dem Erkenntnisgewinn der Reise von Ramón Munibe und den vielfältigen Optionen, die sich über sie eröffnet hatten, traten reichlich ein Jahr nach Ramón Munibes Tod – am 24. Oktober 1775 – mit Antonio María de Munibe y Areizaga (1754–1820), dem zweiten Sohn des Grafen von Peñaflorida, und Francisco Xavier de Eguía y del Corral (1760–1830), dem Sohn von Joaquín de Eguía, dritter Marquis von Narros (1733–1803), zwei Akteure[175], die dem familiären Umfeld von Initiatoren der Gesellschaft entstammten, eine Tour zur Weiterbildung und Vernetzung durch Europa an.

Die erste Reisestation mit längerem Aufenhalt war erneut Paris, wo Munibe und Eguía die Netzwerke von Akteuren aus dem Umkreis der *Bascongada* nutzten, um in Kontakt zu Vertretern der *scientific community* zu treten und – gemäß den Ausführungen in den Sitzungsberichten der Versammlungen der *Bascongada* – insbesondere ihr

174 Gemäß Informationen, die Wilhelm von Humboldt (1767–1835) während seiner Reise durch das Baskenland 1801 vom Verwalter des Hauses des Grafen von Peñaflorida, Manuel de Vicuña, erhielt, starb Munibe an einer Verletzung, die ihm auf seiner Reise zugefügt worden war: *„Und nun erzählte er [Vicuña] mir die Geschichte, wie der älteste Sohn des Grafen gestorben an einer Wunde, die er auf Reisen bekommen (er reiste in Begleitung eines Jesuiten, sie waren in Wien, der Graf blieb Abends zu lange im Hause einer Gräfin, der Jesuit machte ihm Vorwürfe, der Graf fasste zum Messer, wollte ihn tödten, wandte es aber im Augenblick gegen sich, die Wunde wurde schlecht geheilt, und er starb einige Jahre danach. (...) Der Jesuit blieb auf dem Rückweg in Toulouse, der Sohn machte ein Geheimniss daraus, entdeckte sie bloss auf dem Todtbette dem Vater aber auch unter dem Siegel des Geheimnisses) (...).“* (Preußische Akademie der Wissenschaften 1918, S. 387).

175 Munibe und Eguía wurden nach Aussagen von Wilhelm von Humboldt vom Verwalter des Hauses des Grafen von Peñaflorida Manuel de Vicuña auf der Reise begleitet, um Vorkommnisse, wie solche, die zum Tod von Ramón Munibe führten, zu verhindern (siehe Preußische Akademie der Wissenschaften 1918, S. 387).

Wissen der Chemie und Metallurgie erweiterten.[176] Paris stellte zu dieser Zeit für die baskischen Eliten aufgrund der geringen Sprachbarrieren und der räumlichen Dichte an naturwissenschaftlichen und medizinischen Forschungs- und Bildungsinstitutionen einen präferierten Studienort für den eigenen Nachwuchs dar. So hielten sich neben Munibe und Eguía zum damaligen Zeitpunkt mit Juan José (1754–1796) und Fausto Fermín (1755–1833) die beiden Söhne des in Logroño ansässigen Arztes und *Bascongada*-Mitglieds Juan d'Elhuyar (1718–1784) auf. Sie studierten hier ab 1773 zunächst Medizin, Chirurgie und Chemie unter anderem bei Hilaire-Marin Rouelle (1718–1779) und Jean d'Arcet (1724–1801), erweiterten jedoch schon bald ihren Studienplan um Fächer wie Mathematik, Physik und Naturgeschichte.[177] Während Juan José 1777 in das Baskenland zurückkehrte, blieb Fausto weiterhin in Paris.

Ein weiteres damals in Paris aktives *Bascongada*-Mitglied war Eugenio Izquierdo. Als Stipendiat der spanischen Monarchie widmete er sich naturwissenschaftlichen Studien.[178] Er besuchte beispielsweise Kurse der Chemie bei Rouelle und nahm mineralogischen Unterricht bei Jacques-Christophe Valmonte de Bomare (1731–1807), bei dem er mit den Thesen Wallerius', die dieser über seine *Mineralogia* publik gemacht hatte, in Berührung kam.[179] Izquierdo trug darüber hinaus zur Erweiterung der Sammlungen des 1771 in Madrid eingerichteten Königlich-Naturhistorischen Kabinetts bei, für das er in Übereinkunft mit dessen Direktor Dávila zahlreiche interessante Objekte in Paris ankaufte.[180]

Für die an einer natur- beziehungsweise montanwissenschaftlichen Aus- und Weiterbildung interessierten Akteure aus dem Baskenland hielt Paris eine Vielzahl von Angeboten bereit. Die im Auftrag der *Bascongada* Reisenden nutzten sie insbesondere um sich chemisches Grundlagenwissen aneignen, auf dem aufbauend sie während ihrer Besuche in Montanrevieren ihre Kenntnisse in für den Bergbau und das Hüttenwesen relevanten Disziplinen wie Metallurgie und Mineralogie zu erweitern vermochten. Darüber hinaus stellten die in Paris existierenden Strukturen einer höheren fachspezifischen Ausbildung – wie beispielsweise der *École des Ponts et Chaussées* – ein interessantes Studienobjekt dar, aus dem sie Anregungen für die Ausgestaltung des Angebots

176 Siehe Extractos 1776, S. 74.

177 Vgl. Palacios 1992, S. 111.

178 Über den konkreten Zeitraum des Aufenthalts von Izquierdo in Paris ist sich die historische Forschung uneinig: Calatayud schätzt das in der *Gran Enciclopedia de España* angegebene Jahr 1759 für den Studienbeginn in Paris als zu früh ein, da Izquierdo mit 14 Jahren zu diesem Zeitpunkt kaum eine entsprechende Vorbildung besessen haben dürfte. Auf Grundlage der Korrespondenz zwischen Izquierdo und Pedro Franco Dávila (1711–1786), die seit 1773 belegt ist, und der Tatsache, dass Dávila 1772 nach Madrid zurückkehrte, nimmt Calatayud an, dass Iqzuierdo seit 1772 in Paris weilte (vgl. Calatayud 2009, S. 29).

179 Vgl. Calatayud 2009, S. 34-35, Extractos 1776, S. 74.

180 Vgl. Calatayud 2009, S. 39.

in Vergara ableiteten. Die Vorbildfunktion dieses neuen Typus einer Spezialschule ergab sich aus der passgenauen Ausrichtung des Lehrangebots auf die Anforderungen in den künftigen Einsatzbereichen der Absolventen, die sowohl administrativer und pädagogischer als auch wissenschaftlich-technischer Natur sein konnten.

Während der baskische Nachwuchs in Paris seine Ausbildung vervollkommnete, war es der *Bascongada* dank der guten Vernetzung des Grafen von Peñaflorida mit Vertretern der Madrider Regierungsbehörden unterdessen gelungen, Zusagen der Monarchie zur finanziellen Unterstützung für die am Patriotischen Seminar geplante Etablierung von zwei Professuren in Chemie und Mineralogie/Metallurgie zu erlangen.[181] Insbesondere der Marine-Generalleutnant Pedro González de Castejón (1719–1783), der für den von ihm forcierten Ausbau und die Erneuerung der Flotte auf den Einsatz fortschrittlicher Technologien angewiesen war, sah hohes Potenzial durch die Einrichtung von Lehrstühlen mit derartiger Ausrichtung in Vergara.

Der Anspruch der Gesellschaft bestand nun darin, für die Arbeit an diesen beiden Lehrstühlen Mitglieder der *scientific community* aus international führenden Standorten der Natur- und Montanwissenschaften zu gewinnen, die zum Wissenstransfer in Lehre und Forschung beitragen und den internationalen Austausch befördern konnten.[182] Die Mitglieder der Gesellschaft waren daher aufgefordert, über ihre Netzwerke zur Anwerbung geeigneten Personals beizutragen. Vornehmlich Izquierdos Verbindungen zu Mitgliedern der Pariser Gelehrtenwelt war es zu verdanken, dass schon bald der Chemie-Lehrstuhl mit dem Franzosen Louis Joseph Proust besetzt werden konnte. Proust gab ab Mai 1779 Unterricht in Vergara, wobei er auch Lehrinhalte der Mineralogie und Probierkunst vermittelte.[183] Mit der Ausweitung seines Unterrichts um Unterweisungen in einem extra hierfür eingerichteten Labor setzte Proust auf neue Methoden der praxisorientierten Vermittlung von Wissen. Bei der Ausstattung des Laboratoriums orientierte er sich an ihm bekannten Vorbildern in Frankreich, wobei er bei der Beschaffung der Apparaturen von seinem früheren Lehrer Rouelle in Paris unterstützt wurde.[184] Proust konnte jedoch nicht über einen längeren Zeitrahmen an das Patriotische Seminar gebunden werden. Bereits 1780 verließ er Vergara aus diversen Gründen: Die Gehaltszahlungen erfolgten unregelmäßig; viele Schüler verfügten nicht über eine angemessene Vorbildung, um seinen Ausführungen folgen zu können. Das geistige Klima außerhalb des Kreises der baskischen Gesellschaft war teilweise durch

181 Gago gibt an, dass die Gesellschaft über die Zusage der Monarchie zur Finanzierung der Lehrstühle durch ein königliches Schreiben im Jahr 1777 informiert wurde, die Veröffentlichung des entsprechenden königlichen Erlasses aber erst 1778 erfolgte. Er korrigiert damit die häufig in der Literatur angegebene Jahreszahl für die Zusage von 1778 auf 1777 (vgl. Gago/Pellón 1994, S. 29).

182 Vgl. Silvan 1986, S. 92.

183 Vgl. Extractos 1779, S. 125-135.

184 Vgl. Gago/Pellón 1994, S. 38.

Intoleranz und wenig Aufgeschlossenheit gegenüber dem wissenschaftlichen Fortschritt geprägt, so dass seine Aktivitäten bisweilen sogar durch die Inquisition überwacht wurden.[185]

Die Orientierung an internationalen Entwicklungen spielte bei der Neubesetzung des Lehrstuhls weiterhin eine große Rolle. Erneut wurden die Pariser Netzwerke von *Bascongada*-Mitgliedern genutzt, über die als Nachfolger François Chabeneau (1754–1842) gewonnen werden konnte. Direkte Kontakte sind beispielsweise über das gemeinsame Frequentieren der von Intellektuellen dominierten Freimaurerloge *Les neufs sœurs* bekannt, in deren Verzeichnis „*Vicunna, Munivé, comte de Pennaflorida, D'Éguia und Yzquierdo, naturaliste du roi d'Espagne*" als Mitglieder aufgeführt wurden.[186]

Chabeneau erhielt 1778 eine Anstellung am Patriotischen Seminar in Vergara. Er lehrte zunächst bis 1781 Physik und Französisch und übernahm nach einer interimistischen Unterbrechung 1782 zusätzlich den Unterricht der Chemie. Eine zwischenzeitlich in Erwägung gezogene Übernahme des Lehrstuhls durch ein eigenes, mittlerweile gut qualifiziertes *Bascongada*-Mitglied (Juan José d'Elhuyar) fand keine Zustimmung der spanischen Monarchie, die sich gegen eine Entbindung von seiner in ihrem Auftrag mittlerweile begonnenen internationalen Mission zum Transfer militärischen Wissens aussprach. Chabeneau blieb bis 1786/87 in Vergara.[187] Sein anschließender Wechsel 1787 nach Madrid dürfte als Aufstieg in seiner Karriere zu bewerten sein, denn nun wurde ihm die Leitung des dort angesiedelten Platin-Forschungslabors und des vom Westindienministerium finanzierten Mineralogie-Lehrstuhls am Naturhistorischen Kabinett übertragen (siehe Kapitel 2.2.3).

Die etwa zehnjährige Dominanz des Chemie-Unterrichts durch Lehrende aus Frankreich wurde mit der Einsetzung von Gerónimo Mas (?–1804), eines Absolventen des Seminars, beendet, der bis zur interimistischen Schließung der Einrichtung 1794 dozierte. Die Verbindungen nach Frankreich rissen jedoch auch mit ihm als Lehrenden nicht ab: Seine Bezugnahme auf aktuelle Entwicklungen in der französischen Chemie und seine Vernetzung innerhalb der Fachcommunity zeigen sich unter anderem in der Verwendung von Fourcroys *Elements d'Historie Naturelle et de Chimie* (1782) als Lehrbuch und der Unterstützung, die ihm von Lavoisier, Fourcroy und Berthollet bei der Erstellung der Lehrpläne zuteilwurde.[188]

Die sich Vergara anschließenden Karrierestationen von Proust (siehe Kapitel 2.2.1) und Chabeneau (siehe Kapitel 2.2.3) zeigen, dass aus den international ausgerichteten Aktivitäten der *Bascongada* mannigfaltige Impulse für die Entwicklung der Chemie und angrenzender Fachdisziplinen in Spanien erwuchsen. Den Mitgliedern der baskischen

185 ibd, S. 41.
186 Vgl. Amiable 2014, S. 294-297.
187 Vgl. Pellón/Llombart 1998, S. 357.
188 Vgl. Gago/Pellón 1994, S. 83.

Gesellschaft gelang es unter Nutzung ihrer geographisch weiträumigen Netzwerke, Akteure aus dem Ausland für Tätigkeiten in Spanien zu gewinnen, über die sie den Wissenstransfer über Ländergrenzen hinweg befördern sowie das in europäischen Zentren des wissenschaftlichen Fortschritts generierte Wissen zum Nutzen der spanischen Monarchie zum Einsatz zu bringen vermochten.

Die Etablierung des Lehrstuhls für Mineralogie/Metallurgie – Impulse aus Sachsen

Auch die Etablierung des zweiten am Patriotischen Seminar vorgesehenen Lehrstuhls folgte den oben aufgeführten Prämissen. Während für das chemische Fach Frankreich als Referenz galt, orientierte sich die *Bascongada* auf Basis der Erkenntnisse von Ramón Munibe bei den Disziplinen der Mineralogie und Metallurgie in Richtung Mitteleuropa und versuchte, die Netzwerke zu dort wirkenden Akteuren zur Gewinnung von Lehrpersonal und der Intensivierung des Wissenstransfers zu nutzen. Da eine über den Weg der Diplomatie lancierte Anfrage über den spanischen Gesandten in Dresden José de Onís y López (1726–1802) von der zuständigen Behörde in Sachsen abschlägig beschieden wurde[189], entschied sich die Gesellschaft 1777 in Abweichung zur Besetzungspolitik beim Lehrstuhl für Chemie um internationale Weiterbildung eines talentierten Kandidaten aus den eigenen Reihen für die Übernahme der Professur. Die Wahl fiel auf den damals noch in Paris weilenden Fausto d'Elhuyar, der einer Fortführung seiner Studien als Stipendiat der *Bascongada* zustimmte.[190]

Das für Fausto d'Elhuyar aufgestellte Weiterbildungsprogramm sah vor, dass die theoretische Wissensaneignung prioritär an der Freiberger Bergakademie erfolgen, praktisches Wissen dann durch Besuche von Berg- und Hüttenwerken in diversen europäischen Montanrevieren erlangt werden sollte. Auf Basis der über die Netzwerke von Vertretern der *Bascongada* mit Mitgliedern der spanischen Regierung und des Militärs zu diesem Projekt zirkulierenden Informationen, entschied sich die Monarchie recht bald, die Studientour mit einer eigenen Mission zum Transfer von Wissen für vorrangig militärtechnische Zwecke zu verknüpfen. Insbesondere der in die Etablierung der neuen Lehrstühle in Vergara involvierte Generalleutnant Castejón erkannte das Potenzial einer Kooperation mit der international hervorragend vernetzten *Bascongada* für die Durchführung eines solchen Unterfangens, das konkret zur Behebung von Missständen bei der Herstellung von militärtechnischer Ausrüstung beitragen sollte.

Die Krise der baskischen Eisenindustrie in den 1760/70er Jahren hatte sich nämlich auch auf die Fabrikation von Kriegsgerät ausgewirkt, wobei hauptsächlich bei der Kanonenproduktion mit Qualitäts- und Quantitätsproblemen gekämpft wurde. Um

189 Vgl. Whitaker 1953, S. 323.
190 Vgl. Gago/Pellón 1994, S. 9.

diesen entgegenzusteuern, waren die beiden wichtigsten Fabriken in La Cavada und Liérganes 1763 zunächst unter Aufsicht der Artillerie-Abteilung des Heeres und da keine Verbesserung der beschriebenen Situation eintrat, im Jahr 1765 unter direkte Kontrolle des Marineministeriums gestellt worden.[191] Die Produktionsausfälle konnten ab 1775 teilweise durch Lieferungen aus der schottischen Fabrik Carron – einer der technisch fortschrittlichsten Kanonenfabriken Europas seinerzeit – ausgeglichen werden. Die machtpolitische Konkurrenzsituation zwischen Spanien und England im atlantischen Raum, unter deren Einfluss diese geschäftliche Beziehung von Beginn an stand, führte jedoch schon 1778 wieder zur Einstellung der Lieferungen. Aufgrund dieser diffizilen Lage sah die spanische Monarchie eine Modernisierung der eigenen Produktionsanlagen als dringend notwendig an, wobei auf Entwicklungen im Ausland Bezug genommen werden sollte und in Anknüpfung an die seit Jahrhundertmitte initiierten Industriespionage-Missionen der Transfer von relevantem Wissen und Technologien als essentiell angesehen wurde.

Zur Umsetzung dieses Ziels plante Castejón konkret die Infiltration des Produktionsstandorts von Carron durch zwei Spione – der eine prioritär mit praktischem, der andere mit wissenschaftlichem Hintergrund. Seitens der *Bascongada* wurde ergänzend dazu vorgeschlagen, in Orientierung an die von Jars durchgeführten *Voyages metallurgiques* im Rahmen der Mission weitere relevante Wissenschaftsstandorte und Produktionsstätten in Europa zu besuchen, dort praktizierte Verfahren zu studieren und Wissen zu transferieren.[192] Castejón erkannte den Mehrwert dieser intendierten, umfangreichen Bestandsaufnahme und ordnete eine Modifikation der ursprünglich nur auf einen Aufenthalt in Schottland ausgerichteten Tour an. Ebenso griff er die Anregung der Gesellschaft auf, den 1777 aus Paris zurückgekehrten und dort naturwissenschaftlich umfassend ausgebildeten Juan José d'Elhuyar mit der Übernahme des wissenschaftlich orientierten Parts der Mission zu beauftragen.

In Analogie zu den bereits beschriebenen Auslandsmissionen von Akteuren des Militärs sah die Instruktion für Juan José d'Elhuyar den wissenschaftlichen Austausch mit Mitgliedern der Fachcommunity und die Aneignung von theoretischem und praktischem Wissen der Chemie und Metallurgie in Freiberg und Uppsala als offiziellen Reisezweck vor, ergänzt um den geheimen Auftrag des Studiums von und dem Wissenstransfer zu Verfahren der Herstellung von Militärtechnik mit Fokus auf die Kanonenfabrikation, die in Schweden (Provinz Södermanland) und Schottland (Firma Carron) auf hohem technischen Niveau erfolgte.[193] Durch Kombination der von der *Bascongada* und dem Militär verfolgten Ziele, die die Aneignung von Wissen aus Bergbau und Hüttenwesen als gemeinsame Basis hatten, und die Nutzung von Synergieeffekten erhoff-

191 Ibd., S. 25.
192 Vgl. Extractos 1778, S. 56.
193 Vgl. Palacios 1992, S. 130-131.

ten sich die Initiatoren hohen Erkenntnisgewinn bei der Durchführung der Missionen. Da sowohl Juan José als auch Fausto d'Elhuyar bereits über längere Zeit relevante Studien in Paris betrieben hatten, wurde ein weiterer ausgedehnter Aufenthalt in der französischen Hauptstadt als unnötig angesehen. Das erste Ziel auf der Reise für beide war somit die Bergakademie in Freiberg, an der ihre Ankunft am 16. Juli 1778 durch einen französischsprachigen Akteneintrag dokumentiert ist (Abbildung 11).[194]

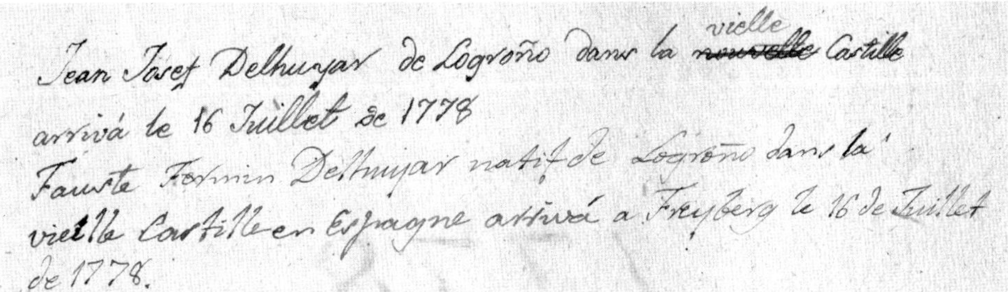

Jean Josef Delhuyar de Logroño dans la ~~nouvelle~~ vielle Castille
arrivé le 16 Juillet de 1778
Fausto Fermin Delhuyar natif de Logroño dans la
vieille Castille en Espagne arrivé a Freyberg le 16 de Juillet
de 1778.

Abb. 11 | Akteneintrag der Brüder d'Elhuyar anlässlich ihrer Ankunft in Freiberg am 16. Juli 1778 (UAF, OBA 456, Bl. 55)

Während ihres Aufenthalts absolvierten die Brüder ein umfangreiches Studienprogramm, dessen Inhalte und Fortschritte nur rudimentär über Akten des Universitätsarchivs Freiberg, jedoch ausführlich über die Berichte der Generalversammlungen der *Bascongada* nachzuvollziehen sind. In den Mitteilungen aus dem Jahr 1779 erschien beispielsweise folgende Meldung:

> Die Mitglieder Don Fausto und Don José d'Elhuyar : der Erste Professor der Mineralogie der Gesellschaft : und der zweite Stipendiat unseres Königs in den metallurgischen Wissenschaften, haben im letzten Winter ihre Studien am metallurgischen Institut von Freiberg in Sachsen fortgesetzt, nachdem sie sich mit der deutschen Sprache vertraut gemacht hatten (...) Die beiden Mitglieder besuchten Lehrveranstaltungen der Markscheidekunst und der Zeichenkunst, des Bergbaus, der Konstruktion von Maschinen, der Metallurgie etc. und planen, in diesem Sommer die wichtigsten Bergwerke in Sachsen kennenzulernen (...).[195]

194 Fausto und Juan José d'Elhuyar werden heute im Inskriptionsverzeichnis der Bergakademie Freiberg unter den Matrikelnummern 182 (Fausto) und 183 (Juan José) geführt.

195 Extractos 1779, S. 116-117. Original: „*Los Socios Professores Don Fausto y D. Joséf Lhuyar : el primero professor de mineralogía de la Sociedad : y el segundo pensionado por el Rey nuestro Señor para la ciencia metalúrgica, han seguido en el hibierno último varios estudios en el instituto metalúrgico de Freyberg en Saxonia, despues de haberse puesto corrientes en la lengua alemana (...) Los dos Socios han concurrida à las lecciones de geometría subterranea y dibuxo, como á las del beneficio de minas, construccion de máquinas, metalurgia & c, y piensan reconocer este verano las principales minas de la Saxonia (...)*“

Die Brüder d'Elhyuar waren mit dieser umfassenden Nutzung des Lehrangebots der Bergakademie die ersten spanischen Studenten, die während ihres etwa dreijährigen Aufenthalts wohl ein nahezu komplettes Studium der Bergwerkskunde in der seinerzeitig gültigen Ausprägung absolvierten. Im Gegensatz zu Ramón Munibe, der sich in den wenigen Wochen seiner Anwesenheit in Freiberg nur mit den Grundzügen der höheren montanistischen Lehre vertraut machte, erhielten Juan José und Fausto detaillierte Einblicke in die Struktur und Organisation sowie die Lehrinhalte der Bergakademie, wovon sie – zumindest im Fall von Fausto – im späteren Berufsleben hochgradig profitieren konnten. Insbesondere Fausto zog aus den hier geknüpften Netzwerken zeit seiner Tätigkeit als Montanexperte für die spanische Monarchie Nutzen (siehe Kapitel 2.2.4, 2.2.6 und 4.1.2).

Die damalige Bedeutung des Montanstandorts Freiberg als impulsgebendes Zentrum für die spanische Berg- und Hüttenindustrie unterstreicht das Eintreffen weiterer Interessenten noch während des Aufenthalts der Brüder d'Elhuyar. Die bereits erwähnten Söhne der *Bascongada*-Initiatoren Munibe und Eguía hatten nach einem längeren Aufenthalt in Paris ab 1779 ihre Reise fortgesetzt, die sie schwerpunktmäßig zu Zentren der Natur- und Montanwissenschaften in Europa führte. Nach einer Zwischenstation in England erreichten sie im Sommer 1780 gemeinsam mit Izquierdo und Vicuña sowie einem weiteren Stipendiaten der spanischen Monarchie, Francisco Angulo[196], Freiberg. Per Reskript vom 5. August 1780 erhielten sie die Erlaubnis zur Besichtigung von lokalen Berg- und Hüttenwerken und der Saigerhütte Grünthal.[197] Der Besuch von bergakademischen Lehrveranstaltungen wurde nicht genehmigt (und wohl auch nicht beantragt). Dass dennoch Interaktionen mit Lehrkräften der Freiberger Bergakademie stattfanden, geht aus einem Brief Angulos an Werner vom 18. März 1781 aus Paris hervor und dürfte vorrangig der Vermittlung durch die Brüder d'Elhuyar geschuldet gewesen sein.[198] Angulo knüpfte in diesem Schreiben an die in Freiberg geschlossene Bekanntschaft mit dem Ziel an, den dort initiierten fruchtbaren Austausch fortzusetzen. Neben dem Adressaten Werner fand hier auch Charpentier als Kontaktpartner Erwähnung. Dem Brief beigelegt war eine Ausgabe eines Supplements zum *Dictionnaire de chimie* von Pierre-Joseph Macquer (1718–1784), gleichzeitig enthielt er die Bitte um Übersendung von Mineralien. Das Schreiben stellt damit ein typisches Beispiel für Gelehrtenkorrespondenz der damaligen Zeit dar. Die auf diesem Weg erfolgte Übermittlung von Fachliteratur oder Objekten beförderte die Zirkulation von Wissen über räum-

196 Über Angulos Lebensweg ist bis zum Zeitpunkt seiner Anwesenheit in Freiberg wenig bekannt. Entsprechende Dokumente im Generalverwaltungsarchiv von Alcalá de Henares (der Vorgängerinstitution des 1969 etablierten *Archivo General de la Administración* (AGA)) wurden durch ein Feuer 1939 im Spanischen Bürgerkrieg vernichtet (vgl. Sampedro o.D.).

197 Siehe UAF, OBA 183, Bl. 27.

198 Siehe UBF, NL Werner, Briefe, Bd. 1, Bl. 167-170.

liche Distanzen hinweg und brachte den Partnern neuen Erkenntnisgewinn, der für Theoriebildung und Forschung nutzbringend war.

Neben der Korrespondenz lassen sich aus einer in der Bibliothek des *Instituto Geológico y Minero de España* verwahrten Schrift zum Freiberger Berg- und Hüttenwesen weitere Aktivitäten Angulos während des Aufenthalts in Freiberg nachvollziehen. In den darin enthaltenen Ausführungen zum Bergbau geht er auf Einzelheiten der Arbeitsorganisation in Bergwerken ein und beschreibt den Einsatz von Maschinen sowie des Personals mit seinen spezifischen Aufgabenfeldern und den Arbeitszeiten. Ferner gibt er Auskunft über das System der Bergwerksfinanzierung über die Ausgabe von Kuxen. Beispielhaft für den Betrieb Freiberger Schmelzwerke stellt er zudem die Arbeitsabläufe und Prozessschritte in einer Bleihütte dar, wobei er auch hier detaillierte Informationen zum Personal- und Materialeinsatz sowie zum Aufbau von Öfen und den erwirtschafteten Erträgen gibt. Seine Aufzeichnungen reicherte er mit einer Reihe von Skizzen technischer Anlagen an. Auf weitere Interaktionen mit Freiberger Fachkräften lassen die Beschreibungen von metallurgischen Experimenten schließen.[199]

Die hier geschilderten Aktivitäten zeigen die enge partnerschaftliche Verbundenheit der *Bascongada*-Mitglieder und Stipendiaten der Monarchie zur Erfüllung der konkreten Zwecke ihrer einzelnen Missionen. Durch gegenseitige Unterstützung bei der Organisation und Durchführung der Reisen und Studienaufenthalte konnten Synergien genutzt werden; die Akteure profitierten untereinander von den bereits etablierten Netzwerken und Erfahrungen. Die längere Anwesenheit der Brüder d'Elhuyar in Freiberg, die dort erlangten Sprachkenntnisse und Vernetzung mit lokalen Akteuren stellten sich für die Aktionen der Gruppe um Munibe und Eguía als vorteilhaft heraus: Die Spanier fanden leicht Zugang zu lokalen Fachkräften und konnten, wie die Schrift Angulos zeigt, in relativ kurzer Zeit detaillierte Informationen zum Freiberger Berg- und Hüttenbetrieb zusammentragen, aus denen sie auch noch in ihrem späteren Berufsleben Nutzen ziehen konnten.

Nach einem nur wenige Wochen andauernden Aufenthalt in Freiberg führten die Stipendiaten ihre Reisen auf getrennten Wegen fort: Munibe und Eguía dürften über diverse Zwischenstationen direkt in das Baskenland zurückgekehrt sein, wo sie ihre Kenntnisse und Erfahrungen nutzten, um Impulse für die Gestaltung der Lehre und die Ausrichtung der Forschung am Patriotischen Seminar in Vergara zu geben. Das auf der Reise erworbene chemische Wissen konnten sie zudem gemeinsam mit Chabeneau bei der Analyse von Thermalwässern oder Untersuchungen des Platinmetalls in Vergara zur Anwendung bringen.[200]

199 Siehe BIGME, Angulo, Leg. 2/1.

200 Vgl. Casanova 2009, S. 47, Extractos 1782, S. 37-76. Für Munibe wird die Beschäftigung mit den Naturwissenschaften nach dem Tod seines Vaters 1785 in den Hintergrund gerückt sein, da er

Für Angulo und Izquierdo stand nach der Abreise aus Sachsen der Besuch von Montanrevieren in der Habsburger Monarchie an der Strecke von Prag über Wien nach Salzburg auf dem Plan, wie einer von Angulo verfassten und im *Boletín de la Sociedad Geográfica de Madrid* 1894 publizierten Reisebeschreibung sowie Ausführungen in dem bereits erwähnten Brief an Werner zu entnehmen ist.[201] In Frankreich besuchten sie die Auvergne mit ihren Basaltformationen, an deren Entstehung – aus dem Feuer oder als Sedimentgestein – sich seinerzeit die Frage nach der Ausformung der Erdkruste entzündete. Die beiden Spanier nahmen mit dieser Station Bezug auf die Kontroverse zwischen Neptunisten und Plutonisten, die im sogenannten „Basaltstreit" zwischen 1780 und 1790 einen Höhepunkt erlebte.

Die Reise endete vorläufig in Paris: Angulo setzte ab 1781 seine chemische Ausbildung in der französischen Hauptstadt fort, wie Mitschriften eines Kurses am *Collège de France* bei Jean d'Arcet (1724–1801) und Notizen zu Forschungen von Berthollet und Lavoisier belegen.[202] Izquierdo nutzte seine auf der Reise erworbenen Kenntnisse und Erfahrungen, um gemeinsam mit Partnern eine Kupfer-Schmelzhütte in Rouen zu gründen, die unter anderem die französische Marine beliefern sollte.[203] Mit Vertretern der spanischen Regierung standen beide weiterhin in fortlaufendem Kontakt und beteiligten sich an diversen Projekten des Wissens- und Technologietransfers.

Wie schon bei Angulo und Izquierdo stand auch bei den d'Elhuyar-Brüdern nach Abschluss der Studien in Freiberg der Besuch von Montanrevieren der Habsburger Monarchie auf dem Plan. Im März 1781 reisten beide nach Wien, von wo aus sie – den Anregungen von Ignaz von Born folgend – die Montanreviere um Schemnitz, Kremnitz (heute Kremnica, Slowakei), Neusohl (heute Banská Bystrica, Slowakei) und Schmöllnitz (heute Smolník, Slowakei) erkundeten. Dass in Analogie zu den königlichen Stipendiaten kein Studienaufenthalt an der Bergakademie in Schemnitz stattfand, wird mit der zu diesem Zeitpunkt noch geringen internationalen Ausstrahlung dieser Institution und deren Konzentration auf die Ausbildung von Fachkräften aus den Territorien der Habsburger Monarchie zu erklären sein.[204] Der bei dem Aufenthalt in Wien initiierte Austausch mit dem international sehr gut vernetzten Ignaz von Born sollte für die zukünftigen Aktivitäten der Brüder d'Elhuyar noch eine große Rolle spielen.

Für Fausto d'Elhuyar endete mit dem Besuch der Montanreviere in der Habsburger Monarchie die Ausbildungszeit zum Professor für Mineralogie und Metallurgie, er

den Titel des Grafen von Peñaflorida mit all den damit verbundenen Verpflichtungen erbte. 1786 wurde er zum Generaldeputierten der Provinz Gipuzkoa gewählt.

201 Siehe Puig y Larraz 1894.

202 Dokumente mit Details zu Angulos Studien in Paris finden sich in Legajo 1 und 2 des Nachlasses von Angulo in der Bibliothek des *Instituto Geológico y Minero de España.*

203 Vgl. Calatayud 2009, S. 57-61.

204 Vgl. Palacio 1992, S. 159-163.

kehrte im Herbst 1781 nach Vergara zurück. Mit dem montanwissenschaftlichen Studium an der Freiberger Bergakademie, dem Besuch von Berg- und Hüttenwerken und dabei erfolgten Interaktionen mit lokalen Fachkräften hatte er die seinerzeit in Mitteleuropa übliche Ausbildung eines Montanexperten in ihrer Kombination aus theoretischen und praktischen Lehrinhalten durchlaufen. Damit war er ausgezeichnet vorbereitet, entsprechendes Wissen beim Aufbau des montanistischen Lehrangebots am Patriotischen Seminar in Vergara einzubringen und als Lehrer nach den in Freiberg praktizierten Ausbildungsmethoden zu wirken.

Juan José d'Elhuyars Mission in Schweden

Für Juan José d'Elhuyar setzte nach Abschluss der gemeinsamen Studienzeit die zweite Phase seiner Mission ein, deren Fokus auf dem Erlangen von Wissen zu modernen Technologien der Produktion von Kanonen in Schottland und Schweden und dessen Transfer nach Spanien lag. Gemäß seiner Reiseinstruktion begab er sich Ende August 1781 über Dresden und Kopenhagen nach Uppsala.[205] Auf Anregung des Habsburger Gelehrten Ignaz von Born, der ihn mit einem Empfehlungsschreiben ausgestattet hatte, absolvierte er ab Dezember 1781 einen mehrmonatigen Kurs bei Torbern Olof Bergman, bei dem er sich profunde Kenntnisse zu den in Schweden entwickelten, modernen Methoden der chemischen Mineralienanalyse aneignete. Über Bergman fand er Zugang zu weiteren lokal agierenden Gelehrten, unter anderem zu Peter Jacob Hjelm (1746–1813), der 1782 das Element Molybdän entdeckte. Bergman regte d'Elhuyar in seinem Labor zu Experimenten mit *tungsten* (Calciumwolframat) an, in dem der Apotheker Scheele (siehe Kapitel 2.1.4) die Existenz eines neuen Elements vermutete.[206] Mit Scheele selbst trat d'Elhuyar während einer im Jahr 1782 gemeinsam mit einem Kommilitonen, dem Franzosen Charles André Hector Grossart de Virly (1754(?)–1805(?))[207] durchgeführten Tour durch Montanreviere und zu Kanonenfabriken in Schweden und Norwegen in Austausch, wie aus einem Schreiben von Scheele an Bergman vom 5. Juli 1782 aus Köping hervorgeht: „*Die Herren Ausländer haben sich bei mir zwei Tage aufgehalten; ich fand ein wirkliches Vergnügen, mit ihnen von chemischen Dingen zu reden; auch waren sie darin nicht unerfahren.*“[208]

205 Ibd., S. 180.

206 Vgl. Castillo 2005, S. 147.

207 De Virly war seit 1780 Präsident des Rechnungshofs in Dijon (siehe Journal Paris 1780, S. 1106). Durch sein Interesse an der Chemie stand er mit dem ebenfalls aus Dijon stammenden Naturgelehrten Guyton de Morveau in Kontakt, dem er über Korrespondenzen von seinen Aktivitäten und Interaktionen in Schweden berichtete (vgl. Levere 2002, S. 218).
Ob Charles André Hector Grossart de Virly auch dem Freiberger Bergrevier einen Besuch abstattete, wie das Gesuch eines „de Virly“ aus dem Jahr 1773 (siehe UAF, OBA 182, Bl. 117) vermuten lässt, wurde im Rahmen dieser Studie nicht untersucht.

208 Nordenskiöld 1892, S. 352.

Das produktive wissenschaftliche Umfeld in Uppsala ließ freilich seine eigentlichen Aufgaben, die Infiltration in Kanonenfabriken unter der Zielsetzung des Technologietransfers, immer stärker in den Hintergrund rücken, so dass die spanische Monarchie ihm weitere finanzielle Unterstützung versagte. Auch mit der 1782 realisierten Schweden-Tour konnte d'Elhuyar die Initiatoren seiner Mission nicht umstimmen, zumal er auch die ursprünglich im Plan vorgesehene Reise nach Schottland aufgrund militärischer Auseinandersetzungen als problematisch ansah und diese nicht durchführte. Die aus Schweden nach Spanien übermittelten Informationen entsprachen in ihrem Umfang und Detailliertheit nicht den Vorstellungen der Akteure im Marineministerium.[209] Hinzu kam, dass im Sommer 1782 in Spanien erfolgversprechende Experimente zur Einführung eines verbesserten Kanonenproduktionsverfahrens durchgeführt wurden, die eine Fortführung der Mission als entbehrlich erschienen ließen.[210] Dass es d'Elhuyar dennoch gelang, seine Studien nach seinem Dafürhalten fortzuführen, lag an der von der *Bascongada* interimistisch gewährten Unterstützung, die den Mehrwert des intensiven Austauschs mit den schwedischen Gelehrten erkannte und sich unter anderem einen umfassenden Transfer von Wissen zu den neuen Methoden der chemischen Charakterisierung von Mineralien nach Spanien erhoffte.

Über seine Interaktionen mit Vertretern der schwedischen *scientific community* und den dabei gewonnenen Erkenntnissen hielt Juan José d'Elhuyar auch seinen ehemaligen Freiberger Lehrer Abraham Gottlob Werner auf dem Laufenden. Über Korrespondenzen teilte er ihm beispielsweise Ergebnisse aus Experimenten mit Molybdän und *tungsten* sowie auf diversen Touren getätigte geologische Beobachtungen mit.[211] Werner konnte über die Ausführungen d'Elhuyars an aktuellen, internationalen Entwicklungen des Fachbereichs partizipieren und entsprechendes Wissen zur Theoriebildung und im Ausbildungsbetrieb verwenden.

Juan José d'Elhuyar verließ gegen Ende des Jahres 1782 Schweden und verbrachte anschließend mehrere Monate in Paris. Er kehrte im Juli 1783 exzellent qualifiziert, mit einer an den führenden Standorten der Natur- und Montanwissenschaften in Europa genossenen Ausbildung nach Spanien zurück. Über seine in den letzten Jahren aufgebauten Netzwerke stand er mit einer Vielzahl von Mitgliedern der Fachcommunity aus ganz Europa in Kontakt und war damit bestens vorbereitet, zukünftige Entwicklungen in den einzelnen Wissenschaftsdisziplinen zu rezipieren, an ihnen mit eigenen Beiträgen teilzuhaben sowie den Transfer von Wissen zu für die spanische Industrie und Politik relevanten Themen zu befördern. Trotz dieser optimalen Voraussetzungen entschied sich die spanische Monarchie aufgrund der Vorkommnisse während der

209 Vgl. Palacios 1992, S. 179.
210 Ibd., S. 190-191.
211 Siehe UBF, NL Werner, Briefe, Bd. 1, Bl. 145-158.

Auslandsmission und des gezeigten Ungehorsams gegen eine Berufung von Juan José d'Elhuyar auf eine Führungsposition – weder im militärischen noch im zivilen Bereich. Erst auf Fürsprache des Grafen von Peñaflorida und nach einer Phase, in der seine zukünftige Bestimmung für Funktionen, deren Ansprüche unter dem Niveau seiner Qualifikation lagen, diskutiert wurde, erfolgte letztlich im September 1783 seine Ernennung zum Direktor des Bergbaus im lateinamerikanischen Vizekönigreich Neu-Granada. Die kurze Zeit bis zu seiner Abreise aus Cádiz im Januar 1784 nutzte er, um seinem Bruder Fausto und weiteren Akteuren in Vergara das in den Jahren zuvor erlangte Wissen zur chemischen Analyse von Mineralien zu vermitteln und Experimente durchzuführen, für die er in Bergmans Labor in Uppsala Impulse erhalten hatte.

Das Patriotische Seminar und seine internationale Ausstrahlung

Das Patriotische Seminar hatte sich während des Auslandsaufenthalts von Juan José d'Elhuyar zu einer Lehranstalt entwickelt, an der nun eine – sich in den Grundzügen an dem Lehrkanon der Bergakademien in Mitteleuropa orientierende – höhere montanistische Ausbildung offeriert wurde, womit die Institution als eine der ersten „Spezialschulen" in Spanien gelten kann. Mit der Besetzung des Mineralogie- und Metallurgie-Lehrstuhls durch Fausto d'Elhyuar war es der *Bascongada* gelungen, das intendierte Angebotsspektrum zu komplettieren und die Aufbauphase abzuschließen.

Fausto d'Elhuyar hatte seine Tätigkeit als Professor in Vergara am 5. November 1781 begonnen. In der Ausgestaltung des Unterrichtsprogramms orientierte er sich stark an Freiberger Vorbildern. Die während seiner internationalen Tour erlangten Kenntnisse konnte d'Elhuyar erfolgreich in die Lehre einbringen. Neben Metallurgie und Mineralogie unterrichtete er auch Physik, Bergbaukunst, Markscheidekunst und Probierkunst und damit Fächer, die als Bestandteile des Curriculums der Bergwerkskunde an der Freiberger Bergakademie zu absolvieren waren.[212] Die theoretischen Unterrichtseinheiten wurden durch praktische im chemischen Laboratorium ergänzt, zur Vermittlung mineralogischer Lehrinhalte nutzte d'Elhuyar eine Mineraliensammlung. Im Kursprogramm vorgesehen waren zudem Geländeübungen und Besichtigungen von technischen Anlagen, bei denen der Nachwuchs auf die zukünftigen Tätigkeiten eines Montanexperten mit seinem umfassenden Aufgabenspektrum vorbereitet werden sollte. Denn wie im Montanwesen europaweit üblich, waren auch in Spanien die Beamten in Leitungsfunktionen sowohl für Lagerstättenerkundung und -aufschließung, die Kontrolle der Arbeiten in Berg- und Hüttenwerken, die Verbesserung von traditionellen und Erarbeitung von innovativen Verfahren als auch die Ausbildung zuständig. Durch Beteiligung an Projekten der baskischen Montanindustrie bereitete er seine Schüler umfassend auf ihre zukünftigen Einsatzfelder vor.

212 Vgl. Palacios 1992, S. 173.

Fausto d'Elhuyar selbst war neben seiner Lehrtätigkeit in den verschiedenen Bereichen aktiv: So stellte er Lagerstättenerkundungen an und schlug die Herausgabe einer mineralogischen Karte des Baskenlandes vor – ein Projekt, das jedoch erst im Rahmen der Erstellung der ersten geologischen Karte Spaniens durch seinen Schüler Joaquín Ezquerra del Bayo (1793–1859) realisiert wurde.[213] Darüber hinaus unternahm er Inspektionen von Bergwerken; er erstellte Berichte, in denen er den Istzustand beschrieb und Maßnahmen für Modernisierungen vorschlug. Um die Unternehmer und Betreiber von baskischen Berg- und Hüttenwerken an technologischen Entwicklungen in den von ihm bereisten Regionen teilhaben zu lassen, verfasste d'Elhuyar diverse Schriften, in denen er sich einzelnen Verfahren im Detail widmete. In einer dieser Abhandlungen beschäftigte er sich beispielsweise mit der Herstellung von Blechen in einer Eisenhütte bei Breitenbrunn (Sachsen).[214] Fausto d'Elhuyar trug mit seinen Publikationen zur Ausformung einer eigenen Fachsprache bei, wenngleich er häufig auch – da entsprechendes Vokubular im Spanischen fehlte – Fachbegriffe der deutschen Sprache verwendete. In seinem Bericht zum Kupferbergwerk von Aralar *Descripción de las actividades realizadas en la mina de cobre del monte Aralar (Gipuzkoa)* nutzte d'Elhuyar beispielsweise die bergmännischen Begriffe Strossenbau und Firstenbau zur Bezeichnung von Abbaumethoden sowie den des Glauchherdes[215], um einen *„waschherd zum schlämmen des gepochten erzes"*[216] zu beschreiben.

Ebenso in Fausto d'Elhuyars Betätigungsfeld fielen Untersuchungen von für die kolonial-spanische Rohstoffproduktion relevanten Mineralien, die er stellenweise gemeinsam mit dem Inhaber des Chemie-Lehrstuhls Chabeneau im Labor des Patriotischen Seminars in Vergara anstellte. Die beiden Wissenschaftler intensivierten dabei Aktivitäten in einem Bereich, der schon länger das Interesse der *Bascongada* geweckt und zu dem sich durch die enge Vernetzung mit Vertretern aus Regierungskreisen in den vorangegangenen Jahren immer wieder Berührungspunkte ergeben hatten.

213 Ezquerra de Bayo veröffentlichte zwischen 1850 und 1857 in den *Memorias de la Real Academia de Ciencias de Madrid* mehrere Beiträge mit Beschreibungen der Geologie Spaniens (Ensayo sobre una descripción general de la estructura geológica de los terrenos de España en la Península Ibérica). Seine Ausführungen wurden auch international rezipiert wie die beispielsweise 1851 in Deutschland erschienene *Geognostische Übersichtskarte von Spanien von Ezquerra del Bayo, erläutert von Dr. Gustav Leonhard* (Stuttgart) zeigt.

214 Vgl. Extractos 1782, S. 77-96. Bei der erwähnten Produktionsstätte könnte es sich um die Eisenhütte Erlahammer handeln, dem wahrscheinlich ältesten Eisenhammer des Erzgebirges (vgl. https://www.montanregion-erzgebirge.de/welterbe/schwarzenberg/bergbaulandschaft-rother-berg.html, abgerufen am 27.03.2020).

215 Vgl. Gago/Pellón 1994, S. 127–155.

216 Vgl. Deutsches Wörterbuch von Jacob Grimm und Wilhelm Grimm (https://www.woerterbuchnetz.de/DWB?lemid=G18160, abgerufen am 03.03.2021).

Einer der Schwerpunkte seinerzeit lag auf der Untersuchtung des Platinmetalls, das nach der 1748 von Ulloa veröffentlichten Beschreibung das Interesse der Forschung in Spanien und im europäischen Ausland geweckt hatte. Neben den an der Madrider *Casa del platino* beschäftigten Experten stellten beispielsweise auch Nicolis de Robilant in Sardinien-Piemont und der Absolvent der Freiberger Bergakademie Andreas Sigismund Marggraf (1709–1782) an der Preußischen Akademie der Wissenschaften in Berlin Analysen des Minerals an, das über den spanischen Botschafter in London Ricardo Wall (1694–1777) und Gelehrtennetzwerke Verbreitung in Europa gefunden hatte.[217] Ramón Munibe trug auf seiner Tour Anfang der 1770er Jahre Ergebnisse dieser Forschungen zusammen und präsentierte sie 1775 auf der Generalversammlung der *Bascongada*.[218] Unter Nutzung neuer Methoden der Mineralanalyse und unter Berücksichtigung des aktuellen Wissensstands führten Antonio Munibe und Francisco Eguía gemeinsam mit Chabeneau in Vergara weitere Experimente zur Charakterisierung des Platinmetalls durch, an denen sich später auch Fausto d'Elhyuar beteiligte. Chabeneau gelang es beispielsweise, im Jahr 1786 Platin in einen formbaren Zustand zu bringen.[219]

Nach dem Eintreffen von Juan José d'Elhuyar im Juli 1783 konnte die chemisch-mineralogische Forschung in Vergara auf ein neues Niveau gehoben werden. Seine profunde Kenntnis von modernen Methoden der Mineralanalyse und sein vorangegangener intensiver Austausch mit Bergman, Hjelms und Scheele in Schweden und weiteren Akteuren an relevanten wissenschaftlichen Institutionen in Paris oder Freiberg bildeten die Voraussetzungen für einen Forschungserfolg, der Vergara schlagartig zu einem in ganz Europa bekannten Standort der chemischen Forschung machen sollte: Als Resultat seiner gemeinsam mit Fausto durchgeführten Untersuchungen an Mineralien aus dem Grenzgebiet von Böhmen zu Sachsen gelang es ihm im Spätsommer 1783 das chemische Element Wolfram durch Reduktion von aus Wolframit gewonnenem Wolframtrioxid zu entdecken. Wenngleich die Eigenschaften des Wolframs und seiner Verbindungen, wie hohe Hitzebeständigkeit und hohe Dichte, nicht sofort nach seiner Entdeckung offensichtlich wurden, hatte doch Juan José mit der Entdeckung dieses Elements seiner auf den Transfer von Wissen für militärische Zwecke ausgerichteten Auslandsmission einen passenden Abschluss gegeben.

217 Vgl. Cano 2016, S. 52.
218 Vgl. Extractos 1775, S. 70-78, Navas 2014, S. 35.
219 Vgl. Navas 2014, S. 36.

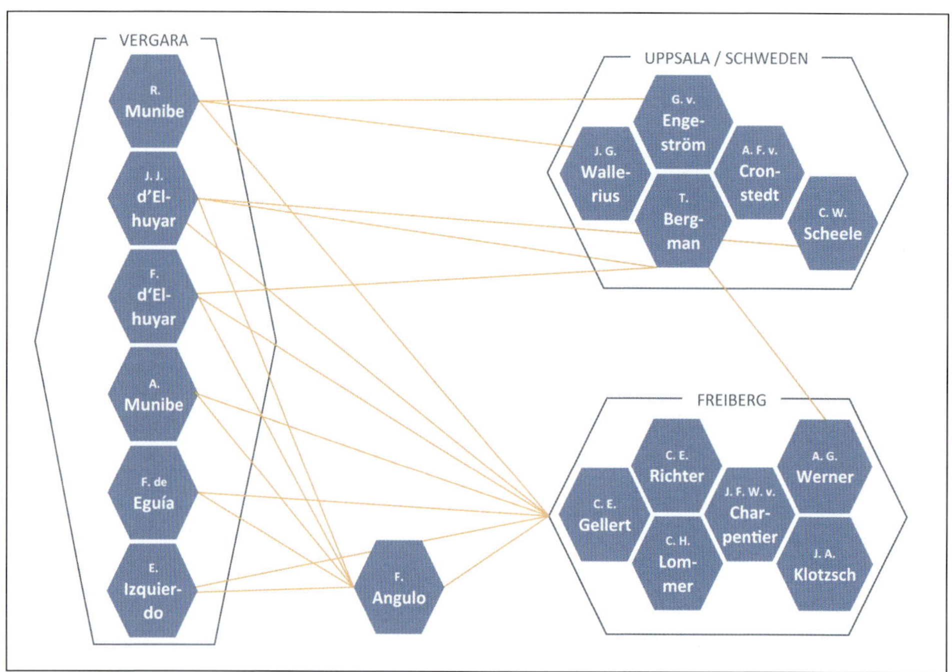

Abb. 12 | Netzwerke zwischen Akteuren in Vergara/Baskenland, Sachsen und Schweden

Über die internationalen Netzwerke ihrer Entdecker fand die Nachricht schnell Verbreitung in ganz Europa (vgl. Abbildung 12). Neben Bergman in Schweden[220] zählte der ehemalige Freiberger Lehrer der Brüder d'Elhuyar, Abraham Gottlob Werner, zu den ersten internationalen Korrespondenten, die von der Endeckung erfuhren. Am 30. Januar 1784 schrieb Fausto ihm unter anderem:

> Kurz nachdem mein Bruder aus Paris zurückgekehrt ist, habe ich mit der ersten Analyse des Wolfram begonnen, die wir im Anschluss gemeinsam fortgeführt haben. Im Ergebnis unserer Experimente haben wir festgestellt, dass das Mineral aus Mangan, Eisen und einem neuen Metall besteht, dem wir den Namen Wolfram gegeben haben. Dieses Metall ist auch in dem Tungsten vorhanden, den Herr Scheele vor einiger Zeit analysiert hat. Wir haben auch etwas aus einem Stück aus Schlackenwalde, das unter dem Namen weiße Bleimine läuft und nichts anderes als ein echter Tungsten ist, herausgelöst. Unsere Erkenntnisse haben wir in einer Denkschrift der Gesellschaft des Baskenlandes zur Kenntnis gegeben und vielleicht

220 Fausto d'Elhuyar informierte Bergman in einem auf den 15. Januar 1784 datierten Schreiben über die Entdeckung des Wolframs (abgedruckt in Carlid/Nordström 1965, S. 57-60).

> haben Sie die Möglichkeit, über die Zeitschrift des Abbé Rosier die wichtigsten Charakteristika dieses neuen Metalls kennenzulernen.[221]

Für Juan José d'Elhuyar stellte die Entdeckung den Abschluss seiner wissenschaftlichen Karriere in Europa dar. Aufgrund seiner im Januar 1784 erfolgten Abreise in das Vizekönigkreich Neu-Granada konnte er kaum zur Zirkulation seiner Erkenntnisse in wissenschaftlichen Kreisen beitragen und somit von diesem Erfolg für seine weitere Karriere profitieren. Fausto dagegen, der nun nahezu allein die Kommunikation in Europa betrieb, gelang es, sich im Ausland als renommierter Wissenschaftler zu positionieren und seine Netze maßgeblich zu erweitern. Für seine spätere berufliche Laufbahn erwiesen sich die Entdeckung und die damit einhergehende Intensivierung der internationalen Austauschbeziehungen als äußerst gewinnbringend (siehe beispielsweise Kapitel 4.1.2).

Zu den Initiativen Fausto d'Elhuyars, die sich auf seinen Netzwerkaktivitäten begründeten und die Zirkulation von montanistischem Wissen beförderten, zählte seine Engagement in Bezug auf die Herausgabe einer Übersetzung von Abraham Gottlob Werners *Von den aeusserlichen Kennzeichen* in die französische Sprache. Die Verdichtung der Kommunikation mit französischen Gelehrten bildete den Ausgangspunkt für die Realisierung dieses Projekts durch Claudine Picardet (1735–1820), Ehegattin von Louis Bernard Guyton de Morveau, und Fausto d'Elhuyar. Wie Picardet in der Einleitung schrieb, verwendete sie für die französische Ausgabe den Originaltext von Werner und reicherte ihn mit Anmerkungen und Ergänzungen, die Werner im Laufe der Zeit zugefügt hatte und die ihr durch Fausto d'Elhuyar zur Verfügung gestellt wurden, an:

> 1786 erfuhr ich von Herrn Fausto d'Elhuyar bei seinem Aufenthalt in Dijon, dass Werner nicht vorhat, eine neue Ausgabe des Werkes herauszubringen, da er mit der Übersetzung der Mineralogie von Cronstedt beschäftigt ist, Korrekturen duchführt und die Beschreibungen verbessert, die er nach den in seiner Abhandlung zu den äußerlichen Kennzeichen vorgelegten Grundsätzen anfertigt. Herr d'Elhuyar, der von Herrn Werner unterrichtet worden war, lieferte mir eine Reihe von Erläuterungen, insbesondere zu den Tabellen, die einen essentiellen Teil des Werks darstellen, und versprach mir, alles Wissen, das dieser berühmte Lehrer

221 UBF, NL Werner, Briefe, Bd. 1, Bl. 166. Original: „*Lorsque mon Frere revint de Paris j'etois a travailler a 1' analyse du Wolfram que nous avons continué ensuite ensemble. Il resulte de nos experiences que ce mineral est composé de Manganaise, de fer et d'un nouveau metal au quel nous avons donné le nom de Wolfram. Ce metal est aussi contenu dans la Tungstene que Mr. Scheele a analisé dernierement, et nous l'avons aussi retiré d'un des morceaux que nous rapportames de Schlackenwalde sous le nom de Mine d'etain blanche et que nous avons trouvé n'etre qu'une veritable Tungstene. Nous avons fait connoitre nos experiences dans un Memoire que nous avons presenté a la Societé du Pais Basque et que peut etre vous aurez occasion de voir dans le Journal de l'Abbé Rosier, en attendant voici les principaux caracteres de ce nouveau metal.*“

> in Freiberg zusätzlich in seinen Kursen nach dem Erscheinen der Publikation vermittelt hat, an mich weiterzuleiten.[222]

Die Publikation in französischer Sprache stellte damit eine erweiterte Fassung der deutschen Originalausgabe dar, die durch Ergänzung mit Erkenntnissen und Wissen, das zwischenzeitlich generiert wurde, den damals aktuellen Wissensstand abbildete. Als Vermittler von durch ihm ausgewählter Wissensbestände nahm Fausto d'Elhuyar eine wichtige Rolle bei der Erstellung dieses Werks und seiner inhaltlichen Gestaltung ein. Werner hielt er dabei über das Vorhaben auf dem Laufenden, wie beispielsweise ein Schreiben an den Freiberger Lehrer vom 28. November 1786 aus Glashütte beweist. D'Elhuyar bittet Werner darin, ihm *„alle Ergänzungen"*, die dieser seit Veröffentlichung des Werkes vorgenommen habe, mitzuteilen, um sie an Claudine Picardet übermitteln zu können.[223]

Mit Erwähnung des Engagements für die Übersetzung von Werners Werk ins Französische wurde an dieser Stelle bereits auf die nächste berufliche Station von Fausto d'Elhuyar vorgegriffen, die sich schon bald nach Entdeckung des Wolframs ankündigte. Denn d'Elhuyar konnte nur noch kurze Zeit an das Seminar in Vergara gebunden werden. Wie schon die französischen Chemiker Proust und Chabeneau haderte er mit dem niedrigen Vorbildungsniveau seiner Schüler. Er entschied sich 1785 zur Aufgabe der Lehre und nahm das Angebot der spanischen Regierung an, den Wissens- und Technologietransfer im Montanwesen aus europäischen in kolonialspanische Montanreviere zu begleiten.[224]

Der *Bascongada* gelang es nach d'Elhuyars Ausscheiden indes mit dem in Uppsala ausgebildeten und im Anschluss am Stockholmer *Bergwerkskollegium* tätig gewordenen Anders Nicolaus Tunborg (1748–1795) erneut einen internationalen Experten für den Mineralogie-/Metallurgie-Lehrstuhl zu gewinnen. Thunborg lehrte in Vergara bis zur interimistischen Schließung des Seminars im Jahr 1794.

---

222 Werner 1790, S. VI-VII. Original: *„En 1786, j'appris de D. Fausto d'Elhuyar, qui passoit à Dijon, que M. Werner ne pensoit nullement à donner une nouvelle édition, & qu'Il étoit occupé d'une traduction de la Minéralogie de Cronstedt, pour en corrigier & en perfectionner les descriptions, suivant les principes etablis dans son Traité des caracteres extérieurs. M. d'Elhuyar qui avoit suivi les leçons de M. Werner, me fournit plusieurs éclaircissemens, particulièrement sur les tables de cet Ouvrage, qui en forment une des parties essentielles, & me promit de faire passer tout se que le célebre Professeur de Freyberg avoit ajouté dans ses Cours depuis sa publication."*

223 UBF, NL Werner, Briefe, Bd. 1, Bl. 713. Im Original formulierte d'Elhuyar seine Bitte folgendermaßen: *„Je lui [Picardet, d. V.] ai promis aussi de lui envoyer toutes les aditions que vous avez fait depuis le temps que cet ouvrage est imprimé, et que j'esperois que vous ne fairiois point de dificulté de me les communiquer."*

224 Vgl. Palacios 1992, S. 317-319.

Der Überblick über die Phase des Aufbaus und der Konsolidierung des Patriotischen Seminars in Vergara zeigt, dass es durch die international orientierte Besetzungs- und Ausstattungspolitik ihrer Initiatoren gelang, ein Wissenschaftszentrum im Baskenland zu etablieren, das in Lehre und Forschung an aktuelle Entwicklungen im Ausland anknüpfen konnte. Dort generiertes Wissen gelangte über die geographisch weitläufigen Netzwerke zahlreicher Akteure nach Vergara und wurde im Unterricht vermittelt, um den Nachwuchs im Rahmen einer nützlichen Berufsbildung auf zukünftige Tätigkeiten im Montanwesen umfassend vorzubereiten. Inbesondere durch die mit Unterstützung der Monarchie eingerichteten Lehrstühle für Chemie und Metallurgie/Mineralogie wurde der Prozess der Formalisierung montanistischer Ausbildungsstrukturen in Spanien befördert. Gleichzeitig bildeten dieses Umfeld und die labortechnische Ausstattung des Seminars den Rahmen für die Ausführung von Rohstoffforschung im Interesse der Monarchie, wobei natürliche Ressourcen aus den lateinamerikanischen Kolonien wie das Platinmetall näher charakterisiert werden konnten. Die Entdeckung des Wolframs, die als Ergebnis der Interaktionen mit zahlreichen Akteuren und der Wissenszirkulation über internationale Netzwerke anzusehen ist, verschaffte dem Seminar Bekanntheit und Anerkennung weit über Spaniens Grenzen hinaus und trug zur Intensivierung der Austauschbeziehungen innerhalb der europäischen *scientific community* bei.

Mit dem Seminar entstand letztlich ein regionaler Nucleus, der die montanistische Ausbildungs- und Forschungslandschaft in Iberospanien während der ersten beiden Dekaden seines Bestehens maßgeblich prägte und Maßstäbe bei der Einrichtung weiterer entsprechender Institutionen setzte. Der Initiative der Mitglieder einer Gesellschaft zur Förderung von Wirtschaft und Bildung war es somit zu verdanken, dass erstmalig eine Institution mit einem höheren montanistischen Ausbildungsangebot in Spanien eingerichtet wurde, die sich in ihrer Struktur und thematischen Ausrichtung an den in Mitteleuropa geschaffenen Bergakademien, die eine Vorreiterrolle im Prozess der Formalisierung von Ausbildungsstrukturen einnahmen, anlehnte. Der *Bascongada* gelang es von Anfang an, ein breit gefächertes Ausbildungsprogramm anzubieten, mit dem die auf Initiative des spanischen Westindienministeriums 1777 entstandene Bergakademie in Almadén mit zunächst nur einem Lehrstuhl für Markscheidekunst und Mineralogie bei einer deutlich schlechteren Ausstattung kaum konkurrieren konnte (vgl. Kapitel 2.2.3).

Dass an dem vom Patriotischen Seminar in Vergara offerierten Bildungsangebot in seiner Gesamtheit hoher Bedarf und Interesse bestand, zeigen die Studentenzahlen. Sie geben allerdings keine Auskunft, in welchem Umfang das montanistische Lehrangebot wahrgenommen wurde.[225] In dem als Phase des Aufbaus definierten Zeitraum zwischen

225 Der am Patriotischen Seminar angebotene Fächerkanon umfasste auch Philosophie, Logik, Moral, Recht etc. und diente der Vorbereitung auf ein Universitätsstudium (vgl. Recarte 1992, S. 326).

1776 und 1783 wurden 66 Studenten von 15 Professoren unterrichtet. Diesem schloss sich eine Hochzeit zwischen 1784 und 1790 an, in der 132 Studenten von 25 Professoren betreut wurden. Politische Ereignisse wie die Französische Revolution, deren Auswirkungen auch im Baskenland zu spüren waren, sowie ökonomische Schwierigkeiten trugen zu einem Rückgang der Studentenzahlen bei. Zwischen 1790 und 1794 wurden nur etwa 90 Studenten von 24 Professoren unterrichtet.[226] Da die Ausbildung nicht nur dem Nachwuchs aus Familien von Mitgliedern der *Bascongada* offenstand, sondern jeglichem Interessenten, der über entsprechende Studienvoraussetzungen verfügte, genügend Eifer besass und in seinem späteren Berufsleben zum Wohle des Staats beitragen wollte, zog das Seminar eine Vielzahl von Schülern aus den lateinamerikanischen Kolonien an und war auch in dieser Hinsicht zunächst erfolgreicher als das von der Monarchie ins Leben gerufene Pendant in Almadén.[227]

2.2.3 *Ausbildungsstrukturen in Almadén und Madrid*

Die Zahl der Immatrikulationen und die Zusammensetzung der Studentenschaft am Patriotischen Seminar in Vergara in den ersten beiden Dekaden seiner Existenz verweist auf den hohen Bedarf an qualifizierten Fachkräften im Montanwesen im gesamten spanischen Kolonialreich. Trotz der Fokussierung der *Bascongada* auf eine Generierung von Experten für die regionale Wirtschaft blieb das Patriotische Seminar aufgrund fehlender Alternativen für viele Jahre eine wichtige Adresse in der auf das Montanwesen spezialisierten Ausbildungslandschaft. Die parallel zur Gründung des Seminars im kolonialpolitischen Kontext von der Monarchie initiierten Aktivitäten mit ähnlicher Zielsetzung im Bildungsbereich konnten erst mit einem gewissen zeitlichen Abstand Wirkung entfalten.

Ausgangspunkt für diese bildeten die in den lateinamerikanischen Kolonien ab den 1760er Jahren durchgeführten Generalvisitationen. Im Kontext der ab 1765 unter José de Gálvez y Gallardo (1720–1787) im Vizekönigreich Neu-Spanien realisierten Begutachtung kam es in Zusammenarbeit mit Vertretern der lokalen Beamtenschaft zur Erarbeitung eines Katalogs mit Reformmaßnahmen für das Berg- und Hüttenwesen, die auf eine effektivere Kontrolle, eine Steigerung der Innovationsfähigkeit und des Professionalisierungsgrades abzielten. Konkrete Vorschläge legten Juan Lucas de Lassaga (1736–1786) und Joaquín Velázquez de León (1732–1786)[228] in ihrer an die

226 Vgl. Recarte 1992, S. 324-326.

227 Im Zeitraum 1776 bis 1794 stammten 78 von insgesamt 415 Studenten des Seminars in Vergara aus Lateinamerika (vgl. Recarte 1922, S. 326-327).

228 Joaquín Velázquez de León zählte zwischen 1768 und 1770 zu den Beratern von José de Gálvez y Gallardo. Im Jahr 1771 verfasste er eine an den Vizekönig La Croix gerichtete Abhandlung, auf

Krone adressierten Schrift *Representación que a nombre de la minería de esta Nueva España, hacen al rey nuestro señor los apoderados de ella* (1774) vor. Mit der von ihnen darin angeregten Institution zur höheren Ausbildung des Montanbeamtennachwuchses sollte insbesondere der Mangel an wissenschaflich-technisch qualifizierten Fachkräften, der das neuspanische Montanwesen maßgeblich prägte, behoben werden. Lassaga und Velázquez führten erklärend dazu aus, dass eine Vielzahl der im praktischen Montanbetrieb tätigen Personen keine oder nur rudimentäre Ausbildung besässen, Experten mit Spezialwissen wie Markscheider oder Metallurgen weitgehend fehlten und Wissen oftmals als Geheimwissen innerhalb einer begrenzten Gruppe von Generation zu Generation oral tradiert werde.[229]

Die Berufung Gálvez' zum Westindienminister 1776 brachte für die Umsetzung der vorgeschlagenen Maßnahmen einen bedeutenden Schub. Bereits im Folgejahr wurden ein *Tribunal de Minería* im Vizekönigreich Neu-Spanien und eine höhere Ausbildungseinrichtung in Almadén etabliert. Mit ihrer Ansiedlung in Iberospanien entschied sich Gálvez gegen die von Lassaga und Velázquez propagierte Vorzugsvariante eines Standorts in Neu-Spanien. Die Gründe für diese Wahl waren vielfältiger Art: Im Kontext der bourbonischen Kolonialpolitik, die auf eine stärkere Anbindung der Kolonien an das Mutterland fokussierte, schien eine Konzentration der höheren Ausbildung in Iberospanien dahingehend als sinnvoll, als dass die hier ausgebildeten Experten weitaus intensivere Bindungen zu Institutionen und Vertretern der Monarchie aufbauen würden als die in den Kolonien qualifizierten. Darüber hinaus sah man wohl eine Ausbildung in Europa als hochwertiger als eine in den überseeischen Territorien absolvierte an, denn hier schien man näher am Puls der natur- und montanwissenschaftlichen Entwicklungen zu sein, die in den bedeutenden Wissenschaftszentren Europas abliefen. Und nicht zuletzt lag die Aufsicht über die Bergwerke von Almadén aufgrund ihrer Relevanz als signifikantesten Lieferanten von Quecksilber für die neuspanische Silberproduktion[230] beim Westindienministerium, so dass mit Ansiedlung einer Bildungsinstitution an diesem Ort direkte Anknüpfungspunkte vorhanden waren.

---

deren Basis erste Maßnahmen zur Modernisierung des neuspanischen Montanwesens ergriffen wurden (vgl. Lafuente/López-Ocón 2012, S. 87).

229 Vgl. Flores 2000, S. 23-26.

230 Das Quecksilber für die neuspanische Silberproduktion stammte zwischen 1577 und 1816 zu 93 Prozent aus Almadén, zu 6 Prozent aus Idrija (Habsburger Monarchie) und zu 1 Prozent aus dem in den südamerikanischen Anden gelegenen Huancavelica (vgl. Mier 2018, S. 34). Die ab 1563 aufgeschlossenen Quecksilberbergwerke um Huancavelica in Peru waren primär für die Versorgung der andinischen Silberindustrie zuständig. Sie befanden sich etwa 1.500 km vom andinischen Edelmetallerz-Zentrum Potosí entfernt.

Die Bergakademie Almadén in ihrer Gründungsphase

Die Region um Almadén blickte zum Zeitpunkt der Einrichtung der Bergakademie auf eine lange Tradition des Abbaus von Quecksilber zurück. Das Metall wurde seit dem 3. Jahrhundert v. Chr. aus dieser für lange Zeit weltweit größten bekannten Lagerstätte gefördert. Die Bewirtschaftung durch das Handelshaus der Fugger, das im Jahr 1519 als Gegenleistung für die Unterstützung der Wahl Karls V. (1500–1558) zum Kaiser einen Pachtvertrag über einen Zeitraum von 120 Jahren erhalten hatte, brachte erstmalig in größerem Umfang montanistische Expertise aus dem deutschen Sprachraum in die südspanische Region. Über einen 1533 geschlossenen Vertrag kamen beispielsweise etwa 200 größtenteils aus Sachsen und Tirol stammende Berg- und Hüttenleute nach Almadén.[231]

Nachdem sich nach Auslaufen des Pachtvertrags die Anzahl deutschsprachiger Fachleute im Almadener Bergbau deutlich reduziert hatte, setzte die Monarchie ab Mitte des 18. Jahrhunderts erneut verstärkt auf Expertenwissen aus mitteleuropäischen Montanrevieren für eine effizientere Ausgestaltung des Bergwerksbetriebs. Im Jahr 1754 wurde der wohl aus Sachsen stammende Henning Karl Köhler (?–1757) mit der Leitung der Bergwerke betraut. Nach seinem Tod 1757 folgte ihm – zunächst als kommissarischer Direktor – der ebenso in Sachsen geborene Heinrich Christoph Störr (?–1802)[232], der 1756 in Clausthal für Tätigkeiten im spanischen Bergbau angeworben worden war.[233] Störr gelang es, den durch einen verheerenden Brand zwischen 1755 und 1757 gestörten Bergwerksbetrieb in Almadén wieder zu normalisieren und die Produktion zu steigern. Darüber hinaus entwickelte er und führte Verfahren ein, die zu einer effektiveren Gewinnung des Quecksilbers aus dem Zinnober führten. Ebenso konnte er durch intensivierte Lagerstättenerkundung neue Abbaufelder erschließen. Über das Einsatzgebiet Almadén hinaus wurde er auch in anderen Regionen Südspaniens aktiv, wie die ab 1760 von ihm durchgeführten Inspektionen der Bleiminen von Linares (Andalusien) zeigen.[234]

Seine Expertise und sein erfolgreicher Einsatz im südspanischen Montanwesen prädestinierten ihn für die Übernahme einer Führungsposition in der sich in den 1770er Jahren durch Institutionsgründungen formierenden höheren montanistischen Bildungslandschaft Spaniens. Im Rahmen der Einrichtung der Bergakademie 1777 wurde Störr sodann zu deren Gründungsdirektor berufen und gleichzeitig offiziell zum Leiter der Almadener Bergwerke ernannt. Durch die in Personalunion ausgeübte Bergwerksleitung und Lehrtätigkeit wurde einem der Grundzüge der damaligen montanistischen

231 Vgl. Lang 2004, S. 57.

232 Störr änderte seinen Namen im Spanischen zu Enrique Cristobál Storr.

233 Vgl. Sumozas 2007, S. 114.

234 Vgl. Gutiérrez 1999, S. 69.

Ausbildung, die auf einer engen Verflechtung zwischen der Vermittlung von theoretischen und praktischen Lehrinhalten beruhte, greifbar Ausdruck gegeben.

Die Verortung des Bildungsauftrags im Kontext der bourbonischen Kolonialpolitik lässt sich an der Zweckbestimmung in der königlichen Verfügung vom 14. Juli 1777 ablesen, die besagte, dass an der Bergakademie in Almadén, *„die jungen Mathematiklehrer aus Ibero- und Kolonialspanien zu unterrichten und ihnen Theorie und Praxis der Markscheidekunst und Mineralogie beizubringen [sei]"*.[235] Wie auch in West- und Mitteleuropa sah die spanische Monarchie die Einrichtung einer Spezialschule als geeignete Option an, um dem Beamtennachwuchs eine dem pragmatisch-utilitaristisch geprägten Ideal der Aufklärung folgende Berufsbildung angedeihen zu lassen. Die spanischen Universitäten boten zum damaligen Zeitpunkt kaum das optimale Umfeld, um als Ausbildungsstätten für künftige Staatsbeamte oder Experten in Leitungspositionen der Wirtschaft zu fungieren. So waren hier die Naturwissenschaften primär auf die medizinischen und weniger auf montanwissenschaftliche Disziplinen ausgerichtet, ebenso fehlt die enge Verknüpfung zwischen theoretischer und praktischer Unterrichtung.[236]

Trotz des hohen Bedarfs an qualifizierten Fachkräften sowohl im ibero- als auch kolonialspanischen Bergbau stand die Ausstattung der neugegründeten Bergakademie in Kontrast zu der in Vergara vorhandenen und zeigte kaum eine spezifische Ausrichtung auf die Bedürfnisse des kolonialspanischen Bergbaus. Zunächst kam es zur Einrichtung lediglich eines Lehrstuhls, der von Störr als einzigem Lehrer der Institution vertreten wurde. Es fehlte ferner ein Ausbildungskonzept mit klaren Regelungen zu Organisation, Studienplan, Zugangsvoraussetzungen und finanziellen Unterstützungen der Studenten. In Ermangelung eines Schulgebäudes nutzte Störr zunächst sein Wohnhaus als Lehrstätte. Hier begann er im Jahr 1778 mit der Unterrichtung von sechs Studenten, denen er Wissen der Markscheidekunde, Mineralogie, Bergbaukunde, Geognosie und Metallurgie unter Nutzung eines von ihm verfassten Lehrbuchs[237] vermittelte.[238] Die theoretische Ausbildung wurde durch praktische Tätigkeiten im Bergwerk ergänzt.

Ein kontinuierlicher Lehrbetrieb ist für die Anfangszeiten der Institution nicht belegbar. Nachdem es in den Folgejahren keine weiteren Immatrikulationen gab, begann mit Manuel Andrés del Río (1764–1849) erst 1782 wieder ein neuer Student seine Ausbildung an der Almadener Bergakademie.[239] Auch im Lehrkörper kam es kurze Zeit

235 Maffei 1977, S. 271. Original: *„enseñar a los Jovenes profesores de Matematicas, que se remitirán de estos Reynos, y los de America, para que se destinen é instruyan en la theorica, y practicamente, la Geometría Subterranea, y Mineralogia"*

236 Vgl. Frijhoff 1996, S. 120, Domínguez 2016, S. 284-286.

237 Zum Titel und Verbleib des Lehrbuchs konnte in der Forschungsliteratur keine Hinweise gefunden werden.

238 Vgl. Uribe 2006, S. 237, Flores 2000, S. 43.

239 Vgl. Maffei 1977, S. 125.

später zu einer Modifikation, denn Störr wurde im Jahr 1783 durch den ebenfalls aus Sachsen stammenden und seit 1775 im spanischen Bergbau tätigen Johann Martin Hoppensack (1741–1815)[240] abgelöst, der genauso wie sein Vorgänger zunächst nur kommissarisch zum Leiter der Quecksilberbergwerke und der Bergakademie von Almadén bestellt wurde.[241] Die Bergakademie wurde im selben Jahr mit einem eigenen Gebäude ausgestattet (Abbildungen 13 und 14). Trotz der nun verbesserten Raumsituation kam es zu keinem Anstieg der Studentenzahlen: Im Jahr 1785 fing lediglich ein neuer Student sein Studium an, erst ab 1790 sind regelmäßig weitere Neuzugänge zu verzeichnen.[242] Wie diese Zahlen zeigen, lag der Fokus der Westindienministeriums und damit auch Hoppensacks Tätigkeitsschwerpunkt primär auf der Gewährleistung eines regulären Gewinnungsbetriebs sowie der Ertüchtigung der Quecksilberbergwerke.

Die Anfangsjahre der Bergakademie zeichnen das Bild einer nur gering frequentierten Ausbildungsstätte, die kaum zur Deckung des hohen Bedarfs an Fachkräften im kolonialspanischen Montanwesen beitrug. Die Expertise der hier tätigen sächsischen Fachkräfte wurde vorrangig genutzt, um die Quecksilberproduktion der Almadener Bergwerke effizienter zu gestalten. Die theoretische Ausbildung des Nachwuchses spielte für die Direktoren, die Verantwortung gleichermaßen für die Bergakademie und die Bergwerke besassen, nur eine untergeordnete Rolle.

Zur Ausgleichung dieses Defizits erwies sich eine Ausweitung des Ausbildungsgeschehens als notwendig, wobei relevante Institutionen in Madrid in das Blickfeld des Westindienministeriums und des an einer montanistischen Ausbildung interessierten

240 Zum Lebensweg Hoppensacks vor Aufnahme der Tätigkeiten in Spanien ist bekannt, dass er einige Zeit an der Seite von Friedrich Wilhelm Heinrich von Trebra (1740–1819), dem ersten Studenten der Freiberger Bergkademie, als Assessor und Markscheider am Marienberger Bergamt gearbeitet hatte (vgl. Morel 2016).

241 Die offizielle Berufung Hoppensacks zum Direktor der Bergwerke und Bergakademie von Almadén erfolgte im Jahr 1788 (vgl. Ludwig 1995, S. 94, Maffei 1977, S. 10). Hoppensack hielt im Rahmen seiner Anstellung kontinuierlich den Kontakt in seine Heimatregion Sachsen, um für seine Arbeit nötige Hilfsmittel zu beschaffen. So ließ er mit Unterstützung des an der spanischen Botschaft in Dresden tätigen Luis d'Onís (1762–1827) im Jahr 1788 Kompasse aus Sachsen importieren (siehe AHN, Estado, Leg. 166, Bl. 100). Die Netze nutzte er ferner nach Beendigung seines Vertrags in Almadén im Jahr 1792, um deutsche Fachkräfte und Kapital zur Gründung einer Bergwerksgesellschaft zur Ausbeutung der Silberlagerstätten bei Guadalcanal und Cazella de la Serra zu akquirieren. Für die dortigen Gruben wurde Hoppensack 1795 – nach fast vierjährigem Bemühen – das königliche Privileg verliehen. Inwieweit das Unternehmen, für das Hoppensack zeitweise auch den zuvor im kolonialspanischen Bergbau tätigen Experten Anton Zacharias Helms (1751–1803), sowie den Weimarer Unternehmer und Verleger Friedrich Justin Bertuch (1747–1822) gewinnen konnte, erfolgreich war, lässt sich heute kaum nachvollziehen (vgl. Ludwig 1995, Morel 2016).

242 Vgl. Maffei 1977, S. 125.

Abb. 13 und 14 | Gebäude der Bergakademie in Almadén (2022)

Nachwuchses rückten. Bereits in den 1780er Jahren setzte sich ein „Ausbildungsprogramm" durch, das ein Studium an zwei räumlich voneinander distanzierten Orten – Almadén und Madrid – beinhaltete und das über mehrere Dekaden Standard bei der Qualifizierung spanischer Montanexperten blieb. Einer der ersten Studenten, die ihre Kenntnisse sowohl in Almadén als auch Madrid erlangten, war der seit 1782 an der Bergakademie immatrikulierte del Río.

Herausbildung von Strukturen der höheren montanistischen Ausbildung in Madrid

In der spanischen Hauptstadt waren seit Mitte des 18. Jahrhunderts diverse chemische, mineralogische und naturhistorische Laboratorien und Kabinette entstanden, die mit ihrem teils im Ausland rekrutierten Personal von Interesse für die höhere montanistische Ausbildung waren. Ihre Etablierung ist vor kolonialpolitischem Hintergrund zu sehen: An dem 1752 eingerichteten Labor zur Platinforschung (*Casa del platino*) sollte dieses häufig als Beiprodukt des Goldes in Lateinamerika auftretende Metall untersucht und weitere Möglichkeiten der Verwendung eruiert werden. Mit dem 1771 eröffneten Königlich-Naturhistorischen Kabinett (*Real Gabinete de Historia Natural*) wurde in Kombination mit dem Botanischen Garten der Zweck verfolgt, den natürlichen Reichtum des gesamten spanischen Kolonialreichs zu präsentieren und Fauna, Flora und das Mineralreich auf ihren Nutzen zum Wohle der Monarchie zu erforschen. Den Grundstock des Königlich-Naturhistorischen Kabinetts bildete eine etwa 8.200 Objekte umfassende Kollektion von Pedro Franco Dávila, die über einen Ankauf 1771 in den Besitz der Monarchie übergegangen war. Dávila, der zu den Mitgliedern der *Bacongada* zählte und innerhalb der europäischen Gelehrtenwelt gut vernetzt war, war der erste Direktor der Institution. Zum Vizedirektor wurde 1777 der zu diesem Zeitpunkt in Paris weilende Eugenio Izquierdo ernannt, von dem man sich durch seine internationalen Erfahrungen und Kontakte mannigfaltige Impulse für die weitere Entwicklung des Kabinetts erwartete.[243] An das Kabinett wurde auf Initiative des Westindienministeriums im Jahr 1785 eine *Escuela de Mineralogia* angebunden, die aufgrund der geringen Wirkung, die die Bergakademie in Almadén bisher entfaltetet hatte, vermehrt der Ausbildung von Fachkräften für den kolonialen Bergbau dienen sollte. Die Schule firmierte daher zunächst mit dem Zusatz *de Indias*. Da eine Arbeit im kolonialen Berg- und Hüttenwesen wenig attraktiv für viele Studieninteressenten von der iberischen Halbinsel schien, wurde bald wieder auf den Zusatz verzichtet.[244]

Für die Unterrichtung im Fach Chemie war mit Francisco Angulo der Einsatz eines international qualifizierten Experten geplant. Trotzdem Angulo seine Ausbildungstour

243 Vgl. Calatayud 2009, S. 65.
244 Vgl. Castillo 2005, S. 59, Gago 1984, S. 129.

mittlerweile abgeschlossen hatte, fand dieser 1786 gefasste Plan keine Umsetzung.[245] Als Ersatz konnte ein Jahr später der zuvor in Vergara aktive Chabeneau für die Übernahme von Lehraufgaben verpflichtet werden. Zu den in den Anfangsjahren angebotenen Fächern an der *Escuela de Mineralogia* zählten Chemie, Mineralogie, Geognosie und Metallurgie. Praktika wurden in dem sich in unmittelbar räumlicher Nähe befindlichen Labor der *Casa del Platino* durchgeführt, zu deren Mitarbeitern seit 1791 der aus dem deutschen Sprachraum stammende Christian Herrgen (1765–1816) gehörte.[246] Über die Anzahl der Schüler, die in den Jahren nach der Gründung an der *Escuela de Mineralogia* studierten, konnte in der Forschungsliteratur keine Angaben gefunden werden.

Der Aufstieg Izquierdos zum Direktor des Naturhistorischen Kabinetts 1786 brachte für die Institution und die Mineralogische Schule kaum den möglicherweise erwarteten Schub. Die laufenden Amtsgeschäfte überließ Izquierdo größenteils seinem Stellvertreter José Clavijo y Fajardo (1726–1806), in Forschung und Lehre brachte er sich nur oberflächlich ein. Seine internationalen Netzwerke nutzte er vorrangig, um die mineralogischen Sammlungen um Objekte beziehungsweise Kollektionen aus dem Ausland anzureichern und die Bibliothek mit Fachliteratur zu versorgen. Hier weisen beispielsweise die französische Ausgabe der *Anfangsgründe der metallurgischen Chemie* von Gellert und die *Pyritologia* und die *Introduction á la Mineralogie* von Henckel einen Bezug zu Sachsen auf.[247] Weitaus intensiver beschäftigte sich Izquierdo mit Technologietransferprojekten, für die er seine ausgedehnten internationalen Netzwerke hervorragend zum Ensatz bringen konnte: Er trug zur Übermittlung von Wissen zu Verfahren der Textilherstellung bei (1786) und verfolgte die – nicht realisierte – Gründung einer Fabrik zur Herstellung von Kobaltglas in Aragon (1788). Seine ab 1787 betriebenen Untersuchungen von Verfahren zur Produktion von Metallblechen zur Verkleidung von Schiffsrümpfen in Schiffswerften in England und Frankreich führten zur Einrichtung einer Fabrik zur Herstellung von Kupferblechen für den Flottenbau in El Ferrol in Nordspanien, die jedoch aufgrund zahlreicher zu überwindender Hindernisse erst 1803 in Betrieb ging.[248] Das Naturhistorische Kabinett war somit für Izquierdo nur ein Betätigungsfeld von vielen und konnte beim Prozess der Ausgestaltung zu einer

245 Vgl. Gil de Zarate 1855, S. 73.

246 Vgl. Casanova 2009, S. 53.

247 Vgl. Calatayud 2009, S. 181-252.

248 Vgl. Calatayud 2009, S. 117-132. Izquierdo war ab Ende der 1790er Jahre des Öfteren in politischen Missionen unterwegs: 1798 führte ihn eine Reise nach Frankreich, auf der er zu ermitteln hatte, in welchem Maße das Nachbarland Kenntnis vom Zustand der spanischen Armada besaß. Knapp zehn Jahre später (1807) nahm Izquierdo als offizieller Repräsentant der spanischen Regierung an den Verhandlungen zum Vertrag von Fontainebleau teil, in dem die Zukunft Portugals nach der durch Spanien und Frankreich geplanten Eroberung geregelt wurde. Und nach Absetzung des spanischen Königs Carlos IV. durch Napoleon fungierte Izquierdo als Staatssekretär der Exilregierung.

Ausbildungsstätte nur marginal von seinen internationalen Kontakten und Erfahrungen profitieren.

Neben der *Casa del platino* und *der Escuela de Mineralogia* existierte mit dem im Jahr 1788 etablierten *Real Laboratorio de Química* eine weitere Einrichtung in Madrid, die für die montanistische Forschung und Lehre von Interesse war. Für den hier angebotenen Chemie-Unterricht war in den Anfangsjahren Pedro Gutíerrez Bueno (1745–1822) zuständig, der im Gegenteil zu vielen seiner damaligen Kollegen keine internationale Ausbildung genossen hatte. Nichtsdestotrotz trug er maßgeblich zum Transfer von neuen Erkenntnissen der chemischen Forschung aus Frankreich und Schweden nach Spanien bei, wie beispielsweise die Publikation des von ihm ins Spanische übersetzten Nomenklaturvorschlags der Gelehrtengruppe um Lavoisier kurz nach dessen Erscheinen beweist.[249] Bueno erstellte für seinen Unterricht zudem das Lehrbuch *Curso de química, teórica y práctica, para la enseñanza del Real Laboratorio de Química de esta Corte* (1788), in dem er rezent erschienene, internationale Fachveröffentlichungen rezipierte.

Der Überblick über die sich in den 1770er Jahren zunehmend diversifizierende institutionelle naturwissenschaftliche Landschaft zeigt, dass in Madrid zwar eine gewisse Anzahl an spezialisierten Einrichtungen entstanden war, jedoch keine davon eine Führungsposition in der montanistischen Ausbildung für sich beanspruchen konnte. Studieninteressenten konnten sich an diversen Stellen in unterschiedlichen Fachdisziplinen qualifizieren, jedoch nicht nach klar vorgegebenen Regelungen zur Studienabfolge sowie zum Umfang und Inhalten wie sie beispielsweise in Frankreich vor Gründung der *École de Mines* bestanden (siehe Kapitel 2.1.3). Für die Monarchie stellte das Absolvieren eines Ausbildungsabschnitts im Ausland daher ein probates Mittel zur Qualifizierung talentierter Studenten dar.

Wissens- und Technologietransfer in Verknüpfung mit internationalen Ausbildungsabschnitten

Die Praxis der internationalen Weiterbildungsreise erhielt einen besonderen Schub durch die öffentlichkeitswirksam betriebene und ostentativ an die spanische Monarchie gerichtete Kommunikation zu einem als technische Innovation angepriesenen, von Habsburger Experten um Ignaz von Born und Anton von Rupprecht gegen Mitte der 1780er Jahre entwickelten Amalgamationsverfahren (siehe auch Kapitel 4.1.1). Um dieses Verfahren hinsichtlich einer möglichen Anwendung im spanischen und dabei besonders kolonialen Bergbau kennenzulernen und zu untersuchen, entfalteten sowohl das Westindien- als auch das Finanzministerium vielgestaltige Aktivitäten.

Das Westindienministerium beauftragte beispielsweise den international sehr gut vernetzten Experten Fausto d'Elhuyar mit einer detaillierten Prüfung des Prozesses,

249 Vgl. Gago 1984, S. 286-287.

der technischen Anlagen und seiner Übertragbarkeit auf den kolonialspanischen Bergbau (vgl. Kapitel 4.1.1). Dazu war er angehalten, die zur Realisierung eines Technologietransfers notwendigen Fachkräfte zum Eintritt in spanische Dienste zu bewegen (vgl. Kapitel 4.1.2). Darüber hinaus entsandten sowohl das Westindien- als auch das Finanzministerium staatlich finanzierte Stipendiaten auf Reisen zum Studium der Amalgamation, die diese ferner nutzen sollten, sich an ausgewiesenen montanwissenschaftlichen Zentren in Europa weiterzubilden und sich grundsätzlich mit dem aktuellen Stand der Bergbau- und Hüttentechnik in den bereisten Regionen vertraut zu machen.

Fausto d'Elhyuar spielte bei der Planung und Organisation der Reisen der Stipendiaten eine wichtige Rolle. Bei der Konzipierung der Reiseroute ließ er seine eigenen Erfahrungen einfließen und inkludierte Stationen, die er als interessant für den Erwerb von Wissen zum Nutzen des spanischen Berg- und Hüttenwesens erachtete.[250] Ein hoher Stellenwert bei der Erlangung von theoretischem Wissen kam weiterhin der Bergakademie in Freiberg mit ihrem breiten Fächerspektrum zu, an der für alle Stipendiaten ein längerer Aufenthalt vorgesehen war. Als neue Institution in das Ausbildungsprogramm aufgenommen wurde die Bergakademie in Schemnitz, die insbesondere durch das Wirken des Lehrstuhlinhabers für metallurgische Chemie Anton von Rupprecht (vgl. Kapitel 2.1.2), der gemeinsam mit Born die Forschungen zu Verhüttungsverfahren der Amalgamation betrieb, zu einer überregional ausstrahlenden Einrichtung aufgestiegen war. Die Bergakademie Schemnitz wurde damit erstmalig in den Rang einer für die Qualifizierung von spanischen Montanexperten interessanten Einrichtung gehoben. Dazu kamen als Zwischenstationen Montanreviere in den Territorien der Habsburger Monarchie, Preußen, Sachsen und Braunschweig.

Nach erfolgter Ausarbeitung des Reiseprogramms verließ im Jahr 1787 eine erste vom Westindienministerium finanzierte Stipendiatengruppe Spanien in Richtung der ersten Station Schemnitz. Zu den Mitgliedern zählten Andrés Manuel del Río, Josef Ricarte (?–1794) und Fernando Casado de Torres (1754–1829). Nur von del Río ist bekannt, dass er die Reise mit umfassenden montanistischen Vorkenntnissen antrat: Nach seinen Studien bei Heinrich Christopher Störr an der Bergakademie in Almadén sowie an Madrider Laboratorien hatte er ab 1785 in Paris seine natur- und montanwissenschaftlichen Kenntnisse durch den Besuch von Kursen an der *École des Mines* und dem *Collège de France* erweitert; zu seinen Lehrern zählten beispielsweise Jean d'Arcet und Antoine Laurent Lavoisier.[251]

Auf ihren Spuren folgte ein Jahr später eine zweite, vom Finanzministerium finanzierte Gruppe, der Manuel Angulo y Correa (zw. 1760/63–1799), José Miaja Pingarrón (1768–1825) und Enrique Schnellenbühl (?-?) angehörten. Wie bereits bei den von der

250 Siehe AHN, Estado, leg. 4671.
251 Vgl. Uribe 2006, S. 238.

Bascongada initiierten Aktivitäten spielten familiäre Verbindungen eine Rolle bei der Auswahl der Stipendiaten, zu denen mit Manuel Angulo y Correa der Bruder des Direktors der spanischen Bergbaubehörde Francisco Angulo zählte. Der Gruppe gehörte ferner mit dem aus dem Elsass stammenden Schnellenbühl ein Mitglied an, das der deutschen Sprache mächtig war. Für Schnellenbühl, der 1788 als Militäringenieur in spanische Dienste getreten war, dürfte es die erste größere Mission für seinen neuen Dienstherren gewesen sein. Zu den vorherigen Ausbildungsstationen der Stipendiaten konnten kaum Hinweise gefunden werden. Nur zu Angulo ist bekannt, dass er vor Antritt der Reise Studien am Patriotischen Seminar in Vergara und dem Naturhistorischen Kabinett in Madrid absolviert hatte.[252] Über die Reiseaktivitäten dieser Gruppe geben fragmentarisch die 1898 bis 1900 im *Boletín de la Sociedad Geográfica de Madrid* veröffentlichten Korrespondenzen Manuel Angulos an seinen Bruder Francisco Auskunft.[253]

In Schemnitz besuchten sowohl die Stipendiaten des Westindien- als auch des Finanzministeriums Kurse bei Rupprecht, in denen er Wissen aus den Fachbereichen der Bergbaukunst, Chemie, Metallurgie und Markscheidekunst vermittelte. Die Vorlesungen wurden durch praktische Übungen im Laboratorium der Bergakademie, Einfahrten in Bergwerke sowie Besichtigungen von Hüttenwerken ergänzt. Ein Schwerpunkt des Studiums, das sich für die Nicht-Muttersprachler durch die vorhandenen Sprachbarrieren zunächst mühsam gestaltete, lag konsequenterweise auf der Aneignung von Wissen zu dem „neuen" Amalgamationsverfahren.[254] Ricarte übermittelte dazu an den spanischen Generalbergbaudirektor Francisco Angulo einen ausführlichen Bericht, in dem er unter anderem kritisch darauf verwies, dass die von Born in seiner Publikation *Ueber das Anquicken der gold- und silberhältigen Erze* ... aufgelisteten, durch Nutzung des Verfahrens gewonnenen Edelmetallausbeuten in weiteren von den Habsburger Experten ausgeführten sowie eigenen Experimenten nicht bestätigt werden konnten.[255]

Insbesondere Schnellenbühl war aufgrund seines „künstlerischen" Talents angehalten, technische Anlagen über Zeichnungen zu dokumentieren.[256] Grundlegende Voraussetzung für eine maßstabsgetreue Abbildung der betrachteten Objekte waren eine gute visuelle Auffassungsgabe und räumliche Vorstellungskraft. Zeichnungen von Maschinen oder Geräten kam eine besondere Bedeutung im Kontext des Wissenstransfers zu. Sie dienten dazu, Beobachtungen in zweidimensionales und damit räumlich übertragbares Wissen zu übersetzen. In Verbindung mit schriftlichen Erklärungen war es

252 Vgl. Puig 1898, S. 147.
253 Siehe Puig 1898–1900.
254 Vgl. Puig 1898, S. 172-173.
255 Vgl. Pelayo/Rebok 2004, S. 99-111.
256 Vgl. García/Bertomeu 2001, S. 107-108.

somit möglich, Innovationen und das mit ihnen verbundene Wissen zu transferieren und an einem anderen Ort zu reproduzieren.[257] Aus den an Francisco Angulo übermittelten Unterlagen geht hervor, dass beispielsweise die Funktionsweise des auch in anderen europäischen Bergrevieren zum Einsatz gebrachten slowakischen Pumpentyps von Interesse war.[258]

Nach unterschiedlich langen Aufenthalten der einzelnen Stipendiaten in Schemnitz schloss sich Freiberg als nächste Ausbildungsstation an, wobei für Casado de Torres kein Präsenznachweis im Universitätsarchiv Freiberg gefunden werden konnte. Die Ankunft von del Río in Sachsen ist auf Ende 1789 zu datieren, wie sowohl einem Reskript an das Oberbergamt als auch einem Schreiben von Luis d'Onís[259] an den spanischen Marineminister Antonio Valdés y Fernández Bazán (1744–1816) vom 30. Januar 1790, in dem er das Eintreffen Andrés del Ríos *„vor drei oder vier Wochen"* vermeldete, zu entnehmen ist.[260] Die übrigen Stipendiaten gelangten im Laufe des Jahres 1791 nach Freiberg. Akten im Universitätsarchiv Freiberg weisen aus, dass Ricarte am 19. Ju[ni/li?] 1791 die Erlaubnis erhielt, die *„Freibergischen und Obergebürgischen Berg- und Hüttenwerke"* mit Ausnahme des Schneebergischen Bergreviers und der Kobalt-, Blaufarben- und Arsenikwerke, sowie das Amalgamierwerk in Halsbrücke zu besuchen.[261] Wenige Monate später, per Reskript vom 14. Oktober 1791, wurde auch der vom Finanzministerium finanzierten Stipendiatengruppe um Angulo, Miaja und Schnellenbühl die Erlaubnis zur Teilnahme an Vorlesungen an der Bergakademie sowie Besichtigung von Berg- und Hüttenwerken in der Region gewährt.[262]

Im Mittelpunkt des Studieninteresses aller Stipendiaten schien – gemäß den überkommenen schriftlichen Schilderungen – das von Abraham Gottlob Werner offerierte Kursangebot gestanden zu haben. Wie aus Werners Jahresbericht 1791 hervorgeht, besuchte del Río von Ostern 1790 bis Ostern 1791 seinen Geognosie-Kurs, den er montags, dienstags, donnerstags und freitags am Nachmittag zwischen 15 und 16 Uhr hielt.[263] Resultierend aus der Teilnahme am Unterricht verfasste del Río ein Exzerpt auf Grundlage von Werners *Neuer Theorie von der Entstehung der Gänge*, das über d'Onís 1792 nach Spanien übermittelt wurde.[264] Ricarte, Angulo, Miaja und Schnellenbühl entschieden sich für ein Privatissimum, mit dem sie jedoch scheinbar nicht die ge-

257 Vgl. Becker 2015, S. 157.

258 Siehe BIGME, Angulo, Leg. 2/10.

259 Luis d'Onís war langjähriger Mitarbeiter der spanischen Botschaft in Dresden, zunächst als Attaché an der von seinem Onkel José d'Onis (1726–1802) geleiteten Vertretung, dann zwischen 15. August 1784 und 1. November 1791 als Geschäftsträger (vgl. Río 1981, S. 39).

260 Siehe UAF, OBA 184, Bl. 149 und AHN, Estado, Leg. 166, Bl. 125.

261 Siehe UAF, OBA 185, Bl. 96/98.

262 Ibd., Bl. 97.

263 Siehe UAF, OBA 250, Bl. 108-110.

264 Siehe AHN, Estado, Leg. 166, Bl. 159.

wünschten Studienfortschritte erzielen konnten, wie Manuel Angulo in einem auf den 6. Februar 1792 datierten Brief an seinen Bruder Francisco berichtete:

> Für den Kurs, den wir vier [Angulo, Miaja, Schnellenbühl und Ricarte, d. V.] bei Werner belegen, bezahlen wir 2.000 oder mehr Reales. Das Schlimmste ist, dass dieser Kurs unvollständig sein wird, da wir, obwohl wir bei unserer Ankunft darum baten und uns dies auch zugesichert wurde, nicht sofort, sondern erst nach circa zwei Monaten anfangen konnten, da der Mann [Werner, d. V.] immer neue Umstände anführt und sich ständig unpässlich fühlt.[265]

Zu Besuchen von weiteren Kursen an der Bergakademie konnten für letztgenannte Stipendiaten keine Anhaltspunkte gefunden werden. Einzig von del Río ist über die Korrespondenz mit dem Minister Valdés bekannt, dass er die Teilnahme an weiteren Lehrveranstaltungen beabsichtigte, wozu er um Ausreichung zusätzlicher finanzieller Mittel bat.[266] Als Begründung führte er an, dass die Teilnahme an Kursen der Freiberger Bergakademie in Gegensatz zu der in Schemnitz kostenpflichtig sei, er sich jedoch davon vertiefende Einblicke in für seine zukünftige Tätigkeit wichtige Themenbereiche verspreche und die Detailtreue im Unterricht in Freiberg höher als die in Schemnitz sei. Konkret ersuchte er um Zuwendungen für den Besuch von Kursen zu den „äußerlichen Kennzeichen" (40 Florin), zur Markscheidekunst (60 Lektionen für 120 Florin), zur Schmelzkunst (60 Florin) und zum Bergrecht (40 Florin). Del Río erhielt für sein Anliegen Unterstützung durch d'Onís, der dem Minister die Höhe der Gebühren unter Anführung des Beispiels eines weiteren ausländischen Bergakademiestudenten (Napione) und dem Nutzen des Wissenserwerbs für das spanische Montanwesen bestätigte.[267] Ob und in welchem Umfang del Río diese Kurse tatsächlich besuchte, war den ausgewerteten Akten nicht zu entnehmen.

Anhand dieser Korrespondenz wird offensichtlich, welche Rolle Diplomaten im Rahmen von Prozessen des Wissenstransfers einnahmen. Mit ihren Kenntnissen der Situation vor Ort und über ihre Netzwerke gelang es ihnen, die Stipendiaten zu unterstützen und zugleich deren Studien gemäß den Interessen der spanischen Monarchie zu lenken und zu befördern. Insbesondere Luis d'Onís in Dresden nahm eine wichtige Mittlerfunktion ein und trug maßgeblich zur Zirkulation von montanistischem Wissen bei, wie beispielsweise über die von ihm nach Spanien übermittelten Schriften, Be-

265 Puig 1899, S. 301. Original: "*Por el curso que seguimos los quatro con Werner habrá que pagar 2000 reales ó mas, y lo peor es que será un curso de los mas incompletos y defectuosos, porque aunque se le pedimos, y nos lo concedió al instante que llegamos aquí, no pudimos no obstante lograr que empezase, hasta pasados dos meses, porque el hombre todo se vuelve circunstancias, y cada instante se imagina indispuesto.*"

266 Siehe AHN, Estado, Leg. 166, Bl. 126.

267 Ibd., Bl. 125.

schreibungen und Zeichnungen technischer Anlagen der in Sachsen agierenden Stipendiaten[268] sowie seiner Aktivitäten zur Gewinnung deutscher Berg- und Hüttenleute für Tätigkeiten im spanischen Montanwesen (siehe Kapitel 4.1.2) ersichtlich wird.

In Ergänzung zum theoretischen Unterricht an der Bergakademie konzentrierten sich die Stipendiaten auf den Erwerb von praktischem Wissen, wobei sie ihren Interaktionsradius auch auf Akteure des nicht-akademischen Umfelds ausweiteten. Im Fokus stand dabei unbestritten das Studiums des Verfahrens der Amalgamation von Metallerzen, mit dem sich die Stipendiaten in dem 1790 errichteten Amalgamierwerk in Halsbrücke beschäftigten, wie Einträge in das Besucherbuch des Werks aus den letzten Monaten des Jahres 1791 nahelegen (Abbildung 15 und 16). Eine kritische Auseinandersetzung mit dem hier betriebenen Verfahren – analog zu der in Schemnitz erfolgten – konnten in den ausgewerteten Akten beziehungsweise der Forschungsliteratur nicht ausgemacht werden.

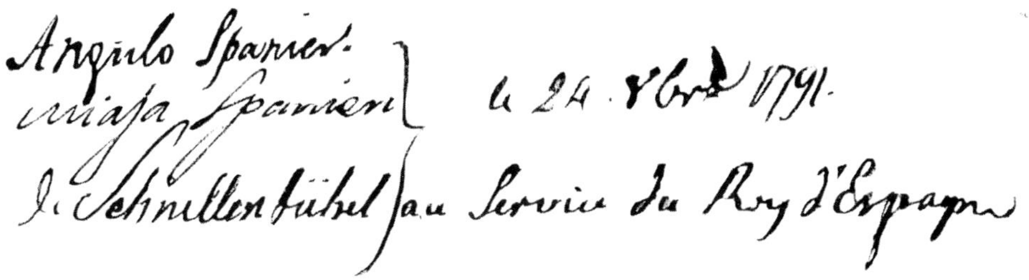

Abb. 15 | Einträge von Francisco Angulo, José Miaja und Enrique Schnellenbühl im Besucherbuch des Amalgamierwerks Halsbrücke, 24. Oktober 1791, S. 6

Abb. 16 | Eintrag von Josef Ricarte im Besucherbuch des Amalgamierwerks Halsbrücke, 1791, zwischen Einträgen vom 2. November und 3. Dezember, S. 6

Zum Ausbildungsprogramm der Stipendiaten zählten ferner Befahrungen untertägiger Anlagen in Freiberg, wie aus Vermerken im Besucherbuch der Grube „Beschert Glück" hervorgeht, denen gemäß Miaja in der 8. Woche des Quartals[269] Luciae 1791, der

268 Siehe AHN, Estado, leg. 166, Bl. 159–161.

269 Ein Bergquartal bezeichnet einen Abrechungszeitraum im Bergbau, es hatte 13 Wochen. Die Quartale umfassten folgende Zeiträume: Reminiscere: 1. Januar bis 1. April, Trinitatis: 1. April bis 1. Juli, Crucis: 1. Juli bis 1. Oktober und Luciae: 1. Oktober bis 1. Januar.

9. Woche des Quartals Crucis 1793 und der 4. Woche des Quartals Luciae 1795 das Bergwerk besuchte, Schnellenbühl in der 1. Woche des Quartals Trinitatis 1792.[270] Insbesondere die sich auf del Río beziehenden Eintragungen verweisen dabei auf den intensiven Austausch, den dieser mit seinen deutschsprachigen Kommilitonen pflegte[271] und der sich beispielsweise in gemeinsamen Grubenbefahrungen niederschlug. So lassen zwei direkt aufeinanderfolgende, in die 12. Woche des Quartals Crucis 1791 fallende Einträge von del Río und Alexander von Humboldt[272] im Besucherbuch der Grube „Beschert Glück" ein gemeinsames Einfahren in das Bergwerk vermuten.[273] Über Interaktionen zwischen Humboldt und del Río geben darüber hinaus Äußerungen in Korrespondenzen Auskunft: An Dietrich Ludwig Gustav Karsten (1768–1810) schrieb Humboldt beispielweise am 26. November 1791, wie *„glüklich [er ist], von einem Spanier Del Rio, einem Schüler von Lavoisier, der auch mit deutscher Chemie sehr bekannt ist, einen sehr lehrreichen Umgang zu haben."*[274] Und am 10. Januar 1792 erreichte Paul Usteri (1768–1831) folgende Nachricht von Humboldt:

> Ueberhaupt beschäftigt mich antiphlogistische Chemie ungemein, mit zween meiner hiesigen Freunde, H. Del Rio aus Spanien und D. Baader aus München. Ich bin überzeugt, daß Lavoisiers Entdekkungen über den Kohlenstoff und das Kohlensaure Gas den Weg zu großen Dingen bahnen.[275]

Dass der fruchtbare Austausch zwischen Humboldt und del Río nicht mit dem Verlassen Freibergs endete, zeigen die Ausführungen zur Bergakademie in Mexiko-Stadt in Kapitel 2.2.4.

Über den Berg- und Hüttenbetrieb in der Freiberger Region hinaus waren die spanischen Stipendiaten daran interessiert, sich möglichst umfassend ein Bild von der gesamten sächsischen Montanindustrie und den hier abgebauten Rohstoffen und Verarbeitungsmethoden zu machen, womit auch die für Sachsen wirtschaftsstrategisch bedeutsamen Betriebsstätten der Kobalt- und Blaufarbenherstellung und die Arsenikwerke in den Fokus rückten. Das kontinuierlich hohe internationale Interesse an diesen

270 Siehe SBM, 48/53, o. Bl.nr.

271 Vorwiegend von del Río ist bekannt, dass er den Austausch mit Freiberger Kommilitonen weit über die Zeit nach seinem Aufenthalt an der Bergakademie pflegte und die in Sachsen geknüpften Netzwerke zur Wissenzirkulation nutzte. Zu seinen Austauschpartnern zählten neben Alexander von Humboldt auch seine Studienkameraden Johann Carl Freiesleben (1774–1846), Leopold von Buch (1774–1853) und Thomas Weaver (1773–1855).

272 Alexander von Humboldt studierte zwischen 14. Juni 1791 und 26. Februar 1792 an der Bergakademie in Freiberg.

273 Siehe SBM, 48/53, o. Bl.nr.

274 Jahn/Lange 1973, S. 162.

275 Ibd., S. 165.

Verfahren hatte die Staatsregierung bewogen, den Zugang zu einzelnen Werken deutlich einzuschränken, um den Abfluss von Wissen an potenzielle Konkurrenten zu minimieren. Wie vielen anderen internationalen Besuchern wurde daher auch Ricarte, Angulo, Miaja und Schnellenbühl der Zutritt zu den Kobalt-, Blaufarben- und Arsenikwerken in den 1791 ausgestellten Reskripten verweigert. Auch ein Besuch der Porzellanmanufaktur in Meißen blieb, wie bereits bei Manes und Estachería in den 1750er Jahren, verboten. Manuel Angulo kommentierte diese Situation in einem Brief an seinen Bruder Francisco vom 12. April 1792 mit Enttäuschung:

> Nur einige Meilen von Freyberg entfernt befindet sich die berühmte Porzellanmanufaktur von Sachsen in Meißen. Es gibt keine Möglichkeit, sie zu besichtigen, so wie auch kein Wort über sie verloren wird. Außerdem haben sie es gewagt, in der über unseren Gesandten in Dresden eingeholten Genehmigung zur Besichtigung der Berg- und Hüttenwerke, für die sie von jedem von uns 100 Reales verlangt haben, als Klausel „mit Ausnahme der Kobalt- beziehungsweise Blaufarben- und Arsenikfabriken hier und dort" einzufügen. Und jedes Mal, wenn man ein Bergwerk besuchen möchte, ist man auch noch gezwungen, den Steiger extra zu bezahlen.[276]

Nach einer wohl intensiven Phase der Aneignung theoretischen und praktischen Wissens endete im Frühjahr 1792 für fast alle Mitglieder der beiden Stipendiatengruppen der Aufenthalt in Freiberg. Del Río hatte das Studienangebot der Bergakademie von allen über den längsten Zeitraum hinweg wahrgenommen und sich – sollte er die beantragten Kurse in Gänze besucht haben – hinreichend theoretisches Wissen angeeignet sowie Netzwerke aufgebaut, um auch in seinem späteren Berufsleben die Entwicklungen in den montanwissenschaftlichen Disziplinen zu rezipieren und aktiv an ihnen partizipieren zu können.

Für die Stipendiaten schlossen sich nach dem Aufenthalt in Freiberg Besuche diverser Montanreviere an, wobei sich ihre Wege über kurz oder lang trennten. Del Río, Miaja und Angulo reisten zunächst nach Berlin, wo es zu einem Zusammentreffen mit ihrem früheren Kommilitonen Alexander von Humboldt kam, der darüber am 5. Juni 1792 aus Berlin an Freiesleben in Freiberg berichtete:

---

276 Puig 1900, S. 38. Original: „*Unas pocas leguas de Freyberg está la formosa fabrica de porcelana de Saxonia en Meissen, y ni hay forma de poderla ver ni se puede oir una palabra de ella; pero que más en la licencia que nos han dado para ver estas minas y Establecimientos de resultas de haberlo pedido así el Enviado nuestro en Dresde se han atrevido á poner la clausula con exclusión de las fabricas de cobalto ò azul esmalte y las de arsénico de tal y de tal & despues de que nos han sacado á cada uno mas de 100 reales por solo la licencia, y que cada vez que hay que entrar en cada mina se ha de pagar forzosamente al Steiger.*"

> Vor drei Tagen habe ich die Freude gehabt, Del Rio in Berlin zu sehen. Er war 6 Tage dort mit Miasa und Angullo. Ich habe sie viel herumgeschleppt. [...] Del Rio war wie sonst mehr gefällig als freundschaftlich, gleich fein, gutmüthig, zuvorkommend, bescheiden, verständig.[277]

Von Berlin aus reisten die genannten Stipendiaten in das Harzer Montanrevier und besichtigten Berg- und Hüttenwerke. Miaja kehrte nach Abschluss dieser Exkursion nach Freiberg zurück und blieb dort wohl bis mindestens 1796, wie Einträge in das Besucherbuch des Amalgamierwerks Halsbrücke im Monat April des Jahres (Abbildung 17) sowie der Grube „Beschert Glück" suggerieren.

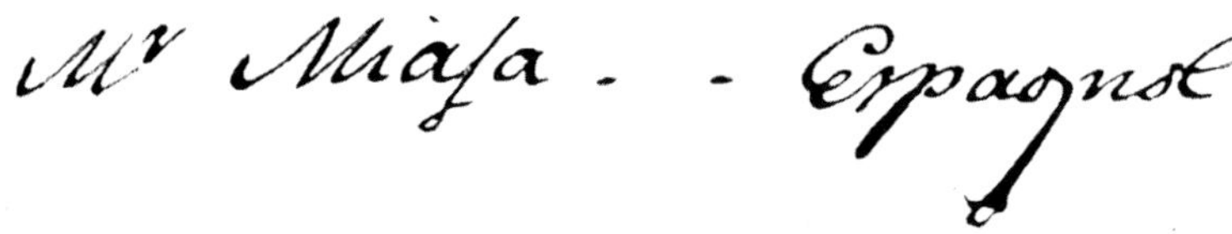

Abb. 17 | Eintrag von José Miaja im Besucherbuch des Amalgamierwerks Halsbrücke am 25.(?) April 1796, S. 32

In diesem längeren Zeitraum dürfte Miaja seine Aktivitäten auf das Studium von Berg- und Hüttentechnik und gleichsam auf den Transfer von für Spanien nützlichem montanistischem Wissen fokussiert haben. Zu einer Teilnahme an Lehrveranstaltungen der Bergakademie wurden im Universitätsarchiv Freiberg keine Hinweise gefunden. Es ist daher zu vermuten, dass er sich primär in ober- und untertägigen Anlagen mit der vorhandenen Technik, Arbeitsprozessen und Verfahren bekannt machte und im laufenden Betrieb aktiv wurde und dazu auch weiterhin den Austausch mit an der Bergakademie tätigen Experten suchte.

Mit seiner gewinnenden Art und durch Zahlung von Bestechungsgeldern gelang es ihm während des Aufenthalts beispielsweise als geheim eingestuftes Wissen zur Verarbeitung von Arsen und Kobalt zu erlangen und von Sachsen nach Spanien zu transferieren. Der in Dresden stationierte Diplomat d'Onís führte dazu folgendes in einem Schreiben an das spanische Finanzministerium vom 15. Mai 1795 aus:

> Dieser junge Mensch ist nicht nur sehr fähig. Es gelang ihm auch, mit seinem Verhalten und seiner Anmut die Herzen aller Angestellten der Freiberger Bergwerke gewinnen. Unter Nutzung dieses glücklichen Umstands und durch Geldgaben konnte er Wissen zu Verfahren der Gewinnung von Arsen und Kobalt erlangen, die in diesem Land als höchst geheim einge-

277 Jahn/Lange 1973, S. 192.

stuft werden und deren Verrat streng und durch körperliche Züchtigung der an der Geheimnisvermittlung beteiligten Ausländer und Einheimischen geahndet wird.[278]

Wie bereits in früheren Jahren, als die beiden Militärbeamten Manes und Estacherría erfolgreich Wissen zur Kobaltproduktion nach Spanien transferieren konnten, gelang es somit auch Miaja die Sicherheitsvorkehrungen der sächsischen Regierung zu umgehen und Details zu als Staatsgeheimnissen gehandelten Verfahren zu übermitteln.

Während Miaja sich also in Freiberg der Berg- und Hüttentechnik widmete, schloss sich für del Río nach Abreise aus dem Harz eine Tour durch diverse europäische Montanreviere an, auf der er die Quecksilberbergwerke der Habsburger Monarchie in Idrija, Montanregionen in Schottland und Cornwall sowie die Haupstädte und Wissenschaftszentren Paris und Wien besuchte. In Wien endete seine europäische Ausbildungszeit, denn hier erreichte ihn 1793 von Fausto d'Elhuyar, der sich zu diesem Zeitpunkt dem Aufbau der ein Jahr zuvor gegründeten Bergakademie in Mexiko-Stadt widmete, der Ruf auf eine Professur an dieser Institution.[279] Für sicherlich nicht wenige seiner Wegbegleiter stellte der Ruf den passenden Abschluss seiner Studienzeit dar. So schrieb Manuel Angulo am 16. Juli 1792 aus Mainz an seinen Bruder Francisco über den talentierten del Río:

> Ich denke, del Rio ist eine Person, die man mit Erfolg [für diese Position] gebrauchen kann. Ich betone mit Erfolg, weil ich weiß, dass er zum Professor tendiert. Aber ich weiß nicht, ob er dies unter der Bedingung, hierfür nach Amerika gehen zu müssen und jemanden wie dem Generaldirektor unterstellt zu sein, wünscht.[280]

In eine ähnliche Richtung tendiert eine Einschätzung des Barons von Karwinsky (1780–1855), die der Salzburger Naturforscher und Staatsmann Carl Erenbert von Moll (1760–1838) in seinen *Mittheilungen aus seinem Briefwechsel* einer Abschrift eines Briefes, den del Río im Jahr 1827 an ihn gerichtet hatte, zufügte:

---

278 AHN, Estado, 166, o. Bl.nr., Original: „*Este joven no solo es mui aplicado, sino que por su conducta y dulzura ha sabido captarse los corazones de todos los empleados en las Minas de Freyberg. Esta circunstancia tan dificil de adquirir por mas zelo que se tenga le ha facilitado à el varias luces aunque à costa de dinero en ramos de que se hace el mayor secreto en este pays como son los trabajos del Arsenico, a cobalto, cosas prohibidas con la mayor severidad y penas corporales no solo à los estrangeros sino à los mismos naturales.*"

279 Vgl. Castillo 2001, S. 242.

280 Puig 1900, S. 62. Original: „*Yo creo que Rio es un sugeto de quien podra echarse mano con suceso: digo con suceso porque sé que se inclina mucho á profesor aunque no sé si lo querrá con esas circunstancias de haber ir á América, de estar sugeto á otro como es el Director general.*"

> D^{n}. Andres del Rio war unstreitig der vorzüglichste dieser Spanischen Bergbau-Pensionaire sowohl an Vorbildung, als Liebe zur Wissenschaft und Fortgang in derselben. Nachdem er sich in Schemnitz mit allen Zweigen der Bergbaukunde praktisch u. theoretisch bekannt gemacht hatte, gieng er nach Freyberg, dem damaligen bergmännischen Athen, und gefiel sich so sehr in den Vorlesungen des unvergesslichen Werner, des mineralogischen Linné, dass er sich hauptsächlich u. mit entschiedenem Fortgang der Oryctognosie widmete. Nach Madrid zurückgekommen wurde er sogleich zum Professor dieser Wissenschaft an der Bergschule in Mexico (Real Colegio de Mineria) ernannt …[281]

Del Río war somit eines der wenigen Mitglieder der Stipendiatengruppen, die eine akademische Laufbahn einschlugen. Die neu gegründete Institution in Mexiko-Stadt konnte durch seine Berufung einen hochqualifizierten Experten in den Reihen der Lehrerschaft begrüßen, der zudem mit seinen geographisch weiträumigen Netzwerken die Grundlage geschaffen hatte, kontinuierlich Wissen zu aktuellen Entwicklungen der Montanwissenschaften nach Lateinamerika transferieren zu können (siehe Kapitel 2.2.4).

Neben del Río spielte nur noch Manuel Angulo eine Rolle beim Aufbau und der Verstetigung montanistischer Ausbildungsstrukturen im spanischen Kolonialreich. Wie auch del Río hatte Angulo seine Studienreise nach den Aufenthalten in Berlin und im Harz durch diverse Montanreviere in der Habsburger Monarchie fortgesetzt und war dann über die Niederlande, Dänemark, Schweden und England nach Schottland gereist, wo ihm eine Besichtigung der Kanonenfabrik Carron gelang. Nach seiner Rückkehr nach Spanien wurde er auf Vorschlag seines Bruders Francisco Angulo im Jahr 1796 zum Direktor der Bergakademie und der Bergwerke von Almadén berufen, womit sich Angulo vielfältige Impulse für eine Verstetigung der Ausbildungsstrukturen erhoffte.[282]

Mit der Ernennung Angulos waren nun wichtige Positionen an den beiden staatlich finanzierten, als Standbeine der montanistischen Ausbildung im spanischen Kolonialreich etablierten Institutionen – im Mutterland und den Kolonien – mit Experten besetzt, die sich an den ersten höheren montanistischen Ausbildungsstätten, die in der zweiten Hälfte des 18. Jahrhunderts gegründet wurden, qualifiziert hatten. Durch ihre Bildungswege waren sie gut vorbereitet, das Kursprogramm in Mexiko-Stadt und Almadén nach den Vorbildern in Freiberg und Schemnitz auszugestalten.

Für die übrigen Stipendiaten war nach Abschluss ihrer Studienreisen kein Einsatz im Bereich der höheren montanistischen Ausbildung geplant. Ricarte sollte im kolonialen Bergbau tätig und dabei Direktor der Bergwerke in Quito werden. Er verstarb jedoch

281 Moll 1834, S. 608.
282 Vgl. Maffei 1977, S. 12.

noch vor seiner Abreise nach Lateinamerika im Jahr 1794 in Europa.[283] Für die beiden vom Finanzministerium finanzierten Stipendiaten Miaja und Schnellenbühl war eine Beschäftigung im iberospanischen Montanwesen vorgesehen: Miaja war zunächst als Direktor in andalusischen Bleihütten in der Sierra de Gador aktiv und hatte dort unter anderem die Aufgabe, metallurgische Prozesse effizienter zu gestalten.[284] Nach einer Zwischenstation als Bergwerksdirektor in Monterey (Galicien) wechselte er kurz vor seinem Tod nach Madrid, um in der Bergsteuerverwaltung tätig zu werden.[285]

Schnellenbühl wurde ebenfalls zum Bergwerksdirektor berufen, zunächst für die Quecksilberbergwerke von Teruel (Valencia), ab 1807 für das Graphitbergwerk in Benahavis (Marbella, Andalusien). Die Ausführung eines von ihm initiierten Projekts zum Ausbau dieser Grube wurde durch die Invasion der französischen Truppen unterbrochen und konnte auch nach deren Abzug 1813 nicht die erhoffte Wirkung entfalten.[286] Miaja und Schnellenbühl konzentrierten sich in ihren Tätigkeiten somit auf die Anwendung ihrer Kenntnisse im Bereich der Bergbau- und Hüttentechnik. Inwieweit sie im Rahmen ihrer beruflichen Laufbahn weiterhin mit internationalen Experten interagierten und am Austausch zu laufenden Entwicklungsprozessen teilnahmen, wurde im Rahmen dieser Studie nicht untersucht.

Verstetitung der montanistischen Ausbildung in Almadén mit international qualifiziertem Personal

Während die vom Westindien- und vom Finanzministerium finanzierten Stipendiaten ihre internationale Ausbildung verfolgten, unternahm die Monarchie weitere Schritte zur Formalisierung der Strukturen der höheren montanistischen Ausbildung: einerseits durch Gründung einer Bergakademie im Vizekönigreich Neu-Spanien im Jahr 1792 (siehe Kapitel 2.2.4), andererseits durch Ausbau der Bergakademie in Almadén. In Bezug auf letztere hatte der Generaldirektor des spanischen Bergbaus Francisco Angulo 1794 Vorschläge unterbreitet, die unter anderem die Einstellung von Lehrpersonal mit internationalem Ausbildungshintergrund umfassten. Mit der Einsetzung seines Bruders 1796 fand diese Anregung Verwirklichung. Manuel Angulo starb jedoch bereits drei Jahre später und konnte daher nur in begrenztem Maße sein in den Jahren zuvor erworbenes Wissen zum Einsatz bringen und zur Gestaltung der bergakademischen Lehre in Iberospanien beitragen.

Um dennoch das originäre Ziel der Durchführung des Unterrichts in Almadén durch international qualifizierte Experten zu erreichen, ordnete die Monarchie auf Empfehlung von Francisco Angulo die Entsendung von zwei weiteren Studenten zur Qualifizie-

283 Vgl. Pelayo/Rebok 2004, S. 95.
284 Vgl. Xaramillo 1815, S. 214, García/Bertomeu 2001, S. 116.
285 Vgl. Puig 1898, S. 159-160.
286 Vgl. Bernal 2004, S. 11.

rung an ausländischen Montanstandorten an (vgl. Abbildung 18). Durch den damit einhergehenden Zeitverzug im Prozess der Verstetigung der Ausbildungsstrukturen in Almadén blieben die an den Laboratorien und dem Naturhistorischen Kabinett in Madrid offerierten Lehrangebote weiterhin integraler Bestandteil der höheren montanistischen Ausbildung in Iberospanien.[287] Die Immatrikulationszahlen an der Bergakademie verharrten indessen auf niedrigem Niveau: In den Jahren 1796, 1798 und 1799 begann jeweils nur ein Student seine Ausbildung in Almadén.[288]

Die beiden für die Weiterbildung im europäischen Kontext ausgewählten Stipendiaten waren namentlich Francisco de la Garza (1757–1832) und Diego de Larrañaga (1760–1814).[289] Beide zählten zu den Absolventen der Almadener Bergakademie: Garza wird im Matrikelverzeichnis als erster Student der Institution geführt. Er begann seine Ausbildung bei Störr im Jahr 1778. Larrañaga stammte aus dem Gründungsort der *Bascongada* (Azcoitia) und hatte sein Studium als 10. Student der Bergakademie Almadén 1790 aufgenommen.[290] Zusätzlich zum Unterricht in Almadén hatten beide Kurse an den chemischen Laboratorien und der *Escuela de Mineralogia* in Madrid besucht. Garza wies darüber hinaus langjährige Berufserfahrungen im Montanwesen auf: Ab 1788 war er interimistisch als Leiter der Almadener Bergwerke in Vertretung für den gesundheitlich angeschlagenen Hoppensack tägig. Zu seinen Aufgaben zählten dabei Inspektionen der nahegelegenen Quecksilberbergwerke von Almadenejos, die Erkundung von Steinkohlelagerstätten im Guadiato-Becken in Verbindung mit einer Analyse der Abbaumöglichkeiten des Rohstoffs hinsichtlich seiner Nutzung zum Betrieb einer Dampfmaschine in Almadén und die Erstellung eines Risswerks, in dem das Almadener Bergwerk über fünf Sohlen und mit seinen oberirdischen Anlagen abgebildet wurde.[291]

Die internationale Weiterbildung von Garza und Larrañaga ab 1797 sollte in zwei Abschnitten erfolgen: Im ersten Teil war die Aneignung praktischen Wissens durch Besuch von Montanrevieren der Habsburger Monarchie (Idrija, Steiermark, Kärnten, Tirol und Böhmen) vorgesehen. Die zweite Phase war dem theoretischen Teil der Ausbildung gewidmet, der exklusiv an der Bergakademie in Freiberg stattfinden sollte. Die Schemnitzer Bergakademie dagegen schien nach dem Wechsel Anton von Rupprechts 1792 als Hofrat für das Berg- und Münzwesen an die Hofkammer in Wien ihre Anziehungskraft für spanische Studenten verloren zu haben.

Zu dem Studienaufenthalt in Freiberg konnten in Archiven nur wenige Details gefunden werden: Die Ankunft der beiden Stipendiaten wird durch ein Reskript vom

287 Vgl. Maffei 1977, S. 13.
288 Ibd., S. 126.
289 Ibd., S. 13.
290 Ibd., S. 125.
291 Vgl. Sumozas 2007, S. 129.

22. November 1798, mit dem der Besuch von Vorlesungen an der Bergakademie und von Berg- und Hüttenwerken in Freiberg und im Erzgebirge erlaubt wird, dokumentiert.[292] In Ergänzung dazu ist der Korrespondenz zwischen spanischer Gesandtschaft in Dresden und Finanzministerium vom 30. Dezember 1799 zu entnehmen, dass zu diesem Zeitpunkt eine Verlängerung der Studienzeit in Freiberg um weitere fünf bis sechs Monate angestrebt wurde und beide Stipendiaten Kurse der Oryktognosie und Geognosie bei Werner besuchten.[293] Werner bestätigte diese Angaben in seinen Unterlagen mit einem Verweis vom 16. Dezember 1799 auf ein Privatissimum zur Oryktognosie, das beide bei ihm hörten.[294] Dazu gibt das Besucherbuch der Grube „Beschert Glück" Auskunft über eine Einfahrt in dieses Freiberger Bergwerk in der 4. Woche des Quartals Crucis im Jahr 1799.[295] Zu weiteren Aktivitäten in Sachsen konnten in den ausgewerteten Archivalien keine Hinweise gefunden werden.

Nach der Rückkehr von Garza und Larrañaga im Jahr 1800 wurde der von Angulo angestrebte Ausbau des Fächerangebots verbunden mit einer Erhöhung des Lehrniveaus an der Bergakademie Almadén initiiert. Garza erhielt die Verantwortung für die Lehre der Markscheidekunst, Larrañaga sollte sich auf die Bergbaukunst konzentrieren. Ein dritter Lehrstuhl für Mathematik und Zeichenkunst wurde im selben Jahr mit dem Militärbeamten Agustín Ugena (?-?) besetzt. Die montanistische Ausbildung in Almadén erhielt mit Einrichtung dieser Professuren ein breiteres Fundament, das zunächst auch für einen stärkeren Zustrom von Studenten sorgte: Im Jahr 1800 begannen zehn neue Studenten ihre Ausbildung.[296]

Garza und Larrañaga orientierten sich in ihrem Unterricht an den Freiberger Vorbildern und verwendeten Lehrbücher deutschsprachiger Experten, die sie eigens für die Nutzung in der Lehre ins Spanische übersetzt hatten. Dazu zählten der *Versuch einer Anleitung zur Strecken- und Schacht-Mauerung* (1796) des Freiberger Bergschullehrers Lebrecht Johann Friedrich Erler (1759–1800)[297] und die *Anleitung zur Markscheidekunst* (1793) des Kremnitzer Markscheiders Johann Möhling (?-?)[298], wobei beide Übersetzungen jedoch nicht in gedruckter Form erschienen.[299]

292 Siehe UAF, OBA 188, Bl. 83.

293 Garza und Larrañaga befanden sich bis mindestens 7. Mai 1800 in Freiberg, wie einem auf diesen Tag datierten Vermerk eines Mitarbeiters der spanischen Gesandtschaft in Dresden zu entnehmen ist (siehe AHN, Estado, Leg. 166, o. Bl.nr.).

294 Siehe UAF, OBA 13, Bl. 32b.

295 Siehe SBM, 48/53, o. Bl.nr.

296 Vgl. Maffei 1977, S. 126.

297 Vgl. López de Azcona 1985b, S. 113.

298 Garza und Larrañaga hatten – gemäß Angaben in der Forschungsliteratur – während ihrer Studienreise einen Kurs der Markscheidekunde bei Johann Möhling besucht (vgl. López de Azcona 1985b, S. 345).

299 Vgl. Maffei 1977, S. 19.

In Ergänzung zu diesen Lehrbüchern trugen sie zum Transfer von auf ihrer Studienreise erlangtem Wissen nach Spanien durch Veröffentlichung von Beiträgen in Fachjournalen bei, wie beispielsweise an den 1801 in der naturhistorischen Fachzeitschrift *Anales de Ciencias Naturales* abgedruckten Ausführungen zur Amalgamation ersichtlich wird. In diesem Text beschrieben sie die von ihnen besuchten Amalgamierwerke und zogen Vergleiche zwischen den jeweils an die lokalen Gegebenheiten angepassten Verfahren. Insbesondere verwiesen sie dabei auf die Schwächen der von Born und Rupprecht entwickelten Amalgamationsmethode und kamen zum Schluss, dass das von Charpentier in Sachsen weiterentwickelte Verfahren, das *„erfolgreichste in Deutschland sei.“*[300]

Die intensive Befassung mit hüttentechnischen Verfahren wie der Amalgamation qualifizierte beide für die Übernahme eines breiten Aufgabenspektrums, das sie in ihrer Funktion als Professoren der Bergakademie Almadén und gleichzeitig auch als Montanexperten im lokalen Berg- und Hüttenbetrieb zu bewältigen hatten. So wurde Garza – wie bereits vor seiner Studienreise – in den Gruben von Almadenejos tätig, deren Leitung er ab 1802 übernahm.[301] Larrañaga wurde im selben Jahr zum Direktor der Almadener Bergwerke und der Bergakademie berufen und hatte dieses Amt bis zu seinem Tod 1814 inne.[302] Garza stand dann ab 1816 für zehn Jahre an der Spitze des Konglomerats aus Lehrstätte und Bergwerk.[303] Die Verwobenheit zwischen den Tätigkeitsbereichen eines Montanexperten prägte natürlich – wie an anderen Bergakademien auch – die Gestaltung des Kursangebots in Almadén, das neben theoretischen Unterrichtseinheiten auch praktische, die in den umliegenden Gruben abgeleistet wurden, umfasste.

Der durch die 1800 erfolgten Neueinstellungen und -orientierung verstärkte Zustrom von Studenten konnte jedoch nicht auf Dauer gehalten werden. Immatrikulationen erfolgten unregelmäßig und fielen auf zwei im Jahr 1801, jeweils eine in den Jahren 1802 und 1807, drei im Jahr 1814 und zwei im Jahr 1816 zurück.[304] Nach einem längeren, diversen Ereignissen wie den französischen Invasionen unter Napoleon und den Unabhängigkeitskriegen in Lateinamerika geschuldeten Interim setzte erst 1828 wieder ein regulärer Studienbetrieb ein (siehe Kapitel 2.2.6).

300 Garza et al. 1801, S. 88.

301 Vgl. Maffei 1977, S. 18.

302 Larrañaga wurde aufgrund des Vorwurfs der Kollaboration mit den französischen Invasoren von seinem Amt als Direktor der Almadener Bergwerke und Bergakademie entbunden. López de Azcona geht dabei von einer Amtsenthebung im Jahr 1813 aus (López de Azcona 1985b, S. 114), während Maffei eine Amtszeit bis 1814 angibt (Maffei 1977, S. 151).

303 Vgl. Maffei 1977, S. 151. In den Jahren 1815/16 hatte Diego de Larrañagas Bruder José (1773–1859) das Direktorenamt inne.

304 Vgl. Maffei 1977, S. 126-127.

Mit der vorübergehenden Schließung der Bergakademie in Almadén in der zweiten Dekade des 19. Jahrhunderts war zunächst der Versuch gescheitert, eine staatlich finanzierte Institution zur höheren montanistischen Ausbildung dauerhaft in Iberospanien zu etablieren. Dem Generaldirektor der Bergbaubehörde Francisco Angulo, der auch unter französischer Okkupation weiterhin an deren Spitze stand und zwischen 1810 und 1813 sogar das Amt des Finanzministers innehatte, war es nur ansatzweise gelungen, beim Aufbau einer eigenständigen Lehrstätte Gewinn aus seinen internationalen Erfahrungen und Kontakten zu schlagen – womit Herrgen mit seiner 1801 an Moll übermittelten Kritik in gewissen Sinne doch recht haben könnte (vgl. Zitat auf S. 222). Zwar konnte er seine Kenntnisse und überregionalen Netzwerke im Kontext der Qualifizierung des Lehrpersonals fruchtbringend nutzen, jedoch brachte er weder ausländische Professoren nach Almadén, noch konnte ein intensiver Austausch der Lehrenden mit anderen Mitgliedern der internationalen Fachcommunity im Rahmen ihrer Tätigkeiten nachgewiesen werden. Ebenso gelang es nur in Ansätzen, das Fächerangebot in Almadén in Anlehnung an die Vorbilder in Freiberg und Schemnitz auszubauen. Der Tätigkeitsschwerpunkt der Professoren lag weiterhin primär auf dem Bergwerksbetrieb. Erschwerend für den dauerhaften Betrieb der Lehrstätte wirkten sich die militärischen Auseinandersetzungen im gesamten Kolonialreich aus, die zu einer starken Beeinträchtigung des Montanwesens in den ersten beiden Dekaden des 19. Jahrhunderts führten.

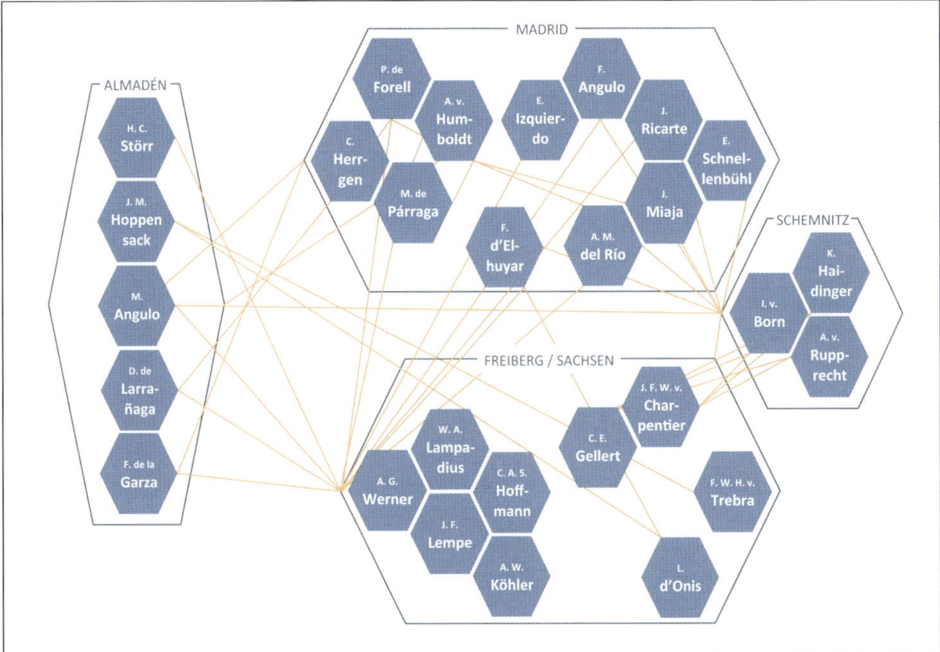

Abb. 18 | Netzwerke zwischen Akteuren in Almadén/Madrid und Habsburger Monarchie sowie Sachsen

Verstetigung der montanistischen Ausbildung in Madrid

Der nur langsam voranschreitende Auf- und Ausbau der Strukturen für eine geregelte, höhere montanistische Ausbildung in Almadén machte auch weiterhin den Rückgriff auf die in Madrid etablierten Institutionen im Rahmen der Qualifizierung spanischer Montanexperten notwendig. Um das Niveau von Lehre und Forschung zu steigern, erfolgte in den letzten Jahren des 18. Jahrhunderts nach dem Fortgang von Chabeneau (1797) eine Neuordnung des natur- und montanwissenschaftlichen Institutionsgefüges in Madrid. Einerseits kam es zu einer Konsolidierung der montanistischen Ausbildungsstrukturen im Umfeld des Naturhistorischen Kabinetts durch die 1798 erfolgte Besetzung des Lehrstuhls für Mineralogie an der nun als *Estudio* anstelle von *Escuela de Mineralogia* bezeichneten Lehrstätte mit dem Deutschen Christian Herrgen. Andererseits wurden die diversen chemisch-metallurgischen Laboratorien in Madrid zu einer Einheit zusammengeführt, deren Leitung 1799 der zuvor an der Militärakademie in Segovia tätige Chemiker Louis Joseph Proust übernahm.[305] Mit der Wahl dieser beiden Akteure wurde bei der zukünftigen Ausrichtung der natur- und montanwissenschaftlichen Forschung und Lehre die Orientierung an internationalen Entwicklungen betont.

Christian Herrgen war bereits langjährig in Spanien tätig und konnte zum Zeitpunkt seiner Berufung auf Berufsabschnitte an der *Casa del Platino* (ab 1791) und dem Naturhistorischen Kabinett – zunächst als Mineralien- und Fossiliensammler sowie ab 1796 als Verantwortlicher für die Mineraliensammlung – zurückblicken. Für die Übernahme der Lehrtätigkeit am *Estudio de Mineralogia* hatte er sich durch seine ab 1797 ausgeführte Übersetzung von Johann Friedrich Wilhelm Widenmanns (1764–1798) *Handbuch des oryktognostischen Theils der Mineralogie* (1794) qualifiziert. Die Publikation von Widenmann[306], in der dieser an Ausführungen seines Freiberger Lehrers Abraham Gottlob Werner anknüpfte, war seinerzeit ein wichtiges Nachschlagewerk für die Mineralogie und die Gesteinskunde. Es war eines der ersten mineralogischen Fachbücher, das vom Deutschen ins Spanische übertragen wurde und trug zur Verbreitung von Werners Konzepten in Spanien bei. Mit der Übersetzung und der dann später erfolgten Anwendung in der Lehre leistete Herrgen einerseits einen Beitrag zum internationalen Transfer von Fachwissen, andererseits trug er zur Entwicklung der Fachdisziplin in Spanien bei und gab Impulse für die Herausbildung einer eigenen spanischen mineralogischen Fachsprache.

Generell stellten die Theorien des Freiberger Bergakademie-Lehrers Werner, bei dem Herrgen entgegen häufigen Angaben in der spanischen Forschungsliteratur nicht

305 Vgl. Rumeu de Armas 1979, S. 322.

306 Johann Friedrich Wilhelm Widenmann hatte ab 1786 an der Freiberger Bergakademie studiert (Matrikelnummer 286).

studiert hatte[307], einen wichtigen Bezugspunkt in der Lehre am *Estudio de Mineralogia* dar. So berichtete Alexander von Humboldt am 5. Juni 1799 an Carl Erenbert von Moll, dass Herrgen für den mineralogischen Unterricht eine eigene *„kleine oryctognostische Sammlung"* benutze[308], anhand der er seine Schüler mit dem von Werner entwickelten System zur Identifizierung von Mineralien nach äußeren Kennzeichen vertraut mache.[309] Herrgen betonte mehrmals selbst seine Orientierung an Werners Konzepten. An Moll schrieb er beispielsweise am 16. Februar 1801:

> Nach einem 16jährigen Aufenthalte in Spanien (grösstentheils in Madrid) bin ich seit zwei Jahren als öffentlicher Lehrer der Mineralogie in Madrid angestellt worden, und habe vor 3 Monathen meine erste Vorlesung der Orictognosie geendigt. Es war das erstemal dass man in Spanien Mineralogie nach Werners Methode lehrte; meine Bemühung war nicht fruchtlos, und sechs junge Spanier machen schon ansehnliche Fortschritte an meiner Seite.[310]

Und ein Jahr später äußerte er in seiner Rede anlässlich der Eröffnung des Mineralogie-Kurses am *Estudio de Mineralogia*:

> Seit dem Zeitpunkt, an dem die Mineralogie von Haüy zu meinen Händen gelangte, habe ich sie studiert und mit Werners Methode verglichen (...) Im Ergebnis meiner Reflexionen stimme ich eher Werner zu, dessen Methode ich auch in diesem Jahr im Unterricht verwenden werde (...).[311]

Im selben Jahr erstellte Herrgen ein eigenes Lehrbuch mit dem Titel *Descripcion geognóstica de las rocas que componen la parte sólida del globo terrestre* zur Verwendung in seinem geognostischen Unterricht. Er griff auch hierbei Wissen aus Freiberg auf: Die Grundlagen für seine Ausführungen bildeten die Mitschriften von Vorlesungen bei Werner, die Diego de Larrañaga ihm zur Verfügung gestellt hatte. Diese vervollständigte er durch Ausführungen aus rezent erschienenen Publikationen von Richard Kirwan (1733–1812), Ludwig August Emmerling (1765–1841), Franz Ambrosius Reuß (1761–1830) sowie durch Ausschnitte aus Wilhelm Thalackers (?-?) Aufzeichnungen zu geologischen Reisen durch Spanien. Herrgen leistete mit dieser Publikation einen wichtigen Beitrag zur Etablierung und Ausformung der Geognosie respektive Geologie als eigene Wissen-

307 Christian Herrgen hatte ein Studium in Mainz absolviert.

308 Jahn/Lange 1973, S. 682.

309 Vgl. Parra/Pelayo 1996, S. 177, Casanova 2009, S. 55.

310 Moll 1834, S. 314.

311 Herrgen 1802, S. 12. Original: *„Desde que llegó á mis manos la mineralogia de Hauy, me ocupé en su exámen, y en compara seriamente su método con el de Werner (...) El resultado de mis reflexiones es á favor de Werner, cuyo método seguiré en las lecciones de este año como lo hice en las del curso anterior (..)."*

schaftsdisziplin in Spanien. Diesen Prozess beförderte er auch mit der Unterteilung seines Kursangebots nach dem Vorbild der Freiberger Bergakademie in drei voneinander getrennte Abschnitte in seinen Vorlesungen zu Oryktognosie, Geognosie und Bergbaukunst ab dem Jahr 1802.[312]

Herrgen und seine internationalen Netzwerke

Wie bereits am Beispiel seines geognostischen Lehrbuchs ersichtlich wird, reflektierte Herrgen in seiner Arbeit kontinuierlich internationale Entwicklungen in relevanten Fachbereichen. Er unterhielt Kontakte zu Naturgelehrten und Montanexperten wohl vorrangig im deutschen Sprachraum, um von dort neueste Erkenntnisse nach Spanien zu transferieren und beispielsweise in die Lehre einbringen zu können (vgl. Abbildung 18). Die Netzwerke dienten dabei auch der Übermittlung von Fachliteratur, wie etwa aus einem Brief von Herrgen an Moll vom 9. Juli 1801 hervorgeht:

> Ich verlange Ihre Freundschaft und von Zeit zu Zeit einen recht langen brief, so wie Ihr lezterer, worinn Sie mir die literärischen neüigkeiten der mineralogie des nordens mitheilen, denn wir sind hier in Spanien wie von dem Menschengeschlechte abgeschnitten, und selbst Bücher kommen erst ein halbes Jahrhundert nachher in unsere Hände.[313]

Herrgen trug über die Lehre hinaus zur Verbreitung des nach Spanien transferierten Wissens in der Fachcommunity bei. Er beteiligte sich aktiv an der Gestaltung des zwischen 1799 und 1804 vom Naturhistorischen Kabinett in Madrid herausgegeben gelehrten Journals *Anales de Historia Natural* (ab 1801 *Anales de Ciencias Naturales*), für dessen mineralogischen Teil er verantwortlich war. Mit den *Anales* konnte sich erstmalig über einen längeren Zeitraum – nach dem frühen Ende der nur in zwei Ausgaben publizierten *Anales del Real Laboratorio de Química de Segovia* – ein wissenschaftliches Journal in Spanien etablieren, über das nun in periodischen Abständen rezent im In- und Ausland generiertes Wissen zu Mineralogie und Geologie Verbreitung fand.[314] Ein Novum stellte dabei die Einbindung von Studenten des *Estudio de Mineralogia* in die wissenschaftliche Publikationstätigkeit dieser Zeitschrift dar. In zahlreichen Beiträgen ließ Herrgen sie das erlangte Wissen reflektieren und das Publikum durch Vorstellung von Forschungsergebnissen oder Observationen an aktuellen Entwicklungen in den Fachbereichen partizipieren. Zu dieser Praxis schrieb er beispielsweise an Moll am 9. Juli 1801:

312 Vgl. Castillo 2005, S. 61, Parra/Pelayo 1996, S. 177.
313 Moll 1834, S. 318.
314 Vgl. Parra/Pelayo 1996, S. 176.

> Was Sie in unsern Analen von orictognostischen Arbeiten, oder Beschreibungen (ohne meinen Nahmen) finden, ist durch meine Schüler vorigen Jahres bearbeitet, ein Phenomen, welches Spanien jezt zum erstenmale sieht.[315]

Auffallend in den von Herrgen und seinen Schülern verfassten Beiträgen ist die häufige Bezugnahme auf in Freiberg und/oder von Werner entwickelte Konzepte, die damit auch in Spanien und insbesondere bei Akteuren, die bisher – auch aufgrund von Sprachbarrieren – nur wenige Berührungspunkte mit dem mitteleuropäischen Montanwesen hatten, Verbreitung fanden. Herrgen stellte beispielsweise in einer Ausgabe 1801 die von Werner entwickelte Methode zur sensualistischen Bestimmung von Mineralien mithilfe systematisierter Merkmale vor. Er nutzte hierfür einen von dem Sachsen Andreas Gotthelf Schütz (1771–1807)[316] verfassten Text, den er ins Spanische übersetzte.[317] Auf Werners Klassifikation der Gebirgsarten ging Herrgen in einer Ausgabe der *Anales* im Jahr 1803 ein. Er reicherte dabei Ausführungen von Alexander von Humboldt zur Erdgeschichte mit eigenen Anmerkungen und einer Übersicht zur Abfolge der Entstehung der Gebirgsarten aus André Brochants de Villiers' *Traité élémentaire de minéralogie* (1800–1802) an. Dabei verwies er darauf, dass die nun veröffentlichte Tabelle den aktuellen Forschungsstand widerspiegle und somit die von ihm ein Jahr zuvor in der *Descripcion geognóstica de las rocas* (1802) publizierte ersetze. Ein weiterer Beitrag in diesem Band aus dem Jahr 1803 war Werners Theorie zur Entstehung der Erzgänge gewidmet.[318] Der von Herrgens Assistenten Ramón Espiñeyra (?-?) erstellte Text umfasste einen Auszug aus Werners *Neuer Theorie von der Entstehung der Gänge* (1791), die Herrgen zur Verwendung in seinem Unterricht ins Spanische übertragen hatte.[319]

Zu den Schülern Herrgens, die als Autoren in den *Anales de Ciencias Naturales* häufiger in Erscheinung traten, zählte Martín de Párraga (?–1811). Auch er nahm in seinen Texten Bezug auf Werner: In einer Ankündigung der Entdeckung einer Graphit-Lagerstätte in Aragon beschrieb er die dort vorgefundenen Mineralien unter Nutzung von Charakterisierungen, die auf Werner zurückgehen. Und in einer weiteren Notiz zu Kalksteinvorkommen bei Madrid übernahm Párraga die von Werner vorgeschlagenen Identifikationsmerkmale wie äußere Gestalt, Oberfläche, Glanz, Gestalt der Bruchstücke, Durchsichtigkeit, Farbe, Härte und skizzierte anhand dieser den Fund.[320]

315 Moll 1834, S. 321.

316 Andreas Gotthelf Schütz studierte ab 1794 an der Freiberger Bergakademie (Matrikelnummer 426).

317 Siehe Schütz 1801.

318 Siehe Herrgen 1803, S. 259.

319 Vgl. Parra/Pelayo 1996, S. 177.

320 Siehe Párraga 1802, Párraga 1800.

Herrgen gelang es somit, aus seiner Vernetzung mit Vertretern der internationalen Fachcomunity Gewinn in Bezug auf eine Konsolidierung des höheren montanistischen Ausbildungsangebots zu ziehen und zu einer extensiveren Zirkulation von internationalem Fachwissen in Spanien als bisher beizutragen. Seine Orientierung an Vorbildern in Mitteleuropa wird in der Forschungsliteratur als positiv für die Entwicklung des *Estudio de Mineralogia* bewertet. Ob jedoch das Angebot, wie von dem spanischen Historiker António Rumeu de Armas angenommen[321], auch vermehrt von den an der Bergakademie Almadén eingeschriebenen Studenten im Rahmen ihrer Qualifizierung zu Montanexperten genutzt wurde, ließ sich anhand der ausgewerteten Literatur nicht bestätigen; zumindest stimmen die von den Historikern Parra und Pelayo in ihrer 1996 veröffentlichten Studie aufgeführten Namen der Studenten am *Estudio de Mineralogia* nicht mit denen der Almadener Matrikelliste überein.[322] Generell blieb jedoch die Anzahl der Studenten an der Wende vom 18. zum 19. Jahrundert am *Estudio de Mineralogia* im Vergleich zu der an der Freiberger Bergakademie gering: Schätzungen der Forscher Parra und Pelayo gehen von einer Gruppenstärke von fünf bis sechs Studenten beispielsweise im Kursjahr 1802/03 aus.[323]

Wenngleich Herrgen in dem bereits zitierten Brief an Moll vom Juli 1801 die periphere Lage seines Standortes beklagte, so stellte sich dieser in seiner Eigenschaft als Hauptstadt des spanischen, sich über zwei Kontinente erstreckenden Kolonialreichs dennoch als sehr nützlich für seine Netzwerkbeziehungen heraus. Denn an Mineralien von der iberischen Halbinsel und aus den lateinamerikanischen Kolonien bestand hohes Interesse bei Experten und Laien in Mittel- und Nordeuropa. Fundstücke aus diesen Regionen hatten bisher nur geringe Verbreitung bei Interessenten im restlichen Europa gefunden. Herrgen konnte aus dieser Nachfrage Gewinn für seine eigenen Interessen ziehen und die Handelsgeschäfte nutzen, um im Austausch aktuelle Informationen zur Entwicklung der Montanwissenschaften in ganz Europa zu erhalten.

Gemeinsam mit den beiden ab 1793 als Mineraliensammler am Naturhistorischen Kabinett in Madrid beschäftigten Brüdern Johann Wilhelm und Heinrich Thalacker (?- vor 1799) baute er in der letzten Dekade des 18. Jahrhunderts einen florierenden Mineralienhandel auf, der durch den sächsischen Gesandten in Madrid, dem Baron Philippe de Forell (1756–1808)[324], unterstützt wurde. Der Hobbymineraloge Forell

321 Vgl. Rumeu de Armas 1979, S. 325-328.

322 Vgl. Parra/Pelayo 1996, S. 177-180, Maffei 1977, S. 126.

323 Vgl. Parra/Pelayo 1996, S. 177.

324 Philippe de Forell entstammte einer Familie, die ursprünglich aus Freiburg kam, jedoch seit längerer Zeit in sächsischen Diensten stand. So war beispielsweise Franz Joseph de Forell (1701–1786) seit 1747 als Erzieher des Prinzregenten und Bergakademie-Gründers Xavier tätig und wurde später zu einem seiner Kabinettsminister berufen. Philippe selbst hatte vor Aufnahme seiner Tätigkeit als Diplomat in Madrid naturhistorische Studien an der Universität Leipzig betrieben.

stellte hierfür nicht nur Räumlichkeiten in seinem Madrider Wohnsitz zur Verfügung, sondern beförderte den Warenverkehr über seine eigenen internationalen Netzwerke.[325] Sein Engagement in diesem Geschäftsfeld dürfte hauptsächlich darauf zurückzuführen sein, dass sich seine Aufgaben als Vertreter Sachsens am spanischen Königshof zwischen 1791 und 1802 hauptsächlich auf *„Beobachtungen und auf den Austausch einiger Höflichkeiten"* sowie auf Heiratsprojekte beschränkten.[326] Forell nutzte daher auch die Zeit in Madrid, um sich bei Interaktionen mit lokalen Gelehrten Fachwissen anzueignen und eine Mineralienkollektion zusammenzutragen.

Für die internationale Kommunikation von Forell war freilich von Vorteil, dass sich auch weitere Mitglieder seiner Familie für die Montanwissenschaften interessierten, wie deren wiederholte Besuche am Montanstandort Freiberg zeigen, die durch diverse Einträge in das Besucherbuch der Bergakademie (Abbildungen 19 und 20) und der Grube „Beschert Glück" (in der ersten Woche des Quartals Crucis 1797)[327] belegt sind.

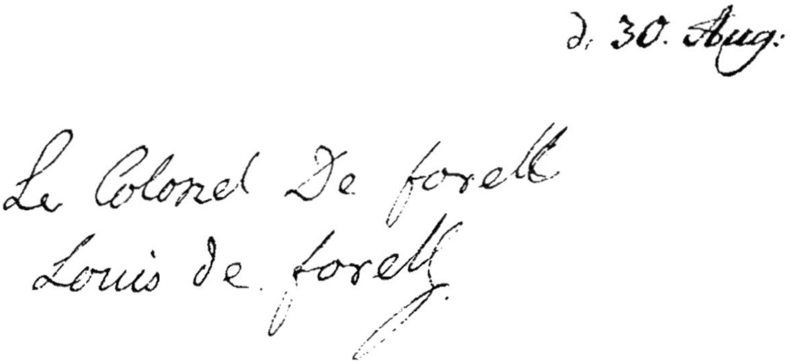

Abb. 19 | Eintrag von zwei Mitgliedern der Familie Forell im Besucherbuch der Bergakademie, 30. August 1775, S. 14

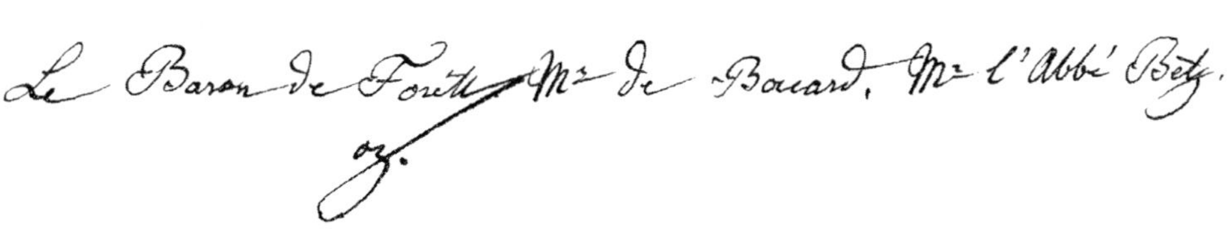

Abb. 20 | Eintrag eines Baron de Forell mit Begleitern im Besucherbuch der Bergakademie, 1804, zwischen Einträgen vom 10. und 13. September, S. 94

325 Vgl. Puig-Samper/Rebok 2007, S. 92-93.

326 Siehe Reichard 1874.

327 Siehe SBM, 48/53, o. Bl.nr.

Konkret auf Forells Intervention ist der Übergang einer Sammlung mit kolonialspanischen Mineralien in die Kollektion des Joseph Friedrich Freiherren von Racknitz (1744–1818) in Dresden zurückzuführen. Racknitz zählte seinerzeit zu den bekanntesten sächsischen Mineraliensammlern, wobei seine Kollektion, die von Zeitgenossen als *„eine der vollständigsten und schönsten Mineraliensammlungen"*[328] gelobt wurde, eine besondere touristische Attraktion für auswärtige Besucher in der sächsischen Landeshauptstadt darstellte. Die Sammlung fand aufgrund ihres Wertes und ihrer Zusammensetzung 1806 Eingang in das kurfürstliche Mineralienkabinett im Dresdner Zwinger.[329] Racknitz, der ein weitverzweigtes Netzwerk mit in- und ausländischen Mineraliensammlern pflegte[330], versorgte wiederum Herrgen mit Fachpublikationen und Mineralien aus Deutschland.[331]

Sein Hobby, die Mineralogie, brachte Racknitz naturgemäß in Kontakt zu Montanexperten an der Freiberger Bergakademie. Entsprechende Interaktionen lassen sich über seine Unterschrift im Besucherbuch der Bergakademie (Abbildung 21) und sein Engagement bei der von Abraham Gottlob Werner 1816 in Dresden ins Leben gerufenen Mineralogischen Gesellschaft belegen, zu deren Gründungsmitgliedern er zählte.

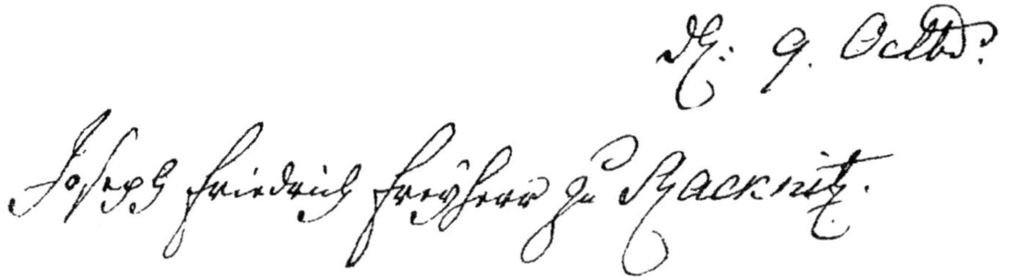

Abb. 21 | Eintrag von Joseph Friedrich Freiherr von Racknitz im Besucherbuch der Bergakademie, 9. Oktober 1783, S. 32

Die intensiven Austauschbeziehungen von Herrgen und seinem Umfeld mit Montanexperten und Interessenten der Mineralogie in Sachsen bildeten somit den Rahmen für

328 Siehe Kläbe 1796, S. 126-127.

329 Der Inspektor des Königlichen Mineralien- und Naturalienkabinetts im Dresdner Zwinger Karl Heinrich Titius (1744–1813) hatte bereits seit längerer Zeit einen Ankauf der Racknitzschen Sammlung verfolgt, der jedoch zunächst an den finanziellen Forderungen des potenziellen Verkäufers gescheitert war. Um den Wert der Kollektion herauszustellen, verfasste unter anderem der Freiberger Oberberghauptmann Friedrich Wilhelm von Trebra im Jahr 1802 ein Gutachten. Letztlich konnten im Jahr 1806 5.411 Stufen in den Besitz des sächsischen Kurfürsten übergehen (vgl. Fischer 1939, S. 155).

330 Vgl. Thalheim 2020, S. 219-220.

331 Vgl. Puig-Samper 2018, S. 270.

seine Bezugnahme auf die Freiberger Bergakademie und insbesondere auf Werners Theorien in seinem Kursangebot am Madrider *Estudio de Mineralogia*.

Wie bereits am Beispiel der Aktivitäten des Diplomaten d'Onís in Dresden ersichtlich wurde, beförderte auch in Madrid mit Forell ein staatlicher Repräsentant maßgeblich die internationale Kommunikation und Vernetzung. Und wie d'Onís war auch Forell ein Hobbymineraloge, so dass die Zirkulation von montanistischem Wissen über Korrespondenzen, Publikationen und Mineralien(kollektionen) besonders über ihre überregionalen Beziehungsgeflechte befördert wurde.

Alexander von Humboldt in Madrid

Dieses freiberg-orientierte Ambiente in Teilen der Madrider montanwissenschaftlichen Kreise erhielt zu Ende des 18. Jahrhunderts vielfältige Impulse durch den Aufenthalt von Alexander von Humboldt in Vorbereitung einer Forschungsreise durch die spanischen Territorien in Lateinamerika.

Der preußische Gelehrte Humboldt war nach diversen Ausbildungsstationen und einer Berufsstation im preußischen Bergbau im Jahr 1796 durch den Tod seiner Mutter in die glückliche Lage versetzt worden, mit dem üppigen Erbe seinen Forscher- und Entdeckerdrang ausleben zu können. Nachdem sich jedoch der Zugang zu den von ihm zunächst anvisierten Zielen wie Ägypten und Algerien sowie eine Teilnahme an der Forschungsreise von Nicolas Baudin (1754–1803) als aussichtslos herausstellten, konzentrierte er seine Bemühung auf die Erlangung des Zutritts zu Regionen in den spanischen überseeischen Kolonien. Hilfreich in Madrid stellten sich dabei einerseits seine Kontakte zur Familie Forell heraus, die er während seines Aufenthalts in Sachsen geknüpft hatte, andererseits sein montanistischer Bildungs- und Berufshintergrund, mit dem er – unter Hinweis auf den daraus für alle Seiten resultierenden Erkenntnisgewinn – die spanische Monarchie zu überzeugen suchte. Um seine Kompetenzen klar zu verdeutlichen und den mit der Reise intendierten Wissensgewinn für das kolonialspanische Montanwesen zu unterlegen, fügte Humboldt seinem am 11. März 1799 an Carlos IV. gerichteten Reisegesuch einen Lebenslauf bei, in dem er schwerpunktmäßig seine Ausbildung an der Bergakademie Freiberg, die Besuche und berufliche Tätigkeit in mitteleuropäischen Montanrevieren und seine naturwissenschaftliche Reise mit Georg Forster (1754–1794) durch die Niederlande, England und Frankreich betonte. Seine Ausführungen unterstrich er durch den der Bittschrift beigefügten Anlagen, zu denen von ihm veröffentlichte Fachpublikationen mit montanistischem Fokus wie die *Mineralogischen Beobachtungen über einige Basalte am Rhein* (1790) und die *Florae fribergensis specimen* (1793) zählten.[332]

332 Siehe AHN, Estado, leg. 4709.

Für die Einreichung seines Gesuchs beim spanischen König Carlos IV. bediente sich Humboldt primär des Netzwerks des sächsischen Diplomaten Forell. Diesem gelang es zunächst, den Staatssekretär Mariano Luis de Urquijo (1768–1817) von dem Vorhaben zu überzeugen, durch dessen Fürsprache wiederum der König am 14. März 1799 seine Zustimmung zu dem Projekt erteilte.[333] Humboldt beschrieb den Prozess im Nachgang folgendermaßen:

> Als ich zu Madrid ankam, hatte ich bald Ursache, mir über den Entschluss, den wir genommen hatten, Glück dazu zu wünschen. Der Baron von Forell, sächsischer Gesandter bey dem Hofe von Spanien, schenkte mir seine Freundschaft, die mir unendlich nützlich wurde. Er vereinigte ausgebreitete Kenntnisse in der Mineralogie mit dem reinsten Interesse für Unternehmungen, die geeignet sind, die Erweiterung unserer Kenntnisse zu befördern. Er machte mir bemerkbar, dass ich unter der Administration eines aufgeklärten Ministers, des Chevalier Don Mariano Luis de Urquijo hoffen könnte, die Erlaubnis zu erhalten, auf meine Rechnung das Innere des spanischen Amerika's zu bereisen. Nach allen Widerwärtigkeiten, die ich erfahren hatte, zauderte ich keinen Augenblick, diese Idee zu verfolgen.[334]

Carlos IV. gewährte Humboldt und seinem Reisegefährten Aimé Bonpland (1773–1858) weitreichende Privilegien für seine Reise durch die spanischen Territorien in Lateinamerika, erwartete jedoch im Gegenzug Informationen, die zum Wissenszuwachs für die Monarchie in den Natur- und Montanwissenschaften beitragen sollten. Gouverneure, Verwaltungs- und Justizbeamte und weitere Personen, die mit Humboldt in Kontakt gelangten, waren daher angehalten,

> (...) ihm aus keinerlei Gründen die Verwendung der physikalischen, chemischen, astronomischen und mathematischen Messgeräte zu verweigern, sowie ihn an der Durchführung von Beobachtungen und Experimenten, die er [Humboldt] für nützlich hält, sowie beim ungehinderten Sammeln von Pflanzen, Tieren, Samen, Mineralien zu beeinträchtigen.[335]

Den Aufenthalt in Madrid zwischen Februar und Mai 1799 nutzten Humboldt und sein Reisegefährte, um sich intensiv auf die lateinamerikanische Expedition vorzubereiten. Die mitgeführten Messinstrumente hatten sie schon auf ihrer Reise von Barcelona über Valencia bis in die spanische Hauptstadt ausgiebig beispielsweise durch Bestimmung der

333 Vgl. Puig-Samper 1999, S. 333.

334 Humboldt 1815, S. 56.

335 AGI, Estado 52, Bl. 113. Original: *„(...) ni le ympidan por ningun motivo la conduccion de sus ynstrumentos de Fisica, Chimica, Astronomia y Matematicas, ni el hacer en todas las referidas posesiones las observaciones y experimentos qe juzgue utiles, como tambien el colectar libremente plantas, animales, semillas, y minerales.“*

Breiten- und Längengrade verschiedener spanischer Städte getestet, auf deren Basis Humboldt ein topographisches Profil der iberischen Halbinsel erstellte.

In Madrid erlangte Humboldt insbesondere über Forell Zugang zu den lokalen Gelehrtenkreisen.[336] Über die Bestimmung der geographischen Lage von spanischen Ortschaften tauschte sich Humboldt in Madrid unter anderem mit José Chaix (1765–1809) aus. Chaix konnte in diesem Bereich auf langjährige Erfahrungen zurückblicken und war beispielsweise im Rahmen eines Projekts der Französischen Akademie der Wissenschaften im Jahr 1792 an der Messung des Meridianbogens in Spanien beteiligt gewesen.[337] Chaix publizierte zu seinen Beobachtungen, die er etwa mit Martín de Párraga in Herrgens Haus in Madrid – im Anschluss an den Aufenthalt von Humboldt – vornahm, diverse Beiträge in den *Anales de Ciencias Naturales*.[338]

Humboldt trat ferner in Austausch mit dem Botaniker Antonio José Cavanilles (1745–1804)[339], der 1801 Direktor des Königlichen Botanischen Gartens in Madrid wurde und mit seinem Wissen prädestiniert war, ihm die kolonialspanische Flora näherzubringen.[340] Dazu interagierte er mit dem Historiker Juan Bautista Muñoz (1745–1799), der zu jener Zeit Ordnungsarbeiten im *Archivo General de Indias*, dem Aufbewahrungsort für die Akten der Kolonialverwaltung, durchführte und die Veröffentlichung einer – unvollendet gebliebenen – *Historia del Nuevo Mundo* (Geschichte der Neuen Welt) vorbereitete. Von ihm erhielt Humboldt umfangreiche Informationen zur Geschichte und Verwaltung der kolonialspanischen Territorien.[341] Weiterhin trat er in Kontakt zu dem Chemiker Louis Joseph Proust, der sich während seiner Tätigkeit an der Militärakademie Segovia unter anderem intensiv mit der Analyse von in Iberospanien und den Kolonien aufgefundenen Mineralien beschäftigt hatte.

Alexander von Humboldts und das Estudio de Mineralogia

Mineralogische Sachverhalte diskutierte Humboldt auch mit Christian Herrgen sowie Wilhelm Thalacker, wobei insbesondere letzerer ihm die Sammlungen mit Mineralien aus allen Regionen des Kolonialreichs im Königlich-Naturhistorischen Kabinett näherbrachte.[342]

336 Vgl. Puig-Samper 1999, S. 343.

337 Vgl. Puig-Samper 2018, S. 270.

338 Siehe Chaix 1801, Chaix 1801a, Chaix 1801b, Chaix 1801c.

339 Antonio José Cavanillas war mit Naturgelehrten in ganz Europa vernetzt: Er korrespondierte unter anderem mit Joseph Banks (1743–1820) in London und Heinrich Friedrich Link (1767–1851), Humboldts Lehrer in Göttingen und späterem Leiter des Botanischen Gartens in Berlin. Auf Cavanillas Montan-Aktivitäten verweisen die zwei 1795 und 1797 publizierten Bände zur geologischen und mineralogischen Beschaffenheit des Königreichs Valencia (*Observaciones del Reyno de Valencia*).

340 Vgl. Puig-Samper 1999, S. 345-346.

341 Ibd., S. 347.

342 Ibd., S. 344.

Der Austausch mit Christian Herrgen erstreckte sich darüber hinaus auf das Ausbildungsgeschehen am *Estudio de Mineralogia,* das von Impulsen Humboldts, die er aufgrund seiner Erfahrungen als Student der Freiberger Bergakademie und seiner beruflichen Laufbahn im preußischen Bergbau zu verleihen mochte, profitierte. Einer der Studenten am *Estudio* – Martín de Párraga – konnte aus den Begegnungen mit Humboldt besonders Profit schöpfen: Denn auf dessen Anregung hin vervollkommnete er ab 1803 seine Studien an der Bergakademie in Freiberg. Er folgte damit auch dem Anspruch Herrgens, der als Lehrer des Montanfachs einen kontinuierlichen Transfer von neuesten Erkenntnissen des Fachgebiets aus dem Ausland nach Spanien und hierfür eine weitflächige Vernetzung innerhalb der Fachcommunity als essenziell ansah.

Párraga war durch sein Studium bei Herrgen und seinen bisherigen Aktivitäten im Umfeld des *Estudio de Mineralogia*, die teilweise über Veröffentlichungen nachvollziehbar sind, hinreichend qualifiziert, um sich an einem der führenden montanwissenschaftlichen Standorte in Europa weiterzubilden. Wenngleich zum Aufenthalt Párrages in Freiberg in der Literatur und in Archivalien nur wenig konkrete Hinweise gefunden wurden[343] und sein Studienprogramm somit nur ansatzweise nachvollziehbar ist, dürfte der Fokus auf der Aneignung des von Abraham Gottlob Werner in seinen Kursen vermittelten Wissens gelegen haben. Werner verweist zumindest in seinem im Juni 1805 verfassten Abschlussbericht zum abgelaufenen Studienjahr auf die Teilnahme Párragas an seinem mineralogischen Kursus.[344] Weitere Hinweise auf Aktivitäten in Freiberg geben die Aufzeichnungen im Besucherbuch der Grube „Beschert Glück", aus denen hervorgeht, dass Párraga in dieses Freiberger Bergwerk am 11. Mai 1803, 1. Juni 1803 und 21. Juni 1804 einfuhr.[345]

Párraga dürfte 1804/05 nach Spanien zurückgekehrt sein. Anschliessend übernahm er eine Professur am *Estudio de Mineralogia*, wo er sich der *„Lehre der Oryktognosie nach Werner und Mineralogie nach Haüy"* widmen sollte[346], Herrgen dagegeben sollte zukünftig primär auf das Gebiet der Geognosie fokussieren. Mit Párraga war nun erstmalig ein Lehrer an einer Madrider montanistischen Ausbildungsstätte beschäftigt, der einen Teil seiner Ausbildung in Freiberg genossen hatte und das dort erlangte Wissen in der Lehre einsetzen konnte. Seine Orientierung an Freiberger Vorbildern lässt sich dabei nicht nur in der Gestaltung seines Kursangebots, sondern in der Verwendung von Hilfsmitteln für den Unterricht beobachten. So nutzte er Anfang 1806 seine Netzwerke

343 Ein Schreiben des damaligen spanischen Botschafters in Dresden Ignácio Lopez de Ulloa (1756?–1814) an Abraham Gottlob Werner vom 16. April 1803, in der ihm die baldige Ankunft Parragas ankündigte sowie um gute Aufnahme des Studenten bat (siehe UBF, NL Werner, Bd. 3, Bl. 495-496), lässt auf ein Eintreffen in Freiberg im Frühjahr 1803 schließen.

344 Siehe UAF, OBA 264, Bl. 102.

345 Siehe SBM, 48/53, o. Bl.nr.

346 Siehe Maffei 1872, S. 15.

zu sächsischen Partnern und ließ eine Lehrsammlung durch die an der Freiberger Bergakademie angesiedelte Mineralienniederlage zusammenstellen, die 1807 nach Spanien übersandt wurde.[347]

In der Zwischenzeit schlug auch Herrgen unmittelbar – an der sich nun als privilegierten Standort herausstellenden Hauptstadt des spanischen Kolonialreichs – Nutzen aus den Kontakten mit Humboldt. Einerseits erhielt er während Humboldts Reise Mineralien aus Lateinamerika für die Sammlung am *Estudio de Mineralogia*[348], andererseits übermittelte er in seiner Funktion als Agent beim Wissenstransfer zahlreiche Sendungen mit diversen Objekten an Mitglieder der europäischen Fachcommunity und konnte damit auch für seine Zwecke von den weitgespannten Netzwerken Humboldts während dessen Lateinamerika-Reise profitieren. In einem Brief an das *Institut National de France* aus dem Jahr 1801 beschrieb Humboldt diese Mittlerfunktion folgendermaßen:

> Diese letzte Sammlung [porphyrische Gesteine und vulkanische Produkte des Cotopaxi, Antisana, Pichincha und Chimborazo] wurde mit der Fregatte Guadaloupe über Kap Horn gesendet und ist wissentlich gut in Cadiz angekommen. Ich zweifle nicht daran, dass Herr Herrgen, Professor der Mineralogie am Kabinett in Madrid, an den ich diese Objekte adressiert habe, diese schon dem Botschafter der Republik in Spanien zukommen lassen hat.[349]

Herrgen trug darüber hinaus zur Zirkulaton von Fachwissen aus Lateinamerika in Spanien bei, in dem er Ausschnitte von Briefen mit geologischen und mineralogischen Beobachtungen, die Humboldt an Forell und Clavijo gerichtet hatte, in den *Anales de Historia Natural* abdrucken ließ.[350]

Ein Aufblühen des *Estudio de Mineralogia* nach der Einstellung von Párraga als Professor wurde durch die französischen Invasionen Spaniens unter Napoleon verhindert, in deren Folge es zu einer interimistischen Schließung der Einrichtung kam. Herrgen gelang es immerhin, das Lehrmaterial vor dem Zugriff der Franzosen zu retten und temporär im Naturhistorischen Kabinett unterzubringen. Párraga trat in den Militärdienst ein und stand der Einrichtung durch seinen Tod in der Schlacht von Albuera 1811 nicht mehr zur Verfügung.[351]

---

347 Vgl. Petzak 2020, S. 143.

348 Konkrete Hinweise auf die Sendung von Mineralien an Herrgen finden sich beispielsweise in einem Kommentar zu einem Schreiben von Humboldt an Clavijo aus Carácas vom 3. Februar 1800, das in den *Anales des História Natural*, Heft 6 (1800), S. 262-271 abgedruckt wurde.

349 Annales du Muséum d'histoire naturelle 1804, S. 397. Original: „*Cette dernière collection est partie par le Cape-Horn dans la frégate la Guadeloupe que nous savons être arrivée heureusement à Cadix, et je ne doute pas que M. Hergen, professeur de minéralogie au cabinet de Madrid, à qui j'ai adressé ces objets, ne les ait déjà remis à l'ambassadeur de la République en Espagne.*"

350 Siehe beispielweise Anales 1799 und Anales 1800.

351 Vgl. Silvela 2015, S. 197.

Nach dem Abzug der französischen Truppen wurden im Jahr 1815 im Rahmen einer Umstrukturierung das Naturhistorische Kabinett, der Botanische Garten, das chemische Laboratorium und das *Estudio de Mineralogia* zu einer institutionellen Einheit unter der Bezeichnung *Real Museo de Ciencias Naturales* zusammengefasst. Für die Mineralogie-Professur als einem von fünf hier etablierten Lehrstühlen konnte erneut Christian Herrgen gewonnen werden, der jedoch nur für ein weiteres Jahr an der Einrichtung tätig wurde. Nach seinem Tod 1816 übernahm sein bisheriger Assistent Donato García (1782–1855) die Professur.[352] Párraga blieb somit zunächst der einzige Freiberger Bergakademie-Absolvent, der am *Estudio de Mineralogia* ein Professorenamt innehatte. Die Orientierung an Ausbildungskonzepten der Freiberger Bergakademie dürfte nach dem Ableben Herrgens nur noch rudimentär fortbestanden haben. Als Teil des in Madrid etablierten Konglomerats mit naturwissenschaftlicher Fokussierung konnte sich das *Estudio de Mineralogia* nicht als DAS Zentrum der höheren montanistischen Ausbildung in Iberospanien etablieren.

2.2.4 Die Bergakademie in Mexiko-Stadt

Die nur ansatzweise und mit geringem Erfolg realisierte Einrichtung von dauerhaft funktionierenden montanistischen Ausbildungsstrukturen in Iberospanien war einer der Gründe, die im Jahr 1792 zur Etablierung einer Bergakademie im spanischen Vizekönigreich Neu-Spanien führten, die nun entscheidend zur Deckung des Bedarfs an qualifizierten Fachkräften für Leitungspositionen im kolonialen Bergbau beitragen sollte. Diese Maßnahme konnten die lokalen Eliten durchaus als Erfolg verbuchen, denn seit den Zeiten der Generalvisitation durch Gálvez hatten sie verstärkt auf Einrichtung einer höheren Ausbildungsstätte auf lateinamerikanischem Gebiet gedrängt. In der dazu im Nachgang von Lassaga und Velázquez erarbeiteten Bergbauverordnung für das Vizekönigreich Neu-Spanien (*Reales Ordenanzas para la Dirección y Gobierno del Importante Cuerpo de Minería de Nueva España y de su Real Tribunal General*), die der spanische König Carlos III. mit Änderungen 1783 bestätigte, war die Installation einer solchen Lehrstätte nun fixiert. Es dauerte jedoch noch knapp eine Dekade, bis sie tatsächlich funktionieren sollte.

Die Gründungsphase leitete Velázquez bereits im Jahr 1778 ein, indem er ein Gebäude in Mexiko-Stadt für die zukünftige Durchführung des montanistischen Unterrichts anmietete. An diesem Ort hatte die Bergakademie auch bis zur Fertigstellung eines neuen Gebäudes, des noch heute existierenden *Palacio de Minería*, im Jahr 1813 ihren Sitz. Um mit der Unterrichtung beginnen zu können, stellte das *Tribunal de*

352 Vgl. Parra/Pelayo 1996, S. 181.

Minería in den Jahren 1778/79 Mittel in Höhe von 5.000 Pesos für den Erwerb von Büchern und Laborausstattung zur Verfügung.[353]

Ein weiterer Meilenstein im Kontext der Formalisierung von Ausbildungsstrukturen konnte mit Veröffentlichung der *Ordenanzas* 1783 erreicht werden: Ab diesem Zeitpunkt führte das *Tribunal* zur Erhöhung des Qualifikationsniveaus der im Berg- und Hüttenwesen Beschäftigten das Instrument der Prüfung als Voraussetzung zum Erlangen des beruflichen Titels „Fachexperte" („*perito facultativo*") ein. Dieser konnte künftig von Montanfachleuten geführt werden, die aufgrund ihres theoretischen Wissensschatzes und langjähriger Praxiserfahrungen in der Lage waren, entsprechende Examen am *Tribunal* erfolgreich zu absolvieren, um im Anschluss spezifische Aufgaben beziehungsweise Leitungspositionen im kolonialen Montanwesen zu übernehmen.[354]

Die Einrichtung der Bergakademie – Fausto d'Elhuyar als Gründungsdirektor

Nach diesen ersten, vorrangig vom *Tribunal de Minería* und lokalen Akteuren forcierten Schritten, erhielt der Prozess der Einrichtung von Strukturen zur höheren montanistischen Ausbildung einen besonderen Schub durch Ernennung des Montanexperten Fausto d'Elhuyar zum Generaldirektor des neuspanischen Bergbaus (*Director General del Real Cuerpo de Minería de Mexico*) am 18. Juli 1786. Die Besetzung dieser in der Montanadministration herausragenden Position mit einem aus dem Mutterland stammenden und monarchietreuen Beamten erfolgte in Koheränz mit der Kolonialpolitik und verfolgte das Ziel, das Montanwesen im Vizekönigreich Neu-Spanien künftig einer effektiveren Kontrolle unterwerfen und den Fortschritt durchsetzen zu können. Die Ernennung eines Experten mit iberospanischen Wurzeln stand indes in Divergenz zu den Regelungen in der 1783 veröffentlichten Bergbauverordnung, demnach die Wahl des Bergbaudirektors den Mitgliedern des Bergbaugremiums (*Tribunal de Minería*) vorbehalten war und der potenzielle Kandidat ausreichend Kenntnis des regionalen Montanwesens vorzuweisen hatte. Die Monarchie war, um keine Verwerfungen innerhalb des für den Staatshaushalt so bedeutenden Wirtschaftszweigs hervorzurufen, von den von kreolischer Seite eingebrachten Besetzungsgrundsätzen abgewichen, was bei den lokalen Eliten im Vizekönigreich Neu-Spanien zunächst zu Vorbehalten gegenüber dem neuen Direktor Fausto d'Elhuyar und seinen Aktivitäten führte.

D'Elhuyar oblag es in seiner Funktion als Generaldirektor, die in § 18 der *Reales Ordenanzas para la Dirección y Gobierno del Importante Cuerpo de Minería de Nueva España y de su Real Tribunal General* festgeschriebene Etablierung einer Ausbildungsinstitution für den höheren Beamtennachwuchs einzuleiten und diese zu einer dauerhaft funktio-

353 Vgl. Ramírez 1894, S. 35-399.
354 Vgl. Flores 2000, S. 31-33.

nierenden Einrichtung aufzubauen. Der Paragraph enthielt bereits konkrete Vorstellungen zu Organisation, Struktur und Zielen der Ausbildung des montanistischen Nachwuchses an dem zu gründenden *Seminario de Minería*. In Analogie zu den Strukturen in Mitteleuropa war dessen direkte Anbindung an eine Bergbaubehörde, in diesem Fall dem Generalbergbaudirektorat, vorgesehen. Das vorläufige Curriculum sah einen zweigeteilten Studienablauf vor: Einer dreijährigen Ausbildungsperiode mit Fokus auf der Aneignung theoretischen Wissens sollte in Abweichung von der beispielsweise in Freiberg und Schemnitz geübten Unterrichtspraxis ein ebensolanger Arbeitsaufenthalt in königlichen Hütten- oder Bergwerken unter Anleitung eines höheren Beamten folgen. Erst nach Beendigung dieses praktischen Kursus stand die Abschlussprüfung an (Art. 14). Besondere Betonung in der Verordnung fand der Anspruch an die Innovationsfähigkeit der zukünftigen Montanexperten, die während des Studiums ausdrücklich gefördert werden sollte, um sie in die Lage zu versetzen, nach dem Abschluss kontinuierlich zur Modernisierung des Wirtschaftszweigs beitragen zu können (Art. 17–19). Zur Umsetzung dieses Unterrichtsziels waren die Lehrenden angehalten, sich fortlaufend mit aktuellen Problemstellungen des regionalen Montanwesens auseinanderzusetzen und dabei gesammelte Erfahrungen und Erkenntnisse in die Lehre einzubringen (Art. 12). Für die Förderung des talentierten Nachwuchses war ein Stipendiensystem vorgesehen, wobei bei der Auswahl auf einen familiären Hintergrund möglichst im Bereich des Bergbaus gelegt und auf eine ausgeglichene Verteilung der Stipendien auf alle Montanregionen Neu-Spaniens acht zu geben war (Art. 2).

Seit seiner Ankunft im Vizekönigreich Neu-Spanien im Jahr 1788 lag einer der Schwerpunkte der Tätigkeit d'Elhuyars auf der Erarbeitung eines konkreten Ausbildungsplans für das *Seminario de Mineria*, wobei er unter Berücksichtigung der Vorgaben in der Bergbauverordnung von 1783 seine eigenen Erfahrungen, die er als Student in Paris und Freiberg, auf seinen Reisen durch europäische Montanreviere sowie als Lehrer am Patriotischen Seminar in Vergara gesammelt hatte, einfließen ließ. Das am 12. Januar 1790 von ihm vorgelegte Konzept fand die Zustimmung der Mitglieder des *Tribunal de Mineria*, die damit auch von ihren anfänglichen Vorbehalten ihm gegenüber abrückten.

In der Gestaltung des Kursprogramms der mexikanischen Bergakademie orientierte sich d'Elhuyar prioritär an dem Angebot der Ausbildungsstätten in Freiberg und Schemnitz. Insbesondere griff er die Ausführungen Werners zu den von ihm für ein Studium der „Bergwerkswissenschaften" notwendig erachteten Studieninhalten auf (vgl. Kapitel 2.1.1). In Adaption an regionale Gegebenheiten und basierend auf seinen Erfahrungen in Vergara erachtete er jedoch dazu in Abweichung eine reguläre Studienzeit von vier Jahren zum Erlangen theoretischer Kenntnisse als angemessen. Im ersten Jahr sollten primär die Grundlagen geschaffen und der Wissensstand der Studienanfänger auf ein einheitliches Niveau gebracht werden, um im Anschluss erfolgreich ein montanistisches Fachstudium absolvieren zu können. Der Fokus in der Eingangsphase lag daher auf der Vermittlung grundlegender mathematischer Kenntnisse. Erst im zweiten Jahr folgte darauf aufbauend eine Unterrichtung in praktischer Geometrie, Markscheidekunst, Mechanik und Hydrostatik.[355] Im dritten Jahr wurde das Fächerspektrum um Mineralogie, metallurgische Chemie und Hüttenkunde sowie im vierten um Lagerstättenkunde erweitert. Dazu wurden das Zeichnen und die französische Sprache gelehrt. Der Sprachunterricht sollte die Studenten befähigen, in Europa veröffentlichte Fachpublikationen zu verstehen und konstant neu generiertes Wissen im Rahmen ihrer künftigen Berufstätigkeiten zum Einsatz bringen zu können. Ziel war es außerdem, den Studenten bereits seit der Zeit ihres Studiums die Möglichkeit zu geben, den Austausch mit der Fachcommunity in Europa zu pflegen und für Zwecke der Wissenszirkulation zu nutzen. Mit den Sprachkenntnissen sollten sie somit in die Lage versetzt werden, den aktuellen Stand der Forschung in bedeutenden europäischen Montanrevieren reflektieren und zur Lösung praktischer und theoretischer Fragestellungen und damit zur Entwicklung des Montanwesens und der -wissenschaften in Neu-Spanien beitragen zu können.[356] Unterrichtseinheiten, die auf eine Vermittlung von ökonomischem, administrativem und juristischem Wissen abzielten und fester Bestandteil des Curriculums an der Freiberger Bergakademie waren, sah der Lehrplan von d'Elhuyar dagegen nicht vor.

Der vierjährigen theoretischen Ausbildungsphase folgte ein zweijähriger praktischer Unterrichtsblock, in dem die angehenden Montanexperten unter Anleitung von Fachkräften praktische Tätigkeiten im Bergbau- und Hüttenbetrieb ausführten, ihr bereits erlangtes Wissen beispielsweise der Markscheidekunde umsetzen und den Betrieb technischer Anlagen üben konnten. Mit dieser Zweiteilung des Kursprogramms in vier Jahre theoretische und zwei Jahre praktische Unterweisung hatte d'Elhuyar die originär in der Bergbauverordnung fixierten Regelungen auf Basis seines Erfahrungsschatzes modifiziert.[357]

D'Elhuyar konkretisierte in seinem Plan für die Bergakademie zudem die in den *Reales Ordenanzas* von 1783 grob umrissenen Ausführungen zur Stipendienvergabe durch die Festlegung, dass jährlich an 25 Studierende Stipendien auszugeben seien. Der Unterricht an der Bergakademie konnte neben diesen (*Becados*) jedoch auch von Selbstzahlern (*Pensionistas* oder *Parcionistas,* die im Internat der Bergakademie untergebracht waren und sich den Anweisungen der Direktion zu fügen hatten sowie *Externos*, die nicht im Internat wohnten und zusätzliche Freiheiten bei der Wahl der Lehrveranstaltungen genossen) besucht werden.[358]

355 Vgl. Escamilla 2008b, S. 243.
356 Vgl. Palacios 1992, S. 390-391.
357 Vgl. Flores 2000, S. 39-40.
358 Ibd., S. 121.

Dem Vorbild Sachsens folgend führte d'Elhuyar an der Bergakademie in Mexiko-Stadt die Uniformierung als Kleidungspraxis und Inszenierungsform ein. Das Tragen einheitlicher Kleidungsstücke diente der Abgrenzung zu Studierenden anderer Institutionen und war gleichzeitig Kennzeichen für die Vergemeinschaftung der montanistischen Studierendenschaft. Es sollte zu einer höheren Identifikation mit dem Berufsstand beitragen und diesem zu einer größeren Anerkennung in der kolonialen Gesellschaft verhelfen.

Eurozentrierte Akquise des Lehrpersonals

Nach Genehmigung des Ausbildungskonzepts durch das *Tribunal de Minería* und den neuspanischen Vizekönig Juan Vicente de Güemes Pacheco de Padilla (1738–1799), Graf von Revillagigedo, im Laufe der Monate Januar und Februar 1790 bereitete d'Elhuyar die nächsten Schritte zur Etablierung der Institution vor. Zur vorrangigsten Aufgabe zählte die Akquise von Lehrpersonal, wobei d'Elhuyar in Anknüpfung an die im Kontext der Kolonialpolitik erfolgte eigene Ernennung hierfür zuvörderst Kandidaten in den Blick nahm, die ihre Ausbildung in Europa genossen hatten. Er erhoffte sich damit eine Anbindung von Experten an die Institution, die sich mit dem aktuellen Stand der Bergbautechnik und Montanwissenschaften an einer der in den Dekaden zuvor in Europa eingerichteten Bergakademien vertraut gemacht, den dortigen Ausbildungsbetrieb kennengelernt hatten und sich über ihre internationalen Netzwerke konstant zu aktuellen Entwicklungen auf dem Laufenden halten konnten.

Dass diese Grundidee nicht von allen Mitgliedern der neuspanischen Fachcommunity geteilt wurde, zeigen die kontroversen Diskussionen, die im Rahmen der Besetzung der Professorenstellen in der Anfangszeit und auch immer wieder in den Folgejahren geführt wurden. Angehörige der gelehrten kreolischen Eliten argumentierten beispielsweise, dass auch Fachleute aus Neu-Spanien eine ausreichende Bildung besäßen, um den Unterricht an der Bergakademie den hohen Anforderungen entsprechend halten zu können. Für den Fachbereich der Metallurgie sind dabei die Äußerungen des kreolischen Gelehrten Francisco Xavier de Sarría (?–1795) hervorzuheben, der sich kritisch mit dem Wissensstand von aus Europa stammenden Experten zu den in Lateinamerika praktizierten Hüttenverfahren auseinandersetzte. Über diverse Schriften, wie dem *Ensayo de metalurgia* (1784) und dem 1791 dazu im Nachgang veröffentlichten *Suplemento,* in denen er europäische und lateinamarikanische Amalgamierverfahren miteinander verglich und die Vorteile der lateinamerikanischen betonte, brachte er seinen Standpunkt zur Gleichwertigkeit beziehungsweise Überlegenheit lokal generierten Wissens und traditionell angewandter Verfahren zum Ausdruck.[359] Er hinterfragte damit nicht nur den gegen Ende der 1780er Jahre von der Monarchie forcierten

359 Vgl. Escamilla 2008, S. 69.

Einsatz von Fachkräften aus Europa zum Technologietransfer, sondern auch den bei der Vermittlung entsprechender Fachkenntnisse an den Nachwuchs.

Die von kreolischer Seite geäußerten Vorbehalte gegenüber europäischen Experten in Lehrpositionen bezogen sich jedoch nicht nur auf deren fachliche Eignung, sie waren ebenso im Bereich der monetären Interessen zu verorten. Das Professorenamt war mit einer sehr guten Entlohnung, privilegierten Arbeitsbedingungen mit zusätzlichen Ferien- und Freitagen, Zugang zu medizinischer Versorgung und weiteren Sonderrechten verbunden. Aus Sicht der lokal ausgebildeten und agierenden Experten sollten auch Vertreter ihres Kreises von diesen Vorteilen profitieren.

Von der Kolonialverwaltung und d'Elhuyar wurde bei Stellenbesetzungen trotz des Interessenskonflikts und dem in der Bergbauverordnung festgelegten Mitspracherecht des *Tribunals de Mineria* an einer bevorzugten Einstellung von Lehrenden mit europäischem Ausbildungshintergrund festgehalten. In diesem Kontext wurde bereits 1789 der aus dem spanischen Mutterland stammende Andrés José Rodríguez (1756–1803) zum Unterricht der Mathematik verpflichtet. Seine Ausbildung hatte Rodríguez an der Bergakademie in Almadén genossen, zu deren ersten Ausbildungsjahrgang er gemeinsam mit Francisco de la Garza zählte. An der Bergakademie in Mexiko-Stadt lehrte er zwischen 1792 und 1803. Ferner wurde der Physik-Lehrstuhl 1793 mit dem aus Andalusien stammenden, seit 1777 im Vizekönigreich Neu-Spanien ansässigen Francisco Antonio Bataller y Rio (1751–1800) besetzt, der bis 1800 unterrichtete. Sowohl Rodríguez als auch Bataller y Rio waren auch für den Unterricht in Markscheidekunst verantwortlich.[360] Erst nach ihrem Ausscheiden fanden Absolventen der neuspanischen Bergakademie Berücksichtigung bei der Neubesetzung der Professorenstellen.

Andrés Manuel del Río als Professor der Bergakademie

Besonderes Augenmerk auf einen europäischen Qualifizierungshintergrund legte d'Elhuyar bei der Berufung des Professors, der für die Lehre der Oryktognosie und Geognosie verantwortlich sein sollte. Es gelang, für diese Position das Nachwuchstalent Andrés Manuel del Río zu gewinnen, das auf eine jahrelange Ausbildungszeit in diversen Montanrevieren in Europa zurückblickte (vgl. Kapitel 2.2.3). Del Río, der von seiner Berufung noch während seiner Weiterbildungsreise 1793 in Wien erfuhr, begann nach seiner Ankunft im Vizekönigreich Neu-Spanien am 18. Dezember 1794 auf Basis seiner zuvor gewonnenen Erfahrungen mit der Ausgestaltung des Kursprogramms seines Lehrstuhls. Es zeigt in seiner Struktur und den Inhalten eine deutlich erkennbare Orientierung am Curriculum des Studiums der Bergwerkskunde der Freiberger Bergakademie. Seinen ersten Kurs, in dem er Lehrstoff der Oryktognosie und Geognosie

360 Vgl. Escamilla 2013a, S. 37.

vermittelte, hielt er ab April des Folgejahres; ein Jahr später begann er zudem die Bergbaukunst zu unterrichten.

In Ermangelung spanischsprachiger Fachliteratur, die er im Oryktognosie- und Geognosie-Unterricht verwenden konnte, entfaltete del Río in den Folgejahren eine umfangreiche Publikationstätigkeit, die vom Verfassen eigener Abhandlungen bis hin zur Anfertigung von Übersetzungen zumeist deutschsprachiger Schriften reichte und über die er einen wichtigen Beitrag zur internationalen Zirkulation von montanistischem Wissen leistete. Bereits in Freiberg hatte sich del Río der Übertragung von Beiträgen lokal agierender Experten in die spanische Sprache gewidmet. Dazu zählte das Exzerpt, das er auf Grundlage von Werners *Neuer Theorie von der Entstehung der Gänge* erstellte und das im Unterricht an der neuspanischen Bergakademie Verwendung fand.[361]

Zu seinen ersten Publikationsprojekten in Neu-Spanien zählte die Erstellung eines Lehrbuchs zur Begleitung des Oryktognosie- und Geognosie-Kurses. Del Río griff hierbei auf seine Mitschriften von Vorlesungen bei Abraham Gottlob Werner[362] zurück und stellte in dem ersten 1795 erschienenen Band der *Elementos de Orictognosia o del conocimiento de los fósiles, dispuesto según los principios de A. G. Werner* die von seinem Freiberger Lehrer entwickelte Methode der Mineralienidentifikation anhand ihrer *„äußerlichen Kennzeichen"* sowie einen von dessen Vorschlägen für eine Mineralienklassifikation vor. Das Werk wurde nach seinem Erscheinen nicht nur von der neuspanischen, sondern auch von der europäischen Fachwelt wahrgenommen, was auf die von del Río während seiner Ausbildungszeit geknüpften Netzwerke zurückzuführen ist, die er zeit seiner Berufstätigkeit zur Wissenszirkulation zwischen Europa und Amerika nutzte.

Auf die in den *Annales de Chimie* 1797 geäußerte Kritik eines anonymen Rezensenten, der eine unzureichende Bezugnahme auf wissenschaftliche Entwicklungen in Europa – vornehmlich auf Lavoisiers Nomenklaturvorschlag und Haüys kristallographischen Forschungen – in dem Werk bemängelte[363], reagierte del Río mit einem zweiten, 1805 veröffentlichten Band.[364] In diesem verarbeitete er sein Wissen zu eben diesen Forschungen, auf die er bereits in seiner Lehre unter anderem durch Verwendung von Haüys *Traité de minerálogie* Bezug nahm. Seine anfängliche Zurückhaltung in Bezug auf den Gebrauch von Lavoisiers Nomenklatur hatte er bereits in der Einleitung des ersten Bandes begründet:

361 Vgl. Escamilla 2013, S. 33.

362 Ein sogenanntes duchgeschossenes Exemplar von Werners *Äußerlichen Kennzeichen* mit leeren Seiten für Vorlesungsmitschriften wird heute noch in Mexiko-Stadt aufbewahrt (vgl. Escamilla/Morelos 2020, S. 257).

363 Siehe Annales 1797.

364 Eine Neuauflage dieses zweiten Bandes wurde 1832 herausgegeben.

Was die neue chemische Nomenklatur betrifft, nutze ich sie mit einiger Zurückhaltung, jedoch nicht aus dem Grund, dass ich von den Mängeln der älteren überzeugt wäre, sondern weil die neue in ihrem Gebrauch noch nicht genügend bestätigt wurde."[365]

Dieser zweite Band steht ferner exemplarisch für die fruchtbare Zusammenarbeit del Ríos mit seinem ehemaligem Freiberger Kommilitonen Alexander von Humboldt während dessen Aufenthalt im Vizekönigreich Neu-Spanien 1803/4. Die in dem Werk vorgestellte Mineralienklassifikation, in die in Lateinamerika aufgefundene Mineralien mit ausführlichen Beschreibungen Aufnahme fanden, griff in Teilen die Ausführungen Dietrich Ludwig Gustav Karstens auf, dessen *Mineralogische Tabellen* (1800) del Río und Humboldt gemeinsam ins Spanische übersetzt hatten.[366] An das Ende der Pulikation stellte del Río in Anknüpfung an den intensiven fachlichen Austausch eine Einführung in Humboldts geologische Pasigraphie – einer Schriftzeichensprache, die Humboldt zur Erfassung und Darstellung seiner Beobachtungen entwickelt hatte. Humboldt lobte im Gegenzug nach seiner Rückkehr ausdrücklich del Ríos Publikation. 1809 schrieb er zu den *Elementos*:

Auch ist in Mexico das beste mineralogische Werk, das die spanische Literatur besitzt, gedruckt worden, nämlich das Handbuch für Oryctognosie, welches Hr. Del Rio, nach den Grundsätzen der Schule von Freiberg, wo sich der Verfasser gebildet [hatte], herausgegeben hat. (...) Ich führe diese einzelnen Tathsachen auf, weil sie uns den Massstab für den Eifer geben, mit welchem die ernsthaftern Wissenschaften in der Hauptstadt von Neu-Spanien getrieben werden (...).[367]

Von dem „Eifer" hatte sich Humboldt durch Interaktion mit Bergakademie-Mitarbeitern und -Studierenden bei der Überprüfung seiner Beobachtungen, der Analyse von Mineralien und Validierung von Forschungsergebnissen in den Laboratorien der Institution selbst überzeugen können.

Weniger glücklich für del Río verlief dagegen die Kommunikation mit Humboldt zu einer seiner aus heutiger Sicht wohl wichtigsten Forschungsleistungen. In Wahrnehmung seiner Funktion als Beamter der kolonialen Montanverwaltung oblag es del Río auch, die chemische Zusammensetzung der im Kontext der Erkundung neuer Lager-

---

365 del Río 1795, S. V. Original: „*Por lo que toca á la nueva nomenclatura chímica, la empleo con alguna timidez, no por no estar bien persuadido de los defectos de la antigua, sino porque aun no la ha confirmado el uso.*"

366 Siehe Karsten, Dietrich Ludwig Gustav: Tablas mineralógicas dispuestas según los descubrimientos más recientes e ilustradas con notas, tercera edición alemana de 1800 traducida al castellano para el uso del Real Seminario de Minería por don Andrés Manuel del Río. México. 1804.

367 Siehe Humboldt 1809, S. 71.

stätten in Neu-Spanien aufgefundenen Mineralien zu analysieren. Bei der Untersuchung eines Bleierzes aus einem Bergwerk in Zimapán stieß del Río 1801 auf eine unbekannte Substanz, die er nach wiederholtem Experimentieren als ein neues chemisches Element identifizierte. Mit seinen Ergebnissen machte er Alexander von Humboldt während dessen Aufenthalt in Mexiko-Stadt vertraut und bat ihn um Überprüfung des von ihm als „Erythronium" benannten Elements in europäischen Laboratorien. In seiner bereits in Neu-Spanien geäußerten Skepsis hinsichtlich der Entdeckung eines neuen Elements fühlte sich Humboldt bestätigt, als Hyppolyte-Victor Collet-Descotils (1773–1815), dem er Proben des Erzes zur Analyse nach Paris mitgebracht hatte, fälschlicherweise darin nur Chrom entdeckte. Erst knapp 30 Jahre später erhielt del Río die berechtigte Anerkennung für seine Entdeckung: Der deutsche Chemiker Friedrich Wöhler (1800–1882) konnte 1831 – einem Hinweis Humboldts folgend – auf Basis eigener Experimente bestätigen, dass das von dem Schweden Nils Gabriel Sefström (1787–1845) 1830 als neues Element vorgestellte Vanadium mit dem Erythronium del Ríos identisch war. Vanadium wurde damit zum ersten chemischen Element, das auf amerikanischen Boden entdeckt wurde. Dieses Forschungsergebnis ist Zeugnis des hohen wissenschaftlichen Niveaus der an der Bergakademie in Mexiko-Stadt agierenden Montanexperten, zu denen mit d'Elhuyar und del Río zwei Entdecker von chemischen Elementen zählten.

Das Beispiel zeigt, dass del Río als Montanexperte in Ergänzung zu seiner Lehrtätigkeit an der Bergakademie auch immer wieder vom *Tribunal de Minería* gestellte Aufgaben zu übernehmen hatte. Sie reichten teilweise weit über reine Laboruntersuchungen hinaus und umfassten auch die Erkundung und Bewertung neuer Lagerstätten bis hin zur Erarbeitung von Lösungsvorschlägen für technische Probleme und Einführung innovativer Verfahren für den Abbau, die Gewinnung und die Verarbeitung von Rohstoffen (siehe auch Kapitel 4.1.5). Die dabei gewonnenen Erkenntnisse setzte del Río konsequent in der Lehre ein, ebenso beteiligte er Studenten an ausgewählten Projekten.

Neben der Oryktognosie und Geognosie zählte die Bergbaukunst zu den Fächern, die del Río an der neuspanischen Bergakademie vertrat. Auch hier griff er zur Unterrichtung auf Fachbücher aus Europa zurück. In Freiberg hatte er bereits eine Übersetzung von Karl Christian von Langsdorfs (1757–1834) *Versuch einer neuen Theorie Hydrodynamischer und Pyrometrischer Grundlehren und deren Anwendung auf die Anlage neuer Röhrenleitungen, Pumpenkünste, Wassersäulen- und Dampfmaschinen* (1787) angefertigt. Eine von ihm mit Kommentaren versehene und um fünf Kapitel erweiterte Ausgabe des Werks nutzte er dann im Unterricht an der Bergakademie in Mexiko- Stadt.[368]

In den 1790er Jahren erstellte er ferner ein eigenes Lehrbuch der Bergbaukunst, das in gedruckter Form lediglich in Form von Auszügen als Anlage zu der wiederholt publizierten und bis 1884 gültigen Bergbauverordnung von 1783 veröffentlicht wurde.

368 Vgl. Escamilla 2013, S. 33.

Del Río stützte sich dabei auf Delius' *Anleitung zur Bergbaukunst*, Kerns *Bericht vom Bergbau* und Beiträge aus dem *Bergmännischen Journal* und dem *Magazin für die Bergbaukunde*, dessen Ausgaben er sich nach Neu-Spanien liefern ließ.[369] Er versuchte mit diesem Werk zugleich der Kritik zu begegnen, die Antoine-Grimoald Monnets *Traité de l'exploitation des mines* (1773), dass dieser ebenso unter Verwendung von Absätzen aus Kerns *Bericht*, Delius' *Anleitung* und ergänzt durch eigene Ausführungen verfertigt hatte, entgegengeschlagen war. Das Lehrbuch von del Río fand in der genannten Form im bergakademischen Unterricht bis Ende der 1830er Jahre Anwendung und wurde dann von Joaquín Ezquerra del Bayo's *Elementos de Laboreo de Minas* (Madrid 1839) abgelöst.[370]

Zu den weniger erfolgreichen Übersetzungsprojekten zählte die Übertragung der *Gründlichen Anleitung zur Markscheidekunst* des Lehrers der Freiberger Bergakademie Johann Friedrich Lempe ins Spanische. Del Río widmete sich ab 1802 dieser Aufgabe, wobei er das Ziel verfolgte, bisher verwendete Lehrbücher im Unterricht abzulösen.[371] Noch vor Vollendung nahm er jedoch Abstand von einem Einsatz in der Lehre, da er die Vorbildung der meisten Studenten als ungenügend einschätzte, um die in der Schrift dargestellten komplexen mathematischen Zusammenhänge erfassen und anwenden zu können.[372] Ersatzweise kam daher das an der Pariser *École des Mines* verwendete Lehrbuch von Jean-Pierre François Guillot-Duhamel, die *Géométrie souterraine, élémentaire, théorique et pratique* (2 Bände, 1787) in Mexiko-Stadt zum Einsatz.[373]

Mit seinen Übersetzungen beziehungsweise der Erstellung von auf den Bedarf an der neuspanischen Bergakademie abgestimmten Lehrbüchern trug del Río zum transkontinentalen Transfer von in Europa generiertem Fachwissen bei. Darüber hinaus leistete er einen wichtigen Beitrag zur Entwicklung der spanischen montanistischen Fachsprache, in dem er einerseits Termini aus dem Deutschen als Lehnwörter übernahm, andererseits Spezialbegriffe im spanischen Fachsprachgebrauch als solche fixierte. Gleichzeitig beförderte er auch den Wissensfortschritt in Europa, in dem er durch eigene Beiträge in dort publizierten gelehrten Journalen zur Verbreitung von im kolonialen Kontext generiertem, spezifischem Wissen beitrug.[374] Über diese Aktivitäten del Ríos fanden die Entwicklung der Montanwissenschaften und die Prozesse zur Formalisierung von Strukturen der höheren montanistischen Ausbildung in Lateinamerika verstärkt Beachtung in Europa.

369 Vgl. Escamilla 2011, S. 68.
370 Vgl. Escamilla 2011, S. 68, Escamilla/Morelos 2017, S. 101.
371 Vgl. Escamilla 2013, S. 36.
372 Vgl. Escamilla/Morelos 2017, S. 55/109.
373 Ibd., S. 109.
374 Eine Aufzählung von Beiträgen, die del Río in europäischen gelehrten Journalen veröffentlichte, ist in seinem Eintrag im biographischen Lexikon der *Real Academia de Historia* (http://dbe.rah.es/biografias/4339/andres-manuel-del-rio-y-fernandez, abgerufen am 27.04.2021) zu finden.

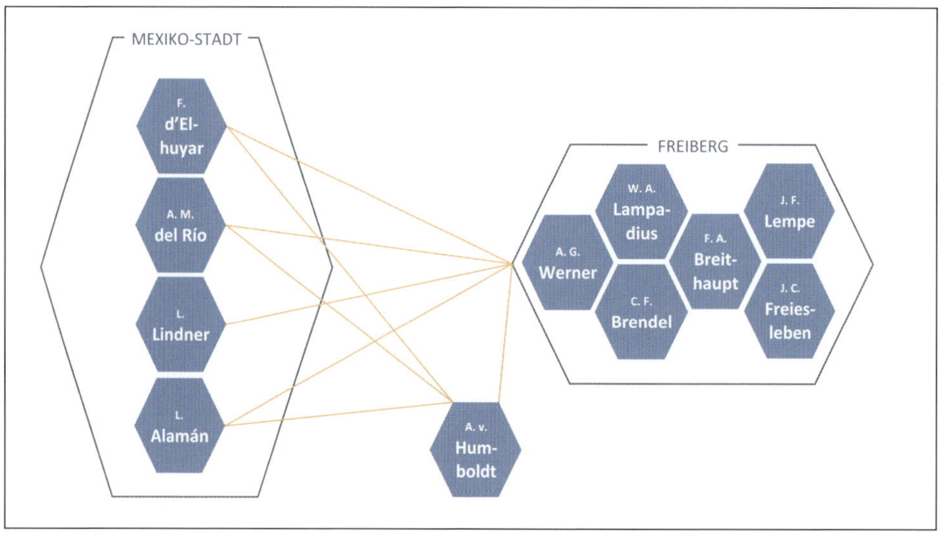

Abb. 22 | Netzwerke zwischen Akteuren der Bergakademien in Mexiko-Stadt und Freiberg

Experten aus Europa als Lehrer der Chemie und Metallurgie

Mit der Berufung del Ríos war es d'Elhuyar gelungen, einen qualifizierten und talentierten Experten an die neuspanische Bergakademie zu binden, der sowohl die von ihm vertretenen Fächer auf hohem Niveau unterrichtete als sich auch unter Nutzung seiner internationalen Netzwerke an Fachdiskussionen beteiligte und zur Ausdifferenzierung der montanwissenschaftlichen Disziplinen beitrug (vgl. Abbildung 22).

Seinem Anspruch, auch für den Unterricht der metallurgischen Chemie eine derartig gebildete und befähigte Persönlichkeit zu finden, konnte d'Elhuyar jedoch nicht genüge tun. Trotz der vorhandenen Expertise lokaler Experten, die wie am Beispiel Sarrías ersichtlich wird, mehrfach öffentlich ihre Kenntnisse und Erfahrungen bekundeten, zog es d'Elhuyar vor, den Chemie-Metallurgie-Lehrstuhl an der Bergakademie durch einen Fachmann mit europäischem Ausbildungshintergrund zu besetzen. Vorgesehen war hierfür zunächst Francisco Antonio Codón (?-?), der sich als Stipendiat der spanischen Regierung über viele Jahre hinweg an diversen natur- und montanwissenschaftlichen Zentren in Europa aus- und weitergebildet hatte.[375] Auch die Bergakademie in Freiberg hatte zu seinen Ausbildungsstationen gezählt.

Codóns Aufenthalt in Sachsen dürfte sich von Beginn des Jahres 1795 bis gegen Mitte des Jahres 1797 erstreckt haben, wie aus Korrespondenzen zwischen der spani-

375 Codón zählte zu den Langzeitgeförderten der spanischen Regierung: Nach eigener Aussage hatte er bis 1815 14 Jahre lang Stipendien erhalten, die ihm Studien im deutschen Sprachraum, Frankreich und England ermöglichten. Die Ausbildungsstationen wurden im Rahmen dieser Studie nicht im Einzelnen recherchiert.

schen Gesandtschaft in Dresden und dem Finanzministerium in Madrid hervorgeht. Demnach informierte die Vertretung in Dresden am 12. Januar 1795 über die Absicht Codóns, Kurse bei Werner in Freiberg zu belegen und bat zur Begleichung der Kosten um Aufstockung der Mittel für den Stipendiaten.[376] Das diesem Antrag wohl stattgegeben wurde, zeigt ein im Bergarchiv Freiberg verwahrtes Reskript, dass etwa zwei Monate später Codón den Besuch von Vorlesungen an der Bergakademie[377] und die Besichtigung von Berg- und Hüttenwerken erlaubte.[378] Über Interaktionen mit Kommilitonen an der Bergakademie gibt ein Eintrag in das Freundschaftsbuch des zeitgleich inskribierten Studenten Traugott Leberecht Hasse (1775–1853) Auskunft, in dem Codón sich interessanterweise bereits als Lehrer der Bergakademie in Mexiko-Stadt ausgibt (Abbildung 23). Dazu wird die von ihm ausgeführte Besichtigung eines Hüttenwerks durch eine Unterschrift im Besucherbuch des Amalgamierwerks Halsbrücke dokumentiert (Abbildung 24).

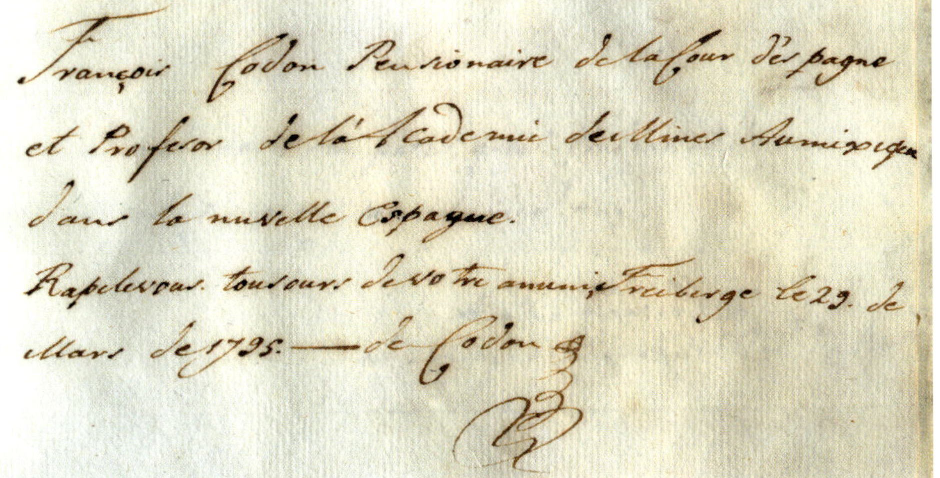
François Codon Pensionaire de la Cour d'Espagne
et Profesor de la Academie des Mines a Mexique
dans la nuvelle Espagne.
Rapelez vous toujours de votre ami, Freiberge le 29. de
Mars de 1795. — de Codon

Abb. 23 | Eintrag von Francisco Codón im Freundschaftsbuch von Traugott Leberecht Hasse, 29. März 1795, o. Bl.nr.

Abb. 24 | Eintrag von Francisco Codón im Besucherbuch des Amalgamierwerks Halsbrücke, 1795, zwischen Einträgen vom 27. Januar und 9. Februar, S. 17

376 Siehe AHN, Estado, leg. 166, o. Bl.nr.
377 Im Matrikelverzeichnis der Bergakademie wird Codón unter der Nummer 448 aufgeführt.
378 Siehe Sächs BergAFG, 40010, 1785, Bl. 294-295.

Zu weiteren Aktivitäten Codóns in Sachsen konnten keine Hinweise gefunden werden. Dass er jedoch wenig Eifer zeigte, die mit seiner Berufung zum Professor der Bergakademie in Mexiko-Stadt einhergehenden Aufgaben zu erfüllen, ist Korrespondenz aus dem Jahr 1797 zu entnehmen. Wohl erst nach mehrmaliger Aufforderung reiste Codón endlich aus Sachsen ab, wie die spanische Gesandtschaft in Dresden am 1. Juni desselben Jahres an das Finanzministerium vermeldete.[379] Nach Zwischenstationen in Joachimsthal und Wien gelangte er zurück nach Spanien, wo er nach eigener Aussage aufgrund seines mittlerweile „fortgeschrittenen" Alters die Reise nach und eine Beschäftigung in Lateinamerika ablehnte.[380] Nach seiner Absage wurde er in Iberospanien unter anderem in der Königlichen Glasfabrik (*Real Fábrica de Cristales*) und ab 1812 am *Estudio de Mineralogia* in Madrid tätig.[381]

Die Verzögerungstaktik Codóns veranlasste d'Elhuyar zur Suche nach Alternativen, um das Kursprogramm der Bergakademie nicht in seiner Gesamtheit zu gefährden. Auch hierbei wich er nicht von der Überzeugung ab, dass die Lehre der Chemie und Metallurgie von einem in Europa ausgebildeten Fachmann zu halten sei. Seine Wahl fiel mit Luis Fernando Lindner Lindental (ca. 1763–1805)[382] auf ein Mitglied der von ihm Ende der 1780er Jahre in Europa angeworbenen Gruppe von Fachkräften, die zur Modernisierung des spanisch-kolonialen Bergbaus beitragen sollten.

Auf Lindner war d'Elhuyar während seines Aufenthalts in Schemnitz getroffen, wo dieser nach einer Ausbildung an der Wiener Medizinischen Fakultät einer Tätigkeit als metallurgischer Assistent nachging. D'Elhuyar konnte ihn bei dieser Gelegenheit zum Eintritt in spanische Dienste bewegen, wobei er ihn vor der Abreise nach Lateinamerika zur Vervollkommnung seiner Kenntnisse an die Bergakademie in Freiberg entsandte. Belegt ist ein solcher Aufenthalt durch ein Schreiben d'Elhuyars an Abraham Gottlob Werner vom 30. September 1787, in dem er Werner die Finanzierung der Ausbildung Lindners durch die spanische Monarchie zusagte.[383]

Nach seiner Ankunft in Neu-Spanien war Lindner zunächst mit der Erfüllung von Aufgaben im technischen Bereich in Berg- und Hüttenwerken in Taxco und Oaxaca betraut worden, bevor er 1796 interimistisch den Chemie-/Metallurgie-Unterricht an der Bergakademie in Mexiko-Stadt übernahm. Das Kursprogramm sah im ersten Teil eine Vermittlung von Grundlagen der Chemie vor, im zweiten Teil sollte auf Probierkunst und Metallurgie in ihrer praktischen Anwendung im Montanwesen fokussiert werden.[384] Aufgrund einer rheumatischen Erkrankung war es Lindner nicht möglich, in

379 Siehe AHN, Estado, leg. 166, o. Bl.nr.

380 Vgl. Flores 2000, S. 67.

381 Vgl. García/Bertomeu 2001, S. 114.

382 Lindner hatte in Lateinamerika seinen Vornamen von Ignaz auf Luis geändert.

383 Siehe UBF, NL Werner, Briefe, Bd. 1, Bl. 175.

384 Vgl. Aceves 1993, S. 113, Flores 2000, S. 69.

den Jahren 1797/98 kontinuierlich den Vorlesungsbetrieb aufrechtzuerhalten, so dass Fausto d'Elhuyar – wohl mit Unterstützung eines weiteren deutschen Experten (Francisco/Franz Fischer (1758–1816)) – teilweise selbst die Lehre übernahm.[385]

Für den Unterricht verwendeten Lindner und seine Kollegen Lehrbücher, die sowohl von Autoren aus Europa als auch aus Lateinamerika stammten und kamen damit dem Anspruch, das Fachgebiet in seiner Breite und unter Berücksichtigung der lokalen Ausprägungen zu lehren, nach. Neben Publikationen von Duhamel, Bergman, Fourcroy, Lavoisier[386] und Kirwan kam im Unterricht auch die *Nueva teórica y práctica del beneficio de los metales de oro y plata por fundición y amalgamación* (1802) des aus Neu-Spanien stammenden Experten José Garcés y Eguía (?–1824) zum Einsatz. Diese Publikation bot einen detaillierten Überblick über traditionelle neuspanische Hüttenverfahren, ihre historische Entwicklung und stellte Vor- und Nachteile der einzelnen Methoden und die daraus resultierenden Einsatzgebiete dar.

Wie auch del Río ließen die Chemie-/Metallurgielehrer in ihren Unterricht ihre eigenen und die Erfahrungen weiterer Montanexperten einfließen, die im Rahmen der zeitgleich laufenden Verbreitung neuer beziehungsweise Verbesserung bereits angewandter Technologien gesammelt wurden. Mit Blick auf die Einführung neuer beziehungsweise Anpassung vorhandener Amalgamationsmethoden konnten die Studenten ihr Wissen konkret durch Durchführung eigener Experimente zur Amalgamation und zur chemischen Charakterisierung der Einsatz- und Endprodukte erweitern, womit sie auf ihre zukünftigen Tätigkeiten entsprechend vorbereitet wurden.[387]

Lindner wurde trotz mehrfacher krankheitsbedingter Unterbrechungen nach der endgültigen Absage Codóns im Jahr 1800 als ordentlicher Professor an der Bergakademie eingestellt, an der er bis zu seinem Tod 1805 lehrte. Zu seinem Nachfolger wurde mit Manuel Cotero (1775–1830)[388] ein Absolvent der neuspanischen Bergakademie berufen, der sich trotz der weiterhin von d'Elhuyar verfolgten eurozentrier-

385 Vgl. Flores 2000, S. 68.

386 Lavoisiers *Traité élémentaire de chimie* war von Vicente Cervantes (1755–1829), einem Teilnehmer der *Real Expedición Botánica*, im Jahr 1797 unter dem Titel *Tratado elemental de Química* in Neu-Spanien herausgegeben worden. Die Übersetzung ins Spanische hatte bereits 1794 Juan Manuel Munárriz (1761–1831), Schüler von Proust an der Artillerie-Akademie in Segovia, vorgenommen (Puerto o.D.).

387 Vgl. Humboldt 1809, S. 180.

388 Die Probleme bei der Besetzung des Chemie-/Metallurgielehrstuhls und der danach häufig krankheitsbedingte Unterrichtsausfall hatte d'Elhuyar zum Anlass genommen, im Jahr 1798 zwei Assistentenstellen an der Bergakademie zu schaffen, an denen talentierte Studenten auf die Übernahme eines Professorenamts vorbereitet wurden. Die ersten beiden eingestellten Assistenten waren Manuel Cotero und Manuel Ruiz de Tejada (1779–1863). Tejada übernahm beispielsweise ab 1803 den Mathematik-Unterricht, wurde dann 1804 zum Interims-Professor ernannt und lehrte ab 1810 zusätzlich Physik (vgl. Rubinovich 1994, S. 60).

ten Besetzungspolitik bei der Bewerbung um diese Stelle durchsetzen konnte.[389] An dem Chemie-/Metallurgie-Lehrstuhl hielt mit dieser Ernennung – wie auch bei den Lehrstühlen für Mathematik und Physik – die Praxis der Einsetzung von national anstelle von international ausgebildetem Lehrpersonal Einzug, was prioritär auf die nun als ausreichend erachteten Qualifizierungsmöglichkeiten an der neuspanischen Bergakademie zurückzuführen sein dürfte.

Bibliothek, Laboratorien und Sammlungen

Die Fokussierung d'Elhuyars auf Wissen aus Europa fand auch Ausdruck in der Anschaffungspolitik für die Bibliothek, die Laboratorien und die Sammlungen. Die Institution war bereits in ihrer Gründungsphase in die Lage versetzt worden, mit Mitteln des *Tribunal de Minería* Fachbücher zu erwerben. Den Grundstock der Bergakademie-Bibliothek bildete ein Konvolut von über 1.000 zumeist aus Europa importierten Bänden zu juristischen, historischen, naturwissenschaftlichen, religiösen und politischen Themen und Belletristik, das Joaquín Velázquez de León und Juan Eugenio Santelices Pablo (1733–1793) der Institution überlassen hatten.

Der Bestand fand ab den 1790er Jahren Erweiterung durch Publikationen, die die im deutschen Sprachraum angeworbenen Experten (vgl. Kapitel 4.1.2) mit nach Lateinamerika gebracht hatten. Auf diesem Weg gelangten eine Reihe von Schriften Freiberger Montanfachleute in die Bibliothek, zu denen diverse Werke von Johann Friedrich Henckel, die *Anfangsgründe zur metallurgischen Chymie* (1776) von Christlieb Ehregott Gellert, die *Mineralogische Geographie der Chursächsischen Lande* (1778) von Johann Friedrich Wilhelm von Charpentier, die *Kurze Klassifikation und Beschreibung der verschiedenen Gebirgsarten* (1787) sowie *Von den äusserlichen Kennzeichen der Fossilien* (1774) von Abraham Gottlob Werner, das *Bergmännische Rechenbuch. Erster Theil* (1787), die *Erläuterungen der Kästnerischen Anfangsgründe der Arithmetik, Geometrie, ebenen und sphärischen Trigonometrie* (1781) sowie eine *Gründliche Anleitung zur Markscheidekunst* (1782) von Johann Friedrich Lempe sowie die *Erfahrungen vom Innern der Gebirge* (1785) und *Erklärungen der Bergwerks-Charte von dem wichtigsten Theil der Gebürge im Bergamtsrefier Marienberg* (1771) von Friedrich Wilhelm Heinrich von Trebra (1740–1819) zählten. Kontinuierlich ergänzt wurde die einschlägige Fachliteratur durch periodisch erscheinende gelehrte Journale, zu denen Ausgaben der *Bergbaukunde* der Societät für Bergbaukunde, der *Allgemeinen Literatur-Zeitung* und des ab 1788 in Freiberg publizierten *Bergmännischen Journals* gehörten.

Während in der Anfangszeit deutschsprachige Fachliteratur einen bedeutenden Anteil am Bibliotheksbestand ausmachte, traten aufgrund nicht ausreichend vorhandener Sprachkenntnisse des größten Teils der Lehrer- und Studentenschaft mit der Zeit der-

389 Vgl. Ramírez 1894, S. 145.

artige Anschaffungen zugunsten von denen französischsprachiger Schriften in den Hintergrund. Kompensiert wurden die entstandenen Lücken durch von Bergakademie-Lehrern angefertigten Übersetzungen deutschsprachiger Fachliteratur sowie durch das Verfassen eigener Lehrbücher. Zur Herausgabe einer eigenen Fachzeitschrift wie dem *Bergmännischen Journal* in Freiberg kam es in den Anfangsjahren der Bergakademie hingegen nicht.[390]

In Analogie zur Literaturbeschaffung griff d'Elhuyar für die Ausstattung der Laboratorien prioritär auf in Europa fabrizierte Messgeräte und Apparaturen zurück, für deren Erwerb er seine internationalen Netzwerke innerhalb der *scientific community* und Regierungskreisen nutzte. Eine willkommene Erweiterung des Laborequipments stellte die Überlassung von astronomischen und physikalischen Instrumenten durch Alexander von Humboldt dar, der vor der Rückreise nach Europa nicht mehr benötigtes Instrumentarium an die Bergakademie verkaufte.[391]

Essenziell für die Arbeit zukünftiger Montanbeamter waren profunde Kenntnisse der natürlichen Rohstoffe und ihrem ökonomischen Nutzen. Integraler Bestandteil des Mineralogie-Unterrichts waren daher Übungen zur Erlangung von Fachwissen unter Verwendung von Mineraliensammlungen. In ihnen wurde sowohl die Identifikation einzelner Fundstücke trainiert, als auch Theorien der Mineralklassifikation und Grundsätze der wirtschaftlichen Bewertung vermittelt. Die Bergakademie erwarb eine erste, von Juan Eugenio Santelices Pablo zusammengestellte Kollektion im Jahr 1794[392], die dann von del Río nach den Prinzipien seines Freiberger Lehrers Abraham Gottlob Werner geordnet wurde. Eine zweite größere Sammlung ging der Bergakademie im Jahr 1798 zu. Sie stammte von Martín de Sessé (1751–1808), dem Leiter der *Real Expedición Botánica a Nueva España,* der sich vor seiner Rückkehr nach Spanien zu deren Verkauf entschlossen hatte.[393] Ihre Ordnung übernahm Friedrich Traugott Sonneschmid (1763–1824), ein Absolvent der Freiberger Bergakademie, der wie Lindner in den 1780er Jahren von Fausto d'Elhuyar im deutschen Sprachraum für Tätigkeiten im kolonialspanischen Montanwesen angeworben worden war. In Ergänzung zu diesen Übernahmen wurde die Mineraliensammlung der Bergakademie in Mexiko-Stadt kontinuierlich durch Ablieferungen von Fundstücken aus neuspanischen Bergrevieren erweitert.

390 Die erste montanistische Fachzeitschrift in Mexiko war der ab 1846 herausgegebene *Anuario del Colegio Nacional de Minería* (vgl. Ramos 2000, S. 117).

391 Der Kauf der Messinstrumente für einen Betrag in Höhe von 1.551 Pesos wurde am 5. Dezember 1803 durch das *Tribunal de Minería* genehmigt (vgl. Ramírez 1894, S. 191).

392 Für die Kollektion von Santelices wurde ein Preis in Höhe von 1.514 Pesos und 4½ Reales gezahlt (vgl. Ramírez 1894, S. 122).

393 Der Verkaufspreis der Sammlung lag bei 500 Pesos (vgl. Ramírez 1894, S. 146).

Die Ausstattungspolitik während der Phase nach Gründung der Bergakademie zeigt – wie schon die Besetzungspolitik – eine starke Bezugnahme auf Entwicklungen in Europa; erst mit der Unabhängigkeit nahm die Fokussierung auf europäische Vorbilder ab.

Immatrikulationen in der Anfangsphase bis zur Unabhängigkeit

Wie aus den Matrikelzahlen der mexikanischen Bergakademie ersichtlich wird, zeitigten die Bestrebungen der spanischen Monarchie zur Formalisierung von Ausbildungsstrukturen im Berg- und Hüttenwesen in den Kolonien einen deutlich höheren Erfolg als im iberospanischen Mutterland. Die Gegenüberstellung der Inskriptionszahlen der Bergakademien in Freiberg, Almadén und Mexiko-Stadt in Tabelle 1 zeigt einen ähnlich guten Zulauf an der sächsichen und neuspanischen Bergakademie in den jeweils ersten drei Jahrzehnten ihres Bestehens, mit dem die Institution in Almadén nicht konkurrieren konnte.

In Neu-Spanien führten die Unabhängigkeitskriege in der zweiten Dekade des 19. Jahrhunderts dann zu einem temporären Rückgang der Anzahl der eingeschriebenen Studenten.

Tabelle 1: Immatrikulationen an den Bergakademien in Freiberg, Almadén und Mexiko-Stadt (Quellen: Maffei 1977, S. 125–127, Flores 2000, S. 123, Wagenbreth et al. 2012, S. 53)

Zeitraum	BA Freiberg	Zeitraum	BA Almadén	Zeitraum	BA Mexiko- Stadt
1766–1770	72 (davon 63 aus Sachsen)				
1771–1780	127 (davon 87 aus Sachsen	1778–1780	6		
1781–1790	152 (davon 91 aus Sachsen)	1780–1790	4		
1791–1800	201 (davon 99 aus Sachsen)	1791–1800	19	1792–1799	58
1801–1810	187 (davon 89 aus Sachsen)	1801–1810	4	1800–1811	163
1811–1820	209 (davon 120 aus Sachsen)	1811–1820	6	1812–1820	112

Die Bergakademie in den Zeiten des Umbruchs und der Unabhängigkeit – transatlantische Netzwerke

Die in der zweiten Dekade des 19. Jahrhunderts verstärkt aufflammenden und mit militärischen Aktionen untersetzten Ablösebestrebungen der Kolonien wirkten sich freilich auch auf den Betrieb der Bergakademie in Mexiko-Stadt aus. Bereits in der ersten Dekade war ein Teil der aus Europa stammenden Experten, die zwar prioritär in

Berg- und Hüttenwerken tätig waren, aber dennoch Berührungspunkte mit der Ausbildungsinstitution hatten, in ihre Heimat zurückgekehrt. Impulsgeber, wie Fausto d'Elhuyar, die das Geschehen in den Gründungszeiten maßgeblich mitbestimmt hatten, verloren aufgrund ihrer monarchietreuen Einstellung zunehmend an Einfluss im kolonialen Montanwesen. An ihre Stelle traten Akteure, die mit den Unabhängigkeitsbestrebungen sympathisierten und für diese aktiv eintraten.

Einer von ihnen war Lucas Ignacio Alamán y Escalada (1792–1853). Der im Schoß einer Bergwerksbesitzerfamilie aus Guanajuato geborene Alamán hatte – um sich auf die Übernahme der Familiengeschäfte vorzubereiten – im Jahr 1812 seine Studien an der Bergakademie in Mexiko-Stadt begonnen, wo del Río zu seinen Lehrern gehörte. Ab 1814 verfolgte er seine Ausbildung in Europa weiter und unternahm eine Reise, die ihn durch Spanien, Frankreich, England, Schottland, die Niederlande, Italien, Schweiz und den deutschen Sprachraum führte. Wohl auch den Ratschlägen seines ehemaligen Lehrers folgend besuchte Alamán Sachsen. Hier besichtigte er diverse Berg- und Hüttenwerke und vervollkommnete sein Fachwissen während eines einmonatigen Aufenthalts an der Bergakademie Freiberg, der über einen Eintrag in das Besucherbuch dokumentiert ist (Abbildung 25).

Lucas Alaman de México en Nueva España – Nov. 14 – 1817

Abb. 25 | *Eintrag von Lucas Alamán im Besucherbuch der Bergakademie, 14. November 1817, S. 135*

Zu den Lehrern und Montanbeamten, mit denen er in Freiberg interagierte, zählten Christian Friedrich Brendel (1776–1861), Johann Carl Freiesleben und Wilhelm August Lampadius, wie Ausschnitten aus späterer Korrespondenz zwischen ihm und August Breithaupt aus dem Jahr 1822 zu entnehmen ist.[394]

Bei einem sich anschließenden, über einjährigen Aufenthalt in Paris lernte Alamán fernerhin den Freiberger Bergakademie-Absolventen Alexander von Humboldt kennen, der die lateinamerikanischen Unabhängigkeitsbestrebungen mit Interesse verfolgte und unterstützte. Alamán kehrte im Jahr 1820 in seine Heimat zurück, wo er sich aktiv für eine Ablösung des Territoriums des Vizekönigreichs Neu-Spanien vom spanischen Kolonialreich einsetzte. Seinen politischen Überzeugungen folgend ließ er sich zum Abgeordneten der Provinz Guanajuato wählen. Gemeinsam mit del Río, der sich ebenso für die Unabhängigkeit aussprach und in Konsequenz zum Vertreter der Provinz Nueva Galicia hatte wählen lassen, reiste Alamán kurze Zeit später zurück nach Spanien und

394 Siehe UTL, Lucas Alamán Papers, Nr. 92.

nahm an den zwischen Oktober 1820 und Februar 1821 abgehaltenen *Cortes* (Ständeversammlung) von Cádiz teil.

Del Río hatte sich dabei bereits seit längerer Zeit solidarisch mit den Ablösungsbestrebungen der Kolonie vom Mutterland gezeigt. Exemplarisch für seine Überzeugung steht die Benennung von zwei Mineralienspezies als Chovelit/Chovelia und Valencita in Gedenken an zwei Schüler seines ersten Oryktognosie-/Geognosie- und Bergbaukunst-Kurses – Casimiro Chovell (1775–1810) und Vicente Valencia (1776–1811) –, die ihr Leben in Kämpfen für die Unabhängigkeit ließen.[395] Die Beispiele dieser Akteure zeigen, dass die Bergakademie bereits früh ein Hort der Independenz-Bemühungen war, wenngleich diese – wie am Fall des monarchietreuen Fausto d'Elhuyars ersichtlich wird – nicht von allen dort agierenden Persönlichkeiten getragen wurden.[396]

Den mit der Teilnahme an den *Cortes* verbundenen Aufenhalt in Europa nutzten Alamán und del Río insbesondere auch für Aktivitäten, durch die sie zur Beförderung der – während der Kriegshandlungen teilweise nur eingeschränkt funktionierenden – Montanindustrie in Neu-Spanien beizutragen versuchten. Als Professor der Bergakademie konzentrierte sich del Río dabei auf den Ausbildungsbereich. Durch den Erwerb von Fachliteratur, die beispielsweise Werke der Schüler der Freiberger Bergakademie Robert Jameson (1774–1854) und Jean-François d'Aubuisson de Voisins (1769–1841) sowie Texte von René-Just Haüy und Jöns Jakob Berzelius umfasste, trug er zum Transfer aktueller montanwissenschaftlicher Forschungsergebnisse nach Lateinamerika bei.[397] In Ergänzung dazu kaufte er Mineralien zur Erweiterung der Sammlungen der Bergakademie. Eine seiner Kollektionen mit Stufen, die er in Frankreich und den Vereinigten Staaten erworben hatte, wurde 1820 für einen Preis von 355 Pesos von der Bergakademie angekauft.[398] Für seine Aktivitäten kamen ihm dabei die während der Studienzeit etablierten internationalen Netzwerke sowie seine Mitgliedschaften in zahlreichen gelehrten Gesellschaften und Akademien, wie der französischen Akademie der Wissenschaften, der Wernerian Society Edinburgh, der Medizinischen Gesellschaft von Strasburg, der Linneischen Societät in Leipzig und der Ökonomischen Sozietät Leipzig zugute.[399]

Nach der Rückkehr nahm del Río seine Lehrtätigkeit an der Bergakademie in Mexiko-Stadt im Jahr 1822 wieder auf. Einen Verbleib im früheren Mutterland und die Übernahme von Leitungspositionen im Montanwesen auf der iberischen Halbinsel –

395 Vgl. Castillo 2001, S. 1041, Escamilla/Morelos 2017, S. 76.
396 Vgl. Flores 1999, S. 61.
397 Vgl. Escamilla 2017/Morelos, S. 119.
398 Ibd., S. 117.
399 Vgl. López de Azcona 1985, S. 88.

angetragen wurde ihm das Direktorat der Bergwerke von Almadén sowie des Naturhistorischen Museums in Madrid – hatte er derweil abgelehnt.[400]

Alamán hingegen dehnte seinen Aufenthalt in Europa weiter aus. Als Gesandter (*Enviado Extraordinario y Ministro Plenipotenciario*) des unabhängigen Mexiko in Paris von August 1822 bis April 1823 fokussierte er unter anderem auf die Akquise von ausländischem Kapitel für Investitionen in die mexikanische Montanindustrie. Als Grundlage diente ihm sein 1821 verfasster Aufsatz über den deplorablen Zustand des mexikanischen Bergbaus (*Ensayo sobre la decadencia de la minería en la Nueva España)*, in dem er die aus seiner Sicht für einen Aufschwung erforderlichen Maßnahmen bereits angerissen hatte. Hilfreich für seine Aktivitäten stellten sich dabei die Publikationen von Alexander von Humboldt heraus, die dieser nach Abschluss seiner Lateinamerika-Reise zu Rohstoffvorkommen sowie Gewinnungs- und Verarbeitungsmethoden auf Basis eigener Observationen, von Datensammlungen der lokal agierenden deutschsprachigen Montanexperten und Recherchen in Kolonialarchiven verfasst hatte. Insbesondere der mehrbändige, ab 1811 in französischer und ab 1813 in deutscher Sprache erschienene *Versuch über den politischen Zustand des Königreichs Neu-Spanien* enthielt detallierte Informationen zu potenziell interessanten und bereits aufgeschlossenen Lagerstätten sowie zu seinerzeit funktionierenden Berg- und Hüttenwerken und bot damit ausländischen Mittelgebern eine Grundlage für ihre Investitionsentscheidungen. Dass es dabei zu Überschätzungen kam, war freilich auch Alamán bewusst, wie er später in seiner *Historia de Méjico* zum Ausdruck brachte:

> Seine [Humboldts] Beobachtungen waren nicht nur astronomischer und physischer Art, sondern auch politischer und wirtschaftlicher und die Texte, die er während seines Aufenthaltes veröffentlichte und später sein „Versuch über den politischen Zustand des Königreichs Neu-Spanien", der 1811 in Paris publiziert wurde, ließen diese bedeutende Besitzung in Spanien selbst bekannt werden, wo selbst keine genaue Vorstellung von ihr vorhanden war, sowie in allen Nationen, deren Aufmerksamkeit sie erweckte; und auch den Mexikanern, die daraufhin eine extrem übertriebene Vorstellung von den Reichtümern ihres Vaterlandes entwickelten und dachten, dass dieses – sollte es eines Tages unabhängig sein – die mächtigste Nation des Universums werden würde.[401]

400 Vgl. Escamilla/Morelos 2017, S. 118.

401 Alamán 1849, S. 141-142. Original: „*Sus observaciones fueron no solo astronómicos y fisicas, sino tambien politicas e económicas, y los extractos que publicó estando en el país, y despues su „Ensayo político sobre la Nueva España,“ que salió á luz en Paris en 1811, hicieron conocer esta importante posesion á la España misma, en la que no se tenia idea exacta de ella; á todas las naciones, cuya atencion se despertó; y á los mejicanos, quienes formaron un concepto extremadamente exajerado de la riqueza de su pátria, y se figuraron que esta, siendo independiente, vendria á ser la nacion más poderosa del universo.*“

Zum Teil auf Alamáns Bemühungen in Europa gingen dann die in der ersten Dekade des unabhängigen Mexiko mit britischem Kapital gegründeten Firmen wie die *Compañia Unida de Minas* und die *United-Mexican Mining Association* sowie die *Ferrería de Piedras Azules*, eine Eisenhütte in der Nähe von Durango, zurück.[402]

Mineralienkollektionen aus Freiberg für den Unterricht an der Bergakademie in Mexiko-Stadt

Alamáns Bemühungen in Europa standen darüber hinaus vor dem Hintergrund, die montanistische Ausbildung in Mexiko auf dem bisherigen Niveau zu halten, um somit Experten, die zum Aufschwung der heimischen Berg- und Hüttenindustrie beitragen konnten, weiterhin in entsprechender Quantität und Qualität zu qualifizieren. In Anknüpfung an die Aktivitäten del Ríos beförderte er den transatlantischen Transfer von Wissen dahingehend, dass er die Ankäufe aktueller Fachliteratur in Europa für die Bergakademie in Mexiko fortsetzte. Darüber hinaus konzertrierte er sich auf den Erwerb von Mineralienkollektionen, über die er zur Übermittlung von neuen Konzepten der Systematisierung und Identifizierung beitrug.

Für die Beschaffung dieses Unterrichtsmaterials stellten sich seine während der Fortbildungsreise einige Jahre zuvor geknüpften Kontakte zu Montanexperten in Freiberg als fruchtbar heraus. Denn an sie wandte er sich im Laufe des Jahres 1822, um Literatur zu erwerben sowie sich zu für die Lehre geeigneten Sammlungen zu informieren. Der dahingehend geführte Dialog zwischen ihm und dem Freiberger Bergakademie-Professor Breithaupt lässt sich über Korrespondenzen, die im Freiberger Universitätsarchiv und dem Nachlass des Mexikaners an der University of Texas (Lucas Alamán Papers) verwahrt werden, nachvollziehen.

So erwiderte Breithaupt die Bitte Alamáns um Beschaffung von Literatur und Zusendung eines Angebots für eine Äußere-Kennzeichen- und eine geognostische Sammlung in einem auf den 12. Mai 1822 datierten Schreiben mit umfangreichen Informationen zu den in der Freiberger Mineralienniederlage zum Verkauf stehenden Kollektionen: Er empfahl für den bergakademischen Unterricht den Gebrauch einer Kennzeichen-Sammlung mit mindestens 300 Objekten, für die ein Preis von 400-450 Francs zu Buche schlagen würde. Gleichzeitig verwies er darauf, dass in Freiberg auch umfangreichere Sammlungen zum Verkauf ständen (800 Stufen für 950 Francs, 1.200 Stufen für 1.500-1.600 Francs). Eine geognostische Sammlung mit 200 Stufen bot Breithaupt zum Preis von 8 Louisdors an. In Ergänzung dazu bestätigte er – ohne auf Details einzugehen, die Beschaffung der von Alamán gewünschten Fachliteratur und knüpfte durch Übermittlung von Grüßen von Montanexperten wie Freiesleben,

402 Vgl. Aguayo 1945, S. 59, Le Brun-Ricalens et al. 2021, S. 23-24.

Lampadius und Brendel sowie der Information über das Ableben von Trebra an den Austausch während Alamáns Freiberger Zeit an.[403]

Alamán entschied sich letzlich für den Erwerb einer von seiner ursprünglichen Vorstellung abweichenden Sammlungskonstellation, wie aus der Rechnung, die in das von Breithaupt verfasste Schreiben vom 20. Juni 1822 inkludiert ist, hervorgeht:

- 400 Francs für die Äußere-Kennzeichensammlung (ohne Kristallmodelle)
- 500 Francs für die systematische mineralogische Sammlung
- 180 Francs für die geognostische Sammlung
- 134 ½ Francs für die bestellten Bücher
- 14 Francs für Verpackung und Versand

  In Summe: 1228 ½ Francs[404]

Den Versand der gesamten Bestellung kündigte Breithaupt im selben Brief für Ende Juli 1822 an. Im letzten bekannten Schreiben in dieser Angelegenheit – datiert auf den 11. September 1822 – bestätigte Breithaupt den Eingang des Wechsels zur Begleichung des Rechnungsbetrags sowie den mittlerweile erfolgten Versand.

Alamán war es damit unter Nutzung seiner Netzwerke gelungen, durch den Erwerb der Mineraliensammlungen und Bücher Wissen aus einem der bedeutendsten montanwissenschaftlichen Zentren Europas nach Lateinamerika zu transferieren, womit in der Lehre an der Bergakademie in Mexiko-Stadt an aktuelle Entwicklungen in relevanten Fachdisziplinen angeknüpft werden konnte. Für die Kollektion der Lehrstätte stellte die Erweiterung zudem eine erhebliche Wertsteigerung dar, wie Alamán im Nachgang an die Transaktion an Breithaupt schrieb, der den entsprechenden Brief dem Jahresbericht der Mineralienniederlage für 1823 beifügte.[405] Der später langjährig in Mexiko tätige Freiberger Bergakademie-Absolvent Joseph Burkart (1798–1874)[406], gelangte

403 Siehe UTL, Lucas Alamán Papers, Nr. 91.

404 UTL, Lucas Alamán Papers, Nr. 92. Original: „*400 Francs pour la collection des caracteres exterieurs (sans les modelles de la crystallisation). 500 pour la collection methodique des especes, 180 pour la collection geognostique, 134 ½ pour les livres commandées, 14 pour l'emballage de pour l'envoy. 1228 ½ Francs. Somme.*“

405 Siehe UAF, OBA 482, Bl. 241-243.

406 Burkart hatte sich nach einem Studium in Bonn im Jahr 1821 an der Freiberger Bergakademie immatrikuliert (Matrikelnummer 972, Gesuch und Genehmigung des Studiums sowie des Besuchs von Berg- und Hüttenwerken, siehe UAF, OBA 183). Nach Beendigung seiner Studien in Sachsen nahm er zunächst eine Tätigkeit am königlichen Bergamt zu Düren auf. 1825 ging er nach Mexiko. Er arbeitete von 1825 bis 1828 für die Tjalpujahua-Bergwerks-Kompagnie, 1828 wechselte er als technischer Leiter zur Bolanos-Bergwerks-Kompagnie. Er nutzte die Zeit seines Aufenthalts in Mexiko auch, um ausgedehnte Studienreisen zu unternehmen, die er nach der Rückkehr nach Deutschland (1834) in einem zweibändigen Bericht *Aufenthalt und Reisen in Mexico in den Jahren 1825 bis 1834* (1836) dokumentierte. Zurück in Deutschland wurde er 1837 in Bonn zum Ober-

sogar zu der Ansicht, dass die Stücke aus Sachsen die ansehnlichsten in der mexikanischen Kollektion seien:

> Eine Stücke Gediegen-Silber und krystallisiertes Hornsilber ausgenommen, suchte ich vergebens nach schönen mexicanischen Sachen; nichts davon war vorhanden, und Professor del Rio klagte sehr über die Schwierigkeit, mexicanische Mineralien zu erhalten, da Niemand in den Revieren sey, der das Sammeln verstehe und sich darauf verlege. Eine Suite sächsischer Mineralien bildete den schönsten Theil der Mineralien-Sammlung.[407]

Auch für die Freiberger Bergakademie stellte sich das Geschäft mit Mexiko als gewinnbringend dar, denn mit ihm wurde ein Fünftel der Gesamteinnahmen der an ihr betriebenen Verkaufsanstalt im Jahr 1822 generiert.[408] Die positive Auswirkung auf die Bilanz war daher Breithaupt, dem damaligen Verwalter der Mineralienniederlage, eine besondere Erwähnung in seinem Tätigkeitsbericht wert:

> Unter den Bestellungen und Expedizionen des vorigen Jahres zeichnet sich diejenige aus, welche von Herrn Alaman im Auftrage der damals bestandenen Kaiserlich Mexikanischen Regierung veranlasst war, im Ertrage 267 Taler 16 Groschen.[409]

Die Aktivitäten Alamáns und del Ríos zeigen, dass die schon während des Studiums geknüpften Netzwerke auch in der Umbruchphase und nach Erlangen der Unabhängigkeit intensiv zum Aufbau und Konsolidierung des für das Wohl des Landes fundamentalen Wirtschaftszweigs der Berg- und Hüttenindustrie genutzt wurden. Insbesondere Freiberg mit seiner Bergakademie als international anerkanntem montanwissenschaftlichem Zentrum blieb ein wichtiger Bezugspunkt in Europa, auch wenn die Beziehungen nun prioritär durch bereits beruflich etablierte Experten und nicht durch den sich in der Ausbildungsphase befindlichen Nachwuchs gepflegt wurden. Wie bereits in Zeiten der Kolonialherrschaft wurden seitens der mexikanischen Regierung jedoch – sicherlich vorrangig aus Kostengründen – keine Stipendien für lateinamerikanische Studenten zur Weiterbildung an europäischen Lehranstalten oder Montanrevieren vergeben.

---

bergamtssekretär, 1843 zum Assessor und 1858 zum geheimen Bergrat berufen. 1867 schied er aus dem Staatsdienst aus und widmete sich *„ganz ausschließlich wissenschaftlicher Thätigkeit“* (vgl. Gümbel 1876).

407 Burkart 1836, 1. Bd., S. 266.

408 Die Mineralienniederlage verzeichnete im Jahr 1822 Einnahmen in Höhe von insgesamt 1.076 Talern 9 Groschen 4 Pfennigen (siehe UAF, OBA 482, Bl. 226).

409 UAF, OBA 482, Bl. 226.

Alamán und Del Río als Impulsgeber der Bergakademie im unabhängigen Mexiko

In den Jahren, die der Unabhängigkeitserklärung folgten, unterlag die Bergakademie wie auch andere Institutionen häufigen Modifikationen in ihrer Organisationsstruktur und ihrer Einordnung in die nationale höhere Bildungsstruktur. Alamán und del Río zählten dabei weiterhin zu wichtigen Impulsgebern für ihre Entwicklung und Ausgestaltung.

Alamán, der bis in die Mitte der 1830er Jahre in mehrfach wechselnden Regierungskonstellationen diverse hohe politische Ämter bekleidete[410], verfolgte seit der Auflösung des *Tribunal de Minería* im Jahr 1826 vielgestaltige Pläne zu ihrer Neuausrichtung. Ein 1830 präsentierter Vorschlag zur Reorganisation des mexikanischen Bildungswesens, der eine Bündelung von Kompetenzen durch Etablierung von Zentralinstituten für die Naturwissenschaften, Theologie, Jurisprudenz, Politik- und Geisteswissenschaften sowie Medizin vorsah, wies der Bergakademie einen Platz als Teil einer solchen Einrichtung zu. Dementsprechend fand 1833 ihre Eingliederung in das nun etablierte naturwissenschaftlich-mathematische Institut statt, das mit Professuren für Mathematik, Physik, Naturgeschichte, Mineralogie, Chemie, Astronomie, Geologie, Französisch und Deutsch ausgestattet wurde.[411] Bereits ein Jahr später wurde diese Neustrukturierung durch veränderte Vorgaben der Regierung wieder hinfällig. Die mexikanische Bergakademie kehrte daraufhin zu ihrem ursprünglichen Status als eigenständige Institution zurück, wobei ihr Angebotsspektrum in den Folgejahren gemäß den Anforderungen der nationalen Industrie/Politik beispielsweise um Fachgebiete wie Zivil- oder Militäringenieurwesen erweitert wurde.[412]

Für del Río stellten die politischen Ereignisse in den ersten Dekaden des 19. Jahrhunderts zwar Einschnitte für seine Berufstätigkeit dar, er blieb jedoch auch in Zeiten der Unabhängigkeit der Bergakademie als Lehrer verbunden. Über seine Netzwerke kommunizierte er weiterhin mit Mitgliedern der internationalen Fachcommunity und beförderte auch im unabhängigen Mexiko die transatlantische Zirkulation von Fachwissen. Dass seine Beiträge unvermindert in Europa wahrgenommen wurden, zeigt exemplarisch die Reaktion eines anonymen Rezensenten auf die von del Río vorgenommene Übersetzung der 1827 von Jöns Jakob Berzelius (1779–1848) publizierten Atommassentabelle ins Spanische, die dieser auch in die zweite Auflage seiner *Elementos de Orictognosia* (1832) inkludierte. In der in der *Allgemeinen Literatur-Zeitung* erschienenen

410 Alamán zog sich Mitte der 1830er Jahre fast komplett aus der Politik zurück und widmete sich der Historiographie. In den Jahren 1849–52 publizierte er eine fünfbändige *Historia de Méjico*.

411 Vgl. Ramírez 1894, S. 283, Holl 2004, S. 19.

412 Vgl. Ramos 2000, S. 116.

Besprechung wird dabei insbesondere der Beitrag del Ríos zur Ausformung der spanischen mineralogischen Fachsprache gewürdigt:[413]

> Das Werkchen des mexikanischen Professors enthält eigentlich blos, was der Titel andeutet: eine tabellarische Uebersetzung des Berzelius'schen Mineralsystems. ... Die Noten zu dem Berzelius'schen System, welche del Rio beygefügt hat, bieten kaum eine Bemerkung von irgend einer Bedeutung dar, welche jenseits des Meeres gemacht wäre (die wichtigste ist eine Notiz über das Vorkommen des Jodsilbers in Zacatecas), ... Nur wegen der darin enthaltenen spanischen Nomenclatur der neuern Mineralogie kann die Schrift einiges Interesse gewähren.[414]

Im Jahr 1829 unterbrach del Río aus politischen Gründen seine Lehrtätigkeit an der mexikanischen Bergakademie und übersiedelte in die Vereinigten Staaten von Amerika, wo er sich bis 1834 in Philadelphia aufhielt.[415] Während dieser Zeit trug er mit der unter seiner Ägide erfolgten Gründung der Geologischen Gesellschaft von Pennsylvania zur Etablierung einer Plattform für den fachlichen Austausch und zur Ausweitung der Netzwerke unter amerikanischen Kollegen bei. Auch seine fruchtbare Publikationstätigkeit führte del Río fort: Er veröffentlichte Beiträge zu eigenen Forschungen beziehungsweise zu Observationen, die er auf geologischen Erkundungstouren gemacht hatte. Dazu bereitete del Río eine Neuauflage seiner *Elementos de Orictognosia* vor, die er 1832 in Philadelphia veröffentlichte.[416]

Nach der Rückkehr nach Mexiko nahm del Río die Lehrtätigkeit an der Bergakademie wieder auf. Erst 1846 zog er sich – im Alter von 82 Jahren – endgültig von seiner Professur zurück. In die Spätphase seines Wirkens fällt die Veröffentlichung eines Geologie-Lehrbuchs für den Unterricht an der montanistischen Ausbildungsinstitution. Bei seinen bisherigen Veröffentlichungen in dieser Fachdisziplin handelte es sich prioritär um Beiträge in nationalen (*Gaceta de México*) und internationalen gelehrten Journalen (*Anales de Historia Natural/Ciencias Naturales, Annales des Mines)*, über die er mit Observationen aus seiner Wahlheimat Mexiko zu aktuellen Debatten wie beispielsweise der Plutonisten-Neptunisten-Kontroverse Stellung genommen hatte.[417]

413 Vgl. Puche 2008, S. 776.

414 ALZ 1832, S. 495.

415 Der 1828 gescheiterte Versuch Spaniens, die ehemalige Kolonie Mexiko zurückzuerobern, führte zur Ausweisung einer Vielzahl von Spaniern. Obwohl del Río aufgrund seiner Verdienste für die Unabhängigkeit der Aufenthalt weiterhin gestattet wurde, zog er es vor, Mexiko interimistisch zu verlassen (vgl. Ferry 2011, S. 491).

416 Vgl. Ferry 2011, S. 491.

417 Zur Plutonisten-Neptunisten-Debatte trug del Río beispielweise durch Beiträge im spanischen Fachjournal *Anales de Historia Natural* (siehe del Río 1800) beziehungsweise *Anales de ciencias naturales* (siehe del Río 1802) bei, in denen er seine in Neu-Spanien gewonnenen Erkenntnisse

Über das 1841 herausgegebene *Manual de Geologia* trug del Río erneut zum transatlantischen Transfer von Fachwissen bei. Aktuelle Entwicklungen des Fachgebiets widerspiegeln die in dem Werk verarbeiteten Auszüge aus Heinrich Georg Bronns (1800–1862) *Lethaea geognostica oder Abbildungen und Beschreibungen der für die Gebirgs-Formationen bezeichnendsten Versteinerungen* (1835/38), aus Johann Nepomuk von Fuchs' (1774–1856) *Theorien der Erde* (1838) und Joseph Burkarts *Aufenthalt und Reisen in Mexico in den Jahren 1825 bis 1834* (1836), wobei er unter Berücksichtigung der Schriften des Letzeren einen Rückgriff auf Wissen eines Absolventen der Freiberger Bergakademie vornahm.

Die Aktivitäten del Ríos in den späten Berufsjahren zeigen, dass er bis ins hohe Alter von seinen weitgespannten Netzwerken profitierte und den Austausch mit der internationalen Fachcommunity pflegte. Er zählte durch sein Wirken zu den einflussreichsten Montanexperten in Mexiko in der ersten Hälfte des 19. Jahrhunderts und trug maßgeblich von Lateinamerika aus zur Binnendifferenzierung der Montanwissenschaften bei. Del Río prägte dazu über ein halbes Jahrhundert die höhere montanistische Ausbildung in Mittelamerika – vom kolonialen Zeitalter über die Umbruchphase bis weit in die Zeiten des unabhängigen Mexikos.

2.2.5 *Ausbildungsstrukturen in Peru*

Neben Neu-Spanien war Peru das spanische Vizekönigreich im 18. Jahrhundert, das maßgeblich zur kolonialen Rohstohffproduktion beitrug; es nahm in der Reihe der bedeutendsten Silberproduzenten die zweitwichtigste Position ein (vgl. Abbildung 52 und Kapitel 4.1.4) und war hierfür – wie auch sein weiter nördlich gelegenes Pendant – auf spezialisierte Fachkräfte zur Ressourcengewinnung und -verarbeitung angewiesen.

In dem über die gesamte Kolonialzeit in Peru konstant ertragreichsten Montanrevier um Potosí existierte im 18. Jahrhundert ein rudimentäres Ausbildungssystem, bei dem – in Analogie zu dem des *Metallurgischen Institutum* vor Gründung der Freiberger Bergakademie – einzelne Montanexperten Kurse anboten, die in ihrer Gestaltung den individuellen Lernzielen und -fortschritt der Schüler angepasst wurden. Eine Bündelung des Angebots erfolgte durch den ehemaligen Gouverneur von Potosí Ventura Santélices (c. 1698–1763) mit einer von ihm ins Leben gerufenen *Junta* oder *Escuela*. An diese Initiative anknüpfend wurde mit der auf Vorschlag des Gouverneurs

und Beobachtungen zum Vulkanismus und zu Erzgängen verarbeitete. Folgte er hierbei anfänglich noch den Anschauungen seines Lehrers Werner, tendierte er jedoch schon bald auf Basis seiner Beobachtungen zu den Theorien der Plutonisten, wie aus einem 1803 veröffentlichten Beitrag *Las formaciones de las montañas en algunos reales de minas* ersichtlich wird (vgl. Uribe 2006, S. 249).

von Potosí Jorge de Escobedo y Alarcón (1743–1805) im Jahr 1779 etablierten *Academia de San Juan Nepomuceno* ein weiterer Schritt zu Formalisierung der Qualifizierungsstrukturen unternommen.[418] Escobedo zielte in Anlehnung an die Entwicklungen in Europa mit Einrichtung dieser Institution auf eine Ausweitung der Kapazitäten für eine höhere Ausbildung ab, wie auch seiner Rede zur Eröffnung der *Academia* zu entnehmen ist. Er verwies darin auf die Notwendigkeit der Erlangung von Kenntnissen aus den Bereichen Chemie, Physik, Mineralogie, Metallurgie, Technik und Hydraulik für die zukünftigen Montanbeamten, um auch in Zukunft effizient Bergbau betreiben zu können. Explizit erwähnte er das Erfordernis, Wissen zu neuesten Entwicklungen im berg- und hüttenmännischen Fach zu vermitteln, und leitete daraus den Einsatz in Europa geschulter Fachleute als Lehrkräfte ab.

Das Studium an der *Academia* war – in Anlehnung an ihre Pendants in Europa und in Abweichung zu der später in Mexiko-Stadt vorgegebenen sechsjährigen Dauer – auf einen Zeitraum von drei Jahren ausgelegt und diente der theoretischen und praktischen Unterrichtung. Die in der Gründungszeit akquirierten Lehrkräfte entstammten größtenteils dem Kreis der im Berg- und Hüttenwesen in Potosí beschäftigten Experten, einzig mit dem Portugiesen Antonio Silva (?-?) konnte ein ausländischer Probierer für das Lehrjahr 1779/80 gewonnen werden.[419] Komplementär zu der anvisierten Orientierung am europäischen Wissensstand wurde auf die Vermittlung lokal gewonnener Erkenntnisse Wert gelegt, wie die Verwendung von Barbas *Arte de los Metales* als Lehrbuch zeigt. Obgleich Escobedo die Initiative nachdrücklich unterstützte und lokale Akteure als Lehrkräfte gewonnen werden konnten, gelang es in den sich der Eröffnung anschließenden Jahren nicht, einen kontinuierlichen Lehrbetrieb aufrechtzuerhalten. Nach Escobedos Abgang als Gouverneur von Potosí und der Übernahme neuer Aufgaben als General-Visitador 1782 verlor die Institution ihren größten Förderer und stellte ihre Aktivitäten weitgehend ein. Auch die ab Ende der 1780er in Potosí aktiven Experten aus dem deutschen Sprachraum brachten keinen Wandel und kein Wiederaufleben der Einrichtung, da sie prioritär ihren Tätigkeiten im Berg- und Hüttenbetrieb in weit verstreut liegenden Montanrevieren nachgingen und für die Unterrichtung des Nachwuchses nur wenig Zeit erübrigen konnten.[420]

Überliefert ist, dass zumindest einer dieser Experten, Anton Zacharias Helms, dem Bildungsauftrag durch Unterricht in einem von ihm selbst eingerichteten Laboratorium nachkam, „*in which he daily read lectures, accompanied with suitable experiments, to an audience composed of officers of the mint and proprietors of the mines; and fully instructed six young men in the science of metallurgy.*“[421] Seine Unterweisungen zielten prioritär auf

418 Vgl. Gavira 2019, S. 25.

419 Vgl. Buechler 1989, S. 83-86, Gavira 2019, S. 28-29.

420 Vgl. Buechler 1989, S. 100.

421 Helms 1806, S. V.

die Vermittlung von Wissen zu metallurgischen Verfahren zur Gewinnung von reinem Gold, Silber und Kupfer aus den lokal gewonnen Erzen.[422] Doch auch aus dieser Initiative heraus konnte sich keine permanent funktionierte Lehrstätte entwickeln.

In Peru scheiterte damit im Gegensatz zu Neu-Spanien der Versuch, ein Zentrum für die höhere montanistische Ausbildung dauerhauft zu etablieren.[423]

2.2.6 *Ausbildungsstrukturen in Iberospanien nach dem Zerfall des Kolonialreichs*

Der sich in der zweiten Dekade des 19. Jahrhunderts konkretisierende Zerfall des spanischen Kolonialreichs stellte die Bourbonenmonarchie vor große Herausforderungen hinsichtlich der Staatsfinanzierung, die bisher zu großen Teilen auf Einnahmen aus der Ausbeutung der natürlichen Rohstoffvorkommen in den lateinamerikanischen Territorien beruhte. In der in den 1820er Jahren nach Ablösung einer Reihe von Kolonien eingeleiteten Phase der Neuorientierung rückte der Fokus daher auf die Ressourcen der iberischen Halbinsel, für deren Nutzung sich ein Ausbau und eine Modernisierung der Berg- und Hüttenindustrie als notwendig erwiesen. Zur Bewältigung der damit einhergehenden Aufgaben war der Einsatz von Experten erforderlich, für deren Qualifizierung bisher keine konstant funktionierende Lehrstätte auf der iberischen Halbinsel existierte (vgl. Kapitel 2.2.3).

Für die Einleitung des Wandels im ehemaligen Mutterland erwies sich die Rückkehr von Fausto d'Elhuyar aus Lateinamerika als Glücksfall. Der monarchietreue d'Elhuyar hatte in der zweiten Dekade des 19. Jahrhunderts zunehmend an Einfluss innerhalb des *Tribunal des Minería* verloren. Die Erklärung der Unabhängigkeit Mexikos bewog ihn, vom Amt des Generaldirektors des neuspanischen Bergbaus zurückzutreten und 1821 auf die iberische Halbinsel umzusiedeln. Mit ihm stand nun ein ausgewiesener Experte bereit, der mit seinen vielfältigen Erfahrungen und Kenntnissen aktiv zum Aufschwung des Montanwesens beitragen konnte.

D'Elhuyar machte sich zunächst als Mitglied der *Dirección General del Crédito Público* (Generaldirektion für öffentliche Kredite), dann als Angehöriger der 1824 gegründeten *Junta de Fomento de la Riqueza del Reino* (Kommission zur Förderung des Reichtums des Königreichs) – beides Organe des Finanzministeriums – auf einer Vielzahl von Reisen, die er für Inspektionen von Berg- und Hüttenwerken und für Prospektionsaktivitäten nutzte, mit dem Zustand des iberospanischen Montanwesens vertraut. Seine Beobachtungen und Schlussfolgerungen in Hinsicht auf den intendierten Aufschwung der

422 Vgl. Helms 1806, S. 96.
423 Vgl. Gavira 2019, S. 30.

Montanindustrie verschriftlichte er in diversen Berichten und Denkschriften, in denen er auch seine als Generaldirektor des neuspanischen Berg- und Hüttenwesens gewonnenen Erfahrungen einfließen ließ. Als Schwachpunkte der iberospanischen Montanindustrie identifizierte er die hohe Steuerlast, eine unzureichende Berggesetzgebung, eine eingeschränkte Infrastruktur und Anbindung einzelner Montanreviere an Zentren, den niedrigen Professionalisierungsgrad und eine nur geringe Anerkennung des Berufsstandes.[424]

Die größte Wirkung konnte seine Denkschrift *Memoria sobre la formación de la Minería de España* (1825) entfalten, die im Nachgang zur Veröffentlichtung als Grundlage für die eingeleitete Reorganisation des Montanwesens genommen wurde. Ausgehend von den darin enthaltenen Vorschlägen wurde eine neue Verordnung zur Beförderung der spanischen Rohstoffindustrie (*Decreto para el Formento de la industria extractiva española*) erarbeitet, die Fernando VII. (1784–1833) am 4. Juli 1825 erließ. Das Dekret bildete von nun an die Basis für die Arbeit der Generaldirektion des spanischen Bergbaus, zu dessen Leiter d'Elhuyar im Dezember 1825 ernannt wurde.[425] Mit seiner Berufung fand die Serie von in Freiberg ausgebildeten Montanexperten an der Behördenspitze, die mit Francisco Angulo ihren Anfang nahm, ihre Fortsetzung. D'Elhuyar zur Seite gestellt wurde – als erster Generalinspektor (*Primer Inspector General*) – mit Timoteo Álvarez de Veriña y Cadrecha (1779–1834) ein weiterer Absolvent der Freiberger Bergakademie. Dort war er nach Studien in Paris (ab 1804) zwischen 1808 und 1811 eingeschrieben gewesen.[426] Die dazu nach seiner Rückkehr in den Bleifabriken in Almería (ab 1813) und Linares (ab 1824) gesammelten Berufserfahrungen qualifizierten ihn für eine Tätigkeit in der Generaldirektion, an deren Spitze er nach d'Elhuyars Tod am 6. Februar 1833 sogar selbst für kurze Zeit aufstieg, bevor er 1834 einer Erkrankung an Cholera erlag.[427]

Als Generaldirektor des iberospanischen Bergbaus lag einer der Schwerpunkte der Aktivitäten d'Elhuyars auf dem Aufbau und der Konsolidierung der Strukturen für die höhere montanistische Ausbildung. In einem ersten Schritt schuf er einen Bergingenieur-Corps (*Cuerpo de Ingenieros de Minas),* mit dem er sich eine gesteigerte Anerkennung des Berufsstandes und eine Hebung des Qualifikationsniveaus der Beschäftigten erhoffte. Die Organisation des Lehrangebots für zukünftige Montanexperten hatte d'Elhuyar in dem 1825 erlassenen Dekret bereits angerissen. Die Ausführungen in

424 Vgl. Peset 1987, S. 256.

425 Vgl. Custodio 2000, S. 40.

426 Veriña wird an der Bergakademie Freiberg unter der Matrikelnummer 705 geführt. Zu seinem Studienaufenthalt liegen im Universitätsarchiv Freiberg keine detaillierten Informationen vor. Einzig zu seinem Abgang existiert ein Vermerk, der auf eine überstürzte Abreise verweist, bei der er neben einer Kiste mit Mineralien und Büchern, auch nicht beglichene Schulden hinterließ (siehe UAF, OBA 456, Bl. 43-44).

427 Vgl. López de Azcona 1985a, S. 89.

Artikel 43 sahen die Etablierung von zwei Lehrstühlen – einem für Markscheidekunst und einem zweiten für Mineralogie und Probierkunst – in Almadén vor, die unter Aufsicht des Generaldirektors gestellt wurden.[428] Mit der Wahl des Standorts Almadén wurde an die früheren Bestrebungen der Monarchie angeknüpft und durch Ansiedlung in direkter Nähe zu Bergwerken der Grundsatz der Verwobenheit zwischen theoretischem und praktischem Unterricht in der höheren montanistischen Ausbildung betont.

Eine im Dezember 1825 herausgebene Ausführungsverordnung regelte nähere Details zur Ausgestaltung des Studiumprogramms an der nun wiederbelebten Institution. Das Curriculum sah ein vierjähriges Studium vor, wovon zwei Jahre der theoretischen Ausbildung und die übrigen beiden dem praktischen Unterricht in Berg- und Hüttenwerken gewidmet waren. Zur Unterstützung der Lehre war die Einrichtung eines chemisch-metallurgischen Laboratoriums, von Mineralien- und Modellsammlungen sowie einer Bibliothek vorgesehen. Für den Unterricht zugelassen werden sollten Studierwillige, die ausreichend Vorkenntnisse der Mathematik, Physik, Chemie, Mineralogie und Zeichnen besassen und diese durch Absolvieren einer Eignungsprüfung nachweisen konnten. Analog zu der in mittel- und nordeuropäischen Montanrevieren geübten Praxis war die Einführung eines Stipendiensystems beabsichtigt. Die Anzahl der pro Jahr zu vergebenden Stipendien wurde auf sechs im ersten und vier in den Folgejahren begrenzt. Die in dem Dekret verankerte Einrichtung von zwei Lehrstühlen fand Bestätigung in der Ausführungsverordnung, wobei hier festgelegt wurde, dass die Professur für Markscheidekunde zusätzlich die Lehre der Bergbaukunst zu verantworten hatte. Voraussetzung für die Übernahme einer Lehrtätigkeit war eine höhere wissenschaftlich-technische Ausbildung. Die Durchführung des Ausbildungsprogramms unterlag der Kontrolle des Direktors der Almadener Bergwerke, der monatlich Bericht an den Generaldirektor des spanischen Bergbaus zu erstatten hatte.[429]

Trotz der mit dieser Verordnung intendierten Konzentration der höheren montanistischen Ausbildung am Standort Almadén wurde die bisher geübte Praxis zunächst fortgeführt und Unterricht in Madrid blieb integraler Bestandteil des Studienprogramms. Hierbei spielte weiterhin das seit 1815 am *Real Museo de Ciencias* angesiedelte *Estudio de Mineralogia* mit seinem von Donato García geführten Lehrstuhl für Mineralogie eine gewichtige Rolle. Wenngleich die Generalbergbaudirektion keinen direkten Einfluss auf dieses Angebot hatte, so konnten d'Elhuyar und Veriña in Wahrnehmung von Funktionen in Gremien des Naturhistorischen Museums eine gewisse Kontrolle ausüben: d'Elhuyar als Mitglied des Aufsichtsgremiums (*Junta de Protección*) von 1827 bis zu

428 Siehe Coleccion 1846, S. 7. Original: „ ... *estableciéndose alli dos cátedras bajo la dependencia de la Direccion general, la una de geometría subterránea, y la otra de docimasia y mineralurgia ...*“

429 Vgl. Maffei 1977, S. 22.

seinem Tod, Veriña als Konservator von 1831 bis zu seiner Berufung zum Generalbergbaudirektor.[430]

Die Ausbildungslandschaft in Madrid wurde ferner 1828 durch einen Probierkunst-Lehrstuhl an der Generalbergbaudirektion erweitert, der mit José Duro y Garcés (1797–1855) besetzt wurde. Seine Kurse waren – wie auch die Vorbereitungskurse für Mathematik und Physik, die an der Madrider *Academia de San Fernando* abgehalten wurden – vor Aufnahme des Studiums in Almadén zu besuchen.[431]

In Almadén war damit vorerst nur ein eingeschränkter Lehrbetrieb vorgesehen. Zunächst fand hier nur der Unterricht in Mathematik und Markscheidekunst statt, für den José de Larrañaga verantwortlich war.[432] In Vorbereitung des Ausbaus der Lehrstätte ließ Fausto d'Elhuyar für die Bibliothek Neuerscheinungen aus dem In-und Ausland erwerben. Ebenso kaufte er – unter Nutzung seiner Netzwerke – bei diversen Anbietern in Europa Instrumente und Meßgeräte für das Laboratorium.[433] Diese Anschaffungen zeigen die Orientierung an internationalen Entwicklungen, die Fausto d'Elhuyar weiterhin als essentiell für die Qualifizierung des Expertennachwuchses betrachtete.

Die Aktivitäten Fausto d'Elhyuars führten zwar nicht zu einer sofortigen Konzentration der höheren montanistischen Ausbildung in Almadén. Ihm gelang es jedoch, durch Ausbau der Lehrkapazitäten und Einflussnahme auf vorhandene Angebote den Prozess der Formalisierung höherer Ausbildungsstrukturen voranzubringen und die Basis für die Etablierung einer eigenständigen Institution zu schaffen. Wie aus den Immatrikulationszahlen abzulesen ist, zeigten seine Bestrebungen durchaus Erfolg: Bis zu seinem Tod im Jahr 1833 verzeichnete die Bergakademie in Almadén im Gegensatz zu früheren Perioden eine deutlich gesteigertes Studieninteresse von in- und mittlerweile sogar ausländischen Bewerbern[434] (vgl. Tabelle 2).

Tabelle 2: Immatrikulationen an der Bergakademie Almadén 1828–1833 (Quelle: Maffei 1977, S. 127–133)

Jahr	1828	1829	1831	1832	1833
Immatrikulationen	35	41	79	42	21

430 Vgl. Calatayud 2002, S. XVI, Montero 2003, S. 138–139.

431 Vgl. Maffei 1977, S. 23.

432 José de Larrañaga war bereits seit längerer Zeit als Professor in Almadén tätig: ab 1802 für den Mathematik-Unterricht, ab 1804 für den der Markscheidekunst (vgl. Maffei 1977, S. 18).

433 Vgl. Maffei 1977, S. 23.

434 Im Zeitraum 1828-33 immatrikulierten sich zehn Studenten aus dem Ausland an der Bergakademie Almadén: 3 aus Frankreich, 1 aus Irland, 1 aus Kuba, 3 aus Mexiko, 1 aus dem Osmanischen Reich, 1 aus Russland.

Internationale Qualifizierung des Lehrpersonals

Für eine dauerhafte Gewährleistung des Betriebs der Bergakademie in Almadén auf hohem Niveau stellte sich für d'Elhuyar das Fehlen von qualifiziertem Lehrpersonal als großes Defizit heraus. Zu seinen Initiativen zählte es daher, talentiertem Nachwuchs eine Weiterbildung an international renommierten Bildungseinrichtungen zu ermöglichen, um so auch in Zukunft konstant die Vermittlung von rezent, sowohl im In- als auch im Ausland generiertem Fachwissen sicherstellen zu können. D'Elhuyar identifizierte zu diesem Zweck aus dem Kreis der Studenten des ersten Bergakademie-Kurses 1828 sowie berufserfahrener Experten aussichtsreiche Kandidaten, die er mit Stipendien versehen, ab 1828 auf Fortbildungsreisen ins Ausland schickte (vgl. Abbildung 26). Das Reiseprogramm sah uniform einen zweijährigen Aufenthalt an der Bergakademie Freiberg und anschließend den Besuch von Berg- und Hüttenwerken in diversen europäischen Bergrevieren vor. D'Elhuyar knüpfte mit dieser Auswahl an seine eigene Studienzeit an, wobei er die sächsische Institution weiterhin als die für die Qualifizierung empfehlenswerteste und förderlichste ansah.

Eine erste Stipendiatengruppe bestand aus Lorenzo Gómez Pardo y Enseñá (1801–1847) und Isidro Sáinz de Baranda y San Juan (1806–1878). Beide konnten grundlegende Fachkenntnisse aufweisen: Gómez hatte nach pharmazeutischen und naturhistorischen Studien an diversen Institutionen in Madrid einen Mineralogie-Kurs bei García am *Estudio de Mineralogia* besucht[435] und danach seine naturhistorischen und chemischen Studien in Paris fortgesetzt, wo er sich Mitte der 1820er Jahre während seiner Exilierung aufhielt. 1828 war er nach Spanien zurückgekehrt. Sáinz, der wie Gómez nach Frankreich emigriert war, hatte sich in Paris – auf Empfehlung von Gómez – montanistisches Fachwissen angeeignet.[436]

Gómez und Sáinz absolvierten zwischen 1828 und 1831 einen Studienaufenthalt an der Freiberger Bergakademie.[437] Zu den – wohl von beiden – besuchten Lehrveranstaltungen gibt ein im Universitätsarchiv Freiberg aufbewahrter Entwurf für ein Zeugnis vom 19. September 1831 Auskunft, demnach Gómez

> die Vorlesungen namentlich über Oryktognosie, Bergbaukunst, Geognosie, Hüttenkunde, Bergmaschinenlehre und Krystallologie mit lobenswerter Applikation gehört, in Erwerbung

435 Gómez wird nicht in der Matrikelliste der Bergakademie Almadén aufgeführt.

436 Vgl. Rábano 2018, S. 115.

437 Der Beginn des Aufenthalts in Freiberg von Gómez und Sáinz in Freiberg wird durch ein Reskript vom 10. Dezember 1828 belegt, das die Erlaubnis zum Besuch von Vorlesungen an der Bergakademie und von Berg- und Hüttenwerken enthält (siehe UAF, OBA 196, Bl. 16). Inskribiert wurden beide am 7. Januar 1829 (siehe UAF, OBA 101, Bl. 5). Im Studentenverzeichnis der Bergakademie werden sie unter den Matrikelnummern 1201 und 1202 geführt.

praktisch-bergmännischer Kenntnisse jederzeit richtig sich bewiesen auch sich stets sittlich gut und anständig betragen hat.[438]

Dem Aufenthalt in Freiberg schloss sich eine Tour durch mitteleuropäische Montanreviere an, die ferner für den Erwerb von Lehrmaterialien für die montanistische Ausbildung in Spanien genutzt wurde.[439]

Einer zweiten Stipendiatengruppe gehörten Felipe Bauzá (1802–1875)[440], Joaquín Ezquerra del Bayo (1793–1857) und Rafael Amar de la Torre (1802–1874) an. Sie alle zählten zu den Absolventen der 1802 in Madrid nach Vorbild der französischen *École des ponts et chaussées* gegründeten Spezialschule *Escuela de Caminos*: Bauzá hatte seine Studien 1819 begonnen, Ezquerra 1821 und Amar 1822. Gemeinsam mit Amar gehörte Bauzá, der seine Ausbildung zwischenzeitlich in Paris fortgeführt hatte, dem ersten Jahrgang (1828) der wiederbelebten Bergakademie Almadén an.[441] Ezquerra war nach Beendigung seiner Studien an der *Escuela de Caminos* in politische Ungnade gefallen und nutzte die beschäftigungsfreie Zeit, seine Kenntnisse im Zeichnen und der Malerei bei dem spanischen Maler Vicente López (1772–1850) zu vervollkommnen. Zwischen 1826 und 1827 leitete er eine Glasmanufaktur in Aranjuez, 1828 wechselte er zur spanischen Generalbergverwaltung. Zu seinen Aufgaben hier gehörte die Erstellung von Plänen und Rissen der Riotinto-Bergwerke sowie die Erarbeitung von Vorschlägen zum Umbau der Wasserversorgung von Madrid unter Nutzung der Flüsse Lozoya und Guadalix.[442] Auch Amar war für die Bergbaubehörde tätig geworden: In Zusammenarbeit mit Bauzá widmete er sich der geologischen Erkundung und Kartierung von Asturien, wobei der Schwerpunkt ihrer Tätigkeiten auf der Prospektion und späteren Erschließung von Steinkohlelagerstätten lag.[443]

Mit Amar, Ezquerra und Bauzá griff d'Elhuyar somit auf fachlich qualifiziertes Personal seiner eigenen Behörde zurück, dessen Leistungsvermögen und Entwicklungspotenzial er über die bereits ausgeführten Arbeiten gut einschätzen konnte. Die Gruppe traf im Herbst 1830 in Freiberg ein.[444] Zu dem Kursprogramm, das sie während ihres

438 UAF, OBA 391, Bl. 155.

439 Vgl. Vitar o.D.a.

440 Der gleichnamige Vater von Felipe Bauzá hatte sich in diversen Funktionen um die Erforschung von Territorien der spanischen Monarchie verdient gemacht. Er hatte beispielweise als Kartograph an der Malaspina-Expedition 1789–1794 teilgenommen, 1815 wurde er zum Direktor des *Depósito Hidrográfico* ernannt. Bauzá Sr. zählte zu den Gelehrten, die Humboldt in Vorbereitung seiner Südamerika-Reise in Madrid konsultiert hatte.

441 Vgl. Vitar o.D.

442 Vgl. Vitar o.D.a.

443 Vgl. Puche o.D.

444 Für Amar, Ezquerra und Bauzá wurde auf ihren Antrag vom 6. Oktober 1830 per Reskript vom 10. November 1830 der Besuch von Vorlesungen an der Freiberger Bergakademie und Berg- und

Aufenthalts in Sachsen bis 1833 absolvierten, liegen keine Unterlagen im Freiberger Universitätsarchiv vor. Ihre Studien unterbrachen sie jedoch für einen mehrmonatigen Aufenthalt in Heidelberg, während dem sie Lehrveranstaltungen bei Karl Cäsar von Leonhard (1779–1862) und Heinrich Georg Bronn (1800–1862) besuchten. Auf der Rückreise nach Spanien hielten sie sich in Bergrevieren in Schlesien, Böhmen, Steiermark, Salzburg, Tirol und Belgien auf. Auch diese Gruppe trug zur Zirkulation von Fachwissen durch den Erwerb und Transfer von Lehrmaterialien und aktuelle Fachpublikationen nach Spanien bei.[445]

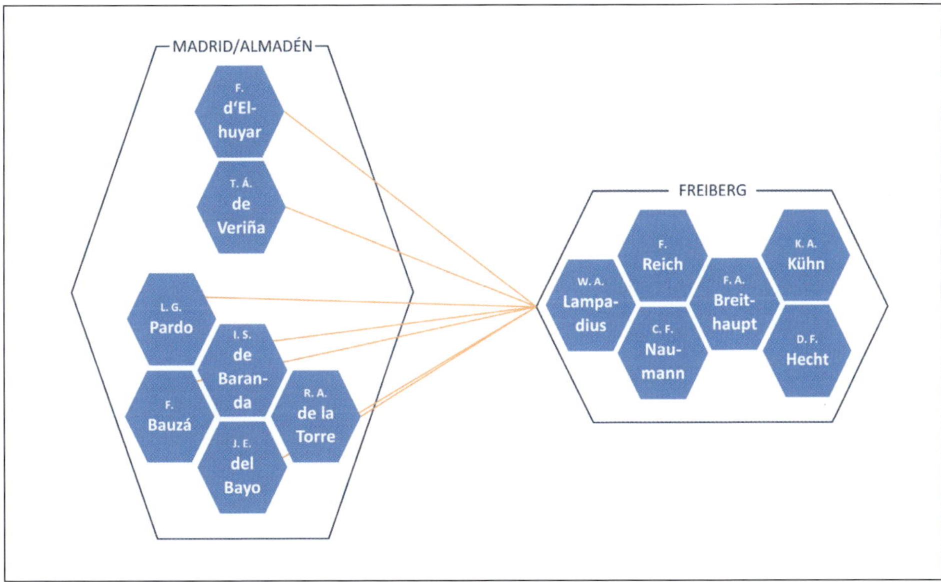

Abb. 26 | Netzwerke zwischen Akteuren in Madrid/Almadén und Freiberg

Konzentration der höheren montanistischen Ausbildung in Madrid

Mit der Entsendung von Stipendiaten zur internationalen Qualifizierung an die Freiberger Bergakademie und in europäische Montanreviere beförderte d'Elhuyar Ende der 1820er Jahre den Prozess der Formalisierung von Strukturen und der Konsolidierung der höheren montanistischen Ausbildung in Spanien. Ziel war es dabei nicht nur das Niveau der Lehre in Spanien anzuheben, sondern auch durch Netzwerkbildung den Wissens- und Technologietransfer in die iberospanische Berg- und Hüttenindustrie zu befördern.

Hüttenwerken genehmigt (siehe UAF, OBA 196, Bl. 142-143, 160-162). Inskribiert wurden die drei Studenten am 13. November 1830 (siehe UAF, OBA 101, Bl. 5), im Studentenverzeichnis werden sie unter den Matrikelnummern 1245, 1246 und 1247 geführt.

445 Vgl. López de Azcona 1984, S. 86.

Gleichwohl d'Elhuyar bis zum Schluss auf Almadén als zentralen Standort der bergakademischen Ausbildung setzte, ließen sein Ableben im Jahr 1833 und der Bedeutungsverlust der Bergwerke von Almadén durch den kontinuierlich abnehmenden transatlantischen Quecksilberhandel infolge der Unabhängigkeit lateinamerikanischer Staaten die Diskussion nach dem geeigneten Ansiedlungsort einer solchen Bergakademie verstärkt entfachen. Die Wahl stand zwischen einem Standort in unmittelbarer Nähe zu Berg- und Hüttenwerken als *locus* einer eng verwobenen theoretisch-praktischen Unterrichtung wie in Freiberg oder Schemnitz oder einer Position in geringer Entfernung zu naturwissenschaftlichen Institutionen beziehungsweise theoretisch orientierten Bildungsstätten wie in Paris. Letztlich gewannen die Verteidiger der letzteren Option die Oberhand und es kam 1836 zur Eröffnung einer *Escuela Especial de Ingenieros de Minas* in Madrid. Mit Etablierung dieser Einrichtung gelang es nach über einem halben Jahrhundert, die höhere montanistische Ausbildung in Iberospanien an einem Ort zusammenzuführen.

Die von ihrer Studienreise zurückgekehrten Experten brachten sich auf Basis ihrer international gesammelten Erfahrungen und Kenntnisse aktiv in den Prozess des Aufbaus der Institution und Ausgestaltung des Kursprogramms ein. Das Curriculum sah im Gegensatz zu den bisher in ihm enthaltenen Vorbereitungs- und Anpassungskursen eine reine Fokussierung auf montanistische Fächer vor. Demnach sollten im ersten Studienjahr Vorlesungen in den Fächern Mineralogie, Bergbaukunst und Grundlagen der Metallurgie, im zweiten Jahr der Geognosie, der angewandten Mechanik, der Metallurgie (Vertiefung) und Zeichnen sowie im dritten der Markscheidekunst, der Probierkunst und im Zeichnen besucht sowie geognostische Exkursionen unternommen werden. Der dreijährigen Studienzeit in Madrid schloss sich eine zwei Jahre währende praktische Ausbildungsphase in Berg- und Hüttenwerken auf der iberischen Halbinsel an.[446]

Die Besetzung der Professorenstellen an der neugegründeten Einrichtung erfolgte zum Teil aus dem Kreis der von d'Elhuyar entsendeten Stipendiaten, die mit ihrem in den letzten Jahren erworbenen Wissen maßgeblich zu einer hochqualitativen Ausbildung des montanistischen Nachwuchses beitragen und den Prozess der Ausdifferenzierung der montanwissenschaftlichen Disziplinen in Spanien vorantreiben konnten. Wie auch bei ihren Pendants in Mittel- und Nordeuropa waren sie verpflichtet, sich neben ihrer Lehrtätigkeit kontinuierlich an laufenden Vorhaben der Generalbergbaudirektion zu beteiligen. Das Aufgabenspektrum umfasste dabei die Durchführung von Prospektionsreisen inklusive der geologischen Kartierung, Inspektionen von Berg- und Hüttenwerken, in deren Folge Modernisierungsvorschläge für den Betrieb zu erstellen waren, und die Er- und Überarbeitung gesetzlicher Grundlagen sowie deren Durchsetzung.

446 Vgl. Madoz 1847, S. 822.

Wie im montanistischen Fach üblich, vermittelten sie dabei gewonnene Erkenntnisse an ihre Studenten beziehungsweise bezogen diese partiell in Projekte ein.

Gómez erhielt an der neu geschaffenen Ingenieurschule einen Ruf auf die Professur für Probierkunst und Metallurgie. Im Rahmen seiner Anstellung erarbeitete er unter anderem auch ein Konzept für die nun in eine praktische Bergschule (*Escuela práctica de mineria*) umgewandelte Institution in Almadén, mit der die montanistische Ausbildungslandschaft in Spanien um die bereits aus Sachsen, der Habsburger Monarchie und Fankreich bekannte Form der Berufsbildungsstätte für untere Bergbeamte Erweiterung fand.[447] Darüber hinaus unterbreitete er Vorschläge zur Modernisierung von Berg- und Hüttenbetrieben – unter anderem nach Inspektionsreisen, die ihn in die Montanreviere um Linares (Andalusien) und Almadén geführt hatten. Nach knapp einer Dekade im Professorenamt wurde Gómez 1844 in den Wirren der um die Thronfolge Spaniens geführten Carlistenkriege und aufgrund seines Engagements für die liberale Partei *Partido Progressista*, deren Abgeordneter für Madrid er zwischen 1838 und 1841 war, seiner Position enthoben.[448] Er wechselte daraufhin in die private Wirtschaft und beteiligte sich ab 1845 am Aufbau des Stahlwerks in Sabero (León), an dem erstmals in Spanien (1847) mit Koks betriebene Hochöfen zum Einsatz kamen.[449]

Die Professur für Bergbaukunst und Angewandte Mechanik an der *Escuela Especial de Ingenieros de Minas* wurde Ezquerra angetragen, der wie Gómez bis 1844 an der Institution lehrte. Für den Unterricht der Bergbaukunst verfasste er mit den *Elementos de Laboreo de Minas* (1839) ein Lehrbuch, das den damaligen Wissensstand des Fachgebiets im In- und Ausland zusammenfasste und bis ans Ende des 19. Jahrhunderts eine der meistgenutzten Publikationen für diese Disziplin im spanischen Sprachraum blieb.[450] Auf die Bedeutung der Schrift verweist, dass sie selbst an der Bergakademie in Mexiko in Ablösung des von del Río verfassten und in den ersten drei Dekaden des 19. Jahrhunderts prioritär verwendeten Textes Verwendung fand.[451]

Im Jahr 1844 wechselte Ezquerra an die spanische Bergbaudirektion und übernahm das Amt des Generalinspektors (*Inspector general del Cuerpo de Minas*). Zum Einstieg veröffentlichte er im selben Jahr eine Einschätzung der Situation des Montanwesens in Form einer Publikation unter dem Titel *Datos und observaciones sobre la industria minera, con una descripción caracteristica de los minerales útiles*. Die von ihm geäußerten Modernisierungsvorschläge basierten partiell auf in Sachsen erworbenen Kenntnissen zur Grubenbewirtschaftung, die er als besonders effizient und daher nachahmenswert er-

447 Vgl. Coleccion 1846, S. 54-55.

448 Vgl. López de Azcona 1984, S. 78.

449 Vgl. Puche o.D.a.

450 Das Lehrbuch *Elementos de Laboreo de Minas* erschien aufgrund der hohen Nachfrage in einer zweiten Auflage 1851.

451 Vgl. Escamilla 2011, S. 68, Vitar o.D.

achtete. Interessant in diesem Text ist eine Passage, in der die Freiberger Bergakademie als montanwissenschaftliches Zentrum und Impulsgeberin der internationalen Wissenzirkulation charaktisiert wird, worauf letztlich auch ihre internationale Ausstrahlung beruhte:

> An dieser Akademie sind ausgezeichnete Professoren beschäftigt, die ihr Wissen nicht nur an die jungen Leute aus dem eigenen Land, sondern auch an zahlreiche Ausländer weitergeben, die aus aller Herren Länder nach Freiberg kommen, um Vorlesungen zu besuchen und praktischen Unterricht zu erhalten. Den Sachsen muss man Gerechtigkeit widerfahren lassen: Sie sind die zugänglichsten Menschen, die es gibt. Sie zeigen sich äußerst offen, wenn es darum geht, Zugang zu Produktionsstätten zu gewähren und Daten, um die man bittet, zu liefern – ohne irgendeine Einschränkung oder Geheimnis und ohne, dass man auf Empfehlungen angewiesen wäre. Es scheint, dass es ihnen große Freude macht, ihr Wissen mit allen Interessierten zu teilen, um damit ihren mit Recht verdienten Titel als führende Bergbauexperten zu bewahren.[452]

In seiner Funktion als Generalinspektor zählte es ferner zur Ezquerras Aufgaben, Aktivitäten zur Rohstofferkundung zu befördern und die geologische Kartierung Spaniens voranzutreiben. Um auch hierbei an internationalen Entwicklungen partizipieren und relevantes Wissen zielführend einsetzen zu können, übersetzte er die *Elements of Geology* (1838) von Charles Lyell (1797–1875), die er 1847 unter dem Titel *Elementos de geologia* in spanischer Sprache veröffentlichte. Dieses Werk fand gleichfalls Einsatz in der Lehre an der montanistischen Ausbildungsstätte in Madrid. Die von Ezquerra und seinen Kollegen während einer Vielzahl von Prospektions- und Inspektionsreisen geleisteten Vorarbeiten bildeten die Grundlage für die Arbeit der 1849 ins Leben gerufenen Kommission zur Erstellung einer geologischen Karte Spaniens (*Comisión del Mapa Geológico de España*), an deren Ausarbeitung er fortan hohen Anteil nahm. Ezquerra trug durch seine Aktivitäten und den kontinuierlichen Wissensaustausch mit internationalen Fachkollegen maßgeblich zur Binnendifferenzierung der Geowissenschaften in Spanien bei.

452 Ezquerra 1844, S. 25-26. Original: „*Aquella academia está dotado de profesores muy distinguidos que comunican su instruccion, no solo á los jovenes del pais, sino tambien á muchos estrangeros que acuden de todas partes á oir sus lecciones y enterarse de su prácticas. Es menester hacer este justicia á los sajones; son la gente mas asequible que se puede dar, y lo mas franca para enseñarlos establecimientos y suministrar todos los datos que se les piden, sin la menor reserva ni misterio y sin necesidad de llevar la menor recomendacion; parece que tienen un placer en comunicar á todo el mundo lo que saben, para conservar el titulo justamente merecido de primeros maestros en minería.*“

Auch Ezquerras Kollege Amar, der die Professur für Mineralogie und Geologie an der *Escuela Especial de Ingenieros de Minas* übernommen hatte, brachte im Ausland generiertes Wissen in die bergakademische Ausbildung ein. In seinen Vorlesungen vermittelte er vorrangig Inhalte, mit denen er sich in Freiberg vertraut gemacht hatte, wie beispielsweise Abraham Gottlob Werners Methode der Identifikation von Mineralien anhand äußerer Kennzeichen. In Ergänzung dazu machte er seine Schüler mit der von Friederich Mohs entwickelten Härteskala und dessen Mineralienklassifikation bekannt.[453] Ebenso führte er im Unterricht den Gebrauch des Lötrohrs zur chemischen Charakterisierung von Mineralien ein, mit dem er sich in Sachsen vertraut gemacht hatte. Eine Innovation in der Lehre stellte die Durchführung von geologischen und mineralogischen Feldpraktika dar, die Amar ferner dazu nutzte, die Sammlungen der Institution mit in Iberospanien aufgefundenen Mineralien anzureichern.[454] Amar war es auch, der zur Etablierung der Paläontologie als eigenständiger Fachdisziplin in Spanien beitrug. In seinem Geologie-Kurs 1839/40 vermittelte er erstmalig in Spanien entsprechende Lehrinhalte und trug in den Folgejahren durch seine Lehr- und Sammeltätigkeit zur weiteren Verankerung bei.

Wie schon bei Ezquerra rückte auch bei Amar mit der Zeit die Wahrnehmung von Aufgaben für die Generalbergbaudirektion in den Vordergrund seines Tätigkeitsspektrums. Ab 1849 übernahm er zudem die Leitung der Behörde, wobei er den Schwerpunkt seiner Aktivitäten auf eine tiefgründige geologische Erkundung Iberospaniens setzte und in diesem Kontext als Mitglied der Kommission zur Erstellung der geologischen Karte Spaniens dieses Projekt vorantrieb.

Während Gómez, Amar und Ezquerra die höhere montanistische Ausbildung in Spanien durch ihre Tätigkeit als Professoren an der *Escuela Especial de Ingenieros de Minas* in der ersten Dekade nach ihrer Neugründung maßgeblich prägten, fanden Sáinz und Bauzá nach Abschluss der internationalen Qualifizierungsphase Anstellung in der Montanverwaltung beziehungsweise in der Berg- und Hüttenindustrie. Sáinz wurde am 9. März 1837 zum Bergwerksinspektor der spanischen Philippinen ernannt. Infolge der Ablösung der lateinamerikanischen Kolonien war nach der dortigen Entdeckung von Kohle (1827), Gold und Kupfer (beides 1833) das Interesse der Generalbergbauverwaltung an dieser Region und der Ausbeutung ihrer Lagerstätten erheblich gestiegen.[455] Sáinz' Amtsantritt im Dezember 1838 wurde daher von hohen Erwartungshaltungen begleitet: Einerseits sollte er die geologische Erkundung vorantreiben, andererseits sollte er in Umsetzung der Regelungen des 1825 erlassenen königlichen Bergbau-Dekrets zum Aufschwung der philippinischen Berg- und Hüttenindustrie und zur Steigerung der Rohstoffproduktion beitragen. Die keinesfalls einfache Aufgabe in diesem fern

453 Vgl. Puche o.D.a.

454 Vgl. López de Azcona 1986, S. 111.

455 Vgl. Rábano 2018, S. 115.

vom Mutterland gelegenen Territorium und die umfassenden Probleme musste Sáinz bis 1849 weitgehend in Eigenregie bewältigen, erst dann erhielt er Unterstützung durch einen zweiten Bergingenieur.[456] Sáinz wurde aufgrund seines geringen Erfolgs bei der Umsetzung durch königliche Order 1856 von seiner Position entbunden. Zurück in Spanien übernahm er das Amt des Distriktchefs von Murcia.[457]

Bauzá hingegen war zeit seines Berufslebens auf der iberischen Halbinsel aktiv. Die von der Generalbergbaudirektion ab 1836 für ihn bestimmten Positionen als Direktor königlicher Bergwerke führten ihn zunächst nach Almadén[458], in die andalusischen Bergreviere um Linares (ab 1838) und Adra (ab 1840)[459], zum Rio Tinto (ab 1845), nach Madrid (ab 1848) und nach Barcelona (ab 1850). Im Jahr 1860 übernahm er das Amt des Generalbergbaudirektors.[460] In Ergänzung zu seinen Aktivitäten in Berg- und Hüttenbetrieben und der Verwaltung beteiligte er sich an der geologischen Kartierung Spaniens, die er als Präsident der Kommission zur Erstellung einer geologischen Karte Spaniens in zwei Perioden (1865–1868 und 1870–1873)[461] in leitender Funktion voranbrachte.

Die Karrierewege der von d'Elhuyar zur Qualifikation an die Freiberger Bergakademie entsandten Stipendiaten zeigen, dass sie mit ihren im nationalen und internationalen Kontext absolvierten Studien befähigt wurden, die Entwicklung des spanischen Montanwesens, der höheren montanistischen Ausbildung und relevanter Fachdisziplinen in Spanien maßgeblich zu beeinflussen und zu bestimmen. Für Fausto d'Elhuyar spielte die Vernetzung innerhalb der Fachcommunity dabei eine wichtige Rolle, denn nur durch sie konnten die Montanexperten kontinuierlich den internationalen Fortschritt des Fachbereichs rezipieren und an ihm partizipieren.

Mit dem Tod d'Elhuyars ging ein Zeitalter enger Verflechtungen zwischen der spanischen und sächsischen montanwissenschaftlichen Community zu Ende, das von ihm

456 Zur Unterstützung von Sáinz wurde Ende der 1840er Jahre mit Antonio Hernández y Espiera (1823–1892) ein zweiter Bergingenieur auf die Philippinen gesandt (vgl. Rábano 2018, S. 117).

457 Vgl. Rábano 2018, S. 126.

458 Bauzá war hierbei auch für die Organisation der Ausbildung an der praktischen Bergschule in Almadén verantwortlich.

459 Die wichtigsten Abbaustätten für Blei in Spanien befanden sich im 19. Jahrhundert in den andalusischen Provinzen Granada und Almería mit ihren Montanrevieren um die Städte Linares und Adra. Gemäß den Angaben von August Schiebe im Universal-Lexikon der Handelswissenschaften aus dem Jahr 1837 produzierten zum damaligen Zeitpunkt *„Spanien und England, danach Preußen, Oestreich und der Harz“* das meiste Blei in Europa. Während England jährlich insgesamt ca. 22.000 Tonnen Blei herstellte *„hat Spanien (Adra in Granada) in den letzten Jahren [noch weit mehr] geliefert. (…) Im Königreiche Sachsen schwankt die Produktion zwischen 10,000 und 13,000 Ctr.“* (Schiebe 1837, S. 183).

460 Vgl. López de Azcona 1984, S. 87.

461 Vgl. Homepage des *Instituto Geológico y Minero de España:* http://www.igme.es/QuienesSomos/historia_igme/galeria_directores.htm, abgerufen am 30.01.2020

seit seinem Studienaufenthalt in Freiberg und in Wahrnehmung seiner Positionen als Generalbergbaudirektor des Vizekönigreichs Neu-Spanien und später Iberospaniens als Persönlichkeit maßgeblich geprägt wurde. D'Elhuyar gelang es – gerade, weil er der internationalen Wissenszirkulation hohe Bedeutung in Bezug auf die Entwicklung des Fachbereichs zusprach – federführend zwei Bergakademien dauerhaft zu etablieren und somit entscheidenden Einfluss auf die Ausrichtung der höheren montanistischen Ausbildung in der spanischsprachigen Welt zu nehmen.

2.3 Portugiesisches Kolonialreich

In Portugal war – wie auch in Spanien – das Militär über lange Zeit die treibende Kraft für wissenschaftliche Forschungen und technologische Innovationen. Das für die Herstellung von militärischer Ausrüstung und Technik notwendige montanistische Wissen wurde in theoretischen Lehreinheiten an Militärschulen[462] beziehungsweise bei praktischen Arbeiten in den Arsenalen an den Nachwuchs vermittelt. Durch Neuordnung der portugiesischen Bildungslandschaft im letzten Viertel des 18. Jahrhunderts, mit der unter anderem auf das Lehrkräfte-Vakuum nach Ausweisung der Jesuiten (1759) im Nachgang zum großen Erdbeben von Lissabon (1755) reagiert wurde, erlangte die Universität Coimbra zunehmend an Bedeutung bei der Ausbildung in für das Berg- und Hüttenwesen relevanten Fachgebieten.

Die Universität in Coimbra war bis dato die einzige höhere Ausbildungsstätte für den politischen, administrativen und diplomatischen Beamtennachwuchs im gesamten Reich.[463] In Abweichung zur kolonialspanischen Bildungspolitik, in deren Rahmen es im hispanofonen Amerika zwischen 1538 und 1820 zu etwa 30 Universitätsgründungen gekommen war, hatte Portugal bisher jegliche Bemühungen im Keim erstickt und die Etablierung von Universitäten oder höheren Bildungseinrichtungen im lusofonen Südamerika nicht zugelassen. Die kolonialen Eliten waren folglich gezwungen, ihren Nachwuchs – insofern der Eintritt in den Staatsdienst oder eine höhere Bildung angestrebt wurde – in das Mutterland zum Studium zu schicken. Für die Monarchie stellten die längeren Aufenthalte der Südamerikaner und ihre dabei erfolgte Vernetzung mit

462 Zu den frühesten Gründungen von höheren Militär-Ausbildungsstätten in Portugal zählte die 1647 etablierte *Aula de Fortificação y Arquitectura Militar* (Lissabon). Der an ihr tätige Lehrer Manuel de Azevedo Fortes (1660–1749) verfasste mit *O Engenheiro Portuguez* (1728/9) ein für die Entfaltung des Ingenieurwesens in Portugal fundamentales Werk (vgl. Diogo et al. 2007, S. 114). Im 18. Jahrhundert kam es zur Gründung diverser Militärakademien (*Academias militares*), bspw. in Viana do Castelo (1701), Elvas und Almeida (beide 1732).

463 Nach Schließung der jesuitischen Universität in Évora im Jahr 1759 gab es mit der Institution in Coimbra in der zweiten Jahrhunderthälfte nur noch eine universitäre Einrichtung im gesamten portugiesischen Kolonialreich (vgl. Marques 2001, S. 316).

den von der iberischen Halbinsel stammenden Studenten und Professoren ein probates Mittel für die Bindung der zukünftigen Beamtenschaft und intellektuellen Eliten aus Übersee an das Mutterland dar.[464]

Die Etablierung von konkret auf das Montanwesen ausgerichteten Fachbereichen setzte an der Universität Coimbra erst in der letzten Dekade des 18. Jahrhunderts ein und damit etwas später als im Nachbarland Spanien. Wie auch dort wurde der Lehrbetrieb durch die französischen Invasionen ihm ersten Jahrzehnt des neuen Jahrhunderts unterbrochen. Der Umzug des Königshofs nach Brasilien 1807/08 hatte dann auch für das höhere montanistische Bildungsgefüge Konsequenzen, denn nun wurde entsprechende Angebote in das Studienprogramm der neugegründeten Militärakademie in Rio de Janeiro integriert. Über einzelne Entwicklungsphasen wird in den nachfolgenden Abschnitten ein Überblick gegeben.

2.3.1 Universität Coimbra

Ab 1772 wurde die Universität Coimbra auf Initiative des 1750 von König José I. zum Premierminister ernannten José Sebastião de Carvalho e Melo (1699–1782)[465] Schauplatz zahlreicher Umstrukturierungsmaßnahmen, in deren Folge es gelang, durch Förderung der naturwissenschaftlichen Fächer und Zurückdrängung des geistlichen Einflusses die Institution stärker auf einen aufgeklärten Katholizismus auszurichten.[466] Die neugeschaffenen Strukturen, zu denen Fakultäten für Mathematik und Philosophie zählten, folgten in ihrer Ausrichtung west- und mitteleuropäischen Vorbildern, die der Marquês de Pombal während langer Berufsjahre als Diplomat in London und Wien kennengelernt hatte. Die philosophische Fakultät, an der in einem ersten Schritt Lehrstühle für Physik, Naturgeschichte und Chemie angesiedelt wurden, bildete fortan die Brutstätte der sich ausdifferenzierenden natur- und montanwissenschaftlichen Disziplinen in Portugal. Im Jahr 1791 wurden an ihr zusätzliche Professuren der Botanik, Landwirtschaft, Zoologie und Mineralogie, sowie 1801 der Metallurgie, Hydraulik und Astronomie etabliert.[467] Für praktische Lehr- und Forschungstätigkeiten wurden ferner ein physikalisches Kabinett, ein chemisches Laboratorium, ein botanischer Garten, ein astronomisches Observatorium und ein Naturalienkabinett eingerichtet. An der Fakultät konnte nun ein vierjähriges Studium der Naturwissenschaften/-philosophie

464 Vgl. Rinke/Schulz 2013, S. 50.

465 José Sebastião de Carvalho e Melo erhielt 1769 in Anerkennung seiner Verdienste den Titel des Marquês de Pombal.

466 Vgl. Frijhoff 1996, S. 122.

467 Vgl. Ferreira 1990, S. 55, Mücke 2008, S. 121, Sinner 2012, S. 106.

absolviert werden, in dem jedoch bis zum Ende des 18. Jahrhunderts ein – wie an den Militärschulen praktiziertes – technisches Lehrprogramm nicht inkludiert war.

Die durch Erweiterung des Fächerspektrums ersichtliche Orientierung an Entwicklungen an anderen europäischen Wissenschaftsstandorten spiegelte sich auch in der Besetzungspolitik wider, die auf die Gewinnung von international agierenden beziehungsweise im Ausland qualifizierten Lehrern abhob. Mit dem 1772 zum Professor ernannten Domingos Vandelli (1730–1816)[468] übernahm ein überregional gut vernetzer[469] Italiener den Unterricht in Naturgeschichte und Chemie, in dem er auch mineralogisches Wissen vermittelte. Seine hierfür verwendete private Kollektion sollte später den Grundstock der Sammlungen des naturhistorischen Museums der Universität bilden.[470]

Akademie der Wissenschaften in Lissabon

Unter Königin Maria I., der Nachfolgerin Josés I. auf dem Thron, und nach Absetzung des ihr verhassten Marquês de Pombal erhielt die Wissenschaftslandschaft in Portugal neue Impulse durch Gründung einer Akademie der Wissenschaften in Lissabon. Die Institution entstand im Jahr 1779 vornehmlich auf Initiative des langjährig im Ausland agierenden João Carlos de Bragança (1719–1806)[471], zweiter Herzog von Lafões, als ein Ort der Wissensgenerierung im Kontext des pragmatisch-utilitaristischen Diskurses der Aufklärung. Mit ihrer Arbeit sollte sie die Verbreitung wissenschaftlicher Erkenntnisse befördern, die Produktion nützlichen Wissens zum Wohle der Monarchie steigern, zur Hebung des allgemeinen Bildungsniveaus beitragen und Impulse für die wissenschaftliche und kulturelle Entwicklung des Landes geben.[472] Um diese Ziele erfüllen zu können, wurde die Akademie mit einem chemischen Laboratorium, einem naturhistorischen und physikalischen Kabinett sowie einem astronomischen Observatorium ausgestattet.[473] In Portugal war nun ein zu Schweden vergleichbares Konstrukt entstanden (vgl. Kapitel 2.1.4), das sich durch eine enge Verflechtung von Universität und Akademie bei der anwendungsorientierten Forschung auszeichnete, wenngleich in Portugal die Vorgabe der Rahmenbedingungen und Themen nicht durch eine spezifi-

---

468 Vandelli war vom Marquês de Pombal bereits 1764 in Padua für den Eintritt in portugiesische Dienste angeworben worden.

469 Zu den Netzwerkwerkpartnern von Vandelli zählten beispielsweise Carl von Linné (1707–1778) in Schweden und Joseph Banks (1743–1820) in England.

470 Vgl. Ferreira 1986, S. 671.

471 Der Herzog von Lafões verbrachte die Zeit zwischen 1757 und 1778 in verschiedenen europäischen Ländern (England, Frankreich, Österreich, Italien, Russland, Schweiz, Schweden, Dänemark und Belgien). Er war in Gelehrtenkreisen gut vernetzt, wie seine 1757 erfolgte Aufnahme in die *Royal Society* von London belegt.

472 Vgl. Sinner 2012, S. 153.

473 Vgl. Ferreira 1998, S. 22.

sche Aufsichtsbehörde (wie dem *Bergwerkskollegium*) sondern durch hohe Regierungsmitglieder erfolgte.

Die Mitglieder der Akademie entstammten einem heterogenen Personenkreis, der sowohl Angehörige und Studenten der Universität Coimbra, Ministerialbeamte als auch Vertreter des Adels umfasste. Sie arbeiteten in drei Klassen, die sich den Naturwissenschaften, den mathematischen Wissenschaften und der Literatur und Geschichte widmeten. Zur Zirkulation des dort generierten oder rezeptierten Wissens wurden von den einzelnen Klassen Sammelbände, die sogenannten *Memórias*, herausgegeben, zu denen auch korrespondierende Mitglieder aus dem Ausland Beiträge lieferten.[474]

Die Bedeutung, die den Akteuren an der Universität Coimbra bei der Bearbeitung von Themen des Montanwesens zukam, zeigte sich an den Beiträgen von Vandelli und von ihm unterrichteten Studenten, die über entsprechende unter ihrer Beteiligung durchgeführte Akademieprojekte in den *Memórias* berichteten. Vandelli beschäftigte sich in zwei 1789 publizierten Texten mit natürlichen Ressourcen in Übersee, sein Student Manoel Ferreira da Câmara Bittencourt e Sá (1762–1835) publizierte zur Prospektion von Steinkohlelagerstätten in Zentralportugal und zur Situation des Goldbergbaus in Brasilien.[475] In letztgenannter Schrift nahm er eine Analyse des Zustands der Edelmetallindustrie vor und unterbreitete Vorschläge zu deren Verbesserung. Als Probleme erkannte er unter anderem den niedrigen Technisierungsgrad beim Abbau und der Gewinnung der Bodenschätze, eine unzureichende Berggesetzgebung und eine zu geringe Durchsetzungskraft der Montanverwaltung. Mit seiner Empfehlung, durch Wissen- und Technologietransfer aus wissenschaftlich und technisch fortschrittlichen Montanrevieren zur Veränderung der Situation beizutragen, brachte er die seit längerer Zeit im Nachbarkönigreich übliche Praxis ins Spiel, die Zirkulation von Wissen unter Nutzung des Instruments der Informationsreise von (angehenden) Montanexperten durch europäische Bergreviere, in denen sie mit lokalen Experten interagieren konnten, zu intensivieren. Câmara knüpfte mit diesen konkreten Vorschlägen an einen Beitrag von Rodrigo de Sousa Coutinho (1755–1812), 1. Graf von Linhares und zwischen 1779 und 1796 diplomatischer Vertreter Portugals im Königreich Sardinien[476] an, in dem

474 Die in den Klassen behandelten Themenbereiche in den ersten Dekaden des Bestehens der Akademie lassen sich an den Titeln der herausgegebenen *Memória*-Bände ablesen: *Memórias de agricultura premiadas pela Academia Real das Sciencias de Lisboa* (2 Bände, 1788 und 1791), *Memórias economicos da Academia Real das Sciencias de Lisboa, para o adiantamento da agricultura, das artes, e da industria de Portugal, e sus conquistas* (5 Bände zwischen 1789 und 1815), *Memórias de Literatura Portuguesa* (7 Bände zwischen 1792 und 1814), *Memórias de Matemáticas e Física* (2 Bände, 1797 und 1799) (vgl. Sinner 2012, S. 158).

475 Siehe Vandelli 1789, Vandelli 1789a, Câmara 1789, Câmara 1790.

476 Coutinho vertrat Portugal in Turin als *Ministro Plenipotenciário/Enviado extraordinário* (siehe *https://portaldiplomatico.mne.gov.pt/relacoesbilaterais/paises-geral/titulares/italia-titulares,* abgerufen am 11.09.2019).

dieser die Bedeutung der Montanindustrie für die portugiesische Wirtschaft und den Staatshaushalt erläutert hatte.[477] Bereits Coutinho hatte hierin auf die Notwendigkeit der Einleitung von Modernisierungsmaßnahmen in Orientierung an internationalen Entwicklungen verwiesen, um die Rohstoffproduktion im Kolonialreich erneut auf ein in früheren Zeiten erreichtes Niveau[478] zu heben. Speziell an diesen beiden Beiträgen lässt sich eine in den letzten Dekaden des 18. Jahrhundert zunehmende Wahrnehmung der Bedeutung eines Wissen- und Technologietransfers aus dem Ausland für die Entwicklung des portugiesischen Montanwesens ablesen, die bald mit konkreten Maßnahmen unterfüttert wurde.

Aus dem Ausbau der naturwissenschaftlichen Kapazitäten in Coimbra und in Lissabon konnte die Monarchie seit den 1780er Jahren verstärkt Nutzen ziehen. Denn nun stand eine größere Anzahl gut ausgebildeter Akteure bereit, die den Ressorcenreichtum in den überseeischen Territorien erforschen und bewerten sowie dessen systematische Ausbeutung vorbereiten konnten. Diese wurden auf unter der Bezeichnung *Philoso-*

Abb. 27 | Palácio Nacional de Ajuda in Lissabon (2017)

477 Siehe Coutinho 1789.
478 Vgl. Abbildung 48.

phische Reisen laufende Expeditionen in diverse Regionen des Kolonialreichs entsandt, wo sie zumeist abgelegene und bisher weitgehend unerforschte Gebiete erkundeten.[479] Sie lieferten derweil nicht nur wichtige geographische Daten, die Portugal zur Zementierung seines Machtanspruchs auf bisher kaum erschlossene Gebiete gegenüber dem spanischen Nachbarn dienten, sondern übermittelten auch materialbezogenes Wissen in Form von Sammlungsgut der Fauna, Flora und des Mineralreichs ins Mutterland. Diese Objekte wurden in dem ab 1768 am Sitz der Königsfamilie in Ajuda (Lissabon) (Abbildung 27) installierten Naturhistorischen Museum (*Real Gabinete de Historia Natural*) mit botanischem Garten der Öffentlichkeit präsentiert, womit sie zugleich der Machtzurschaustellung dienten.[480]

Anknüpfend an diese Aktivitäten zur Eruierung des Ressourcenreichtums in den überseeischen Territorien wurde ab den 1790er Jahren die Vernetzung innerhalb der europäischen Fachcommunity intensiviert, um moderne Methoden und Verfahren zur Verwertung der Bodenschätze kennenzulernen und Wissen hierzu in das portugiesische Kolonialreich zu transferieren.

Verdichtung internationaler Beziehungsgeflechte durch Studienreisen

Die damit einhergehende Initiative für die Organisation von Studienreisen an europäische Montanstandorte ging von einem Personenkreis aus, aus dem federführend der Naturhistoriker Vandelli und der Diplomat Rodrigo de Sousa Coutinho als international gut vernetzte Akteure hervorragten. In Symbiose ihrer Erfahrungen und auf Basis der über ihre Netzwerke zirkulierenden Informationen erarbeiteten sie ein ambitioniertes Programm für eine Reise einer ersten Stipendiatengruppe. Coutinho konnte dabei Wissen nutzen, das er zu einer vergleichbaren Weiterbildungsreise während seines Aufenthalts in Turin erlangt hatte. Es war ihm hier gelungen, Details zu einer ab 1786 durchgeführten Tour der Piemonteser Militärbeamten Francesco Azimonti (1757–1822) und Carlo Antonio Napione durch europäische Montanreviere zu ermitteln und eine Kopie der entsprechenden Instruktion nach Portugal zu übersenden.

Das Programm dieser Tour stammte in seiner Grundidee von Spirito Benedetto Nicolis di Robilant, der sich mit vier Artillerieoffizieren zu Mitte des 18. Jahrhunderts im Ausland, unter anderem in Freiberg, weitergebildet hatte (vgl. Kapitel 2.1.1). Um die Vorbildfunktion der Tour der Piemonteser Akteure zu verdeutlichen, soll im Folgenden

479 Expeditionen führten in alle Territorien, auf die Portugal in Amerika, Asien und Afrika Anspruch erhob: So wurde das Amazonasgebiet von dem aus Bahia stammenden Alexandra Rodrigues Ferreira (1756–1815) neun Jahre lang erkundet. Ab 1783 erforschten die Schüler Vandellis Joaquim João da Silva (1783–1808) Angola, João da Silva Feijó (1760–1824) die Kapverdischen Inseln und Manuel Galvão da Silva (1750-?) Mozambik und Indien (vgl. Ferreira 1998, S. 42).

480 Vgl. Figueirôa et al. 2004, S. 716, Engelhardt 2014, S. 121.

streiflichtartig auf sie eingegangen werden – insbesondere auch, da Carlo Antonio Napione in einem späteren Karriereschritt die Entwicklung des portugiesischen Montanwesens beeinflussen sollte, wie die Ausführungen in Kapitel 2.3.2 zeigen.

Sardinien-Piemont setzte in der zweiten Hälfte des 18. Jahrhunderts zur Förderung der Berg- und Hüttenindustrie – wie auch andere europäische Staaten – auf eine Intensivierung des überregionalen Wissens- und Technologietransfers und den Ausbau der Strukturen der höheren montanistischen Ausbildung. Der international qualifizierte Robilant nahm in diesem Prozess eine wichtige Rolle ein. Sein während der Ausbildungszeit im Ausland akkumuliertes Wissen ließ er einerseits in die Lehre an den königlichen Artillerie- und Fortifikationsschulen (*Scuole Reali*)[481] einfließen, andererseits konnte er daraus Nutzen als Montanexperte und in Ausübung seiner Funktion als Inspektor des Bergbaus bei der Einrichtung von Hüttenwerken und Salinen, der Reorganisation der Münze, der geologischen Kartierung des Königreichs und Erschließung von Erzvorkommen im Aostatal ziehen.[482] Mit der Entsendung von Napione[483], einem seiner talentiertesten Studenten, auf eine Weiterbildungsreise versprach sich Robilant signifikante Impulse für den Prozess der Modernisierung des Montanwesens in seinem Heimatland.

Prinzipiell fokussierte die Tour von Napione und Azimonti auf die Wissensaneignung und den -transfer aus Montanrevieren und -wissenschaftsstandorten in ganz Europa. Das „neue", von Habsburger Experten entwickelte Verfahren der Amalgamation (vgl. Kapitel 4.1.1) bildete den ersten Themenschwerpunkt und führte die beiden zunächst zu den Quecksilberbergwerken von Idrija und im Anschluss nach Schemnitz. Hier machten sie sich an der kurz zuvor errichteten Amalgamieranlage und durch Interaktionen mit Rupprecht und Born mit einzelnen Prozessschritten vertraut. Sie traten ferner in Austausch mit internationalen Montanexperten wie Fausto d'Elhuyar, der sich zum selben Zeitpunkt im Auftrag der spanischen Monarchie ein Bild von der Technologieentwicklung verschuf. Ihr Aufenthalt resultierte in der Mitgliedschaft in der als internationale montanistische Austauschplattform gegründeten Societät für Bergbaukunde.[484] Nach Touren durch Montanreviere der Habsburger Monarchie (Siebenbürgen, Banat, Oberungarn,Böhmen) gelangten beide im Jahr 1788 nach Freiberg.[485]

---

481 Robilant konnte im Jahr 1757 mit der Gründung einer Schule für Mineralogie und Chemie einen wichtigen Meilenstein im Prozess der Formalisierung der Strukturen der höheren montanistischen Ausbildung im Sardinien-Piemont setzen (vgl. Brianta 2000, S. 291).

482 Vgl. Lang 2008, S. 47.

483 Napione war nach dem Studium an der Schule für Mineralogie und Chemie am Turiner Arsenal tätig geworden, unternahm ab 1779 Inspektionsreisen durch sardinische Bergreviere und war in die Ausbildung des Nachwuchses involviert. Er gehörte zu den Mitgliedern der 1783 gegründeten Akademie der Wissenschaften zu Turin (vgl. Burdet 1991, S. 67/127).

484 Vgl. Burdet 2005, Bd. 1, S. 241/253.

485 Azimonti und Napione wurde per Reskript vom 8. März 1788 die Erlaubnis zur Befahrung von

Während des etwa einjährigen Aufenthalts besuchten die beiden Akteure – Napiones Ausführungen in seinen *Elementi di Mineralogia* (1797) folgend – einen Kurs der Oryktognosie bei Werner zum Preis von 10 *Ducati* für 30 Lektionen und unternahmen Exkursionen nach Berlin, Karlsbad, Joachimsthal sowie zu Berg- und Hüttenbetrieben im Erzgebirge.[486] Nach Abschluss der Studien in Freiberg Anfang April 1789 trennten sich ihre Reisewege: Azimonti kehrte nach Ostern über Dresden nach Sardinien-Piemont zurück, wo er seine weitere Karriere verfolgte.[487] Napione dagegen führte seine Studienreise fort und gelangte im Anschluss über das Harzer Montanrevier und Kopenhagen nach Schweden, wo er in Austausch mit lokalen Montanexperten wie Engeström und Bergman trat und durch Berufung zum Mitglied der Stockholmer Akademie der Wissenschaften am 15. Mai 1790[488] seine Netzwerke mit skandinavischen Gelehrten erweitern konnte.

Erkenntnisse, die er auf diesem Abschnitt der Tour erlangte, ließ er über partiell in gelehrten Journalen abgedruckte Korrespondenzen innerhalb der internationalen Fachcommunity zirkulieren: Ein Schreiben an Werner mit detaillierten Informationen zu Mineralienfunden in Skandinavien und deren Identifizierung ließ der Adressat – angereichert durch eigene Bemerkungen – im *Bergmännischen Journal* 1789 veröffentlichen.[489] Beobachtungen zum Taberg in Småland fanden im französischen *Journal des Mines* über einen 1803 vom Werner-Schüler Jean-François d'Aubuisson de Voisins (1769–1841) publizierten und ebenso mit Kommentaren Werners versehenen Artikel Verbreitung.

Napiones Reise fand im Herbst 1790 nach Zwischenstationen in England, Wales und Schottland ihren Abschluss.[490] Die von seinem Schüler intensivierten Kontakte zu Akteuren in Freiberg nutzte Robilant im Nachgang, um mit einem von ihnen – Abrahm Gottlob Werner – in Austausch zu treten. In einem Schreiben vom 29. November 1790 ging Robilant auf Werners Prinzipien bei der Ordnung von Mineraliensammlungen ein, wobei er mitteilte, dass er sich genau auf diese bei der Präsentation der Kollektion in

Berg- und Hüttenwerken erteilt. Das Dokument enthält keine Genehmigung zum Besuch von Vorlesungen an der Bergakademie Freiberg (siehe UAF, OBA 184, Bl. 62-64).

486 Azimonti begleitete Napione aufgrund seines angeschlagenen Gesundheitszustandes nicht auf allen Exkursionen (vgl. Burdet 2005, Bd. 1, S. 303/310.)

487 Nach der Rückkehr von der Studienreise stieg Azimonti in den Rang des Generalinspektors des Bergbaus in Sardinien (1791) sowie einige Jahre später in den des Inspektors der Artillerie in Turin (1796) auf. Zwischen 1798 und 1800 hatte er die Aufsicht über die Pulverfabriken in der Pronzinz Venedig (unter Habsburger Herrschaft) inne. Im Jahr 1800 kehrte er in das Königreich Sardinien zurück, übernahm ab 1815 das Amt des Direktors des metallurgischen Laboratoriums am Turiner Arsenal und wurde Bergwerksinspektor (vgl. Burdet 2005, Bd. 1, S. 190, Donata 2000, S. 288).

488 Vgl. Dahlgren 1915, S. 128.

489 Siehe UBF, NL Werner, Briefe, Bd. 2, Bl. 131-136 und Napione 1789.

490 Vgl. Napione 1797, S. X.

„*seinem*" Museum in Turin gestützt hatte.[491] In einem weiteren Brief vom 11. Februar 1791 übermittelte er Gedanken zur Genese des Basalts und leistete damit einen Beitrag zur Neptunismus-Plutonismus-Debatte.[492]

Die von den Akteuren aus Sardinien-Piemont unter Nutzung des Instruments der Studienreise erreichte Verdichtung der internationalen Beziehungsgeflechte und daraus resultierende Intensivierung der Wissenszirkulation war für die portugiesische Monarchie Anlass, im Kontext der Modernisierungsbestrebungen des Montanwesens ebenso auf dieses zu setzen. Die von Rodrigo de Sousa Coutinho aus Turin nach Portugal übermittelten Informationen wurden daher mit hohem Interesse aufgenommen und bildeten die Basis für der Erstellung eines eigenen, konkret auf die Bedürfnisse Portugals zugeschnittenen Reiseprogramms. Gemäß der von Luís Pinto de Sousa Coutinho, 1. Visconde de Balsemão (1735–1804), als Premierminister und Staatssekretär für Außenbeziehungen und Kriegsangelegenheiten am 31. Mai 1790 unterzeichneten Instruktion sollten die ausgewählten Stipendiaten nach einem ersten längeren Aufenthalt in Paris zum Studium von Chemie und Probierkunst in den beiden darauffolgenden Jahren in Freiberg – im „Artz" (sic!) – ein „*kompletten Bergbau-Kurs*" absolvieren und sich praktische Kenntnisse im Berg- und Hüttenbetrieb aneignen.[493] Im Anschluss war eine Reise durch Bergreviere in Sachsen, Böhmen und Ungarn verbunden mit einem intensiven Austausch mit lokal agierenden Montanexperten – in der Instruktion wurde explizit auf Ignaz von Born verwiesen – vorgesehen, der sich ein Besuch von Montanrevieren in Russland (Jekatarinenburg), Schweden, Norwegen, Schottland, Wales und Cornwall anschließen sollte. Die Rückkehr nach Portugal sollte auf dem Landweg über Frankreich und Spanien erfolgen, wobei auch hier die an der Strecke liegenden Bergbaugebiete zu besichtigen waren. Die Organisation und Ausgestaltung der Studienreise der portugiesischen Stipendianten folgte damit der zu jener Zeit weitverbreiteten Praxis, Empfehlungen für Reisestationen von Netzwerkpartnern aufzugreifen und für eigene Zwecke nutzbar zu machen.[494]

Bei der Auswahl der Stipendianten verließ sich die Monarchie weitestgehend auf die Expertise von Vandelli, der aus dem Kreis seiner Studenten in Coimbra drei talentierte Absolventen vorschlug: Zwei von ihnen – Câmara und José Bonifácio de Andrada e Silva (1763–1838) – stammten aus dem überseeischen Gebiet Brasilien, ein dritter – Joaquim Pedro Fragoso da Mota de Sequeira (1760–1833) – aus dem Mutterland. Die beiden Brasilianer waren Mitglieder begüterter Familien, wobei Câmaras Familie im Goldbergbau in der Provinz Minas Gerais aktiv war; Sequeira war in eine Familie mit ausgedehntem Landbesitz in der westportugiesischen Region des Alentejo geboren

491 Siehe UBF, NL Werner, Briefe, Bd. 2, Bl. 151.

492 Ibd., Bl. 153–156.

493 Siehe Falcão 1963, Bd. III, S. 169–170. Original: „*curso completo das Minas*"

494 Vgl. Burdet 2005, Bd. 1, S. 189–193.

worden. Die Familien der beiden Brasilianer standen exemplarisch für den Teil der kolonialen Eliten, die ihren Nachwuchs für eine universitäre Ausbildung, mit der er sich für die Übernahme von Tätigkeiten im Staatsdienst oder der Familiengeschäfte qualifizierte, auf die iberische Halbinsel entsandten.[495]

An der Universität Coimbra hatten sich alle drei Stipendiaten den Rechtsstudien gewidmet: Sequeira zwischen 1779 und 1783; Câmara und Andrada zwischen 1783 und 1787. Sequeira und Andrada besuchten zusätzlich Lehrverstaltungen an der Philosophischen Fakultät.[496] Nach dem Abschluss waren alle drei in Projekte an der Akademie der Wissenschaften zu Lissabon eingebunden, wie über diverse schriftliche Ausarbeitungen nachvollziehbar ist: Andrada beispielsweise veröffentlichte 1790 einen Beitrag zum Walfang; Sequeira ging auf den Anbau verschiedener Baumarten und deren wirtschaftlichen Nutzen im Alentejo ein.[497] Während sich Andrada und Sequeira einem breiten Themenspektrum widmeten, trat einzig Câmara bis zum Beginn der Studienreise mit Beiträgen zu montanistischen Themen in Erscheinung. Seine diesbezügliche fachliche Fokussierung und seine durch Aktivitäten im Berg- und Hüttenwesen in Portugal erlangte Expertise prädestinierten ihn dann auch zur Übernahme der Leitung der Stipendiatengruppe. Gemäß den Ausführungen in der Instruktion entschied somit er über die Reisestationen im Einzelnen und die Dauer der Aufenthalte.[498]

Interaktionen der portugiesischen Stipendiaten mit Akteuren in Sachsen

Die Studienreise von Câmara, Andrada und Sequeira begann gemäß der Instruktion mit einem längeren Aufenthalt in Paris ab dem Spätsommer 1790, während dem die Stipendiaten chemischen und mineralogischen Studien nachgingen und sich mit Mit-

495 Manoel Câmara war nicht das einzige Mitglied der Familie, das an der Universität Coimbra studierte. Sein Bruder José de Sá Bittencourt Accioli (1755–1828) absolvierte Studien an der Philosophischen Fakultät und blieb wie auch Manoel nach seinem Abschluss für einige Jahre auf der iberischen Halbinsel tätig. Über seine beruflichen Aktivitäten geben Berichte in den *Memórias* der Akademie der Wissenschaften zu Lissabon Auskunft, wie bspw. seine im Nachgang zu Prospektionsreisen veröffentlichte *Memória sobre a viagem ao terreno nitroso de Montes Altos* (1800) (vgl. Silva 2010, S. 58). Auch aus der Familie Andrada e Silva studierten mit Antônio Carlos Ribeiro de Andrada Machado e Silva (1773–1845) und Martim Francisco Ribeiro de Andrada (1775–1844) weitere Mitglieder in Coimbra. Zwischen 1772 und 1792 waren insgesamt 692 Studenten aus Brasilien an der Universität Coimbra eingeschrieben (vgl. Figueirôa 1994, S. 248).

496 Sequeira belegte nach Marçal 1781/82 Kurse an der Philosophischen Fakultät (siehe Marçal 1889, S. 66), wobei in den Matrikelakten der Universität nur das Jura-Studium aufgeführt wird. Gemäß der Studentenakte von Andrada nahm dieser ab 1784 an Lehrveranstaltungen der Philosophischen und der Mathematischen Fakultät teil (siehe Matrikelakten AUC, PT/AUC/ELU/UC-AUC/B/001-001/A/001966 und PT/AUC/ELU/UC-AUC/B/001-001/S/004920).

497 Siehe Andrada 1790, Sequeira 1790, Sequeira 1790a

498 Vgl. Falcão 1963, Bd. III, S. 169.

gliedern der französischen Gelehrtenwelt vernetzten. Bezeichnend hierfür ist ihr Engagement in diversen Gesellschaften: Von Andrada ist beispielsweise bekannt, dass er am 29. Januar 1791 in die Filomatische und am 4. März 1791 in die Naturhistorische Gesellschaft aufgenommen wurde.[499] Für die Mitglieder dieser Societäten ergab sich durch den Eintritt die Möglichkeit, ihre Netzwerke über Kontinentgrenzen zu erweitern und Wissen zu Themen erlangen, zu denen die breite Öffentlichkeit in Europa bisher kaum Zugang gefunden hatte. Andrada gab dann auch anlässlich der Aufnahme in die Naturhistorische Gesellschaft in seinem Vortrag unter dem Titel *Sur les Diamants du Brésil*, der im Nachgang in den *Anales de Chimie* 1792 veröffentlicht wurde, einzigartige Einblicke in den kolonialportugiesischen Edelsteinbergbau.[500]

Bereits in Paris kündigten sich Differenzen innerhalb der Stipendiatengruppe an, so dass sich deren Wege zunächst trennten.[501] Während Sequeira vorerst in Paris blieb, wandten sich Andrada und Câmara nach Den Haag, um detaillierte Anweisungen zu ihrem weiteren Reiseprogramm durch die deutschsprachigen Territorien von dem dort zwischen 1790 und 1802 stationierten Diplomaten António Araújo de Azevedo zu empfangen.[502] Er sollte von diesem Zeitpunkt an der wichtigste Ansprechpartner bei Fragen der Organisation und Finanzierung der Studienaufenthalte werden, wie durch eine Vielzahl von Korrespondenzen, Vermerken, Belegen und Quittungen in seinem im Distriktarchiv Braga verwahrten Nachlass belegt ist.

Von Den Haag wandten sich Andrada und Câmara nach Sachsen zu einer der wichtigsten Zwischenstationen auf ihrer Studienreise. Freiberg als montanwissenschaftliches Zentrum war dabei in Portugals Regierungskreisen gut bekannt: einerseits über die durch Coutinho transferierten Informationen zur Reise der Piemonteser Militärbeamten Robilant und Napione, andererseits durch vorangegangene kurze Aufenthalte von Mitgliedern des diplomatischen Corps. So weilte der als *Enviado Extraordinário e Ministro Plenipotenciário* nach Kopenhagen entsandte Alexandre de Sousa e Holstein (1751–1803) auf der Reise zu seinem Einsatzort im Sommer 1786 an der Bergakademie (Abbildung 28).[503]

499 Vgl. Falcão 1963, Bd. III, S. 170–171.

500 Siehe Andrada 1792.

501 Siehe Briefe von Joaquim Pedro Fragoso de Sequeira an Antonio Araújo de Azevedo vom 3. Juli und 1. Dezember 1792 aus Paris (ADB, ADB/FAM/FAA-AAA/001486).

502 Araújo war als Sonderbeauftragter (*Enviado extraordinário*) Portugals zwischen 1790 und 1802 in Den Haag stationiert (siehe https://portaldiplomatico.mne.gov.pt/relacoesbilaterais/paises-geral/titulares/paises-baixos-titulares abgerufen am 11.09.2019). In den Jahren 1796–1798 erfüllte er diverse Missionen in Paris; zwischen 1802–1804 war er bevollmächtigter Minister (*Ministro Plenipotenciário*) in St. Petersburg (siehe https://portaldiplomatico.mne.gov.pt/relacoesbilaterais/paises-geral/titulares/russia-titulares, abgerufen am 25.09.2019).

503 Sousa e Holstein leitete ab September 1786 bis 1789 die portugiesische Vertretung in Kopenhagen, 1789 wechselte er nach Berlin und 1790 nach Rom, wo er mit Unterbrechungen bis 1803

Le Cte de Souza Envoyé Extraordre de S. M. Tres Fidelle à la Cour de Dannemarck

Abb. 28 | Eintrag von Alexandre de Sousa e Holstein im Besucherbuch der Bergakademie, 1786, zwischen Einträgen von Juli und August, S. 33

Reichlich zwei Jahre später folgte João de Almeida Melo e Castro (1756–1814) (Abbildung 29)[504], der am 7. Oktober 1788 vom spanischen Gesandten d'Onís in Dresden dem Freiberger Lehrer Abraham Gottlob Werner wärmestens empfohlen wurde:

> ... so wie er alles Bemerkenswerte und Interessante in den Bergwerken zu sehen wünscht, denke ich, dass er Ihnen durch seinen Charakater, seine Kenntnisse und seine Wissensbegierde sehr angenehm sein wird. Ich nehme die Freiheit, ihn Ihnen besonders zu empfehlen ...[505]

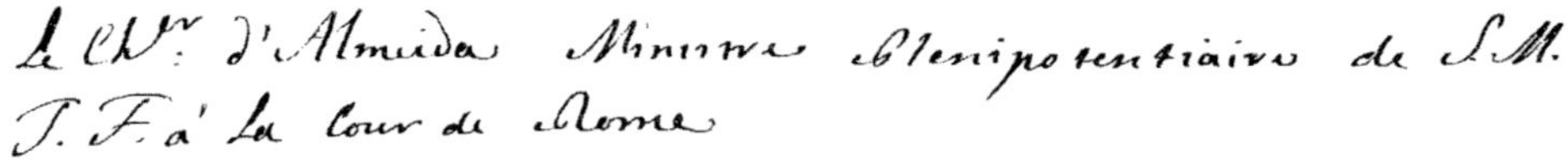

Le Chr d'Almeida Ministre Plenipotentiaire de S. M. T. F. à la Cour de Rome

Abb. 29 | Eintrag von João de Almeida Melo e Castro im Besucherbuch der Bergakademie, 1788, auf einen Eintrag vom 6. Oktober folgend, S. 43

Der Besuch von Almeida Anfang Oktober 1788 resultierte im Kauf einer Mineraliensammlung, wie drei in der Folgezeit von Almeida an Werner adressierte Schreiben (vom 11. Oktober 1788 aus Dresden, vom 1. November 1788 aus Wien und vom 4. März 1789 aus Rom) belegen.[506] Der Verbleib dieser Kollektion wurde im Rahmen dieser Forschungsarbeit nicht recherchiert.

blieb (siehe https://portaldiplomatico.mne.gov.pt/relacoesbilaterais/paises-geral/titulares/dinamarca-titulares, https://portaldiplomatico.mne.gov.pt/relacoesbilaterais/paises-geral/titulares/alemanha-titulares, https://portaldiplomatico.mne.gov.pt/relacoesbilaterais/paises-geral/titulares/santa-se-titulares, abgerufen am 01.06.2021).

504 João de Almeida Melo e Castro, 5. Graf von Galveias, war in diversen diplomatischen Missionen zwischen 1782 und 1788 in Den Haag sowie 1788 und 1790 in Rom aktiv (siehe Homepage des *Arquivo Nacional Torre do Tombo* zur *Casa Galveias*, https://digitarq.arquivos.pt/details?id=3910101, abgerufen am 01.06.2021).

505 UBF, NL Werner, Briefe, Bd. 1, Bl. 223. Original: „... *Comme el dessire de voir tout ce qu'il y a de remarcable et interessant dans vos Mines, et que tant par son caractère, que par ses connoissances, et dessir de s'instruire, je crois qu'il ne manquera de vous être agréable, je prens la liberté de vous le recomender très particuliérement ....*"

506 Siehe UBF, NL Werner, Briefe, Bd. 2, Bl. 51-58.

Nachdem zunächst portugiesische Diplomaten mit Akteuren am Montanstandort Freiberg in Berührung gekommen waren und Einblicke in die Ausbildung an der Bergakademie gewonnen hatten, folgten ihnen nun mit Andrada und Câmara, die im Herbst 1792 eintrafen, Mitglieder der Fachcommunity. Der Besuch von Vorlesungen sowie von Berg- und Hüttenwerken wurde beiden am 5. Oktober 1792 genehmigt. Sequeiras Ankunft erfolgte etwa ein halbes Jahr später: das entsprechende Reskript trägt das Datum 18. April 1793.[507]

Zu den von Câmara und Andrada an der Bergakademie besuchten Kursen weist die Forschungsliteratur voneinander divergierende Angaben auf. Die in den Archiven in Braga und Freiberg aufbewahrten Akten belegen übereinstimmend die Teilnahme an Lehrveranstaltungen von Abraham Gottlob Werner zu Oryktognosie und Geognosie[508]; im *Catalogus Professorum Fribergensis* wird angegeben, dass beide ferner Unterricht in Probierkunde bei Andreas Heinrich Klotzsch nahmen.[509] Zu den Kommilitonen der portugiesischen Studenten in Freiberg zählten Leopold von Buch (1774–1853, Student ab 1790), Ernst Friedrich von Schlotheim (1764–1832, Student ab 1791), Jens Esmark (1763–1839, Student ab 1792) sowie die spanischen Stipendiaten Ricarte, Angulo, Miaja und Schnellenbühl (ab 1791). Alexander von Humboldt hatte Freiberg im Februar 1792 – circa ein halbes Jahr vor Ankunft von Câmara und Silva – verlassen, so dass es zu keiner Begegnung, wie zum Teil in der Forschungsliteratur angegeben, kam. Über die in Freiberg geknüpften Netzwerke fand auch im weiteren Verlauf der Studienreise ein ergiebiger Austausch statt, wie beispielsweise Korrespondenzen zwischen Schlotheim und Andrada[510] und von Câmara und Esmarck gemeinsam durch ungarische Montanreviere durchgeführte Reisen belegen.[511]

Neben der Aneignung theoretischen Wissens lag der Schwerpunkt der Aktivitäten der portugiesischen Stipendiaten in Sachsen auf dem Erfassen und Transferieren von Informationen zu modernen Technologien der Gewinnung und Verarbeitung natürlicher Ressourcen. Neben Interaktionen mit lokalen Montanexperten während des Besuchs von Berg- und Hüttenwerken (beispielsweise belegt durch Câmaras, Lempes und Lampadius' Unterschrift im Besucherbuch des Amalgamierwerks Halsbrücke (Abbildung 30) sowie Einträge in das Besucherverzeichnis der Grube „Beschert Glück" in Freiberg)[512]

507 Siehe UAF, OBA 185, Bl. 185 und OBA 186, Bl. 4.

508 Abraham Gottlob Werner stellte für Andrada am 17. August 1794 ein Zeugnis über die Teilnahme an diesen beiden Kursen aus, abgedruckt in Falcão 1963, Bd. III, S. 176. Câmara führt ebenso nur diese beiden Kurse in einer für Araújo erstellten Übersicht über zusätzliche Aufwendungen am Ende des Freiberger Aufenthalts auf (siehe ADB, ADB/FAM/FAA-AAA/E/002780).

509 Vgl. Kaden 2015, S. 27.

510 Vgl. Guntau 1992, S. 234.

511 Vgl. Câmara 1795a, S. 270.

512 Alle portugiesischen Stipendiaten besuchten die Grube „Beschert Glück": Câmara fuhr in der 8. Woche des Quartals Crucis 1793 dort ein, Sequeira in der 7. Woche des Quartals Reminiscere

zielten insbesondere die Aktivitäten von Câmara auf die Wissensgenerierung durch Durchführung eigener Experimente ab, über die er von lokalen Akteuren vermittelte Sachverhalte überprüfen beziehungsweise eigene Lösungsansätze für regional bekannte hüttentechnische Probleme zu finden versuchte.

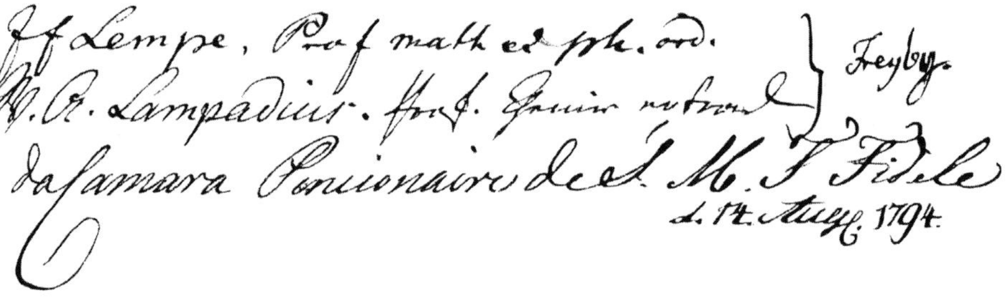
J. F. Lempe, Prof. math. et phys. ord.
W. A. Lampadius. Prof. Chemiae extraord.
Freyb.
da Camara Pensionaire de S. M. T. Fidele
d. 14. Aug. 1794.

Abb. 30 | Einträge von Johann Friedrich Lempe, Wilhelm August Lampadius und Manoel Ferreira da Câmara im Besucherbuch des Amalgamierwerks Halsbrücke, 14. August 1794, S. 13

Über diese ab Herbst 1793 von Câmara durchgeführten Experimente geben sowohl Dokumente im Universitätsarchiv Freiberg als auch Druckschriften Auskunft.[513] Über eine solche, den knapp zwei Jahre später in Wien veröffentlichten *Rapport des Résultats des expériences chimiques et métallurgiques, faites dans l'intention d'épargner le plomb dans la fonte des Minéraux d'argent* (1795) gelang es Câmara, das in Freiberg generierte Wissen transregional zirkulieren zu lassen. Zu dem Problem, dessen Erforschung er sich in Freiberg widmete und welches sächsische Montanexperten seit längerer Zeit beschäftigte, schrieb er in der Einleitung:

> Ich war kaum in Deutschland angekommen, um mich mit den bey dem Bergbaue vorkommenden Arbeiten zu beschäftigen, als ich auch schon erfuhr, daß den Bemühungen der berühmtesten Metallurgen ohngeachtet, in Sachsen am Ende des Jahres, bey dem Bleyausbringen sich ein Deficit von 60 p. C. gegen den bey den Proben gefundenen Gehalt ergäbe. Auch hörte ich, daß in den Rohschlacken jährlich der 40 bis 50ste Theil des gewonnenen

1794 und Andrada in der 9. Woche des Quartals Reminiscere 1794 (siehe SBM, 48/53, o. Bl.nr.). Zumindest Câmara unternahm von Freiberg aus Touren bis in das Harzer Bergrevier, wie aus einer für Araújo am 18. August 1794 erstellten Übersicht über zusätzliche Ausgaben während seines Aufenthalts in Sachsen hervorgeht (siehe ADB, ADB/FAM/FAA-AAA/E/002780).

513 Câmara stellte am 7. Oktober 1793 beim Oberbergamt einen Antrag auf Durchführung metallurgischer Experimente sowie auf Bereitstellung der hierfür benötigten Erze und von Quecksilber (siehe UAF, OBA 186, Bl. 32). Die Genehmigung hierfür erteilte ihm die Behörde reichlich einen Monat später (siehe UAF, OBA 186, Bl. 45).

> Silbers zurückbliebe, welches man nach der Quantität der weggestürzten Schlacken und ihrem wahren Gehalt berechnet hätte.[514]

Auf die Interaktion mit lokalen Akteuren und das Interesse des Oberbergamts an einer Untersuchung der Thematik verwies er auf den nächsten Seiten:

> Um diese Versuche machen zu können, mußte ich eine Erlaubniß von Seiner Kurfürstlichen Durchlaucht haben, und ich wendete mich deshalb an das Oberbergamt in Freyberg. Der Direktor desselben, der sich durch seinen Eifer für das allgemeine Beßte auszeichnet, und dem ich einige meiner Gedanken eröffnete, ermunterte mich, die Resultate meiner Arbeiten, wenn sie etwas interessantes darböten, der General-Schmelzadministration mitzutheilen; ich versprach dieses um so williger, da es nie meine Absicht gewesen ist, ein Geheimniß aus meinen Beobachtungen zu machen, wenn ihre Bekanntmachung einigen Vortheil für die Gesellschaft haben könnte. Ich halte also Wort, meine Herren, und lege Ihnen jetzt die allgemeinen Resultate meiner Spekulationen und Versuche dar.[515]

Dass Câmaras Forschungsergebnisse von besonderem Interesse für die Freiberger Schmelz-Administration waren, zeigt die Beauftragung des Freiberger Bergakademie-Lehrers Lampadius mit der Erstellung einer kritischen Ausgabe, die in Form einer mit Kommentaren versehenen Neuauflage von Câmaras originärer Schrift in deutscher Sprache im Jahr 1797 publiziert wurde. Mit diesem unter dem Titel *Resultate chemischer und metallurgischer Erfahrungen, in Absicht der Bleyersparung bey dem Schmelzprozeß* erschienenen Werk erblickte eine erste von sächsischen und portugiesischen Autoren koproduzierte montanwissenschaftliche Publikation das Licht der Welt. In Würdigung der Arbeiten Câmaras verwies Lampadius in der Schrift auf die in Sachsen zu der Problematik bereits durchgeführten Experimente, die bisher wenig befriedigende Ergebnisse geliefert hatten. Zugleich betonte er auch, dass die von dem portugiesischen Stipendiaten vorgeschlagenen Modifikationen wohl nicht einfach vom Labor- in einen großtechnischen Maßstab übertragbar und hierzu weitere Untersuchungen notwendig seien.[516]

Für Câmara stellte die Schrift zugleich einen Baustein für eine jedoch nie erschienene Gesamtdarstellung, über die er umfassend zum Transfer von Montanwissen nach Portugal beizutragen beabsichtigte, dar:

> Der Bericht, welchen ich hier vorlege, ist blos eine Skizze eines weitläufigern Werks, das ich Willens bin, zum Unterrichte meiner Landsleute, und zum Beßten meines Vaterlandes, des-

514 Câmara 1797, S. 6.
515 Ibd., S. 7-8.
516 Ibd., S. 93-95.

> sen Vortheile, so wie die Vermehrung seiner Bergwerkseinkünfte mir so sehr am Herzen liegen, herauszugeben.[517]

Neben dieser in schriftlicher Form erfolgten Übermittlung von Wissen trug Câmara ferner durch die Übersendung von Modellen bergtechnischer Anlagen und von deutschsprachigen Fachbüchern dazu bei, in Mitteleuropa generiertes Fachwissen für den Bergbau im portugiesischen Kolonialreich nutzbar zu machen.[518]

Câmara kam in Freiberg über seinen Lehrer Werner auch mit der zwischen Neptunisten und Vulkanisten geführten Debatte zur Geschichte und dem Aufbau der Erdkruste in Berührung, zu der er zunächst in Freiberg auf Basis eigener Untersuchungen und später auf Grundlage der Observation geologischer Formationen auf nachfolgenden Stationen seiner Studienreise diverse Beiträge leistete. Wohl unter dem Einfluss Werners – einem überzeugten Neptunisten – kam er nach Experimenten mit dem Lötrohr, die „*weit vollständiger und genauer*" als bisherige Analysemethoden waren und bei denen „*folglich ... die dadurch erhaltenen Resultate weit bestimmter und zuverlässiger*" ausfielen, zu dem irrigen Schluss, dass Obsidian nicht vulkanischen Ursprungs sei. Die Aufzeichnungen zu diesen Experimenten übergab er Werner, in dessen Nachlass sie sich noch heute befinden.[519] Durch Veröffentlichung der Ergebnisse im *Bergmännischen Journal*[520] erreichte er ein größeres Fachpublikum. Gleichzeitig zählte er damit – wie auch später sein Kommilitone Andrada – zu den aus dem Kreis der Freiberger Bergakademie-Studenten stammenden internationalen Kontribuenten dieses in Sachsen publizierten gelehrten Journals.

Für Câmara und Andrada endete die Studienzeit in Freiberg nach knapp zwei Jahren im August 1794. Während sich beide in Richtung Süden zu weiteren Zwischenstationen wandten, blieb Sequeira für längere Zeit – wohl auch aufgrund von Krankheit – in Sachsen.[521] In Freiberg führte er zunächst seine theoretische Ausbildung fort und besuchte zwischen Oktober 1794 und April 1795 bei Werner einen auf seine Anforderungen und Bedürfnisse zugeschnittenen Kurs. In diesem Privatissimum wurden ihm – gegen Zahlung eines Honorars in Höhe von 150 Talern – Kenntnisse zu Aufbau und Organisation einer Montanverwaltung, zum Bergrecht, zur Lagerstättenerkundung sowie zu technischen Anlagen und Verfahren der Erzgewinnung und -verarbeitung

517 Ibd., S. 4.

518 Siehe Übersicht über zusätzliche Ausgaben während Câmaras Aufenthalt in Sachsen (ADB, ADB/FAM/FAA-AAA/E/002780).

519 Siehe UBF, NL Werner, Bd. 47, Bl. 41-48.

520 Siehe Câmara 1793, Câmara 1793a.

521 Siehe Schreiben von Joaquim Pedro Fragoso Sequeira an Antonio Araújo de Azevedo aus Freiberg vom 30. August 1794 (siehe ADB, ADB/FAM/FAA-AAA/001495).

vermittelt.[522] Im Anschluss widmete sich Sequeira dem Studium der Metallurgie, in dessen Rahmen er unter anderem Kenntnisse zu dem im Halsbrücker Werk praktiziertem Verfahren der Amalgamation erwarb. Diesbezügliche Aktivitäten lassen sich über Berichte an Araújo[523], Einträge in das Besucherbuch des Amalgamierwerks Halsbrücke (Abbildungen 31 und 32) und vom ihm verfasste Publikationen nachweisen.

Joaquim Pedro Fragoso Viagero de S. Mag.e Fid.ma aprendeu nesta grande Officina a Arte da Amalgamação, dirigido pello Snr. Hoffmann Offal do S. Alteza no mesmo Officina; e não pode deixar de admirar a boa ordem, e economia que aqui reina, como tambem os pericias dos Officiaes directores, deste cellebre estabalecimento.

Abb. 31 | Eintrag von Joaquim Fragoso de Sequeira in portugiesischer Sprache im Besucherbuch des Amalgamierwerks Halsbrücke, 26. Oktober 1795, S. 28

M. Fragoso de Sequeira Voageur au Service de S. M. T. F. a étudié, dans ce grand Atelier l'Art de l'Amalgamation sous la conduite de M. Hoffmann Officier de Son Altesse Electorale, dans le même Atelier et il ne peut moins que d'admirer l'economie, et bon ordre, qu'y regne, comme aussi les talens des Officiers de même Atelier. Halsbrück le 26 Octobre de 1795.

Abb. 32 | Eintrag von Joaquim Fragoso de Sequeira in französischer Sprache im Besucherbuch des Amalgamierwerks Halsbrücke, 26. Oktober 1795, S. 29

522 Sequeira informierte Antonio Araújo de Azevedo in einem Brief aus Freiberg vom 28. September 1794 ausführlich über die Absicht, einen auf seine Bedürfnisse zugeschnittenen Spezialkurs bei Werner zu besuchen (siehe ADB, ADB/FAM/FAA-AAA/001497). Er schrieb (Original): „*Para este fim falei ontem com o mesmo Conselheiro Werner, ajustamos a maneria de facer este curso, q deve ser abreviado, e na forma seg. Começaremos no primeiro de Outubro, e acabaremos em Abril, as materias que trataremos serão 1. hum ensaio sobre a organização do corpo de minas, e seu Conselho, a dependencia de las Fazendas, dos direitos do Soberano sobre as minas, da administração dellas, com as adjudicações dos montes metalicos as conselhos. Depois pasaremos as materias q fazem o objecto da Arte das minas, tratando da busca dos veios metalicos, da maneria de cortar a rocha, abrir os poços em galeria, em madeiras e em muralhas ... e outros, tratermos da maneira de extrahir das minas as pedras, e mineraes, das maquinas hidraulicas das minas, e de sua adminstração com todas as outras maquinas, da ventilação das minas, da manera de escolher, moer, e lavar os mineraes, e tudo isto sera acompanhado com o trabalho pratico nas minas, e officinas q o mesmo Conselheiro apontar. A somma q elle pede em recompensa de seu trabalho são 150 escudos de Saxonia ...*"

523 Siehe z. B. Schreiben von Joaquim Pedro Fragoso Sequeira an Antonio Araújo de Azevedo aus Freiberg vom 15. August 1795 (ADB, ADB/FAM/FAA-AAA/001499).

Ende 1795 unterbrach Sequeira seinen Aufenthalt in Freiberg für eine gemeinsame Tour mit Andrada und Câmara durch Oberungarn[524], von der er spätestens im Frühjahr 1796 nach Freiberg zurückkehrte (vgl. Abbildung 33).

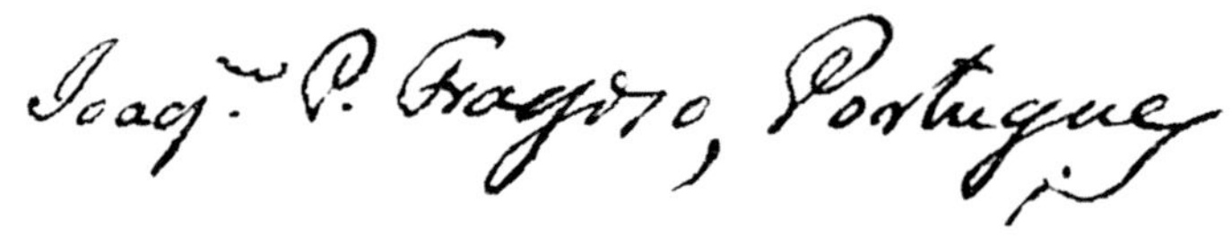

Abb. 33 | Eintrag von Joaquim Fragoso de Sequeira im Besucherbuch der Bergakademie, 1796, zwischen Einträgen von April und Mai, S. 60

Seine in Sachsen erlangten Kenntnisse der Metallurgie – insbesondere zum Amalgamationsverfahren, das er gemäß eigenen Aussagen während einer 18 Monate langen Beschäftigungsperiode im Amalgamierwerk Halsbrücke kennengelernt und studiert hatte[525] – fasste Sequeira im April 1796 zunächst für die Akademie der Wissenschaften in Lissabon in einer *Memória sobre o modo de refinar a prata em grande, como se pratica em Freyberg, na Sáxonia Eleitoral* zusammen, der die 1800 in Dresden in französischer und deutscher Sprache publizierte Schrift *Déscription abrégée de tous les travaux, tant d'Amalgamation, que des Fonderies qui sont actuellement en usage dans les ateliers d'Amalgamation et des Fonderies de Halsbrück, près de Freyberg / Kurze Beschreibung aller Amalgamir- und Schmelzarbeiten, welche jetzt in den Amalgamir- und Schmelzhütten an der Halsbrücke bey Freyberg im Gebrauche sind* folgte.[526] Sequeira trug jedoch nicht nur mit diesen Publikationen zum Wissenstransfer bei, sondern auch mit seiner Übersetzung ins Portugiesische der von Georg Friedrich Hildebrandt (1764–1816) verfassten *Anfangsgründe der Chemie. Zum Grundrisse akademischer Vorlesungen nach dem neuen Systeme* (1794), über die chemisches Wissen und eine Anleitung zu dessen Vermittlung im Unterricht auf die iberische Halbinsel gelangte.[527]

Nach langjährigem Aufenthalt in Sachsen, den Sequeira darüber hinaus nutzte, um sich mit neuesten Entwicklungen landwirtschaftlicher Gerätechnik vertraut zu machen[528], kehrte er 1801 nach Portugal zurück. Die Rückreise nutzte Sequeira, um in

524 Ein Reskript der Neusohler Bergkammer vom 15. Dezember 1795 enthält die Erlaubnis für den Besuch von lokalen Berg- und Hüttenwerken für die drei Studenten Câmara, Andrada und Sequeira (abgedruckt in Falcão 1963, Bd. III, S. 177).

525 In den in Freiberger Archiven (Berg- und Universitätsarchiv) verwahrten Akten zum Amalgamierwerk Halsbrücke konnten keine Hinweise auf eine Tätigkeit Sequeiras gefunden werden.

526 Vgl. Pinto 2000, S. 39, Mendes 1978, S. 203-204.

527 Siehe Schreiben von Sequeira an Araújo aus Dresden vom 18. April 1800 (ADB, ADB/FAM/FAA-AAA/001502).

528 Sequeira verfasste diverse Schriften zu Fortschritten bei der Entwicklung der Agrartechnik (siehe

Kontakt zu Fachkollegen im Nachbarkönigreich auf der iberischen Halbinsel zu treten, wie aus einem Schreiben von Herrgen an Moll vom 9. Juli 1801 aus Madrid zu entnehmen ist:

> Mit Portugall hoffe ich bald in wissenschaftlichen Verkehr zu kommen, durch Hrn. Fragoso der in Freyberg die Amalgamationsmethode beschrieben, sich hier 2 Monate bei mir aufgehalten, und vor seiner kürzlichen Abreise mir viel versprochen hat. An Kenntnissen fehlt es ihm nicht.[529]

Diese Zeilen zählen zugleich zu den wenigen Belegen für einen Austausch zwischen spanischen und portugiesischen Montanfachleuten zu dieser Zeit.

Sequeira dürfte als profunder Kenner metallurgischer Verfahren, insbesondere von Prozessen der Amalgamation, nach Portugal zurückgekehrt sein. Dafür, dass dieses Wissen im portugiesischen Kolonialreich weiträumig zur Anwendung gebracht beziehungsweise entsprechende Anlagen errichtet wurden, konnten jedoch keine Belege gefunden werden.

Vernetzung und Wissenszirkulation im weiteren Verlauf der Studienreisen von Câmara und Andrada

Während Sequeira seine berg- und hüttenmännischen Kenntnisse in Freiberg vertiefte, führten Câmara und Andrada die Studienreise gemäß der 1790 verfassten Instruktion fort. Beide nutzten dabei ihre in Freiberg mit Fachkollegen geknüpften Netzwerke, um diesen über Korrespondenzen und Beiträge für gelehrte Journale interessante Beobachtungen mitzuteilen und zu aktuellen Debatten Stellung zu nehmen. So lieferten sie zur Neptunismus-Plutonismus-Kontroverse diverse Einschätzungen, die auf Observationen an ihrer nächsten Reisestation, den Euganeischen Hügeln in Norditalien – einer Hügelkette vulkanischen Ursprungs – fußten. In ihrer Auswertung blieben beide Werners These einer sedimentären Genese der Gesteine verhaftet, und damit einer Interpretation, die Andrada noch während eines Vortrages zur *„geognostischen Reise zu den Euganeischen Hügeln“* vor der Akademie der Wissenschaften in Lissabon im Jahr 1812

---

z. B. die in der Akademie der Wissenschaften zu Lissabon verwahrte *Descripção dum novo e excellente arado a braços, do qual se servem alguns lavradores dos arrodores da Cidade de Freyberg, na Saxonia Eleitoral, para sachar as batatas. Com algumas observaçoens sobre as grandes vantagens que elle pode dar aos lavradores da Europa, e particularmente aos Portugueses* (ohne Datum)). Ferner kaufte er moderne Gerätschaften und übersandte diese nach Portugal. Für seine Aktivitäten als förderlich stellten sich seine Vernetzung in sächsischen intellektuellen Kreisen beispielsweise über Mitgliedschaften in der Ökonomischen Sozietät von Leipzig und der Linneischen Gesellschaft heraus (vgl. Silva 1860, S. 144).

529 Moll 1834, Bd. 2, S. 320.

vertrat.[530] Câmara bestätigte Werner in einem undatierten Schreiben von 1795, „ ... *dass er alles, was ihm Werner zu Vulkanen beigebracht hat, richtig und sehr richtig gefunden hat* ...".[531] Diesem Brief, der eine Reihe weiterer mineralogischer und geologischer Oberservationen von der Tour über Rom nach Neapel und zum Vesuv enthielt, folgte ein weiterer aus Triest vom 11. Juni 1795, dem eine Kollektion von auf der Reise gesammelten Mineralien beilag.[532] Dieser Objekttransfer verdeutlicht, dass Werner zur Entwicklung eigener Thesen erheblich von den Netzwerkpartnerschaften mit ehemaligen Schülern profitierte.

Von Triest aus gelangten Câmara und Silva über Idrija mit seinen Quecksilberbergwerken nach Wien, von wo aus sie diverse Habsburger Montanreviere besuchten. Einer der Schwerpunkte lag in der Erlangung von Kenntnissen zu dem von Born und Rupprecht neu entwickelten Amalgamationsverfahren, zu dem sie detaillierte Beschreibungen nach Portugal übersandten. Sie kamen – in Analogie zu den Erkenntnissen spanischer Experten – zum Schluss, dass ein erfolgreicher Technologietransfer dieses Verfahrens in den kolonialen Bergbau nur in Begleitung durch deutschsprachige Experten, die sich von Grund auf und profund mit metallurgischen Verarbeitungsmethoden beschäftigt hatten, möglich sei.[533] Inwieweit Câmara und Andrada das Bildungsangebot der Schemnitzer Bergakademie in Anspruch nahmen, konnte anhand der ausgewerteten Akten und der Forschungsliteratur nicht festgestellt werden.

Câmara verließ die Territorien der Habsburger Monarchie Ende des Sommers 1796, bereiste bis Juni 1797 Montanregionen in Norwegen und Schweden und kehrte über England nach Portugal zurück, wo er im Sommer 1798 eintraf. Andrada folgte auf einer ähnlichen Route; er verließ Wien jedoch erst reichlich später. Nach einem Zwischenaufenthalt in Berlin, wo er am 17. Januar 1797 in die Gesellschaft Naturforschender Freunde aufgenommen wurde[534], führte ihn seine Tour durch skandinavische Bergreviere. Hier entwickelte er auf Basis seiner Beobachtungen und daraus gewonnener Erkenntnisse eine rege Publikationstätigkeit, in deren Rahmen er sein Wissen in diversen internationalen gelehrten Journalen zirkulieren ließ. Zu den in Skandinavien von ihm neu entdeckten vier Mineralien (Spodumen, Petalit, Kryolith und Skapolith) und acht Mineralvarianten (Akanthikon, Salit, Kokkolith, Ichthyophtalmit, Indigolith, Afrisit, Wernerit[535] und Allochroit) veröffentlichte er Beiträge im *Journal des Mines* und

530 Vgl. Falcão 1963, Bd. 1, S. 145.

531 Siehe UBF, NL Werner, Briefe, Bd. 4, Bl. 575. Original: „... *que j'ai trouve vrai et tres vrai tout ce que vous m'avez apris meme ensuite de volcans* ..."

532 UBF, NL Werner, Bd. 25, Bl. 3-6.

533 Vgl. Pinto 1994, S. 256-257 und Denkschrift von Andrada, verfasst in Wien am 10.10.1796 (ADB, ADB/FAM/FAA-AAA/L/004412).

534 Siehe Falcão 1963, Bd. 3, Doc. XXI.

535 Andrada benannte eine Variante des Skapolith in Hommage an seinen Freiberger Lehrer als Wernerit.

Journal de Physique; im *Allgemeinen Journal der Chemie* erschien eine *Kurze Angabe der Eigenschaften und Kennzeichen einiger neuer Fossilien aus Schweden und Norwegen: nebest einigen chemischen Bemerkungen über dieselben*. Das *Neue Bergmännische Journal* in Freiberg versorgte er mit einem Artikel zu Mineralfunden sowie mit Informationen zur Geologie, Anlage und Betrieb sowie Ausbeuten des Silberbergwerks Sala.[536]

Seine Beiträge zum Wissensfortschritt sowie sein wissenschaftliches Renommee waren für die Königliche Akademie der Wissenschaften zu Stockholm Anlass, Andrada am 25. Oktober 1797 zu ihrem Mitglied zu berufen.[537] In etwa dieser Zeit wurde auch der Prinz von Dänemark auf ihn aufmerksam, der ihn – vergeblich – zur Übernahme einer Position als Bergwerksinspektor in Norwegen zu gewinnen versuchte. Andrada blieb bis 1799 in Skandinavien, auf seiner Rückreise nach Portugal besuchte er erneut Freiberg. Möglicherweise aus der Zeit dieses Aufenhalts stammt ein Dokument mit von ihm erstellten Kommentaren zu geognostischen Thesen Werners, das im Werner-Nachlass verwahrt wird.[538]

Câmara, Andrada und Sequeira waren durch ihre langjährigen Aufenthalte in Mittel- und teilweise Nordeuropa zu profunden Kennern des europäischen Berg- und Hüttenwesens geworden. Während Sequeira sein erlangtes Wissen fast ausschließlich nur nach Portugal übermittelte und mit auf einen engen Bereich – den Amalgamationsverfahren – eingegrenzten Publikationen in Erscheinung trat, stiegen Andrada und Câmara zu international sichtbaren und anerkannten Experten auf, die ihre während der Reise geknüpften Netzwerke nutzten, um kontinuierlich zum Fortschritt der Montanwissenschaften beizutragen. Die Kontakte zu Akteuren an ihrer wichtigsten Ausbildungsstätte – der Bergakademie Freiberg – hielten sie während ihrer gesamten Ausbildungstour aufrecht und versorgten diese aus erster Hand mit Beobachtungen beziehungsweise Objekten, die für Forschung und Theoriebildung Verwendung fanden.

Etablierung und Ausbau höherer montanistischer Ausbildungsstrukturen in Iberoportugal

Nach der Rückkehr von ihren Studienreisen trugen die Stipendiaten in mannigfaltiger Weise zur Entwicklung des portugiesischen Montanwesens bei. Die insbesondere von Câmara und Andrada verliehenen Impulse wirkten sich auf eine Vielzahl von Bereichen aus und resultierten beispielsweise in einer stärkeren Ausrichtung vorhandener höherer Ausbildungsstrukturen auf montanistische Belange, in einer Überarbeitung der Berggesetzgebung, im Ausbau von Montanverwaltungsstrukturen und im Transfer und dem Einsatz neuer Bergbau- und Hüttentechnologien.

536 Siehe Andrada 1800, Andrada 1802.
537 Vgl. Dahlgren 1915, S. 129.
538 Siehe UBF, NL Werner, Bd. 9, Bl. 115-117.

Auf die Notwendigkeit des Einsatzes von hochqualifiziertem Personal für einen effizienten Berg- und Hüttenbetrieb hatten Andrada und Câmara bereits in mehreren während ihrer Studienreise verfassten Denkschriften verwiesen. In Anknüpfung an die bereits vor seiner Studienreise veröffentlichten *Memória de Observações Físico-Econômicos acerca da Extração do Ouro do Brasil* (1789), in der Câmara auf Defizite des kolonialportugiesischen Montanwesens eingegangen war, verwies er in seiner während des Aufenthalts im Habsburger Reich 1796 entstandenen Schrift *Nota sobre a extracção das minas do Principado da Transilvânia escrita em Zalathna aos 5 dias do mês de Março de 1796* nochmals deutlich auf das Problem des niedrigen Professionalisierungsgrades im Montanwesen und das Erfordernis von Experten mit theoretischem und praktischem Ausbildungshintergrund in Leitungspositionen.

Andrada setzte an dieser von Câmara formulierten Anforderung in einer am 10. Oktober 1796 in Wien verfassten *Memória* an und legte erste konkrete Vorstellungen zur Formalisierung der Ausbildungsstrukturen im portugiesischen Kolonialreich vor. Als sinnvoll erachtete er die Einrichtung von zwei eigenständigen, ausschließlich der montanistischen Ausbildung verhafteten Institutionen – eine davon in Iberoportugal und eine zweite in Brasilien, an denen – nach dem Vorbild der mitteleuropäischen Bergakademien – dem Beamtennachwuchs grundlegende Kenntnisse der „*Oryktognosie, Geognosie, Geographie, Mineralogie, Mechanik, Hydraulik, allgemeinen Chemie, Probierkunst, Metallurgie, Waldwirtschaft, Bergwirtschaft, Bergrecht und technologischen Praxis der verschiedenen Aufbereitungsverfahren*“ vermittelt werden sollten.[539] Das Kursprogramm an diesen Lehrstätten sollte eine Kombination aus praktischen und theoretischen Unterrichtseinheiten darstellen; das Lehrpersonal sollte aus dem Kreis der im Berg- und Hüttenbetrieb tätigen Montanbeamtenschaft stammen. Dazu sah Andrada die Anlage von Modellsammlungen und Mineralienkollektionen zur Begleitung des Unterrichts als notwendig an, genau, wie – analog zur in Mittel- und Nordeuropa geübten Praxis – die Etablierung eines Stipendiensystems, um talentierten Absolventen die Fort- und Weiterbildung in ausländischen Montanrevieren zu ermöglichen. Dieser Vorschlag resultierte trotz einer erneuten Vorbringung durch Câmara in einer Denkschrift zur Notwendigkeit einer geregelten Ausbildung für den Beamtennachwuchs vom 13. August 1798 weder im Mutterland noch im überseeischen Territorium Brasilien in der Gründung einer eigenständigen Institution.[540]

In Anknüpfung an die Reformen der Universität Coimbra in den 1770er Jahren nahm die Monarchie die Vorschläge jedoch zum Anlass, das universitäre Lehrstuhl-

539 Siehe Denkschrift von Andrada, verfasst in Wien am 10. Oktober 1796 (ADB, ADB/FAM/FAA-AAA/L/004412, Bl. 7). Original: „*Oryctognosia, Geognosia, Geografia, Mineralogia, Mechanica, Hydraulica, Chimica geral, Docimasia, Metalurgia, Sciencia dos Bosques, Economia Montanistica, Jurisprudencia Mineral, em fim na pratica technologica das diversas extrações.*"

540 Vgl. Mendonça 1958, S. 93-94.

gefüge ab den 1790er Jahren zu modifizieren und verstärkt auf montanwissenschaftliche Themen auszurichten. Einen ersten Schritt in diese Richtung stellte die Ergänzung der Bezeichnung des Lehrstuhls für Chemie um den Begriff „Metallurgie" nach dem altersbedingten Ausscheiden Vandellis 1791 und der Übernahme durch Thomé Rodrigues Sobral (1759–1829)[541] dar. Inwieweit Sobral metallurgisches Wissen in seinen Kursen vermittelte, wurde im Rahmen dieser Forschungsarbeit nicht untersucht. Der ausgewerteten Literatur war lediglich zu entnehmen, dass Sobral gemeinsam mit seinem Mitarbeiter Vicente Coelho de Seabra Silva Telles (1764–1804)[542] zur Verbreitung neuer chemischer Theorien und Grundsätze aus Frankreich in Portugal beitrug, beispielsweise indem Sobral eine Übersetzung des Artikels von Guyton de Morveau zur Affinitätslehre in der *Encyclopédie méthodique* in Portugal im Jahr 1793 publizierte, während Telles in seinem zweibändigem Lehrbuch *Elementos de Chimica* (1788/1790) unter anderem Bezug auf Lavoisiers Oxidationstheorie nahm und 1801 in Anlehnung an die von Lavoisier herausgebene chemische Nomenklatur eine *Nomenclatura Chimica Portugueza, Franceza, e Latina*[543] veröffentlichte.

Im Jahr 1791 erfolgte dazu die Umbenennung des Lehrstuhls für Naturgeschichte in Zoologie und Mineralogie.[544] Er wurde mit Francisco António Ribeiro de Paiva (1757–1831)[545] besetzt. Der 1813 zu seinem Nachfolger berufene Manuel José Baptista Barjona (1760–1831)[546] veröffentlichte bereits 1798 mit den *Metallurgiae Elementa* ein erstes Fachbuch der Mineralogie und Metallurgie in Portugal, das bis in die 1820er Jahre als Lehrbuch an der Universität genutzt wurde. Eine weitere Publikation aus

541 Sobral studierte zwischen 1779 und 1783 an der Universität Coimbra und war danach in verschiedenen Funktionen an den Lehrstühlen für Physik, Naturgeschichte und Chemie beschäftigt gewesen (vgl. Professorenkatalog der Universität Coimbra *Memoria Professorum Universitatis Conimbrigensis*, https://www.uc.pt/org/historia_ciencia_na_uc/autores, abgerufen am 04.06.2021).

542 Der aus der brasilianischen Bergbauregion Minas Gerais gebürtige Telles studierte ab 1783 an der Universität Coimbra. Am Lehrstuhl für Chemie war er ab 1791 als *Demonstrador de Chymica e Metalurgia* beschäftigt, 1801 stieg er zum Dozenten (*2° Lente substituto*) auf und arbeitete als solcher bis zu seinem Tod 1804 (vgl. Professorenkatalog der Universität Coimbra *Memoria Professorum Universitatis Conimbrigensis*, https://www.uc.pt/org/historia_ciencia_na_uc/autores, abgerufen am 04.06.2021).

543 Siehe Telles 1801.

544 Vgl. Ferreira 1990, S. 47.

545 Paiva hatte in Coimbra zwischen 1773 und 1779 Philosophie, Mathematik und Medizin studiert und war in verschiedenen Funktionen ab 1780 an den Lehrstühlen für Naturgeschichte und Experimenteller Physik beschäftigt gewesen (vgl. Professorenkatalog der Universität Coimbra *Memoria Professorum Universitatis Conimbrigensis*, https://www.uc.pt/org/historia_ciencia_na_uc/autores, abgerufen am 04.06.2021).

546 Barjona studierte zwischen 1779 und 1786 an der Universität Coimbra und arbeitete in der Folgezeit an diversen Professuren. Er folgte Paiva 1813 auf den Lehrstuhl für Zoologie und Mineralogie (vgl. Professorenkatalog der Universität Coimbra *Memoria Professorum Universitatis Conimbrigensis*, https://www.uc.pt/org/historia_ciencia_na_uc/autores, abgerufen am 04.06.2021).

seiner Feder waren die 1823 publizierten Mineralogischen Tabellen (*Tábuas mineralógicas*) mit einem Vorschlag für eine Mineralienklassifikation.[547]

Im Jahr 1801 erfolgte eine Aufspaltung des Lehrbereichs, der bisher von der Professur für Chemie und Metallurgie vertreten wurde. Der nun neu geschaffene Lehrstuhl für Metallurgie entstand in Zusammenhang mit der Berufung von Andrada zum Professor am 15. April 1801 und sollte zu einer Stärkung der hüttenkundlichen Ausbildung führen. Entsprechendes Wissen sollte er jedoch nicht nur an den Nachwuchs in der Universität weitergeben, sondern auch an Akteure, die an relevanten Behörden tätig waren, wofür er im selben Jahr noch zum Direktor des Kurses für Probierkunde an der Königlichen Münze in Lissabon ernannt wurde.[548]

Die Einrichtung neuer Lehrstühle an der Universität Coimbra führte nicht automatisch zur Einführung eines eigenen montan-fokussierten Studiengangs. Die Vermittlung entsprechenden Spezialwissens war weiterhin im Curriculum der Naturgeschichte vorgesehen. In dem sich über vier Jahre erstreckendem Studiengang (*bacharelato*) waren im ersten Jahr Lehrveranstaltungen der Naturgeschichte (Zoologie/Mineralogie), im zweiten der Physik, im dritten der Chemie und erst im vierten der Metallurgie und Landwirtschaft vorgesehen.[549] Mit dieser Ausgestaltung des Studienprogramms wurden unter Einsatz von Akteuren mit Spezialwissen erste Schritte hin zum Ausbau einer spezifischen montanistischen Ausbildung unternommen, wobei diese jedoch in ihrem Umfang und Spezialisierung nicht an die im Nachbarland realisierten Unterfangen heranreichten.

Andrada hatte es sich in seinem Unterricht zum Ziel gesetzt, ein breites Wissensspektrum zu vermitteln, das weit über das der eigentlich zu behandelnden Metallurgie hinausging und Inhalte aus bergbaukundlichen und mineralogischen Fachdisziplinen anriss. Dazu nutzte er auch eine Mineralienkollektion, die er seit seiner Studienreise zusammengetragen hatte und die noch heute in Teilen im *Museu da Ciência* der Universität Coimbra erhalten ist (Abbildungen 34 und 35).[550]

Bald schon zeigte sich Andrada jedoch enttäuscht von der Tätigkeit an der Universität Coimbra: Nur wenige Studenten besuchten seine Vorlesungen (durchschnittlich fünf pro Jahr), ihre Vorbildung erlaubte ihnen nur in begrenztem Umfang seinen Ausführungen zu folgen und für die Ausstattung von Laboren für Forschung und Lehre standen nicht ausreichend finanzielle Mittel zur Verfügung.[551] In Konsequenz darauf zog sich Andrada 1807 aus dem Lehrbetrieb zurück und widmete sich zunächst prioritär seinen vielfältigen (zusätzlichen) Aufgaben in der Montanverwaltung und kurze

547 Vgl. Ferreira 1990, S. 71-72.
548 Ibd., S. 57.
549 Vgl. Ferreira 1998, S. 56.
550 Vgl. Ferreira 1990, S. 54, Granato/Lourenço 2010, S. 202.
551 Vgl. Santos 2008, S. 299-300.

Abb. 34 | Museu da Ciência der Universität Coimbra (ehemaliger Sitz des chemischen Laboratoriums) (2017)

Abb. 35 | Mineralogische Abteilung im Museu da Ciência der Universität Coimbra (2017)

Zeit später der Verteidigung des Vaterlandes gegen die französischen Invasoren.[552] Eine Neubesetzung der Professur für Metallurgie erfolgte erst 1813.

Internationale Qualifizierung von Lehrpersonal für die Universität Coimbra

Die unbefriedigende Situation an der Universität Coimbra verbunden mit dem offensichtlichen Bedarf an weiteren, auf montanwissenschaftliche Fachbereiche spezialisierten Professoren sowie von Experten für den Einsatz in Berg- und Hüttenwerken und die in vielerlei Hinsicht positiven Erfahrungen der Studienreise von Andrada, Câmara und Sequeira veranlassten die Monarchie auf Anregung von Andrada in der ersten Dekade des 19. Jahrhunderts das Instrument einer internationalen Reise erneut zum Zweck der Weiterbildung und der Vernetzung zu nutzen (vgl. Abbildung 36).

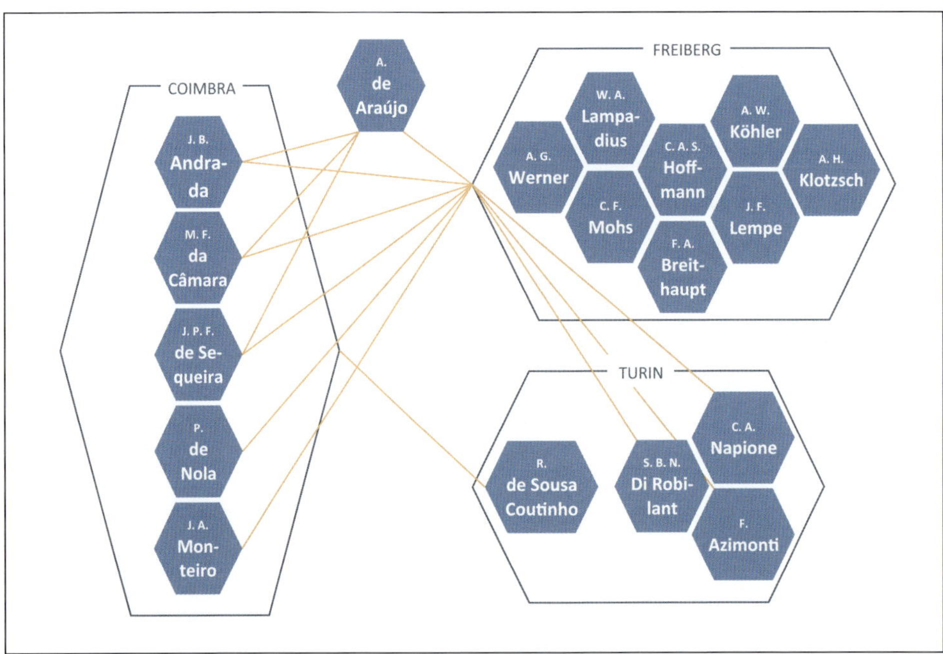

Abb. 36 | Netzwerke zwischen Akteuren in Coimbra, Freiberg und Turin

Die Auswahl der zwei Stipendiaten für diese ab 1804 durchgeführte *metallurgische Reise* durch Europa erfolgte auf Vorschlag von Andrada. Als aussichtsreiche Kandidaten identifizierte er zwei gestandene Fachkollegen mit längerer Berufs- beziehungsweise Lehrerfahrung, die sie an verschiedenen Professuren der Universität Coimbra gesam-

552 Vgl. Ferreira 1986, S. 674.

melt hatten: Der von der Insel Madeira stammende João Antonio Monteiro (1769–1834) hatte zwischen 1784 und 1794 Philosophie, Mathematik und Medizin – unter anderem bei Vandelli – studiert und 1791 auf dem Gebiet der (Natur)Philosophie promoviert. Im Anschluss nahm er Tätigkeiten als *demonstrador* für Experimentelle Physik und Dozent an diversen naturwissenschaftlichen Lehrstühlen wahr, ab 1801 an der Professur für Metallurgie bei Andrada.[553] Kurz vor seiner Abreise wurde er auf den Lehrstuhl für Probierkunst an der Lissaboner Münze berufen.[554] Sein Kommilitone – der Karmelitermönch Paulino de Nola Oliveira e Sousa (1759–1830) – stammte aus Brasilien und begann seine Studien der Theologie, Mathematik und Philosophie in Coimbra im Jahr 1782. 1793 wurde er ebenso im Bereich der (Natur)Philosophie promoviert und arbeitete im Anschluss an den Lehrstühlen für Experimentelle Physik, Chemie und gemeinsam mit Monteiro ab 1801 an dem für Metallurgie.[555]

Den Reisezweck und seine Position legte Monteiro in einem Schreiben an Karl von Moll vom 30. Dezember 1810 folgendermaßen dar:

> ... ich kann Ihnen versichern, dass ich eine gewisse Reputation und sogar Ansehen als Gelehrter in Portugal genieße. Ich habe sieben Jahre lang experimentelle Physik an der Universität von Coimbra vorgeführt. Danach wurde ich zum Professor an derselben Universität ernannt und zuletzt beauftragte mich der Prinzregent, einen Lehrstuhl für Probierkunst an der Münze in Lissabon einzurichten. Einige Zeit später initiierte der Herrscher ein Projekt zur Gründung einer Generalbergwerksverwaltung, für das er mich bestimmte und bei dem ich mit d'Andrada und anderen zusammenarbeiten und in dessen Vorbereitung ich auf seine Kosten eine Reise durch ganz Europa unternehmen sollte. Er war so freigiebig und hat mich mit einem Stipendium für die Reise ausgestattet. Ferner hat er mir versprochen, dass ich meinen Lehrstuhl und meine Stelle behalten werde und ehrte mich zusätzlich durch Verleihung des Christusordens, der höchsten Auszeichnung meines Landes.[556]

553 Vgl. Professorenkatalog der Universität Coimbra *Memoria Professorum Universitatis Conimbrigensis*, https://www.uc.pt/org/historia_ciencia_na_uc/autores, abgerufen am 04.06.2021.

554 Vgl. Ferreira 1986, S. 672.

555 Vgl. Professorenkatalog der Universität Coimbra *Memoria Professorum Universitatis Conimbrigensis*, https://www.uc.pt/org/historia_ciencia_na_uc/autores, abgerufen am 04.06.2021.

556 Moll 1834, Bd. 2, S. 439. Original: „ ... *je peux vous assurer que je jouis de quelque réputation et même de quelque considération comme savant en Portugal. J'ai été pendant 7 ans démonstrateur de Physique expérimental à l'Université de Coimbre. Depuis je fus nommé professeur de la même Université, et dernièrement j'en ai été rappelé par la Prince Régent, pour venir créer une chaire de Docimasie à l'Hôtel de la monnois à Lisbonne. Quelque temps après, ce Souverain ayant conçu le projet de former un Etablissement général pour la direction et l'administration des mines, et me destinant à y être employé avec d'Andrada et autres, m'envoya à ses frais faire un voyage par toute l'Europe. Il eut la munificence de m'accorder, outre la pension de voyageur, la conservation de ma chaire et de mon apointement, et plus daigna me décorer de la croix de l'ordre du Christ, l'ordre le plus distinguè de mon pays.*"

Trotz der hohen Erwartungen an diese Studienreise konnten diese aufgrund der politischen Situation durch die napoleonischen Eroberungszüge nur bedingt und zeitverzögert erfüllt werden. Zu den einzelnen Stationen und dem Verlauf der Tour wurden in der Forschungsliteratur und Archivalien nur wenige Hinweise gefunden. Die beiden Stipendiaten dürften jedoch zunächst einen längeren Studienaufenhalt in der französischen Hauptstadt absolviert haben. Besonders fruchtbar in Paris schien die Zusammenarbeit mit René-Just Haüy gewesen zu sein, wie eine Reihe von Abhandlungen Monteiros zu kristallographischen Forschungen in internationalen Fachzeitschriften (u.a. *Journal des Mines, Journal de Physique, Jahrbücher der Berg- und Hüttenkunde*) zeigt.[557] Dazu trug Monteiro zur Verbreitung von Forschungsergebnissen seines Mentors Andrada bei, indem er beispielweise im *Journal de Physique, de Chimie, d'Histoire Naturelle et des Arts* einen Beitrag veröffentlichte (*De l'Analogie du Wernerite avec Le Paranthine)*, indem er die Mineralvarianten Skapolith und Wernerit, die von Andrada als voneinander verschieden angesehen wurden, als miteinander identisch einstufte.[558] Diese Einschätzung wurde auch in Freiberg zustimmend zur Kenntnis genommen, wie Monteiro am 30. Dezember 1810 an Moll berichtete,

> … dass der berühmte Werner meine Meinung aufs Schmeichelhafteste sanktioniert hat und ungefähr zur selben Zeit als der Artikel im Journal de Physique publiziert wurde, auf meine Studie in seinem Kurs Bezug nahm.[559]

Die Publikationen von Monteiro aus seiner Pariser Zeit lassen auf einen intensiven wissenschaftlichen Austausch und eine Vernetzung mit Kollegen aus ganz Europa schließen. Ebenso verweisen die Mitgliedschaften in diversen gelehrten Gesellschaften und Akademien auf sein internationales wissenschaftliches Renommée und die Wahrnehmung als anerkannten Fachmann.[560] Für Nola hingegen konnten keinerlei derartige Aktivitäten oder Würdigungen ausgemacht werden.

Reichlich zehn Jahre nach Initiierung des Studienreise-Projekts waren die beiden Stipendiaten in Freiberg anzutreffen, Belege hierfür finden sich im Freiberger Universitätsarchiv für die Zeit ab Ende des Jahres 1815. Am 24. November 1815 stellten Monteiro und Nola einen Aufnahmeantrag, das Reskript mit der Genehmigung zum Besuch von Vorlesungen und Besichtigung von Bergwerken datiert auf den 7. Januar

557 Vgl. Diniz 1817, S. 72.

558 Siehe Monteiro 1809.

559 Moll 1834, Bd. 2, S. 441. Original: „*… que le célèbre Werner avait sanctionné mon opinion de la manière la plus flateure pour moi, l'émettant lui-même dans son cours à Freyberg, à mon insu, à la même époque à peu près que je la publiais à Paris dans le Journal de Physique, aussi à son insu.*"

560 Monteiro war u.a. Mitglied in der Pariser Philomatischen Gesellschaft (ab 1813), der Bayerischen Akademie der Wissenschaften (ab 1812, korrespondierendes Mitglied), der Mineralogischen Gesellschaft zu Jena (ab 1816) und der Geological Society London (ab 1816) (vgl. Diniz 1817, S. 71).

1816.[561] Über die Teilnahme an Lehrveranstaltungen gibt einzig der Jahresbericht von Lampadius für das akademische Lehrjahr 1817/18 vom 30. März 1818 Auskunft, in dem beide als Hörer genannt werden.[562] In Ergänzung dazu vervollkommneten die beiden Stipendiaten ihre praktischen Kenntnisse durch Besichtigungen von Bergwerken, worauf Einträge in das Besucherbuch der Grube „Beschert Glück" schließen lassen. Demnach fuhr Monteiro am 11. März 1816 und Nola am 2. Juni 1817 ein.[563] Zumindest Nola dürfte sich bis Anfang der 1820er Jahre in Freiberg aufgehalten haben, wie eine Archivalie im Hauptstaatsarchiv Dresden, die sich auf einen in diesem Zeitraum erfolgten Diebstahl von persönlichem Hab und Gut bezieht, vermuten lässt.[564]

Monteiro kehrte von seiner Tour nie nach Portugal zurück, obwohl er 1813 in Nachfolge von Andrada auf den Lehrstuhl für Metallurgie an der Universität Coimbra berufen worden war.[565] Die Professur übernahm schließlich Nola nach der Rückkehr von seiner Ausbildungstour im Jahr 1822.[566] Über die Inhalte, die Nola an der Universität Coimbra bis zu seinem todesbedingten Ausscheiden 1830 vermittelte, gibt die verwendete Forschungsliteratur nur ansatzweise Hinweise. Nola schien sich keinesfalls auf die Unterrichtung zu metallurgischen Themen beschränkt zu haben, sondern widmete einen Teil seiner Lehre der Weitergabe von mineralogischem und geologischem Wissen. Er nutzte dafür eine umfangreiche Mineraliensammlung von über 2.000 Stufen, die er während seiner Studienreise durch Europa – und dabei insbesondere im deutschsprachigen Raum – zusammengetragen hatte und die heute Teil der Kollektionen des *Museu da Ciência* der Universität Coimbra ist.[567]

Auf den sächsischen Ursprung eines Teils der Mineralien verweisen zwei in deutscher Sprache abgefasste Sammlungskataloge, die aktuell in der Bibliothek des Geowissenschaftlichen Instituts der Universität von Coimbra aufbewahrt werden. Einer dieser Kataloge trägt den Titel *Verzeichnis zu einer aus 597 Nummern bestehenden oryktognostischen Mineralien Sammlung, gefertiget im Monat Januar 1818*, der andere die Bezeichnung in portugiesischer Sprache *Catalogo Allemão Mineralogia e Geognosia*. Der erste Teil dieses *Catalogo Allemão* beinhaltet eine Liste von Mineralen und Felsgesteinen, in der

561 Siehe UAF, OBA 191, Bl. 100/102.

562 Siehe UAF, OBA 192, Bl. 31. Lampadius lehrte 1817/18 an der Freiberger Bergakademie allgemeine Chemie, allgemeine Hüttenkunde, analytische Chemie und technische Chemie (vgl. Reich 1850, S. 30).

563 Siehe SBM, 48/53, o. Bl.nr.

564 Siehe HStAD, 12881 (Genealogica), Nr. 3434.

565 Monteiro starb 1834 in Paris. Sein Grabmal mit der Inschrift „*Professeur émérite de Université de Coimbre (PORTUGAL), Membre de plusieurs sociétés savantes, Minéralogiste remarquable*" befindet sich auf dem Friedhof Père Lachaise.

566 Vgl. Ferreira 1998, S. 65.

567 Die Mineraliensammlung Nolas wurde 1847 in die Universitätssammlungen eingegliedert (vgl. Ferreira 1989, S. 260, Pinto et al. 2011, S. 214-216).

die Objekte unter Nutzung der Merkmale nach Abrahm Gottlob Werners sensualistischer Identifizierungsmethode beschrieben werden. Auch der zweite Teil der Publikation mit seinen Kapiteln *Samlung zur Darstellung der Structuren der Gebirgssteine* und *Aufstellung der Gebirgsgesteine in systematischer Ordnung, wie solche der zweite oder angewandte Theil der Geognosie vortraegt* weist Bezüge auf die Vorschläge der Mineralienklassifikation und Beschreibung der Gebirgsarten nach Werner auf.[568]

In den Jahren seiner Tätigkeit an der Universität Coimbra bot Nola erstmalig in Portugal einen Geologie-Kurs an. Diese damit von ihm beförderte Etablierung des Fachgebiets resultierte nach seinem Tod in der Einrichtung eines Lehrstuhls für Geologie und Mineralogie, der 1836 mit seinem Schüler Roque Joaquim Fernandes Tomás (1807–1871)[569] besetzt wurde.[570]

Der Überblick zeigt, dass es in Portugal – insbesondere bedingt durch die politische Situation infolge der französischen Invasionen in der ersten Dekade des 19. Jahrhunderts – nur ansatzweise zur Etablierung höherer montanistischer Ausbildungsstrukturen kam. Im Gegensatz zum Nachbarn auf der iberischen Halbinsel entstand keine eigenständige Institution für die Ausbildung des Beamtennachwuchses, der in Leitungspositionen im (kolonial)portugiesischen Montanwesen zum Einsatz kommen sollte. Die Monarchie setzte stattdessen auf den Ausbau bereits vorhandener universitärer Strukturen, wofür die an der Freiberger Bergakademie ausgebildeten Stipendiaten der portugiesischen Monarchie vielfältige Impulse verliehen.

Die Universität Coimbra blieb in den ersten beiden Dekaden des 19. Jahrhunderts ein bedeutendes wissenschaftliches Zentrum im portugiesischen Kolonialreich, wenngleich infolge der Verlagerung des politischen Machtzentrums durch den Umzug der Königsfamilie nach Brasilien im Jahr 1808 nun auch im überseeischen Territorium wissenschaftliche Institutionen entstanden, die als Ausbildungsstätten für den Beamtennachwuchs zunehmend an Bedeutung gewannen.

2.3.2 Militärakademie in Rio de Janeiro

Die Übersiedelung des portugiesischen Königshofs nach Brasilien im Jahr 1808 stellte einen bisher nie dagewesenen Vorgang im europäischen Machtgefüge dar, der das Verständnis zwischen dem Zentrum in Europa und der Kolonie in Übersee auf den Kopf stellte und weitreichende Folgen für das politische, ökonomische und soziale Leben im

568 Vgl. Werner 1786

569 Tomás hatte an der Universität Coimbra ab 1822 Mathematik, Philosphie und Medizin studiert (vgl. Professorenkatalog der Universität Coimbra *Memoria Professorum Universitatis Conimbrigensis*, https://www.uc.pt/org/historia_ciencia_na_uc/autores, abgerufen am 04.06.2021).

570 Vgl. Ferreira 1989, S. 255.

gesamten Kolonialreich hatte. Die Monarchie hatte in dieser Umsiedlung die einzige Chance gesehen, ihren Machtanspruch auf den portugiesischen Thron zu determinieren, nachdem Napoleon am 23. November 1807 die herrschende Bragança-Dynastie für abgesetzt erklärt hatte und das Reichsgebiet auf der iberischen Halbinsel durch Truppen unter Führung von Jean-Andoche Junot (1771–1813) besetzen ließ. Diese Invasion stellte die Antwort auf Portugals Weigerung dar, seine bis dato neutrale Position aufzugeben und sich einem Wirtschaftskrieg gegen England anzuschließen. Mit britischer Hilfe gelang es Ende 1807 gerade noch rechtzeitig, die königliche Familie, weitere 10.000 bis 15.000 Mitglieder der Aristokratie, Verwaltungs- und Militärbeamte und Handwerker, den Staatsschatz sowie Unterlagen aus Archiven und Bibliotheken nach Brasilien zu verschiffen.[571]

Die Verlagerung des Machtzentrums in die reichste Region des portugiesischen Kolonialreichs brachte grundlegende Änderungen des Status dieses überseeischen Gebiets mit sich. Im Gegensatz zu den spanischen Besitzungen in Amerika herrschten in Brasilien bisher vielfältige Restriktionen, die Verbote, wie Fabriken oder höhere Bildungseinrichtungen respektive Universitäten zu betreiben, umfassten. Den Initiativen der kolonialen Eliten zur Etablierung von Institutionen oder Plattformen des intellektuellen Austauschs war in diesem Umfeld bisher kaum Erfolg beschieden gewesen. Gesellschaften oder Akademien wie die *Academia Científica do Rio de Janeiro* (1772–1779) oder die *Sociedade Literária* (1786–1794) konnten nur auf kurze Hochzeiten zurückblicken und sich nicht auf Dauer etablieren.[572]

Die Ankunft des Hofs veränderte diese Situation vollkommen: Die Monarchie beförderte durch fiskalische Anreize die Ansiedlung von Manufakturen, ließ höhere Bildungseinrichtungen und Bibliotheken gründen und trug durch Einsatz der aus Portugal mitgeführten Druckerpresse zu einem Anstieg der Verbreitung von Druckerzeugnissen bei (auch wenn diese weiterhin der Kontrolle der recht aktiven Zensurbehörde unterlagen). Zur effizienteren Verwaltung des südamerikanischen Territoriums wurde ein Behördenapparat aufgebaut, der sich in seiner Arbeit auf die unmittelbar nach der Übersiedlung erlassenen, an die neue Situation angepassten Verordnungen stützen konnte. Internationale Handelsaktivitäten wurden durch die Öffnung der Häfen für ausländische Schiffe befördert, zu der sich die Monarchie als Gegenleistung für die britische Unterstützung verpflichtet hatte (und die Portugal zwangsläufig in noch stärkere Abhängigkeit zu England brachte). Brasiliens Status innerhalb des portugiesischen Kolonialreichs erfuhr eine deutliche Aufwertung, die sich auch in seiner ab 16. Dezember 1815 gültigen Benennung als *Vereinigtes Königreich von Portugal, Brasilien und Algarve* widerspiegelte, während die einstige Metropole in Europa zur Bedeutungslosig-

571 Vgl. Rinke/Schulz 2013, S. 64-65.
572 Vgl. Domingues 2001, S. 84.

keit herabsank und über Jahre – wirtschaftlich angeschlagen – die mangelnde Stabilität des Staatshaushalts zu erdulden hatte.[573]

Etablierung von Strukturen der montanistischen Ausbildung in Rio de Janeiro

Die Ereignisse auf dem europäischen Kontinent in der ersten Dekade des 19. Jahrhunderts führten der Monarchie eindrücklich die Notwendigkeit eines schlagkräftigen und modern ausgerüsteten Heers zur Verteidigung des Reichsgebiets vor Augen. Zu den frühesten Gründungen von höheren Bildungsinstitutionen in Brasilien zählten daher neben denen medizinischer Spezialschulen (*Escola de Cirurgia da Bahia* (1808), *Academia Médico-Cirúrgica do Rio de Janeiro* (1808)) Ausbildungsstätten für das Militär.[574]

Für die höhere wissenschaftlich-technische Ausbildung entstand im Jahr 1810 – in Fortführung der Tradition der 1790 in Lissabon und 1792 in Rio de Janeiro eingerichteten *Reales Academias de Artilheria, Fortificação e Desenho,* an denen der Nachwuchs für die Infanterie und Kavallerie (3-jährige Ausbildung), die Artillerie (5-jährige Ausbildung) und im Militäringenieurwesen (6-jähriges Studium) qualifiziert wurde – mit der *Real Academia Militar* eine eigenständige Institution. Ein Studium an dieser Akademie sollte die Absolventen insbesondere für eine Übernahme von Führungspositionen im Straßen-, Kanal- und Festungsbau und bei der Produktion von Kriegsmaterial und -technik qualifizieren und schloss basierend auf diesen Anforderungen die Vermittlung bergbau- und hüttentechnischen Wissens ein.[575] Die Akademie sollte mit ihrem Lehrpersonal zugleich Beratungsorgan für die Monarchie zu Fragen und Problemen des brasilianischen Montanwesens sein und Vorschläge zu dessen Aufschwung unterbreiten.[576] Mit der Gründung dieser Militärakademie erfolgte eine Verlagerung der montanistischen Lehre aus dem universitären Bereich in den einer Spezialschule, die der Zuständigkeit des Militärs unterlag. So begann sich infolge der räumlichen Verankerung der Monarchie an der ehemaligen Peripherie auch im portugiesischen Kolonialreich das Modell der auf spezifische Berufsfelder ausgerichteten Ausbildungsstätten durchzusetzen.

Die Ausarbeitung des Curriculums und Definition der Struktur der Militärakademie überließ die Monarchie Carlo Antonio Napione und damit einem ausgewiesenen Experten, der sich bisher fachlich sowohl auf militärischem als auch montanistischem Gebiet hervorgetan hatte. Der zum Präsidenten der Einrichtung bestellte Napione stand zu diesem Zeitpunkt bereits seit einigen Jahren im Dienst Portugals. Nachdem Rodrigo de

573 Vgl. Rinke/Schulz 2013, S. 65-72.

574 Als eine der ersten Institutionen in Brasilien wurde 1808 eine *Real Academia dos Guardos-Marinhas* als Ausbildungsstätte für Marinesoldaten eingerichtet.

575 Vgl. Teles 2003, S. 6.

576 Vgl. Figueirôa 1998, S. 117.

Sousa Coutinho während seines Aufenthalts als diplomatischer Vertreter Portugals in Turin Mitte der 1780er Jahre – insbesondere aufgrund der internationalen Qualifizierungstour – auf ihn aufmerksam geworden war, gelang es schließlich, ihn nach wiederholten Werbeversuchen im Jahr 1800 an Portugal zu binden.

Napione hatte durch seine Studienaufenthalte an montanwissenschaftlichen Einrichtungen wie der Freiberger Bergakademie und in technisch weitentwickelten Bergrevieren ein hohes Qualifizierungsniveau erreicht. Es war ihm danach gelungen, das während dieser Jahre akkumulierte Wissen gewinnbringend zum Ausbau des Berg- und Hüttenwesens von Sardinien-Piemont einzubringen. So hatte er nach der Rückkehr von seiner Ausbildungstour ein vielfältiges Aufgabenspektrum in seinem Heimatland wahrgenommen: Als Mitglied des Gremiums für Bergbauangelegenheiten (*Consigliere del Consiglio delle Miniere*) hatte er sich ab 1791 der Lagerstättenerkundung gewidmet und nach der Inspektion von Bergwerken Vorschläge zur Einführung effizienterer Gewinnungsmethoden unterbreitet. Ab 1792 war er als Leiter des chemisch-metallurgischen Laboratoriums und des mineralogischen Museums am Arsenal von Turin tätig geworden, wobei sich der Schwerpunkt seiner Aktivitäten – angesichts des ebenfalls drohenden Einmarschs durch französische Truppen – auf die Entwicklung und Anwendung moderner Verfahren zur Herstellung von Kriegsmaterial und -technik verlagert hatte.

Napione hatte darüber hinaus während seiner beruflichen Karriere in Sardinien-Piemont durch Veröffentlichung diverser Fachbeiträge zur transregionalen Wissenzirkulation beigetragen.[577] Insbesondere Wissen europäischer Fachkollegen brachte er mit seiner 1797 unter dem Titel *Elementi di mineralogia* erschienenen Schrift in Umlauf, die – seinen eigenen Worten folgend – die erste umfassende moderne mineralogische Abhandlung in italienischer Sprache war.[578] Unter Verwendung internationaler Fachliteratur (z. B. von Autoren wie Delamétherie, Rome d'Isle, Kirwan, Cronstedt, Widenmann, Born, Werner und Karsten) hatte Napione in ihr den aktuellen Wissensstand in den Fachgebieten Mineralogie und Geologie zusammengefasst. Einen Schwerpunkt legte er dabei auf die Darstellung von Konzepten und Thesen seines Freiberger Lehrers Werner, dessen Identifikationsmethode von Mineralien nach ihren *äußerlichen Kennzeichen* und dessen Klassifikation der Gebirgsarten er ausführlich wiedergab. Für den Leser als besonders hilfreich erwies sich dabei die Darstellung seiner Mineralienklassifikation, in der er – um den Zugang zu international publizierten Erkenntnissen zu erleichtern – die jeweils englische, französische und deutsche Bezeichnung des Minerals in Ergänzung zur italienischen aufführte.

577 Zu Ergebnissen seiner Forschungen veröffentlichte Napione diverse Schriften, wie beispielsweise zur *Maniera di separare il rame e lo stagno dal bronzo di cui sono formate le campane* (1794) und *Memoria sul lincurio* (1795) (vgl. Burdet 2005, Bd. 2, S. 454).

578 Siehe Napione 1797, S. X.

In den letzten Jahren des 18. Jahrhunderts hatte Napione diverse politische Missionen im Ausland vollzogen, die er auch dafür nutzte, die Austauschbeziehungen mit internationalen Fachkollegen zu intensivieren.[579] Die nach der französischen Invasion erfolgte Absetzung des Königs von Sardinien und Ausrufung der Subalpinischen Republik im Jahr 1800 nahm Napione schließlich zum Anlass, seinem Heimatland den Rücken zu kehren. Die langjährigen Anwerbeversuche Portugals zeitigten nun endlich Erfolg, denn Napione konnte zu einem Eintritt in die portugiesischen Streitkräfte im Rang eines Oberstleutnants (*tenente-coronel*) bewegt werden.[580] Mit der Aufnahme in die Lissaboner Akademie der Wissenschaften am 15. Oktober 1800 fand Napione dann einerseits Zugang zu Gelehrtenkreisen, anderseits kam er mit laufenden, von der Monarchie beförderten Projekten in Berührung. Zu seinen frühesten Aktivitäten in Portugal zählten die im Herbst/Winter 1800/01 gemeinsam mit Andrada und dessen Bruder Martim Francisco Ribeiro de Andrada vorgenommenen geologischen Erkundungen in den Provinzen Estremadura und Beira. Dazu wurde er in die Produktion militärischer Ausrüstung eingebunden, wobei er zur Verbesserung existierender und Einführung neuer Verfahren beitrug.[581]

Die Verlagerung des Machtzentrums nach Brasilien bedeutete für Napione einen Karrieresprung und damit eine deutliche Erweiterung seines bisherigen Tätigkeitsspektrums. Der nun zum Generalinspektor der Artillerie und Direktor des Königlichen Arsenals in Rio de Janeiro ernannte Napione hatte sich zunächst um die Organisation von Heeresteilen und -einrichtungen unter den veränderten Rahmenbedingungen zu kümmern und war für den Aufbau neuer Produktionsstätten von Militärtechnik und -material sowie den Ausbau bereits vorhandener Befestigungsanlagen verantwortlich.[582] Mit Gründung der Militärakademie 1810 wurde Napione zu ihrem Präsidenten

579 Napione war beispielsweise 1797 als Beobachter und als Vertreter der sardinischen Regierung am Rastatter Kongress beteiligt. Seinen Aufenthalt in Paris im Anschluss nutzte er, um Ergebnisse seiner Forschungen mit Fachkollegen zu diskutieren. Vor der Pariser Akademie der Wissenschaften präsentierte er unter anderem eine *Description de la méthode que l'on a suivie pour retirer le cuivre du métal des cloches à la fabrique de Valdocco pré de Turin pendant l'année 1794* (vgl. Burdet 2005, Bd. 2, S. 518-519).

580 Vgl. Burdet 2005, Bd. 2, S. 580.

581 Ibd., S. 582-586.

582 Seine Verdienste für das Militär nach Ansiedlung des Königshofs in Brasilien wurden vielfach gewürdigt. Anlässlich seiner Ernennung zum Patron der Organisationseinheit für militärische Ausrüstung des brasilianischen Heeres (*Quadro de Material Bélico*) im Jahr 1966 erschien beispielsweise folgende Zusammenfassung seiner Leistungen in dieser Zeit: „… *Ohne Zweifel war der Generalleutnant Carlos Antônio Napion eine wichtige Persönlichkeit, die sowohl mit umfangreichem technischem Wissen als auch als Autor einer Reihe bedeutender Publikationen den Aufbau der Militärindustrie in Brasilien federführend vorantrieb. Zu seinen Verdiensten zählen neben vielen anderen die Organisation des Königliches Arsenals und der Pulverfabrik an der Lagoa Rodrigo de Freitas (Fábrica da Estrêla). Als Forscher und Gelehrter und mit seinem Idealismus, der ihm zur Lösung von vielerlei*

bestellt, womit die Organisation der (Militär)Ingenieurausbildung in Brasilien als Schwerpunkt in sein Tätigkeitsspektrum rückte.

In Wahrnehmung dieser Funktion beteiligte sich Napione an der Erarbeitung eines Curriculums für ein auf sieben Jahre angelegtes Studium, das eine Kombination von militär- sowie berg- und hüttentechnischen Ausbildungsinhalten aufwies, die im Rahmen theoretischer und praktischer Unterrichtseinheiten zu belegen waren.[583] Gemäß dem am 4. Dezember 1810 in den Statuten der Akademie veröffentlichten Studienplan konzentrierte sich die Lehre im ersten und zweiten Studienjahr – unter Berücksichtigung der zumeist nur geringen Vorkenntnisse der Studienanfänger – auf die Vermittlung und Festigung mathematischer Kenntnisse. Ab dem dritten Lehrjahr setzte dann die eigentliche Fachausbildung mit Unterricht in den Fächern Mechanik, Hydraulik und Ballistik ein. Im vierten Jahr folgten Lehrveranstaltungen zu Trigonometrie, Optik, Astronomie, Geodäsie, Geographie und Physik, im fünften zu Taktik, Strategie, Befestigungsbau u.ä. sowie Chemie, im sechsten Jahr zu Festungsbau, Angriffs- und Verteidigungspraktiken, Bau von Straßen, Kanälen und Häfen sowie Mineralogie und im siebten Jahr zu Artillerie, Bergbau und Markscheidekunst sowie Naturgeschichte.[584] Wenngleich dieser Lehrplan zuvörderst auf die Vermittlung von militärischem Wissen orientierte, so stellte er jedoch einen ersten Schritt hin zur Etablierung einer montanistischen Ausbildung in Brasilien dar. Er zeigt gleichwohl, dass die portugiesische Monarchie – wie auch am Angebot der Universität Coimbra ersichtlich war – bis in die ersten Dekaden des 19. Jahrhundert nicht das Ziel verfolgte, eine eigenständiges Studienprogramm der höheren montanistischen Ausbildung einzuführen.

Der wissenschaftliche Anspruch der Institution wurde durch die Zusammensetzung des Leitungsgremiums (*Junta Militar*) unterstrichen, dem neben dem Präsidenten mindestens vier wissenschaftlich-technisch ausgebildete Militärbeamte angehören sollten.[585] Das Lehrpersonal für die Militärakademie wurde aus dem Kreis der nach Brasilien übergesiedelten Militärbeamten akquiriert. Der erste Kurs mit 72 Studenten

---

Problemen der brasilianischen Militärindustrie verhalf sowie zu deren Strukturierung und Konsolidierung beitrug, soll er als Vorbild für die Missionen gelten, die die Logistikabteilung des Heeres zu bewältigen hat." / Original: „*... que a grande figura de engenheiro que liderou e ainda simboliza a implantação da Indústria Militar no Brasil, com renome técnico e autor de várias obras notáveis, é, sem dúvida, a do Tenente-General Carlos Antônio Napion, a quem se deve, entre outros serviço relevantes, a organização do Arsenal Real do Exército e da Fábrica de Pólvora da Lagoa Rodrigo de Freitas (Fábrica da Estrêla); – que os seus exemplos edificantes de pesquisador e estudioso além de seu idealismo dos problemas relacionados com a indústria militar brasileira, que muito concorreram par estruturá-la e consolidá-la, podem configurar perfeitamente as missões relevantes atribuídas aos oficiais do Quadro de Material Bélico do Exército*" (Diário Oficial 1966).

583 Vgl. Teles 2003, S. 6.

584 Vgl. Teles 2003, S. 9–10, Burdet 2005, Bd. 2, S. 722-725.

585 Vgl. Schwartzman 2001, S. 74.

startete im Jahr 1811. Angaben in der Forschungsliteratur ist zu entnehmen, dass Napione als Lehrer für die Fächer Mineralogie, Chemie und Physik vorgesehen war. Im Unterricht zum Einsatz kommen sollten die von ihm verfassten *Elementi di mineralogia* sowie Fachbücher zumeist französischer Autoren, zu denen Haüy und Brochant de Villiers zählten.[586] In welchem Umfang und welche Fächer Napione tatsächlich an der Militärakademie bis zu seinem Tod 1814 gelehrt hat, war der verwendeten Forschungsliteratur nicht zu entnehmen.

Der Versuch des Leitungsgremiums, weitere internationale Montanexperten für eine Lehrtätigkeit an der Militärakademie zu gewinnen, scheiterte. Der angefragte Deutsche Wilhelm Ludwig von Eschwege, der – seit 1803 in portugiesischen Diensten stehend[587] – wie Napione im Rahmen der Umsiedlung des Königshofs nach Brasilien gelangt war, lehnte mehrmals entsprechende Ersuchen ab.[588] Dass Eschwege trotzdem an die Einrichtung gebunden werden konnte, lag an der ihm übertragenen Verantwortung für die Ordnung und Präsentation der Mineraliensammlung der Institution.[589]

Die Mineraliensammlung der Militärakademie – Materialbezogener Wissenstransfer aus Freiberg

Den Wirren der französischen Invasionen in Portugal war es zu verdanken, dass der Militärakademie in Rio de Janeiro eine opulente Mineraliensammlung für die Lehre zur Verfügung stand. Es handelte sich dabei um eine in Fachkreisen berühmte und vielfach anerkennend erwähnte Kollektion, die auf Umwegen nach Brasilien gelangt war.

Ihr Ursprung lag in Sachsen: Zusammengestellt hatten sie der Freiberger Bergrat Gottfried Pabst von Ohain (1656–1729)[590] und sein Sohn, der Berghauptmann Karl

586 Vgl. Teles 2003, S. 8–11.

587 Wilhelm Ludwig von Eschwege hatte vor dem Eintritt in portugiesische Dienste Studien der Medizin, Jura sowie der Berg- und Hüttenkunde in Göttingen und Marburg absolviert. Zu seinen Lehrern in Marburg zählte mit Johann Christoph Ullmann (1771–1821) ein Schüler Abraham Gottlob Werners (Ullmann studierte ab 1790 an der Bergakademie, Matrikelnummer 334). Im Anschluss hatte Eschwege erste Berufserfahrungen als Bergamtsassessor im Richelsdorfer Bergbau in Hessen gesammelt und auf diversen Weiterbildungstouren zahlreiche Berg- und Hüttenwerke in Hessen, Sachsen und dem Harz kennengelernt (vgl. Figueirôa 1997, S. 53).

588 Eschwege wurde zu Zeiten der Gründung der Institution und erneut 1813 bezüglich der Übernahme des Mineralogie-Unterrichts an der Militärakademie angefragt (vgl. Schreiben von Araújo de Azevedo an Eschwege vom 30. Juni 1813 aus Rio de Janeiro, Bl. 1 (siehe HStAM, 340 Eschwege, 7, Korrespondenz mit Araújo de Azevedo)). In Archivalien und der Forschungsliteratur wurden keine Hinweise gefunden, dass er der Bitte nachgekommen wäre.

589 Vgl. Motta 1998, S. 25.

590 Gottfried Pabst von Ohain erlangte internationale Bekanntheit für seine Beiträge zur Porzellanherstellung in Sachsen. Er zählte neben Johann Friedrich Böttger (1682–1719) und Ehrenfried Walther von Tschirnhaus (1651–1708) zu den Erfindern des Meißner Porzellans.

Eugen Pabst von Ohain (1718–1784). Zu deren Lebzeiten besaß das sogenannte Ohainsche Mineralienkabinett weit über Sachsens Grenzen hinaus den Ruf einer exzellenten und umfassenden Sammlung. Insbesondere der jüngere Pabst von Ohain hatte aufgrund seiner guten Vernetzung in internationalen Expertenkreisen[591] zur Steigerung ihres Bekanntheitsgrades beigetragen. Eine Vielzahl von Montanexperten und mineralogisch interessierter Laien dürfte während ihrer Aufenthalte zum Studium und zum (fachlichen) Austausch in Freiberg die Kollektion persönlich in Augenschein genommen haben.

Nach dem Tod des Karl Eugen Pabst von Ohain baten die Erben Abraham Gottlob Werner in Vorbereitung der Veräußerung um Erstellung eines Katalogs für die damals etwa 7.500 Stufen umfassende und mit circa 200 Prachtstücken ausgestattete Sammlung.[592] Werner zog für diese Aufgabe mit Dietrich Ludwig Gustav Karsten[593] und Christian August Siegfried Hoffmann[594] zwei talentierte Schüler unterstützend hinzu. Die Sammlung ordnete er nach den von ihm aufgestellten Prinzipien, wie er in der Einleitung des Katalogs darlegte:

591 Abraham Gottlob Werner führte zur Vernetzung des jüngeren Pabst von Ohain folgendes aus: *„Der verstorbene Herr Berghauptmann Pabst von Ohain war in einem gewißen Zeitraume, und zwar in den sechziger Jahren unsers Jahrhunderts, ohnstreitig einer unserer ersten Mineralogen, wo nicht der erste selbst. Zwar haben wir kein gedruktes Werk von ihm, das von seinen Kentnißen und wißenschaftlichen Verdiensten zeugte, aber er lehrte, wie allgemein bekannt ist, durch seinen jedem Lehrbegierigen offenstehenden unterrichtenden und geistvollen Umgang, der nicht allein von Einheimischen Tagtäglich benuzt, sondern auch von denen schon damals Freiberg ziemlich häufig besuchenden, und theils längere theils kürzere Zeit sich hier aufhaltenden Fremden ungemein geschäzt und gesucht wurde; wie denn auch die Herren von Born, Monnet, Brünnich, Ferber und noch viele andere der mineralogischen Unterhaltungen, die sie mit dem Herrn Berghauptmanne Pabst von Ohain in Freiberg gepflogen, in ihren Schriften Erwähnung gethan haben.“* (Werner 1791, S. III-IV).

592 Vgl. Werner 1791, S. XVI-XVII.

593 Dietrich Ludwig Gustav Karsten studierte ab 1782 an der Bergakademie in Freiberg (Matrikelnummer 228). Zwischen 1786 und 1789 führte er seine Studien in Halle fort. 1789 erfolgte seine Berufung als Bergassessor an das Oberbergamt Berlin, gleichzeitig wurde er von Heynitz für die Lehre der Mineralogie und Bergwissenschaften verpflichtet (vgl. Schiffner 1935, Bd. 1, S. 17). Karsten beschäftigte sich auch mit der Ordnung und Beschreibung der seinerzeit ebenfalls berühmten Mineraliensammlung des 1786 tödlich verunglückten Nathanael Gottfried Leske. Ein Katalog zu dieser Kollektion wurde 1789 veröffentlicht (*Des Herrn Nathanael Gottfried Leske [...] hinterlassenes Mineralienkabinett [...]*. Leipzig. 1789). Die Leskesche Sammlung wurde später nach Dublin verkauft.

594 Christian August Siegried Hoffmann hatte ab 1779 in Leipzig studiert und übernahm 1792 zunächst interimistisch die Position des Verwalters der Mineralienniederlage an der Freiberger Bergakademie. Ab 1797 lehrte er Mineralogie in Freiberg, 1798 wurde er zum Edelsteininspektor ernannt, 1811 gab er einen ersten Band des Handbuchs der Mineralogie basierend auf den Vorlesungen von Werner heraus (Vgl. Kaden 2015, S. 33).

Was nun den Plan zu der neuen Einrichtung dieses Mineralienkabinettes und seine Ausführung betrift: so übernahm ich die ganze An- und Umordnung des Kabinettes selbst. Hier fand ich nun gleich bei der ersten Durchgehung des ganzen vorhandenen Apparats von Foßilien: daß ich aus demselben sehr füglich vier Sammlungen, nämlich eine karakteristische- eine oriktognostische- oder methodische- eine geographische- und eine geognostische Mineralien-Sammlung, (alle viere ganz nach denjenigen Grundsäzzen, die ich in meiner Abhandlung von den verschiedenen Mineralien-Sammlungen aus denen ein volständiges Mineralien-Kabinet bestehen sol, * vorgetragen habe,) machen konnte; daß aber demohngeachtet noch eine große Quantität theils von Doppelstükken, theils von ganz unbrauchbaren Stükken, abzusondern sein würde. *Samlungen zur Physik und Naturgeschichte. Ersten Bandes viertes Stük, Leipzig, 1778, Seite 381 bis 420.[595]

Der Katalog zur Sammlung erschien im Jahr 1791. Den *„bloße[n] innere[n] Werth (d. i. der bloße Gold- und Silbergehalt)"* der Sammlung bezifferte Werner darin auf mindestens 3.000 Reichsthaler.[596] Mit ihrer Zusammensetzung und aufgrund ihres umfassenden Charakters sah Werner ihren künftigen Standort prioritär an exponierter Stelle, so dass möglichst viele interessierte Experten und Laien aus ihr Nutzen schöpfen könnten:

Man wird aus dem bisher gezeigtem zur Gnüge sehen, daß dieses Mineralien-Kabinet eigentlich eine Sache für eine Universität oder irgend eine große Akademie wäre, kurz! an einen Ort sich hinschikte, wo es zum algemeinen Studio diente, und von Zeit zu Zeit, dem zum Grunde gelegtem Plane gemäß, weiter vervolständiget werden könte. Es würde dann außer seinem eigentlichem oder wesentlichen Nuzzen, nämlich Verbreitung und Erweiterung der Wißenschaft sowohl überhaupt, als vorzüglich in der Gegend, wo es hinkäme, auch noch den besondern und zufälligen Vortheil bringen, daß es zum Splendeur so eines Ortes beitragen, und selbst von Zeit zu Zeit Studirende dahin ziehen würde. Ich gestehe es gern: am mehresten würde es mich freuen, wenn so ein Schaz von schönen und instruktiven Mineralien in meinem Vaterlande bliebe.[597]

Wenngleich Werners Wunsch vorerst unerfüllt blieb, trug er mit seinem Katalog zu einer nochmaligen Steigerung der internationalen Sichtbarkeit der Sammlung bei. So schlug der an Mineralogie interessierte Geschäftsführer der spanischen Vertretung in Dresden Luis d'Onís dem spanischen Finanzminister Pedro López de Lerena y Cuenca

595 Werner 1791, S. X.

596 Siehe Werner 1791, S. XVII, vgl. bezüglich des Wertes der Sammlung auch einen Vermerk vom 18. April 1798 zu einem geplanten Verkauf (siehe UBF, NL Werner, Bd. 44, Bl. 202).

597 Werner 1791, S. XIX.

(1734–1792) im Jahr 1790 eine Sichtung der Sammlung durch den zu diesem Zeitpunkt an der Bergakademie weilenden del Río sowie – bei positiver Begutachtung – einen Erwerb als Lehrsammlung für eine Ausbildungsstätte in Spanien vor.[598] Die Gründe, die zu einer Ablehnung des Ankaufs durch die spanische Monarchie führten, wurden im Rahmen dieser Forschungsarbeit nicht recherchiert; die finanziellen Forderungen der Familie dürften freilich eine Rolle gespielt haben.

Knapp eine Dekade später rückte die Sammlung in den Blick des Nachbarkönigreichs Portugal. Der in Den Haag stationierte Diplomat António Araújo de Azevedo lernte die Sammlung während einer Tour kennen, die ihn in den Jahren 1799 und 1800 durch Deutschland zu ausgewählten Persönlichkeiten des wissenschaftlichen und kulturellen Lebens führte, mit denen er über seine geographisch weit verzweigten Netzwerke im Austausch stand.[599] Araújo dürfte von der Sammlung aus erster Hand bereits von den drei Stipendiaten Câmara, Andrada und Sequeira erfahren haben.

Sein Aufenthalt in Freiberg lässt sich auf den Dezember 1799 datieren.[600] Wie aus Einträgen aus den Besucherbüchern der Bergakademie Freiberg und des Amalgamierwerks Halsbrücke hergeht, begleiteten ihn enge Mitarbeiter, zu denen Abraham Capadoce-Pereira (1757–1831)[601], dessen Frau Suzanne Célie-Célestine Capadoce-Pereira (1760–1831)[602], Silvestre Pinheiro Ferreira (1769–1846)[603] und Joaquim Fragoso de Sequeira zählten (Abbildungen 37 und 38).

598 Siehe AHN, Estado 166, Bl. 132.

599 Araújo besuchte während dieser Tour, die ihn nach Hamburg, Weimar und Leipzig führte, u.a. Friedrich Gottlieb Klopstock (1724–1803), Johann Wolfgang von Goethe (1749–1832) (Goethes Tagebucheintrag vom 30. September 1799 zum Besuch von Araújo lautet: „*30. Schluß des ersten Acts von Mahomet. Fremde auf dem Cabinet. Aranjo Portugiesischer Gesandter in Paris. Herr und Mad. Cappadoce*“ (Goethe 1888, S. 262)), Christoph Martin Wieland (1733–1813) und Karl August Böttiger (1760–1835).

600 Vgl. Schmidt 1999, S. 71/97.

601 Abraham Capadoce-Pereira arbeitete zwischen 1790 und 1798 für Araújo als Übersetzer; zwischen 1807 und 1816 war er als portugiesischer Konsul in Dänemark tätig. Die Schreibweise seines Namens ist in der Literatur uneinheitlich, sowohl Capadose als auch Capadoce sind übliche Nennungen.

602 Suzanne Célie-Célestine Capadoce-Pereira, geb. Levy, unterstützte ihren Mann bei den Übersetzungstätigkeiten. Sie war hervorragend international vernetzt und stand in Austausch mit zahlreichen angesehenen Schriftstellern ihrer Zeit, bei denen sie unter ihrem Kurznamen „Selly“ bekannt war.

603 Ferreira war ab 1798 zunächst als Sekretär von Araújo tätig. Dieser stellte ihm die Weichen für eine Karriere im diplomatischen Dienst.

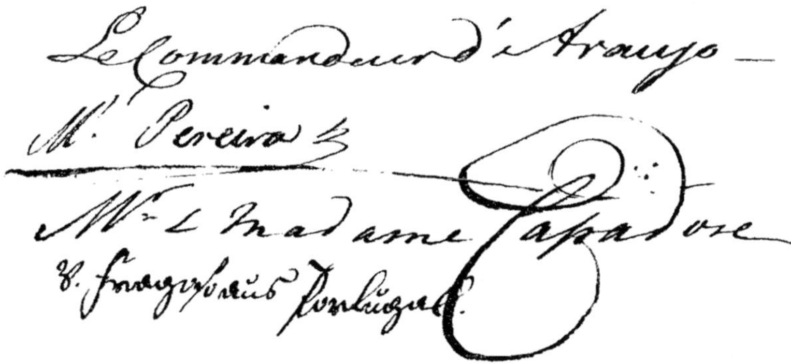

Abb. 37 | Einträge von António Araújo de Azevedo, Silvestre Pinheiro Fereira, Abraham und Suzanne Célie-Célestine Capadoce-Pereira und Joaquim Fragoso de Sequeira im Besucherbuch der Bergakademie, 1799, S. 71

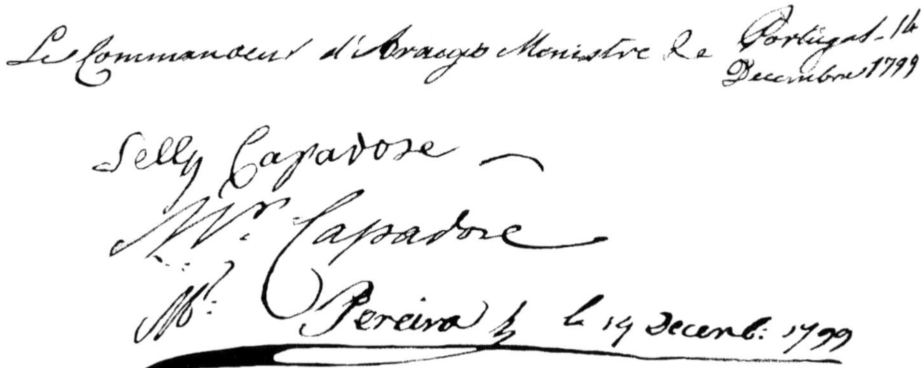

Abb. 38 | Einträge von António Araújo de Azevedo, Abraham und Suzanne Célie-Célestine Capadoce-Pereira und Silvestre Pinheiro Fereira im Besucherbuch des Amalgamierwerks Halsbrücke, 14. Dezember 1799, S. 72-73

Araújo kehrte im Folgejahr erneut nach Sachsen zurück, nachdem er einige Monate im Winter in Berlin verbracht und sich dort botanischen Studien bei Carl Ludwig Willdenow (1765–1812) gewidmet sowie chemischen Unterricht bei Alexander Nikolaus Scherer (1772–1824) und Martin Klaproth (1743–1817) genommen hatte. Ob jedoch Freiberg wieder auf seinem Reiseprogramm stand, konnte den ausgewerteten archivalischen Quellen nicht entnommen werden. Dass jedoch der Erwerb einer Mineraliensammlung zum Wissenstransfer im Fokus von Araújos Aktivitäten in Sachsen stand, lässt sich der Korrespondenz mit dem Inspektor des Königlichen Mineralien- und Naturalienkabinetts im Dresdner Zwinger Karl Heinrich Titius (1744–1813) entnehmen. Titius teilte Araújo in einem Schreiben vom 29. November 1802 mit, dass die während seines Aufenthalts in Dresden besichtigte Kollektion nach Moskau verkauft wurde, er ihm jedoch eine andere, aus ca. 4.000 Stufen bestehende Sammlung zu einem Preis in Höhe von „*4.400 Ecus en Ducate à trois Ecus ou en argent monnoie de Convention*“ offerieren könne.[604] Dieses Kaufangebot von Titius kam wohl unter Einflussnahme von Araújos früherem Sekretär Ferreira nicht zum Zuge. Ferreira war zwischenzeitlich zum Geschäftsträger an der portugiesischen Vertretung in Berlin aufgestiegen.[605] In den Jahren seiner Tätigkeit in Berlin (1802–1805) stand er in engen Austausch mit Freiberger Bergakademie-Absolventen und Lehrern, wie seine Teilnahme an Kursen bei Dietrich Ludwig Gustav Karsten (1802/03) und Abraham Gottlob Werner (1804/05) belegt.[606]

Ferreiras Empfehlungen folgend erwarb Portugal im Jahr 1803 das Ohainsche Mineralienkabinett.[607] Den Versand nach Portugal leitete Ferreira umgehend in die Wege.[608] Aus welchen Gründen auch immer kam es jedoch zu Verzögerungen beim dortigen Eintreffen, wie einerseits einem in Berlin am 10. März 1806 verfassten Vermerk Ferreiras[609], andererseits den Ausführungen von Wilhelm Ludwig von Eschwege zu entnehmen ist, der eine längeren Verbleib der Sammlung beim Zoll in Lissabon angab und die „Rettung“ in einer frühen Publikation Napione zuschrieb, seine Meinung jedoch zu einem späteren Zeitpunkt zugunsten des französischen Gelehrten Jean Verdier (1735–1820)[610] revidierte.[611]

Die Ereignisse infolge der Besetzung Portugals durch französische Truppen verhin-

604 Siehe ADB, ADB/FAM/FAA-AAA/001795.

605 Vgl. https://www.portaldiplomatico.mne.gov.pt/relacoesbilaterais/paises-geral/titulares/alemanha-titulares, abgerufen am 26.09.2019.

606 Vgl. Ferreira 1970, S. 379, Andrade 2003, S. 53. Abraham Gottlob Werner erwähnte die Teilnahme Ferreiras an seinem mineralogischen Lehrkursus im Jahresbericht vom 19. Juni 1805 (siehe UAF, OBA 264, Bl. 101b). Seine naturwissenschaftlichen Kenntnisse erweiterte Ferreira zudem durch den Besuch von Vorlesungen bei Friedrich Wilhelm Joseph Schelling (1775–1854) und Johann Gottlieb Fichte (1762–1814) in Berlin.

607 Zum Kaufpreis wurden in den ausgewerteten Archivalien und der Forschungsliteratur keine verlässlichen Angaben gefunden. Die brasilianischen Wissenschaftlerin Figueirôa beziffert ihn auf 12 *contos de reis* (ohne Nennung einer Quelle) (vgl. Figueirôa 1993, S. 188), wobei im Jahr 1790 12 *contos de reis* etwa 13.680 Reichsthalern entsprächen (siehe Herrmann 1790, S. 361), im Jahr 1830 etwa 18.540 Reichsthalern (siehe Eissenbiss 1830, S. 506). Ein solcher Kaufpreis würde weit über den Schätzungen Werners, der sich allerdings mit der Angabe von 3.000 Reichsthalern nur auf *den bloßen Gold- und Silbergehalt* bezog, liegen (siehe Werner 1791, S. XVII).

608 Zum Bestimmungsort der Kollektion gibt es in der Forschungsliteratur voneinander divergierende Aussagen: Burdet vertritt beispielsweise die Ansicht, dass die Sammlung für das Königliche Museum in Lissabon bestimmt war (vgl. Burdet 2005, Bd. 2, S. 725), Ferreira dagegen gibt die Universität Coimbra an (vgl. Ferreira 1970, S. 379).

609 Siehe ADB, ADB/FAM/FAA-AAA/E-003170.

610 Jean Verdier war Mitglied der Akademie der Wissenschaften in Paris, Arzt und Jurist (vgl. Ennenbach 1980, S. 223). Zu den Gründen seines Aufenthalts in Portugal beziehungsweise seiner Involvierung in die „Rettung“ der Sammlung aus dem Zoll wurde im Rahmen dieser Forschungsarbeit nicht recherchiert.

611 Vgl. Eschwege 1818, Bd. 2, S. 60-61, Eschwege 1830, S. 251.

derten, dass die Sammlung an die Universität in Coimbra oder das Königliche Museum in Lissabon gelangte. Der hohe Erwerbspreis ließ sie in die Auswahl der Objekte fallen, die den Königshof bei dessen Umzug nach Brasilien begleiteten. In Ermangelung eines in Brasilien existierenden Museums oder einer Universität wurde sie naheliegenderweise der Ausbildungseinrichtung zur Verfügung gestellt, an der entsprechende Fachkenntnisse an den Nachwuchs vermittelt werden sollten. Sie gelangte somit an die Militärakademie in Rio de Janeiro, wo in Vorbereitung auf ihre künftige Verwendung der von Abraham Gottlob Werner verfasste Katalog durch Napione und Eschwege ins Portugiesische übertragen wurde. Diese Übersetzung erlaubte es nun auch dem der deutschen Sprache nicht mächtigen Beamtennachwuchs sowie dem interessierten Laien- und Fachpublikum in Übersee sich mit den von Werner formulierten Grundsätzen der Mineralienklassifikation vertraut zu machen.[612] Über die Sammlung fanden damit in Kombination mit den für den Unterricht vorgesehenen Publikationen, wie beispielsweise den *Elementi di mineralogia* von Napione, in Freiberg formulierte mineralogische Konzepte Verbreitung in Brasilien (vgl. Netzwerke in Abbildung 39).

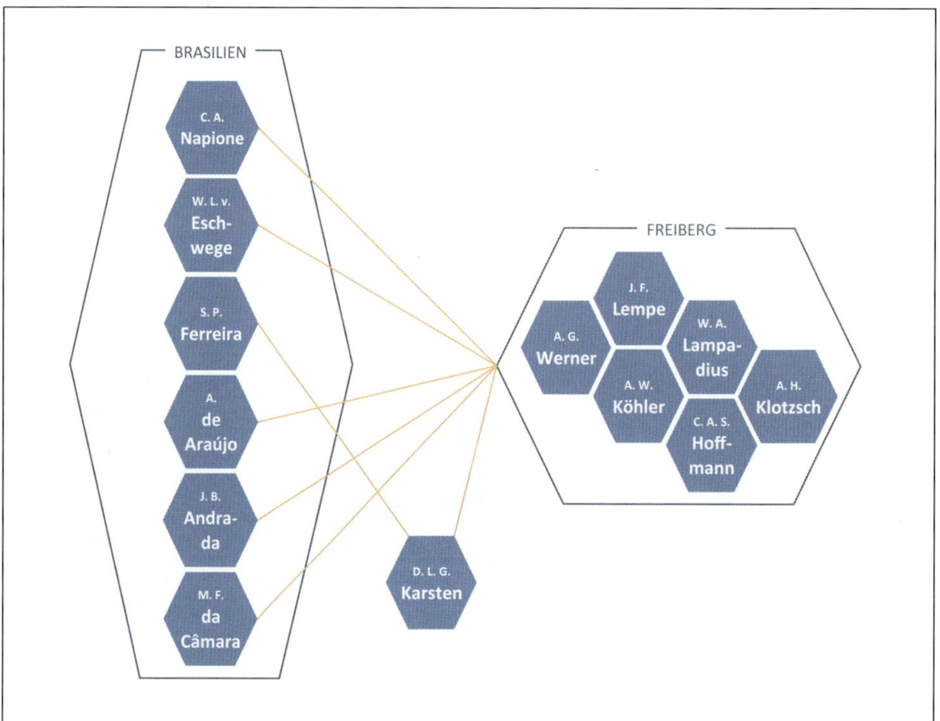

Abb. 39 | Netzwerke von Akteuren in Brasilien und Freiberg

612 Vgl. Eschwege 1818, Bd. 2, S. 63, Beck 1971, S. 150.

Nach ihrer Eingliederung als Lehrmittel an der Militärakademie in Rio de Janeiro war prioritär Eschwege mit der Aufgabe betraut, sie für Unterrichtszwecke aufzubereiten und kontinuierlich für ihre Ergänzung durch brasilianische Fundstücke zu sorgen. Eine konstante Erweiterung erwies sich als essentiell, um die Studenten mit der Geologie und Mineralogie in Brasilien vertraut zu machen und ihnen den wirtschaftlichen Nutzen der heimischen Rohstoffe nahezubringen. Der Ausbau der Sammlung ging Eschweges eigenen Worten gemäß jedoch zunächst nur schleppend voran, denn *„nur aus zwei Capitanien liefen einige ungeheuer große und schwere Kasten ein, die voller Felsenmassen von Hornblendegestein und eisenschüssigem Sandsteine waren.*“[613] Relevante Zuwächse erlebte die Kollektion vorerst nur durch Übergaben von in Europa ausgebildeten Experten, die sich der Bedeutung der Sammlung für die Ausbildung und ihres Überblickcharakters für die kolonialportugiesische Mineralienwelt bewusst waren: Der mittlerweile als Direktor des Diamantenbergbaus von Serro Frio tätige Câmara ließ eine Diamantensuite zur Eingliederung in die Kollektion übermitteln[614], Eschwege selbst schickte von seinen in den Folgejahren in verschiedene Landesteile Brasiliens durchgeführten Prospektions- und Inspektionsreisen immer wieder Mineralstufen nach Rio de Janeiro. Später – nach dem Tod von José Bonifácio (1838) – trug auch die Familie Andrada durch Schenkung eines Teils seiner privaten Kollektion zur Vergrößerung der Sammlung bei.

Nach einer kurzen Periode, in der das Ohainische Mineralienkabinett einzig der Militärakademie zur Verfügung stand, änderte sich seine Zuordnung infolge der fortschreitenden Institutionalisierung der Naturwissenschaften in Brasilien. Im Jahr 1818 wurde es in die Bestände des neu gegründeten Nationalmuseums in Rio de Janeiro eingegliedert und damit einer breiten interessierten Öffentlichkeit zugänglich gemacht, für die es eine der Hauptattraktionen in den Anfangszeiten der Einrichtung darstellte.[615] In der Ausbildung der Militärakademie fand es über personelle Verflechtungen weiterhin Verwendung, denn der zum Museumsdirektor berufene – an der Universität in Coimbra ausgebildetete Gelehrte – José da Costa Azevedo (1763–1822) war gleichzeitig als Lehrer an der Ausbildungsstätte für den Unterricht der Mineralogie im 6. und der Naturgeschichte im 7. Jahr verantwortlich. Die Sammlung ist bis zum heutigen Tag im *Museu Nacional* in Rio de Janeiro untergebracht, jedoch nicht mehr in ihrer ursprünglichen Zusammensetzung erhalten – Teile der unter der Bezeichnung *Coleção Werner* verwahrten Kollektion fielen einem verheerenden Brand im September 2018 zum Opfer.

613 Eschwege 1818, Bd. 2, S. 62-63.

614 Vgl. Eschwege 1818, Bd. 2, S. 63. Eine detaillierte Beschreibung der Diamenten in der Mineraliensammlung findet sich in Eschweges *Journal von Brasilien* (siehe Eschwege 1818, Bd. 2, S. 49-59).

615 Vgl. Fernandes et al. 2013, S. 200-201.

Die höhere montanistische Ausbildung in Brasilien nach der Unabhängigkeit

Die Militärakademie in Rio de Janeiro blieb auch nach Ende der Kolonialzeit über Dekaden hinweg die federführende Stätte für die höhere montanistische Ausbildung in Brasilien. Die in der Umbruchphase und danach in periodischen Abständen geäußerten Vorstellungen zur Einrichtung einer eigenständigen Institution blieben lange Zeit unberücksichtigt. Eschwege beispielsweise befasste sich vor seiner Rückkehr nach Europa 1821 ausgiebig mit der Situation des brasilianischen Montanwesens, für dessen Reorganisation er einen Gesetzesvorschlag unterbreitete, der auch Vorstellungen zur zukünftigen Ausgestaltung der Ausbildung von Beamten in Leitungsfunktionen enthielt.[616] In Anlehnung an die bergakademischen Vorbilder in Mitteleuropa entwickelte er darin ein – nicht umgesetztes – Konzept für eine brasilianische Bergakademie, an der während einer dreijährigen Studienzeit Lehrinhalte zu reiner und angewandter Mathematik, Markscheidekunst, experimenteller Physik, Geognosie, Probierkunst, Bergbaukunst und Hüttenlehre vermittelt werden sollten, gefolgt von einem Jahr mit praktischem Unterricht. Eschweges Vorschlag sah ferner die Einführung eines Stipendiensystems vor, über das talentierte Studenten die Möglichkeit erhalten würden, sich auf Studienreisen durch Europa mit aktuellen Entwicklungen des Fachgebiets vertraut zu machen und regional praktizierte Verfahren des Berg- und Hüttenbetriebs kennenzulernen.

Nach Erklärung der Unabhängigkeit Brasiliens im Jahr 1822 wurde die Ausbildungsthematik prioritär von den nun politisch engagierten Montanexperten Câmara[617] und Andrada[618] aufgegriffen, die kontinuierlich auf die Notwendigkeit von fachlich qualifiziertem Personal auf allen Ebenen für die Gestaltung eines modernen Staates hinwiesen. In Bezug auf die höhere Beamtenschaft und das Leitungspersonal in für die brasilianische Wirtschaft wichtigen Bereichen betonte Andrada wiederholt das Erfordernis von spezialisierten Institutionen für die Ausbildung und Forschung sowie die

616 Das undatierte Konzept für eine brasilianische Bergakademie unter dem Titel *Memoria sobre hum projecto de Lei para a Administracao dos Minas do Brasil* wird im Eschwege-Nachlass im Staatsarchiv Marburg verwahrt (siehe HStAM, 340, Eschwege, 3, o. Bl.nr.).

617 Câmara hatte sich zum Abgeordneten der Kapitanie Minas Gerias wählen lassen und nahm in Ausübung dieser Funktion an der verfassungsgebenden Versammlung 1823 teil. Zwischen 1827 und 1835 hatte er das Amt eines Senators inne.

618 Andrada übersiedelte im Jahr 1819 von Portugal nach Brasilien, wo er als Berater des Prinzen Pedro die Unabhängigkeitsbewegung maßgeblich beeinflusste. Im Jahr 1822 übernahm er für mehrere Monate das Amt des Innenministers, wurde jedoch aufgrund politischer Zerwürfnisse wieder abgesetzt und musste 1823 gemeinsam mit seinen Brüdern nach Europa exilieren. Die Rückkehr nach Brasilien ging 1831 mit der Ernennung zum Prinzenerzieher des mittlerweile zum Kaiser ernannten Pedro I. einher, ein Amt, das er 1834 wieder aufgeben musste. Er zog sich im Anschluss aus der Politik zurück und starb 1838.

Notwendigkeit eines nationalen und internationalen fachlichen Austauschs und Wissenstransfers zur Beförderung der nationalen Industrie. Hierfür regte er neben der Einrichtung von ökonomischen Gesellschaften die Etablierung eines metallurgischen Instituts in Anlehnung an die Freiberger Bergakademie sowie eines Museums für Naturgeschichte an.[619] Diese Vorschläge fanden jedoch aufgund stetig wechselnder politischer Konstellationen in den ersten Dekaden nach der Unabhängigkeit nur begrenzt Umsetzung.

Die heute noch existierende Militärakademie in Rio de Janeiro[620] blieb bis 1858 die einzige Institution in Brasilien, an der Ingenieure ausgebildet wurden.[621] Zur Aufspaltung in zivile und militärische Ingenieurausbildung kam es erst im Kontext der 1874 durch den Visconde de Rio Branco initiierten Reform des Bildungssektors. In deren Folge boten sowohl die 1874 gegründete *Escola Politécnica* in Rio de Janeiro als auch die 1876 eröffnete *Escola de Minas de Ouro Preto* (Minas Gerais)[622] eine höhere Ausbildung für Fachkräfte des Berg- und Hüttenwesens an.[623]

Silvestre Pinheiro Ferreira und seine Preleções Filosóficas

Die Verlagerung des Machtzentrums der portugiesischen Monarchie nach Brasilien wirkte sich unstrittig auch stimulierend auf das geistig-kulturelle Klima in diesem überseeischen Territorium aus. Die akademisch gebildeten Eliten, die den Königshof begleiteten, beförderten die Entstehung neuer Orte und Formen der Wissensvermittlung und des -austauschs in Ergänzung zu den von der Monarchie etablierten Plattformen und Einrichtungen.

Ein solches Angebot zur Weiterbildung interessierter Laien und Experten stellten die „*Philosophischen Vorlesungen*“ (*Preleções Filosóficas*) des im Gefolge der Königsfamilie nach Brasilien gelangten Silveste Pinheiro Ferreira dar. Der ab 1811 für die *Junta de Comércio do Reino* tätige Ferreira referierte in diesen an Studenten der Militärakademie und die gebildete Öffentlichkeit gerichteten Vorlesungen am *Seminário São Joaquim* zu einem breiten Themenspektrum, dass Grammatik und Rhetorik, Ästhetik, Poesie und die Schönen Künsten sowie die Naturphilosophie/-wissenschaften[624] umfasste. In

619 Vgl. Moraes 2014, S. 131.

620 Die Akademie trägt aktuell die Bezeichnung *Academia Militar das Agulhas Negras.*

621 Vgl. Figueirôa 1993, S. 188.

622 Diese *Escola de Minas* wurde nach dem Vorbild der Bergakademie in Saint-Etienne, Frankreich eingerichtet. Ihr erster Direktor war der Franzose Claude Henri Gorceix (1842–1919).

623 Vgl. Schwartzman 2001, S. 80.

624 Die in der Zeitschrift *O Patriota* veröffentlichte Ankündigung der Vorlesungsreihe listete die zu behandelnden Themen im Einzelnen auf (Original): „*A este Régio estabelecimento [a Academia Real Militar] tenho a satisfação de ajuntar o utilissimo Plano de Preleções Filosóficas de um homem de conhecido saber, e da mais bem merecida reputação (...) O Curso de Preleções Filosóficas terá por objeto: 1° A Teórica do Discurso e da Linguagem: em que se exporão os Princípios da Lógica, da Gramática geral,*

Ergänzung zu den zwischen 1813 bis wahrscheinlich Ende 1815 gehaltenen Vorlesungen ließ Ferreira – um ein breiteres Publikum mit den Inhalten vertraut zu machen – diese in gedruckter Form von der königlichen Druckerei (*Impressão Regia*) zwischen 1813 und 1820 veröffentlichen.[625]

In seiner 16. Vorlesung legte Ferreira den Schwerpunkt auf die Vermittlung von naturwissenschaftlichem Wissen. Er gab zunächst einen Überblick über die von europäischen Gelehrten aufgestellten Klassifizierungssysteme der belebten und unbelebten Natur und ging im Anschluss auf die Notwendigkeit einer Nomenklatur zur exakten Benennung und Einordnung der Spezies ein. In seinen Ausführungen räumte er der Vermittlung von Wissen zu Verfahren der Identifikation und Systematisierung von Mineralien, das er sich unter anderem während seines Aufenthalts in Deutschland angeeignet hatte, breiten Raum ein. Er stellte dabei die von Abraham Gottlob Werner entwickelte „oryktognostische" Methode der von Haüy auf Untersuchung der Kristallstruktur beruhenden gegenüber. Obwohl er Werners Ansatz weitestgehend positiv und als zielführend beurteilte, sah er durchaus auch Schwächen:

> Das was Hauy bezüglich der mineralogischen Nomenklatur geleistet hat, geht nicht über die engen Grenzen der Kristallographie hinaus (...) Werner dagegen hat uns mit seiner oryktognostischen Methode den Schlüssel zum Erkennen der Gattung, der Spezies und sogar der Varietät jedes uns vorliegenden Minerals gegeben, während die kristallographische Methode von Hauy uns nur Auskunft über die Gattung gibt, und dies außerdem nicht bei jedem Mineral, sondern nur bei denen, deren Kristallisation nachzuvollziehen ist. Obwohl Werners Ansatz dem von Hauy weit überlegen ist, so weist seine Nomenklatur dennoch große und wesentliche Schwächen auf. Die von ihm vorgegebenen Termini zur Beschreibung der Minerale sind zu vage und konfus – das ist nicht entschuldbar, denn es hätte leicht vermieden werden können.[626]

---

e da Retórica. 2° O Tratado das Paixões: primeiramente consideradas como simples sensações, e *versando sobre matérias de Gosto; donde se deduzirão as regras da Estética, ou da Teórica da Eloquência, da Poesia, e das Belas Artes: depois considerados, como atos morais, compreendidos nas ideias de Virtude ou de Vício, darão lugar a desenvolverem-se as maximas da Diceósina, que abrangerá á Ética e o Direito Natural. 3° O Sistem do Mundo: em que depois de se tratar das propriedades gerais dos Entes, ou da Ontologia, e da Nomenclatura das Ciências físicas e matemáticas, se expenderão as noções elementares da Cosmologia: e destas se deduzirão as relações Entes criados com o Criador, ou os Principios da Teologie Natural.*" (zitiert nach Augusto 2015, S. 35-36).

625 Vgl. Augusto 2015, S. 39-43.

626 Ferreira 1970, S. 152. Original: „*Temos portanto, que os serviços de Hauy, quanto a Nomenclatura mineralógica, não vão além dos estreitíssimos limites da Cristalografía (...) De modo que Werner vom o seu Método Orictognóstico tinha-nos dado a chave para acharmos não só o Gênero, mas também a Espécie, e mesmo a Variedade de qualquer mineral se nos ofereça: entretanto que o Método Cristalográfico de Hauy apenas nos conduz até ao conhecimento do Gênero: e não de qualquer mineral, mas daqueles cuja Cristalização se pode capitular. Contudo esta grande superioridade do Método de Werner sobre o de Hauy*

In dieser Vorlesung gab Ferreira also dem wohl nur zum Teil aus Fachleuten bestehenden Publikum eine Vorstellung zu den in Europa entwicklungen Klassifizierungssystemen des Mineralreichs. Er trug damit zum Transfer von Wissen bei, das er durch persönlichen Austausch – mit zumindest einem der an der Entwicklung einer Methode beteiligten Experten (Abraham Gottlob Werner) – erlangt hatte. Wenn wohl auch in geringerem Umfang als Napione zählte Ferreira so doch zu den Experten, die einen Beitrag zur Zirkulation von montanistischem Wissen aus Sachsen in Brasilien leisteten.

não obsta a que devemos reconhever, e confessar que a sua Nomenclatura abunda em grandes e essencialíssimos defeitos. Começando pelas expressões destinadas à descrição dos Minerais, todas elas apresentam ao espírito uma idéia extremamente vaga, e confusa: e até frequentemente uma tautologia tanto menos digna de desculpa, quanto era fácil de evitar."

3 Verwaltung

Die spanische und die portugiesische Monarchie setzten in den letzten Dekaden des 18. Jahrhunderts auf eine Reorganisation der Montanverwaltungsstrukturen. In den überseeischen Gebieten wurde damit im Kontext der Kolonialpolitik das Ziel verfolgt, eine effektivere Kontrolle über die Rohstoffproduktion zu erlangen, Schmuggel zu minimieren und die Innovationsfähigkeit zu steigern. In den Mutterländern lag der Fokus auf einer gründlichen Lagerstättenerkundung zur verstärkten Nutzung heimischer Rohstoffe sowie der Modernisierung des Gewinnungs- und Verarbeitungsbetriebs.

Die Prozesse der Umformung vorhandener Verwaltungsstrukturen setzten in den spanischen Territorien Lateinamerikas in Folge der ab den 1760er Jahren realisierten Generalvisitationen ein, in den portugiesischen im Rahmen der vom – ab den 1750er Jahren die Amtsgeschäfte führenden – Marquês de Pombal verfolgten Zentralisierungsbestrebungen und Neuordnung der Beziehungen von Mutterland und Kolonien. In den überseeischen Gebieten kam es zu Modifikationen der bestehenden Strukturen, in den Mutterländern wurden 1785 (Spanien) und 1801 (Portugal) eigenständige Generalbergbaudirektionen etabliert. Im Gegensatz zur Organisation in Sachsen lag die höhere montanistische Ausbildung nicht in der Zuständigkeit dieser Behörden, einzig im Vizekönigreich Neu-Spanien und – diskontinuierlich – in Almadén unterstanden die Institutionen deren Kontrolle. In den restlichen Gebieten waren die Verwaltungsleiter angehalten, relevante Empfehlungen auszusprechen und deren Umsetzung zu befördern.

In den folgenden Abschnitten soll schlaglichtartig auf die Reorganisationsprozesse eingegangen werden, wobei diese nicht umfassend und ihrer Gesamtheit, sondern nur einzelfallartig dargestellt werden. Der Fokus liegt dabei einerseits auf Abläufen, für die Impulse von Akteuren vermittelt wurden, die im mitteleuropäischen Raum aktiv waren und montanadministratives Wissen in ihre Heimatländer transferierten sowie andererseits auf Strukturen, die den Rahmen für die Tätigkeitsausübung der aus dem deutschen Sprachraum stammenden oder dort qualifizierten Experten bildeten.

3.1 Spanisches Kolonialreich

3.1.1 *Lateinamerikanische Vizekönigreiche*

Die bourbonische Kolonialpolitik hob seit der ersten Hälfte des 18. Jahrhunderts auf eine stärke Kontrolle und Anbindung an das Mutterland der überseeischen Territorien in Lateinamerika ab.[1] Zu diesem Zweck wurde 1721 ein Marine-Westindien-Ministerium geschaffen, das in großen Teil die Zuständigkeiten des *Consejo de Indias* übernahm.[2] Es sollte in Ergänzung zu der den transatlantischen Handel kontrollierenden *Casa de la Contratación de Indias* in Cádiz den überseeischen Verwaltungsapparat überwachen und dessen Arbeit effizienter gestalten. Um dieses Ziel zu erreichen, waren die in den lateinamerikanischen Vizekönigreichen angestellten Beamten, die in erster Linie für die Durchsetzung fiskalischer und administrativer Anordnungen verantwortlich waren, angehalten, in periodischen Abständen statistische Daten zu den von ihnen verwalteten Regionen zu übermitteln.[3]

Unter Carlos III. wurden die Zentralisierungsbestrebungen mit diversen Maßnahmen untersetzt, zu denen die Schaffung neuer Verwaltungseinheiten, wie beispielsweise dem Vizekönigreich Río de la Plata im Jahr 1776, sowie eine Reorganisation des kolonialen Verwaltungsapparats gehörten. Nach einer Bestandsaufnahme im Rahmen der ab 1765 in Neu-Spanien unter José de Gálvez y Gallardo und in den 1780er Jahren in Peru unter Jorge de Escobedo y Alarcón[4] durchgeführten Generalvisitationen kam es daher in den 1780er Jahren zur Einführung des Intendentensystems. Durch den Einsatz von königstreuen Intendenten an den Spitzen der Administrationen erhoffte sich die spanische Monarchie eine stärkere Kontrolle der regionalen Verwaltungseinheiten. Diese Reformen stießen zwangsläufig auf den Widerstand der lokalen Eliten, die durch eine stärkere Einflussnahme der Monarchie ihre traditionellen Privilegien und Einkommensmöglichkeiten bedroht sahen. Als Land- und Bergwerksbesitzer, Händler oder

1 Vgl. Pietschmann 1980, S. 72.

2 Fernando VI. teilte das Ministerium 1754 in zwei voneinander unabhängige Behörden auf. Unter Carlos III. kam es dann 1776 zu einer endgültigen Trennung der Geschäftsbereiche Marine und Westindien; das neue geschaffene Ministerium für die überseeischen Angelegenheiten (Westindien) übernahm 1776 José de Gálvez (vgl. Pietschmann 1980, S. 156).

3 Vgl. Pietschmann 1980, S. 90. In Ergänzung zu den Datensammlungen der lateinamerikanischen Kolonialbehörden wurden insbesondere in der zweiten Hälfte des 18. Jahrhunderts Expeditionen durchgeführt, die sich der Erkundung und Erfassung von Daten zu Flora, Fauna und Bodenschätzen in gering besiedelten Regionen und Grenzgebieten widmeten. Von den 57 zwischen 1760 und 1808 realisierten Expeditionen durch Lateinamerika wurde bei neun der Aktionsradius bis auf die Philippinen ausgeweitet (vgl. Bleichmar 2009, S. 297).

4 Jorge de Escobedo y Alarcón hatte in den 1770er Jahren als Gouverneur von Potosí gewirkt. Er war mit der Situation des peruanischen Silberbergbaus gut vertraut und kannte dessen Probleme und Besonderheiten.

Verwaltungsbeamte hatten sie hohen politischen und ökonomischen Einfluss erlangt, der beispielsweise auf der Hoheit über Steuereinnahmen und Abgaben, die die unteren Schichten mit Mischlingsgruppen und Angehörigen der indigenen Urbevölkerung zu leisten hatten, beruhte. Dennoch standen sie in der äußerst komplex zusammengesetzten kolonialspanischen Gesellschaft nur an zweiter Stelle – die Spitze war den in Europa geborenen „weißen“ Spaniern vorbehalten. Die damit hervorgerufenen Spannungen manifestierten sich in den ersten Dekaden des 19. Jahrhunderts verstärkt in Form von militärischen Auseinandersetzungen, die letztlich zur Auflösung des spanischen Kolonialreichs und Gründung von unabhängigen Staaten in Lateinamerika führten.[5]

Die Generalvisitationen brachten jedoch nicht nur Modifikationen der Kolonialadministrationsstruktur, sondern wirkten sich auch auf den wichtigsten kolonialen Wirtschaftszweig, die Montanindustrie, aus. Hier sah die Krone hohes Potenzial, eine effektivere Kontrolle der Produktion sowie eine Steigerung der Innovationsfähigkeit und Erhöhung des Professionalisierungsgrades durch Reformierung einzelner Bereiche zu erzielen. Da Neu-Spanien das Vizekönigreich mit den höchsten Silbererz-Abbauvolumina im hispanofonen Amerika im 18. Jahrhundert war (vgl. Abbildung 52), konzentrierte die Monarchie aufgrund der wirtschaftlichen Relevanz ihre Reformbemühungen zunächst auf diese Verwaltungseinheit.

Als Grundlage hierfür wurde im Kontext der Generalvisitation gemeinsam mit Vertretern der lokalen Beamtenschaft wie Juan Lucas de Lassaga und Joaquín Velázquez de León ein Maßnahmenkatalog erarbeitet, der in der an die Krone adressierten Schrift *Representación que a nombre de la minería de esta Nueva España, hacen al rey nuestro señor los apoderados de ella* (1774) zusammengefasst und erläutert wurde. Die darin enthaltenen Empfehlungen hoben auf die Einrichtung eines Bergbaugremiums (*Cuerpo y Tribunal de Minería*) als Vereinigung und Sprachrohr der Bergwerks- und Hüttenbesitzer sowie der Berg- und Hüttenleute, einer Bank zur Kreditvergabe (*Banco de Avíos*) und einer Institution zur höheren Ausbildung des Montanbeamtennachwuchses (vgl. Kapitel 2.2.4) ab. Ihre Fixierung erfolgte 1783 durch Erlass einer Bergbauverordnung für das Vizekönigreich Neu-Spanien (*Reales Ordenanzas para la Dirección y Gobierno del Importante Cuerpo de Minería de Nueva España y de su Real Tribunal General*).

Bereits vor deren Veröffentlichung kam es partiell zur Umsetzung der darin festgelegten Maßnahmen. So wurde 1776 eine Bergbau-Gilde (*Cuerpo de Minería*) ins Leben gerufen, an deren Spitze das *Tribunal de Minería* stand. Die Korporation war über lokale Vertretungen im gesamten Vizekönigreich repräsentiert und besaß eine eigene

5 Vgl. Lafuente 2000, S. 157, Rodríguez/Jaime 2005, S. 25-32, Osterhammel 2006, S. 35.

Gerichtsbarkeit. Sie wurde durch eine Mitgliedersteuer finanziert, die vom *Tribunal de Minería* verwaltet wurde. Zu dessen wichtigsten Aufgaben zählte neben dem Betrieb der Bergakademie in Mexiko-Stadt die Einrichtung einer Kreditbank für Bergwerksbesitzer (*Banco de Avíos*), über die auch die Finanzierung größerer Projekte ermöglicht werden sollte. Die Bank konnte im Laufe ihres Bestehens nicht die intendierte Wirkung entfalten, da eine permanent übermäßige Nutzung der Mittel durch die Krone zu einer weitgehenden Erschöpfung des Stiftungsfonds führte.[6]

Die hier skizzierten Vorschläge dienten auch für die Neugestaltung des peruanischen Montanwesens als Vorbild. Aus Neu-Spanien wurde die Bergbauverordnung übernommen, die mit Anpassungen an regionale Gegenbeiten 1785 herausgegeben wurde, sowie die Idee eines *Tribunal de Minería*, dessen Etablierung ein Jahr später erfolgte. Zur Einrichtung einer Kreditbank kam es jedoch nicht, da reiche, regional agierende Kaufleute ihre Interessen als private Kreditgeber bedroht sahen und die Gründung verhinderten.[7] Die hier aufgezeigten Vorbehalte gegenüber Reformen, in deren Folge die regionalen Eliten eine Verringerung ihres politischen Einflusses und ihrer Wirtschaftskraft befürchteten, führten unter Historikern zur Einschätzung, dass weder die Bergbauverordnung noch das *Tribunal* in Peru die Durchsetzungskraft ihrer Pendants in dem nördlicher gelegenen Vizekönigreich Mexiko erreichten.[8]

Die Bestrebungen zur Neuordnung des Montanwesens in Neu-Spanien und Peru hatte auch Juan José d'Elhuyar als Bergbaugeneraldirektor zum Anlass genommen, Vorschläge zur Verbesserung der Situation des Berg- und Hüttenwesens im Vizekönigreich Neu-Granada zu erarbeiten. Der von ihm im April 1789 vorgelegte Plan (*Plano para el establecimiento del Cuerpo de Minería en este nuevo Reino de Granada, á imitación del que se halla establecido en Nueva España, formado por D. Juan José d'Elhúyar, Director de las Reales Minas*)[9], der die Etablierung eines Bergbaugremiums (*Tribunal de Minería*), die Erarbeitung einer neuen Bergbauverordnung (*Ordenanzas de minería*) und die Gründung einer Ausbildungseinrichtung vorsah, fand jedoch keine Umsetzung.[10]

3.1.2 Iberospanien

Auch die Montanverwaltungsstrukturen in Iberospanien unterlagen vor dem Hintergrund der im letzten Viertel des 18. Jahrhunderts verstärkten Bestrebungen der spanischen Monarchie um eine effiziente Nutzung der natürlichen Ressourcen im Mutterland

6 Vgl. Pohl 1988, S. 196-198.
7 Ibd., S. 199.
8 Vgl. Gavira 2015, S. 102.
9 abgedruckt in Restrepo 1888, S. 306-315.
10 Vgl. Peset 1987, S. 300.

einer Reorganisation. Im Jahr 1785 kam es zur Einrichtung einer Generalbergbaudirektion. Sie war an das Finanzministerium angegliedert und unterstand dort der Königlichen Kommission für Handel, Münzwesen, Bergbau und ausländische Handelsniederlassungen (*Real Junta de Comercio, Moneda, Minas y Dependencias de Extranjeros).* Zu ihrem Direktor (*Director y Visitador General de Minas del Reino*) wurde am 28. Dezember 1786 mit Francisco Angulo ein Experte mit internationalem Ausbildungshintergrund berufen.

Die Behörde sollte einerseits zur Förderung der iberospanischen Montanindustrie beitragen, andererseits sie einer stärkeren staatlichen Regulierung unterwerfen. Ihr Interventionsradius war daher primär auf admininistrative und technische Bereiche ausgerichtet. So fielen in ihren Verantwortungsbereich die Erkundung neuer Lagerstätten, die Erteilung von Konzessionen, die Erhöhung der Innovationskraft durch Einführung von modernen Verfahren des Abbaus und der Verarbeitung sowie die Erarbeitung von Maßnahmen zur Eindämmung des Schmuggels und des ungeregelten Bergbaus.[11] Einblicke in die konkreten Arbeitsaufgaben des Behördenleiters geben unter anderem die handschriftlichen Aufzeichnungen Angulos, die in der Bibliothek des spanischen Instituts für Geologie und Bergbau verwahrt werden[12]: Sie umfassen von ihm angefertigte Berichte zu Prospektions- und Inspektionsreisen[13] sowie Beschreibungen von in ausländischen Montanrevieren angewandten Verfahren und Maschinen von fremden Verfassern[14]. Inwieweit Angulo auf Basis dieser Informationen Verbesserungen im iberospanischen Berg- und Hüttenwesen anregte und ob diese Umsetzung fanden und die spanische Montanindustrie von dem aus dem Ausland transferierten Wissen profitieren konnte, wurde im Rahmen dieser Forschungsarbeit nicht untersucht. Aus eben diesem Grund, können auch die von Christian Herrgen in einem Brief an Carl Erenbert von Moll vom 9. Juli 1801 getroffenen Aussagen zum Wirken von Angulo nicht angemessen eingeschätzt werden und dürften als die eines sich benachteiligt fühlenden Konkurrenten zu werten sein:

11 Vgl. BIGME, Angulo, Leg. 2/9, Sampedro o.D.

12 Siehe BIGME, Angulo, Leg. 1 und 2.

13 Zu den in der Bibliothek des spanischen Instituts für Geologie und Bergbau aufbewahrten Dokumenten zählen beispielsweise ein Bericht aus dem Jahr 1791 zu einer Inspektionsreise zu den Zinnbergwerken in der galicischen Provinz Ourense mit Anmerkungen zu Geographie und Geologie auf der Reiseroute (Leg. 1/6 und 2/10), ein Bericht aus dem Jahr 1799 zu einer Prospektionsreise durch Asturien zur Erkundung von Salpeterlagerstätten (Leg. 2/10 und Leg. 2/16) sowie ein Bericht aus dem Jahr 1804 zu einer Inspektionsreise zu den Bleigruben von Linares mit auf der Reise getätigten geologischen Observationen (Leg. 2/10).

14 Zu den von fremden Autoren aufbewahrten Dokumenten zählen eine Beschreibung eines in Schemnitz eingesetzten Pumpentyps durch Enrique Schnellenbühl aus dem Jahr 1788 (Leg. 2/10), eine Beschreibung der in Joachimsthal angewendeten Amalgamationsmethode durch Fausto d'Elhuyar (Leg. 1/15) sowie ein Bericht zur Blechherstellung in England von Fausto d'Elhuyar (Leg. 1/17).

> Angulo macht den Politiker; hat eine fürchterlich grose Pension als directeur de toutes les mines d'Espagne, und hat für selbige noch von Gottes weiter Welt nichts gethan. Meine Arbeiten fangen an das Ministère auf selbigen aufmerksam zu machen.[15]

Vor dem Hintergrund der von Angulo im Ausland absolvierten Ausbildungsabschnitte lag seine Aufmerksamkeit ferner auf einer Verbesserung des Qualifizierungsniveaus der Montanbeamtenschaft. In enger Abstimmung mit seinem Bruder Manuel Angulo, den er als Direktor der Almadener Bergakademie installieren konnte, regte er eine Reorganisation des Lehrbetriebs an dieser Ausbildungsstätte an. Neben einer Anpassung des Kursspektrums unter Berücksichtigung der sich zunehmend ausdifferenzierenden montanwissenschaftlichen Disziplinen lag einer der Schwerpunkte auf einer internationalen Weiterbildung der zukünftigen Lehrkräfte. Wie in Kapitel 2.2.3 dargestellt, entfalteten seine Initiativen aufgrund der Wirren infolge der Invasionen unter Napoleon nur begrenzt Wirkung. Angulo blieb zwar auch unter französischer Besetzung Leiter der Bergbaudirektion und hatte zwischen 1810 und 1813 sogar das Amt des Finanzministers inne, maßgebliche Impulse für einen Aufschwung der iberospanischen Montanindustrie konnte jedoch erst wieder Fausto d'Elhuyar in den 1820er Jahren geben.

Zu den von Fausto d'Elhuyar angeregten Initiativen zählten neben der Neuausrichtung der höheren montanistischen Bildungslandschaft (vgl. Kapitel 2.2.6) die Einrichtung eines *Real Cuerpo Facultativo de Minas* (1833) als Berufsverband der Berg- und Hütteningenieure und eine Intensivierung der Aktivitäten der geologischen Landesaufnahme.[16] Letzere resultierten reichlich eine Dekade später (1849) in der Etablierung einer *Comisión para la Carta Geólogica de Madrid y General del Reino.*[17] Mit der nun eigens für diesen Zweck geschaffenen Institution, aus der 1910 das *Instituto Geológico de España* hervorging, fand eine Abgrenzung der bisher unter dem Dach der Generalbergbaudirektion vereinten Aufgabenbereiche statt, wobei die Kommission prioritär auf die Erfassung und wissenschaftliche Untersuchung der heimischen Rohstoffvorkommen fokussierte und nicht als Bergbauaufsichtsbehörde fungierte. Die Arbeit der Kommission wurde – wie in Kapitel 2.2.6 angerissen – in ihren Anfangsjahren in hohem Maße von Absolventen der Freiberger Bergakademie (Joaquín Ezquerra del Bayo, Rafael Amar de la Torre, Felipe Bauzá) geprägt.

---

15 Moll 1834, S. 320.

16 Die Aktivitäten zur geologischen Kartierung Spaniens umfassten unter d'Elhuyar u.a. die Erkundung der Lagerstätten am Rio Tinto durch Joaquín Ezquerra del Bayo ab 1828, in Katalonien durch Angel Vallejo (1778–1840) und Galizien/Asturien durch Guillermo Schulz (1805–1877) (vgl. Custodio 2000, S. 41).

17 Die *Comisión para la Carta Geólogica de Madrid y General del Reino* wurde ein Jahr nach ihrer Schaffung (1850) in *Comisión del mapa Geológico de España* umbenannt (vgl. Custodio 2000, S. 19).

3.2 Portugiesisches Kolonialreich

In Analogie zu ihrem Nachbarn auf der iberischen Halbinsel trieb auch die portugiesische Monarchie ab den letzten Dekaden des 18. Jahrhunderts eine Reorganisation der Montanverwaltung voran. Bei deren Neugestaltung orientierte sie sich an Strukturen in Mitteleuropa und setzte auf eine Intensivierung des Transfers von relevantem Wissen. Dabei waren insbesondere auch die Stipendiaten, die in den 1790er Jahren zentral- und nordeuropäische Bergreviere bereisten, angehalten, regionale Verwaltungsstrukturen zu studieren und Elemente zu identifizieren, die – in Adaption an regionale Gegebenheiten – zu einer stärkeren Regulierung des kolonialportugiesischen Bergbaus beitragen könnten.

In Erfüllung dieser Aufgabe verfassten Câmara und Andrada während und nach Abschluss ihrer Weiterbildungsreise diverse Denkschriften[18], in denen sie ihr Wissen zu mitteleuropäischen Montanadministrationsstrukturen verschriftlichten und Vorschläge für eine Reorganisation des vorhandenen Behördengefüges in Verbindung mit einer Ausweitung montanistischer Ausbildungskapazitäten unterbreiteten (siehe auch Kapitel 2.3.1). Ihre Ausführungen beziehen sich dabei vorrangig auf die Verwaltungen in der Habsburger Monarchie und Sachsen, deren Arbeit sie persönlich während ihrer Tour und beispielsweise über die Darstellungen von Alexander Wilhelm Köhler, der seit 1786 an der Freiberger Bergakademie unterrichtete und mit dem *Versuch einer Anleitung zu den Rechten und der Verfassung bey dem Bergbaue in Chursachsen und dazu gehörigen Landen: zur Grundlage bey den Vorlesungen* (1786) ein Lehrbuch des Bergrechts veröffentlicht hatte, kennengelernt hatten.

Auf die Bedeutung einer produktiven Montanindustrie als Grundpfeiler der portugiesischen Wirtschaft verwies insbesondere Andrada in seiner im Oktober 1796 in Wien erstellten *Memória*: Einerseits könne sich Portugal stärker als Rohstoffland positionieren und unbhängiger von Importen werden, andererseits wäre durch die Einnahmen eine Stimulation anderer Industriezweige, wie der Agrarproduktion, aber auch des Manufakturwesens und der Ausbau der Verkehrsinfrastruktur möglich. Bei einem Aufschwung dieser Branchen würden ferner neue Arbeitsplätze geschaffen, womit zu einer Reduzierung der Armut und Hebung des Bildungsniveaus der Bevölkerung beigetragen werden würde. Andrada kam daher zum Schluss, dass „*Portugal seinen früheren Glanz verloren hat, ihn aber mithilfe seiner Bergwerke wiedererlangen kann*".[19]

18 Siehe bspw. Denkschrift von Andrada, verfasst in Wien am 10. Oktober 1796 (ADB, ADB/FAA-AAA/L/004412), Denkschrift von Câmara „*Nota sobre a extracção das minas do Principado da Transilvânia escrita em Zalathna aos 5 dias do mês de Março de 1796*" (abgedruckt in Varela 2010) und Denkschrift von Câmara aus dem Jahr 1798 (zusammengefasst in Mendonça 1958, S. 93-99).

19 ADB, ADB/FAA-AAA/L/004412, Bl. 3. Original: „*Portugal cahio do seu antigo esplendor, e pode levantarse de novo por meio das suas Minas.*"

Im Kontext dieser Überlegungen zum Aufschwung des Montanwesens beschrieb Andrada – beispielsweise in seiner *Memória sobre a administração pública das minas no eleitorado de Saxônia* (abgedruckt in Varela 2009) – das in Sachsen herrschende Direktionsprinzip. Konkret als nachahmensart sahen sowohl Câmara als auch Andrada die hierarchisierte Struktur der sächsichen Bergverwaltung an.[20] Beide konnten sich auch im portugiesischen Reich die Einrichtung eines „Oberbergamts" als höchste Behörde zur Überwachung und Kontrolle der Aktivitäten in einem Montanrevier vorstellen. Dieses stände unter ministerialer Aufsicht, wobei Andrada zu einer Anbindung an das Finanzministerium und Câmara – mit Blick auf die überseeischen Territorien – an den *Conselho de Ultramar* tendierte. Nach Ansicht Câmaras müsste der Stab eines solchen „Oberbergamts" in Brasilien unabhängig von Vorgaben der jeweils amtierenden Gouverneure agieren können, um in seiner Arbeit möglichst nicht von Interessenskonflikten zwischen den regionalen Eliten und der Kolonialregierung beeinflusst zu werden. Die regionale Ebene würde im gesamten Reichsgebiet durch Bergämter mit Bergmeistern an deren Spitze repräsentiert werden. Bedingt durch die vorrangig privatwirtschaftlich organisierte kolonialportugiesische Berg- und Hüttenindustrie würden deren Aufgaben, neben der Steuerung des Betriebs der königlichen Werke, auch die Schaffung der Voraussetzungen für das Agieren dieser Unternehmen umfassen. Darunter fielen beispielsweise die Vergabe von Konzessionen, die Demarkation von Schürfgebieten, die Entscheidung über Rechsstreitigkeiten sowie die fiskalische Kontrolle. Ebenso in die Zuständigkeit dieser Behörden sollten die Erkundung von Lagerstätten und die Bewirtschaftung der Wälder rücken. Um dieses Tätigkeitsspektrum zu erfüllen, sahen Andrada und Câmara den Einsatz von Fachleuten mit wissenschaftlich-technisch-administrativem Ausbildungshintergrund in Leitungspositionen sowie eine Erhöhung des Professionalisierungsgrades der einfachen Arbeiterschaft als essentiell an.

Die Darstellungen von Câmara und Andrada bildeten die Grundlage für eine Anpassung der bisher erlassenen Verordnungen für den Montansektor. Ein für das portugiesische Territorium auf der iberischen Halbinsel gültiger *Alvará* wurde am 30. Januar 1802, ein für Brasilien verbindlicher am 13. Mai 1803 erlassen.[21] In beiden Verordnungen wurden ansatzweise die Vorstellungen von Andrada und Câmara zu Behördenstrukturen aufgegriffen. Konsequenterweise erhielten die beiden Impulsgeber die Berufung auf die bereits vor Herausgabe der Verordnung neugeschaffenen Leitungspositionen: Câmara wurde am 7. November 1800 zum Generaldirektor des wichtigsten brasilianischen Bergbaubezirks Minas Gerais (*Intendente Geral das Minas, na Capitania de Minas Gerais, e Sêrro Frio*), Andrada am 18. Mai 1801 zum Generaldirektor des Berg-

20 Zur Geschichte und Organisation der sächsischen Montanverwaltung siehe u.a. Sächsisches Oberbergamt 1993.

21 Siehe Coleção 1826, S. 21-42/202-222.

und Hüttenwesens in Iberoportugal (*Intendente Geral das Minas e Metais do Reino*) ernannt[22] – beide mit einem Gehalt in Höhe von 800 Millerees.[23]

3.2.1 *Brasilien*

Der brasilianische Montansektor wurde seit Beginn der Kolonialisierung über diverse Gesetze und Verordnungen reguliert, deren Wirksamkeit kontinuierlich einer Überprüfung unterzogen wurde und Nachjustierungen unterlag. Vornehmlich die größeren Goldfunde ab der letzten Dekade des 17. Jahrhunderts brachten die Einrichtung von Administrationsstrukturen, über die eine bessere Kontrolle der Abbaugebiete, der Anlage von Bergwerken und Schmelzhütten und der Besteuerung der Rohstoffproduktion angestrebt wurde. Aus den zunächst etablierten *Provedorias de Minas* gingen 1702 die *Superintendências* hervor. Da jedoch auch diese dem im gesamten 18. Jahrhundert weitverbreiteten Schmuggel nicht genügend Einhalt bieten konnten, wurde mit Verordnung vom 3. Dezember 1750 das Amt eines *Intendente-Geral do Ouro* sowohl für Rio de Janeiro als auch Bahia ins Leben gerufen; diese Beamten sollten sich insbesondere den Problemen des illegalen Abbaus und der Flucht vor Besteuerung bei der Goldgewinnung widmen.[24]

Mit dem Goldabbau gingen freilich auch Entdeckungen neuer Lagerstätten einher; ab den 1720/30er Jahren wurde das Rohstoffproduktionsspektrum um Eisen-, Kupfer- und Bleierze sowie Diamanten erweitert.[25] Die Monarchie legte dabei besonderes Augenmerk auf eine Kontrolle der Diamantenabbaus, der per Dekret vom 12. Juli 1771 unter staatliches Monopol gestellt und nur von der *Real Extracção dos Diamantes do Brasil* vorgenommen werden durfte. Um das Risiko von Unterschlagungen zu minimieren, wurde die Produktion einer strengen Überwachung unterzogen. Hierfür wurde 1772 die *Junta da Administração Diamantina do Tejuco* als Aufsichtsbehörde etabliert, die an die unmittelbar dem Königlichen Schatzamt (*Real Erário*)[26] unterstellte *Diretoria de Real Extração dos Diamantes* zu berichten hatte.

---

22 Vgl. Mendonça 1958, S. 314-315, Mendes 1978, S. 10.

23 Im Jahr 1790 waren 800 Millerees etwa 912 Reichsthaler (siehe Herrmann 1790, S. 361), im Jahr 1830 etwa 1.236 Reichsthaler wert (siehe Eissenbiss 1830, S. 506).

24 Vgl. Dicionário da Administração Pública Brasileira, Período colonial (1500–1822): http://mapa.an.gov.br/index.php/dicionario/administracao-colonial, abgerufen am 26.08.2021.

25 Vgl. Rinke/Schulz 2013, S. 42-43.

26 Der *Real Erário* wurde als neue Instanz der Finanzverwaltung unter dem Marquês von Pombal eingeführt. Das Schatzamt war berechtigt, alle öffentlichen Konten zu überwachen und zu kontrollieren. Mit der Etablierung wurde das Ziel verfolgt, die Finanzverwaltung effizienter zu gestalten und stärker zu zentralisieren (vgl. Marques 2001, S. 296).

Trotz der im Laufe des 18. Jahrhunderts erfolgten Umgestaltung der Behördenstrukturen blieb ihre Durchsetzungskraft unzureichend, womit ein grundlegendes Problem der Kolonialverwaltung in Brasilien ersichtlich wird. Die Ursachen hierfür waren vielfältiger Art: Die Gouverneure der brasilianischen Verwaltungseinheiten konnten nur auf eine geringe Truppenstärke zur Durchsetzung der Staatsinteressen und Gesetze zurückgreifen, die Steuerbeamten waren durch ihr ausgedehnte Reisetätigkeiten anfällig für Korruption und die endlos lange Atlantikküste Brasiliens mit vielen Anlegemöglichkeiten begünstigte in besonderem Maße die Aktivitäten der Schmuggler.[27] Historiker gehen heute davon aus, dass über 50 Prozent der Rohstoffproduktion in Brasilien nicht von den Behörden erfasst wurde – ein Wert, der weit über den von Alexander von Humboldt angenommenen 19 Prozent läge.[28]

Für die seit Mitte des 18. Jahrhunderts stagnierenden und in den letzten Dekaden kontiuierlich sinkenden Förderraten der beiden wichtigsten, im überseeischen Territorium Brasilien abgebauten Bodenschätze Gold (vgl. Abbildung 48) und Diamanten war jedoch nicht nur die schwache Administration sondern auch die Erschöpfung bekannter Lagerstätten, ein geringer Technisierungsgrad in Verbindung mit einer wenig ausgeprägten Bereitschaft, in moderne Bergbautechnik zu investieren und der Einsatz von zumeist nur unzureichend qualifiziertem Personal verantwortlich. Namentlich die Diamantenproduktion konnte weder durch die Einführung des königlichen Monopols noch die Übernahme der Kontrolle des Gewinnungsbetriebs alleinig durch die *Real Extracção dos Diamantes do Brasil* gesteigert werden. Als wenig förderlich stellte sich dazu heraus, dass die in Brasilien abgebauten Rohstoffe im Laufe des Jahrhunderts Wertverluste auf den internationalen Märkten hinnehmen mussten.[29]

Auf dieser Ausgangsbasis erwies sich eine Reorganisation des Montanwesens als dringend notwendig. Wie in der Einleitung des am 13. Mai 1803 erlassenen *Alvará* hervorgeht, zielte die Monarchie mit den darin festgeschriebenen Regelungen auf eine Beseitigung der die Entwicklung des Wirtschaftszweigs hemmenden Faktoren:

> Dass ich [der Prinzregent] mit allen mir zur Verfügung stehenden Mitteln die zukünftigen Arbeiten in den Gold- und Diamantbergwerken befördern und alle Hindernisse beseitigen möchte, die dem Wachstum und Wohlstand dieser so wichtigen Branche und dem nationalen Reichtum entgegenstehen.[30]

27 Vgl. Mücke 2008, S. 118, Rinke/Schulz 2023, S. 45.
28 Vgl. TePaske 2010, S. 12.
29 Vgl. Pinto 2000, S. 29-30 und 35-36, Carneiro et al. 2000, S. 594.
30 Collecção 1826, S. 202. Original: „*E querendo Eu promover por todos os meios possíveis os trabalhos, melhoramento futuro das Minas de Ouro e Diamantes de Brazil, e remover todos, e quaesquer obstáculos, que se possão oppôr ao augmento, e prosperidade de hum tão importante ramo de Administração, e de Riqueza natural.*"

In Analogie zu der ein Jahr zuvor für das iberoportugiesische Montanwesen erlassenen Verordnung war auch für Brasilien die Etablierung diverser neuer Leitungsbehörden vorgesehen. Jede rohstoffwirtschaftlich bedeutsame Kapitanie sollte eine Generalbergbaudirektion erhalten, deren Arbeit durch ein Gremium – eine *Real Junta Administrativa, de Mineração e Moedagem* – bestehend aus dem Gouverneur der Kapitanie als Vorsitzendem, sowie dem obersten Justizbeamten (*Ouvidor Geral*), dem Generalbergbaudirektor, dem Direktor der Münze, zwei Fachleuten mit mineralogischen Kenntnissen, ein bis zwei Bergingenieuren sowie ein bis zwei talentierten Bergleuten beaufsichtigt wurde. Die *Junta* war dafür verantwortlich, die Umsetzung der Regelungen des *Alvará* zu prüfen. Für die Kontrolle des Betriebs der königlichen Berg- und Hüttenwerke, die Einführung neuer und Verbesserung traditionell praktizierter technischer Verfahren sowie effizienter Abbau- und Verarbeitungsmethoden und die Vergabe von Schürfrechten sollte der Generalbergbaudirektor zuständig sein. Die Verordnung sah vor, eine erste solche Generalbergbaudirektion in der Kapitanie Minas Gerais, der Region mit den ergiebigsten damals bekannten Gold- und Diamantenlagerstätten, einzurichten. Nach dem Aufbau und Evaluierung ihrer Wirksamkeit war vorgesehen, ähnliche Strukturen auch in anderen Kapitanien mit bedeutenden Bergrevieren (Goiás, São Paulo und Bahia) zu verankern.

Die Verordnung enthielt ferner Ausführungen zu Maßnahmen, mit denen zum Aufschwung des Montansektors beigetragen werden sollte. Zur Ankurbelung montanwirtschaftlicher Aktivitäten wurde die steuerliche Abgabenlast der Rohstoffproduktion von 1/5 (*Quinto*) auf 1/10 aller abgebauten Bodenschätze gesenkt. Besonders gefördert werden sollte zukünftig die Bildung größerer unternehmerischer Einheiten beispielsweise in Form von Kapitalgesellschaften, mit denen man sich durch ein höheres Investitionsvermögen und -bereitschaft eine effektivere Rohstoffproduktion als durch die seinerzeit flächendeckend agierenden Kleinstunternehmen erhoffte. Mit der Umsiedlung der Münzstätten aus den Hafenstädten Rio de Janeiro und Bahia in die Bergreviere Minas Gerais und Goiás wurde das Ziel verfolgt, eine bessere Kontrolle über die Quantität der abgebauten Rohstoffe zu erlangen und den Schmuggel einzuschränken. Um den Schwund und die Umgehung fiskalischer Obligationen weiter zu reduzieren, wurde die Verwendung von Goldstaub als Zahlungsmittel verboten. Zur Ausbildung des für die Montanindustrie notwendigen spezialisierten Personals war die Einrichtung von Ausbildungsinstitutionen in Tradition der mitteleuropäischen Bergakademien angedacht.[31]

Der Einführung des *Alvará* in Brasilien wurde erheblicher Widerstand entgegengesetzt. Die lokalen Eliten hatten – aus wirtschaftlichen Überlegungen und Verlustängsten um ihre angestammten Privilegien heraus – bereits zum Zeitpunkt der Ernen-

31 Siehe Collecção 1826, S. 203-206.

nung Câmaras zum Generalbergbaudirektor von Minas Gerais ihr Misstrauen gegenüber der Personalie zum Ausdruck gebracht und sich gleichsam gegen die Etablierung einer Generalbergbaudirektion und Reorganisation der Verwaltung ausgesprochen. Mangels fehlender Durchsetzungskraft der Kolonialbehörden trat Câmara sein Amt als Generaldirektor nie an, noch kam nach Eschwege die Verordnung jemals *„in Anwendung, und nur hier und da in spätern Verordnungen wurde angeführt, dass ein oder der andere Paragraph dieses Gesetzes gelten sollte."*[32] Die Hängepartie infolge der nicht vollzogenen Amtsübernahme überbrückte Câmara, der in der zweiten Jahreshälfte 1800 in Brasilien eintraf, mit der Regelung von Familienangelegenheiten in der Provinz Bahia und mit der Erstellung mehrerer Gutachten für die Monarchie, in denen er beispielsweise die Situation des Agrar- und Montansektors in verschiedenen Regionen Brasiliens beleuchtete.[33]

Die auch nach Veröffentlichung der Verordnung 1803 anhaltend ablehnende Haltung der lokalen Bergwerksunternehmer gegenüber Modifikationen bewegte die Monarchie, endgültig Abstand von einer Einsetzung Câmaras als Generalbergbaudirektor zu nehmen. Ersatzweise erhielt er am 22. Dezember 1806 die Berufung zum Direktor des Diamantenbergbaus in Serro Frio (*Intendente dos Diamantes no Serro Frio*). Dieses in der Kapitanie Minas Gerais gelegene Abbaugebiet zählte neben den sich in Goiás befindlichen zu den bedeutendsten Zentren der Diamantenproduktion in Brasilien.[34]

Die – wohl vorrangig auf technische Interventionen ausgerichteten – Aktivitäten Câmaras in Ausübung dieser Funktion und ihre Wirkungen sind bisher kaum erforscht, eine Bewertung basierte in der von der Verfasserin verwendeten Sekundärliteratur primär und damit einseitig auf von Eschwege getroffenen Aussagen; eine profundere Untersuchung – insbesondere auch des Wirkens Câmaras im administrativen Bereich – stellt ein Desiderat der historischen Forschung dar. Nach Eschwege versuchte Câmara demnach das während seiner internationalen Ausbildungszeit erlangte technische Wissen gewinnbringend zum Nutzen des brasilianischen Rohstoffsektors einfließen zu lassen. Zu den von ihm inititierten Maßnahmen zählte beispielsweise die Installation moderner Förder- und Gewinnungsanlagen, denen – sollten Eschweges Aussagen korrekt sein – scheinbar keine lange Lebensdauer beschieden war:

> Camara hatte Förderungskarren mit Kehrrädern so wie auch Siebmaschinen zur Absonderung der Erd- und Steinarten angelegt, die mehrere Jahre in Gebrauch waren, allein die scheelen Augen, womit man sie betrachtete, und die Unachtsamkeit, womit sie behandelt wurden, machten, dass ihr Zweck verlohren ging; Camaras Geduld ging zu Ende, die

32 Eschwege 1833, S. 153.

33 Vgl. Mendonça 1958, S. 92.

34 Das Amt des Direktors des Diamantenbergbaus in Serro Frio hatte Câmara bis zur Unabhängigkeit Brasiliens im Jahr 1822 inne (vgl. Pinto 1994, S. 260).

> Menschen erreichten, was sie wünschten, die Maschinen wurden wieder bei Seite geschafft und der alte Schlendrian hatte seinen Fortgang.[35]

Dass die für den Gewinnungsbetrieb Verantwortlichen kaum auf Câmaras Vorschläge eingingen, dürfte vorrangig an der hohen Verfügbarkeit billiger Arbeitskraft gelegen haben. Auch wenn es interimistische Einschränkungen im transatlantischen Sklavenhandel gab und das Preisniveau infolge stieg, wurde die Menschenkraft gegenüber dem mit größeren Investitionen verbundenen Einsatz technischer Anlagen in Brasilien bevorzugt. Die ebenso auf eine Förderung des Sklavenhandels fokussierte Kolonialpolitik verhinderte eine fortschreitende Technisierung des Montanwesens und dadurch auch die Adoption moderner Bergbau- und Verarbeitungstechnik.

3.2.2 Iberoportugal

Mit der am 30. Januar 1802 für das iberoportugiesische Montanwesen erlassenen Verordnung verfolgte die Monarchie schwerpunktmäßig zwei Ziele: Einerseits war in ihr analog den Vorbildern in Mitteleuropa die Etablierung einer eigenständigen Behörde zur Kontrolle und Beförderung des Montansektors festgeschrieben, andererseits enthielt sie – in Anbetracht der wachsenden Bedrohung durch Spanien und Frankreich – ganz konkrete Maßnahmen und Regelungen zur Reorganisation der Eisenhüttenindustrie.

Die Verordnung gliederte sich diesen Vorgaben gemäß in zwei Teile. Die ersten Abschnitte regelten die Organisation und die Arbeitsgebiete der neu einzurichtenden Generalbergbaudirektion.[36] Diese war – wie von Andrada vorgeschlagen – direkt einer hohen Regierungsbehörde, in diesem Fall dem königlichen Schatzamt nachgeordnet. Dessen Leiter ernannte den Generalbergbaudirektor. Das Aufgabenspektrum war analog zu dem ihrer Pendants in Mitteleuropa vielfältig: Neben der Lagerstättenerkundung und geologischen Landesaufnahme war sie verantwortlich, den aktuellen Zustand der Montanindustrie zu dokumentieren und dafür alle in Iberoportugal ansässigen Berg- und Hüttenwerke inklusive der Produktionsdaten systematisch zu erfassen. Diese Angaben waren in regelmäßigen Abständen zu überpüfen. Dazu oblag der Behörde die Kontrolle über die Bewirtschaftung der Wälder, um einen kontinuierlichen Rohstoffgewinnungs- und Verarbeitungsbetrieb zu garantieren. Mit dieser Regelung wurde erstmalig in Portugal die Aufsicht sowohl über das Montan- als auch das Forstwesen an einer Behörde gebündelt und damit an die Vorbilder in Mitteleuropa angeknüpft. Die

35 Eschwege 1833, S. 375.
36 Siehe Coleção 1826, Alvará 30.01.1802, Título I, S. 22-28.

Generalbergbaudirektion übte zudem die Gerichtsbarkeit in ausgewiesenen Montanrevieren aus; Beschlüsse und Weisungen durften dabei von keiner anderen Behörde angefochten werden. Klar festgelegt wurde auch, dass eine abgeschlossene wissenschaftlich-technisch-administrative Qualifizierung die Voraussetzung für die Übernahme der Behördenleitung bildete. Diese Regelung unterstrich die Notwendigkeit eines Ausbaus der höheren montanistischen Ausbildung im portugiesischen Reich, die von Andrada und Câmara auf Basis ihrer Reiseerfahrungen wiederholt gefordert wurde.

Der zweite und weitaus umfangreichere Teil der Verordnung enthielt Festlegungen, die einen Aufschwung der Eisenhüttenindustrie mit ihrem damals wichtigsten Standort Figueiró dos Vinhos (ca. 50 km südlich von Coimbra gelegen) bewirken sollten.[37] Mit diesen Regelungen wurden durch konkrete Benennung der Zuständigkeiten und Arbeitsbereiche der einzelnen in der Hütte zu beschäftigenden Arbeitskräfte (wie Schatzmeister, Forstverwalter, Bergwerksinspektor, Bergmeister, Hüttenverwalter, ggf. Hütteningenieur, Gerichtsvollzieher, Schreiber und einfache Arbeiter) die Voraussetzungen für einen effizienten Produktionsbetrieb eines solchen Werks definiert. Eine höhere montanistische Qualifikation stellte dabei die Bedingung für die Übernahme der Funktionen des Bergwerksinspektors, Hüttenverwalters und -ingenieurs dar.

Mit der Veröffentlichung dieser Verordnung wurde der Prozess der Verschiebung der Zuständigkeiten für das Montanwesen vom militärischen in den zivilen Bereich befördert. Zählte es bisher zu den Aufgaben des Militärs, konkrekt des *Corpo de Oficiais de Artilhería,* die Rohstoffproduktion für Kriegs- und Verteidigungszwecke sicherzustellen, wurde nun das königliche Schatzamt mit nachgeordneten Behörden hierfür maßgeblich verantwortlich. Andrada war dann auch der erste Generalbergbaudirektor, der keine militärische Laufbahn durchlaufen hatte.[38]

Aufbau und Arbeit der Generalbergbaudirektion

Zu den besonderen Herausforderungen von Andrada nach Übernahme des Amts des Generaldirektors der Berg- und Hüttenwerke in Iberoportugal im Jahr 1801 zählte der Aufbau der Montanverwaltungsbehörde nach den Vorbildern in Mitteleuropa. Um den Zustand des portugiesischen Montanwesens und seiner Administration kennenzuleren und das Organ in Anpassung an die lokalen Gegebenheiten entsprechend ausgestalten zu können, unternahm Andrada nach Amtsantritt eine Reihe von Touren zur Inspektion von Berg- und Hüttenwerken und Erkundung von Lagerstätten, die ihn unter anderem zu den Steinkohlelagerstätten in Zentral- und Nordportugal (Cabo Mondego/Buarcos, S. Pedro da Cova) sowie zu Gold- (an der Tejo-Mündung) und Bleilagerstätten (Provinz Trás-o-Montes) führten. Die dabei gewonnenen Erkenntnisse halfen ihm, das

37 Ibd., Títulos II-XIV, S. 28-42.

38 Vgl. Ferreira 1998, S. 12, Varela et al. 2004, S. 704.

Rohstoffpotenzial des portugiesischen Mutterlands zu evaluieren und zukünftige Interventionsbereiche festzulegen.[39] Diese Expeditionen führten ihm deutlich die Bedeutung einer zentralen Behörde mit einem spezialisierten und entsprechend qualifizierten Mitarbeiterstamm für eine effiziente Rohstoffproduktion vor Augen.

Der Aufbau einer solchen kontinuierlich funktionierenden Instanz stelle sich in der Folgezeit jedoch als mühsam heraus. Bereits nach kurzer Zeit und im Nachgang zur Regierungsumbildung 1803, bei der Andradas bisheriger Förderer Rodrigo de Sousa Coutinho sein Amt als oberster Schatzmeister verlor, musste die Generalbergbaudirektion einen Bedeutungsverlust hinnehmen. Sie verlor ihre herausgehobene Position als nachgeordnete Behörde des königlichen Schatzamts und wechselte in die Zuständigkeit der königlichen Seidenfabrik (*Real Fábrica das Sedas e Obras das Águas Livres*). Und auch die Beziehungen Andradas zu Coutinhos Nachfolger Luís de Vasconcelos e Sousa (1742–1809), Graf von Figueiró, gestalteten sich diffizil: Andrada musste Mittelkürzungen sowie Einschränkungen seiner Entscheidungsgewalt beispielsweise bei der Initiierung neuer Projekte hinnehmen. Bisher relativ frei in seiner Beschlussfassung war er nun angehalten, die Aktivitäten der Behörde mit der Direktion der Seidenfabrik abzustimmen.[40] Zugute kam ihm die freundschaftliche Verbundenheit mit deren Leiter Tomás António de Vilanova Portugal (1755–1839), der ihm weiterhin umfangreiche Freiheiten bei der Entscheidungsfindung gewährte. Die Umbildung brachte für die Behörde darüber hinaus zusätzliche Aufgaben, denn durch königliches Dekret vom 28. November 1804 fiel der Betrieb aller iberoportugiesischen Metallerz- und Steinkohlebergwerke in die Zuständigkeit der portugiesischen Krone, private Unternehmerschaft in diesem Bereich war nicht mehr zugelassen.[41]

Massive Beeinträchtigungen des Montanwesens und damit auch der Arbeit der Behörde ergaben sich in den Folgejahren durch die Invasionen französischer Truppen: die Finanzierung der Direktion und neuer bergbaulicher Aktivitäten war zumeist prekär, spezialisiertes Personal stand nur in geringem Umfang und nicht dauerhaft zur Verfügung. Andrada selbst trat 1807 in ein Freiwilligen-Corps ein und engagierte sich aktiv bei der Verteidigung seines Vaterlands.

Mit dem Ende der Kriegshandlungen und dem Rückzug der Franzosen aus Portugal nach der Niederlage von Sabugal am 3. April 1811 konnte die Behörde wieder zu einem einigermaßen regulären Betrieb zurückkehren. Die Bemühungen Andradas um Gewinnung von zusätzlichem Personal konkretisierten sich mit der Einstellung von Alexandre António Vandelli (1784–1862), einem Sohn seines früheren Lehrers Domingues Vandelli, der zugleich ab 1813 als Assisstent im chemischen Labor der Lissaboner Münze

39 Vgl. Guntau 1992, S. 237.
40 Vgl. Mendes 1978, S. 204, Varela 2008, S. 6.
41 Vgl. Mendes 1978, S. 9.

tätig wurde.[42] Diese Aktion von Andrada darf als ein Akt der Unterstützung der Familie Vandelli gewertet werden, die der Kollaboration mit den Invasoren bezichtigt und infolge der Inhaftierung von Domingues und Alexandre in der zweiten Dekade des Jahrhunderts in finanzielle Schwierigkeiten geraten war.

Die Friedenszeit nutzte Andrade ferner, verstärkt den wissenschaftlichen Austausch zu pflegen und die anwendungsorientierte Forschung zu fördern. Er intensivierte in diesem Rahmen sein Engagement an der Lissaboner Akademie der Wissenschaften – auch indem er ab 1812 bis zu seiner Übersiedlung nach Brasilien im Jahr 1819 das Amt des ständigen Sekretärs (*Secretário perpétuo*) übernahm. In dieser Funktion trug er durch Veröffentlichung diverser Beiträge in den *Memorias* der Akademie[43] zur Zirkulation von Erkenntnissen bei, die er während seiner Erkundungstouren durch Portugal gewonnen hatte.

Andradas Rückkehr nach Brasilien Ende 1819 stellte für die Arbeit der Generalbergbaudirektion einen spürbaren Einschnitt dar. Die Leitung der Aufsichtsbehörde wurde interimistisch an Vandelli – mittlerweile sein Schwiegersohn[44] – übergeben, der von Vicente Pinto de Miranda (1782–1865) als Sekretär unterstützt wurde. Nach Aussagen von Eschwege konnten beide aufgrund fehlender Expertise und durch ungenügende Ausbildung kaum Impulse für das portugiesische Montanwesen geben und zu dessen Entwicklung beitragen.[45]

Erst 1824 gelang es mit dem jahrelang im kolonialportugiesischen Berg- und Hüttenwesen beiderseits des Atlantiks aktiven Barons von Eschwege einen ausgewiesenen Experten an die Spitze der Behörde zu verpflichten. Eschwege war bis 1821 in Brasilien tätig gewesen und hatte nach der Rückkehr des Königs João VI. nach Portugal zunächst einen längeren Aufenthalt in Deutschland absolviert. Auf Anfrage der portugiesischen Regierung 1823 war er auf die iberische Halbinsel zurückgekehrt. Die am 2. Januar 1824 von der Monarchie beauftragte Inspektion der wichtigsten portugiesischen Berg- und Hüttenwerke mündete in einem im Juli von ihm vorgelegten Bericht, der eine Beschreibung des größtenteils deplorablen Zustands des Montanwesens in Portugal zum

---

42 Vgl. Mendes 1978, S. 9, Marques/Filgueiras 2009a, S. 2492. In Bezug auf die Ausbildung von Alexandre António Vandelli konnte die Verfasserin nur einen Vermerk im Matrikelverzeichnis der Universität Coimbra finden, aus dem hervorgeht, dass er an der mathematischen und philosophischen Fakultät (1803/04) immatrikuliert war, jedoch keinen Abschluss erlangte (AUC, PT/AUC/ELU/UC-AUC/B/001-001/V/000661).

43 Andrada veröffentlichte beispielsweise eine *Memória sobre a nova Mina de ouro da outra banda do Tejo* in: Historia e memórias da Academia Real das Ciências de Lisboa. Tomo V, 1ª parte. Lissabon. 1817, S. 140-52 sowie eine *Memoria sobre as pesquizas e lavras dos veios de chumbo de Chacim, Souto, Ventozello e Villar de Rey, na Provincia de Tras os Montes* in: Historia e memórias da Academia Real das Ciências de Lisboa. Tomo V, 2ª parte. Lissabon. 1818, S. 77-91.

44 Alexandra António Vandelli hatte am 18.02.1819 Andradas Tochter Carlota Emilia geheiratet.

45 Vgl. Eschwege 1838, S. 19-21.

Inhalt hatte und die Regierung zum Handeln aufforderte: Eschwege wurde infolgedessen am 12. Juli 1824 zum Generaldirektor des Bergbau- und Hüttenwesens Portugals (*Intendente Geral das Minas e Metais do Reino*) ernannt und die Generalbergbaudirektion einer Reorganisation unterworfen.[46] Ihre Entkoppelung von der Direktion der Seidenfabrik und direkte Unterstellung unter ein Ministerium (*Ministério dos negócios do reino*[47]) bedeutete eine deutliche Aufwertung ihres Statuses, der sich ebenso in der Ausstattung manifestierte. Ihre räumliche Unterbringung erfolgte nun in einem eigenen Gebäude, in dem auch ein Archiv und ein Mineralienkabinett Platz fanden. Dem Generaldirektor wurden zwei Assistenten zur Seite gestellt, die ihn bei seinen Aktivitäten unterstützen, ihn auf Reisen begleiten und so in zukünftige Leitungsfunktionen hineinwachsen sollten.[48] Ein Schwerpunkt der Aktivitäten der Behörde lag weiterhin auf der Lagerstättenerkundung und der Abschätzung des Potenzials der Nutzung der heimischen Ressourcen sowie bei der Initiierung und Unterstützung von Bergbauprojekten. Mit diesen Modifikationen sollte die Grundlage für den Aufschwung des iberoportugiesischen Bergbaus geschaffen werden, zumal die Ausrufung des Kaiserreichs Brasilien 1822 die Bedeutung des Montanwesens als Grundpfeiler der Wirtschaft des Reichs immer mehr ins Wanken gebracht hatte.[49]

Trotz der ausgewiesenen fachlichen Expertise und der langjährigen Erfahrung im kolonialportugiesischen Bergbau gelang es Eschwege nur in begrenztem Umfang effektiv wirksam zu werden. Interne Differenzen mit den beiden bereits seit längerer Zeit an der Behörde tätigen Portugiesen Vandelli und Miranda und wechselnde politische Konstellationen nach Ausrufung der Selbständigkeit Brasiliens und im Kontext der Thronfolgestreitigkeiten in Iberoportugal hemmten die Arbeit und behinderten die Realisierung geplanter Projekte. Eschwege bat daher nach Ernennung von Miguel I. (1802–1866) zum portugiesischen König im Jahr 1828 um Entlassung, die ihm am 1. Juni 1829 gewährt wurde. Als Amtsnachfolger wurde am selben Tag der frühere Stipendiat der portugiesischen Regierung und Absolvent der Freiberger Bergakademie Pedro Fragoso de Sequeira berufen[50], der jedoch aufgrund von Krankheit kaum Gelegenheit hatte, das Amt umfassend auszufüllen. Ihm folgte im Jahr 1832 Vandelli, der bereits 1834 nach Exilierung von Miguel I. wieder seines Amtes enthoben wurde.

46 Siehe HStaM, 340 NL Eschwege, III Persönliche Dokumente, Patente und Dekrete, o. Bl.nr.

47 Das Ministerium war für innere Angelegenheiten zuständig, u.a. für die Landwirtschaft, Künste, Industrie, Verkehrsinfrastruktur, Bergbau, Handel, Schiffahrt und öffentliche Bildung sowie für die Herausgabe von Verordnungen und Gesetzen, die Ernennung zu Ämtern und das Hofprotokoll (vgl. Informationen auf der Homepage der *Associação dos Amigos da Torre do Tombo*, http://www.aatt.org/site/index.php?op=Nucleo&id=215, abgerufen am 08.10.2019).

48 Vgl. Mendes 1978, S. 10.

49 Vgl. Guimarães 1999/2000, S. 73.

50 Siehe HStaM, 340 NL Eschwege, III Persönliche Dokumente, Patente und Dekrete, o. Bl.nr.

Eschwege, der nach Auflösung des Dienstverhältnisses nach Deutschland gereist und unter anderem an der Bergakademie in Freiberg im Winter 1832/33 *„mit Fachgenossen, Professoren und den hier studierenden Portugiesen und Spaniern zusammen gewesen“* war[51], wurde nach seiner Rückkehr nach Portugal 1835 erneut zum Generaldirektor ernannt, legte das Amt jedoch – da seine Vorschläge keine Berücksichtigung fanden – im selben Jahr wieder nieder. Der letzte Leiter der Administration war – bis zu ihrer Auflösung am 13. August 1836 – Vicente Pinto de Miranda. Mit dieser Aufhebung blieb Portugal für die nächsten zwanzig Jahre ohne eine eigene staatliche Behörde für das Montanwesen. Erst 1857 wurde mit der *Comissão Geológica* wieder eine Einheit mit geowissenschaftlichem Fokus geschaffen, die in ihrer Arbeit jedoch nicht auf die Verwaltung des Berg- und Hüttenwesens, sondern – wie auch ihr Pendant in Iberospanien – auf die geologische Kartierung Portugals fokussierte.

Der Überblick zeigt, dass die Struktur und die Arbeit der Behörde während ihrer reichlich dreißigjährigen Geschichte in mannigfaltiger Weise von Impulsen durch Akteure, die mit dem Montanwesen im deutschen Sprachraum vertraut waren, geprägt wurde. Die Übertragung von Elementen eines an die speziellen Rahmenbedingungen in einem Staat angepassten Verwaltungskonstrukts konnte trotz dessen Adapation an regionale Gegebenheiten nur begrenzt Wirkung entfalten. Die Etablierung einer Generaldirektion in Portugal scheiterte auf Dauer an ganz unterschiedlichen Faktoren. Trotz des sowohl in Fach- als auch in Regierungskreisen gut vernetzten Initiators Andrada war die Behörde Spielball unterschiedlicher politischer und persönlicher Interessen, die insbesondere nach dessen Weggang eine Konsolidierung und konstanten effektiven Betrieb verhinderten.

51 Schiffner 1938, Bd. 2, S. 389.

4 Erkundung – Gewinnung – Verarbeitung

Kolonialspanien und -portugal waren im 18. Jahrhundert die weltweit führenden Edelmetall- und -steinproduzenten. Der Rohstoffsektor stellte seit Beginn der Kolonialisierung ab Anfang des 16. Jahrhunderts eine entscheidende Quelle der Finanzierung des jeweiligen Staatshaushalts dar. Die Ausbeutung der schier unerschöpflich scheinenden Edelmetalllagerstätten in den überseeischen Territorien hatte – vermehrt im 18. Jahrhundert – zur Entdeckung von Vorkommen weiterer Rohstoffe geführt. Die Monarchien strebten auf dieser Basis zunehmend eine Diversifizierung der Rohstoffproduktion an und stimulierten hierfür gleichermaßen die Prospektionsaktivitäten. Beide Monarchien nahmen im letzten Viertel des 18. Jahrhunderts mit verstärktem Interesse an Prozessen der zunehmend auf Impulse der Wissenschaften reagierenden Entwicklung moderner Berg- und Hüttentechnik in mittel- und nordeuropäischen Montanrevieren Anteil und beförderten den Transfer von Wissen zu fortschrittlichen Technologien in ihre Reichsgebiete.

Dass an dieser Stelle hinreichend Handlungsbedarf bestand, zeigen die Bedingungen, unter denen die Erze traditionell abgebaut wurden. Denn die Weltmarktführerschaft im Edelmetall- und -steinsektor basierte nicht auf dem Einsatz fortschrittlicher Gewinnungs- und Verarbeitungstechnologien, sondern auf der immensen Fülle an Bodenschätzen, die vornehmlich in artisanalem Bergbau gewonnen wurden. Der Technisierungsgrad im kolonialen Montanwesen war dabei niedrig: Das in den spanischen Territorien dominierende Silber wurden häufig in Tagebauen abgebaut, nur in seltenen Fällen wurden Stollen angelegt, die einen untertägigen Betrieb in größere Teufen ermöglichten. In Brasilien wurde das Gold unter einfachsten Bedingungen beispielsweise unter Nutzung von Waschpfannen aus dem Schwemmsand der Flüsse gewaschen. Die Verhüttung der Erze beruhte auf Prozessen, für die nur technisch wenig anspruchsvolle Anlagen notwendig waren.

Auch der Professionalisierungsgrad in der Montanbranche war gering; die hier tätigen Arbeitskräfte besassen größtenteils kaum Fachkenntnisse. Nur Akteure in ausgewählten Positionen, wie Grubenverwalter, Hauer, Sprengmeister oder Amalgamierer konnten zumeist eine für ihre Tätigkeiten notwendige Qualifizierung vorweisen. Das restliche Personal entstammte einem heterogenen Personenkreis, der Sklaven, indigene Bauern[1], Tagelöhner, Häftlinge[2] und (vorrangig in Neu-Spanien) freie, auf Lohnbasis angestellte Arbeiter umfasste. In Regionen, in denen die Kosten für den Lohn oder die Unterhaltung der Arbeiter auf einem niedrigen Niveau lagen, wurden Investitionen in innovative Verfahren zur Gewinnung und Verarbeitung zumeist als überflüssig angesehen.[3] Die geringe Qualifikation der Arbeitskräfte bedingte auch, dass die Erkundung neuer Lagerstätten nur rudimentär betrieben wurde und Zufallsfunde eher Regel als Ausnahme waren. Um dem Fachkräftemangel in den überseeischen Territorien zu begegnen, setzten die Monarchien daher auf den Einsatz von in technisch fortschrittlichen Montanrevieren Europas ausgebildeten Experten, die gleichermaßen dazu befähigt waren, unter Nutzung ihres mineralogischen und geologischen Wissensschatzes die Lagerstättenerkundung voranzutreiben.[4]

Wenngleich die Modernisierungsbetrebungen alle Bereiche des Berg- und Hüttenwesens betrafen, so waren es doch die komplexen und wissenschaftlich untersetzten Verfahren der Verhüttung von Erzen (Edelmetall- und Eisenerze), zu denen vorrangig Wissen von Europa nach Lateinamerika transferiert wurde. Ein erster, sich auf Kolonialspanien konzentrierender Schub setzte mit Vorstellung eines neuen Amalgamationsverfahrens zur Edelmetallseparation durch Habsburger Experten zu Ende der 1780er Jahre ein. Vor dem Hintergrund politischer Ereignisse wie den französischen Invasionen auf der iberischen Halbinsel und den militärischen Auseinandersetzungen im Rahmen der Ablösebestrebungen der Kolonien in den ersten beiden Dekaden des 19. Jahrhunderts leitete sich dann die Fokussierung auf die Verarbeitung einzelner strategischer Rohstoffe wie dem Eisenerz ab.

Zu den Bereichen Prospektion und Mineralanalyse sowie Berg- und Hüttentechnik fand innerhalb der internationalen, beiderseits des Atlantiks aktiven Fachcommunity ein intensiver Austausch statt, der über eine Vielzahl von seinerzeit veröffentlichten Beiträgen in gelehrten Journalen, Fachbüchern, Egodokumenten (beispielsweise Tagebüchern) oder Korrespondenzen auch heute noch nachvollziehbar ist. Diese enthalten Beschreibungen des Aufeinandertreffens und der Interaktionen mit lokal agierenden Fachleuten sowie Ausführungen zu den in Ausübung der Tätigkeiten gewonnenen Erkenntnissen und bilden die Basis, um Verflechtungen und Wissenszirkulationsbewegungen erfassen und analysieren zu können. Ausgewählte Beispiele werden in den folgenden Kapiteln dargestellt.

1 Bauern wurden insbesondere im peruanischen Bergbau über das traditionell gewachsene *Mita*-System, das eine Mischung aus Lohn- und Zwangsarbeit darstellte, beschäftigt.

2 Der Einsatz von Häftlingen ist beispielsweise aus den Quecksilberbergwerken von Almadén bekannt (vgl. Domínguez 2016, S. 235).

3 Vgl. Gonçalves 2007, S. 200, Triner 2011, S. 37.

4 Vgl. Thiel 2022, S. 45

4.1 Spanisches Kolonialreich

4.1.1 Kollaborative Entwicklung eines innovativen Hüttenverfahrens (Amalgamation)

Edelmetallverhüttung in Hispanoamerika

Für die Verhüttung von Edelmetallerzen kamen in den kolonialspanischen Territorien hauptsächlich Schmelz- und Amalgamationsverfahren in unterschiedlichen regionalen Ausprägungen zum Einsatz. Die in der früheren Kolonialzeit flächendeckend in Hispanoamerika verbreiteten Schmelzverfahren hatten im Laufe des 18. Jahrhunderts eine regionale Eingrenzung auf das Vizekönigreich Neu-Spanien erfahren. Die Gründe hierfür lagen unter anderem im hohen Brennstoffbedarf und der Notwendigkeit der mehrmaligen Wiederholung des Prozesses bei Erzen mit niedrigem Edelmetallgehalt. Die Nachteile der Schmelzverfahren hatten bereits früh die Suche nach Alternativen stimuliert, die in der Entwicklung eines Separierungsverfahrens unter Nutzung von Quecksilber resultierte. Dieses sogenannte Amalgamationsverfahren war in diversen lokalen Ausprägungen zum meistgenutzten Prozess der Edelmetallverhüttung in Hispanoamerika im 18. Jahrhundert aufgestiegen.[5]

Das früheste in den kolonialspanischen Territorien verwendete Amalgamationsverfahren war die kalte oder *patio*-Amalgamation. Für ihre Entwicklung griff Bartolomé de Medina (1497–1585) das Wissen des Deutschen Kaspar Lomann (?-?) zu einem in Grundzügen seit dem 15. Jahrhundert in Europa bekannten Verfahren auf. Durch eigene Experimente gelang es Medina, dieses unter Berücksichtigung lokaler Rahmenbedingungen anzupassen und zu einer wirtschaftlich effizienten Technologie zu perfektionieren.[6] Der zunächst in Neu-Spanien eingeführte Verhüttungsprozess fand schon bald Verbreitung im gesamten kolonialspanischen Amerika, wobei er in Peru vorrangig in Steinbehältern, in Neu-Spanien in offenen Höfen, den *patios* – die als Namensgeber für das Verfahren fungierten – ausgeführt wurde.

Der in Neu-Spanien praktizierte Amalgamationprozess war technisch wenig anspruchsvoll: Die aufbereiteten Edelmetallerze wurden auf gepflasterten Höfen ausgebreitet, mit Wasser und Salz vermengt, wobei Quecksilber als Edelmetallsammler und je nach lokaler Tradition weitere Zusätze zugemischt wurden, und dann der Sonnenein-

5 Amalgamationsverfahren zur Edelmetallseparierung wurden fast ausschließlich im kolonialspanischen Hüttenwesen genutzt. In den lusofonen Territorien kamen aufgrund nicht ausreichend vorhandener Quecksilbervorkommen überwiegend Schmelzverfahren zum Einsatz. In den seltenen Fällen, in denen Amalgamationsanlagen in Brasilien betrieben wurden, übernahmen vorrangig Hüttenarbeiter aus den spanischen Nachbargebieten den Betrieb (vgl. Figueirôa et al. 2012, S. 333, Pinto 2000, S. 37).

6 Vgl. Reinhard 2018, S. 340.

strahlung ausgesetzt. Das Gemisch wurde von Zeit zu Zeit durch Tiere oder Indios, die durch diese Tätigkeit oft gesundheitliche Schäden davontrugen, gestampft und gewendet. Die Dauer des Amalgamationsprozesses war von der Intensität der Sonneneinstrahlung, dem Erzgehalt und den Fähigkeiten der Hüttenleute abhängig und konnte sich auf einen Zeitraum von bis zu drei Monaten erstrecken. Bei Bedarf wurden dem Gemisch im Laufe des Prozesses weitere Reaktionsstoffe zugegeben. Nachdem die Hüttenleute eine hinreichende Durchmischung festgestellt hatten, wurde das nun entstandene Amalgam gewaschen und von Verschmutzungen befreit. Im Anschluss glühte man es zur Trennung von Edelmetall und Quecksilber in Öfen aus, wobei die Hüttenarbeiter versuchten, so viel wie möglich Quecksilber zur Wiederverwertung aufzufangen.[7] Obwohl das Verfahren in seinen Grundzügen aus Europa stammte, konnte es sich in der Frühen Neuzeit hier nicht durchsetzen. Der hohe Quecksilberbedarf und die vielerorts ungünstigen klimatischen Verhältnisse verhinderten eine flächendeckende Ausbreitung.[8]

Die als Nachteil des Verfahrens empfundene lange Prozessdauer regte zu Experimenten an, in deren Ergebnis Álvaro Alonso Barba (1569–1661), der in den 1620er und 1630er Jahren die Aufsicht über die Silberbergwerke in Potosí führte, einen Prozess der warmen Amalgamation – den sogenannten *cazo*-Prozess – entwickelte. Anstatt das Erzgemisch unter Sonneneinstrahlung zur Reaktion zu bringen, nutzte Barba große Kupferkessel zum Kochen des Breis und verkürzte die Prozessdauer damit um ein Vielfaches.[9] Nachteilig stellten sich der hohe Brennstoffbedarf und die im Vergleich zum *patio*-Verfahren geringere Silberausbeute dar, die unter anderem auf Reaktionen des Silbers mit dem Kupfer zurückzuführen war. Das Verfahren konnte sich nicht flächendeckend durchsetzen und kam nur in wenigen mexikanischen und möglicherweise chilenischen Bergrevieren mit lokalen Anpassungen dauerhaft zum Einsatz.[10]

Sein bei den Experimenten und der Anwendung des Verfahrens erlangtes Wissen verschriftlichte Barba in dem Werk *El arte de los metales, en que se se enseña el verdadero beneficio de los de oro y plata por azogue, el modo de fundirlos todos, y como se han de refinar y apartar unos de otros* (1640), in dem er unter anderem auch Bezug auf die Schrift *De Re Metallica* (1556) des sächsischen Gelehrten Agricola (1494–1555) nahm.[11] Diese umfassende Publikation, in der Barba den Wissensstand seiner Zeit zu gängigen Methoden der Edelmetallerzverhüttung in Hispanoamerika zusammenfasste, fand aufgrund ihres Überblickcharakters und der Detailliertheit der Ausführungen weite Verbreitung in Europa. In Spanien erschienen bis zum 19. Jahrhundert mehrere Auflagen, Über-

7 Vgl. Hausberger 2013, S. 38-39, Reinhard 2018, S. 339.
8 Vgl. Figuerôa 1994, S. 205.
9 Vgl. Richter/Schierle 1990, S. 11-12.
10 Vgl. Gavira 2015, S. 100, Hausberger 2013, S. 41, Sumozas 2007, S. 16.
11 Vgl. Wolf 1970, S. 10.

setzungen wurden unter anderem in die französische, englische und italienische Sprache angefertigt. Im Deutschen wurde das Werk erstmalig 1676 unter dem Titel *Eines Spanischen Priesters und hocherfahrnen Naturkundigers Berg-Büchlein / Darinnen Von der Metallen und Mineralien Generalia und Ursprung / wie auch von derselben Natur und Eigenschafft / Mannigfaltigkeit / Scheidung und Fein-machung / ingleichen allerhand Edelgesteinen / ihre Generation etc. außführlich und nutzbarlich gehandelt wird* veröffentlicht. Nachdrucke wurden in den Jahren 1726, 1739 und 1749 herausgegeben. Die zahlreichen, in mehreren Ländern erschienenen Auflagen verweisen auf das hohe Interesse, das seitens der europäischen Fachcommunity an der Weiterentwicklung von Hüttenverfahren bestand.

Durch Verwendung der Amalgamationsverfahren konnte eine beträchtliche Steigerung der kolonialen Edelmetallproduktion erreicht werden, insbesondere auch, da bei Erzen mit geringem Metallgehalt deutlich bessere Resultate bei deren Verhüttung als bei Nutzung von Schmelzverfahren erzielt wurden. Als nachteilig für den Einsatz stellte sich die nicht durchgängige Verfügbarkeit von Quecksilber dar. Für den andinischen Bergbau wurde dieser Rohstoff vorrangig in den Gruben um Huancavelica im Vizekönigreich Peru gewonnen, der neuspanische war von Lieferungen aus dem im Mutterland gelegenen Almadén und dem habsburgischen Idrija abhängig. Die Zufuhr wurde in der zweiten Hälfte des 18. Jahrhunderts mehrmals interimistisch unterbrochen: einerseits durch Brände oder Einbrüche in Quecksilberbergwerken[12], andererseits durch Unterbrechungen des transatlantischen Zuflusses infolge von ab und an aufflammenden militärischen Auseinandersetzungen zwischen Spanien und verfeindeten europäischen Mächten.[13]

Diese für eine konstante Edelmetallproduktion wenig zuträgliche Situation war auch José de Gálvez im Kontext seiner Generalvisitation des Vizekönigreichs Neu-Spanien (vgl. Kapitel 3.1.1) bewusst geworden. In Abwägung der Vor- und Nachteile schien eine Lösung in einer verstärkten Nutzung von Schmelzverfahren zu liegen, womit die Ausfälle, die sich durch eine nicht permanente Versorgung mit Quecksilber ergaben, zumindest teilweise kompensiert werden würden.[14] Dass diese Alternative tatsächlich jedoch kaum Umsetzung fand, lag an den Nachrichten zur Entwicklung einer „neuen" Amalgamationsmethode durch Habsburger Experten, die Spanien gegen Mitte der 1780er Jahre erreichten. Gálvez, der das Westindien-Ministerium bis zu seinem Tod 1787 leitete, sah die Chance, ein fortschrittliches Verfahren zur effizienteren Verarbeitung von Edelmetallerzen im kolonialen Bergbau einzuführen und initiierte diverse Projekte zur Realisierung eines Technologietransfers.

---

12 Die Almadener Gruben wurden ab 1755 von einem über mehrere Jahre währenden Brand heimgesucht, die Bergwerke in Huancavelica waren 1786 aufgrund fehlender Sorgfalt und ungenügender Fachkenntnis beim Ausbau großflächig überschwemmt worden.

13 Vgl. Hausberger 2013, S. 40.

14 Ibd., S. 43.

Verdichtung internationaler Austauschbeziehungen bei der Entwicklung und Einführung von Amalgamationsverfahren in europäischen Montanrevieren

Die Beschäftigung mit der Amalgamation in Europa ging im letzten Viertel des 18. Jahrhunderts originär vom Habsburger Montanxperten Ignaz von Born aus, der sich relevantes Fachwissen über Barbas Schrift und durch eine Vielzahl eigener Experimente angeeignet hatte.[15] Born reagierte mit seinen Forschungen auf aktuelle Herausforderungen bei der Rohstoffproduktion in diversen Montanregionen Europas, die sich bei der Verarbeitung von ärmeren Erzen und durch den Brennstoffmangel ergaben. Er verfolgte ferner mit seinen Forschungen das Ziel, im Habsburger Bergbau ein modernes Verfahren als Ersatz für das traditionell zum Separieren von Edelmetallen aus den anfallenden Erzen (Edelmetall-/Kupfererz) genutzte Saigern einzuführen.[16]

Der international sehr gut vernetzte Born (vgl. Abbildungen 40 und 41, die beispielsweise auf wiederholte persönliche Interaktionen mit Freiberger Experten verweisen) nutzte seine zahlreichen Kontakte, um über erste erfolgversprechende Ergebnisse, die er bei der Weiterentwicklung des *cazo*-Prozesses erzielt hatte, öffentlichkeitswirksam zu berichten.

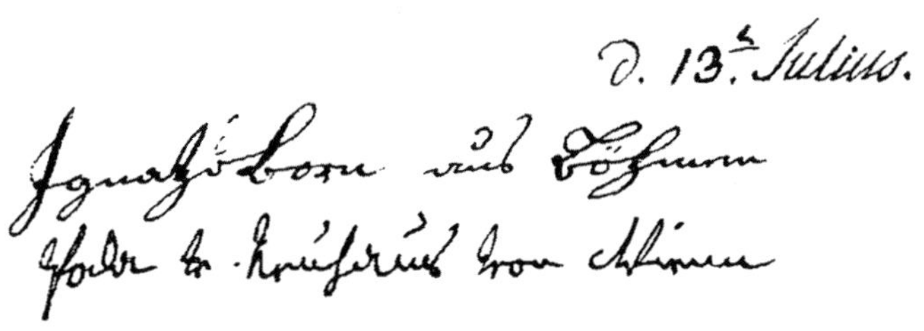

Abb. 40 | Eintrag von Ignaz von Born im Besucherbuch der Bergakademie, 13. Juli 1774, S. 10

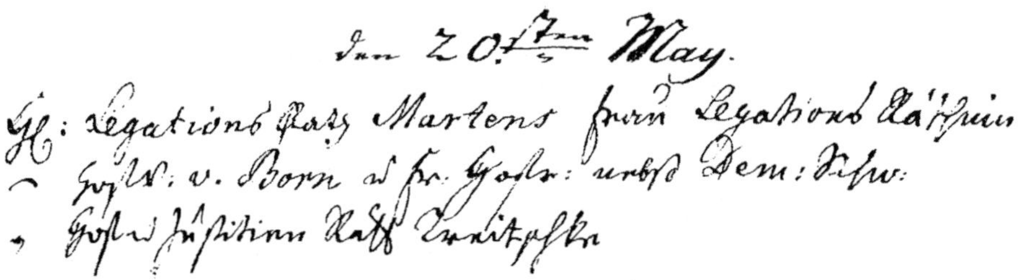

Abb. 41 | Eintrag von Ignaz von Born im Besucherbuch der Bergakademie, 20. Mai 1779, S. 25

15 Vgl. Fettweis/Hamann 1998, S. 16.
16 Vgl. Konečný 2012a, S. 341.

Die spanische Monarchie verfolgte über ihre diplomatische Vertretung in Wien aufmerksam die Aktivitäten; zugleich wurde das spanische Fach- und Laienpublikum über einen Bericht in der *Gazeta de Madrid* am 15. April 1785 über die Vorgänge in Wien informiert:

> Wien 16. März (...) In der letzten Woche wurde in der Münze in Anwesenheit des Kaisers und ausgewählter Persönlichkeiten ein Versuch mit der neuen von Hofrat Born vorgeschlagenen Methode zur Separierung von Gold und Silber aus Edelmetallerzen mithilfe von Quecksilber durchgeführt. (*) Für das Experiment wurden 25 Zentner Silbererz verwendet, aus dem in 20 Stunden genau so viel Silber gewonnen wurde wie in 6 Wochen bei Anwendung des gewöhnlichen Schmelzverfahrens.
>
> *(*) Auf diese Art und Weise werden in Spanisch-Amerika die Gold- und Silbererze schon seit eineinhalb Jahrhunderten veredelt und aus diesem Grund wird jährlich Quecksilber nach Amerika geliefert.*[17]

Nach erfolgreichem Abschluss der Experimente im Labor bereitete Born gemeinsam mit dem Hüttenfachmann und Schemnitzer Bergakademie-Lehrer Anton von Rupprecht sowie einem seiner früheren Kollegen am königlichen Mineralienkabinett in Wien, Karl Haidinger (1756–1797)[18], die Hochskalierung in den Pilotmaßstab in einer stillgelegten Schmelzhütte in dem nahe Schemnitz gelegenen Glashütten (heute Sklené Teplice, Slowakei) vor. Die Anlage nahm Anfang Oktober 1785 den Testbetrieb auf.[19]

---

17 Gazeta 1785, S. 233-234. Original: „*Viena 16 de Marzo (...) La semana pasado se hizo en la Casa de Moneda á presencia del Emperador y de muchas personas de distincion el ensayo de un nuevo metódo propuesto por el Consejero Born para separar con el mercurio el oro y plata del mineral que los contiene. (*) La experiencia se hizo en 25 quintales de mineral de plata, de los quales se extraxo en 20 horas tanta plata quanta se sacaria al cabo de 6 semanas por el método ordinario de la fusion.*
(*) Asi se benefician de siglo y medio á esta parte en la América Española los minerales de oro y plata, y para esto es el envio anual de los azogues."

18 Karl Haidinger war 1780 als Direktions-Adjunkt an das königliche Mineralienkabinett in Wien berufen worden war. Der Schwerpunkt seiner Tätigkeit lag in der Ordnung der Mineraliensammlungen von Franz I., dem 1765 verstorbenen Ehemann von Kaiserin Maria Theresia (vgl. Vogel 2008, S. 155). Haidinger erstellte im Rahmen dieser Tätigkeit einen *Entwurf einer systematischen Eintheilung der Gebirgsarten*, für den er in einem Preisausschreiben der Kaiserlichen Akademie der Wissenschaften in St. Petersburg 1785 den ersten Preis zuerkannt bekam. Abraham Gottlob Werner, der wenig später – im Jahr 1786 – seine *Kurze Klassifikation und Beschreibung verschiedener Gebirgsarten* veröffentlichte, erwähnte Haidingers Vorschlag in einer Fußnote, wobei er anerkennend anmerkte, dass die zu dieser Thematik sich in Vorbereitung befindliche Publikation hohe Erwartungen beim Publikum wecke (siehe Werner 1786, S. 273).

19 Vgl. Vozár 1988, S. 146.

Das von der spanischen Monarchie geäußerte Interesse nahm Born zum Anlass, der Botschaft in Wien mit Schreiben vom 17. Oktober 1785 vorzuschlagen, die Effizienz des Verfahrens prüfen zu lassen, wobei er mit Fausto d'Elhuyar einen seiner Netzwerkpartner als hierfür geeigneten Experten ansah.[20] In Ergänzung zu dieser direkten Ansprache Spaniens ließ er Wissen zu seiner Verfahrensentwicklung über die von ihm 1786 veöffentlichte Publikation *Ueber das Anquicken der gold- und silberhältigen Erze, Rohsteine, Schwarzkupfer und Hüttenspeise* zunächst im deutschsprachigen Raum und später durch Übersetzungen ins Französische (1788) – mit einer Widmung für den spanischen König Carlos III. versehen – und ins Englische (1791) in ganz Europa zirkulieren.[21] Die Schrift enthielt eine detaillierte Darstellung der von ihm weiterentwickelten Methode, wobei er präzise einzelne technische Parameter aufführte, den Anlagenbetrieb erläuterte und mit Zeichnungen unterlegte. Ohne näher auf die Parallelen zwischen „seinem" Verfahren und der von Barba erarbeiteten *cazo*-Methode einzugehen, stellte er in seinem Buch die Überlegenheit des im Habsburgerreich „neu entwickelten" Prozesses gegenüber den in Hispanoamerika traditionell genutzen Verfahren heraus: Als Vorteil „seiner" Methode – allerdings im Vergleich zu Schmelzverfahren – hob er den geringeren Brennstoffbedarf und die nicht notwendige Verwendung von Blei hervor; in Hinblick auf das *patio*-Verfahren betonte er den niedrigeren Verlust von Quecksilber, eine kürzere Prozessdauer und einen geringeren Personalbedarf.[22]

Die Habsburger Monarchie hatte freilich ihre Gründe, die internationale Öffentlichkeit an Einzelheiten der Verfahrensentwicklung teilhaben zu lassen: Denn auf ihrem Territorium – konkret bei Idrija im heutigen Slowenien – existierten Quecksilberlagerstätten, aus denen sich die Krone durch eine Steigerung der Exportquoten in Länder, die Verfahren der Amalgamation zur Edelmetallgewinnung einsetzten, eine Erhöhung der Einnahmen erhoffte.[23] Die engen Beziehungen, die Born zum kaiserlichen Hof unterhielt, stellten sich dabei als förderlich für seine Initiativen heraus, die neben der Bekanntmachung der Technologie in Fachkreisen auch eine Intensivierung der Vernetzung der Community zum Ziel hatten.[24] Den Zustrom an Montanexperten, den die Orte Schemnitz und Glashütten mit der Amalgamieranlage im Sommer 1786 erlebten, nutzte Born nicht nur, um seine Kollegen über das „neue" Hüttenverfahren zu informieren und es zur Debatte zu stellen, sondern auch um mit der Societät für Bergbaukunde eine Plattform ins Leben zu rufen, die den internationalen Austausch im

20 Vgl. Aragón 2001, S. 283-284.
21 Zu einer Übersetzung von Borns Schrift ins Spanische kam es trotz der dazu mit Fausto d'Elhuyar vorgenommenen Absprachen nicht (vgl. Aragón 2001, S. 284).
22 Vgl. Hausberger 2013, S. 44.
23 Vgl. Fettweis/Hamann 1998, S. 17.
24 Vgl. Vogel 2008, S. 155.

Montanwesen befördern und die Wissenszirkulation anregen sollte. Die Initiatoren der Gesellschaft hatten sich zum Ziel gesetzt:

> Alles was zur Beförderung des Bergbaus im weitesten Verstande dient, aufzusammlen, und zum Besten des Bergbaus allen Mitgliedern mitzutheilen, damit sie es in ihren Gegenden, zum Nutzen der Menschheit und der Staaten, wo es anwendbar ist, benutzen. Der Vortheil fällt in die Augen; weil so manche, bey verschiedenen Bergwerken übliche Manipulationen, sogenannte Geheimnisse, entweder einzelner sterblicher Menschen, oder Handwerksmässiger Innungen sind.[25]

Die Gründung einer solchen Vereinigung folgte den Bestrebungen Borns nach einer Verdichtung der überregionalen Beziehungen zwischen Fachleuten und Entscheidungsträgern des Montanwesens und geowissenschaftlich interessierten Privatgelehrten. Das Mitgliederverzeichnis, das in dem 1789 erschienenen Journal der Gesellschaft *Bergbaukunde* abgedruckt war, widerspiegelt diese Tendenzen.[26] Es listet neben Experten, die in ihren Heimatländern in leitenden Positionen die Entwicklung von Montanwissenschaften und -technik vorantrieben, als „Außerordentliche“ und „Ehrenmitglieder“ Akteure auf, die einerseits auf Regierungsebene der Entwicklung des Montanwesens verpflichtet waren und andererseits als Unternehmer oder interessierte Privatiers zum wissenschaftlichen Erkenntnisgewinn beitrugen. Die Zahl der in dieser Schrift veröffentlichten Mitglieder lässt auf einen breiten positiven Widerhall[27] auf die von Born mit ihrer Gründung verfolgten Intentionen schließen: Insgesamt zählte die Societät im Jahr 1789 148 Angehörige. Die Regionen mit der höchsten Mitgliederzahl waren der Harz (32)[28], die Habsburger Monarchie (26) und Sachsen (14). Spanien war der einzige Staat, der mit Teilnehmern von zwei Kontinenten vertreten war: Neben den in Europa wirkenden ehemaligen Studenten der Freiberger Bergakademie Francisco Angulo und Eugenio Izquierdo gehörten auch Juan José d'Elhuyar und Angel Diaz in „*Santa Fé di Bogoda*“ sowie Fausto d'Elhuyar in Neu-Spanien als ordentliche Mitglieder der Societät an.[29] Die Liste wies darüber hinaus Ehrenmitglieder auf, zu denen aus Spanien mit zwei

---

25 Bergbaukunde 1789, S. 4.

26 Vgl. Bergbaukunde 1789, S. 409-417.

27 Wenngleich der Mitgliederkreis der Societät das *Who is Who* des damaligen Montanwesens darstellt, so entsagten ihr doch auch prominente Akteure – wie beispielsweise Abraham Gottlob Werner – ihre Unterstützung.

28 Die hohen Mitgliederzahlen im Harz lassen sich wohl auf Friedrich Wilhelm Heinrich von Trebra, einem der Initiatoren der Societät, zurückführen, der zur Zeit ihrer Gründung als Vizeberghauptmann in Clausthal wirkte. Trebra wird als erster Student der Freiberger Bergakademie in den Inskriptionslisten geführt. Ab 1801 war Trebra Oberberghauptmann in Freiberg und stand damit an der Spitze der Montanverwaltung im Kurfürstentum Sachsen.

29 Siehe Bergbaukunde 1789, S. 417.

Regierungsvertretern der Westindien-Minister José de Gálvez und der Ministerpräsident José Moñino y Redondo zählten, die über die Kommunikationsmedien der Gesellschaft Kenntnis zu deren Aktivitäten erhalten haben dürften.

Um die internationale Wissenszirkulation zu befördern, wurde die Herausgabe eines periodisch erscheinenden gelehrten Journals mit dem Titel *Bergbaukunde* anvisiert, von dem jedoch lediglich zwei, jeweils über 400 Seiten umfassende Ausgaben in den Jahren 1789 und 1790 gedruckt wurden. In den Zeitschriften wurde über prioritär von Mitgliedern der Societät verfasste Beiträge ein breites Spektrum bergbau- und hüttenkundlicher Themen behandelt und dabei insbesondere auch die Entwicklung von Amalgamationsverfahren und dabei im internationalen Kontext gewonnene Erkenntnisse vorgestellt. Wenngleich die hohen Ambitionen, die mit Etablierung der Societät für Bergbaukunde verfolgt wurden, durch ihre kurze Lebensdauer – nach dem Tod Ignaz von Born' 1791 und dem Rückzug treibender Kräfte wie Rupprecht und Trebra nahmen ihre Aktivitäten deutlich an Intensität ab – nur unzureichend Erfüllung fanden, bot sie dennoch den Rahmen für eine Intensivierung des interkontinentalen montanistischen Wissensaustauschs, dessen einer Schwerpunkt zum damaligen Zeitpunkt auf der Entwicklung moderner Hüttentechnologien lag.[30]

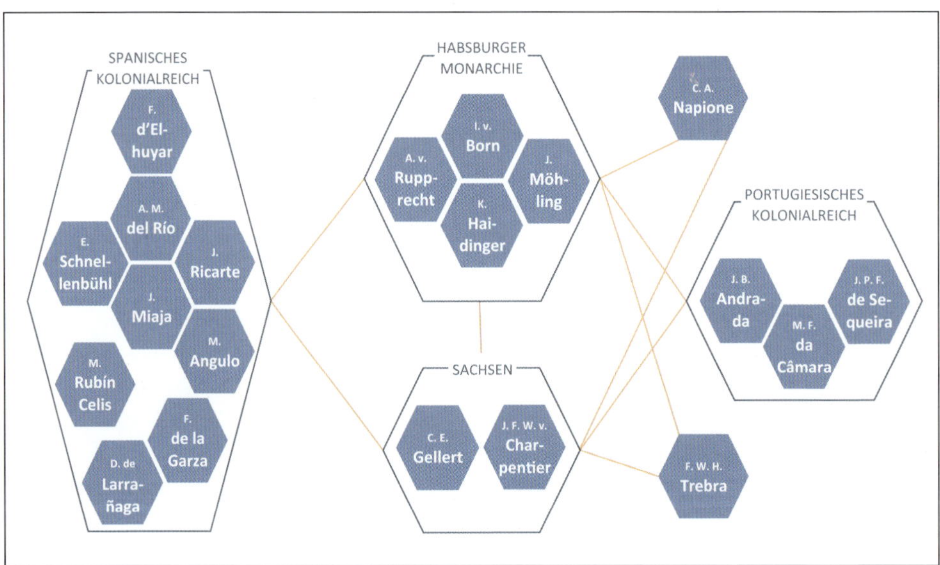

Abb. 42 | Netzwerke von Akteuren in Sachsen, der Habsburger Monarchie, Sardinien-Piemont, dem Harz sowie dem spanischen und portugiesischen Kolonialreich

30 Vgl. Fettweis/Hamann 1998, S. 39-40.

Besonders attraktiv stellte sich für die Montanexperten die wissenschaftliche Untersetzung des von Born entwickelten Amalgamationsverfahrens heraus, denn Wissen zu Verhüttungsverfahren wurde sich in vielen Montanrevieren zumeist durch praktische Betätigung angeeignet und oral tradiert.[31] Durch die Vielzahl der von Born durchgeführten und umfassend dokumentierten Experimente konnte einzelne chemische Reaktionsschritte und der Materialeinsatz detailliert nachvollzogen werden. Dazu wurde in dem 1786 eingerichteten und von Rupprecht geleiteten Laboratorium an der Bergakademie Schemnitz kontinuierlich weiter Anwendungsforschung betrieben. Angehende und gestandene Montanexperten unterschiedlicher geographischer Herkunft besuchten diesen *locus*, um sich spezifisches Wissen anzueignen und in Austausch mit Fachkollegen zu treten (vgl. auch Abbildung 42).

Die wissenschaftlich fundierte Verfahrensentwicklung verleitete eine Reihe von Fachleuten und Ministerialbeamten zur Annahme, dass durch Änderung diverser Parameter eine Adaption des Prozesses an lokale Verhältnisse ohne größere Probeme möglich sei. Infolgedessen kam es – zunächst in Bergrevieren der Habsburger Monarchie und Sachsen – zur Errichtung einer Reihe von Amalgamierwerken.[32] Schon bald zeigte sich jedoch, dass das Verfahren in seiner vermeintlichen Flexibilität nicht in allen Bergrevieren zu einer effizienteren Verarbeitung der natürlichen Rohstoffe führte. Einige der Ende der 1780er Jahren errichteten Anlagen stellten ihren Betrieb nach nur kurzer Lebensdauer wieder ein, was eine flächendeckende Durchsetzung im Habsburger Bergbau verhinderte: Das ab 1786 in Neusohl (heute Banská Bystrica, Slowakei) errichtete Werk, das anfänglich zur Verarbeitung von Silbererzen genutzt, jedoch 1788 auf Schwarzkupfer umgestellt worden war, wurde 1800 aufgegeben; das Werk in Schmöllnitz (heute Smolník, Slowakei), in dem das Verfahren der Amalgamation von Schwarzkupfer entwickelt worden war, schloß bereits 1791 – ein Schicksal, das auch die Anlagen in Nagybánya (heute Baia Mare) und Rézbánya (heute Băița) in Siebenbürgen (Rumänien) und Oravica (heute Oravița) im Temesvarer Banat (Rumänien) ereilte. Einzig die Werke in Joachimsthal (heute Jáchymov) und Goldeneidten (heute Zlatá Idka) in Böhmen (Tschechei) hielten den Betrieb über einen längeren Zeitraum aufrecht: Joachimsthal bis Mitte des 19. Jahrhunderts und Goldeneidten sogar bis zum Anfang des Ersten Weltkriegs.[33]

Auch in Sachsen konnte sich das Amalgamationsverfahren auf Dauer durchsetzen. Die Errichtung eines Werks ging auf Initiative des Bergkommisionsrats Johann Friedrich Wilhelm von Charpentier zurück, der sich 1786 in Niederungarn ein Bild von der Pilotanlage gemacht und den Austausch mit lokal agierenden Montanexperten gesucht hatte. Gemeinsam mit dem Oberhüttenverwalter Christlieb Ehregott Gellert erarbei-

31 Vgl. Hausberger 2013, S. 36-37.

32 Vgl. Richter/Schierle 1990, S. 14.

33 Vgl. Vozár 1988, S. 148-149.

tete er ein Konzept zur Einrichtung einer entsprechenden Anlage bei Freiberg, wobei sich beide nach Abwägungen der Vor- und Nachteile letztlich für die kalte Amalgamation entschieden, für die Born einen Vorschlag für eine Apparatur mit rotierenden Fässern unterbreitet hatte.[34] Ab 1787 konnte dieses Verfahren in einer Pilotanlage in der Muldener Hütte nahe Freiberg erprobt werden; nach erfolgreichem Testbetrieb wurde es ab 1790 im Industriemaßstab im Halsbrücker Amalgamierwerk ausgeführt.[35]

Die Vorbereitungen zum Aufbau dieses Amalgamierwerks führten zu einer Verdichtung der Austauschbeziehungen zwischen Habsburger und sächsischen Montanexperten. Während Born bereits über längere Zeit hinweg engmaschige Netzwerke mit Freiberger Fachkollegen unterhielt, kam es nun auch mit weiteren an dem Entwicklungsprozess Beteiligten zu persönlichen Interaktionen und damit zu einer Intensivierung der internationalen Kommunikation zu Fragen der Verhüttung von heimischen Rohstoffen. Zu den Fachleuten, die Freiberg besuchten, um ihre Kenntnisse und Erfahrungen beim Aufbau von Amalgamieranlagen zu erweitern und zu transferieren, zählte Karl Haidinger (Abbildung 43). Er trieb etwa zeitgleich zur Einrichtung des Halsbrücker Werks die Etablierung der Anlage in Joachimsthal voran, in der in Analogie zum Neusohler Werk die warme Amalgamation zur Ausführung kam.[36]

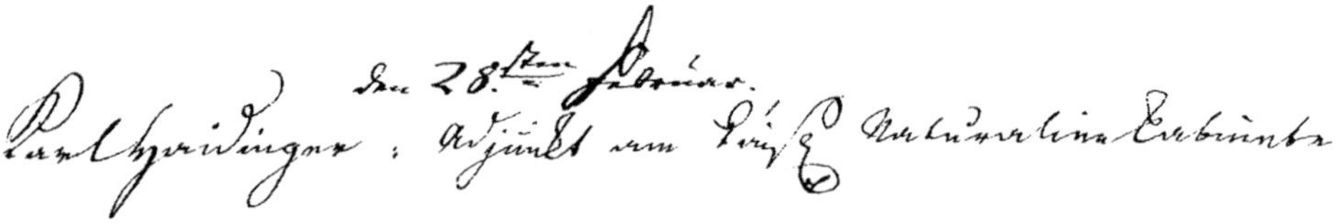

Abb. 43 | Eintrag von Karl Haindinger im Besucherbuch der Bergakademie, 10. Februar 1787, S. 35

Ebenso mit Joachimsthal in Verbindung zu bringen, ist Joseph Möhling (1762-?), der nach Inbetriebnahme des Werks zu dessen Direktor ernannt wurde (Abbildung 44).

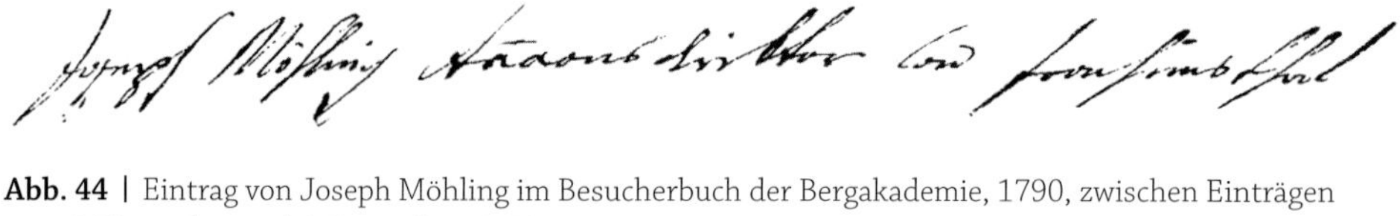

Abb. 44 | Eintrag von Joseph Möhling im Besucherbuch der Bergakademie, 1790, zwischen Einträgen vom 2. November und 4. Dezember, S. 50

34 Vgl. Richter/Schierle 1990, S. 19, Saxonia 2012, S. 8.
35 Vgl. Haustein 2014, S. 54-59.
36 Vgl. Suhling 2006, S. 93.

Das Beispiel der Amalgamation zeigt, wie ein innovatives Verfahren begleitet durch systematische Forschungen und konstanten Erfahrungsaustausch eines internationalen Expertenkreises in die Praxis umgesetzt werden konnte.[37] Trotz der anfänglich hohen Begeisterung für die Amalgamation konnte sich das Verfahren in anderen Bergrevieren des deutschen Sprachraums jedoch nur bedingt durchsetzen; traditionell genutzte Schmelzverfahren fanden weiterhin Anwendung. Gegen Mitte des 19. Jahrhunderts erlebte auch die Amalgamation ihren Niedergang und wurde von neuen Verfahren abgelöst.[38] Das Amalgamierwerk in Halsbrücke, das in seiner Anfangszeit als „achtes Weltwunder" ein „touristischer" Anziehungspunkt für eine Vielzahl von Experten und Laien war, stellte im Jahr 1857 seinen Betrieb ein.

Spaniens Interesse an dem „neuen" Amalgamationsverfahren

Die Akzeptanz, auf die das „neue" Amalgamationsverfahren in Bergrevieren der Habsburger Monarchie und in Sachsen stieß, bot den in hohem Maße an der Verfahrensentwicklung interessierten Akteuren des spanischen Montanwesens ausreichend Nährboden, um den Prozess und seine Anwendung in den sich im Aufbau beziehungsweise in Betrieb befindlichen technischen Anlagen kennenzulernen und an Standorten, an denen wissenschaftliche Forschung betrieben wurde, wie Schemnitz und Freiberg, mit Experten zu interagieren. Für die Monarchie schien ein Transfer dieser Technologie in den kolonialspanischen Bergbau vielfältige Chancen zu eröffnen: Einerseits sah man durch ihren Einsatz eine Steigerung der Effizienz bei der Verarbeitung von Erzen mit niedrigem Metallgehalt als möglich an, andererseits erhoffte man die Dominanz lokaler Wissensträger in der Hüttenindustrie zurückdrängen und die von ihnen über Jahrhunderte gepflegte Praxis der oralen Tradierung des technischen Wissens aufweichen zu können.[39]

In einem ersten Schritt verfügte die Monarchie daher, dass aus Spanien stammende Experten und Studenten das Verfahren profund studieren und evaluieren sollten. Neben den Akteuren der vom Westindien- und Finanzministerium entsandten Stipendiatengruppen (siehe Kapitel 2.2.3) kam hierbei insbesondere Fausto d'Elhuyar die Aufgabe zu, das Verfahren in Bezug auf die Möglichkeit einer Einführung in den kolonialspanischen Bergbau zu bewerten und eine solche vorzubereiten. Die Erfüllung des ersten Teils des Auftrags führte Fausto d'Elhuyar zunächst in die Habsburger Monarchie, wo er während seines Aufenthalts in Wien im Vorausgriff auf den zweiten Teil seiner Mission am 18. Juli 1786 die Nachricht über seine Ernennung zum General-

37 Vgl. Haustein 2014, S. 62.

38 Zu den neuen Verfahren, die zu einer Ablösung der Amalgation führten, zählten ab den 1840er Jahren zunächst hydrometallurgische und ab den 1870ern elektrolytische (vgl. Suhling 2006, S. 94).

39 Vgl. Hausberger 2013, S. 44-47.

direktor des neuspanischen Bergbaus (*Director General del Real Cuerpo de Minería de México*) durch den spanischen König Carlos III. erhielt. Im Anschluss besuchte d'Elhuyar gezielt ausgewählte Zentren der chemisch-metallurgischen Forschung[40], dazu sich zu diesem Zeitpunkt im Aufbau oder Testbetrieb befindliche Amalgamierwerke, beispielweise die in Joachimsthal und Freiberg[41], und Quecksilberbergwerke wie das von Idrija[42].

D'Elhuyar übermittelte während seiner Reise kontinuierlich verschriftlichte Beobachtungen und Wissen zu neuen Entwicklungen der Bergbau- und Hüttentechnik sowohl an Mitglieder der spanischen Ministerialbeamtenschaft als auch an Partner seiner geographisch weiträumigen Netzwerke. Über seine anfängliche – fast uneingeschränkte – Begeisterung für das „neue" Verfahren der warmen Amalgamation geben beispielsweise Korrespondenzen mit Abraham Gottlob Werner und dem spanischen Naturgelehrten Casimiro Gómez Ortega (1741–1818) Auskunft. An Werner schrieb er am 28. September 1786 aus Glashütten, dass *„er überhaupt keinen Zweifel hege, dass die Einführung des Verfahrens in Amerika sowohl für Privatunternehmer als auch den Staat von großem Vorteil sei."*[43] Und in Korrespondenz an Ortega vom 24. September 1786 hob er auf die vermeintlich simple Transferier- und Anpassbarkeit des Verfahrens ab:

> Seit circa drei Monaten befinde ich mich in diesem Land und beschäftige mich mit der neuen Amalgamation, mit der ich überaus zufrieden bin, sowohl in Hinsicht auf die Vorteile in der Wirtschaftlichkeit gegenüber dem üblichen Schmelzprozess, als auch auf die Einfachheit der Prozesse, die in ihrer Klarheit und Schönheit diejenigen mit Kenntnissen der Chemie beurteilen und beherrschen können ... [44]

Nach eingehendem Studium und Besichtigung mehrere Anlagen wurden d'Elhuyar jedoch auch Nachteile und Probleme, die einen Transfer des Verfahrens in andere Regionen erschweren könnten, bewußt. Seine Bedenken übermittelte er unter anderem an

40 D'Elhuyar suchte auf seiner Reise auch den Kontakt zu Naturgelehrten: Während eines Aufenthalts in Berlin tauschte er sich beispielsweise mit Martin Klaproth und Mitgliedern der Gesellschaft Naturforschender Freunde aus, in die er zu dieser Gelegenheit aufgenommen wurde (siehe Karsten 1802, S. 460-461).

41 Vgl. Hausberger 2013, S. 45.

42 Zu diesem Besuch berichtete John Hawkins in einem Brief an Abraham Gottlob Werner vom 19.11.1786 aus Wien (siehe UBF, NL Werner, Briefe, Bd. 6, Bl. 5-6).

43 UBF, NL Werner, Briefe, Bd. 1, Bl. 171-174. Original: *„je ne doute point que son introduction en Amerique sera tres avantageuse tant pour les particuliers que pour l'etat en general."*

44 Memorial literario 1787, S. 65. Original: *„Hace cerca de tres meses que me hallo en este país ocupado con la nueva amalgamacion, de la que estoy sumamente satisfecho, así por lo que mira á las ventajas que lleva en la economía al método regular de las fundiciones, como por la simplicidad de los trabajos, y la hermosura y claridad con que puede juzgarlos y gobernarlos quien tenga principios de Chimica ..."*

den Generaldirektor des iberospanischen Bergbaus, wie aus einer in deutscher Sprache von ihm abgefassten *Beschreibung der hiesigen zu Joachimsthal selbst beygewohnte neue Amalgamations Proceß und durch eigene Beobachtung den 31ten January 1787 zu Papiere aufgesetzt* hervorgeht, die Bestandteil des Aktenkonvoluts von Francisco Angulo in der Bibliothek des *Instituto Geológico y Minero de España* ist.[45] Wie schon Gellert und Charpentier kam auch Fausto d'Elhuyar hier zum Schluss, dass eine erfolgreiche Einführung des Verfahrens nur durch eine Adaption an lokale Gegebenheiten möglich sei und die wissenschaftliche Durchdringung der ablaufenden Prozesse eine Grundvoraussetzung hierfür bildete. Letztere Erkenntnis sollte von fundamentaler Bedeutung bei d'Elhuyars weiteren Aktivitäten zur Realisierung des Technologietransfers in den kolonialspanischen Bergbau sein.

Wie von d'Elhuyar in dem bereits erwähnten Schreiben vom 28. September 1786 aus Glashütten an Werner angerissen, betrachtete er eine Nutzung des Amalgamationsverfahrens nicht nur im staats-, sondern auch im privatwirtschaftlich betriebenen Bergbau als sinnvoll. Dass in diesem Bereich durchaus Interesse an dem neuen Verfahren bestand, zeigen die Aktivitäten von Unternehmern, die geschäftlich in hispanoamerikanischen Territorien tätig waren und deren Interesse an der sächsischen Montanindustrie beispielsweise über Archivalien im Universitätsarchiv Freiberg dokumentiert ist.

Einer dieser – wenngleich wohl eher erfolglosen – Unternehmer war Miguel Rubín de Celis (gegen 1746–1796). Er war nach einer Ausbildung an der Militärakademie in Segovia[46] im Rahmen seiner dienstlichen Verpflichtungen nach Hispanoamerika gelangt und hatte sich in montanwissenschaftlichen Kreisen einen Namen mit seinem Bericht zu einer 1782 durchgeführten Expedition zur Erkundung einer „Eisenmasse" (*Mesón de Fierro*) in der heutigen nordargentinischen Provinz Chaco gemacht, die 1794 von dem deutschen Physiker Ernst Florens Friedrich Chladni (1756– 1827) als Meteorit identifiziert wurde.[47] Die 1786 publizierte Schrift des Spaniers stieß auf hohes Interesse in der Fachcommunity und wurde ins Französische, Englische und Deutsche übersetzt. Auch Abraham Gottlob Werner erstellte eine – heute in seinem Nachlass

45 Siehe BIGME, Angulo, Leg. 1, Carp. 15.

46 Vgl. Vega 1989, S. 20-21.

47 Das Material des Meteoriten wurde seinerzeit an mehreren Institutionen in Europa analysiert, wobei weitgehend übereinstimmende Ergebnisse erzielt wurden. Nach einer Analyse durch Proust in Madrid 1799 bestand die Masse zu 10 % aus Nickel und zu 90 % aus Eisen (vgl. Marvin 1994, S. 155). Durch Feldstudien in den 1960/70er Jahren in dem heute Campo de Cielo genannten Gebiet wurde bekannt, dass dies eines der weltweit größten Streufelder ist, in dem vor über 4.000 Jahren ein Meteoriten-Schauer niederging, von dem bis in die 1990er Jahre Fragmente mit einer Masse von insgesamt etwa 100 Tonnen gefunden wurden. Die im Rahmen dieser Studien erfolgten Analysen ergaben, dass das Fundmaterial einen Nickelgehalt von durchschnittlich 6,74 % besaß (vgl. Marvin 1994, S. 167).

aufbewahrte – Abschrift einer Zusammenfassung der Abhandlung[48], die 1790 im *Magazin für das Neueste aus der Physik und Naturgeschichte* erschienen war.[49]

Einen längeren Aufenthalt in Potosí im Rahmen seines Dienstverhältnisses hatte Rubín de Celis genutzt, sich mit dem Silberproduktion vertraut zu machen und den Grundstein für seine unternehmerische Tätigkeit durch Erwerb von für den Bergbau geeigneten Flurstücken zu legen.[50] Nach seinem Ausscheiden aus dem Militärdienst (1788) besuchte er in Europa diverse (montan)wissenschaftliche Zentren, wie Paris, Schemnitz und Freiberg, um seine Kenntnisse zu metallurgischen Prozessen zu vertiefen und sich mit dem durch Born entwickelten Amalgamationsverfahren vertraut zu machen. Zur Zirkulation von Wissen über das kolonialspanische Berg- und Hüttenwesen trug er dabei über mehrere Schriften bei: Vor seiner Abreise aus Paris verfasste er 1788 einen *Lettre de M. Rubín de Celis, Chevalier de l'Ordre de Saint-Jacques, Ancien Officier de la Marine Espagnole, Membre des Académies Royales de l'Histoire d'Espagne et de la Marine de France; A MM. les Rédacteurs du Journal de Physique, au sujet de l'Extrait de l'Ouvrage de M. le Conseiller de Born, sur l'amalgamation des Métaux*, in dem er die in Lateinamerika üblichen Amalgamationsprozesse erläuterte sowie den Zustand des dortigen Berg- und Hüttenwesens beschrieb. In einer weiteren Schrift von 1789[51] gab er detaillierte Informationen zu Amalgamationsanlagen, die er während seiner Reise durch Europa besucht hatte und verglich die Prozessführung und den Output mit dem von Verfahren, die er in den kolonialspanischen Territorien kennengelernt hatte.

Seinen Ausführungen ist zu entnehmen, dass er während seiner Europareise sowohl mit Born und Rupprecht als auch mit Charpentier und Gellert in persönlichen Kontakt getreten war. Eine Bestätigung für einen Aufenthalt in Freiberg findet sich im Besucherbuch der Bergakademie, in das er sich am 1. September 1788 eintrug (Abbildung 45).

48 Siehe UBF, NL Werner, Bd. 9, Bl. 37-38.

49 Siehe: Ueber eine gediegene Eisenmasse, die in Südamerika gefunden worden ist, von Don Miguel Rubin de Celis, Ritter des Santiago Ordens, Fregattencapitän in spanischen Diensten, Correspondent der K. französischen Academie der Marine und der K. Spanischen der Geschichte. Aus dem Spanischen übersetzt. In: Magazin für das Neueste aus der Physik und Naturgeschichte. 6. Bd., 4. Stück. 1790, S. 60-70.

50 Vgl. Elorza 1969, S. 391.

51 Siehe: Lettres de Mr. Rubín de Celis, Chevalier de l'ordre de St. Jacques, ancien officier de la Marine royale de l'Espagne; Membre des Academies royales de l'histoire de ce royaume, de celle de la marine de France, et Académicien de la Classe des Directeurs de l'Académie des Mines d'Allemagne. Adressées à Mrs. Duhamel de l'Academie royale des sciences de Paris, et à Mr. le Chevalier de Born Conseiller de la Cour au supreme departement des Mines à Vienne. Avec une reponse de Mr. de Born, Sur l'amalgamation des metaux nouvellement établie en Allemagne (1789).

1788
Le chevalier Rubin de Celis. du 1 Septbr

Abb. 45 | Eintrag von Miguel Rubín de Celis im Besucherbuch der Bergakademie, 1. September 1788, S. 42

Rubín de Celis gelang es nicht, das auf der Tour durch Europa gewonnene Wissen in Hispanoamerika zu nutzen. Die Verkettung einer Reihe unglücklicher Umstände, zu denen seine (seitens der spanischen Regierung nicht erwünschten) Einlassungen bei den Verhandlungen zu einem Quecksilberliefervertrag zwischen Habsburger und spanischer Monarchie in Wien 1788/89[52] sowie seine öffentlich erklärten Sympathien für die Französische Revolution, die ihn letztlich zu einer Ansiedlung im französischen Bayonne zwangen, zählten, brachten die Untersagung seines unternehmerischen Engagements in Hispanoamerika durch die Krone mit sich.[53] Rubín de Celis verstarb 1799 in seiner neuen Heimat, ohne den intendierten Technologietransfer weiter vorangetrieben zu haben.[54]

4.1.2 *Fachkräfteakquise im deutschen Sprachraum*

Der Einsatz von innovativen und unter Begleitung durch systematische Forschungen entwickelten Verfahren für die Rohstoffgewinnung stellte im letzten Viertel des 18. Jahrhunderts zunehmend ein Bedürfnis im kolonialspanischen Montanwesen dar, das durch Technologietransfer behoben werden sollte. Neben der Aus- und Weiterbildung nationaler Fachkräfte und der Wissensaneignung durch gestandene Montanexperten sah die Monarchie die Anwerbung von qualifiziertem ausländischem Personal als probates Mittel an, um Kenntnisse zu moderner Berg- und Hüttentechnik in den kolonialspanischen Territorien nutzbar zu machen. Für Fausto d'Elhuyar war somit auf seiner Tour zwischen 1786 und 1787 durch die Habsburger Monarchie und Sachsen nicht nur der Wissenserwerb, sondern auch die Personalgewinnung ein Handlungsfeld im Kontext seiner Interaktionen mit lokalen Experten. Seine weitgespannten Netzwerke boten d'Elhuyar beste Voraussetzungen für die Erfüllung dieser Aufgabe.

52 Über die unerwünschte Beteiligung des Rubín de Celis an den Vertragsverhandlungen geben Dokumente im *Archivo Histórico Nacional* Auskunft (siehe AHN, Estado, 3675).

53 Vgl. Elorza 1969, S. 398-399.

54 Rubín de Celis hatte während seiner Aufenthaltszeit in Frankreich die französische Staatsbürgerschaft angenommen. Es gelang ihm bis zu seinem Tod nicht, seine mittlerweile durch die spanische Krone beschlagnahmten Besitztümer wiederzuerlangen.

Die Gewinnungsaktivitäten zogen sich über die gesamte Tour hin. Wenngleich die Monarchie prioritär an einer Anwerbung einfacher Fachkräfte Interesse hatte, war für d'Elhuyar eine wissenschaftlich-technische Ausbildung ein ausschlaggebendes Kriterium bei der Auswahl des künftig in Hispanoamerika tätigen Personals, da für ihn nur auf dieser Basis ein moderner Berg- und Hüttenbetrieb möglich war.[55]

Die Konzentration von Montanexperten in Schemnitz im Sommer 1786 wirkte sich befördernd auf sein Vorhaben aus. Durch intensives Werben gelang es ihm hier, neben seinem ehemaligen Kommilitonen an der Freiberger Bergakademie, Fürchtegott Leberecht von Nordenflycht (1752–1815) (vgl. Abbildung 46), auch noch den polnischen Hüttendirektor Anton Zacharias Helms, den Rheinland-Pfälzer Hüttenmann Johann Daniel Weber (1757-um 1819) und Luis Lindner (vgl. Kapitel 2.2.4) zu verpflichten, Karl Haidinger dagegen gab seinen Werbeversuchen nicht nach.[56]

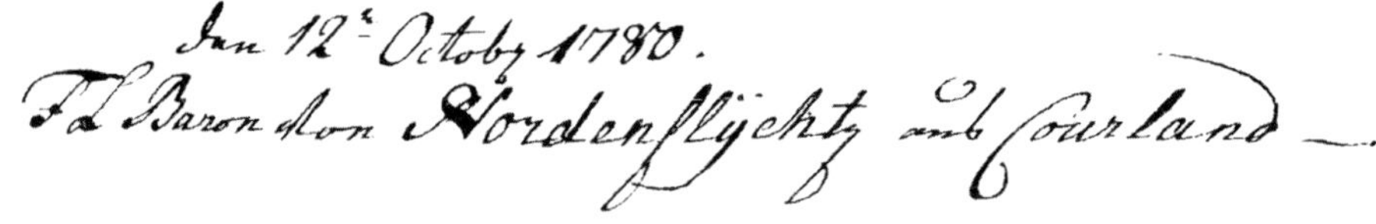

Abb. 46 | Eintrag von Fürchtegott Leberecht von Nordenflycht im Besucherbuch der Bergakademie, 12. Oktober 1780, S. 28

Diese Montanexperten hatten wie d'Elhuyar selbst eine akademische Bildung genossen, standen seit einigen Jahren im Berufsleben und nahmen zumeist höhere Positionen in der Montanbeamtenhierarchie ein: Nordenflycht arbeitete nach seinen Studien an der Bergakademie Freiberg[57] ab 1786 als Bergrat und Hüttendirektor in Miedziana Góra bei Kielce und war in Ausübung dieser Tätigkeit nach Schemnitz zum Studium des Amalgamationsverfahrens gereist.[58] Begleitet wurde er von dem als Münz- und Bergwardein in Warschau tätigen Helms.[59] Weber war nach einem 1774 begonnenen Studium der Bergwerkswissenschaften an der Kameral-Hohen-Schule in Kaiserslautern im Montanwesen tätig geworden und leitete ab 1779 das Quecksilberbergwerk *Pfälzer Muth*. Lindner hatte nach Studien in Wien eine Arbeit als metallurgischer Assistent in Schemnitz angenommen. Weber und Lindner nutzten die Zeit bis zur Abreise, um ins-

55 Vgl. Gicklhorn 1963, S. 138.

56 D'Elhuyar hatte im Laufe seiner Tour noch weitere akademisch ausgebildete Experten, wie Dietrich Ludwig Gustav Karsten oder Georg Forster (1754–1794) angesprochen, die ebenso nicht auf seine Werbeversuche eingingen.

57 Nordenflycht hatte wie auch d'Elhuyar seit 1778 Lehrveranstaltungen an der Bergakademie besucht (Matrikelnummer 185).

58 Vgl. Alonso/Egenhoff 2008, S. 23.

59 Siehe Helms 1798, S. 5.

besondere ihre chemisch-metallurgischen Kenntnisse in Freiberg zu vervollkommen.[60] Auf einer weiteren Station seiner Tour – Joachimsthal – konnte d'Elhuyar mit Franz Fischer (ca. 1757–ca. 1814) noch einen akademisch gebildeten Experten anwerben. Fischer hatte an der Bergakademie in Schemnitz studiert und war danach im böhmischen Bergbau aktiv geworden.

Nachdem d'Elhuyar erfolgreich eine Reihe akademisch gebildeter Fachleute verpflichten konnte, konzentriere er seine Aktivitäten auf die Gewinnung einfacher Berg- und Hüttenleute. Während er bisher fast ausschließlich auf seine eigenen Netzwerke gesetzt hatte, kamen ihm in Sachsen die engen Austauschbeziehungen, die der in der spanischen Gesandtschaft in Dresden beschäftigte Luis d'Onís mit sächsischen Montanexperten pflegte, zugute. D'Onís stand im Rahmen seiner beruflichen Tätigkeit und als Hobbymineraloge über Jahre hinweg in Kontakt zur Freiberger Montanbeamtenschaft.[61] Bereits im Jahr 1783 war er an Abraham Gottlob Werner mit der Bitte um Vermittlung von qualifiziertem Fachpersonal zur Übernahme der Lehre in den Fächern Chemie, Mineralogie, Metallurgie oder Markscheidekunst an spanischen Ausbildungsinstitutionen herangetreten[62], die jedoch unerfüllt blieb. In den Folgejahren führte ihn sein – sowohl dienstliches als auch privates – Interesse für die Montanwissenschaften wiederholt nach Freiberg. Er hörte Vorlesungen der Oryktognosie bei Abraham Gottlob Werner und unternahm Besuche von Berg- und Hüttenwerken, bei denen er sein Wissen zum sächsischen Montanwesen über Kontakte zu leitenden Beamten und einfachen Berg- und Hüttenleuten erweiterte. Förderlich für den Zugang zur höheren Beamtenschaft und den Bergakademie-Lehrern stellten sich seine mehrmals erfolgten Einladungen zu „Banketten" heraus. Im Ergebnis dieser Aktivitäten erlangte d'Onís detaillierte Informationen zum Zustand des sächsischen Berg- und Hüttenwesens.[63]

Sein Wissen zur aktuellen Situation sollte für die spanischen Werbeaktivitäten von maßgeblicher Bedeutung sein. Insbesondere spielte ihm dabei die Auskunft eines hohen Bergbeamten – wohl des Berghauptmanns[64] Carl Wilhelm Benno von Heynitz (1738–1801) – in die Hände, der aufgrund der damaligen Lage am Arbeitsmarkt den Übergang einiger Fachleute in spanische Dienste zwar selbst als unbedenklich ansah, jedoch einschätzte, dass der sächsische Staat einem solchen Ansinnen ablehnend gegenüberstehen würde. Eine erste daraufhin erfolgte offizielle Anfrage d'Onís' an die Landesregierung im April 1787 wurde dann tatsächlich negativ beschieden. Im persönlichen Gespräch mit dem Kabinettsminister Heinrich Gottlieb von Stutterheim (1717–1789) konnte d'Onís jedoch auf Basis seiner dabei offenbarten Einblicke die Angelegenheit

60 Vgl. Paul 1981, S. 233-234.
61 Vgl. Ozanam 1998, S. 376.
62 Siehe UBF, NL Werner, Bd. 1, Bl. 211-213.
63 Vgl. Río 1981, S. 40.
64 D'Onís spricht in seinem Bericht vom *Gefe de las minas* (siehe Río 1981, S. 40).

zugunsten der spanischen Regierung entscheiden. Das an den Montanwissenschaften gezeigte Interesse und eine über Jahre konstante Pflege entsprechender Netzwerke stellten sich – im Gegensatz zu dem recht erfolglosen Engagement der diplomatischen Vertreter Spaniens in Schweden und der Habsburger Monarchie – als Schlüssel für eine erfolgreiche Anwerbung von sächsischen Experten heraus.[65] Die Überlassung von Arbeitskräften war dabei ein durchaus immer wieder gern genutztes Instrument der Landesregierungen, um die angespannte Lage des Arbeitsmarkts im Berg- und Hüttenwesen zu Zeiten von Krisen zu entspannen.[66]

Der in Sachsen nach Abschluss der Verhandlungen verpflichtete Personenkreis umfasste neben einfachen Berg- und Hüttenleuten auch an der Freiberger Bergakademie ausgebildete Experten.[67] Unter ihnen befanden sich Immanuel Gottlieb Dietrich (?–1789)[68], Gottlob Friedrich Mothes (1766–nach 1818)[69], Karl Gottlob Weinhold (?-?)[70] und Friedrich Traugott Sonneschmid[71] (vgl. Abbildung 47). Von den insgesamt 33[72] für den Eintritt in spanische Dienste gewonnenen Fachkräften hatte somit in etwa ein Drittel eine höhere montanistische Ausbildung genossen. Die Zahl lag weit über der von der spanischen Regierung gewünschten, die prioritär auf eine Rekrutierung einfacher Berg- und Hüttenleute fokussiert hatte.

Die Arbeitsverträge wurden für eine Beschäftigungsdauer von zehn Jahren geschlossen. Die spanische Monarchie verpflichtete sich zur Übernahme der Kosten für die Hin- und Rückreise nach und von Hispanoamerika, zur Gewährung von Religionsfreiheit sowie zur Zahlung einer Pension nach Vertragsende.[73] Die Höhe der Gehälter hing von der Ausbildung und der anvisierten Tätigkeit am Einsatzort ab: Für Sonneschmid und Fischer waren beispielsweise 20.000 Pesos pro Jahr angesetzt, für Lindner hingegen nur 10.500 Pesos.[74] Die in Sachsen verbliebenen Familien erhielten einen Teil

65 Vgl. Río 1981, S. 41.

66 Vgl. Vogel 2015, S. 103.

67 Vgl. Gicklhorn 1963, S. 151-155.

68 Dietrich hörte ab 1783 Vorlesungen an der Bergakademie (Matrikelnummer 233).

69 Mothes hörte seit 1785 Vorlesungen an der Bergakademie Freiberg (Matrikelnummer 256).

70 Weinhold oder Weinoldt hörte 1780/81 Bergbaukunde an der Freiberger Bergakademie (keine Matrikelnummer).

71 Friedrich Traugott Sonneschmid aus Schleiz war nach einem aufgrund des Todes von seinem Vater abgebrochenen Jurastudium zunächst am Rentamt in Ilmenau beschäftigt gewesen (siehe UAF, OBA 245, Bl. 170). Ab 1785 hörte er Vorlesungen in Freiberg. Werner führt ihn als Hörer seiner Mineralogie-Kurse 1785/86 und 1786/87 auf (siehe UAF, OBA 246, Bl. 139/325) (Matrikelnummer 265).

72 Die Gruppenstärke änderte sich aus familiären oder anderen privaten Gründen bis zur Abreise aus Sachsen noch mehrmals.

73 Vgl. Gicklhorn 1963, S. 65-66.

74 Vgl. Escamilla 2008a, S. 103.

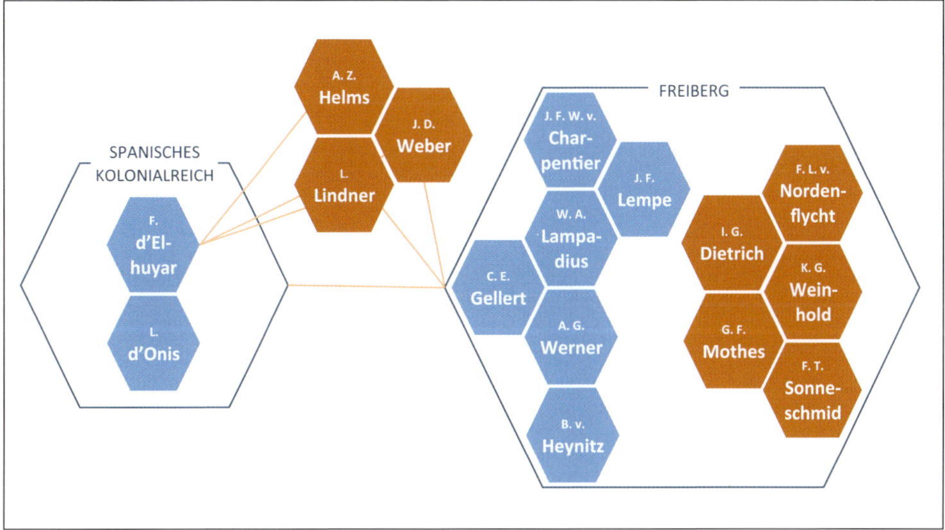

Abb. 47 | Netzwerke zur Akquise von Fachkräften für das spanische Kolonialreich (orange = angeworbene Experten)

des Lohns über die spanische Gesandtschaft in Dresden ausgezahlt.[75] In den Dienstanweisungen der wissenschaftlich-technisch qualifizierten Fachkräfte war – wie aus den entsprechenden Dokumenten für Lindner, Fischer und Sonneschmid hervorgeht – explizit die von der spanischen Monarchie mit der Kontrahierung verfolgte Intention verankert, nämlich, dass diese zur Förderung des Wirtschaftszweigs durch Einführung neuer beziehungsweise Verbesserung traditionell praktizierter Verfahren und Technologien sowie von Arbeitsprozessen beitragen sollten.[76]

Der Einsatz der Fachkräfte war in den rohstoffökonomisch bedeutendsten Territorien der spanisch-amerikanischen Vizekönigreiche vorgesehen, wobei die zahlenmäßig stärksten Gruppen in Peru und Neu-Spanien tätig werden sollten, während für Neu-Granada nur wenige Fachkräfte bestimmt wurden. Die Leitung der Gruppen wurde den akademisch ausgebildeten Experten Nordenflycht (Peru), Fausto d'Elhuyar beziehungsweise als dessen permanenter Vertreter Sonneschmid (Neu-Spanien) und dem bereits vor Ort agierenden Juan José d'Elhuyar (Neu-Granada) übertragen.[77] Die

75 Umfangreiches Aktenmaterial zu den unter anderem von d'Onís geregelten Zahlungen dieser Versorgungsbezüge befindet sich im Bergarchiv Freiberg (siehe Sächs BergAFG 40010, 750).

76 Original in der Anweisung an Lindner: „... *promover, fomentar, y perfecionar los establecimientos y operaciones relativas a este ramo* ... (AGI, Indiferente 1798, Bl. 840), Anweisungen für Sonneschmid und Fischer mit ähnlichem Wortlaut: „... *promover y fomentar el cultivo de las Minas, e Ingenios de Beneficios, y en perfeccionar las Labores y operaciones de cada uno de ellos* ..." (AGI, Indiferente 1798, Bl. 842/844).

77 Vgl. Gicklhorn 1963, S. 154-155.

Abreise aus Europa erfolgte Ende des Jahre 1787 über die spanischen Seehäfen La Coruña und Cádiz. Fausto d'Elhuyar und Daniel Weber nutzten die Tour bis dorthin, ihre Fachkenntnisse zu vertiefen und ihre Impressionen an Netzwerkpartner zu übermitteln, wie zwei Briefe im Nachlass von Abraham Gottlob Werner in Freiberg beweisen: Weber fasste in einem Schreiben aus Lyon am 21. Dezember 1787 auf der Reise getätigte Beobachtungen zu Geologie und Hüttenwesen zusammen.[78] D'Elhuyar übermittelte kurz vor dem Ablegen des Schiffes in Cádiz an Werner am 2. Juni 1788 ebenfalls geologische Observationen von der Reise und Gedanken zu einer „*Nomenclature Mineralogique ou Oryctognostique Espagnole*".[79] Mit der intendierten Ausarbeitung einer solchen mineralogischen Nomenklatur knüpfte der Spanier an Konzepte aus der Chemie an, über deren Entwicklung er aktuelle Informationen über seine geographisch weiträumigen Netzwerke erhielt, wie beispielsweise aus der von Morveau am 16. Mai 1787 an ihn gerichteten und von ihm für Werner kopierten – heute in dessen Nachlass aufbewahrten – Korrespondenz hervorgeht:

> Sie wissen, dass ich [Morveau, d. V.] bereits vor 5 Jahren eine Überarbeitung der chemischen Nomenklatur angeregt habe. Nach meiner Ankunft hier [Paris] teilten mir die Herren Lavoisier, Bertholet und Fourcroi mit, dass sie meinen Grundsätzen und zu der Ausführung folgen. Sie haben mich eingeladen, über alles zu sprechen. Wir haben über einhundert Stunden konferiert und nach gemeinsamer Überarbeitung und Korrektur eine komplette Nomenklatur erstellt, die in der Akademie in Paris vorgestellt wurde. Es wurden Prüfer ernannt und das Werk wird gedruckt. (...) Ich denke, das kommt einer glücklichen Revolution der Wissenschaften gleich.[80]

Dieses letzte aus einer Reihe mehrerer nach seinem Studium, an Standorten des wissenschaftlich-technischen Fortschritts in Europa verfassten Schreiben von Fausto d'Elhuyar an Abraham Gottlob Werner zeigt die Rolle, die der Spanier als Beförderer der internationalen Wissenszirkulation einnahm. D'Elhuyar kam durch seine intensive Reisetätigkeit in Kontakt mit einer Vielzahl von Angehörigen der Fachcommunity und trug als Multiplikator zur Verbreitung von lokal generiertem Wissen bei. Er war damit einer der Schüler Werners, von dessen Kenntnissen und Erfahrungen dieser noch lange

78 Siehe UBF, NL Werner, Briefe, Bd. 2, Bl. 35-37.

79 Siehe UBF, NL Werner, Briefe, Bd. 1, Bl. 177-180.

80 UBF, NL Werner, Briefe, Bd. 1, Bl. 184, Original: *Vous savez que j'ai proposé il y a 5 ans une reforme de la nomenclature chymique. A mon arrivée ici, M. M. Lavoisier, Bertholet et Fourcroi m'ont dit qu'ils adoptoient mes principes et de l'execution et m'ont invité de convenir du tout. Nous avons en plus de cent heures de conferences, et nous avons fait un tableau de nomenclature comlette, revue, corrigeé en commun, qui a été lue a l'Academie de Paris. Il y a des Commissaires nommés et cet ouvrage vas être imprimé. (...) Je crois que cela sera une revolution heureuse pour la science.*"

nach Studienabschluss bei der Entwicklung eigener Konzepte und Theorien profitieren konnte.

Die im deutschen Sprachraum angeworbenen Fachkräfte erwartete nach ihrer Ankunft in den kolonialspanischen Territorien ein umfangreiches Aufgabenspektrum im Rahmen der Bestrebungen zur Modernisierung des Berg- und Hüttenwesens. Die Einführung der von Born weiterentwickelten Amalgamationsverfahren stellte dabei nur einen von vielen Tätigkeitsschwerpunkten dar, wie aus den für die Forschungsarbeit verwendeten Quellen hervorgeht.

4.1.3 *Vizekönigreich Neu-Granada*

Der Einsatz von in Europa ausgebildeten Fachkräften im Vizekönigreich Neu-Granada lässt sich im Kontext der Bemühungen der Kolonialregierung verorten, die ab den 1780er Jahren auf eine stärkere Diversifizierung der regionalen Wirtschaft durch Nutzung der natürlichen Ressourcen in ihrer Vielfalt fokussierte.[81] Als Rohstoffproduzent war Neu-Granada im Gegensatz zu den die kolonialspanische Silberproduktion dominierenden Vizekönigreichen Peru und Neu-Spanien bisher nur am Rande in Erscheinung getreten. Die Situation änderte sich etwa ab Mitte des 18. Jahrhunderts durch eine verstärkte Aufschließung von Goldlagerstätten. Bedeutende Goldvorkommen waren im kolonialen Lateinamerika nur noch in heute zu Brasilien, Ecuador, Chile, Mexiko und der Karibik gehörenden Regionen bekannt.[82] Als koloniales Wirtschaftsgut gewann der Rohstoff insbesondere durch Steigerung der Produktion im lusofonen Amerika ab dem zweiten Viertel des 18. Jahrhunderts an Bedeutung.[83] Vorrangig durch die Bergbauaktivitäten in Brasilien stieg der Anteil des Goldes an dem der gesamtlateinamerikanischen Edelmetallproduktion in den Jahren zwischen 1720 und 1750 auf einen seither und danach nie wieder erreichten Wert von 40 Prozent.[84]

81 Vgl. Orche/Puche 2000, S. 416.

82 Vgl. TePaske 2010, S. 16.

83 Die Goldausbeuten im gesamten kolonialspanischen und -portugiesischen Amerika beliefen sich im Zeitraum von 1492 bis 1810 auf 1.700 t, die Silberausbeuten dagegen lagen um etwa ein Fünfzigfaches höher bei 86.000 t (vgl. TePaske 2010, S. 16).

84 Vgl. TePaske 2010, S. 17.

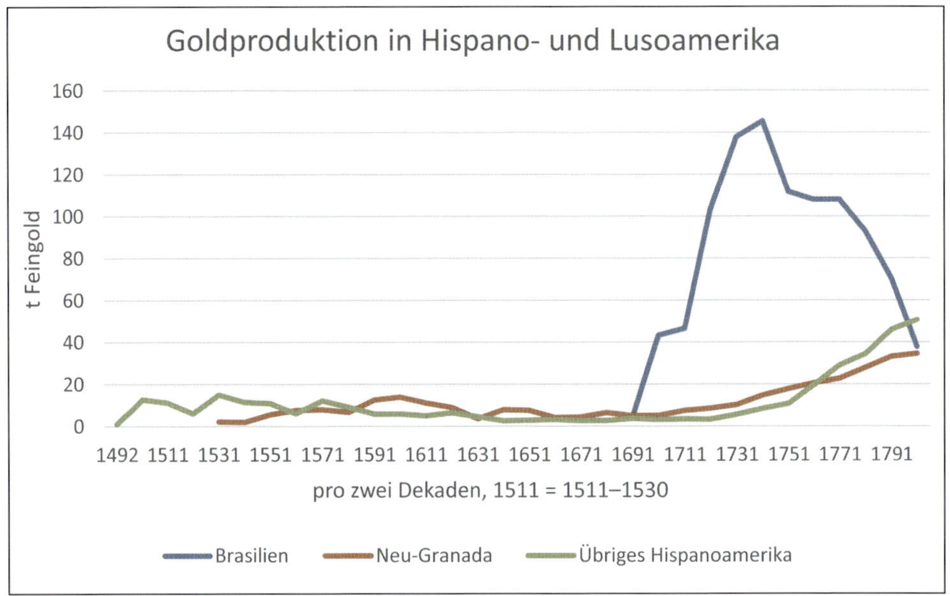

Abb. 48 | Goldproduktion in Hispano- und Lusoamerika 1492–1801 (Schätzwerte) (Quelle: TePaske 2010, S. 56)[85]

Wenngleich Brasilien im 18. Jahrhundert die höchsten Ausbeuten in Lateinamerika erreichte (vgl. Abbildung 48), so konnte Neu-Granada durch eine konstante Steigerung der Produktion ab den 1740er Jahren bis zum Jahrhundertende seine Position als führender Goldproduzent innerhalb des spanischen Kolonialreichs ausbauen (vgl. Abbildung 49).

Die Aktivitäten zur Goldgewinnung brachten mit sich, dass auch Lagerstätten anderer Bodenschätze bekannt wurden. Impulse für Untersuchungen ihres wirtschaftlichen Nutzens gingen unter anderem von dem aus Iberospanien stammenden José Celestino Mutis (1732–1808) aus, der 1761 als Leibarzt des damals neuberufenen Vizekönigs Pedro Mesía de la Cerda (1700–1783) nach Neu-Granada gelangt war und sich in Ergänzung zu seiner Haupttätigkeit naturwissenschaftlichen Studien widmete.[86] Im Laufe der Zeit hatte er sich umfangreiches Wissen zur belebten und unbelebten Natur in seinem neuen Wirkungsgebiet angeeignet und eruierte für die Kolonialregierung die Potenziale ihrer wirtschaftlichen Nutzung.

85 Übriges Hispanoamerika: vgl. Abbildung 49

86 Mutis war ferner als Lehrer für Mathematik und Astronomie aktiv. Seinen botanischen Studien konnte er mit finanzieller Unterstützung der Monarchie im Rahmen einer Dauerexpedition zwischen 1783 und 1810 nachgehen. Mutis pflegte während seines Aufenthalts in Südamerika kontinuierlich den Austausch mit Gelehrten in Europa, zu seinen Netzwerkpartnern zählte beispielsweise Carl von Linné (vgl. Domínguez 2016, S. 385).

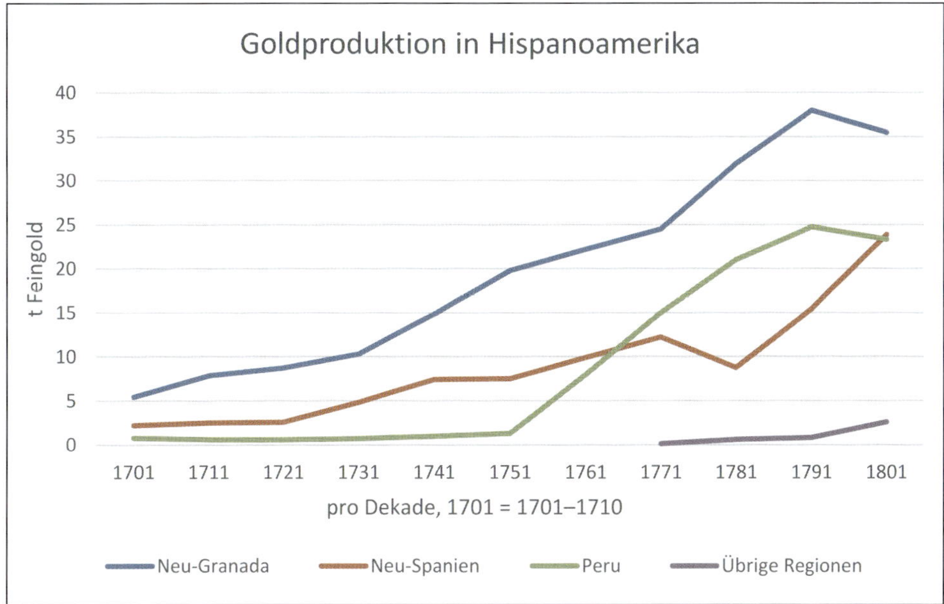

Abb. 49 | Goldproduktion in Hispanoamerika im 18. Jahrhundert (Schätzwerte) (Quelle: TePaske 2010, S. 56)[87]

Auf Basis dieser Erkenntnisse ließ der am 6. Juli 1782 zum neuen Vizekönig von Neu-Granada ernannte Antonio Caballero y Góngora (1723–1796) eine Reihe von Maßnahmen ergreifen, um effizienter die in der Region vorhandenen natürlichen Ressourcen in ihrer Vielfalt ausbeuten zu können. Die Kolonialregierung konzentrierte ihre Bemühungen konkret auf eine Ausweitung des Anbaus landwirtschaftlicher Produkte wie Kakao, Baumwolle und Chinarinde und des Abbaus natürlicher Ressourcen wie Silber-, Platin- und Kupfererz. Als problematisch für die Gewinnung dieser bisher wenig beachteten Bodenschätze stellte sich dabei häufig der Mangel an qualifizierten Berg- und Hüttenleuten sowie die Lage der potenziellen Abbaugebiete heraus, die zumeist abgelegen und nur über sich in schlechtem Zustand befindliche Transportwege erreichbar waren, eine nur gering entwickelte Infrastruktur aufwiesen und für Schmuggel anfällig waren.[88] Um das Personalproblem zu beheben, wandte sich Caballero mit der Bitte um Bereitstellung von wissenschaftlich-technisch qualifizierten Fachleuten an den Westindien-Minister Gálvez. Dieser entsprach dem Antrag in einem ersten Schritt durch Verpflichtung von Juan José d'Elhuyar als Generaldirektor des Bergbaus im Vizekönigreich Neu-Granada und sah in einem zweiten Schritt die Entsendung weiterer in Europa ausgebildeter Fachkräfte vor.

87 Übrige Regionen = Regionen u.a. im Vizekönigreich Rio de la Plata und der Karibik
88 Vgl. Palacios 1992, S. 219-220.

Juan José d'Elhuyar traf Anfang 1785 begleitet durch Angel Díaz (?-?)[89] im Vizekönigreich ein. Wenngleich für d'Elhuyar ein umfangreiches Aufgabenspektrum vorgesehen war, sollte der Fokus seiner Tätigkeit gemäß der für ihn von der Monarchie erstellten Dienstanweisung auf der Einführung von fortschrittlichen metallurgischen Verfahren zur Erzaufbereitung und der Unterrichtung der lokal agierenden Berg- und Hüttenleute zu diesen Prozessen liegen.[90] D'Elhuyar setzte nach seiner Ankunft auf eine enge Kooperation mit Mutis, der ihn mit der aktuellen Situation des Montanwesens im Vizekönigreich bekannt machte. Auf dessen Vorschlag hin befand sich sein erster Einsatzort im Montanrevier um Santa Ana (aktuell Falan) in der heutigen kolumbianischen Provinz Tolima, wo er zum Aufschwung des Silberbergbaus beitragen sollte. Die Region befand sich in unmittelbarer Nähe zur Gemeinde von Mariquita, die Mutis häufig als Ausgangsort für Exkursionen im Rahmen seiner langjährigen botanischen Expedition, die der spanischen Monarchie profunde Kenntnisse über die Naturgüter Neu-Granadas bringen sollte, nutzte.[91] Durch diese räumliche Nähe wurde ein kontinuierlicher Austausch zwischen beiden Kolonialbeamten möglich.

Silberprroduktion und Einführung von Amalgamationsverfahren

D'Elhuyar konzentrierte sich in Santa Ana zunächst auf eine Ausweitung der Kapazitäten zur Silberproduktion, führte technische Neuerungen ein und lernte das – zum größten Teil – nur unzureichend qualifizierte Personal an. Mit der Zeit dehnte er seinen Aktionsradius auf weiter entfernt liegende Bergreviere aus, in denen Platinerz, Golderz (heute Provinz Chocó, Kolumbien) und Smaragde (heute Provinz Boyacá, Kolumbien) gewonnen wurden, und regte auch dort Maßnahmen an, die zu einer Steigerung der Produktionsraten führen sollten. Die Reisen zwischen den Montanregionen nutzte d'Elhuyar für geologische Erkundungen und zur Evaluierung der Abbaupotenziale neu entdeckter Lagerstätten. Er war damit der erste Experte, der systematisch die Prospektion im Vizekönigreich betrieb.[92] Inwieweit er seine Erkenntnisse dabei in einen Vorschlag für eine Mineralienklassifikation einfließen ließ, lässt sich nicht abschließend beurteilen. Eine ca. 190-seitige undatierte Abhandlung mit dem Titel *Orygthología* im Nachlass von Mutis, die der spanische Historiker Castillo d'Elhuyar zuschreibt, lässt entsprechendes vermuten, zumal die in ihr enthaltene Beschreibung der von Abraham Gottlob Werner entwickelten Identifikationsmethode von Mineralien nach ihren *äußer-*

89 Daten zum Leben und beruflichen Stationen von Angel Díaz wurden im Rahmen dieser Forschungsarbeit nicht recherchiert. López de Azcona gibt an, dass Díaz aus der spanischen Region Rioja stammte und Studien der Mathematik, Physik, Chemie und Mineralogie absolviert hatte (vgl. López de Azcona 1992, Bd. 3, S. 139).

90 Vgl. Castillo 2005, S. 150.

91 Vgl. Palacios 1992, S. 247.

92 Vgl. Castillo 2005, S. 154.

lichen Kennzeichen sowie ein Klassifizierungssystem mit den Klassen Erden und Steine, Salze, Metalle und Brennstoffe[93] einen klaren Bezug zum Studienort d'Elhuyars Freiberg aufweist. Sollte diese Annahme korrekt sein, würde es sich bei diesem Werk um eine der frühesten Schriften handeln, die zur Verbreitung von Konzepten Freiberger Gelehrter auf dem amerikanischen Kontinent beigetragen hätte.

Im Rahmen seiner dienstlichen Verpflichtungen oblag es Juan José d'Elhuyar traditionell genutzte Verfahren der Verhüttung von Edelmetallerzen zu evaluieren und Maßnahmen für Effizienzsteigerungen vorzuschlagen und umzusetzen. Die Nachrichten über die von Born weiterentwickelten Amalgamationsverfahren, die Juan José d'Elhuyar über seinen Bruder Fausto erreichten (siehe auch die in Abbildung 50 dargestellten Netzwerke), veranlassten zum Überdenken des Einsatzes der bisher sowohl von Mutis als auch d'Elhyuar favorisierten Schmelzverfahren. Nach Durchführung eigener Amalgamationsexperimente kam d'Elhyuar zum Schluss, eine Einführung dieser Technologie in Neu-Granada zu versuchen. Ein 1788 dem Vizekönig unterbreiteter Vorschlag wurde zwar positiv beschieden, die Umsetzung stellte sich jedoch als problematisch heraus. Die mittlerweile in Neu-Granada eingetroffenen deutschsprachigen Berg- und Hüttenleute, auf die d'Elhuyar große Hoffnungen für den Technologietransfer gesetzt und von denen er umfassende Unterstützung bei der Verfahrenseinführung erwartet hatte, besassen nur geringe Kenntnisse zu der Neuentwicklung. Als unglücklicher Umstand erwies sich zudem, dass der einzige Fachmann mit akademischer Ausbildung – Imanuel Gottlieb Dietrich – kurz nach der Ankunft in Lateinamerika verstorben war.[94] Dass dennoch d'Elhuyar nicht von seinem Vorhaben abließ und es ihm gelang, mindestens eine Amalgamationsanlage in Neu-Granada einzurichten, ist den Aufzeichnungen Alexander von Humboldts zu entnehmen, der die Bergbauregion Santa Ana im Juni 1801 besuchte. Sein Tagebuch weist für den 18. Juni 1801 folgenden Eintrag auf:

> Da Elhuyar seine Nation kannte, und alles nach Silber schrie, so mußte sogleich auf Erbauung des Amalgamirwerkes ... gedacht werden ... und dennoch gewann man von 1791 ... bis 1797 ... in 6 Jahren ein 8000 C[en]t[ner] von der Manta, ein 2000 C[en]t[ner] in der S[anta] Ana. In den 10000 C[en]t[nern] ... ward 70000 Unzas Silber Gewinn, also über 80000 Pesos, in [die] Münze abgeliefert. ... Ausgabe war in den Jahren 1785–1797 in 12 Jahren 216000 Pesos.[95]

93 Castillo 2005, S. 157. Original: *"tierras y piedras, sustancias salinas, cuerpos metálicos, sustancias combustibles"*.

94 Vgl. Palacios 1992, S. 412, Pelayo 1992, S. 178, Castillo 2005, S. 151.

95 Faak 2003, S. 81-82.

Gemäß zusätzlichen Angaben Humboldts stellte die Kolonialregierung zum damaligen Zeitpunkt jährlich einen Betrag in Höhe von 18.000 Pesos für die genannten Bergwerke zur Verfügung, woraus er schloss: *„Zieht man also den Ertrag von [der] wahren Ausgabe ab … so wird man finden, daß die Grube sich fast schon frei gebaut.“*[96] In diesem Bergrevier dürfte demnach durch Nutzung eines Amalgamationsverfahrens ein wirtschaftlicher Betrieb gelungen sein.

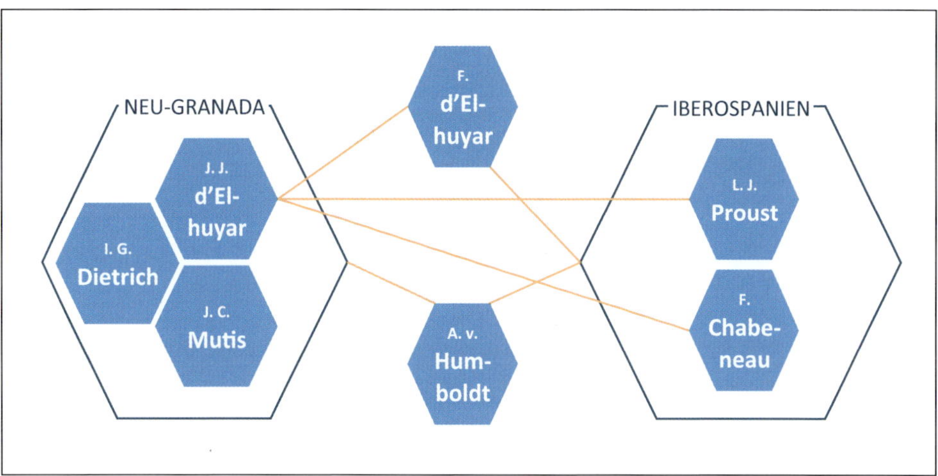

Abb. 50 | Netzwerke von Akteuren in den Vizekönigreichen Neu-Granada, Neu-Spanien und dem spanischen Mutterland

Trotz umfassender Bestrebungen d'Elhuyars und der anfänglich uneingeschränkten Zustimmung durch die Kolonialregierung konnten sich Amalgamationsverfahren im Vizekönigreich nicht dauerhaft und flächendeckend durchsetzen: Neben dem Mangel an ausreichend qualifiziertem Personal für den Betrieb der Anlagen standen das Desinteresse von in Folge häufig wechselnden Vizekönigen und die daraus resultierende fehlende Unterstützung einer weiteren Verbreitung entgegen. Schmelzprozesse blieben daher weiterhin die regional am häufigsten genutzten Verfahren zur Verhüttung von Edelmetallerzen.[97] In welchem Grad die von d'Elhuyar eingeleiteten Maßnahmen tatsächlich zu einer Steigerung der Silberproduktion beitrugen, lässt sich aus heutiger Sicht nicht abschließend beurteilen. Fakt ist jedoch, dass in der letzten Dekade des 18. Jahrhunderts im Vergleich zu den vorherigen Jahrzehnten tatsächlich ein höherer Output in Neu-Granada erzielt wurde (vgl. Abbildung 51).

96 Ibd., S. 82.
97 Vgl. Palacios 1992, S. 284-285.

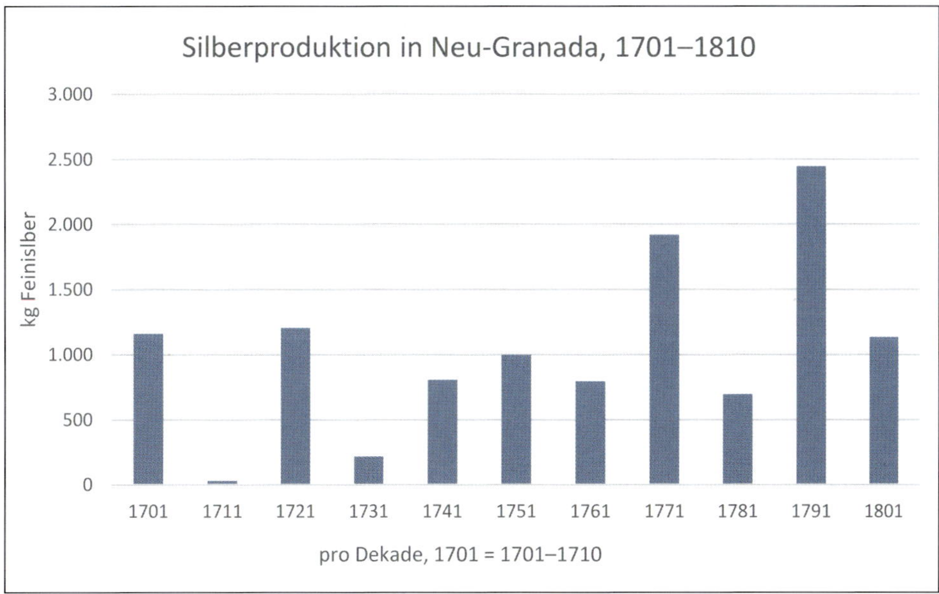

Abb. 51 | Silberproduktion in Neu-Granada 1701–1801 (Schätzwerte) (Quelle: TePaske 2010, S. 113)

Platinforschung und -gewinnung

Neben Silbererzen gehörte Platinerze zu den Bodenschätzen, denen d'Elhuyar hohe Aufmerksamkeit widmete. Platinerzvorkommen waren zum damaligen Zeitpunkt nur auf dem Territorium von Neu-Granada bekannt. Antonio de Ulloa hatte nach der Rückkehr von der Condamine-Expedition Ende der 1740er Jahre das Metall erstmalig detailliert beschrieben. Der Rohstoff erlebte insbesondere im Laufe der 1780er Jahre einen Bedeutungszuwuchs, der sich auf dem in den Dekaden zuvor erlangten Wissen zu dessen Eigenschaften und dem wirtschaftlichen Nutzen des bisher als überflüssiges Begleitmaterial von Gold angesehenen Metalls begründete. Anknüpfend an die Arbeiten von Ulloa hatten sich seitdem Fachleute an diversen wissenschaftlichen Institutionen auf der iberischen Halbinsel wie der *Casa del Platino* in Madrid, der Militärakademie in Segóvia und dem *Seminario Patriótico* in Vergara der Platinforschung gewidmet.

Die Beschäftigung d'Elhuyars mit Platin in Hispanoamerika brachte für diese Forschungsaktivitäten neue Impulse, denn nun konnte zwischen ihm und den Akteuren in Iberospanien wie Proust (Segóvia), Chabeneau (Vergara/Madrid) und Fausto d'Elhuyar (Vergara) ein direkter fachlicher Austausch stattfinden (vgl. Abbildung 50). Neben der Übersendung von Fundstücken aus Bergwerken in den Provinzen Cítara und Novita für weiterführende Untersuchungen nach Iberospanien bildeten die – auf Anordnung der Regierung geheim zu haltenden – Experimente zur Untersuchung der Stoffeigenschaften und zu Verfahren der Separation von Begleitmaterialien einen Schwerpunkt der transatlantischen Kommunikation.[98] Zu den konkreten Aufgaben Juan José d'Elhuyars in Neu-Granada zählte es dabei, reines Platin herzustellen sowie die Verfahren zur Separierung von Gold und Platin zu perfektionieren.[99]

Auf Basis des generierten Wissens zu den Materialeigenschaften und den sich daraus ableitenden Möglichkeiten der Nutzung des Platinmetalls fokussierte die Monarchie ab den 1780er Jahren auf eine Erhöhung der Fördermengen, wobei die Erzgewinnung gleichsam unter königliches Monopol gestellt wurde. Die hierzu eingeleiteten Maßnahmen bewirkten eine kontinuierliche Steigerung der Förderraten bis Ende des 18. Jahrhunderts, wie aus den in Tabelle 3 dargestellten Daten zu Exportvolumina der Provinz Chocó – der neugranadinischen Region mit den ergiebigsten Lagerstätten – hervorgeht.[100]

Tabelle 3: Platinexporte aus Chocó zwischen 1767 und 1805 (Quelle: Navas 2014, S. 48)

Zeitraum	1767	1768–1787	1788–1795	1796–1805	**Gesamt**
Menge (kg)	21,62	376,49	1.969,44	478,94	**2.846,49**

Für Juan José d'Elhuyar fand die Arbeit als Bergbaudirektor Neu-Granadas nach nur reichlich einer Dekade ein frühes Ende: Sein Gesundheitszustand hatte sich nach einem 1794 eskalierten Streit mit einem Angestellten seines ab 1793 privat bewirtschafteten Bergwerks permanent verschlechtert. Er verstarb am 20. September 1796 in Santa Fé de Bogotá.[101] Mit seinem Ableben ging ein Jahrzehnt häufig mit Schwierigkeiten verbundenen Schaffens im hispanoamerikanischen Vizekönigreich zu Ende. Die Lage der zumeist weit von Zentren entfernten Bergbauregionen, in denen d'Elhuyar aktiv war, verhinderte einen kontinuierlichen Austausch mit Fachkollegen. Die Kommunikationswege waren lang und kompliziert, so dass d'Elhuyar auch nur bedingt zur transatlantischen Wissenszirkulation beitragen beziehungsweise davon profitieren konnte. Hinzu kam, dass über Teile seines Aufgabenspektrums ein Geheimhaltungsverbot verhängt wurde, so dass er beispielsweise über Erkenntnisse der Platinforschung nur innerhalb eines begrenzten Kreises und nicht der internationalen Fachcommunity in ihrer Breite berichten durfte. Zu den wenigen Experten, mit denen er regelmäßig in Kontakt stand, zählte sein in Neu-Spanien aktiver Bruder Fausto, der damit eine wichtige Funktion als Wissensvermittler einnahm. Zwar konnte Juan José d'Elhuyar die während seiner internationalen Ausbildungsphase erlangten Kenntnisse und Wissen im Montanwesen

98 Vgl. Bargalló 1955, S. 231.
99 Vgl. Bargalló 1955, S. 231, Castillo 2005, S. 119, Navas 2014, S. 45-48.
100 Vgl. Cano 2016, S. 51.
101 Vgl. Palacios 1992, S. 306.

Neu-Granadas gewinnbringend nutzen; es blieb ihm allerdings verwehrt, maßgeblich zum internationalen Fortschritt der Montanwissenschaften beizutragen.

4.1.4 Vizekönigreich Peru

Das Vizekönigreich Peru mit dem überaus ergiebigen „Silberberg" von Potosí war der bedeutendste Silberproduzent des spanischen Reichs in der frühen Kolonialzeit. Seine Hochzeit erlebte der Silberbergbau in den Dekaden an der Wende vom 16. zum 17. Jahrhundert, bevor ab der zweiten Hälfte des 17. Jahrhunderts Neu-Spanien zum führenden kolonialspanischen Silberproduzenten aufstieg und Ausbeuten erzielte, die weit über den bisher in Hispanoamerika erreichten lagen (vgl. Abbildung 52). Trotz der im Vergleich geringeren Erträge erwiesen sich die Bergwerke in Peru auch im 18. Jahrhundert als äußerst rentabel, somit das Vizekönigreich weiterhin Produktionsraten aufwies, die weit über denen der übrigen Montanreviere in Hispanoamerika lagen. Der Silberberg bei Potosí blieb bis zum Ende der Kolonialzeit die Montanregion, die den höchsten Output in Lateinamerika erzielte.[102]

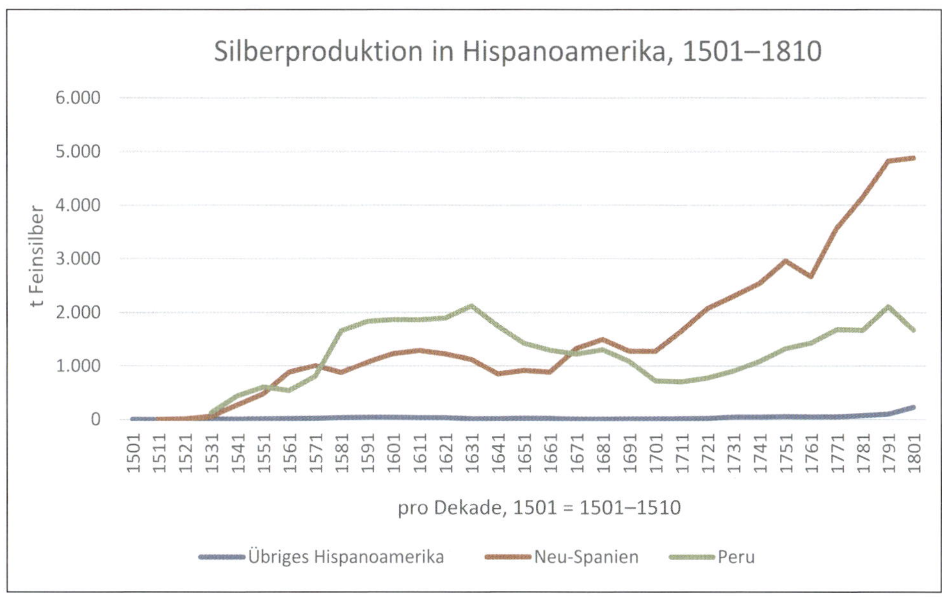

Abb. 52 | Silberproduktion in Hispanoamerika 1501–1810 (Schätzwerte) (Quelle: TePaske 2010: 113)[103]

102 Vgl. TePaske 2010, S. 148.
103 Übriges Hispanoamerika = Regionen in Mittelamerika, Neu-Granada, Rio de la Plata und Chile

Um diesen zum Wohl der spanischen Monarchie umfassend nutzbar zu machen, fand in den 1780er Jahren eine Überprüfung des Istzustands im Rahmen einer Generalvisitation statt. In derem Ergebnis sah die Kolonialregierung insbesondere auch Handlungsbedarf im Bereich der Bergbau- und Hüttentechnik. Um effektiver die Lagerstätten ausbeuten und Erze mit zunehmend geringerem Metallgehalt verhütten zu können, wurde der Wissenstransfer aus technisch fortschrittlichen Bergrevieren in Europa nach Peru als dringend notwendig angesehen. Entsprechende Forderungen mündeten in der Zuweisung eines Teils der im deutschen Sprachraum angeworbenen Fachkräfte für Peru.

Deutschsprachige Experten im peruanischen Silberbergbau

Die Mitglieder der Fachkräftegruppe unter Leitung von Fürchtegott Leberecht von Nordenflycht (vgl. Abbildung 53) initiierten ihre Aktivitäten nach Ankunft in Südamerika 1789 zunächst in Potosí, wo sie ein umfangreiches Aufgabenspektrum erwartete. Zu den dringlichsten Betätigungsfeldern zählten die Schaffung von neuen Zugängen zum Silberberg, die Sanierung des Hauptstollens sowie der Ausbau und die Erweiterung von bergbautechnischen Anlagen. Dazu sollten die traditionell angewandten metallurgischen Verfahren überprüft und gegebenfalls durch moderne ersetzt sowie die Arbeit der Münze reorganisiert werden.[104]

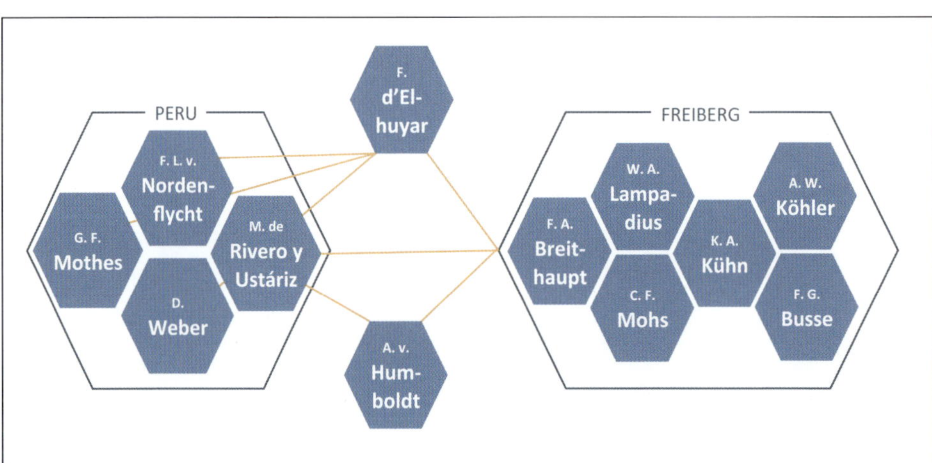

Abb. 53 | Netzwerke von im Vizekönigreich Peru tätigen Akteuren mit deutschem Ausbildungshintergrund

104 Vgl. Buechler 1989, S. 108.

Das Stollen- und Zugangssystem zum Silberberg stellte in seiner Komplexität eine besondere Herausforderung im Kontext der angestrebten Modernisierung des Bergbaubetriebs dar. Die Einrichtung neuer Stollen und ihre Lage war seit Jahren Gegenstand der Diskussion der lokal agierenden Bergleute, wobei auch „Experten" von außerhalb immer wieder Vorschläge unterbreiteten, wie beispielsweise der bereits erwähnte Rubín de Celis bei seinem Aufenthalt 1783 in Potosí.[105] In Ermangelung einer bisher befriedigenden Lösung war an dieser Stelle die Expertise der deutschen Montanfachleute gefragt. Gottlob Friedrich Mothes setzte seine an der Freiberger Bergakademie erlangten markscheiderischen Kenntnisse ein, um in einem ersten Schritt den Silberberg zu vermessen und dann gemeinsam mit seinen Kollegen aus Europa Vorschläge für die Anlage neuer Zugänge und Stollen, die der Förderung der Erze und der Wasserhaltung der Bergwerke dienen sollten, zu unterbreiten. Mit Blick auf die Nord-Süd-Ausrichtung des Hauptstollens, empfahlen die Experten die Auffahrung eines neuen, den bestehenden kreuzenden Stollens.

Nach ersten Vorarbeiten wurde 1790 die Verantwortung für dieses wie auch weitere bereits initiierte Vorhaben an Daniel Weber übertragen, der nach Verteilung der übrigen Experten auf andere peruanische Montanreviere die Leitung der von den deutschsprachigen Fachkräften initiierten Projekte in Potosí übernahm. Die Anlage des Querstollens konnte jedoch bis zum Ausscheiden Webers aus dem Dienst der spanischen Monarchie im Jahr 1811 nicht erfolgreich abgeschlossen werden. Ein Grund hierfür könnte seine private Beteiligung an einem Silberbergwerk in Aullagas gewesen sein, die seine Aufmerksamkeit wohl in besonderem Maße forderte.[106]

Zu Webers Aufgaben in Potosí zählte es ferner, die „neue" Amalgamationsmethode aus Europa als Ersatz für die bisher angewandte *patio*-Methode, die in Peru aufgrund des Brennstoffmangels das gängigste Verfahren war, einzuführen.[107] Weber ließ zunächst zwei Pilotanlagen errichten: Die erste wurde im März 1790, die zweite im Januar 1791 fertiggestellt.[108] Den Betrieb und eine künftige Anwendung des Verfahrens in Peru schätzte Weber als vielversprechend ein, wie aus nach Europa übermittelter Korrespondenz vom Mai 1793 ersichtlich ist: „*1) 110 Procent weniger wöchentliche Kosten bey der Zugutmachung gleicher Erz Menge nach der Einführung des hiesigen Landes; 2) 200 Procent weniger Quecksilber Verlust* [...]"[109]

In Ergänzung zu Webers Aktivitäten in Potosí konnte Nordenflycht in Lima mit finanzieller Unterstützung des *Tribunal de Minería* ein Laboratorium einrichten, in dem

105 Vgl. Gavira 2015, S. 106.
106 Ibd., S. 120.
107 Vgl. Buechler 1989, S. 108.
108 Vgl. Paul 1981, S. 238.
109 Weber 1794, S. 323.

er Experimente durchführte, um den Amalgamationsprozess auf die in Peru abgebauten Erze auszurichten.[110]

Trotz der mannigfaltigen Bemühungen der deutschsprachigen Experten und der nachdrücklichen Unterstützung durch den peruanischen Vizekönig Nicolás de Arredondo (1726–1802) und den Gouverneur Potosís Francisco de Paula Sanz (1745–1810) gelang es nicht, am Silberberg flächendeckend Amalgamieranlagen, die nach dem von Born entwickelten Verfahren arbeiteten, zu etablieren. Die Ablehnung war zum einen auf Vorbehalte der lokalen Eliten gegenüber der Kolonialregierung zurückzuführen, die durch Einführung einer „fremden" Technologie eine stärkere Einflussnahme auf ihre wirtschaftlichen Aktivitäten durch die Monarchie befürchteten.[111] Zum anderen war aufgrund der vorrangig privatwirtschaftlichen Organisation der Hüttenindustrie die Bereitschaft in großtechnische Anlagen zu investieren, deren Effizienz gegenüber den traditionell genutzten Verfahren nicht final bewiesen und erst nach einer Phase langwieriger Anpassungen – wie aus Europa bekannt – zu erreichen war, gering. Nur wenige montanistische Unternehmer in Peru konnten sich die Anschaffung kostenintensiver Anlagen leisten. Ein Großteil der Berg- und Hüttenanlagen wurde in der zweiten Hälfte des 18. Jahrhunderts in Form von Kleinstunternehmen betrieben, in denen zumeist indigene Arbeiter den Abbau und die Verhüttung der Edelmetallerze mit einfachster technischer Ausstattung vornahmen. Dieser auf kleinste wirtschaftliche Einheiten ausgerichtete Bergwerks- und Hüttenbetrieb verfügte schlichtweg nicht über finanzielle Möglichkeiten für größere Investitionen in Technik.[112] Aufgrund des geringen Interesses unter der lokalen Unternehmerschaft ließ der Vizekönig das Labor in Lima 1794 schließen und verhinderte damit dessen ursprünglich geplanten Ausbau zu einer montanistischen Ausbildungsinstitution.[113]

Ein weiterer Einsatzort der deutschsprachigen Experten waren die Bergwerke von Huancavelica, aus denen das Quecksilber für die Separation der Edelmetallerze im andinischen Bergbau gewonnen wurde. Die Gruben in diesem Bergrevier waren 1786 von diversen großräumigen Einstürzen betroffen, die zu massiven Beeinträchtigungen der Produktion in den Folgejahren führten. Zu den Aufgaben der Experten zählte es daher, die Schadensbeseitigung voranzutreiben und den Gewinnungsbetrieb wieder zu normalisieren. Gemäß den Aussagen der damit betrauten Fachleute Nordenflycht und Helms gerieten sie auch hier in das Spannungsfeld unterschiedlicher Interessen der Kolonialverwaltung und regionaler Eliten und ihre Aktivitäten wurden wiederholt von lokalen Berg- und Hüttenleuten behindert. Helms, der beispielsweise die Installation von Amalgamationsöfen nach dem Modell von Öfen aus Idrija in Huancavelica voran-

110 Vgl. Gicklhorn 1963, S. 77.
111 Vgl. Gavira 2015, S. 105.
112 Vgl. Contreras 2007, S. 45.
113 Vgl. Sumozas 2007, S. 33, Hausberger 2013, S. 46.

trieb, musste die Arbeiten zeitweise aufgrund nicht vorhandenen Baumaterials beziehungsweise hierfür verlangter exorbitanter Preise einstellen.[114]

Über die beispielsweise in der *Jenaer Allgemeinen Literatur-Zeitung* und dem *(Neuen) Technologischen Magazin* (z. B. 3. Band 1794) abgedruckten Ausschnitte aus Briefen Webers[115] hinaus beschrieb auch Helms in seinem nach der Rückkehr nach Europa im Jahr 1793 publizierten *Tagebuch einer Reise durch Peru, von Buenos-Ayres an dem großen Plataflusse, über Potosí nach Lima, der Hauptstadt des Königreichs Peru* (1798) die Versuche zur Einführung des „neuen" Amalgamationsverfahrens. Das Werk fand internationale Verbreitung durch Übersetzungen in die englische (1806) und von der englischen in die französische Sprache (1812). Die Schrift gibt einen umfassenden Einblick in die Aktivitäten von Helms in Peru und zeigt neben den Themen des Wissensaustauschs beziehungsweise -transfers auch die Rahmenbedingungen auf, die die Wissenszirkulation beeinflussten. Helms folgt in seinen Ausführungen dem kolonialen Diskurs und greift Stereotypen auf, die eine intellektuelle Überlegenheit der aus Europa stammenden „Weißen" gegenüber den einheimischen Kreolen und Indigenen zum Inhalt haben. Bereits bei Interaktionen mit peruanischen Eliten hatten sich Helms als auch Nordenflycht mehrfach des Narrativs einer technischen und wissenschaftlichen Überlegenheit der europäischen Experten bedient. Ihre dabei an den Tag gelegte Arroganz hatte sich wiederholt hinderlich auf die Kooperation mit lokal agierenden Fachkräften ausgewirkt.[116]

Von dieser vermeintlichen Überlegenheit zeugen auch die Ausführungen Helms' zur Einführung des Amalgamationsverfahrens von Born in Peru:

> Ja ihre angenommenen Gewohnheiten und Vorurtheile sind so wurzelfest, daß meine Kollegen und ich, sie auch durch die berechnetesten und überzeugendesten Beweise in Gegenwart der Regierung nicht gänzlich haben entwurzeln können, obgleich durch uns in Potosi alles gerichtlich, in Gegenwart des Intendanten und seiner Magistratspersonen nebst den Bergdeputierten, protokollirt, eine Arbeit gegen die andere verglichen, und endlich vom Gerichte selbst der Vortheil von 50 Prozenten berechnet wurde, die unsere neue Methode in Absicht der Oekonomie der Maschinen, des wenigen Quecksilberverlusts und der höhern Ausbringung des Gehalts, und alles dieses, nach mehr als zwanzigmaligen wiederholten Versuchen, endlich publizirt, und in den Hofberichten nach Madrid geschickt worden, von

114 Siehe Helms 1798, S. 180-190.

115 Vgl. Paul 2007.

116 Um die interkulturelle Kommunikation zu erleichtern sowie Sprachbarrieren und Mentalitätsunterschiede zu überwinden, war ursprünglich geplant, einen aus Peru stammenden und in Europa ausgebildeten Experten der Gruppe als Mitglied zuzuordnen. Der hierzu vorgesehene Isidro María de Abarca (?-?), der gemeinsam mit d'Elhuyar das Amalgamationsverfahren von Born studiert hatte, war jedoch vor Abreise in Spanien durch die spanische Regierung zurückgehalten worden (vgl. Buechler 1989, S. 143-144, Fisher 1977, S. 57, Fisher 2003, S. 68).

daher uns die größte Danksagung vom König und seinen Ministern zugesandt, und den dortigen Ministern aufgetragen wurde, unsere Methode mit aller Kraft zu unterstützen und sie in beyden Königreichen einzuführen.[117]

Auch mit diesen Einfärbungen stellte das von Helms verfasste Werk eine wichtige Informationsquelle zum peruanischen Montanwesen dar, zumal es eine der wenigen nicht in spanischer Sprache verfassten Überblicksdarstellungen seinerzeit war. Neben einer allgemeinen Beschreibung des Montanwesens in Peru enthielt es statistische Daten zum Bergbau und informierte zu Abbau- und Verhüttungsmethoden unter Verwendung des von lokal agierenden Berg- und Hüttenleuten übermittelten Wissens. Auch geologische Beobachtungen, die Helms während seiner Reisen im Rahmen der Tätigkeit für die Kolonialverwaltung machte, fanden ihren Niederschlag, angereichert durch Daten zu Geographie, Demographie und Ökonomie. Seine Ausführungen zu Geologie und Mineralogie in den von ihm bereisten Regionen im heutigen Nordwest-Argentinien und Südbolivien, stellen die erste – soweit heute bekannte – geowissenschaftliche Datensammlung zu dieser Region dar[118], womit er – wie auch Juan José d'Elhuyar in Neu-Granada – zu den Pionieren der geologischen Landesaufnahme in Kolonialspanien zu zählen ist.[119]

Weitere Beschreibungen des Berg- und Hüttenwesens von Peru finden sich in den Schriften Alexander von Humboldts, insbesondere in seinen Tagebüchern und im *Versuch über den politischen Zustand des Königreichs Neu-Spanien*[120], in dem er die Edelmetallproduktion von Peru und Mexiko miteinander verglich.[121] Die Ausführungen weisen den Einfluss von Nordenflycht auf, den Humboldt während eines Besuchs der Bergwerke von Hualgayoc am 9. September 1802[122] kennenlernte und bringen in einzelnen Abschnitten die offensichtlich technologische Überlegenheit der deutschsprachigen Experten zum Ausdruck. Zu den Versuchen der Einführung des „neuen" Amalgamationsverfahrens aus Europa gab Humboldt an, dass tatsächlich zwei Anlagen

117 Helms 1798, S. 72.

118 Vgl. Alonso/Egenhoff 2008, S. 16.

119 Helms überführte bei seiner Rückkehr nach Europa auch eine Mineraliensammlung, deren einzelne Bestandteile er in der erwähnten Publikation beschrieb (siehe Helms 1798, S. 269-300). Sie ging in Privatbesitz über und war 1807 in der Sammlung des *„Herrn Artillerie Hauptmanns Lethenyey"* in Wien nachweisbar (siehe Stütz 1807, S. 367-370).

120 Siehe Faak 2003 und Humboldt 1813.

121 Alexander von Humboldt sammelte die Daten, die er nach Beendigung seiner Reise für die Erstellung diverser Publikationen verwandte, nicht nur während seiner Erkundungstouren, sondern besuchte auch Archive. In Lima, wo er sich zwischen 23. Oktober und 24. Dezember 1802 aufhielt, recherchierte er beispielsweise im Archiv der Kolonialverwaltung.

122 Vgl. Edition Humboldt Digital, Chronologie 1802 (https://edition-humboldt.de/chronologie/index.xql?jahr=1802, abgerufen am 25.04.2022).

während der Zeit seines Aufenthalts in Betrieb waren, so dass davon auszugehen ist, dass es trotz signifikanter Ablehnung eines Transfers dieser Technologie durch die kolonialen Eliten auch einige wenige Befürworter gab[123]:

> Während meines Aufenthaltes in den Anden-Cordilleren gab es nur zwei Bergwerkreviere, wo Herrn von Born's Methode, die Amalgamation in Fässern, mit einigem Erfolg betrieben wurde, nemlich in Real de Requay, in der Provinz Huailas, und in Tallenga, in der Provinz Caxatambo.[124]

Wenngleich die Aktivitäten der deutschsprachigen Experten zum Technologietransfer von Europa nach Lateinamerika in der Historiographie bisher weitgehend einer negativen Beurteilung unterzogen wurden, die sich vorrangig aus den Äußerungen Helms in seinen Tagebüchern, den von Humboldt in seinen Amerika-Werken verarbeiteten Aussagen Nordenflychts, dessen Korrespondenzen mit Fausto d'Elhuyar sowie dessen in Eingaben und Berichten an die Kolonialregierung nachgewiesenen kontinuierlichen Klagen über Arbeitsbedingungen und die Anerkennung seines Wirkens ableiteten, so konnten doch an verschiedenen Stellen auch Erfolge erzielt und auf eine Modernisierung und zunehmende Technisierung hingewirkt werden. Der spanische Generalbergbaudirektor Francisco Angulo verweist beispielsweise in seinem auf das Jahr 1807 datierten Bericht zur Evaluation der Arbeit der Montanexpertengruppe unter Erwähnung der Misserfolge und Schwierigkeiten, die sich aus den ihm bekannten politischen, sozialen und ökonomischen Rahmenbedingungen ergaben, explizit auf die positiven Wirkungen, die durch Übernahme von in Europa üblichen Vorgehensweisen bei der Anlage von Bergwerken inklusive ihrer Bewässerungs- und Bewetterungssysteme erzielt wurden und zu einer Effizienzsteigerung an einzelnen Produktionsstätten führten.[125]

Grundsätzlich ist jedoch davon auszugehen, dass die Aktionen der aus dem deutschen Sprachraum stammenden Experten sowie die Anwendung moderner, in Europa entwickelter Berg- und Hüttentechnik nur in geringem Maße für den im gesamten 18. Jahrhundert konstant steigenden Outpout der Silberproduktion in Peru verantwortlich waren (vgl. Abbildung 52).[126] Die hohen Förderquoten dürften hauptsächlich auf dem unermesslichen Reichtum und der im Laufe des Jahrhunderts stetig fortgeführten Neuaufschließung von Lagerstätten beruht haben.

123 Vgl. Contreras 2007, S. 51-52.
124 Humboldt 1813, S. 181.
125 Siehe AGI, Lima, 1360.
126 Vgl. Gutiérrez 2007, S. 64, Hausberger 2013, S. 47.

Verflechtungen in der postkolonialen Zeit – Alexander von Humboldt als Impulsgeber

Die Montanfachkräfte aus dem deutschen Sprachraum waren von der spanischen Monarchie für eine Dauer von zehn Jahren für die Arbeit im kolonialen Bergbau verpflichtet worden. Während Helms seinen Arbeitsvertrag bereits vor Ablauf dieses Beschäftigungszeitraums auflösen konnte, gelang es den Experten Nordenflycht und Mothes nicht – wie beantragt – 1798 nach Europa zurückzukehren. Erst 1813 wurde beiden die Reise nach Spanien gestattet. Nordenflycht verstarb 1815 in Madrid, wo er sich durch persönliche Vorsprache am Hof eine Erhöhung seiner Pensionszahlungen erhofft hatte. Mothes, der durch Kriegshandlungen an einer Rückkehr in sein Heimatland Sachsen gehindert wurde, wählte den Weg retour nach Südamerika und starb auf der Reise nach Peru im Jahr 1816 in Panama. Weber verfolgte – erfolglos – seit 1801 eine Heimkehr nach Europa, fügte sich jedoch über kurz oder lang seinem Schicksal und verblieb in Südamerika, wo er bis zu seinem Tod 1816 unternehmerisch im Bergbau tätig war.[127]

Die Vernetzung zwischen peruanischen und aus dem deutschen Sprachraum stammenden Montanexperten verlor durch den Abgang der Mitglieder der Expertengruppe und die in den ersten Dekade des 18. Jahrhunderts entflammenden Unabhängigkeitskriege interimistisch an Intensität, erhielt jedoch in den 1820er Jahren neue Impulse: Alexander von Humboldt, der Peru zu Anfang des 18. Jahrhunderts bereist hatte, nahm als Unterstützer der Ablösebestrebungen der spanischen Kolonien in Lateinamerika regen Anteil an den Geschehnissen vor Ort und förderte den interkontinentalen Wissensaustausch sowie Akteure, die er als aussichtsreiche Gestalter der Zukunft der neu entstehenden Staaten einschätzte (vgl. auch Abbildung 53).

Zu diesem Personenkreis zählte Mariano de Rivero y Ustáriz (1798–1857) aus Arequipa (Peru), der im Alter von zwölf Jahren für Ausbildungszwecke nach Europa gekommen war und im Anschluss an einen Aufenthalt in England – mittlerweile 19-jährig – ab 1817 an der *École des Mines* in Paris studiert hatte. Infolge der Interaktionen mit Alexander von Humboldt, der ihm zur Vertiefung seiner montanistischen Kenntnisse eine Reise durch Bergreviere in England, Spanien, Frankreich und Deutschland empfahl, gelangte Rivero 1821 nach Sachsen.[128] Seine Anwesenheit in Freiberg lässt sich einerseits über ein Schreiben des Grafen von Einsiedel an den Vizeberghauptmann Freiherr von Herder, in dem er diesen bat, „*D. Rivero, Director der Bergwerke von Puno in Peru*“ die Besichtigung von bergbaulichen und Hüttenanlagen zu gestatten[129],

127 Vgl. Gavira 2015, S. 120.

128 Vgl. Deustua 2017, S. 55.

129 Siehe Schreiben des Grafen von Einsiedel an den Vizerberghauptmann Freiherr von Herder vom 17. April 1821 (UAF, OBA 193, Bl. 38).

andererseits über einen Eintrag in das Besucherbuch der Grube „Beschert Glück" nachvollziehen.[130] Aus dem Austausch mit lokalen Experten ging beispielsweise eine Erstbeschreibung eines von August Breithaupt in Böhmen entdecktem Eisen-Oxalats durch Rivero hervor, dem er – in Würdigung der Leistungen seines Mentors – den Namen Humboldtin gab.[131]

Die Kommunikation mit Humboldt riss auch nach der Weiterbildungstour nicht ab: Zwar gelangte der Vorschlag Riveros 1821, ausgewählte Schriften Humboldts ins Spanische zu übersetzen, aus zeitlichen Gründen nicht zur Umsetzung[132], jedoch konnte sein Mentor ihm die Teilnahme an der Boussingault-Expedition, die ab 1822 zum Zwecke der Erforschung und Erfassung des natürlichen Reichtums durch Regionen im Inneren des 1819 neugeschaffenen Staatengebildes Großkolumbien stattfand, ermöglichen. Über seine dabei schwerpunktmäßig durchgeführten Aktivitäten zur Lagerstättenerkundung berichtete Rivero in periodischen Abständen an Humboldt, der zur Zirkulation des Wissens in europäischen Fachkreisen durch Veröffentlichungen von Ausschnitten aus Riveros Korrespondenzen beispielsweise in den *Annales de Chemie et de Physique* beitrug.[133] Der fortlaufende Austausch brachte für Humboldt auch dahingehend Erkenntnisgewinn, insofern Rivero von einer gemeinsam mit Jean-Baptiste Boussingault (1801–1887) auf den Spuren seines Mentors durchgeführten Reise auf dem Orinoko unter Nutzung moderner Instrumente Messdaten lieferte, die Humboldt mit den von ihm selbst aufgezeichneten vergleichen konnte.[134]

Seine in Europa genossene Ausbildung und seine im Anschluss vollführten Aktivitäten prädestinierten Rivero freilich für die Übernahme einer Leitungsposition im Montanwesen: Im Jahr 1825 trat er in Peru das Amt des Generaldirektors für Bergbau und Erziehungswesen (*Director General de Minería y de la Instrucción pública*) an. In Erfüllung seiner Aufgaben initiierte er zum Zweck der Erweiterung des Wissensstands zu heimischen natürlichen Ressourcen und ihrer Nutzung die Einrichtung eines Nationalmuseums für Naturkunde, Altertümer und Geschichte und einer Bergakademie.[135]

130 In die Grube „Beschert Glück" in Freiberg fuhr Rivero gemäß den Aufzeichnungen im Besucherbuch Ende April/Anfang Mai 1821 ein (siehe SBM, 48/53, o. Bl.nr.).

131 Vgl. Deustua 2017, S. 55.

132 Vgl. Alaperrine-Bouyer 1999, S. 24.

133 Neben verschriftlichten Observationen übermittelte Rivero auch Mineralien an Humboldt. Zu den in den *Annales de Chimie et de Physique* veröffentlichten Beiträgen zählen die *Mémoire sur le lait de l'arbre de la vache (Palo de Vaca)*, t. XXIII 1923, S. 219-23 und eine *Analyse de l'eau du Rio Vinagre, dans les Andes de Popayan, par M. Mariano de Rivero, avec des éclaircissemens géognostiques et physiques sur quelques phénomènes que présentent le soufre, l'hydrogène sulfuré et l'eau dans les volcans*, t. XXVII, S. 113-36.

134 Vgl. Alparrine-Boyer 1999, S. 56.

135 Vgl. Tamayo et al. 2017, S. 121.

Beide Projekte konnten jedoch in den Wirren der postkolonialen Zeit aus politischen und finanziellen Gründen zunächst nicht zur Ausführung gebracht werden.[136]

Um dennoch zur Verbreitung von Wissen – insbesondere von solchem, das sich Rivero während seines Aufenthalts durch Europa angeeignet hatte – beizutragen, veröffentlichte er diverse Denkschriften zu berg- und hüttentechnischen Themen in dem von ihm ins Leben gerufenen, periodisch zwischen 1827 und 1829 erschienenen *Memorial de Ciencias Naturales y de Industrias Nacional y Extranjera*, dessen Schwerpunkt auf der Verbreitung aktueller wissenschaftlicher Ergebnisse aus dem In- und Ausland lag. Speziell auf seinen Aufenthalt in Freiberg nahm die Publikation *Amalgamación. Como se practica en Freyberg* Bezug, in der er das in Halsbrücke praktizierte Amalgamationsverfahren detailgenau beschrieb.[137] Auch den Wissensaustausch zwischen Fachkollegen der ex-spanischen Kolonien beförderte Rivero, in dem er beispielsweise Beiträge von Andrés Manuel del Río zu neuen wissenschaftlichen Erkenntnissen und innovativen Technologien im Berg- und Hüttenwesen[138] in seinem zwischen 1827 bis 1829 erschienenen *Diccionario de las principales voces técnicas de la mineralogía peruana* publizierte.[139]

4.1.5 Vizekönigreich Neu-Spanien

Das Vizekönigreich Neu-Spanien war im 18. Jahrhundert der bedeutendste Silberproduzent innerhalb des kolonialspanischen Territorialgefüges. Wie auch in Peru konnten die Fördervolumina über das gesamte Säkulum hinweg kontinuierlich gesteigert werden (vgl. Abbildung 52). Der Anstieg des mexikanischen Outputs lässt sich dabei inbesondere auf die Nutzung moderner Methoden bei der Auffahrung von Bergwerken, auf eine ausreichende Versorgung mit Arbeitskräften und preisgünstigem Quecksilber aus den Bergwerken von Almadén und Idrija sowie eine Verbesserung der ökonomischen Rahmenbedingungen, die Investitionen in Bergbauprojekte beförderten, zurückführen.[140] Dieses Umfeld kam den Modernisierungsbestrebungen der Monarchie zugute und bildete den Nährboden für Interventionen zur Einführung fortschrittlicher Bergbau- und Hüttentechnik, die im Kontext transatlantischer Wissenstransferprojekte befördert wurde.

136 Vgl. Deustua 2017, S. 58.

137 Siehe Rivero 1857, S. 10-20.

138 Vgl. Urbani 1994, S. 272.

139 Das Wirken Riveros als Direktor der peruanischen Bergbaubehörde fand durch den Regierungswechsel 1829 ein abruptes Ende, er emigrierte nach Chile und wandte sich verstärkt der naturwissenschaftlichen Forschung zu. Ein erneuter politischer Wechsel brachte ihn 1832 zurück nach Peru, wo er – insbesondere später als Diplomat – den montanistischen Wissenstransfer beförderte.

140 Vgl. TePaske 2010, S. 82.

Amalgamationsverfahren in Neu-Spanien und internationale Wissenszirkulation

Einer der Schwerpunkte im neuspanischen Bergbau in den letzten Dekaden des 18. Jahrhunderts lag auf der Einführung moderner Verfahren zur effizienten Verhüttung von Edelmetallerzen. Die Mitglieder der Expertengruppe aus Europa waren daher nach ihrer Arbeitsaufnahme in Neu-Spanien angehalten, sich in diversen Montanrevieren mit den lokal praktizierten Methoden der Edelmetallverarbeitung vertraut zu machen und diese zu evaluieren. Ihre Beobachtungen und Schlussfolgerungen ließen sie dabei nicht nur der Kolonialregierung, sondern auch Vertretern der internationalen Fachcommunity zukommen, wie über Korrespondenzen, aus denen Auszüge in Fachjournalen (beispielsweise in der *Bergbaukunde*) abgedruckt wurden, und Fachbücher ersichtlich wird.

Die von d'Elhuyar und seinen Kollegen unternommenen Untersuchungen ließen ihn recht bald zum Urteil kommen, dass der von Born in der 1786 veröffentlichten Schrift *Ueber das Anquicken der gold- und silberhältigen Erze, Rohsteine, Schwarzkupfer und Hüttenspeise ...* beschriebene *patio*-Prozess deutlich effizienter zu sein schien, als von dem Habsburger Experten angenommen. D'Elhuyar teilte Born am 7. Januar 1789 aus Guanajuato daher mit:

> Es scheint mir aber indessen doch hinreichend zu seyn, um glauben zu können, dass man durch diese Verfahrensart kaum so viel an Silber verliert, als wir glaubten. Das Verfahren ist auch für sich selbst schon sehr wirtschaftlich. (...) Die Dauer der Arbeit, und die Abgänge des Quecksilbers, sind daher für jetzo die grössten Mängel.[141]

Diesen die Vorteile der *patio*-Methode demonstrierenden Ausführungen folgte einige Monate später eine Klarstellung zum *cazo*-Prozess oder der warmen Amalgamation, auf deren Grundlage Born das in Glashütten praktizierte Verfahren weiterentwickelt hatte: „*Die Zugutmachung por Cazo, oder die Amalgamation in Kesseln wird, wie ich Ihnen schon gemeldet habe, bloss bey reichen Erzen angewandt.*"[142] Dazu in Ergänzung fügte ein weiterer Korrespondent – wohl Sonneschmid – aus Guanajuato am 14. März 1789 hinzu: „*Ich habe schon ... bemerkt, dass die reichern Erze nicht amalgamirt, sondern verschmolzen werden.*"[143]

141 Brief von Fausto d'Elhuyar an Ignaz von Born aus Guanajuato vom 7. Januar 1789. Abgedruckt in: Bergbaukunde 2 (1790), S. 426.

142 Brief von Fausto d'Elhuyar an Ignaz von Born aus Mexico vom 27. August 1789. Abgedruckt in: Bergbaukunde 2 (1790), S. 432.

143 Brief wohl von Friedrich Traugott Sonneschmid an Ignaz von Born aus Guanajuato vom 14. März 1789. Abgedruckt in: Bergbaukunde 2 (1790), S. 441.

Basierend auf ihren Observationen hinsichtlich der in Neu-Spanien in ihrer Vielfalt angewandten und an die jeweilige Erzzusammensetzung angepassten Verfahren wuchsen den Experten aus Europa relativ schnell Zweifel an einer weitgehend komplikationslosen Übernahme der von Born entwickelten Methode. Der Verfasser des Schreibens aus Guanajuato vom März 1789 äußerte folgerichtig: „... *denn im Ganzen die Europäische, oder besser gesagt, Ihre Anquickungsmethode einzuführen, kann wegen der Quantität der Erze, und des grossen Holzmangels nicht geschehen.*"[144] Diese Aussagen präzisierte Sonneschmid ein Jahr später in einem Brief an den Freiberger Hüttenverwalter Christlieb Ehregott Gellert, wobei er auch Zweifel an der Wirtschaftlichkeit der Methode von Born bei einem Einsatz im hispanoamerikanischen Bergbau anmeldete:

> Ich arbeite seit jener Zeit besonders an der Einführung unserer Amalgamation, und zwar für jezt nur mit Rücksicht auf diejenigen Erze, die man mit der landesüblichen Amalgamation nicht aufbereiten kann, und deswegen selbige zu schmelzen gezwungen ist. Denn ob unsere Amalgamation auch für jene armen Erze, die man mit der hiesigen bearbeiten kann, anwendbar seyn wird, bezweifle ich noch; indem die unsrige ungleich mehr Kosten als die landesübliche, erfordert, und obgleich bey der letzteren mehr Silber in den Rückständen bleibt, als bey der unsrigen, so beträgt selbiges doch bey weitem nicht so viel als man in Europa glaubt.[145]

Mit Ihren Aussagen bestätigten die aus Europa stammenden Experten freilich auch die Einschätzungen neuspanischer Gelehrter, die – wie beispielsweise Francisco Xavier de Sarría oder José Antonio de Alzate y Ramírez (1737–1799) – bereits beim Bekanntwerden der Verfahrensweiterentwicklung durch Born auf die Probleme, die eine flächendeckende Durchsetzung des *cazo*-Verfahren im kolonialen Bergbau verhinderten, verwiesen hatten und daher die Einführung eines nur gering abgewandelten Verfahrens als wenig zielführend einstuften.[146]

Unter Berücksichtigung der Erkenntnisse der europäischen und kreolischen Fachleute kam der Generalbergbaudirektor d'Elhuyar letztlich zum Schluss, dass nur eine Weiterentwicklung des Verfahrens der kalten Amalgamation sinnvoll sei.[147] Seine einfache Handhabbarkeit, die geringen hierfür notwendigen Investitionen in Technik und der niedrige Brennstoffbedarf machten es trotz hoher Quecksilberverluste und einer

144 Brief wohl von Friedrich Traugott Sonneschmid an Ignaz von Born aus Guanajuato vom 14. März 1789. Abgedruckt in: Bergbaukunde 2 (1790), S. 441.

145 Brief von Friedrich Traugott Sonneschmid an Christlieb Ehregott Gellert vom 12. Mai 1790. Abgedruckt in: Bergmännisches Journal, 8. Stück, August 1790, S. 172.

146 Vgl. Peset 1987, S. 128.

147 Vgl. Hausberger 2008, S. 622.

langen Prozessdauer zu einem effizienteren Verfahren als jeder anderer traditionell genutzter oder adaptierter Prozess der warmen Amalgamation.

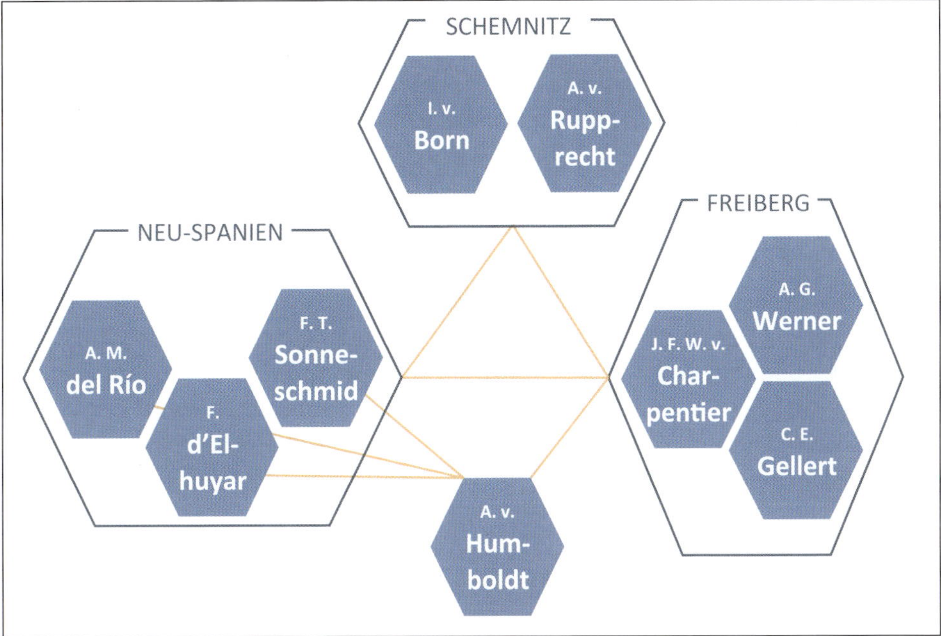

Abb. 54 | Netzwerke von in Sachsen, der Habsburger Monarchie und im Vizekönigreich Neu-Spanien tätigen Akteuren

Gleichwohl d'Elhuyar und weitere Mitglieder der Expertengruppe während ihrer Dienstzeit in Lateinamerika kontinuierlich über ihre Aktivitäten an Fachkollegen in Europa berichtet hatten (vgl. auch Abbildung 54), sah es Sonneschmid nach seiner Rückkehr nach Sachsen im Jahr 1800[148] als notwendig an – insbesondere auch um der Verbreitung von Halbwissen entgegenzuwirken[149] – eine zusammenfassende Darstellung zu den im neuspanischen Bergbau praktizierten Verfahren der Amalgamation zu publizieren. In der 1808 zunächst in spanischer, 1810 dann in deutscher Sprache erschienenen Schrift *Beschreibung der spanischen Amalgamation oder Verquiekung des in den Erzen verborgenen Silbers, wie sie in Mexico gebräuchlich ist* behandelte Sonneschmid detailliert die verschiedenen Methoden unter Aufführung der jeweils notwendigen Einsatzstoffe, der Prozessschritte und der technischen Ausstattung und ging auf die Bemühungen der in Europa qualifizierten Experten hinsichtlich der Anpassung be-

148 Der Zeitpunkt der Rückkehr von Sonneschmid nach Sachsen ist über Vermerke in Akten im *Archivo Histórico Nacional* (AHN, Estado, 166) nachvollziehbar.

149 Siehe Sonneschmid 1810, S. 3-4.

ziehungsweise Einführung neuer Verfahren ein. Mit diesem Überblickswerk erweiterte er den Wissensstand in Europa zu diesen metallurgischen Verfahren in beträchtlichem Maße.[150]

Wichtig war es Sonneschmid mit seiner Publikation auch, die Expertise und die Leistungen der lateinamerikanischen Hüttenleute zu verdeutlichen und die scheinbar existierende Überlegenheit europäischer Fachleute zu relativieren. In Hinblick auf die Durchführung des *patio*-Prozesses führte er daher aus:

> So wie ich aber fand, daß diese Methode, unter der Direction aufmerksamer und geschickter Amalgamierer, so mächtig wirkt, daß sie, von wirklichen Silbererzen, die zuweilen zwey bis drey Procent Silber halten, den Silbergehalt bis auf einen Rückstand von einem Viertel- oder Achtel-Loth, im Centner, auszuziehen vermag, und diese unbeschränkte Macht, nicht nur mit kleinen Quantitäten von Erzen, sondern mit Millionen Centnern ausübt: da, sage ich, verwandelte sich die vorherige etwas verächtliche idee, in wahre Verehrung dieser vortrefflichen Methode (...) denn die Deutsche Methode, bey welcher man die fein gemahlenen, gesiebten und mit Kochsalz vermengten Erze vorher röstet, ist ein Gleiches zu thun nicht im Stande.[151]

In Anknüpfung an die Überlegungen Borns, ein in Lateinamerika erfolgreich praktiziertes Verfahren auch in Europa nutzbar zu machen, schätzte er die Aussichten für eine Übertragung des *patio*-Prozesses als nur gering ein:

> Mit den geringen Kosten, welche diese Amalgamation in Amerika gemeiniglich erfordert, sie auch in Deutschland zu betreiben, möchte wohl nicht möglich seyn, aber damit wird die ihre nuzbare Anwendung noch nicht widerlegt.[152]

Weitaus erfolgreicher dagegen könne eine Anwendung eines von ihm entwickelten Verfahrens, das auf den in Hispanoamerika studierten Prozessen basiert, sein:

> Versuchen könnte man allenfalls, ob etwa meine Amalgamations-Methode, welche im letzten Capitel beschrieben werden soll, hier oder da, einigen Vorzug verdient. Ist sie auch nicht so einfach, wie die Amerikanische, so ist sie doch viel einfacher als die in Deutschland eingeführte.[153]

150 Vgl. Bargalló 1955, S. 197.
151 Sonneschmid 1810, S. 10-11.
152 Ibd., S. 19.
153 Ibd.

Inwieweit sein Vorschlag in europäischen Montanrevieren Umsetzung fand, wurde im Rahmen dieser Forschungsarbeit nicht recherchiert.

Die Ausführungen zeigen, dass die Amalgamation ein populäres Thema des transatlantischen Wissensaustauschs innerhalb der Fachcommunity war. Sonneschmid, der aktiv zur Wissenszirkulation zu Verfahren der Verhüttung von Erzen beitrug, beförderte darüber hinaus – neben Alexander von Humboldt – auch die Verbreitung von Wissen zum Ressourcenreichtum Neu-Spaniens in Europa. Wie auch eine Reihe anderer deutschsprachiger Experten hatte er während seines Aufenthalts in Neu-Spanien diverse Prospektionsreisen – unter anderem in die heutigen Bundesstaaten México, Hidalgo, Guanajuato, San Luis Potosí, Zacatecas, Durango und Jalisco – unternommen. Seine Beobachtungen und zweifellos auch die seiner Kollegen[154] verschriftlichte er in der Publikation *Mineralogische Beschreibung der vorzüglichsten Bergwerks-Reviere von Mexiko oder Neuspanien* (1804).[155] Sonneschmid brachte damit noch vor Alexander von Humboldt Daten zu Rohstofflagerstätten in Mexiko in Europa in Umlauf, wenngleich davon auszugehen ist, dass seine Publikation eine geringere Verbreitung als die Schriften des berühmten Preußen fand.

Installation einer Wassersäulenmaschine im Real del Monte

In der interkontinentalen Kommunikation fanden neben der Amalgamation noch weitere Projekte Erwähnung, bei denen unter Nutzung von Wissen aus europäischen Montanrevieren technische Anlagen im hispanoamerikanischen Bergbau modernisiert oder neu errichtet wurden.

In Anknüpfung an die Entwicklungen im europäischen Montansektor wurde in den ersten Jahren des 18. Jahrhunderts auch in Mexiko intensiv der Einsatz von Dampfmaschinen zur Wasserhaltung von Gruben und zur Erzgewinnung diskutiert. Eine derartige, aus England importierte Maschine wurde ab 1787 in den Bergwerken von Almadén aufgebaut; sie war allerdings erst ab 1805 voll funktionstüchtig.[156] Die Kolonialregierung sah einen Transfer dieser Technologie nach Neu-Spanien als nutzbringend an, so dass der Generalbergbaudirektor d'Elhuyar 1803 entsprechende Untersuchungen des Einsatzpotenzials vorzunehmen hatte. In Abweichung zu den Vorstellungen der Verwaltung kam d'Elhuyar jedoch in einem enstprechenden Gutachten zum Schluss, dass zum aktuellen Zeitpunkt alternative technische Vorrichtungen wie hydraulische Pumpen oder Wassersäulenmaschinen dem Einsatz einer Dampfmaschine

154 Fausto d'Elhuyar fasste seine Erkenntnisse bei der Lagerstättenerkundung vorrangig in Berichten für das *Tribunal de Minería* bzw. die Kolonialregierung zusammen, beispielsweise in der Schrift *La descripción cronológica de los minerales del Reyno* (1793), die detaillierte Beschreibungen von Lagerstätten und eine Evaluierung ihrer Abbaupotenziale enthält (vgl. Palacios 1992, S. 417).

155 Vgl. Escamilla/Morelos 2017, S. 88.

156 Vgl. Calderón 2017, S. 236.

vorzuziehen seien. Er begründete sein Votum einerseits mit den in vergangenen Jahren ausgeführten Entwicklungsarbeiten bei Wassersäulenmaschinen, in deren Folge diese gut an regionale Gegebenheiten angepasst wurden, andererseits mit dem hohen Brennstoffverbrauch der Dampfmaschine, wobei er darauf verwies, dass die hierfür notwendigen Kohlevorkommen sich in zu weiter Entfernung von den für den Einsatz anvisierten Montanrevieren befänden. Einem zukünftigen Betrieb von Dampfmaschinen stand er grundlegend positiv gegenüber, sah jedoch auch hier die Notwendigkeit Anpassungen vorzunehmen, wofür er insbesondere die an der Bergakademie in Mexiko-Stadt lehrenden Montanexperten in der Pflicht sah.[157]

Auf Basis dieser Einschätzungen, die das Resultat von Abstimmungen zwischen d'Elhuyar und del Río darstellten, kam es bei einem seinerzeit im Montanrevier Real del Monte (Provinz Hidalgo) zu realisierendem Projekt zum Ausbau eines Bergwerks, das den Abbau in größeren Teufen ermöglichen sollte, zur Errichtung einer großdimensionierten Wassersäulenmaschine. Die Konstruktion orientierte sich an Vorbildern in Bergrevieren der Habsburger Monarchie und Sachsen, mit deren Funktionsweisen sich del Río gründlich auseinandergesetzt hatte, wie beispielsweise seine in Freiberg erfolgte Übersetzung von Langsdorf's *Versuchs einer neuen Theorie Hydrodynamischer und Pyrometrischer Grundlehren* ... (siehe auch Kapitel 2.2.4) und ein in Schemnitz erstelltes und 1788 an den spanischen Marineminister Valdés übermitteltes Gutachten zum Betrieb einer Pumpe belegen.[158]

Trotz der Expertise der beiden Montanexperten del Río und d'Elhuyar gelang es nicht, die Maschine vollumfänglich nutzbar zu machen, wie nach Europa übermittelte Nachrichten zeigen. Alexander von Humboldt, der das Bergrevier Mitte Mai 1803 besuchte, war zwar voll des Lobes hinsichtlich der Konstruktion:

> Diese Machine, die erste dieser Art, welche in Amerika verfertigt wurde, hat viele Vorzüge vor der Ungarischen, und wurde nach den Berechnungen und Planen des Herrn del Rio, Professors der Mineralogie in Mexiko, ausgeführt, welcher die berühmtesten Bergwerke von Europa besucht hat, und die gründlichsten mit den mannigfaltigsten Kenntnissen vereinigt.[159]

157 Vgl. Fernández 2008, S. 14-23.

158 Das Gutachten mit dem Titel *Memoria sobre una maquina, con la cual se extraen las aguas de las minas de Schemnitz en la baxa Hungria* wird heute im *Archivo General de Indias* (AGI, Mapas y Planos, Minas, 48) aufbewahrt.

159 Humboldt 1813, S. 86.

verwies aber zugleich auf die Schwächen ihres Standorts:

> Es ist Schade, dass diese schöne Maschine an einem Ort ist, wo man nicht immer das nöthige Wasser findet, um sie in Bewegung zu sezen. Während meines Aufenthalts in Moran konnten die Pompen täglich nur drei Stunden gehen.[160]

Auch das Beispiel dieser Wassersäulenmaschine zeigt, dass der Transfer einer Technologie und deren Adaption an lokale Gegebenheiten von einer Vielzahl teilweise vorher in ihrem Einfluss kaum einschätzbarer Faktoren abhingen. Oft führten solche wenig erfolgreichen Transferprojekte dazu, dass von einer flächendeckenden Einführung weiterer derartiger Anlagen Abstand genommen wurde. Der zwischen 1825 und 1834 in Mexiko agierende Joseph Burkart beschrieb die Situation in seinem 1836 veröffentlichten Reisebericht dann auch folgendermaßen:

> Da die auf der Grube Moran bei Real del Monte erbaute Wassersäulenmaschine in ihren Leistungen den Erwartungen nicht entsprach, so unterblieb auch jeder andere Versuch einer Wasserhaltung durch Pumpen oder sonstige Maschinen, bis im Jahr 1822 die erste Dampfmaschine aus England nach Catorze gebracht ward."[161]

Aufbau einer Eisenhütte bei Coalcomán

Kurze Zeit nach Installation der Wassersäulenmaschine setzte die Kolonialregierung erneut auf die technische Expertise del Ríos und verpflichtete ihn zur Realisierung eines Projekts zum Aufbau einer Eisenhütte. Der ökonomische Aufschwung zu Ende des 18. Jahrhunderts hatte in Mexiko zu einer steigenden Nachfrage nach Erzeugnissen aus Eisen und Stahl geführt. Auf den Handel des für die Herstellung dieser Produkte notwendigen Eisenerzes beziehungsweise Stahls besass die Monarchie das Monopol, so dass die Versorgung der Kolonien größtenteils über Importe aus dem Mutterland erfolgte. Die letzten Jahre des Jahrhunderts waren durch Lieferengpässe geprägt, die interimistisch durch die auf dem Atlantik ausgetragenen Kriegshandlungen zwischen England und Spanien verschärft wurden. Die Zuspitzung des Konflikts in den Jahren 1804 und 1805 nahm die Kolonialregierung zum Anlass, die Etablierung von Eisenhütten auf neuspanischem Boden zu forcieren.

In Vorbereitung der Standortwahl erfolgte zunächst eine Erkundung relevanter Lagerstätten verbunden mit einer Evaluation des Abbaupotenzials der Erze, für die zu großen Teilen del Río verantwortlich war. Auf seine Empfehlung hin wurde das Bergrevier bei Coalcomán (im heutigen Bundesstaat Michoacán) für die Errichtung einer

160 Humboldt 1813, S. 87.
161 Burkart 1836, Bd. 2, S. 262-263.

ersten Hütte bestimmt. Für die Vorarbeiten und den Aufbau der technischen Anlage zog del Río Studenten und Absolventen der Bergakademie heran, die damit gleichzeitig praktische Erfahrungen in der Hüttenindustrie sammeln konnten.[162] Bei der Konstruktion und dem Betrieb der Öfen orientierte er sich an neuesten Entwicklungen in Frankreich und England und brachte das von dem Engländer Henry Cort (1740–1800) 1784 erfundene Puddelverfahren zur Herstellung von Schmiedeeisen aus Roheisen zum Einsatz.[163]

Wenngleich die militärischen Auseinandersetzungen im Rahmen der Unabhängigkeitsbestrebungen bewirkten, dass die Hütte ihre Produktion bereits 1810 wieder unterbrechen musste, zirkulierte auch weiterhin Wissen zu ihrem Betrieb, denn del Río gab entsprechende Erkenntnisse in Lehrveranstaltungen der Bergakademie an seine Schüler weiter.

Die Eisenhütte bei Coalcomán stellt somit ein recht erfolgreiches Beispiel für die Anwendung und Adaption von in Europa generiertem Wissen in Lateinamerika dar – auch wenn die politische Situation einen dauerhaften Betrieb verhinderte.

4.2 Portugiesisches Kolonialreich

Für die portugiesische Monarchie lag einer der Wissenstransferschwerpunkte im montanistischen Sektor an der Wende vom 18. zum 19. Jahrhundert auf dem Aus- und Aufbau der Eisenindustrie. Die Notwendigkeit eines schnellen Aufschwungs dieses Industriezweiges ergab sich aus der dringend benötigten Erweiterung der militärischen Ausrüstungskapazitäten angesichts der drohenden Invasionen durch spanische und französische Militäreinheiten. Die Monarchie konzentrierte ihre Bestrebungen zunächst auf eine Reaktivierung von Anlagen in Iberoportugal, wie auch aus den entsprechenden, detaillierten Ausführungen der 1802 veröffentlichten Verordnung (vgl. Kapitel 3.2.2) hervorgeht.

Relevante Aktivitäten wurden infolge der militärischen Auseinandersetzungen im Kontext der französischen Invasionen wiederholt unterbrochen. Nach dem Umzug des portugiesischen Königshofs nach Brasilien 1807/08 verlor die Eisenerzverhüttung in Iberoportugal merklich an Bedeutung. Der Fokus der Monarchie verlagerte sich nun auf den Aufbau einer Eisenindustrie im überseeischen Territorium, die zur Befriedigung des Bedarfs an militärischer Ausstattung und des täglichen Lebens der monarchischen Familie mit ihrem Gefolge und dem Beamtentum beitragen sollte.

162 Vgl. Escamilla/Morelos 2017, S. 114.
163 Vgl. Uribe 2006, S. 251-254.

Im Kontext der Etablierung und Modernisierung von Eisenhütten setzte die Monarchie auf den Transfer von Wissen zu fortschrittlichen Verhüttungsverfahren durch Einsatz von in Mittel- und Nordeuropa qualifizierten Experten. Diese waren in den ersten Jahren des neuen Jahrhunderts zunächst im iberoportugiesischen Montanwesen aktiv, wechselten dann in der zweiten Hälfte der Dekade im Gefolge des Königshofs nach Brasilien.

4.2.1 *Fachkräfteakquise im deutschen Sprachraum*

Die Akquise von Fachkräften aus dem deutschen Sprachraum ging prioritär auf die Initiative des 1801 zum iberoportugiesischen Generalbergbaudirektor berufenen José Bonifácio de Andrada e Silva zurück, der zur Erfüllung der Aufgaben in der 1802 erlassenen Verordnung ausreichend qualifiziertes Personal als notwendig ansah.

Seine in diesem Sinne geäußerten Vorschläge wurden von der portugiesischen Monarchie positiv aufgenommen, die ihre Vertretung in Preußen entsprechend instruierte. Dem in Berlin stationierten Gesandten Fernando Correia Henriques de Noronha (1768–1821) gelang es recht bald – im Jahr 1802 – über seinen Netzwerkpartner Friedrich Sigismund Waitz von Eschen (1745–1808)[164] Experten vorrangig aus dem hessischen Bergbau anzuwerben.[165] Zu diesen sechs Experten, die in portugiesische Dienste eintraten, zählten der bereits erwähnte Friedrich Wilhelm von Eschwege (als Hüttenverwalter), Johann Martin Stieffel (?–?)[166] und Friedrich Ludwig Wilhelm Varnhagen (1783–1842)[167] (vgl. Abbildung 55).

Aus Unterlagen im Nachlass Eschwege im Marburger Staatsarchiv geht hervor, dass sie für einen Zeitraum von zehn Jahren für die Arbeit in der Eisenhüttenindustrie im portugiesischen Kolonialreich verpflichtet wurden. Eschwege und Stieffel erhielten eine Entlohnung in Höhe von je 400 Millerees pro Jahr, Varnhagen dagegen nur

164 Waitz von Eschen war seit seit 1786 Präsident und Direktor der Berg-, Salz- und Blaufabenwerke in Hessen-Kassel. In Ergänzung dazu entsandte ihn der Landgraf Wilhelm IX. ab 1790 verstärkt auf diplomatische Missionen, die ihn unter anderem an die Höfe in Wien, London, Berlin und Paris führten und bei denen er seine internationalen Netzwerke deutlich erweitern konnte (Lehsten o.D.).

165 Die mit Waitz von Eschen geführten Verhandlungen zur Anwerbung der Experten sind heute nur noch in begrenztem Umfang nachvollziehbar, da das Archiv der Familie Waitz von Eschen im zweiten Weltkrieg in Kassel verbrannte. (Die Autorin dankt Dr. Karl Murk vom Hessischen Staatsarchiv Marburg für diese Auskunft.)

166 Der aus Schmalkalden stammende Stieffel war Besitzer einer zum Zeitpunkt der Anwerbung insolventen Eisenfabrik gewesen (vgl. Guimarães 1999/2000, S. 59).

167 Varnhagen stammte aus Arolsen und hatte chemische und montanistische Studien absolviert (vgl. Guimarães 1999/2000, S. 59).

200 Millerees.[168] Eschwege wurde als dem am höchsten qualifizierten Experten neben Religionsfreiheit am Einsatzort eine lebenslage Pension in Höhe von 200 Millerees jährlich nach Ausscheiden aus dem Dienst der portugiesischen Monarchie zugestanden. Seine Zusage zu diesem Arbeitsvertrag erteilte Eschwege am 15. Mai 1802, die Vereinbarung wurde mit königlichem Dekret vom 18. Juli 1803 besiegelt.[169]

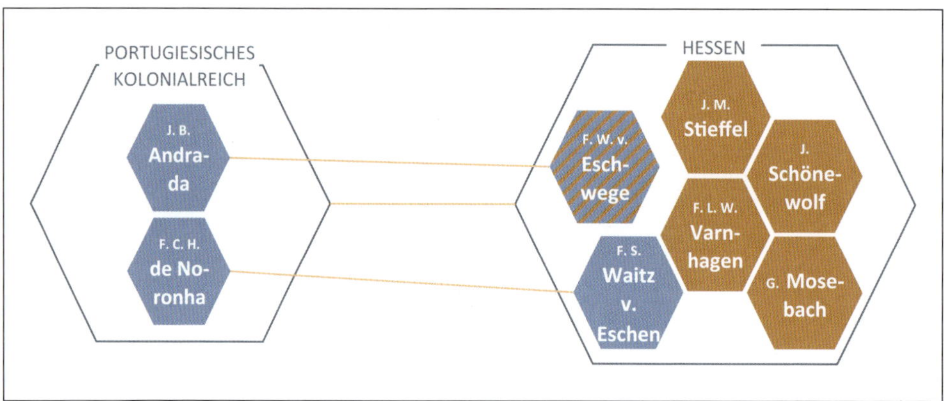

Abb. 55 | Netzwerke zur Fachkräfteakquise für das portugiesische Kolonialreich (orange = angeworbene Experten)

Nach einem längeren Aufenthalt in Portugal kehrte Eschwege 1804/5 für einen Kurzbesuch nach Deutschland zurück und konnte bei dieser Gelegenheit weiteres Fachpersonal – drei Berg- und vier Hüttenleute sowie einen Schreiner – für Tätigkeiten im portugiesischen Montanwesen gewinnen.[170]

4.2.2 *Iberoportugal*

Die seinerzeit bedeutendste Eisenhütte Portugals befand sich am Zusammenfluss der Flüsse Alge und Zêzere in der Nähe von Figueiró dos Vinhos, ca. 50 km von Coimbra (Zentralportugal) entfernt (siehe Abbildungen 56 und 57).

168 zum Wert in Reichsthalern, vgl. Fußnote 23, Kapitel 3.
169 Siehe HStaM, 340 NL Eschwege, III Persönliche Dokumente, Patente und Dekrete, o. Bl.nr.
170 Vgl. Guimarães 1999/2000, S. 59, Kunstmann 1848, S. 92.

Abb. 56 und 57 | Ruinen der Eisenhütte an der Mündung des Flusses Alge in den Zézere (2018)

Eisenerz wurde in der Region bereits seit Ende des 16. Jahrhunderts gewonnen und traditionell an dieser Stelle prioritär für militärische Zwecke verarbeitet. Sinkende Fördermengen aus den lokalen Lagerstätten hatten in den letzten Dekaden des 18. Jahrhunderts dazu geführt, dass vorrangig importierte Rohstoffe verarbeitet wurden.[171] Um von Einfuhren unabhängiger zu werden, sollten verstärkt heimische Rohstoffe genutzt werden. Dies setzte einerseits die Durchführung umfangreicher Explorationsaktivitäten, andererseits die Wiederinbetriebnahme der Eisenhütte unter Anwendung moderner Verhüttungsverfahren voraus.

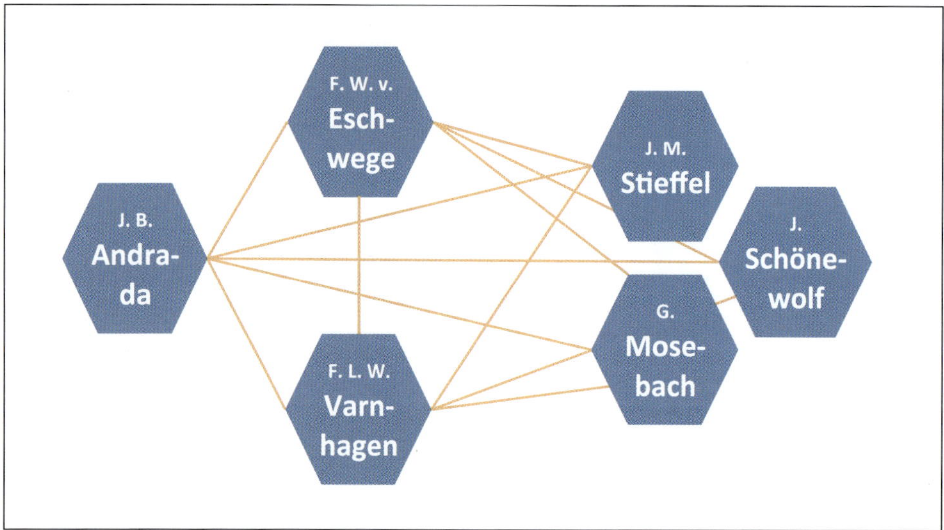

Abb. 58 | Netzwerke von in Iberoportugal tätigen, im deutschen Sprachraum ausgebildeten Akteuren

Die Arbeiten an der Eisenhütte in Figueiró dos Vinhos gingen trotz des Einsatzes des deutschsprachigen Personals mit technischer Expertise (vgl. Abbildung 58) nur in kleinen Schritten voran. Eine schnelle Inbetriebnahme scheiterte an veralteter Technik und nicht hinreichend qualifiziertem lokalen Personal. Die Experten aus dem deutschen Sprachraum mussten eine Vielzahl von Versuchen durchführen, um einerseits das Verfahren auf die zur Verfügung stehenden Eisenerze auszurichten und dieses andererseits so anzupassen, dass eine effiziente Produktion möglich war. Nach einer längeren Testperiode, während der der Aufbau der Öfen mehrmals überarbeitet wurde, gelang schließlich Varnhagen in der Zeit von Eschweges Abwesenheit 1804/5 ein erster

171 In Portugal wurde vorrangig aus Schweden und dem spanischen Baskenland importiertes Eisenerz verarbeitet; nahezu 40 Prozent der schwedischen Eisenerzexporte gingen im 18. Jahrhundert nach Portugal (vgl. Uriarte 2003, S. 318-319).

Abstich. Die Eisenproduktion in größerem Umfang konnte jedoch nicht vor 1807 beginnen.[172]

Eine zusammenfassende Darstellung dieser Arbeiten an der Eisenhütte versehen mit einem Überblick über die in Portugal gängigen Verfahren der Eisenverhüttung veröffentlichte Eschwege einige Jahre später. Die an das Publikum im deutschen Sprachraum gerichtete Schrift *Nachrichten aus Portugal und dessen Colonien* (1820) enthielt neben Ausführungen zur Eisenverarbeitung auch Berichte zu von Eschwege in Portugal unternommenen Reisen und dabei getätigten geologischen Observationen. In ihrer Detailliertheit zählte sie damit zu den wenigen Publikationen ihrer Zeit, die zur Zirkulation von in Portugal generiertem montanistischen Wissen im Ausland beitrugen.

Die Eisenhütte bei Figueiró dos Vinhos konnte aufgrund der Invasion französischer Truppen in Portugal und der angespannten politischen Situation nicht dauerhaft betrieben werden. Zwar trug sie interimistisch zur Produktion von Kriegsmaterial bei, jedoch führten diverse Umstände, wie beispielsweise der Abzug von Varnhagen (1809) und Eschwege (1810), die zur Erfüllung von Aufgaben im Montanwesen nach Brasilien beordert wurden, wiederholt zu Unterbrechungen. Die Produktion an dem Standort wurde nach einem kurzen Aufleben während des Miguelistenkriegs (1832-34) letztlich in den 1830er Jahren komplett eingestellt.

4.2.3 Brasilien

Impulse von in Europa qualifizierten Experten bei der Etablierung der Eisenindustrie in Brasilien

Das brasilianische Montanwesen erhielt durch die Ansiedelung des Königshofs in der ersten Dekade des 19. Jahrhunderts einen bedeutenden Schub. Nachdem sich die Extraktionsaktivitäten bis dato vorrangig auf Edelmetallerze und Edelsteine konzentriert hatten, rückten nun zunehmend auch Bodenschätze, deren Lagerstätten in den vergangenen Jahrzehnten zwar entdeckt, aber bisher nur rudimentär ausgebeutet wurden, in den Fokus. Zu diesen Ressourcen zählte das Eisenerz, das für die Herstellung von militärischer Ausrüstung, von Produkten des täglichen Gebrauchs, von Werkzeugen und technischen Anlagen und vielem mehr benötigt wurde. Um entsprechende wirtschaftliche Aktivitäten anzukurbeln, wies die Krone nach ihrer Ankunft die Aufhebung des durch eine Verordnung vom 5. Januar 1785 festgelegten Verbots, Fabriken im überseeischen Territorium des Reichs zu betreiben, an und stellte – um die Errichtung neuer

172 Vgl. Guimarães 1999/2000, S. 60-61, Toussaint 2001, S. 629.

Produktionsstätten zu stimulieren – Steuerermäßigungen in Aussicht.[173] Auf dieser Basis nahm der Aufbau einer Eisenindustrie in Brasilien seinen Anfang.

Da aufgrund des bisher geltenden Verbots kaum Wissensträger mit ausreichend wissenschaftlich-technischem Knowhow in Brasilien aktiv waren[174], kamen die auf Initiative von Andrada und Eschwege angeworbenen Fachleute aus dem deutschen Sprachraum zum Einsatz, die zu diesem Zeitpunkt größtenteils auf mehrjährige Erfahrungen im portugiesischen Hüttenwesen verweisen konnten.[175] Dieser Gruppe zugeordnet wurde Câmara, der in seinen Positionen als Montanbehördenleiter in Brasilien bisher wohl eher erfolglos agiert hatte. Wie aus den Ausführungen zu seiner Qualifizierungstour durch Europa (vgl. Kapitel 2.3.1) hervorgeht, hatte sich Câmara an mehreren Standorten intensiv metallurgischen Fragestellungen gewidmet.

Vornehmlich Câmara unternahm in Vorbereitung der Etablierung von Eisenhütten ausgedehnte Prospektionstouren, in deren Ergebnis die Regionen um die Ortschaften Morro do Pilar im Diamantendistrikt Serro Frío, Congonhas do Campo in der Kapitanie Minas Gerais und Ipanema in der Kapitanie São Paulo – somit in Regionen, in denen sich nach damaligem Kenntnisstand die ergiebigsten Eisenerzlagerstätten Brasiliens befanden – als passende Standorte für die zu errichtenden Eisenhütten identifiziert wurden. Über die Aktivitäten zum Aufbau und Betrieb der Hütten im Einzelnen geben diverse von Eschwege verfasste Schriften[176] Auskunft, mit denen er zur internationalen Zirkulation von Wissen zur Etablierung der Eisenindustrie in Lusoamerika beitrug.

Für die Finanzierung der Eisenhütten wurden zwei unterschiedliche Modelle angewandt. Das Werk in Morro do Pilar, das unter Federführung von Câmara errichtet wurde, erhielt Mittel aus dem Staatshaushalt. Für die Aufbauphase wurde im Jahr 1808 ein Startkapital in Höhe von 10 *Contos de reis*[177], für die beiden Folgejahre jeweils 4 *Contos de reis* aus der Kasse der Diamanten-Administration zur Verfügung gestellt.[178] Zur Etablierung der beiden anderen Hütten wurden Gesellschaften, denen gemäß den Regelungen im *Alvará* von 1803 steuerliche Vorteile gewährt wurden, gegründet. Die Teilhaber entstammten den lokalen ökonomischen Eliten, die wie auch die Monarchie ein hohes wirtschaftliches Interesse an einer funktionierenden Eisenindustrie hatten. Eschwege selbst brachte für die in Congonhas do Campo unter seiner Leitung installier-

173 Vgl. Rinke/Schulz 2013, S. 66-67.

174 In Brasilien wurden bis zur Ankunft des Königshofes nur kleine, den lokalen Bedarf deckende Eisenhütten mit einfachen Öfen betrieben.

175 Vgl. Eschwege 1833, S. 407, Pinto 2003, S. 328.

176 Zu den von Eschwege verfassten Schriften zur Eisenhüttenindustrie zählt der in deutscher Sprache 1833 veröffentlichte *Pluto Brasiliensis* (Sechste Abtheilung).

177 1 Conto de Rees = 1.000 Millerees = 1.000.000 Rees (siehe Eissenbeiss 1830, S. 505). Zur Umrechnung in Reichsthaler vgl. Fußnote 23, Kapitel 3.

178 Vgl. Mendonça 1958, S. 146.

ten Hütte einen Gesellschafteranteil in Höhe von 20 Prozent auf, ein weiterer Großinvestor war die lokal einflussreiche Familie des Grafen Palma.[179]

Wie schon in Figueiró dos Vinhos stellte sich der Aufbau der Hütten als ein langwieriges und problembehaftetes Unterfangen heraus, bei dem insbesondere der Fachkräftemangel und Schwierigkeiten bei der technischen Umsetzung zu überwinden waren. Insbesondere am Standort Ipanema kam es zu deutlichen Verzögerungen nach Projektbeginn. Grund hierfür war der Einsatz einer Gruppe von zwanzig in Schweden angeworbenen „Hüttenleuten", bei denen – wie sich im Laufe der Zeit immer deutlicher herausstellte – kaum Fachwissen vorhanden war. Ihnen gelang es lediglich, vier kleinere Öfen aufzustellen, die jedoch nicht die gewünschte Menge an Eisenerz verarbeiteten.[180] Im Nachgang zu einer Inspektion der Arbeiten durch Carlo Antonio Napione und Varnhagen im Jahr 1812 wurde entschieden, das Projekt in die Hände von Varnhagen zu legen, der dann ab 1814 den Aufbau der Hütte in leitender Funktion voranbrachte. Um den bisher ungenügenden Fortschritt auszugleichen und die Arbeiten zu beschleunigen, stellte die Monarchie für die Aufbauphase Mittel in Höhe von 48 *Contos de reis* (über die Folgejahre verteilt) zur Verfügung.[181]

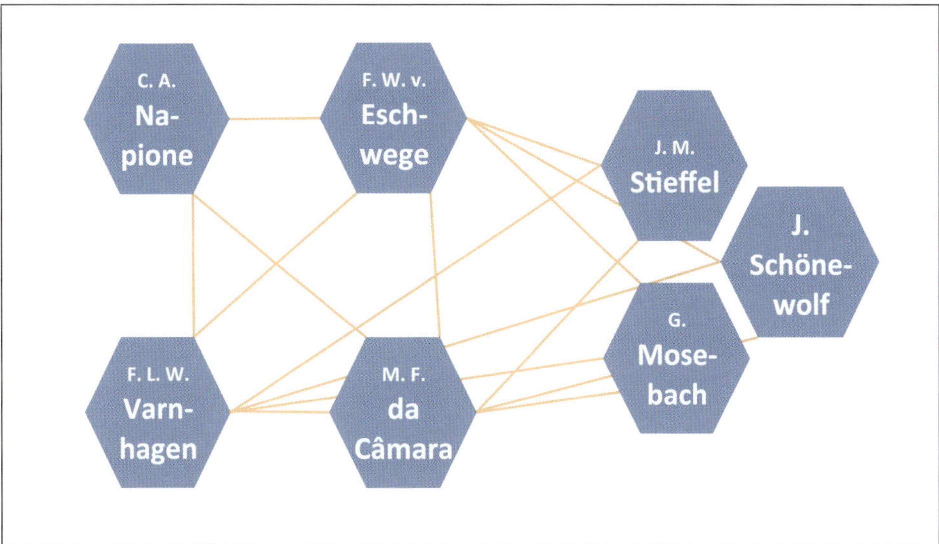

Abb. 59 | Netzwerke von in Brasilien tätigen, im deutschen Sprachraum ausgebildeten Akteuren

179 Vgl. Mendonça 1958, S. 182, Eschwege 1833, S. 518/571.
180 Vgl. Eschwege 1818, Bd. 1, S. 232.
181 Vgl. Triner 2011, S. 43.

Sowohl Varnhagen als auch Câmara setzten bei ihren Projekten auf die Anwendung der technisch anspruchsvollen Hochofentechnologie, da sie, wie Câmara in einem für den Monarchen bestimmten Vermerk zu seinen Aktivitäten ausführt, *„zwar von allen Metallurgen als die schwierigste angesehen wird, jedoch die meisten Vorteile bringt“*.[182] Aufgrund der Komplexität des Verfahrens und der hierfür benötigen speziellen Anlagen und Bauteile verzögerte sich die Inbetriebnahme dieser beiden Hütten deutlich. Das nur geringe Knowhow der lokalen Arbeitskräfte machte den Einsatz der übrigen aus dem deutschen Sprachraum stammenden Hüttenleute unverzichtbar (vgl. Abbildung 59). Eschwege, der einige dieser Fachkräfte in Hessen angeworben hatte, konnte dabei aus dieser Situation besonderen Nutzen ziehen. Mithilfe von Schönewolf und Mosebach[183] und durch Nutzung eines weniger komplexen Verfahrens und kleineren Öfen gelang es ihm, im Jahr 1812 erstmalig in Brasilien Roheisen zu produzieren. Die Eisenhütte konnte damit den lokalen Bedarf in den nächsten Jahren stillen.[184]

Bei der Durchführung ihrer Projekte standen Câmara, Eschwege und Varnhagen untereinander in kontinuierlichem Austausch[185], dazu wechselten Hüttenleute wie Schönewolf häufig zwischen den Standorten, um den Fortschritt der Arbeiten zu begutachten und die Inbetriebnahme der Hütten voranzutreiben. Inwieweit der Mangel an qualifiziertem Personal den Fortschritt behinderte, beschrieb auch Eschweges Bruder während einer von ihm unternommenen Reise durch Brasilien. Am 17. September 1814 und damit kurze Zeit nachdem es Câmara gelungen war, in Morro do Pilar einen Hochofen in Betrieb zu nehmen, berichtete er an Carl Erenbert von Moll: *„Aus Mangel an geschickten Gehülfen sind seine ersten Versuche, Eisen zu schmelzen misslungen; denn wenn er sich etwas vom Hochofen entfernte um auszuruhen, liessen die Sclaven den Ofen ausgehen.“*[186] Diese Ausführungen zeigen, in welch hohem Maße Spezialwissen und dessen Vermittlung beziehungsweise Anwendung für den Wirtschaftszweig von Bedeutung war und wie Großprojekte durch fehlendes Knowhow verzögert oder zu Fall gebracht werden konnten.

182 Mendonça 1958, S. 152, Vermerk ohne Datum. Original: *„trabalho considerado por todos os metalurgistas pelo mais dificil da metalurgia, sendo todavia aquêle de que resultam maiores vantagens.“*

183 Der Schmelzmeister Johannes Schönewolf (?-?) und der Bergmeister Georg Mosebach (?-?) waren bereits in der Eisenhütte in Figueiró dos Vinhos beschäftigt gewesen (siehe Eschwege 1820, S. 108). Schönewolf kehrte 1821 nach Deutschland zurück (siehe Eschwege 1833, S. 528).

184 Vgl. Sommer 1928, S. 98.

185 Korrespondenzen, die den Dialog zwischen Câmara, Varnhagen und Eschwege belegen, befinden sich im Eschwege-Nachlass im Hessischen Staatsarchiv Marburg. Gegenstand des Austauschs waren dabei nicht nur Prozesse der Verhüttung von Eisenerz, sondern auch anderer Rohstoffe, wie beispielsweise Ausführungen Câmaras zur Verarbeitung von Zinnerzen, die er unter Nutzung seines im sächsischen Bergbau erlangten Wissens an Eschwege in einem Brief vom 20. Januar 1814 übermittelte, zeigen (siehe HStAM, 340 Eschwege).

186 Moll 1829, Bd. 1, S. 148.

Die diffizile Situation und immer wiederkehrende Ausfälle führten im Folgejahr – nach Übernahme der Leitung der Hütte durch Schönewolf – zu einer Abkehr von der technisch komplexen Hochofentechnologie, für deren Anwendung nur ungenügende Voraussetzungen in Brasilien bestanden. Mit kleineren – sich in ihrer Konstruktion am Vorbild der in Congonhas do Campo errichteten orientierenden – Öfen produzierte die Fabrik zwischen 1815 und 1821, dem Jahr der Rückkehr des Königshofs nach Portugal, insgesamt reichlich 100 t Eisen, womit die Produktionsvolumina unter den hoch gesteckten Erwartungen blieben und der Hüttenbetrieb ein Verlustgeschäft darstellte. Als Gründe hierfür werden in der ausgewerteten Literatur Inkompetenzen im technischen Bereich und beim Management sowie die Standortwahl mit einer Lage, die durch Wasser- und Holzmangel charakterisiert war, genannt.[187] Die Produktion der Hütte stagnierte in den 1820er Jahren, 1831 kam es zur endgültigen Schließung.

Weitaus erfolgreicher entwickelte sich dagegen der Hüttenstandort Ipanema. Varnhagen ließ nach seiner Ernennung zum Direktor der Produktionsstätte die von den Schweden errichteten Öfen zunächst weiter betreiben, um eine kontinuierliche Eisenproduktion sicherzustellen. Parallel dazu arbeitete er an der Errichtung eines Hochofens, mit dem er ab 1818 Eisen im industriellen Maßstab produzieren konnte.[188] Nach Angaben von Eschwege erzeugte die Hütte zwischen 1815 und 1821 reichlich 236 t Stabeisen sowie zwischen 1818 und 1821 reichlich 265 t Gusseisen. Trotz dieser im Vergleich zur Hütte von Morro do Pilar hohen Produktionsmenge, schrieb nach Eschwege auch die Hütte in Ipanema deutlich Verluste, die sich im Jahr 1821 bei beiden Hütten jeweils auf einen ähnlichen Wert in Höhe von etwa 30 *Contos de Reis* summiert hatten.[189] Inwieweit Eschwege durch diese Aussagen seine eigenen Verdienste übertrieben herauszustellen versuchte, wurde ihm Rahmen dieser Forschungsarbeit nicht überprüft. Die Hütte in Ipanema entwickelte sich trotz der schwierigen Anfänge im Laufe des 19. Jahrhunderts zu einem der bedeutendsten Standorte der Eisenindustrie in Brasilien, sie funktionierte bis in das Jahr 1895.

Nach Eschweges eigenen Äußerungen war die von ihm etablierte Hütte die einzige, die in den Anfangsjahren rentabel produzierte: für 1819 gibt er einen Reingewinn in Höhe von 1.658.622 Reis und für 1820 von 1.033.926 Reis an. Seine Schlussfolgerung hieraus lautete:

> Man sieht hieraus, dass es schon der Mühe sich verlohnt, eine kleine, ökonomisch eingerichtete, Eisenhütte in Brasilien zu haben, deren Production doch nicht über 2000 Arr.[190] jährlich betragen dürfte, weil es sonst an Absatz fehlen würde.[191]

187 Vgl. Triner 2011, S. 42.
188 Vgl. Sommer 1928, S. 129.
189 Siehe Eschwege 1833, S. 529/570.
190 1 Arroba (Arr.) = 14,7 kg (siehe Lopes 2005, S. 45).
191 Eschwege 1833, S. 580.

In Einklang mit dieser Erkenntnis entstanden in den nächsten Jahren in Brasilien 28 kleinere Eisenwerke nach Vorbild der Hütte in Congonhas do Campo. Mit dieser technisch weniger anspruchsvollen Lösung konnten die beiden Hauptprobleme – das Fehlen von Fachkräften und von Knowhow zu komplexen metallurgischen Prozessen – umgangen und Eisen in ausreichendem Maße für den lokalen Bedarf produziert werden.[192] Die hoch gesteckten Erwartungen Câmaras und Varnhagens, die Eisenindustrie Brasiliens von Anfang auf einem hohen technischen Niveau durch Einführung moderner, in Europa praktizierter Verfahren zu betreiben, konnten nicht erfüllt werden.

Beiträge von Eschwege zur geologischen Landesaufnahme Brasiliens

Die Beschäftigung mit der Eisenerzverhüttung stellt nur eine von vielen Aktivitäten der in Europa ausgebildeten Fachkräfte im brasilianischen Montanwesen dar. Wie schon Câmara hatte auch Eschwege als Montanexperte einen umfangreichen Aufgabenbereich zu bewältigen, der die Erkundung, die Beurteilung und Aufschließung von Lagerstätten sowie die Erarbeitung von Vorschlägen für eine fortschreitende Technisierung des Berg- und Hüttenbetriebs umfasste. In letztgenanntem Bereich konnte er wie auch Câmara nur wenig bewirken: Seine Empfehlungen zur Errichtung von Poch- und Waschwerken und Mühlen sowie seine Anregungen für Infrastrukturmaßnahmen zu einer besseren Anbindung der Bergreviere an Zentren fanden nur in Einzelfällen Berücksichtigung – eine Änderung der Situation führte auch nicht seine Ernennung zum Generaldirektor der Goldbergwerke in Minas Gerais im Jahr 1817 herbei.[193]

Umso bedeutender sind seine Beiträge zur Lagerstättenerkundung und geologischen Kartierung Brasiliens zu werten, die ihm in der älteren Forschungsliteratur auch den Beinamen „*Vater von Geologie und Bergbau Brasiliens*“[194] einbrachten. Eschwege unternahm während seines Aufenthalts in Brasilien ausgedehnte Explorationstouren insbesondere durch die rohstoffreichen Regionen von Minas Gerais, Mato Grosso und São Paulo. Im Gegensatz zu Câmara, der die auf seinen Exkursionen gewonnenen Erkenntnisse vorrangig in internen Vermerken für die Kolonialregierung zusammenfasste, trug Eschwege über eine Reihe von in deutscher Sprache erschienenen Publikationen zur internationalen Zirkulation von geologischem und mineralogischem Wissen bei.[195] Zu dem umfangreichen publizistischen Oeuvre zählen Werke wie das *Geognostisches*

192 Vgl. Triner 2011, S. 44.

193 Vgl. Figueirôa 1997, S. 54.

194 Beck 1959, S. 652.

195 In anderen als der deutschen Sprache erschienen seinerzeit kaum Publikationen zur Mineralogie/Geologie Brasiliens. Zu denen wenigen, die international Verbreitung fanden, zählte das in mehrere Sprachen übersetzte Werk *Travels in the Interior of Brazil* (1812) des englischen Mineralogen und Mineralienhändlers John Mawe (1766–1829), in dem dieser unter anderem auch Diamantenvorkommen beschrieb.

Gemälde von Brasilien und wahrscheinliches Muttergestein der Diamanten[196] (1822), *Beiträge zur Gebirgskunde Brasiliens* (1832) und *Pluto brasiliensis* ... (1833) sowie die über einen rein naturwissenschaftlichen Fokus hinausgehende Betrachtung des gesamten Montansektors und seiner Entwicklung in der zweiten Dekade des 19. Jahrhunderts in dem zweibändigen *Journal von Brasilien* ... (1818) sowie in *Brasilien: Die neue Welt in topographischer, geognostischer, bergmännischer, naturhistorischer, politischer und statistischer Hinsicht während eines elfjährigen Aufenthaltes von 1810 bis 1821* ... (1830).

Mit seinen detaillierten Ausführungen zur Geologie und Mineralogie Brasiliens trug Eschwege dazu bei, das Gesamtbild des Reichtums an natürlichen Ressourcen des überseeischen portugiesischen Territoriums zu vervollständigen und seine wirtschaftlichen Nutzungsmöglichkeiten den der portugiesischen Sprache nicht mächtigen Interessenten nahezubringen. Er leistete damit – wie auch die Mitglieder der in der zweiten Dekade des 19. Jahrhunderts durchgeführten Habsburger Brasilien-Expedition[197] Johann Baptist von Spix (1781–1826), Carl Friedrich Philipp von Martius (1794–1868) und Johann Emmanuel Pohl (1782–1834), die sich auf die Erkundung von Flora und Fauna konzentrierten, – einen Beitrag zur künftigen ökonomischen Entwicklung der Region.

Für Eschwege endete die Zeit in Brasilien mit der Rückkehr seines Dienstherrn, dem portugiesischen König João VI., 1821 nach Portugal. Nach längeren Aufenthalten im deutschen Sprachraum trat er erneut in dessen Dienste ein und widmete sich wie bereits beschrieben neuen Aufgaben im iberoportugiesischen Montanwesen (vgl. Kapitel 3.2.2).[198]

Wissenszirkulation im unabhängigen Brasilien

Die Erklärung der Unabhängigkeit Brasiliens im Jahr 1822 durch den nur wenig später zum Kaiser ernannten Pedro I. brachte wie auch in den ex-spanischen Kolonien Umwälzungen auf politischer und ökonomischer Ebene. Gleichwie del Río und Alamán in Mexiko zählten auch in Brasilien Montanexperten zu den politisch aktiven Gestaltern des unabhängigen Staates. Sowohl Câmara als auch – weitaus intensiver nach seiner

196 Eschweges Wissen zu Diamantenlagerstätten verhalf beispielsweise Alexander von Humboldt, mit dem er 1821 in Paris zusammentraf, der von ihm der zaristischen Regierung versprochenen Entdeckung von Diamanten auf seiner Sibirienreise (1829) nachzukommen (vgl. Beck 1959, S. 652).

197 Die Habsburger Monarchie rüstete anlässlich der Vermählung der Erzherzogin Maria Leopoldine von Österreich (1797–1826) mit dem Kronprinzen und späteren Kaiser von Brasilien Pedro I. (1798–1834) eine naturhistorische Expedition aus, der sich die beiden Gelehrten und Mitglieder der Bayrischen Akademie der Wissenschaften Spix und Martius anschließen durften. Sie gingen zwischen 1817 und 1820 ihren Studien in Brasilien nach.

198 Neben Eschwege folgte auch Varnhagen dem König zurück auf die iberische Halbinsel. Er wurde in der Forstbehörde tätig (vgl. Santos 2009, S. 35).

Ankunft in Brasilien 1819 – Andrada trugen in ihren jeweiligen Funktionen und Ämtern zur Formung einer neuen Nation bei und gaben vielfältige Impulse für die Entwicklung des Montanwesens.

In Anlehnung an die Aktivitäten Alexander von Humboldts, der über diverse Publikationen zur Verbreitung von Wissen zu den Bodenschätzen der ehemaligen spanischen Kolonien und deren Nutzungsmöglichkeiten beigetragen hatte, verfolgte Brasilien – wohl auch zur Stimulation von ausländischen Investments und des wirtschaftlichen Aufschwungs – Ende der 1830er Jahre eine ähnliche Strategie: António de Meneses Vasconcelos de Drummond (1794–1874)[199] veröffentlichte im Pariser *Journal des voyages* diverse Beiträge mit Daten zum brasilianischen Bergbau und zu Lagerstätten.

Die Grundlage für zwei dieser Artikel bildete ein Bericht zu einer „*mineralogischen Reise*", die Andrada gemeinsam mit seinem Bruder Martim Francisco nach seiner Rückkehr nach Brasilien unternommen hatte. Wie José Bonifácio war auch sein Bruder Martim Francisco in leitender Funktion in der Montanverwaltung aktiv geworden: Er hatte seit 1801 das Amt des Generalbergbaudirektors in der Kapitanie São Paulo inne.[200] Mit der Tour wurde das Ziel verfolgt, Lagerstätten in auf ihren Rohstoffreichtum bisher wenig erforschten Regionen im Inneren Brasiliens zu erkunden, um diese ökonomisch nutzbar zu machen. Die Ausführungen Andradas zeichnen sich durch eine hohe Detailtiefe aus und bringen so dem Leser die geologische Vielfalt der bereisten Gegenden näher.[201] Für Andrada stellte diese Tour den Abschluss einer vornehmlich auf montanistische Aktivitäten fokussierten Etappe in seiner Karriere dar. Sein politisches Engagement für die Unabhängigkeit Brasiliens und die damit in Zusammenhang stehende Übernahme diverser Spitzenfunktionen in der Regierung ließen ihm nur noch in Ausnahmefällen Zeit, sich mit den Natur- und Montanwissenschaften zu beschäftigen.

---

199 Drummond zählte wie auch die Brüder Andrada zu den Verfechtern der brasilianischen Unabhängigkeitsbewegung. Ab 1830 war er als Diplomat in Europa – unter anderem auch in Preußen – aktiv (siehe Drummond 2012, S. 10-11).

200 Martim Francisco war nach seinem Studium an der Universität Coimbra (vgl. Kapitel 2.3.1) im Jahr 1799 nach Brasilien zurückgekehrt. Noch während seines Aufenthalts auf der iberischen Halbinsel übersetzte er Torbern Bergmans *Sciagraphia Regni Mineralis* (1782) ins Portugiesische und trug damit zur Verbreitung von Wissen des schwedischen Experten in Portugal bei. Das Werk erschien 1799–1800 in zwei Bänden (vgl. Eschwege 1833, S. 513, Varela/Lopes 2007, S. 952-953).

201 Siehe Drummond 1827b, Drummond 1827c.

5 Resümee

In der vorliegenden Forschungsarbeit habe ich den Versuch unternommen, Prozesse der transnationalen Wissenszirkulation im Montanwesen in ihren politischen und sozioökonomischen Kontexten zu analysieren und darzustellen. Der Fokus liegt prioritär auf Netzwerken von Wissensträgern in Sachsen und dem spanischen sowie portugiesischen Kolonialreich. Getragen von der Idee des Fortschritts als eine der zentralen Vorstellungen des aufgeklärten europäischen Denkens kam es ab der zweiten Hälfte des 18. Jahrhunderts zu einer Verdichtung internationaler Austauschbeziehungen. Die Monarchien der iberischen Halbinsel versprachen sich von einer Intensivierung der Kommunikation mit Akteuren in den wissenschaftlich und technisch fortschrittlichen Montanrevieren Mittel- und Nordeuropas mannigfaltige Impulse für das Berg- und Hüttenwesen als einem der Grundpfeiler des Staatshaushalts. Von den dabei etablierten Beziehungsgeflechten profitierten gleichermaßen die Akteure im deutschen und skandinavischen Sprachraum, denn über die Netzwerke mit ihren im spanischen und portugiesischen Kolonialreich agierenden Partnern wurden sie mit Wissen versorgt, auf das sie sich bei der Ausarbeitung neuer Theorien und ihrem vielgestaltigen Tätigkeitsspektrum als Montanexperten stützen konnten.

In Ankùpfung an aktuelle Ansätze der Wissens- und Kolonialgeschichte wurde in der Forschungsarbeit das Konzept der Wissenszirkulation aufgegriffen. Es basiert auf der Grundannahme, dass Wissen nicht in eine einzige, sondern in unterschiedliche Richtungen fließt und überwindet damit die Vorstellung, dass Wissen beispielsweise nur vom Zentrum (bspw. Mutterland / Alte Welt) in die Peripherie (bspw. Kolonie / Neue Welt) transferiert wurde. Wissen zirkulierte sowohl bei persönlichen Interaktionen zwischen Wissensträgern gleicher und verschiedener Wissenskulturen als auch in schriftlicher (bspw. Korrespondenzen, Berichte, Zeichnungen, Publikationen) und Objektform (bspw. Mineralien(sammlungen), Laborausstattung, Messgeräte).

Der Fokus der Forschungsarbeit liegt auf dem Wissensaustausch in den Bereichen der höheren montanistischen Ausbildung, Bergverwaltung, Lagerstättenerkundung und Berg- und Hüttentechnik. Der Untersuchungszeitraum umfasst die zweite Hälfte des 18. Jahrhunderts, die sich anschließende Phase der Dekolonisation der iberischen Kolonialreiche in den ersten Dekaden des 19. Jahrhunderts und endet mit einem Ausblick auf Entwicklungen nach deren Zerfall und der Neuordnung der Beziehungen zwischen den ehemaligen Mutterländern und ihren Kolonien.

Das erste Kapitel der Forschungsarbeit ist der Ausbildungsthematik gewidmet. Das Interesse der spanischen und portugiesischen Monarchie daran begründete sich auf den seit Beginn des 18. Jahrhunderts ablaufenden Prozessen der Formalisierung von Strukturen eines höheren wissenschaftlich-technischen Qualifizierungsangebots, in deren Ergebnis ab den 1760er Jahren – zunächst in Sachsen und der Habsburger Monarchie – Bergakademien als permanent funktionierende *loci* für montanistische Lehre und Forschung entstanden.

Ab den 1750er Jahren setzten – anfänglich prioritär seitens der spanischen Monarchie – Aktivitäten zum Studium dieser Entwicklungen ein, um von ihnen über den Transfer von relevantem Wissen im eigenen Reichsgebiet zu profitieren. Die traditionell enge Verwobenheit zwischen Montan- und Militärwesen brachte es mit sich, dass hierbei zunächst vorrangig Akteure mit militärischem Tätigkeitshintergrund aktiv wurden. Wenngleich der Schwerpunkt bei den von ihnen zu diesem Zweck durchgeführten Informationsreisen auf dem Erlangen von Kenntnissen zu (militär)technisch relevanten Fragestellungen lag, so machten sie sich freilich auch mit Ausbildungsangeboten, wie beispielsweise dem des *Metallurgischen Institutums* in Freiberg vertraut und transferierten Wissen zu Struktur und Kursprogramm in ihre Heimatländer.

In der zweiten Hälfte des 18. Jahrhunderts fand in Spanien zunehmend eine Verlagerung der montanistischen Forschung und Ausbildung vom militärischen in den zivilen Bereich statt. Getragen von dem pragmatisch-utilitaristisch geprägten Ideal der Aufklärung entstanden abseits von Militärakademien und Universitäten – sowohl staatlich als auch privat finanziert – neue Orte der Wissensgenerierung und -vermittlung, an denen fachspezifische Themen nun verstärkt bearbeitet wurden. Für die Qualifikation des Typus eines Experten mit wissenschaftlich-technischen und administrativen Kompetenzen kam es zur Gründung von auf eine praxisorientierte Ausbildung ausgerichteten höheren Bildungsinstitutionen, die sich in ihrer Struktur und ihrem Kursprogramm am Modell der erstmalig in Frankreich etablierten „Spezialschule"[1] orientierten. Während das in Vergara gegründete Patriotische Seminar (1776) vorrangig den Bedarf von Experten für die regionale Wirtschaft stillen sollte, waren die Bergakademie in Almadén (1777) in Verbindung mit Institutionen in Madrid und die Bergakademie in Mexiko (1792) für das Hervorbringen des Beamtennachwuchses für den kolonialen Bergbau verantwortlich.

Ebenso in Portugal setzten im letzten Viertel des 18. Jahrhunderts Prozesse der Neugestaltung der Strukturen der höheren Ausbildung ein. Im Gegensatz zu Spanien kam es dabei jedoch nicht zur Gründung eigenständiger Institutionen, sondern zu einer Erweiterung bereits vorhandener Kapazitäten an der Universität Coimbra. Der Ausbau der naturwissenschaftlichen Fachbereiche erfolgte im Kontext der Ausdifferenzierung naturwissenschaftlicher Disziplinen durch Einrichtung neuer Lehrstühle,

1 Als weltweit erste Spezial- bzw. Ingenieurschule gilt die 1747 in Paris gegündete *École royale des ponts et chausées.*

darunter auch auf dem Gebiet der Montanwissenschaften. In Ergänzung dazu wurde mit der 1779 gegründete Akademie der Wissenschaften in Lissabon eine Plattform des Wissensaustauschs und der Generierung von „nützlichem" Wissen geschaffen. Der Umzug des Königshofs nach Brasilien brachte für die Universität in Coimbra im Kontext der Beamtenausbildung einen interimistischen Bedeutungsverlust. Mit Gründung der *Real Academia Militar* in Rio de Janeiro 1810 fand auch in Portugal der Typus der Spezialschule für die montanistische Ausbildung Einführung, wobei die Institution für die Qualifikation von Experten sowohl für den zivilen als auch den militärischen Bereich verantwortlich war.

Die Ein- und Ausrichtung der Spezialschulen/-akademien und Lehrstühle in Spanien und Portugal erfolgte in Orientierung an Vorbildern in Mittel- und Nordeuropa, deren Strukturen, Kursprogramme und -inhalte an lokale Gegebenheiten und Anforderungen adaptiert wurden. Relevantes Wissen wurde von einem heterogenen Personenkreis, bestehend aus sich noch in der Ausbildung befindlichen Akteuren, bereits langjährig berufstätigen Experten und Regierungsvertretern in die Kolonialreiche der iberischen Monarchien transferiert. Während in den Gründungsjahren der im spanischen und portugiesischen Reich etablierten Institutionen zunächst prioritär auf die Expertise ausländischen Lehrpersonals gesetzt wurde (beispielsweise Köhler, Störr und Hoppensack in Almadén, Proust in Vergara und Segovia, Vandelli in Coimbra, Lindner in Mexiko-Stadt, Napione in Rio de Janeiro) konnten die Lehrstühle in der nächsten Generation mit aus dem jeweils eigenen Reichsterritorium stammenden Personal besetzt werden, das – zumeist nach Durchführung ausgedehnter Weiterbildungsreisen durch europäische Montanreviere und Aufenthalten an akademischen Institutionen mit natur- und montanwissenschaftlichem Schwerpunkt in Paris (Frankreich), Uppsala (Schweden), Schemnitz (Habsburger Monarchie) oder Freiberg (Sachsen) – hinreichend für die Übernahme entsprechender Aufgaben qualifiziert war.

Der Mehrwert einer Weiterbildung durch diese – freilich kostspieligen – Studienreisen war hoch, denn die Studenten wurden optimal auf das zukünftig breite berufliche Aufgabenspektrum vorbereitet: Sie erlangten praktische Kenntnisse des Berg- und Hüttenbetriebs der besuchten Regionen, wurden mit operativen und administrativen Strukturen vertraut gemacht und in Prozesse der Technologieentwicklung eingebunden. An den wissenschaftlichen Institutionen machten sie sich mit neuesten theoretischen Konzepten vertraut und beteiligten sich an Debatten zur Theoriebildung. Dabei lernten sie die Sprache der besuchten Regionen kennen und wurden in die Lage versetzt, mündlich und schriftlich tradiertes Wissen zu verinnerlichen und zu transferieren. Die aus den persönlichen Interaktionen gewachsenen Netzwerke konnten sie im Verlauf ihrer weiteren Karriere für den Wissens- und Objekttransfer und zur Umsetzung von Personalentwicklungs- und -gewinnungsmaßnahmen nutzen. Die Netze ermöglichten eine Verknüpfung verschiedener Orte und die Minimierung der räumlichen Distanzen. Eine weite geographische Verteilung der Netzwerkpartner war ein

Garant für einen Wissensvorsprung, denn über das häufig in Korrespondenzen mit beiligenden Publikationen oder Mineralien übermittelte spezifische regionale Wissen konnten neue Zusammenhänge hergestellt und Theorien weiterentwickelt werden.

Für die Prozesse der Etablierung von Strukturen der höheren fachspezifischen Ausbildung im spanischen und portugiesischen Kolonialreich gaben diese vielgereisten Akteure auf Basis ihrer internationalen Erfahrungen mannigfaltige Impulse. Wenngleich dabei das von Abraham Gottlob Werner in Freiberg ausgearbeitete Curriculum der *Bergwerkskunde* mit seinem die zunehmende Binnendifferenzierung der Montanwissenschaften berücksichtigendem Fächerspektrum ein Ideal für die höhere montanistische Qualifizierung darstellte, konnte das Studienprogramm der spanisch- und portugiesisch(kolonial)en Institutionen durch Einschränkungen personeller und finanzieller Art anfänglich nur partiell nach diesem Vorbild geformt werden. Stand an der Freiberger Bergakademie für jedes Fach eine eigene Spezialkraft zur Verfügung, so musste an den Einrichtungen auf der iberischen Halbinsel ein Lehrer gleich mehrere Fächer unterrichten: Der Unterricht für Mineralogie und Metallurgie am Patriotischen Seminar in Vergara oblag alleinig Fausto d'Elhuyar; Störr vermittelte in Almadén neben Markscheidekunst und Mineralogie auch Wissen zu Bergbaukunst, Geognosie und Metallurgie und Andrada lehrte in Coimbra neben Metallurgie auch Bergbaukunst, Mineralogie und Geologie. Einzig an der Bergakademie in Mexiko-Stadt, an der im Vergleich zu den übrigen spanisch- und portugiesisch(kolonial)en Institutionen mit montanistischem Ausbildungsprogramm zahlenmäßig die meisten Studenten im untersuchten Zeitraum betreut wurden, gelang eine Aufgliederung der Fachbereiche und der Einsatz von auf das jeweilige Lehrgebiet spezialisiertem Personal, was sich in einem hohen Qualifizierungsniveau niederschlug.

Der Montanfachunterricht an den neueingerichteten Strukturen wurde in ihren Anfangszeiten fast ausschließlich von prioritär in Mitteleuropa ausgebildeten Lehrern gehalten, wobei ein Großteil unter ihnen einen Qualifikationsabschnitt an der Freiberger Bergakademie absolviert hatte, wie die Beispiele von Fausto d'Elhuyar in Vergara, Francisco de la Garza und Diego de Larrañaga in Almadén, Andrés Manuel del Rio in Mexiko, José Bonifacio de Andrada e Silva in Coimbra und Carlo Antonio Napione in Rio de Janeiro zeigen. Einzelne Akteure (Fausto d'Elhuyar, Francisco Angulo und José Bonifacio de Andrada e Silva) trugen darüber hinaus dazu bei, dass auch bei Nachfolgegenerationen Weiterbildungsreisen mit längeren Aufenthalten in Freiberg Bestandteil des internationalen Ausbildungsprogramms waren. So blieb die montanistische Ausbildung auf der iberischen Halbinsel bis weit in das 19. Jahrhundert hinein über den Einsatz von Lehrkräften wie beispielsweise Lorenzo Gómez Pardo y Enseñá, Rafael Amar de la Torre, Joaquín Ezquerra del Bayo und Paulino de Nola Oliveira e Sousa durch Impulse aus dem sächsischen Montanwesen geprägt.

In Sachsen generiertes Wissen floss dabei auf vielfältige Weise in den Unterricht ein: Die Lehrer nutzten zur Vorbereitung ihrer Lektionen häufig die auf Studienreisen gefertigten Vorlesungsmitschriften. Ferner verschriftlichten sie auf den Reisen erlangtes Wissen und Observationen und verwendeten die hierbei entstandenen Publikationen als Lehrbücher. Dazu kamen von ihnen oder von Fachkollegen angefertigte Übersetzungen von international erschienenen Fachabhandlungen zum Einsatz, womit auch den Fremdsprachen nicht mächtigen Studenten ermöglicht wurde, sich einen breiten und fundierten Wissensschatz anzueignen.

Für den mineralogischen und geologischen Unterricht von besonderer Bedeutung waren Mineraliensammlungen, die über Netzwerke einzelner Akteure (Araújo/Ferreira/Sequeira, Nola, Párraga und Alamán) in hispanofone und lusofone Regionen in Europa und Amerika gelangten. Mit ihrem Einsatz als Lehrmaterial erhielten die Studenten neben dem Rüstzeug zur Bestimmung einzelner Mineralienspezies auch Kenntnis zu deren Vorkommen in der Erdkruste und ihren ökonomischen Potenzialen. Gleichzeitig wurden sie mit Klassifikationssystemen sowie mit verschiedenen Theorien zur Entstehung der Rohstofflagerstätten bekannt gemacht, die ihnen künftig bei der Aufschließung von Lagerstätten und Anlage von Bergwerken dienlich waren.

Die neugeschaffenen Strukturen entwickelten sich größtenteils zu bedeutenden nationalen Zentren der Montanwissenschaften, wobei es hier insbesondere auch die im deutschen Sprachraum ausgebildeten Lehrer wie d'Elhuyar, del Río oder Herrgen waren, die unter Nutzung ihrer internationalen Netzwerke Prozesse der Ausdifferenzierung des montanwissenschaftlichen Fächerkanons stimulierten und durch internationale respektive interkontinentale Wissenszirkulation zum wissenschaftlichen Fortschritt beitrugen. Mit den von ihnen gewonnenen Erkenntnissen und Beobachtungen leisteten sie wichtige Beiträge zur Theoriebildung in Europa und Amerika.

Das Montanwesen im spanischen und portugiesischen Kolonialreich reagierte demnach bei der Formalisierung des höheren montanistischen Ausbildungsangebots und der Institutionalisierung der Montanwissenschaften auf mannigfaltige Weise auf Impulse aus Mitteleuropa und profitierte dabei insbesondere von dem – im Vergleich zu Schemnitz – wesentlich offenerem Klima an der Bergakademie in Freiberg und in Sachsen. Die Lehre hier wurde von sowohl in der Verwaltung als auch im Berg- und Hütten- sowie Qualifizierungsbetrieb aktiven Experten gehalten und wies daher einen hohen Praxisbezug auf, aus dem die Studenten durch die Teilnahme an Kursen und den Besuch bei Behörden sowie von technischen Anlagen Nutzen zogen. Zu letzteren bestand – trotz der von der Staatsregierung auferlegten Einschränkungen bei Besuchen einzelner Produktionsstätten, an denen von Sachsen als Staatsgeheimnisse eingestufte Verfahren praktiziert wurden – weitestgehend freier Zugang.

Ein zweiter Bereich, der das Interesse der spanischen und portugiesischen Monarchie weckte, war der der Montanadministration. Die Existenz von hierarchisch in die landesherrliche Verwaltung eingeordneten Behörden wie Oberbergämter, die im Rahmen des beispielsweise in Sachsen herrschenden Direktionsprinzips umfassende Befugnisse besaßen, hatte Vorbildcharakter für die Gestaltung der Montanadministration der iberischen Kolonialmächte. Wenngleich das Montanwesen hier von einer Mischung aus privat- und staatwirtschaftlich geführten Bergbaubetrieben dominiert wurde, bildete die Einrichtung von spezifischen Ämtern zur Erfüllung hoheitlicher Aufgaben die Bestrebungen der Monarchien, eine effizientere Kontrolle des Wirtschaftszweigs zu realisieren, ab. In den Mutterländern auf der iberischen Halbinsel zählte es ferner zu deren Aufgaben, die Nutzung heimischer Ressourcen zu intensivieren und entsprechende Aktivitäten zu stimulieren.

Im Gegensatz zu Sachsen, wo die montanistische Ausbildung im Verantwortungsbereich der obersten Bergbehörde lag, wie die Einordnung der Freiberger Bergakademie als „Ausbildungsabteilung" des Oberbergamts zeigt, waren die spanischen und portugiesischen Montanbehörden prioritär für eine Überwachung der Bergbauaktivitäten und die Förderung des Wirtschaftssektors zuständig. Ihre Leiter waren lediglich vereinzelt angehalten, Empfehlungen zur Qualifizierungsthematik auszusprechen. Einzig in den vom spanischen Westindienministerium ins Leben gerufenen Ausbildungsstätten (Almadén, Mexiko-Stadt) waren die Generalbergbaudirektoren direkt beziehungsweise durch Delegation der Verantwortung an lokale Akteure für deren Betrieb verantwortlich.

Die auf der iberischen Halbinsel eingerichteten Behörden konnten sich nicht dauerhaft etablieren und analog zu ihren Pendants in den weiter nördlich gelegenen Bergrevieren kontinuierlich funktionieren: In Iberospanien kam es im Jahr 1785 erstmalig zur Gründung einer Generalbergbaudirektion, die nach den Wirren der napoleonischen Kriege erst 1825 wieder zu neuem Leben erweckt wurde. In Iberoportugal erfolgte die Einrichtung einer solchen Instanz 1802. Die Arbeit wurde ebenso durch die französischen Invasionen interimistisch unterbrochen, die Behörde wurde dann nach Beendigung der um die Thronnachfolge geführten Miguelistenkriege Mitte der 1830er Jahre aufgelöst. Die Leitung dieser Direktionen oblag fast durchweg Akteuren, die ihre Ausbildung an mitteleuropäischen Fachinstitutionen erhalten hatten (Angulo und d'Elhuyar in Spanien; Andrada, Sequeira und Eschwege in Portugal). So konnte auch der Bereich der Montanadministration von Impulsen durch international qualifizierte und vernetzte Experten profitieren.

Im Kontext des behördlichen Aufgabenspektrums der Kontrolle und Effizienzsteigerung des Wirtschaftszweigs oblag den Bergbaudirektionen auch die Innovationsförderung, für die eine Nutzung von im Ausland generiertem Wissen zu neuesten technischen Entwicklungen eine wichtige Voraussetzung darstellte.

Insbesondere infolge der international breit angelegten Informationskampagne zu einem in der Habsburger Monarchie „neu" entwickelten Amalgamationsverfahren zur Silbererzaufbereitung kam es ab Mitte der 1780er Jahre zu einer Intensivierung der transnationalen Verflechtungen. Für die Fachcommunity attraktiv war hierbei die wissenschaftliche Fundierung des Verfahrens, die – im Falle Spaniens – einen Technologietransfer in den kolonialen Bergbau als ausgesprochen aussichtsreich erschienen ließ. Interessant an der Geschichte der Entwicklung und des Einsatzes von Amalgamationsverfahren ist dabei deren transatlantische Dimension: Nachdem Medina im 16. Jahrhundert für die Gestaltung des Prozesses der kalten Amalgamation im Vizekönigreich Neu-Spanien Wissen zu einem im 15. Jahrhundert in Europa bekannten Verfahren einfließen ließ, nahm der Habsburger Experte Born im 18. Jahrhundert den von Barba im 17. Jahrhundert in Peru entwickelten Prozess der warmen Amalgamation als Grundlage für die Weiterentwicklung seines Verfahrens. Darauf basierend fand die Amalgamation zunächst innereuropäische Verbreitung durch Einsatz in der Hüttenindustrie diverser deutschsprachiger Staaten, um dann wieder nach Lateinamerika transferiert und dort adaptiert zu werden. Für die portugiesische Monarchie hatte der Transfer von Wissen zu Amalgamationsverfahren nur zweitrangige Bedeutung. Wesentlich höheres Interesse bestand an modernen Prozessen der Verarbeitung von Eisenerz, deren Einführung sich aufgrund der politischen Situation infolge der französischen Invasionen in der ersten Dekade des 19. Jahrhunderts als dringend notwendig erwies.

Wie auch im Bildungssektor setzten die verantwortlichen Akteure im spanischen und portugiesischen Reich für einen möglichst breiten Transfer von technischem Wissen auf den Einsatz von Fachpersonal, das seine Ausbildung teilweise oder vollständig in Montanrevieren im deutschen Sprachraum absolviert hatte. Neben von der jeweiligen Monarchie finanzierten Stipendiaten, die auf Informationsreisen mit lokalen Fachleuten interagierten, teilweise für längere Zeiträume in Betriebsstätten tätig waren (wie beispielsweise Miaja und Sequeira) und sich so umfassend weiterbildeten, wurden aus deutschsprachigen Regionen stammende Berg- und Hüttenmänner für den Eintritt in die Dienste der iberischen Monarchien angeworben. Hierbei spielten Diplomaten als bestens in ihren Einsatzregionen vernetzte Akteure eine besondere Rolle, wie an den Beispielen von Luis d'Onís in Dresden, Rodrigo de Sousa Coutinho in Turin oder Silveste Pinheiro Ferreira in Berlin ersichtlich wird. All diesen genannten Botschaftsmitarbeitern war gemein, dass sie für ihre Aktivitäten sowohl ihre Netzwerke mit Regierungsvertretern als auch mit Fachleuten nutzten, wobei ihnen für letztere insbesondere ihr Interesse an der Mineralogie in die Hände spielte. Diplomaten nahmen somit eine wichtige Position bei Prozessen des montanistischen Wissenstransfers ein, die in der Historiographie bisher nur ungenügend herausgearbeitet wurde.

Das in Europa generierte technische Wissen erreichte die iberischen Reiche über orale Überlieferungen der international agierenden Akteure im Montanwesen, verschriftlicht in Form von Korrespondenzen, Berichten, Fachpublikationen und Zeichnungen sowie über Objekte in Gestalt von Modellen von Maschinen oder Anlagen und kam in vielen Bereichen des Berg- und Hüttenbetriebs zur Anwendung: so bei der Aufschließung von Lagerstätten, der Schaffung von neuen Zugängen zu Bergwerken, bei Verfahren des Abbaus der natürlichen Ressourcen, der Verbesserung bestehender und

Einrichtung neuer Bewetterungs- und Wasserhaltungssysteme oder bei metallurgischen Prozessen zur Verhüttung der Rohstoffe – mit Schwerpunkt auf der Verarbeitung von Silber- (im spanischen Reich) und Eisenerzen (im portugiesischen Reich).

Insbesondere die aus dem deutschen Sprachraum stammenden Akteure trugen dazu bei, dass in ihren Einsatzregionen in den Kolonialreichen generiertes Wissen Verbreitung innerhalb der internationalen Fachcommunity fand. Neben den metallurgischen Verfahren der Silber- und Eisenerzverarbeitung waren Observationen der Geologie und des Zustands der regionalen Montanindustrie häufig behandelte Kommunikationsthemen. Einige Experten wie Sonneschmid legten dabei Wert auf eine ausgewogene Berichterstattung, in der auch Wissen und Kenntnisse der indigenen Berg- und Hüttenleute Darstellung und entsprechende Würdigung fanden. Die von einem Teil dieser Fachleute gewonnenen Daten aus der systematisch betriebenen geologischen Landesaufnahme bildeten häufig auch die Grundlage für Investmententscheidungen im Bergbau zumeist europäischer Unternehmer nach Herausformung neuer, unabhängiger Staaten in Lateinamerika.

Die im Kontext der internationalen Kommunikation hervorgebrachte breitgefächerte Palette an Dokumenten, die von Korrespondenzen über Beiträge für Journale, Tagebücher (beispielsweise Helms) bis hin zu Monographien (beispielsweise Sonneschmid) und Sammelbänden (beispielsweise Eschwege) in deutscher Sprache und Übersetzungen reicht, ergänzt auf ideale Weise die an Behörden gerichtete Berichterstattung und erlaubt, Schlüsse zur Wirkung des Technologietransfers zu ziehen. Anhand der Schriftstücke kann nachvollzogen werden, dass der internationale Technologietransfer von vielfältigen Problemen begleitet war und insbesondere eine Einführung des in Europa weiterentwickelten Amalgamationsverfahrens im lateinamerikanischen Hüttenwesen weitgehend erfolglos blieb. Generell lagen die Schwachpunkte – wie auch bei anderen Transferprojekten – in völlig anderen soziotechnischen Rahmenbedingungen im Zielland und im Fachkräftemangel, der sich in einer nur unzureichenden Anzahl zur Verfügung stehender Arbeitskräfte mit spezifischem technischen Knowhow, um Prozesse modifizieren sowie Anlagen zum Betrieb komplexer Technologien aufbauen und betreiben zu können, äußerte. Grundsätzlich fehlte es an geeignetem Anschauungsmaterial – sowohl in schriftlicher (beispielsweise Beschreibungen in einer allgemeinverbindlichen Fachsprache, detaillierte Zeichnungen) als auch in Objekt-Form (beispielsweise Modelle) –, das Akteuren, die nicht selbst praktische Erfahrungen mit neuen Verfahren gesammelt hatten, erlaubte, diese zu verstehen und entsprechend anwenden zu können.[2]

Der Technologietransfer speziell nach Lateinamerika wurde freilich noch durch ein ganzes Bündel an Hindernissen erschwert: Die aus Europa stammenden Experten

2 Vgl. Weber 1981, S. 192.

wiesen häufig eine nur geringe Kenntnis der traditionell regional verwendeten Verfahren und ihrer Potenziale auf. In Einzelfällen trugen sie obendrein ostentativ ihre scheinbar wissenschaftlich-technische Überlegenheit gegenüber den „rückständigen" lokalen Fachleuten zur Schau und waren nur in unzureichendem Maße gewillt, von diesen zu lernen oder ihre Kenntnisse anzuerkennen. Ferner fand die Rohstoffproduktion unter dem Einsatz billiger Arbeitskräfte wie indigener Zwangsarbeiter (beispielsweise über das *Mita*-System in Peru) oder Sklaven (in Brasilien) statt. Der Technisierungsgrad war entsprechend niedrig; ebenso fehlten damit Anreize, vergleichsweise hohe Investitionen für moderne und komplexe technische Anlagen zu tätigen. Hinzu kamen die als Reaktion auf die monarchische Zentralisierungspolitik immer wieder aufbrechenden Konflikte zwischen den Kolonialbehörden und den lokalen Eliten, die Verluste in ihrer Einflussnahme und Selbstbestimmung befürchteten.

In Hispanoamerika war der Technologietransfer aus den europäischen Montanregionen in Verbindung mit den Reformbestrebungen der Kolonialmacht trotz einzelner erfolgreicher Projekte nur in geringem Maße für den kontinuierlichen Anstieg der Edelmetallproduktion im 18. Jahrhundert (vgl. Abbildung 52) verantwortlich. Die Steigerungen waren vielmehr auf staatlichen Protektionismus des Wirtschaftszweigs durch Steuerbegünstigungen und Subventionen (beispielsweise des Quecksilberpreises), den Ausbau der nationalen und internationalen Handelsnetze (unter anderem durch Legalisierung des imperialen Freihandels 1778) und intensivierte Prospektionsaktivitäten zurückzuführen.[3]

3 Vgl. Gliech 2013, S. 316/321, Lang 2004, S. 62, Lang 2001, S. 331, Valverde 2016, S. 230.

6 Anhang

Akteure aus dem spanischen und portugiesischen Kolonialreich in Freiberg/Sachsen

Name	Lebensdaten	Ausbildung	Aufenthalt in Freiberg	Quellen (in Sachsen)	Matrikelnr. BA[1]	Weitere Reisestationen	Dauer Studienreise	Bemerkungen
José Manes	?–?	unbekannt	04/1753 (Ankunft in Dresden)– ca. 08/1755	Dreßdnische Wöchentliche Frag- und Anzeigen. Dienstags, den 24. April, 1753. No. XVII Besucherbuch KB Dresden	keine	Frankreich, Schweiz, Sardinien-Piemont, Habsburger Monarchie, Schweden, Niederlande, England	1751–1760	
Francisco Estachería Hernandez	1719–?	*Academia de Matemáticas*, Barcelona						
Ramón María Pablo de Munibe y Areizaga	1751–1774	Vergara	07/1772–max. 10/1772	UAF, OBA 182, Bl. 110-1 Y 116	105	Frankreich, Belgien, Niederlande, Schweden, Habsburger Monarchie, Italien	1770–1773	Vater: Mitbegründer der *Bascongada*, Reisebegleiter: Abbé Cluvier
Antonio María de Munibe y Areizaga	1754–1820	Vergara	08/1780 (Ankunft: vgl. Reskript vom 6.8.1780, Abreise aus Dresden Angulo/Izquierdo: 29.8.1780 (vgl. Puig 1894: 179))	UAF, OBA 183, Bl. 27	keine	Frankreich, England	1775–1780	Väter: Mitbegründer der *Bascongada*, Reisebegleiter: Manuel de Vicuña
Xavier de Eguía y del Corral	1760–1830	Vergara						
Eugenio Izquierdo	1745–1813	unbekannt				Frankreich, England, Habsburger Monarchie	nicht zutreffend	
Francisco Angulo	(?–1815)	unbekannt				Frankreich, Habsburger Monarchie	unbekannt	

1 Das Inskriptionsverzeichnis der Freiberger Bergakademie enthält für den Untersuchungszeitraum nur die Namen von Studenten, denen per landesherrlichem Reskript der Besuch von Vorlesungen an der Bergakademie gestattet wurde. Akteure, denen nur der Besuch von Berg- und Hüttenwerken genehmigt wurde und die „nur" Privatissima bei Freiberger Montanexperten besuchten, wurden nicht in die Matrikelliste aufgenommen.

Name	Lebens-daten	Ausbildung	Aufenthalt in Freiberg	Quellen (in Sachsen)	Matrikel-nr. BA	Weitere Reisestationen	Dauer Studien-reise	Bemerkungen
Juan José d'Elhuyar	1754–1796	u. a. in Paris	07/1778–03/1781	UAF, OBA 183, Bl. 4 UAF, OBA 242, Bl. 22, 23, 92 UAF, OBA 456, Bl. 55	183	Frankreich, Habsburger Monarchie, Schweden	1778–1783	Vater: Mitglied der *Bascongada*
Fausto Fermín d'Elhuyar	1755–1833				182	Frankreich, Habsburger Monarchie	1778–1781	
Carlo Antonio Napione	1756–1814	Schule für Mineralogie und Chemie am Arsenal von Turin	03/1788–04/1789	UAF, OBA 184, Bl. 62-4	Keine	Habsburger Monarchie, Schweden, England, Wales, Schottland	1787–1790	aus Sardinien-Piemont
Francesco Azimonti	1757–1822	unbekannt				Habsburger Monarchie	1787–1789	
Miguel Rubín de Celis	gegen 1746–1796	*Real Colegio de Artillería*, Segovia	09/1788	UAF, Y 116	keine	Frankreich, Habsburger Monarchie	1788–1789	
Rafael Valdés y Fernández Bazán	1749–1805	unbekannt	09/1789	UAF, Y 116	keine	unbekannt	unbekannt	

Rafael Valdés y Fernández Bazán (1749–1805), der Bruder des spanischen Marineministers, besuchte im September 1789 Freiberg. Er befand sich zum damaligen Zeitpunkt gemeinsam mit dem Militärbeamten José de Urrutia y las Casas (1739–1803) auf einer Reise durch Europa, auf der er sich mit aktuellen Entwicklungen im Militärwesen und dem Bau von Festungsanlagen vertraut machte.[2]
Valdés stattete gemeinsam mit d'Onís im September 1789 der Bergakademie in Freiberg einen Besuch ab, der über einen Eintrag in das Besucherbuch dokumentiert ist (Abbildung 60) und über den der Diplomat am 2. September 1789 an den spanischen Marineminister berichtete:
Mein sehr geehrter Herr, dieses Schreiben erfüllt nur den Zweck, I. E. die glückliche Ankunft Ihres Bruders Herrn Rafael Valdes in dieser Hauptstadt anzuzeigen (...) Am Montag erlaube ich mir, ihn als Dolmetscher zu den Bergwerken zu begleiten, so dass ihm nichts verborgen bleibt, dass der Erweiterung seiner Kenntnisse von Nutzen sein könnte.[3]

Abb. 60 | Eintrag von Luis d'Onís, Baron Quarles und Rafael Valdés im Besucherbuch der Bergakademie, 7. September 1789, S. 46

2 Vgl. Martín-Lanuza o.D., Navarro 2011, S. 316.
3 AHN, Estado, leg. 166, Bl. 117. Original: „*Muy Sor. mio: esta no tiene otro objeto que el de anunciar à S. E. el feliz arrivo de su Hermano Dn. Rafael Valdes à esta Capital (...) El Lunes me propongo acompañarle à las Minas à fin de ser viste de interprete y hacer que no le oculten nada delo que pueda servir à su instruccion.*“

Name	Lebens-daten	Ausbildung	Aufenthalt in Freiberg	Quellen (in Sachsen)	Matrikel-nr. BA	Weitere Reisestationen	Dauer Studien-reise	Bemerkungen
Andrés Manuel del Río	1764–1849	Bergakademie Almadén, Madrid, Paris	12/1789–ca. 05-06/1792	UAF, OBA 184, Bl. 149-52; OBA 250, Bl. 108-10	333	Habsburger Monarchie, Frankreich, Schottland, Wales	1787–1793	
Tomás Bruno de Morla Pacheco	1747–1811	*Real Colegio de Artillería*, Segovia	1790	HStADD, 111254 Gouvernement Dresden, Loc. 14616/12, 1790–1804 segu., o. Bl.nr. Besucherbuch KB Dresden	keine	Frankreich, England, Niederlande, Preußen, Habsburger Monarchie	1787–1791	
Jorge Juan Guillelmi y Andrada	1734–1809	*Academia de Matemáticas*, Barcelona					1787–1792	
Josef Ricarte	?–1794	unbekannt	06/07(?) 1791–ca. 05-06/1792	UAF, OBA 185, Bl. 96, 98-9, 102; OBA 456, Bl. 56	keine	Habsburger Monarchie	1787–?	
Manuel Angulo y Correa	zw. 1760/63–1799	u. a. Vergara, Naturhistorisches Kabinett Madrid	10/1791–etwa 05-06/1792	UAF, OBA 185, Bl. 97, 99-102 SBM, 48/210	361	Habsburger Monarchie, Preußen, Niederlande, Schweden, England, Schottland	1788–1795	
José Miaja Pingarrón	1768–1825	unbekannt	10/1791–etwa 05-06/1792, sowie danach wohl mind. bis 1796		362	Habsburger Monarchie, Preußen	1788–mind. 1796	
Enrique Schnellenbühl	?-?	im Elsass	10/1791–etwa 05-06/1792		363		1788–?	

Name	Lebensdaten	Ausbildung	Aufenthalt in Freiberg	Quellen (in Sachsen)	Matrikelnr. BA	Weitere Reisestationen	Dauer Studienreise	Bemerkungen
Manoel Ferreira da Câmara Bittencourt e Sá	1762–1835	Universität Coimbra	10/1792–08/1794	UAF, OBA 185, Bl. 165-168, Bl. 172-5; OBA 186, Bl. 32, 35, 45, 47 SBM, 48/210	382	Frankreich, Niederlande, Habsburger Monarchie, Italien, Norwegen, Schweden, England	1790–1798	
José Bonifácio de Andrada e Silva	1763–1838			UAF, OBA 185, Bl. 165-8, Bl. 172-5	383	Frankreich, Niederlande, Habsburger Monarchie, Italien, Preußen, Schweden, Norwegen	1790–1800	
Joaquim Pedro Fragoso da Mota de Sequeira	1760–1833		04/1793–wohl bis gegen Ende 1800 in Sachsen	UAF, OBA 186, Bl. 1-2, 4-6; OBA 456, Bl. 56; Y 116 SBM, 48/210	397	Frankreich, Habsburger Monarchie	1790–1801	
Francisco Antonio Codón	?–?	u.a. Paris	Beginn 1795–Mitte 1797	Sächs BergAFG, 40010, 1785, Bl. 294-295; UAF, OBA 187, Bl. 5-7; Y 118	448	Frankreich, Habsburger Monarchie	1784–1797	
Francisco de la Garza	1757–1832	Bergakademie Almadén, Madrid	11/1798–Mitte 1800	UAF, OBA 13, Bl. 32b; OBA 188, Bl. 83-85, 88-89	510	Habsburger Monarchie	1797–1800	
Diego de Larrañaga	1760–1814				511			
António Araújo de Azevedo	1754–1817	Universität Coimbra	12/1799	UAF, Y 116 SBM, 48/210	keine	weitere deutsche Länder	1799–1800	Begleiter: Abraham Capadoce-Pereira (1757–1831), Suzanne Célie-Célestine Capadoce-Pereira (1760–1831)
Silvestre Pinheiro Ferreira	1769–1846	*Congregação do Oratório*, Lissabon	12/1799, ?/1804(?)–?/1805	UAF, OBA 264, Bl. 101b; OBA 447, Bl. 232b; Y 116 SBM, 48/210	keine			

Name	Lebens-daten	Ausbildung	Aufenthalt in Freiberg	Quellen (in Sachsen)	Matrikel-nr. BA	Weitere Reisestationen	Dauer Studien-reise	Bemerkungen
Martín de Párraga	?–1811	*Estudio de Mineralogia*, Madrid	04/1803–wohl Mitte 1805	UAF, OBA 189, Bl. 127-9, 154-5; OBA 264, Bl. 102	606	unbekannt	1803?–1805?	
Timoteo Álvarez de Veriña y Cadrecha	1779–1834	u.a. Paris	02/1808–?/1811	UAF, OBA 190, Bl. 86-8, 91-3; OBA 456, Bl. 43-4	705	unbekannt	unbekannt	
João Antonio Monteiro	1769–1834	Universität Coimbra	11/1815–wohl bis Anfang 1820er Jahre	UAF, OBA 191, Bl. 100, 102; OBA 192, Bl. 31	830	Frankreich	Ab 1804, kehrte nicht nach Portugal zurück	
Paulino de Nola Oliveira e Sousa	1759–1830			UAF, OBA 191, Bl. 100, 102; OBA 192, Bl. 31; HStAD, 12881 Genealogica, Nr. 3434	831		1804–spätestens 1822 (Übernahme Lehrstuhl in Coimbra)	
Lucas Ignacio Alamán y Escalada	1792–1853	Bergakademie Mexiko	11/1817	UAF, Y 116	keine	Spanien, Frankreich, England, Schottland, Niederlande, Italien, Schweiz, Deutschland	1814–1820	
Mariano de Rivero y Ustáriz	1798–1857	u.a. England, *École des Mines*, Paris	04/1821–?	UAF, OBA 193, Bl. 38-9	keine	England, Spanien, Frankreich, Deutschland	unbekannt	
Lorenzo Gómez Pardo y Enseñá	1801–1847	u. a. *Estudio de Mineralogia* Madrid, Paris	12/1828–?/1831	UAF, OBA 101, Bl. 5; OBA 196, Bl. 1-3, 16-9; OBA 391, Bl. 155	1201	Montanreviere in Mitteleuropa	Nur unwesentlich länger als Aufenthalt in Freiberg	
Isidro Sáinz de Baranda y San Juan	1806–1878	u.a. Paris		UAF, OBA 101, Bl. 5; OBA 196, Bl. 1-3, 16-9; OBA 448, Bl. 194	1202			

Name	Lebens-daten	Ausbildung	Aufenthalt in Freiberg	Quellen (in Sachsen)	Matrikel-nr. BA	Weitere Reisestationen	Dauer Studien-reise	Bemerkungen
Felipe Bauzá	1802–1875	*Escuela de Caminos* Madrid, Paris, Bergakademie Almadén	10/1830–?/1833	UAF, OBA 101, Bl. 5; OBA 196, Bl. 142-3, 160-2	1245	Heidelberg, Montanreviere Habsburger Monarchie, Belgien, Frankreich	unbekannt	
Joaquín Ezquerra del Bayo	1793–1857	*Escuela de Caminos* Madrid			1246			
Rafael Amar de la Torre	1802–1874	*Escuela de Caminos* Madrid, Paris, Bergakademie Almadén			1247			

7 Quellen, Literatur und Abbildungen

7.1 Archivalische Quellen

Archivo General de Indias (AGI)
Estado, 24; Estado, 52; Estado, 74
Indiferente, 1798
Lima, 687; Lima, 697; Lima, 701; Lima, 703; Lima, 709; Lima, 713; Lima, 1359; Lima, 1360
Minas, 48

Archivo General de Simancas (AGS)
Guerra Moderna, 963

Archivo General Militar de Segovia (AGMS)
Leg. L 423, Leg. P 545, Leg. U 353

Archivo Histórico Nacional (AHN)
Estado, 166; Estado, 3675; Estado, 4671; Estado, 4709

Arquivo Distrital de Braga (Universidade do Minho) (ADB)
Arquivo Família Araújo de Azevedo / António Araújo de Azevedo – Conde de Barca (PT/UM-ADB/FAM/FAA-AAA)

Arquivo Histórico dos Museus da Universidade de Lisboa
AHMineralogia, Min. 453

Arquivo da Universidade de Coimbra (AUC)
Matrikellisten 1536–1919 (PT/AUC/ELU/UC-AUC/B/001-001/S/004348)
Studentenakten (PT/AUC/ELU/UC-AUC/B/001-001)

Bayerische Staatsbibliothek
Martiusiana II
Schlagintweitiana V

Biblioteca Instituto Geológico y Minero de España (BIGME)
Apuntes de Francisco Angulo, 1731–1792 (Leg. 1)
Apuntes de Francisco Angulo, 1792–1805 (Leg. 2)

Biblioteka Jagiellonska Kraków
Nachlass Alexander von Humboldt

Germanisches Nationalmuseum
Historisches Archiv, Autographen/Allgemeine Reihe und NL Böttiger

Goethe- und Schiller-Archiv, Klassikstiftung Weimar
Autographensammlung von Johann Wolfgang von Goethe (33)
Friedrich Justin Bertuch, Eingegangene Briefe (6)

Hessisches Staatsarchiv Marburg (HStAM)
Nachlass Wilhelm Ludwig von Eschwege (340) (NL Eschwege)

Sächsische Landesbibliothek – Staats- und Universitätsbibliothek Dresden (SLUB)
Besucherbuch der Königlichen Bibliothek (*Nomina Illustrium Qui Bibliothecam Regio-Electoralem Dresdensem inviserunt*) 1753–1813 (Bibl.Arch.I.A,Vol.19.d)

Sächsisches Hauptstaatsarchiv Dresden (HStAD)
Finanzarchiv (10036)
Geheimes Kabinett (10026)
Geheimes Konsilium (10025)
Genealogica (12881)
Gouvernement Dresden (11254)

Sächsisches Staatsarchiv – Bergarchiv Freiberg (Sächs BergAFG)
Bergamt Freiberg (40010)
Oberbergamt Freiberg (40001)
Oberbergamt Freiberg – Maschinenbaudirektion (40005)
Oberhüttenamt (40035)

Staatsbibliothek zu Berlin
Handschriftenabteilung, Nachlass Alexander von Humboldt

Stadt- und Bergbaumuseum Freiberg (SBM)
Besucherbuch des Amalgamierwerks Halsbrücke, 1791–1817 (48/210)
Besucherbücher der Grube „Beschert Glück", 1790–1822, 1823–1885 (48/53 und 48/59)

Universitätsarchiv Freiberg (UAF)
Oberbergamt (OBA)
Besucherbuch der Bergakademie Freiberg (Y 116)
Freundschaftsbuch von Traugott Leberecht Hasse (Y 118)

Universitätsbibliothek Freiberg (UBF)
Nachlass Abraham Gottlob Werner (NL Werner)

University of Texas Libraries (UTL)
Benson Latin American Collection, Lucas Alamán Papers

7.2 Gedruckte Quellen

Aguayo 1945 Aguayo Spencer, Rafael: Obras de D. Lucas Alaman. Documentos Diversos (Inéditos y muy raros). 2 Bde. Mexico. 1945

Aguillon 1889 Aguillon, M. Louis: L'École des mines de Paris. Notice historique (Extrait des Annales des Mines, livraison de mai-juin 1889). Paris. 1889

Alamán 1949 Alamán, Lucas: Historia de Méjico. Desde los primeros movimientos que prepararon su independencia en el año de 1808 hasta le época presente. 1. Bd. Mexiko. 1849

ALZ 1832 Rezension zu Nuevo Sistema Mineral del Señor Bercelio del año de 1825. In: Allgemeine Literatur-Zeitung. 222, Dezember (1832), S. 495

Andrada 1802 Andrada e Silva, José Bonifácio de: Beschreibung des Silberbergwerks zu Sala in Schweden. In: Neues Bergmännisches Journal. 3 (1802), S. 270-308

Andrada 1800 Andrada e Silva, José Bonifácio de: Kurze Angabe der Eigenschaften und Kennzeichen einiger neuen Fossilien aus Schweden und Norwegen, nebst einigen chemischen Bemerkungen über dieselben, vom Herrn d'Andrada. In einem Schreiben an den Herrn Bergmeister Beyer in Schneeberg. In: Allgemeines Journal der Chemie. 4, 19 (1800), S. 28-39

Andrada 1792 Andrada e Silva, José Bonifácio de: Mémoire sur les diamants du Brésil. In: Annales de Chimie; ou Recueil de Mémoires concernant la Chimie et les Arts qui en dépendent. 15. Oktober (1792), S. 82-88

Andrada 1790 Andrada e Silva, José Bonifácio de: Memoria Sobre a Pesca das Baleas, e Extracção do seu Azeite, com algumas reflexões a respeito das nossas Pescarias. In: Memórias Económicas da Academia Real das Ciências de Lisboa, para o adiantamento da cultura, das artes, e da indústria em Portugal, e suas conquistas. 2. Bd. Lissabon. 1790, S. 388-412

Annales 1797 Rezension zu den Elementos de Orictognosia. In: Annales de Chimie, ou Recueil de Mémoires concernant la Chimie et les Arts qui en dépendent. 28. Februar (1797), S. 221-224

Annales 1817 Notices nécrologiques: Antoine-Grimoald Monnet. In: Annales des mines, ou Recueil de mémoires sur l'exploitation des mines, et sur les sciences qui s'y rapportent. 12 (1817), S. 482-485

Annales 1804 Brief von Alexander von Humboldt an das Institut National de France, le 2 messidor au IX (entspricht 21.06.1801). in: Annales du Muséum National D'Histoire Naturelle. 3, 12 (1804), S. 397

Araújo 1801 Araújo de Azevedo, Antonio: Ueber die neuesten Fortschritte der Portugiesen in der Erd- und Himmels-Kunde; über die Sternwarte zu Coimbra; über Pedro Nunnez Schriften, und über eine seltsame Portugiesische, auf der Hamburger Bibliothek aufgefundene geographische Handschrift. In: Monatliche Correspondenz zur Beförderung der Erd- und Himmelskunde. Februar (1801), S. 180-206

Bergbaukunde 1789 Bergbaukunde. Heft 1. 1789

Bergbaukunde 1790 Bergbaukunde. Heft 2. 1790

Brünnich 1770 Morten Thrane Brünnich: Cronstedts Versuch einer Mineralogie. Vermehret durch Brünnich. Kopenhagen/Leipzig. 1770

Biographie 1843 Biographie universelle ou Dictionnaire de tous les hommes qui se sont fait remarquer par leurs écrits, leurs actions, leurs talents, leurs vertus ou leurs crimes. 1. Bd. AA-AZZOLINI. Bruxelles. 1843

Born 1790 Baron Iñigo Born's new process of amalgamation of gold and silver ores, and other metallic mixtures, as, by his late Imperial Majesty's Commands, introduced in Hungary and Bohemia, From the Baron's Account in German, translated into English by R. E. Raspe. London. 1790

Born 1786 Born, Ignaz von: Ueber das Anquicken der gold- und silberhältigen Erze, Rohsteine, Schwarzkupfer und Hüttenspeise. Wien. 1786

Burkart 1836 Burkart, Joseph: Aufenthalt und Reisen in Mexico in den Jahren 1825 bis 1834. 2 Bde. Stuttgart. 1836

Câmara 1797 Câmara Bittencourt e Sá, Manoel Ferreira da: Resultate chemischer und metallurgischer Erfahrungen, in Absicht der Bleyersparung bey dem Schmelzprozeß. Dresden. 1797

Câmara 1795 Câmara Bittencourt e Sá, Manoel Ferreira da: Rapport des Résultats des expériences chimiques et métallurgiques, faites dans l'intention d'épargner le plomb dans la fonte des Minéraux d'argent. Wien. 1795

Câmara 1795a Schreiben von Hrn. da Camara de Bethencourt an seinen Rezensenten in der Jenaischen Allgemeinen Litteratur-Zeitung. In Neues Bergmännisches Journal. 1, 1, 3-4 (1795), S. 262-275

Câmara 1793 Câmara Bittencourt e Sá, Manoel Ferreira da: Ueber das Verhalten des Obisidians vor dem Löthrohre. In: Bergmännisches Journal. 6, 1, 3 (1793), S. 280-285

Câmara 1793a Schreiben von Herrn da Camara de Bethencourt an Herrn Hawkins einige Versuche mit dem Obsidiane betreffend. In: Bergmännisches Journal. 6, 2, 9 (1793), S. 239-249

Câmara 1790 Câmara Bittencourt e Sá, Manoel Ferreira da: Observações Feitas por ordem da Real Academia de Lisboa ácerca do carvão de pedra, que se encontra na Freguezia da Carvoeira. In: Memorias Economicas da Academia Real das Sciencas de Lisboa, para o adiantamento da agricultura, das artes, e da industria em Portugal, es suas conquistas. 2. Bd. Lissabon. 1790, S. 285-294

Câmara 1789 Câmara Bittencourt e Sá, Manoel Ferreira da: Observações físico-econômicas acerca da extração do ouro das minas do Brasil. Abgedruckt in: Mendonça, Marcos Carneiro de: O Intendente Câmara. Manuel Ferreira da Câmara Bethencourt e Sá, Intendente Geral das Minas e dos Diamantes (1764–1835). São Paulo. 1958, S. 499-523

Campos 1815 Campos de Mesquita, João Manoel de: Memoria Sobre a cultura, e utilidade dos Nabos na Comarca de Trancoso. In: Memorias económicas da Academia Real das Sciencias de Lisboa, para o adiantamento da agricultura, das artes, e da industria em Portugal, e suas conquistas. Lissabon. 1815, S. 45-62

Cavanillas 1797 Cavanillas, Antonio Josef: Observaciones sobre la historia natural, geografia, agricultura, poblacion y frutos del Reyno de Valencia. 1797

Chaix 1801 Chaix, Joseph: Observaciones astronómicos hechas en la casa de D. Christiano Herrgen, calle del Turco. In: Anales de Ciencias Naturales. 3, 7 (1801), S. 78-84

Chaix 1801a Chaix, Joseph: Observaciones astronómicos hechas en la casa de D. Christiano Herrgen, calle del Turco. In: Anales de Ciencias Naturales. 3, 8 (1801), S. 163-170

Chaix 1801b Chaix, Joseph: Observaciones astronómicos hechas en la casa de D. Christiano Herrgen, calle del Turco. In: Anales de Ciencias Naturales. 4, 11 (1801), S. 131-147

Chaix 1801c Chaix, Joseph: Observaciones astronómicos hechas en los meses de Enero, Febrero, Marzo y Abril del presente año de 1801. In: Anales de Ciencias Naturales. 4, 12 (1801), S. 302-321

Coleção 1826 Coleção Cronológica da legislação Portuguesa compilada e anotada desde 1603. 2. Bd. Lissabon. 1855

Colección 1846 Colección de Reales decretos, instrucciones y órdenes vigentes para gobierno de la minería, comprensiva desde la organizacion del ramo em 1825 hasta fin de 1845. Madrid. 1846

Coutinho 1789 Coutinho, Rodrigo de Souza: Discurso sobre a verdadeira Influencia das Minas dos Metaes preciozos na Industria das Nações que as possuem, e especialmente da Portugueza. In: Memorias Economicas da Academia Real das Sciencas de Lisboa, para o adiantamento da agricultura, das artes, e da industria em Portugal, es suas conquistas. 1. Bd. Lissabon. 1789, S. 237-243

Daubrée 1846 Daubrée, Gabriel Auguste: Scandinaviens Erzlagerstätten, bearbeitet von Gustav Leonhard. Stuttgart. 1846

D'Elhuyar 1825 D'Elhuyar, Fausto de: Memoria sobre la formación de una ley orgánica para gobierno de la minería en España. Madrid. 1825

del Río 1832 Río, Andrés Manuel del: Elementos de orictognosia ó del conocimiento de los fósiles, según el sistema de Bercelio, y según los principios de Abraham Gottlob Werner. Con la sinonimia inglesa, alemana y francesa, para uso del Seminario Nacional de Minería de México. Philadelphia. 1832

del Río 1805 Río, Andrés Manuel del: Elementos de orictognosia, ó del conocimiento de los fósiles, dispuestos, según los principios de A. G. Werner, para el uso del Real Seminario de Minería de México. Segunda parte que comprehende combustibles, metales y rocas, seguidos de la introducción a la pasigrafía geológica del Señor Baron de Humboldt. México. 1805

del Río 1804 Río, Andrés Manuel del: Observaciones de D. Andres del Río sobre un tratado de Minas. In: Anales de ciencias naturales. 7, 19 (1804), S. 17-30

del Río 1804a Río, Andrés Manuel del: Discurso de las vetas, leído en los actos del Real Seminario de Minería por D. Andrés del Río. In: Anales de ciencias naturales. 7, 19 (1804), S. 30-48

del Río 1803 Río, Andrés Manuel del: Descripcion de una piedra perlada. In: Anales de Ciencias Naturales. 6, 18 (1803), S. 363-367

del Río 1802 Río, Andrés Manuel del: Discurso de las vetas pronunciado por D. Andres Manuel del Río en los exercicios del Real Seminario de Minería. In Anales de ciencias naturales. 5, 13 (1802), S. 25-38

del Río 1800 Río, Andrés Manuel del: Discurso sobre los volcanes, leido en el Real Seminario de Minería de México en 31 de Octubre de 1799, por D. Andres Manuel del Río, é impreso en el Suplemento á la Gazeta de México de 11 de Noviembre de dicho año. In: Anales de Historia Natural. 2, 6 (1800), S. 335-348

del Río 1795 Río, Andrés Manuel del: Elementos de orictognosia, ó del conocimiento de los fósiles, dispuestos, según los principios de A. G. Werner, para el uso del Real Seminario de Minería de México. Primera parte que comprehende las tierras, piedras y sales. México. 1795

DBP 1860 Diccionario bibliographico portuguez. Estudos de Innocencio Francisco da Silva applicaveis a Portugal ao Brasil. 4. Bd. Lissabon. 1860

Diário Oficial 1966 Diário Oficial da União (DOU). Seção 1 – Parte I, Têrça-feira 16 de Agosto 1966, S. 9344

Diniz 1817 Diniz, Angelo Ferreira: Noticias dos Trabalhos Literarios do Dr. João Antonio Monteiro, Lente de Metallurgia na Universidade de Coimbra, e Pensionario da mesma em uma Viagem Metallurgica pela Europa. In: Jornal de Coimbra. 7, 36, 1 (1817), S. 272-276

Dreßdnische Anzeigen 1754 Dreßdnische Wöchentliche Frag- und Anzeigen. Von allerhand dem gemeinen Wesen nöthigen und nützlichen Sachen. Dienstags, den 19. des Wintermonats, Ao. 1754. No. XLVII

Dreßdnische Anzeigen 1753 Dreßdnische Wöchentliche Frag- und Anzeigen. Von allerhand dem gemeinen Wesen nöthigen und nützlichen Sachen. Dienstags, den 24. April, 1753. No. XVII

Drummond 1827 Drummond, Antônio de Meneses Vasconcelos de: Notice sur les Mines du Brésil, par M. Menezez de Drummond (de Rio de Janeyro). In: Journal des voyages, découvertes et navigation modernes, ou Archives géographiques du XIXe siècle, rédigé par une société de géographes, de voyageurs et de littérateurs français et étrangers. 33, 100 (1827), S. 188-230

Drummond 1827a Drummond, Antônio de Meneses Vasconcelos de: Notice sur les Mines du Brésil, par M. Menezez de Drummond (de Rio de Janeyro) (Deuxième et dernier article). In: Journal des voyages, découvertes et navigation modernes, ou Archives géographiques du XIXe siècle, rédigé par une société de géographes, de voyageurs et de littérateurs français et étrangers. 34, 104 (1827), S. 286-316

Drummond 1827b Drummond, Antônio de Meneses Vasconcelos de: Voyage minéralogique dans les provinces de Saint-Paul au Brésil (Article communiqué par M. Menezes de Drummond, de Rio-(Janeiro) (1). In: Journal des voyages, découvertes et navigation modernes, ou Archives géographiques du XIXe siècle, rédigé par une société de géographes, de voyageurs et de littérateurs français et étrangers. 36, 108 (1827), S. 69-80

Drummond 1827c Drummond, Antônio de Meneses Vasconcelos de: Voyage minéralogique dans la province de Saint-Paul au Brésil (Suite du cahier précédent). In: Journal des voyages, découvertes et navigation modernes, ou Archives géographiques du XIXe siècle, rédigé par une société de géographes, de voyageurs et de littérateurs français et étrangers. 37, 112 (1827), S. 202-221

Ebert 1822 Ebert, Friedrich Adolf: Geschichte und Beschreibung der königlichen öffentlichen Bibliothek zu Dresden. Leipzig. 1822

Eissenbeiss 1830 Eissenbeiss, Phillipp: Neuer Allgemeiner Contorist oder Handbuch zur Kenntniss der Wechsel- und Staatspapier-Preise, der Rechnungs- und geprägten Münzen, der Maasse und Gewichte aller Länder in und ausser Europa, mit ihren gehörigen Vergleichungen untereinander. Erster Theil. A bis M. Bautzen. 1830

Eschwege 1838 Eschwege, Wilhelm Ludwig von: Memoria sobra a historia moderna da Administração das Minas em Portugal. Lisboa. 1838

Eschwege 1833 Eschwege, Wilhelm Ludwig von: Pluto Brasiliensis. Eine Reihe von Abhandlungen über Brasiliens Gold-, Diamanten- und anderen mineralischen Reichthum, über die Geschichte seiner Entdeckung, über das Vorkommen seiner Lagerstätten, des Betriebs, der Ausbeute und die darauf bezügliche Gesetzgebung u.s.w. Berlin. 1833

Eschwege 1832 Eschwege, Wilhelm Ludwig von: Beiträge zur Gebirgskunde Brasiliens. Berlin 1832

Eschwege 1830 Eschwege, Wilhelm Ludwig von: Brasilien – die Neue Welt in topographischer, geognostischer, bergmännischer, naturhistorischer, politischer und statistischer Hinsicht, während eines elfjährigen Aufenthaltes, von 1810 bis 1821, mit Hinweisung auf die neueren Begebenheiten, beobachtet von L. W. von Eschwege. In zwei Theilen. Braunschweig. 1830

Eschwege 1822 Eschwege, Wilhelm Ludwig von: Geognostisches Gemälde von Brasilien, und wahrscheinliches Muttergestein der Diamanten. Weimar. 1822

Eschwege 1820 Eschwege, Wilhelm Ludwig von: Nachrichten aus Portugal und dessen Colonien, mineralogischen und bergmännischen Inhaltes. Ein Seitenstück zum Journale von Brasilien. Braunschweig. 1820

Eschwege 1818 Eschwege, Wilhelm Ludwig von: Journal von Brasilien, oder vermischte Nachrichten aus Brasilien, auf wissenschaftlichen Reisen gesammelt von W. L. von Eschwege, Königl. Portugies. Oberstlieutnant des Ingenieur-Corps, General-Director aller Goldbergwerke und Inspector verschiedener Berg- und Hüttenwerke in der Capitaine Minas Gerais, Directeur des Königl. Mineralien-Cabinets in Rio Janeiro, correspondirendem Mitgliede der Königl. Akademie der Wissenschaften zu Lissabon und der Kaiserl. in St. Petersburg, so wie der mineralogischen Gesellschaft zu Jena. 2 Bde. Weimar. 1818

Espiñeyra 1803 Espiñeyra, Ramon: Compañeros y criaderos de las especies metálicas. In: Anales de Ciencias Naturales. 6, 16 (1803), S. 47-116

Estatutos 1765 Estatutos aprobados por S. M. para gobierno de la Real Sociedad Bascongada de los Amigos del País. San Sebastián. 1765. o.D.

Extractos 1782 Extractos de las Juntas Generales celebradas por la Real Sociedad Bascongada de los Amigos del País en la Villa de Vergara por Setiembre de 1782. o.D.

Extractos 1780 Extractos de las Juntas Generales celebradas por la Real Sociedad Bascongada de los Amigos del País en la Ciudad de Vitoria por Setiembre de 1780. o.D.

Extractos 1779 Extractos de las Juntas Generales celebradas por la Real Sociedad Bascongada de los Amigos del País en la Villa de Vergara por Setiembre de 1779. o.D.

Extractos 1778 Extractos de las Juntas Generales celebradas por la Real Sociedad Bascongada de los Amigos del País en la Villa de Bilbao por Setiembre de 1778. o.D.

Extractos 1775 Extractos de las Juntas Generales celebradas por la Real Sociedad Bascongada de los Amigos del País en la Villa de Bilbao por Setiembre de 1775. Vitoria. o.D.

Extractos 1774 Extractos de las Juntas Generales celebradas por la Real Sociedad Bascongada de los Amigos del País en la Ciudad de Vitoria por Setiembre de 1774. Vitoria. o.D.

Extractos 1773 Extractos de las Juntas Generales celebradas por la Real Sociedad Bascongada de los Amigos del País en la Villa de Vergara por Setiembre de 1773. Vitoria. o.D.

Extractos 1772 Extractos de las Juntas Generales celebradas por la Real Sociedad Bascongada de los Amigos del País en la Ciudad de Vitoria por Septiembre de 1771. Madrid. 1772

Extractos 1772a Extractros de las Juntas Generales celebradas por Real Sociedad Bascongada de los Amigos del País en la Villa de Bilbao por Setiembre de 1772. Vitoria. o.D.

Ezquerra 1844 Ezquerra del Bayo, Joaquín: Datos y observaciones sobre la industria minera, con una descripción característica de los minerales útiles, cuyo beneficio puede ser objeto de las empresas. Madrid. 1844

Festschrift 1866 Königlich-Sächsische Bergakademie Freiberg (Hrg.): Festschrift zum hundertjährigen Jubiläum der Königl. Sächs. Bergakademie zu Freiberg am 30. Juli 1866. Dresden. o.D.

Frisch 1825 Frisch, D. Samuel Gottlob: Lebensbeschreibung Abraham Gottlob Werners. Nebst zwei Abhandlungen über Werners Verdienste um Oryktognosie und Geognosie von Christian Samuel Weiß. Leipzig. 1825

Fuchs 1844 Fuchs, Johann Nepomuk von: Ueber die Theorien der Erde, den Amorphismus fester Körper und den gegenseitigen Einfluß der Chemie und Mineralogie. München. 1844

Gamboa 1761 Gamboa, Francisco Javier: Comentarios a las ordenanzas de minas, dedicados al catholico Rey, nuestro Señor, Don Carlos III. (Que Dios guarde) siempre manganimo, siempre feliz, siempre augusto. Madrid. 1761

Garcés 1802 Garcés y Eguía, José: Nueva teórica y práctica del beneficio de los metales de oro y plata por fundición y amalgamación. Mexico. 1802

Garza et al. 1801 De la Garza, F.; Larrañaga, D.; Ezpeleta, A. V. und Peringer, J. M.: Observaciones y experimentos sobre el beneficio de las minas de plata por medio de la amalgamación. In: Anales de Ciencias Naturales, 3 (1801), S. 84-100

Gazeta 1785 Gazeta de Madrid. 30 (1785)

Gellert 1776 Gellert, Christlieb Ehregott: Anfangsgründe zur metallurgischen Chymie, in einem theoretischen und practischen Theile nach einer in der Natur gegründeten Ordnung. Zweyte, vermehrte und verbesserte Ausgabe. Leipzig. 1776

GfM 1818 Auswahl aus den Schriften der unter Werner's Mitwirkung gestifteten Gesellschaft für Mineralogie zu Dresden. Erster Band. Leipzig. 1818

Gil de Zarate 1855 Gil de Zarate, Antonio: De la instruccion pública en España. Madrid. 1855

Goethe 1888 Goethes Werke. Weimarer Ausgabe. III. Abteilung. 2. Band (Goethes Tagebücher 1790–1800). Weimar. 1888

Helms 1806 Helms, Anton Zacharias: Travels from Buenos Ayres, by Potosi, to Lima. London. 1806

Helms 1798 Helms, Anton Zacharias: Tagebuch einer Reise durch Peru, von Buenos-Ayres an dem großen Plataflusse, über Potosí nach Lima, der Hauptstadt des Königreichs Peru. Dresden. 1798

Herrgen 1803 Herrgen, Christiano: Clasificacion de todas las rocas, conforme á la época sucesiva de su formacion, por A. G. Werner. In: Anales de Ciencias Naturales. 6, 17 (1803), S. 259-261

Herrgen 1802 Herrgen, Christiano: Discurso Leido por D. Christiano Herrgen, profesor del Real Estudio de Mineralogia establecido en Madrid, en la abertura de sus lecciones mineralógicas en 1.° de Febrero de 1802. In: Anales de Ciencias Naturales. 5, 13 (1802), S. 3-18

Herrgen 1800 Herrgen Christiano: Extracto de la carta del Baron de Humboldt als Sr. Baron de Forell, Ministro plenipotenciario de Saxonia en la corte de Madrid, fecha en Caracas á 3 de Febrero de 1800. In: Anales de Historia Natural. 2, 6 (1800), S. 251-261

Herrgen 1800a Extracto de otra carta del Baron de Humboldt escrita al Sr. D. Joseph Clavijo, Director del Real Gabinete de Historia natural. In: Anales de Historia Natural. 2, 6 (1800), S. 262-271 (mit Kommentar)

Herrgen 1799 Herrgen, Christiano: Extracto de una carta del Sr. Baron de Humboldt al Sr. Baron de Forell, de Cumana, en 16 de Julio de 1799. In: Anales de Historia Natural. 1, 2 (1799), S. 125-127

Herrmann 1790 Herrmann, Johann Christian: Allgemeiner Contorist welcher von allen und jeden Gegenständen der Handlung aller in und außer Europa gelegenen Handelsplätze die neusten und zuverlässigsten Nachrichten ertheilet; theils nach bewährten Quellen, theils auch, und insonderheit, nach eigener Erfahrung und Correspondenz entworfen und in alphabetische Ordnung gebracht. Dritter Theil von Kopenhagen bis Nizza. Leipzig. 1790

Hoefer 1861 Hoefer, Ferdinand: Nouvelle biographie générale depuis les temps les plus regulés jusqu'a nos jours, avec les renseignements bibliographiques et l'indication des sources a consulter. Bd. 36. Paris. 1861

Hof- und Staatskalender 1805 Churfürstlich-Sächsischer Hof- und Staatscalender. Leipzig. 1805

Hoffmann 1789 Hoffmann, Carl August Siegfried: Mineralsystem des Herrn Inspektor Werners mit dessen Erlaubnis herausgegeben von C. A. S. Hoffmann. In: Bergmännisches Journal. 2, 1 (1789), S. 369-398

Hoppensack 1796 Hoppensack, Johann Martin: Bericht über die Königl. Spanischen Silber-Bergwercke zu Cazilla und Guadalcanal, in der Provinz Extremadura, und Plan zu Erichtung einer Königl. Spanischen Bergwercks-Compagnie darauf. o. O. 1796

Humboldt 1970 Humboldt, Alejandro de: Tablas Geográficas Políticas del Reino de Nueva España y Correspondencia Mexicana. Edicion de homenaje. Dirección general de Estadística. México. 1970

Humboldt 1815 Humboldt: Alexander von: Reise in die Aequinoctial-Gegenden des neuen Continents in den Jahren 1799, 1800, 1801, 1802, 1803 und 1804. Erster Theil. Stuttgart/ Tübingen. 1815

Humboldt 1809–1813 Humboldt, Alexander von: Versuch über den politischen Zustand des Königreichs Neu-Spanien. 4 Bde. Tübingen. 1809–1813

Humboldt 1803 Memoria sobre el desprendimiento del calórico, considerado como fenómeno geognóstico, por F. A. Humboldt, traducida del aleman por D. C. Herrgen. Anales de Ciencias Naturales. 6, 17 (1803), S. 246-258

Instituto Geológico 2006 Instituto Geológico y Minero de España (Hrg.): Minas de Carbón de Piedra de Asturias. Edición facsimil. Madrid. 2006

Jars 1774–1781 Jars, Gabriel: Voyages métallurgiques. 3 Bde. Paris. 1774/1780/1781

Journal Paris 1780 Journal de Paris. 273, 29 Septembre (1780)

Karsten 1802 Karsten, Dietrich Ludwig Gustav: Auszug eines Briefes des Hrn Alexander von Humboldt an seinen Bruder Hrn Wilhelm von Humboldt in Berlin. In: Neue Berlinische Monatsschrift. 7 (1802), S. 439-464

Kläbe 1796 Kläbe, Johann Gottlieb August: Neuestes gelehrtes Dresden oder Nachrichten von jetzt lebenden Dresdner Gelehrten, Schriftstellern, Künstlern, Bibliotheken- und Kunstsammlern. Leipzig. 1796

Lavoisier 1789 Lavoisier, Antoine Laurent: Traité élémentaire de chimie, présenté dans un ordre nouveau et d'après les découvertes modernes. Paris. 1789

Lenz 1804 Lenz, Johann Georg (Hrg.): Schriften der Herzoglichen Societät für die gesammte Mineralogie. 1. Bd. Jena. 1804

Madoz 1847 Madoz, Pascual: Diccionario geográfico-estadístico-histórico de España y sus posesiones de ultramar. 10. Bd. Madrid. 1847

Maffei 1872 Maffei, Eugenio: Apuntes para una biblioteca española de libros, folletos y artículos, impresos y manuscritos, relativos al conocimiento y explotación de las riquezas minerales y a las ciencias auxiliares. 2 Bde. Madrid. 1872

Marçal 1889 Marçal, R. Larcher: Joaquim Pedro Fragoso da Mota de Siqueira. In: Charrua. 3 (1889), S. 65-66

Memorial literario 1787 Memorial literario, instructivo y curioso de la corte de Madrid. Mayo de 1787. 41, 11 (1787), S. 64-66

Moll 1829–1835 Moll, Carl Erenbert von: Mittheilungen aus seinem Briefwechsel. 4 Bde. Augsburg. 1829–1835

Monnet 1773 Monnet, Antoine-Grimoald: Traité de l'exploitation des mines: avec un traité particulier sur la préparation et le lavage des mines. Paris. 1773

Monteiro 1815 Monteiro, J. A.: Fer sulfuré blanc (Nouvelle espèce décrite par M. Haüy dans sons cours publique de 1811, et incorporée à la Méthode à la suite du feru sulfuré). In: Neue Jahrbücher der Berg- und Hüttenkunde. Herausgegeben von Carl Ehrenbert Freiherrn von Moll. 3 (1815), S. 49-55

Monteiro 1815a Monteiro, J. A.: Zusätze und Abänderungen Haüys, während des Sommercurses 1811 von ihm selbst bekannt gemacht, und von Monteiro mitgetheilt (Vermischte Nachrichten und Anzeigen). In: Neue Jahrbücher der Berg- und Hüttenkunde. Herausgegeben von Carl Ehrenbert Freiherrn von Moll. 3 (1815), S. 104-117

Monteiro 1813 Monteiro, J. A.: Mémoire sur la détermination directe d'une nouvelle variété de forme cristalline de Chaux carbonatée, et sur les propriétés remarquables qu'elle présente. In: Journal des Mines. 34, 201 (1813), S. 161-196

Monteiro 1811–1812 Monteiro, J. A.: IX. Memoire sur plusieurs nouvelles varietes de formes determinables de topaze. Denkschriften der Akademie der Wissenschaften München. 3 (1811–1812), S. 223–242

Monteiro 1809 Monteiro, João António: De l'Analogie du Wernerite avec Le Paranthine. In: Journal de Physique, de Chimie, d'Histoire Naturelle et des Arts. 68 (1809), S. 176-199

Morveau 1787 Morveau, Louis Bernard Guyton de: Méthode de Nomenclature Chimique, proposée par MM. de Morveau, Lavoisier, Bertholet, & de Fourcroy. On y a joint Un nouveau Systeme de Caractères Chimiques, adaptés à cette Nomenclature, par MM Hassenfratz & Adet. Paris. 1787

Morveau 1782 Morveau, Louis Bernard Guyton de: Mémoire sur les dénominations chimiques, la necessité d'en perfectionner le système et les règles pour y parvenir. In: Observations sur la physique. 19 (1782), S. 370-382

Nachricht 1765 Vollständigere Nachricht, von den Leben, Schriften und Verdiensten des seel. Herrn Bergraths, D. Joh. Friedrich Henkels. In: Neue Versuche nützlicher Sammlungen zu der Natur- und Kunstgeschichte, sonderlich von Ober-Sachsen, 4. Bd. Altenburg. 1765, S. 625-647

Napione 1803 Lettre de M. de Napione à M. Werner, sur la montagne de fer, près de Taberg, en Suède, suivie d'une note de ce dernier minéralogiste sur le même sujet. Extrait par J. F. Daubuisson. In: Journal des Mines. 96 (1803), S. 429-434

Napione 1797 Napione, Carlo Antonio: Elementi di Mineralogia. Turin. 1797

Napione 1789 Vom Herrn Chevalier de Napion, Kapitain in königl. sardinischen Dienste. Dem Herausgeber mitgetheilt vom Herrn Inspektor Werner. In: Bergmännisches Journal. 2, 2, 12 (1789), S. 1096-2011

Nocedal 1859 Biblioteca de autores españoles, desde la formación del lenguaje hasta nuestros días. Obras publicadas e inéditos de Don Gaspar Melchor de Jovellanos, colección hecha e ilustrada por Don Candido Nocedal. Tomo segundo. Madrid. 1859

Nordenskiöld 1892 Nordenskiöld, Adolf Erik: Carl Wilhelm Scheele. Nachgelassene Briefe und Aufzeichnungen. Stockholm. 1892

Orueta 1917 Orueta, Domingo de: Memorias del Instituto Geológico de España. Estudio geológico y petrográfico de la serranía de Ronda. Madrid. 1917

Papperitz 1916 Papperitz, Erwin: Gedenkschrift zum hundertundfünfzigsten Jubiläum der Königlich Sächsischen Bergakademie zu Freiberg. Freiberg. 1916

Párraga 1802 Párraga, Martin de: Noticia del descubrimento de una mina de grafito en el reyno de Aragon. In: Anales de Ciencias Naturales. 5, 13 (1802), S. 22-24

Párraga 1800 Párraga, Martin de: Piedra caliza folicular de las cercanías de Madrid. In: Anales de Historia Natural. 2, 5 (1800), S. 175-176

Párraga 1800a Descripcion de un gravímetro, ó instrumento á propósito para medir la gravedad específica de los sólidos y fluidos, por el ciud. Guiton; traducida del frances por D. Martin de Párraga. In: Anales de de Historia Natural. 2, 6 (1800), S. 317-335

Pereira 1904 Pereira, Esteves; Rodrigues, Guilherme: Portugal: Dicionário histórico, corográfico, heráldico, biográfico, bibliográfico, numismático e artístico. 5. Bd. Lissabon. 1904

Preußische Akademie der Wissenschaften 1920 Preußische Akademie der Wissenschaften (Hrg.): Wilhelm von Humboldts Gesammelte Schriften. Erste Abteilung. Band XIII. Berlin. 1920

Preußische Akademie der Wissenschaften 1918 Preußische Akademie der Wissenschaften (Hrg.): Wilhelm von Humboldts Gesammelte Schriften. Dritte Abteilung. Band XV. Tagebücher II. Berlin. 1918

Puig 1898–1900 Puig y Larraz, Gabriel: Viaje de estudio por Europa (Francia, Austria, Alemania Central, Prusia, Holanda, Suecia, Noruega é Inglaterra) durante los años 1788 á 1795. Cartas científico-familiares de D. Manuel de Angulo y Correa. In: Boletín de la Sociedad Geográfica de Madrid. 40 (1898), S. 145-192, 260-295; 41 (1899), S. 27-56, S. 193-201; 42 (1900), S. 37-46, S. 60-82, S. 127-162

Puig 1894 Puig y Larraz, Gabriel: Viajes por Bohemia, Moravia, Austria, Hungría, Estiria, Salzburgo y Auvernia en los años 1780 y 1781. Itinerarios escritos por D. Francisco de Angulo. In: Boletín de la Sociedad Geográfica de Madrid. 36 (1894), S. 177-192, S. 240-266, S. 327-351

Ramírez 1894 Ramírez, Santiago: Datos para la historia del Colegio de Minería. Recogidos e copilados bajo la forma de efemérides por su antiguo alumno el Ingeniero de Minas Santiago Ramírez. México. 1894

Reales Ordenanzas 1783 Reales Ordenanzas para la dirección, régimen y gobierno del importante cuerpo de la minería de Nueva-España, y de su Real Tribunal General. Madrid. 1783

Reich 1850 Reich, Ferdinand: Die Bergakademie zu Freiberg: Zur Erinnerung an die Feier des 100jährigen Geburtstages Werner's am 25. Sept. 1850. Freiberg. 1850

Reichard 1874 Reichard, C.: Alexander von Humboldt und der Baron von Forell. In: Beilage zur Allgemeinen Zeitung. (90) 1874, S. 1365-1366 und 91 (1874), S. 1383-1384

Restrepo 1888 Restrepo, Vicente: Estudio sobre las minas de oro y plata de Colombia. 2. Auflage. Bogotá. 1888

Rivara 1929 Rivara, Joaquím Heliodoro da Cunha: Memórias Biográficas de Joaquím Heliodor da Cunha Rivara. Coimbra. 1929

Rivero 1857 Rivero y Ustariz, Mariano Eduardo de: Colección de Memorias Científicas, Agricolas é Industriales Publicadas en Distintas Épocas. 1. Bd. Brüssel. 1857

Rubín 1789 Lettres de Mr. Rubín de Celis, Chevalier de l'ordre de St. Jacques, ancien officier de la Marine royale de l'Espagne; Membre des Académies royales de l'histoire de ce royaume, de celle de la marine de France, et Académicien de la Classe des Directeurs de l'Académie des Mines d'Allemagne. Adressées à Mrs. Duhamel de l'Académie royale des sciences de Paris, et à Mr. le Chevalier de Born Conseiller de la Cour au suprême département des Mines à Vienne. Avec une réponse de Mr. de Born, Sur l'amalgamation des métaux nouvellement établie en Allemagne. o. O. 1789

Rubín 1788 Lettre de M. Rubín de Celis, Chevalier de l'Ordre de Saint-Jacques, Ancien Officier de la Marine Espagnole, Membre des Académies Royales de l'Histoire d'Espagne et de la Marine de France; A MM. les Rédacteurs du Journal de Physique, au sujet de l'Extrait de l'Ouvrage de M. le Conseiller de Born, sur l'amalgamation des Métaux. o. O. 1788

Schiebe 1837 Schiebe, August: Universal-Lexikon der Handelswissenschaften. Erster Band (A-G). Leipzig/Zwickau. 1837

Schütz 1801 Schütz, Andreas Gotthelf: Memoria Sobre los progressos y la utilidad del estudio mineralógico. In: Anales de Ciencias Naturales. 3, 7 (1801), S. 209-230

Schütz 1797 Schütz; Andreas Gotthelf: Von den Vorschriften und dem Nutzen des Studiums der Mineralogie, besonders in Rücksicht auf den Bergbau, in einer öffentlichen Versammlung der churfürstl. baierischen Akademie der Wissenschaften an Ihrer hohen Stiftungsfeyer, den 28. März abgelesen von Freyherrn von Schütz. München. 1797

Sequeira 1812 Fragoso de Sequeira, Joaquim Pedro: Memoria Sobre a creação, e vantagens do gado Cabrum em Portugal. In: Memorias económicas da Academia Real das Sciencias de Lisboa, para o adiantamento da agricultura, das artes, e da industria em Portugal, e suas conquistas. 4. Bd. Lissabon. 1812, S. 143-153

Sequeira 1811 Fragoso de Sequeira, Joaquim Pedro: Memoria sobre a necessidade, utilidade, e meios de introducir em Portugal o uso das gadanhas alemãs, para a ceifa do trigo, centeio, e cevada. Lissabon 1811

Sequeira 1800 Fragoso de Sequeira, Joaquim Pedro: Déscription abrégée de tous les travaux, tant d'Amalgamation, que des Fonderies qui sont actuellement en usage dans les ateliers d'Amalgamation et des Fonderies de Halsbrück, près de Freyberg / Kurze Beschreibung aller Amalgamir- und Schmelzarbeiten, welche jetzt in den Amalgamir- und Schmelzhütten an der Halsbrücke bey Freyberg im Gebrauche sind. Dresden. 1800

Sequeira 1790 Fragoso de Sequeira, Joaquim Pedro: Memoria acerca da cultura, e utilidade dos Castanheiros na Comarca de Portalegre. In: Memórias Económicas da Academia Real das Ciências de Lisboa, para o adiantamento da cultura, das artes, e da indústria em Portugal, e suas conquistas. 2. Bd. Lissabon. 1790, S. 295-354

Sequeira 1790a Fragoso de Sequeira, Joaquim Pedro: Memoria sobre as Azinheiros, Sovereiras, e Carvalhos da Provincia do Além-Téjo, onde se trata de sua cultura, e usos, e dos milhoramentos, que no estado actual podem ter, In: Memórias Económicas da Academia Real das Ciências de Lisboa, para o adiantamento da cultura, das artes, e da indústria em Portugal, e suas conquistas. 2. Bd. Lissabon. 1790, S. 355-382

Silva 1826 Silva, Antonio Delgado da: Coleção da legislação portuguesa desde a última compilação das ordenações, oferecida a El-Rei Nosso Senhor Desembargador Antonio Delgado da Silva. Legislação de 1802 a 1810. Lissabon. 1826

Silva 1860 Silva, Innocencio Francisco da: Dicionário bibliográfico portuguez. 4. Bd. Lissabon. 1860

Sonneschmid 1825 Sonneschmid, Friedrich Traugott: Tratado de la Amalgamación de Nueva España. Paris. 1825

Sonneschmid 1810 Sonneschmid, Friedrich Traugott: Beschreibung der spanischen Amalgamation oder Verquiekung des in den Erzen verborgenen Silbers, wie sie in Mexico gebräuchlich ist. Gotha. 1810

Spix 1831 Spix, Johann Baptist von; Martius, Carl Friedrich Philipp von: Reise in Brasilien auf Befehl Sr. Majestät Maximilian Joseph I., König von Baiern in den Jahren 1817 bis 1820 gemacht und beschrieben. 3 Bde. und 1 Atlas. München. 1831

Stütz 1807 Stütz, Andreas: Mineralogisches Taschenbuch. Enthaltend eine Oryctographie von Unterösterreich zum Gebrauche reisender Mineralogen. Wien/Triest. 1807

Telles 1801 Seabra Silva Telles, Vicente Coelho de: Nomenclatura Chimica Portugueza, Franceza, e Latina. A que se ajunta o systema de characteres chimicos adaptados a esta nomenclatura por Hassenfratz, e adet. offerecida a S. Alteza Real, o Principe Regente N. S. por Vicente Coelho de Seabra Silva Telles. Lente substituto de zoologia, mineralogia, botan., e agricultura na Universidade de Coimbra, e socio da Acad. Real das Sciencias de Lisboa, etc. Lissabon. 1801

Torres 1838 Torres, João Carlos F. C. de Castello Branco; Pereira de Mesquita, Manuel de Castro: Resenha das famílias titulares do reino de Portugal. Lissabon. 1838

Urquijo 1929 Urquijo e Ybarra, Julio de: Los amigos del país (según cartas y otros documentos inéditos del XVIII). San Sebastián. 1929

Vandelli 1898 Vandelli, Domingos: Memoria sobre as minas de ouro do Brasil. In: Annaes da biblioteca nacional do Rio de Janeira. 20 (1898), S. 266-278

Vandelli 1789 Vandelli, Domingos: Memoria Sobre algumas producções naturaes das Conquistas, as quaes ou são pouco conhecidas, ou não se aproveitão. In: Memorias Economicas da Academia Reals das Sciencias e Lisboa. 1. Bd. Lissabon. 1789, S. 187-206

Vandelli 1789a Vandelli, Domingos: Memoria Sobre as Producções Naturaes do Reino, e das Conquistas, primeiras matérias de diferentes Fabricas, ou Manufacturas. In: Memorias Economicas da Academia Reals das Sciencias e Lisboa. 1. Bd. Lissabon. 1789, S. 223-236

Weber 1794 Auszug eines Schreibens des Herrn Bergdirektors Daniel Weber zu Potosi im Königreiche Peru, an dessen Herrn Bruder Karl Weber, Pfarrer zu Steinwenden in der Pfalz, aus Buenos Ayres vom 26. Oktober 1788 und Auszug eines Schreibens des Herrn Bergdirektors Daniel Weber zu Potosi im Königreiche Peru, an dessen Herrn Bruder, Karl Weber, Pfarrer zu Steinwenden in der Pfalz; aus Potosi vom 26. May 1793. In: Gatterer, Christoph Wilhelm Jakob: (Neues) Technologisches Magazin. 3. Bd. Heidelberg. 1794, S. 318-330

Werner 1811 Werner, Abraham Gottlob: Kleine Sammlung mineralogischer Berg- und Hüttenmännischer Schriften. Erstes Stück. Leipzig. 1811

Werner 1791 Werner, Abraham Gottlob: Ausführliches und sistematisches Verzeichnis des Mineralien-Kabinets des weiland kurfürstlich sächsischen Berghauptmanns Herrn Karl Eugen Pabst von Ohain. Erster Band. Freiberg und Annaberg. 1791

Werner 1790 Werner, Abraham Gottlob: Traité des caractères extérieurs des fossiles. Traduit de l'allemand de Mr. A. G. Werner, Inspecteur des Mines & Professeur de Minéralogie à l'Académie des Mines de Freyberg; de la Société économique de Leipsick, de celle des amis de la Nature de Berlin, & de celle de l'Art d'exploitation des Mines, para le Traducteur des Mémoires de Chymie de Scheele. Dijon. 1790

Werner 1786 Werner, Abraham Gottlob: Kurze Klassifikation und Beschreibung der verschiedenen Gebirgsarten. In: Abhandlungen der Böhmischen Gesellschaft der Wissenschaften auf das Jahr 1786. Prag und Dresden. 1786, S. 272-297

Werner 1780 Werner, Abraham Gottlob: Axel von Kronstedts Versuch einer Mineralogie. Aufs neue aus dem Schwedischen übersetzt und nächst verschiedenen Anmerkungen verzüglich mit äussern Beschreibungen der Fossilien vermehret von Abraham Gottlob Werner. Leipzig. 1780

Werner 1778 Werner, Abraham Gottlob: Von den verschiednerley Mineraliensammlungen, aus denen ein vollständiges Mineralienkabinett bestehen soll. In: Sammlungen zur Physik und Naturgeschichte. 1, 4 (1778), S. 387-420

Werner 1774 Werner, Abrahm Gottlob: Von den äußerlichen Kennzeichen der Foßilien, abgefaßt von Abraham Gottlob Werner, der Bergwerks-Wissenschaften und Rechte Befließenen, auch der Leipziger öconomischen Gesellschaft Ehren-Mitglied. Leipzig. 1774

Xaramillo 1815 Xaramillo, Guillelmo Atanasio: Guia de la Real Hacienda de España. Año de 1815. Madrid. 1815

Zedler 1733 Zedler, Johann Heinrich: Grosses vollständiges Universal-Lexicon aller Wissenschaften und Künste. 3. Bd. Halle und Leipzig. 1733

Zimmermann 1746 Zimmermann, Carl Friedrich: Von der Beschaffenheit, Einrichtung und Nutzen einer Academie derer Bergwercks-wissenschaften. In: Ober-Sächsische Berg-Academie. 1. Stück. Dresden/Leipzig. 1746

7.3 Sekundärliteratur

Aceves 1995 Aceves, Patricia: L'enseignement et l'application de la nouvelle chimie au Mexique au temps de Lavoisier. In: Revue d'histoire des sciences. 48, 1-2 (1995), S. 123-132

Aceves 1994 Aceves, Patricia (Hrg.): La química en Europa y América (Siglos XVIII y XIX). México. 1994

Aceves 1993 Aceves, Patricia: La ilustración novohispana en el área farmacéutica, química y metalúrgica. In: Cuadernos Americanos. 38, 2 (1993), S. 92-120

Agudo 1986 Agudo, F. R. Dias: Contribuição da Academia das Ciências de Lisboa para o Desenvolvimento da Ciência. In: Peixoto, José Pinto (Hrg.): Historia e desenvolvimento da ciência em Portugal. I colóquio – até ao seculo XX, Lisboa, 15 a 19 de abril de 1985. Bd. 2. Lissabon. 1986, S. 1301-1340

Alaperrine-Bouyer 1999 Alaperrine-Bouyer, Monique: Mariano Eduardo de Rivero en algunas de sus cartas al Baron Alexander von Humboldt. Arequipa. 1999

Alberola/Die 2018 Alberola Romá, Armando; Die Maculet, Rosario: 1748 – Jorge Juan Santacilia y el giro copernicano. In: Núñez Seixas, Xosé M. (Hrg.): Historia mundial de España. Barcelona. 2018, S. 416-421

Albrecht 2016 Albrecht, Helmuth: Die Bergakademie Freiberg. Eine Hochschulgeschichte im Spiegel ihrer Jubiläen 1765 bis 2015. Freiberg. 2016

Albrecht 2003 Albrecht, Helmuth: Abraham Gottlob Werner und die Bergakademie Freiberg. In: Albrecht, Helmuth; Ladwig, Roland (Hrg.): Abraham Gottlob Werner and the foundation of the geological science. Selected papers of the International Werner Symposium in Freiberg 19th to 24th September 1999. 2. Auflage. Freiberg. 2003, S. 15-25

Alfonso-Goldfarb/Ferraz 2002 Alfonso-Goldfarb, Ana Maria; Ferraz, Márcia H. M.: Raízes históricas da difícil equação institucional da ciência no Brasil. In: São Paulo em perspectiva. 16, 3 (2002), S. 3-14

Alonso/Egenhoff 2008 Alonso, Ricardo N.; Egenhoff, Sven: Las observaciones geológicas de A. Z. Helms en 1789. In: Historia de la Geología Argentina I. Serie Correlación Geológica. 24 (2008), S. 21-34

Alvarado 2016 Alvarado, Javier: Masones en la Nobleza de España. Madrid. 2016

Amiable 2014 Amiable, Louis: La loge de neuf sœurs. Une loge maçonnique d'avant 1789. Paris. 2014

Andrade 2003 Andrade, Antonio A. Soares de: The Mineralogy of Abraham Gottlob Werner (1749–1817) in Silvestre Pinheiro Ferreira's (1769–1846) „Philosophical Lectures". In: Albrecht, Helmuth; Ladwig, Roland (Hrg.): Abraham Gottlob Werner and the foundation of the geological science. Selected papers of the International Werner Symposium in Freiberg 19th to 24th September 1999. 2. Auflage. Freiberg. 2003, S. 53-56

Andrade 1986 Andrade de Gouveia, A. J.: Vicente de Seabra e a revolução química em Portugal. In: Historia e desenvolvimento da ciência em Portugal. I colóquio – até ao seculo XX, Lisboa, 15 a 19 de abril de 1985. Bd. 1. Lissabon. 1986, S. 335-352

Aragón 2001 Aragón de la Cruz, Francisco: La expedición de los mineros sajones a Hispanoamérica (1788–1810), una confrontación tecnológica en los métodos de amalgamación de los minerales de plata. In: Estudios de historia das ciencias y das técnicas: VII Congreso de la Sociedad Española de Historia de las Ciencias y de las Técnicas, Pontevedra, 14-18 de septiembre de 1999. Pontevedra. 2001, S. 283-294

Aranburu et al. 2013 Aranburu Puente, X.; Errazkin Arrazau, R.; Irizar Unzilla, I. (Hrg.): Bikaina, aberatsa, Aurrera begira – Bergarako Errego Seminarioaren gida / Único, valioso, mirando al futuro – Guía del Real Seminario de Bergara. Vergara. 2013

Aristizábal-Fúquene 2015 Aristizábal-Fúquene, Andrea: El platino: contribuciones sociohistóricas y cientiíficas desde el siglo XVIII. Parte I. in: Educación Química. 26, 2 (2015), S. 146-151

Arndt 1914 Arndt, Adolf: Zur Geschichte des Bergrechts von der ältesten Zeit bis auf die Gegenwart. In: Zeitschrift für die gesamte Staatswissenschaft. 70, 2 (1914), S. 231-258

Asche/Gerber 2008 Asche, Matthias; Gerber, Stefan: Neuzeitliche Universitätsgeschichte in Deutschland. Entwicklungslinien und Forschungsfelder. In: Archiv für Kulturgeschichte. 90 (2008), S. 159-201

Augusto 2015 Augusto, Maria das Graças de Moraes: Política tropical: a recepção dos clásicos, a tradição política no Braisl do século XIX e a tradução das Categorias aristotélicas por Silvestre Pinheiro Ferreira. In: Silva, Maria de Fátima; Augusto, Maria das Graças de Moraes (Hrg.): A recepção dos clásicos em Portugal e no Brasil. Coimbra. 2015, S. 15-68

Azuela 2013 Azuela, Luz Fernanda: Entre geografía, meteorología y astronomía, surgimiento de la geología en el siglo XIX. In: Kleiche-Dray, Mina; García, Judith Zubieta; Rodríguez-Sala, María Luisa (Hrg.): La institucionalización de las disciplinas científicas en México. México. 2013, S. 127-160

Balaguer 1983 Balaguer Periguel, E.: Los ejercitos y la renovación científica en España. In: Servicio de Publicaciones del EME (Hrg.): Temas de historia militar: Ponencias del Primer Congreso de Historia Militar. Madrid. 1983, S. 601-628

Ballantyne 2008 Ballantyne, Tony: Colonial Knowledge. In: Stockwell, Sarah (Hrg.): The British Empire. Themes and Perspectives. Oxford. 2008, S. 177-198

Barbian 1989 Barbian, Jan-Pieter: Deutsch-französische Beziehungen in der Wissenschaft und Technologie des 18. und 19. Jahrhunderts. Das Beispiel der montanwissenschaftlichen Ausbildung. In: Technikgeschichte. 56, 4 (1989), S. 305-328

Bargalló 1955 Bargalló, Modesto: La mineria y la metalurgia en la America Español durante la época colonial. México. 1955

Barreiro 1992 Barreiro, Agustín J.: El Museo nacional de ciencias naturales. Aranjuez. 1992

Basalla 1967 Basalla, George: The Spread of Western Science. A three-stage model describes the introduction of modern science into any non-European nation. In: Science. 156 (1967), S. 611-622

Bauer 2017 Bauer, Susanne: Science Studies. In: Sommer, Marianne; Müller-Wille, Staffan; Reinhardt, Carsten (Hrg.): Handbuch Wissenschaftsgeschichte. Stuttgart. 2017, S. 55-67

Baumgärtel 1965 Baumgärtel, Hans: Vom Bergbüchlein zur Bergakademie. Leipzig. 1965

Bayly 2007 Bayly, Christopher A.: „Archaische" und „moderne" Globalisierung in Eurasien und Afrika, ca. 1750–1850, in: Conrad, Sebastian; Eckert, Andreas; Freitag, Ulrike (Hg.): Globalgeschichte. Theorien, Ansätze, Themen. Frankfurt a. M./New York, S. 81-108

Bayly 2006 Bayly, Christopher A.: Die Geburt der modernen Welt. Eine Globalgeschichte 1780–1914. Frankfurt/New York. 2006

Bayly 1998 Bayly, Christopher A.: The first age of global imperialism, c. 1760–1830. In: The Journal of Imperial and Commonwealth History. 26, 2 (1998), S. 28-47

Beck 1971 Beck, Hanno: Wilhelm Ludwig von Eschwege – der bahnbrechende Brasilienforscher. In: Grosse Reisende: Entdecker und Erforscher unserer Welt. München. 1971, S. 146-160

Beck 1959 Beck, Hanno: Eschwege, Wilhelm Ludwig von. In: Neue Deutsche Biographie 4 (1959), S. 652 (https://www.deutsche-biographie.de/pnd116569611.html#ndbcontent, abgerufen am 06.09.2021)

Becker 1973 Becker, Kurt: Abriß einer Geschichte der Gesellschaft Naturforschender Freunde zu Berlin. In: Sitzungsberichte der Gesellschaft Naturforschender Freunde zu Berlin. 13, 1 (1973), S. 1-58

Becker 2015 Becker, Sebastian: Wissenstransfer durch Spionage. Ein florentinischer Agent und seine Reise durch Nordeuropa. In: Brendecke, Arndt (Hrg.): Praktiken der Frühen Neuzeit. Akteure – Handlungen – Artefakte. Köln/Weimar/Wien. 2015, S. 151-162

Behrs et al. 2013 Behrs, Jan; Gittel, Benjamin; Klausnitzer, Ralf: Wissenstransfer. Konditionen, Praktiken, Verlaufsformen der Weitergabe von Erkenntnis. Frankfurt a. M.. 2013

Berg 2013 Berg, Björn Ivar: Travels and transfer of knowledge following the education at the Mining Seminar in Kongsberg, Norway (1757–1814). In: Schleiff, Hartmut; Konečný, Peter (Hrg.): Staat, Bergbau und Bergakademie. Montanexperten im 18. und 19. Jahrhundert. Stuttgart. 2013, S. 63-74

Berg 2000 Berg, Björn Ivar: Krisen und Konjunkturen im skandinavischen Bergbau bis 1800. In: Bartels Christoph; Denzel, Markus (Hrg.): Konjunkturen im europäischen Bergbau in der vorindustriellen Zeit. Stuttgart. 2000, S. 85-101

Bernal 2004 Bernal Gutiérrez, José: Marbella Minera. In: IX Imágenes de Marbella. La minería. Marbella. 2004, S. 9-34

Bernecker 2009 Bernecker, Walther L.: Die verpasste Modernität: Zum Fehlschlag des ökonomischen Fortschritts im Mexiko des 19. Jahrhunderts. In: Scheuzger, Stephan; Fleer, Peter (Hrg).: Die Moderne in Lateinamerika. Zentren und Peripherien des Wandels. Hans Werner Tobler zum 65. Geburtstag. Frankfurt a. M.. 2009, S. 303-340

Bertomeu/García 2006 Bertomeu Sánchez, José Ramón; García Belmar, Antonio: Pedro Gutiérrez Bueno's Textbooks: Audiences, Teaching Practices and Chemical Revolution. In: Science and Education. 90, 4 (2006), S. 693-712

Bixler 2016 Bixler, Matthias: Die Wurzeln der Historischen Netzwerkforschung. In: Düring, Marten; Eumann, Ulrich; Stark, Martin; Keyserlingk, Linda von (Hrg.): Handbuch Historische Netzwerkforschung. Grundlagen und Anwendungen. Berlin. 2016, S. 45-61

Bixler/Reupke 2016 Bixler, Matthias; Reupke, Daniel: Von Quellen zu Netzwerken. In: Düring, Marten; Eumann, Ulrich; Stark, Martin; Keyserlingk, Linda von (Hrg.): Handbuch Historische Netzwerkforschung. Grundlagen und Anwendungen. Berlin. 2016, S. 101-122

Bleichmar 2009 Bleichmar, Daniela: A Visible and Useful Empire – Visual Culture and Colonial Natural History in the Eighteenth-Century Spanish World. In: Bleichmar, Daniela; De Vos, Paula; Huffine, Kristin; Sheehan, Kevin (Hrg.): Science in the Spanish and Portuguese Empires, 1500–1800. Stanford. 2009, S. 290-310

Bluma 2017 Bluma, Lars: Moderne Bergbaugeschichte. In: Der Anschnitt. 69, 3-4 (2017), S. 138-151

Boas 1957 Boas, Ernest Arthur: Grundlagen, Entstehung und bisherige Entwicklung der eisenschaffenden Industrie in Brasilien. Berlin. 1957

Bonialian/Hausberger 2018 Bonialian, Mariano; Hausberger, Bernd: Consideraciones sobre el comercio y el papel de la plata hispanoamericana en la temprana globalización, siglos XVI-XIX. in: Historia Mexicana. 68, 1 (2018), S. 197-244

Bonifácio 2015 Bonifácio, Maria de Fátima: O primeiro duque de Palmela. Político e diplomata. Alfragide. 2015

Bonvini 2022 Bonvini, Alessandro: A "New Dispute" of the New World. Visions of Latin America in the Malaspina Expedition (1789–1794). In: Roselli, Antonio; Schlieper, Hendrik (Hrg.): Transatlantische Aufklärung: Erfahrungen von Identität und Alterität im 18. Jahrhundert. Paderborn. 2022, S. 65-79

Brading 1975 Brading, David A.: Mineros y comerciantes en el México borbónico (1763–1810). Mexico/Madrid/Buenos Aires. 1975

Brahm 2017 Brahm, Felix: Imperialismus und Kolonialismus. In: Sommer, Marianne; Müller-Wille, Staffan; Reinhardt, Carsten (Hrg.): Handbuch Wissenschaftsgeschichte. Stuttgart. 2017, S. 287-294

Brendecke 2009 Brendecke, Arndt: Imperium und Empirie. Funktionen des Wissens in der spanischen Kolonialherrschaft. Köln/Weimar/Wien. 2009

Brianta 2007 Brianta, Donata: Europa mineraria. Circolazione dei élites e trasferimento tecnologico (secoli XVIII-XIX). Milano. 2007

Brianta 2000 Brianta Donata: Education and Training in the Mining Industry, 1750–1860: European Models and the Italian Case. In: Annals of Science. 57 (2000), S. 267-300

Briesemeister/Wentzlaff-Eggebert 2003 Briesemeister, Dietrich; Wentzlaff-Eggebert, Harald: Von Spanien nach Deutschland und Weimar-Jena. Heidelberg. 2003

Brigola/Ceríaco 2014 Brigola, João Carlos; Ceríaco, Luís: Um projecto de musealização para o Real Gabinete de História Natural da Ajuda (1768–1836) – História, Colecções, Espaços. In: Rollo, Maria Fernanda; Nunes, Maria de Fátima; Pina, Madalena Esperança; Queiroz, Maria Inês (Hrg.): Espaços e actores da ciencia em Portugal (XVIII-XX). Casal de Cambra. 2014, S. 343-362

Brigola 2010 Brigola, João Carlos: Os viajantes e o 'livro dos museus'. As coleções portuguesas através do olhar dos viajantes estrangeiros (1700–1900). Évora. 2010

Brilkman 2018 Brilkman, Kajsa: The circulation of knowledge in translations and compilations. In: Östling, Johan; Sandmo, Erling; Heidenblad, David Larsson; Hammar, Anna Nilsson; Nordberg, Kari, H. (Hrg.): Circulatio of Knowledge. Explorations in the History of Knowledge. Lund. 2018, S. 161-171

Brückner 2020 Brückner, Jenny: Dresden ist die Stadt der Mineraliensammler. Abraham Gottlob Werner und sein Bezug zu Sammlern der sächsischen Residenzstadt im 18. Jahrhundert. In: Kandler, Susanne (Hrg.): Abraham Gottlob Werner und die Geowissenschaften seiner Zeit. Freiberg. 2020, S. 201-211

Brzenzinski 2000 Brzenzinski Prestes, Maria Elice: A investigação da natureza no Brasil colônia. São Paulo. 2000

Bruns/Hampf 2018 Bruns, Claudia; Hampf, M. Michaela: Transnationale Verflechtungen von Rassismen ab 1700. Versuch der Systematisierung eines Forschungsfeldes. In: Bruns, Claudia; Hampf, M. Michaela (Hrg.): Wissen – Transfer – Differenz. Transnationale und interdiskursive Verflechtungen von Rassismen ab 1700. Göttingen. 2018, S. 9-63

Buechler 1989 Buechler, Rose Marie: Gobierno, Minería Y Sociedad: Potosí Y El "Renacimiento" Borbónico, 1776–1810. La Paz. 1989

Burdet 2005 Burdet, Carlo: Carlo Antonio Napione (1756–1814). Artigliere e scienziato in Europa e in Brasile, un ritratto. 2 Bde. Turin. 2005

Burdet 1991 Burdet, Carlo: Il Cavalier Carlo Antonio Napione. In: Atti della Accademia delle Scienze di Torino. 125, 2 (1991), S. 65-91

Burke 2018 Burke, Peter: Writing the history of knowledge in Brazil. In: História, Ciêncías, Saúde – Manguinhos, Rio de Janeiro. 25, 3 (2018), S. 859-869

Burke 2016 Burke, Peter: What is the history of knowledge? Cambridge. 2016

Caballero 2017 Caballero Echevarría, Fernando: La reforma militar ilustrada em América: Bernardo de Gálvez en las campañas em Nueva España y la Florida. In: Revista hispano americana. Publicación digital de la Real Academia Hispano Americana de Ciencias, Artes y Letras. 7 (Discursos). 2017

Calatayud 2009 Calatayud Arinero, María de los Ángeles: Eugenio Izquierdo de Rivera y Lazaún (1745–1813). Madrid. 2009

Calatayud 2002 Calatayud Arinero, María de los Ángeles: Catálogo crítico de los documentos del Real Museo de Ciencias Naturals de Madrid (1816–1845). Madrid. 2002

Calderón 2017 Calderón Herrera, David: La tecnología del vapor aplicada en las Minas de Almadén. Desde su origen hasta el Consejo de Administración. Córdoba. 2017

Callapez/Brandão 2011 Callapez, Pedro; Brandão, José Manuel: Da filosofia natural à modernidade: dois séculos de colecionismo geológico (paleontológico) na Universidade de Coimbra. In: Actas do Congresso Luso-Brasileiro de História das Ciências. 26-29 Outubro. Coimbra. 2011, S. 1063-1078

Callapez et al. 2014 Callapez, Pedro M.; Brandão, José M.; Paredes, Ricardo; Barroso-Barcenilla, Fernando; Santos, Vanda F.; Seguara, Manuel: The Krantz collections of palaentology held at the University of Coimbra (Portugal): a century of teaching and museum activities. In: Historical Biology: An International Journal of Paleobiology. 27, 8 (2014), S. 1113-1126

Camargo o.D. Camargo, Angélica Ricci: O projeto do alvará de 13 de maio de 1803: uma tentativa ilustrada de reforma das minas do Brasil. (http://linux.an.gov.br/mapa/wp-content/uploads/2012/03/O-projeto-do-alvará-de-13-de-maio-de-1803.pdf, abgerufen am 23.01.2018)

Cañizares-Esguerra 2005 Cañizares-Esguerra, Jorge: Iberian Colonial Science. In: Isis. 96 (2005), S. 64-70

Cano 2016 Cano Borrego, Pedro Damián: El interés de la corona española por el beneficio del platino y su comercialización a finales del siglo XVIII. In: De Re Metallica. 27 (2016), S. 47-56

Carlid/Nordström 1965 Carlid, Göte; Nordström, Johan (Hrg.): Torbern Bergman's foreign correspondence. 1. Bd. Stockholm. 1965

Carneiro et al. 2000 Carneiro, Ana; Simões, Ana; Diogo, Maria Paula: Englightment Science in Portugal: The estrangeirados and their communication networks. In: Social Studies of Science. 30, 4 (2000), S. 591-619

Carrasco 1964 Carrasco Jarabo, Paula: Vida y obras de Pedro Gutierrez Bueno. In: Boletín de la Sociedad Espanola de historia de la farmacia. 60 (1964), S. 154-169; 61 (1965), S. 10-24; 62 (1965), S. 71-86; 63 (1965), S. 101-118; 64 (1965), S. 153-177

Carvalho 1996 Carvalho, Rómulo de: Atividades científicas em Portugal no século XVIII. Évora. 1996

Carvalho 1986 Carvalho, Romúlo de: O roteiro europeu do 2.° Duque de Lafões. In: Memorias da Academia das Ciências de Lisboa. 27 (1986), S. 141-171

Carvalho 1981 Carvalho, Rómulo de: A atividade pedagógica da Academia das Ciências de Lisboa nos séculos XVIII e XIX. Lissabon. 1981

Carvalho 1955 Carvalho, S. Silva: A ferreria da Foz de Alge – período de Joaquim Pedro Fragoso da Mota Sequeira (1829–1833). In: Direcção-Geral de Geologia e Minas (Hrg.): Estudos, notas e trabalhos do Serviço de Fomento Mineiro e do Laboratório. Lissabon. 1955, S. 263-316

Casanova 2009 Casanova Honrubia, Juan Miguel: La minería y mineralogia del reino de Valencia a finales del período ilustrado (1746–1808). Valencia. 2009

Castelo-Branco 1986 Castelo-Branco, Fernando: Desenvolvimento da geo-história em Portugal. In: Historia e desenvolvimento da ciência em Portugal. I colóquio – até ao seculo XX, Lisboa, 15 a 19 de abril de 1985. Lissabon. 1986, S. 835-850

Castillo 2005 Castillo Martos, Manuel: Creadores de la ciencia moderna en España y América. Ulloa, los Delhuyar y del Río descubren el platino, el wolframio y el vanadio. Brenes. 2005

Castillo 2001 Castillo Martos, Manuel: Andrés Manuel del Río Fernández: descubridor del vanadio. In: Estudios de historia das ciencias e das técnicas: VII Congreso de la Sociedad Española de Historia de las Ciencias y de las Técnicas, Pontevedra, 14-18 de septiembre de 1999. Pontevedra. 2001, S. 1039-1050

Castillo/Lang 2006 Castillo Martos, Manuel; Lang, Mervyn F.: Grandes figuras de la minería y metalurgia virreinal. Universidad de Cadiz. 2006

Castillo/Lang 1995 Castillo Martos, Manuel; Lang, Mervyn Francis: Metales preciosos: unión de dos mundos. Sevilla/Bogotá. 1995

Chaparro 2011 Chaparro Sainz, Álvaro: Educarse para servir al Rey: El Real Seminario patriótico de Vergara (1776–1804). Bilbao. 2011

Chastagnaret 2015 Chastagnaret, Gérard: Del fomento de la minería a paraíso fiscal para grandes compañías. Las etapas de construcción de la fiscalidad minera del Siglo XIX. In: Tiempos modernos (Revista electrónica de historia moderna). 30, 1 (2015)

Clark 2009 Clark, Fiona: „Read All About It" – Science, Translation, Adaption, and Confrontation in the Gazeta de Literatura de México, 1788–1795. In: Bleichmar, Daniela; De Vos, Paula; Huffine, Kristin; Sheehan, Kevin (Hrg.): Science in the Spanish and Portuguese Empires, 1500–1800. Stanford. 2009, S. 147-177

Clément 1993 Clément, Jean-Pierre: Las instituciones científicas y la difusión de la ciencia durante la ilustración. Madrid. 1993

Coatsworth 1986 Coatsworth, John H.: The Mexican mining industry in the eighteenth century. In: Jacobsen, Nils; Puhle, Hans-Jürgen (Hrg.): The Economies of Mexico and Peru During the Late Colonial Period, 1760–1810. Berlin. 1986, S. 26-45

Contreras 2007 Contreras, Carlos: Transferencia de tecnologías e imperio. El caso de la minería andina en el siglo XVIII. in: Lafuente, Antonio; Cardoso, Ana María; Saraiva, Tiago (Hrg.): Maquinismo ibérico. Madrid. 2007, S. 35-54

Contreras 2000 Contreras, Carlos: Los mineros y el sabio del rey: Federico Mothes en Hualgayoc, 1794–1798. In: Sánchez Gómez, Julio; Mira Delli-Zotti, Guillermo (Hrg.): Hombres, técnica, plata: Mineria y sociedad en Europa y América. Siglo XVI-XIX. Sevilla. 2000, S. 405-423

Costa et al. 1936 Costa, Isaac da; Brewster, Bertram; Roth, Cecil: Noble families among the Sephardic Jews. Oxford/London. 1936

Costa 2011 Costa, Palmira Fontes da: The introduction of the Linnaean classification of nature in Portugal. In: Gunnarsson, Britt-Louise (Hrg.): Languages of Science in the Eighteenth Century. Berlin. 2011, S. 227-243

Costa/Leitão 2009 Costa, Palmira Fontes da; Leitão, Henrique: Portuguese Imperial Science, 1450–1800 – A Historiographical Review. In: Bleichmar, Daniela; De Vos, Paul; Huffine, Kristin; Sheehan, Kevin (Hrg.): Science in the Spanish and Portuguese Empires, 1500–1800. Stanford. 2009, S. 35-53

Crespo/Montojo 2009 Crespo Solana, Ana; Montojo, Vicente: La junta de dependências de extranjeros (1714–1800): trasfondo socio-político de una história institucional. In: Hispania. Revista española de história. 69, 232 (2009), S. 363-394

Cuenco/Olmo 2014 Cuenco Ruiz, Emilio; Olmo Ruiz, Margarita del: Masonería. Ritos y símbolos funerarios. Mauricio de Onís y el Santo Velo del Sepulcro. Guadalajara. 2014

Custodio 2000 Custodio Gimena, Emilio: Ciento cincuenta años. Estudio e Investigación en las Ciencias de la Tierra. Madrid. 2000

Daguet 1872 Daguet, Alexandre: Les Barons de Forell. Ministres d'Etat à Dresde et à Madrid (1768–1815). Lausanne. 1872

Dahlgren 1915 Dahlgren, E. W.: Kungl. Svenska Vetenskapsakademien – Personförteckningar (1739–1915). Uppsala. 1915

Dantes 2011 Dantes, Maria Amélia M.: Introdução: uma história institucional das ciências no Brasil. In: Dantes, Maria M. (Hrg.): Espaços da Ciência no Brasil. 1800–1930. Rio de Janeiro. 2001, S. 13-25

Deustua 2017 Deustua, José R.: Society, science, and technology: Mariano de Rivero, mining and the birth of Peru as a Republic, 1820–1850. In: Apuntes. Revista de ciencias sociales. 44, 80 (2017), S. 51-77

Díez 2005 Díez Herrero, Andrés: Apuntes históricos sobre la colección de minerales, rocas y fósiles de la Academia de Artillería de Segovia. In: Llull. 28 (2005), S. 383-413

Dietz 2017 Dietz, Bettina: Das System der Natur. Die kollaborative Wissenskultur der Botanik im 18. Jahrhundert. Köln/Weimar/Wien. 2017

sDiogo et al. 2007 Diogo, Maria Paula; Carneiro, Ana; Simões, Ana: El grand tour de la tecnologia. El estrangeirado Manuel de Azevedo Fortes. In: Lafuente, Antonio; Cardoso, Ana María; Saraiva, Tiago (Hrg.): Maquinismo ibérico. Madrid. 2007, S. 101-121

Diogo/Matos 2007 Diogo, Maria Paula; Matos, Ana Cardoso de: Aprender a ser ingeniero. La enseñanza de la ingeniería en el Portugal de los siglos XVIII y XIX. in: Lafuente, Antonio; Cardoso, Ana María; Saraiva, Tiago (Hrg.): Maquinismo ibérico. Madrid. 2007, S. 123-145

Domingues 2019 Domingues Ângela: Museus, coleccionismo e viagens científicas em Portugal de finais de Setecentos. In: Asclepio. 71, 2 (2019) (https://doi.org/10.3989/asclepio.2019.12., abgerufen am 04.12.2019)

Domingues 2001 Domingues, Heloisa Maria Bertol: A Sociedade Auxiliadora a Indústria Nacional e as Ciências Naturais no Brasil Império. In: Dantes, Maria Amélia M. (Hrg.): Espaços da Ciência no Brasil. 1800–1930. Rio de Janeiro. 2001, S. 83-110

Domínguez 2013 Domínguez Martínez, Raúl: De la física en el Colegio de Minería a la creación del Instituto de Física de la UNAM. In: Kleiche-Dray, Mina; García, Judith Zubieta; Rodríguez-Sala, María Luisa (Hrg.): La institucionalización de las disciplinas científicas en México. México. 2013, S. 195-224

Domínguez 2016 Domínguez Ortiz, Antonio: Carlos III y la España de la Ilustración. 3. Auflage. Madrid. 2016

Dougnac 1999 Dougnac Rodríguez, Antonio: Proyección de las ordenanzas de minería de Nueva España en Chile (1787–1874). In Revista de estudios histórico-jurídicos. 21 (1999) (http://dx.doi.org/10.4067/S0716-54551999002100008, abgerufen am 01.04.2020)

Drummond 2012 Drumond, Antônio de Meneses Vasconcelos de: Anotações de A.M.V de Drummond à su biografia. Brasília. 2012

Düring/Kerschbaumer 2016 Düring, Marten; Kerschbaumer, Florian: Quantifizierung und Visualisierung. Anknüpfungspunkte in den Geschichtswissenschaften. In: Düring, Marten; Eumann, Ulrich; Stark, Martin; Keyserlingk, Linda von (Hrg.): Handbuch Historische Netzwerkforschung. Grundlagen und Anwendungen. Berlin. 2016, S. 31-43

Düring/Keyserlingk 2015 Düring, Marten; Keyserlingk, Linda von: Netzwerkanalyse in den Geschichtswissenschaften. Historische Netzwerkanalyse als Methode für die Erforschung von historischen Prozessen. In: Schützeichel R.; Jordan S. (Hrg.): Prozesse. Wiesbaden. 2015, S. 337–350 (https://doi.org/10.1007/978-3-531-93458-7_15, abgerufen am 15.10.2018)

Dupré/Somsen 2019 Dupré, Sven; Somsen, Geert: The History of Knowledge and the Future of Knowledge Societies. In: Berichte zur Wissenschaftsgeschichte. 42 (2019), S. 186-199

Eckert 2013 Eckert, Carsten: Aus Friedrich Sellows Tagebüchern „Bei den Goldwäschern am São Rafael". In: Zischler, Hanns; Hackethal, Sabine; Eckert, Carsten (Hrg.): Die Erkundung Brasiliens. Friedrich Sellows unvollendete Reise. Berlin. 2013, S. 151-155

Elena/Ordóñez 2001 Elena, Alberto; Ordóñez, Javier: Science, technology, and the Spanish colonial experience in the nineteenth century. In: Osiris. 15 (2000), S. 70-82

Elorza 1969 Elorza, Antonio: Absolutismo y revolución en el siglo XVIII (La emigración política de Miguel Rubín de Celis, 1789-99). In: Cuadernos hispanoamericanos. 233 (1969), S. 389-405

Engelhardt 2014 Engelhardt, Dietrich von: Die Situation der Naturwissenschaften in Spanien und Portugal aus der Sicht von Militärs und Diplomaten um 1800. In: Kästner, Ingrid; Kiefer, Jürgen; Kiehn, Michael; Seidl, Johannes (Hrg.): Erkunden, Sammeln, Notieren und Vermitteln – Wissenschaft im Gepäck von Handelsleuten, Diplomaten und Missionaren. Aachen. 2014, S. 93-126

Engelhardt 1992 Engelhardt, Wolf von: Die Namen der Steine. Zur Sprache in deutschen geowissenschaftlichen Texten des ausgehenden 18. und beginnenden 19. Jahrhunderts. In: Naumann, Bernd; Plank, Frans; Hofbauer, Gottfried (Hrg.): Language and Earth. Elective affinities between the emerging sciences of linguistics and geology. Amsterdam/Philadelphia. 1992, S. 161-192

Ennenbach 1980 Ennenbach, Wilhelm: Der Weg der Mineraliensammlung Pabst von Ohains von Freiberg in Sachsen nach Rio de Janeiro. In: Neue Museumskunde. 3, 23 (1980), S. 222-226

Enciso 2010 Enciso Recio, Luis Miguel: Las Sociedades Económicas en el Siglo de las Luces. Madrid. 2010

Ernst et al. 2006 Ernst, Gerhard; Gießgen, Martin-Dietrich; Schmitt, Christian; Schweickard, Wolfgang (Hrg.): Romanische Sprachgeschichte/Histoire linguistique de la Romania. 2. Bd. Berlin/New York. 2006

Escamilla 2013 Escamilla Gónzalez, Francisco Omar: Andrés Manuel del Río's (1764–1849) Translation of Langsdorf's Hydraulik, Freiberg, 1790. In: Berichte der Geologischen Bundesanstalt. 101 (2013), S. 33-34

Escamilla 2013a Escamilla Gónzalez, Francisco Omar: Nociones generales de la teoría y práctica de la geometría subterránea. Escrita para la enseñnza de los alumnos del Real Seminario de Minería de México. In: Monumentos históricos. 27 (2013), S. 29-39

Escamilla 2011 Escamilla Gónzales, Francisco Omar: El "Arte de minas", tratado inédito de Andrés Manuel del Río, ca. 1800. In: XI Simposio Internacional del Legado Cultural Minero y de las Ciencias de la Tierra. 29.08.-02.09.2011. México. 2011, S. 66-68

Escamilla 2011a Escamilla Gonzalez, Francisco Omar: ¿Orictognosia o Mineralogía? La influencia de Abraham Gottlob Werner en el Real Seminario de Minería de México. In: Montero Alarcón, Alma (Hrg.): Plata: forjando México. México. 2011, S. 525-561

Escamilla 2009 Escamilla Gónzalez, Francisco Omar: Un reporte sobre la minería novo-hispana a fines del s. XVIII: las cartas de Fausto de Elhuyar a Ignaz von Born. In: Boletín de la Real Sociedad Bascongada de Amigos del País. LXV, 1 (2009), S. 225-264

Escamilla 2008 Escamilla Gónzalez, Francisco Omar: El Ensayo de metalurgia de Francisco Xavier de Sarría y su Suplemento (México, 1784–1791). In: Paniagua, Jesús; Salazar, Nuria (Hrg.): La plata en Hispanoamérica, siglos XVI al XIX. León. 2008, S. 69-97

Escamilla 2008a Escamilla Gónzalez, Francisco Omar: Un metalurgista germano en Guanajuato y Michoacán: las cartas de Franz Fischer (ca. 1757–ca. 1814) a Ignaz von Born (1789–1790). In: Boletín del Archivo General de la Nácion. 19 (2008), S. 98-120

Escamilla 2008b Escamilla Gónzalez, Francisco Omar: Origen de los libros de matemáticas en el Real Seminario de Minería de México: análisis de un inventario de 1799. In: Mathesis. III 32 (2008), S. 239-280

Escamilla 2005 Escamilla Gónzalez, Francisco Omar: Ilustración alemana y ciencia novohispana: la biblioteca de Fausto de Elhúyar. In: Pietschmann, Horst; Ramos Medina, Manuel; Torales Pacheco, María Cristina (Hrg.): Alemania y México: percepciones mutuas en impresos, siglos XVI-XVIII. México. 2005, S. 399-475

Escamilla 2004 Escamilla Gónzalez, Francisco Omar: Luis Fernando Lindner (Schemnitz, ca. 1763 – México, 1805): catedrático de química y metalurgia del Real Seminario de México. In: Jahrbuch für Geschichte Lateinamerikas. 41 (2004), S. 167-197

Escamilla/Morelos 2020 Escamilla González, Francisco Omar; Morelos Rodríguez, Lucero: Teaching Werner to the New World: Geognosy in the School of Mines of Mexico, 1795–1805. In: Kandler, Susanne (Hrg.): Abraham Gottlob Werner und die Geowissenschaften seiner Zeit. Freiberg. 2020, S. 255-265

Escamilla/Morelos 2017 Escamilla González, Francisco Omar; Morelos Rodríguez, Lucero: Escuelas de minas mexicanas: 225 años del Real Seminario de Minería. México. 2017

Espinosa-Baquero 1993 Espinosa-Baquero, Armando: Las expediciones geologicas en el norte de Suramerica y sus contribuciones. In: Figueirôa, Silvia F. de M.; Lopes, M. Margaret (Hrg.): Geological Sciences in Latin America: Scientific relations and exchanges. Papers presented at the 18th Symposium of the International Commission on the History of Geological Sciences. July 19-25, 1993. Campinas. 1994, S. 175-187

Faak 2003 Faak, Margot (Hrg.): Alexander von Humboldt. Reise auf dem Río Magdalena durch die Anden und Mexico. Teil I: Texte. 2. Auflage. Berlin. 2003

Falcão 1963 Falcão, Edgard de Cerqueira (Hrg.): Obras cientificas, politicas e sociais de José Bonifacio de Andrada e Silva. 3 Bde. Santos. 1963

Fernandes et al. 2013 Fernandes, Antonio Carlos Sequeira; Henriques, Diese Dias Rêgo: José da Costa Azevedo e Custódio Alves Serrão: da formação na Universidade de Coimbra à estruturação do Museu Nacional no Brasil. In: Fiolhais, Carlos; Simões, Carlota; Martins, Décio (Hrg.): História da ciência luso-brasileira: Coimbra entre Portugal e o Brasil. Coimbra. 2013, S. 197-206

Fernández/Mansilla 2004 Fernández, María Fernanda; Mansilla Plaza, Luis: La Academia de Minas de Almadén. Doscientos veinticinco años de historia. In: Actas VIII Congreso de la Sociedad Española de Historia de las Ciencias y de las Técnicas. 2004. Logroño, S. 859-870

Fernández 2008 Fernández Bravo, Raúl R.: "De malacates y socavones a la máquina de vapor". Las bombas hidráulicas para el desagüe de minas movidas von agua y por bestias, diseños por Andrés del Río y Fausto de Elhuyar: 1800–1819. Tesis de licenciatura en Historia. UNAM. México. 2008

Ferrão 1919 Ferrão, António (Hrg.): As impressões de um diplomata português na Corte de Berlim. Correspondências oficial de D. Alexandre de Sousa e Holstein, primeiro ministro de Portugal na corte da Prussia, no tempo de Frederico-Guilherme II (1789–1790). Coimbra. 1919

Ferreira 1990 Ferreira, Martim R. Portugal: O Museu de história natural da Universidade de Coimbra (secção de mineralogia e geologia) desde a reforma pombalina (1772) até à república (1910). In: Memórias e Notícias. Publicações do Museu e Laboratório Mineralógico e Geológico da Universidade de Coimbra. 110 (1990), S. 53-76

Ferreira 1990a Ferreira, Martim R. Portugal: Dr. Manuel José Brajona (1758–1831) – Autor dos primeiros livros de mineralogia editados em Portugal. In: Memórias e Notícias. Publicações do Museu e Laboratório Mineralógico e Geológico da Universidade de Coimbra. 110 (1990), S. 77-102

Ferreira 1989 Ferreira, Martim R. Portugal: Um professor de mineralogia e arte de minas e político liberal do século XIX: Roque Fernandes Thomaz. In: Revista da Universidade de Coimbra. 35 (1989), S. 255-269

Ferreira 1988 Ferreira, Martim R. Portugal (1988): José Bonifácio d'Andrada e Silva (mineralogista, académico, mineiro do início do séc. XIX). In: Memórias e Noticias. Publicações do Museu Mineralógico e Geológico da Universidade de Coimbra. 106 (1988), S. 19-32

Ferreira 1988a Ferreira, Martim R. Portugal: Dr. Roque Joaquim Fernandes Thomaz – o primeiro professor de mineralogia, geologia e arte de minas. In: Memórias e Noticias. Publicações do Museu Mineralógico e Geológico da Universidade de Coimbra. 105 (1988), S. 117-139

Ferreira 1987 Ferreira, Martim R. Portugal: Dr. Manuel Pereira Jardim, Visconde de Monte-São. In: Memórias e Noticias. Publicações do Museu Mineralógico e Geológico da Universidade de Coimbra. 103 (1987), S. 65-80

Ferreira 1986 Ferreira, Martim R. Portugal: A mineralogia em Portugal no seculo XIX. In: Historia e desenvolvimento da ciência em Portugal. I colóquio – até ao seculo XX, Lisboa, 15 a 19 de abril de 1985. 2. Bd. Lissabon, 1986, S. 665-709

Ferreira 1972 Ferreira, Martim R. Portugal: 200 anos de mineralogia e arte de minas: desde a faculdade de filosofia (1772) até à faculdade de ciências e tecnologia. Coimbra. 1972

Ferreira 1970 Ferreira, Silvestre Pinheiro: Preleções filosóficas. 2. Auflage. São Paulo. 1970

Ferrer 2004 Ferrer Benimeli, José A. (Hrg.): La Masonería en Madrid y en España del siglo XVIII al XXI. Zaragoza. 2 Bde. Zaragoza. 2004

Ferrer 1974 Ferrer Benimeli, José A.: La Masonería española en el siglo XVIII. Madrid. 1974

Ferry 2011 Ferry, Elizabeth: Andrés Manuel del Río (1764–1849) – The father of Mexican mineralogy. In: Mineralogical Record. 5 (2011), S. 487-491

Fessner 2013 Fessner, Michael: Die Knappschaft im märkischen Steinkohlenrevier. In: Schleiff, Hartmut; Konečný, Peter (Hrg.): Staat, Bergbau und Bergakademie. Montanexperten im 18. und 19. Jahrhundert. Stuttgart. 2013, S. 289-307

Fessner 2005 Fessner, Michael: Bergakademie. In: Enzyklopädie der Neuzeit. Bd. 2. Stuttgart/ Weimar. 2005, S. 8-10

Festschrift 1965 Rektor und Senat der Bergakademie Freiberg (Hrg.): Festschrift zu ihrer Zweihundertjahrfeier am 13. November 1965. 1. Bd. Geschichte der Bergakademie Freiberg. Leipzig. 1965

Fettweis/Hamann 1998 Fettweis, Günter B.; Hamann, Günther: Über Ignaz von Born und die Societät der Bergbaukunde. Wien. 1998

Figueiredo/Leal-Duarte 2017 Figueiredo, Fernando B.; Leal-Duarte, António: A reforma pombalina da Universidade de Coimbre e a institucionalização das ciências matemáticas e astronómicas em Portugal. In: Araújo, Ana Cristina; Fonseca, Fernando Taveira da (Hrg.): A universidade pombalina. Ciência, território e coleções científicas. Coimbra. 2017, S. 191-244

Figueiredo 2014 Figueiredo, Fernando B.: A criação do Observatório Astronómico da Universidade de Coimbra (1799) e o Estabelecimento do seu Programa Científico. In: Rollo, Maria Fernanda; Nunes, Maria de Fátima; Pina, Madalena Esperança; Queiroz, Maria Inês (Hrg.): Espaços e actores da ciencia em Portugal (XVIII-XX). Casal de Cambra. 2014, S. 11-32

Figueirôa 2005 Figueirôa, Silvia F. de M.: Ciência e tecnologiy no Brasil Imperial. Guilherme Schüch, Barão de Capanema (1824-1908). In: Varia Historia. 21, 34 (2005), S. 437-455

Figueirôa 2002 Figueirôa, Silvia F. de M.: Les rapports entre le Brésil et la France au XIXe siècle dans le domaine des sciences géologiques. In: Travaux du Comité français d'Histoire de la Géologie, Comité français d'Histoire de la Géologie. 3, 16 (2002), S. 79-94

Figueirôa 2000 Figueirôa, Silvia F. de M.: Instituições científicas e formas de institucionalização do saber. Uma contribuição a partir da ótica da história das ciências. In: Terra Brasilis. 2 (2000) (http://journals.openedition.org/terrabrasilis/317, abgerufen am 04.12.2019)

Figueirôa 1998 Figueirôa, Silvia F. de M.: Mundialização da ciência e respostas locais: sobre a institucionalização das ciências naturais no Brasil (de fins do século XVIII à transição ao século XX). in: Asclepio. 50, 2 (1998), S. 107-123

Figueirôa 1997 Figueirôa, Silvia F. de M.: Zum Wirken des Barons Wilhelm Ludwig von Eschwege (1777–1855) auf dem Gebiet des Montanwesens in Brasilien. In: Magistrat der Stadt Borken (Hrg.): Die hessisch-lateinamerikanischen montanhistorischen Beziehungen vom 16. bis zum 20. Jahrhundert : 2. Montanhistorisches Kolloquium. Borken. 1997, S. 52-64

Figueirôa 1994 Figueirôa, Silvia F. de M.: Geological sciences in Brazil: scientific relations in its institutionalization process. In: Figueirôa, Silvia F. de M.; Lopes, M. Margaret (Hrg.): Geological Sciences in Latin America: Scientific relations and exchanges. Papers presented at the 18th Symposium of the International Commission on the History of Geological Sciences. July 19-25, 1993. Campinas. 1994, S. 301-309

Figueirôa 1993 Figueirôa, Silvia F. de M.: Las ciencias geológicas en Brasil en el siglo XIX. In: Cuadernos Americanos. 38, 2 (1993), S. 180-204

Figueirôa 1992 Figueirôa, Silvia F. de M.: Geologische Wissenschaften in Brasilien im XIX. Jahrhundert. In: Guntau, Martin (Hrg.): Geschichte der Wissenschaften in Lateinamerika. Rostocker Wissenschaftshistorische Manuskripte. Sonderheft (Heft 21). Rostock. 1992, S. 147-169

Figueirôa et al. 2012 Figueirôa, Silvia F. de M.; Picanço, Jefferson de L.; Mesquita, Maria José: History of mining in Brazil: Some thoughts on training and sources. In: Earth Sciences History. 31, 2 (2012), S. 331-335

Figueirôa et al. 2004 Figueirôa, Silvia F. de M.; Paranhos da Silva, Clarete; Moutinho Pataca, Ermalinda: Aspectos mineralógicos das „Viagens Filosóficas" pelo território brasileiro na transição do século XVIII para o século XIX. in: História, Ciências, Saúde. 11, 3 (2004), S. 713-729

Figueirôa/Silva 2000 Figueirôa, Silvia F. de M.; Silva, Clarete da: Enlightened Mineralogists: Mining Knowledge in Colonial Brazil, 1750–1825. In: Osiris (The History of Science Society). 15 (2000), S. 174-189

Filgueiras 1992 Filgueiras, Carlos A. L.: Die Wissenschaft und das koloniale Brasilien. In: Guntau, Martin (Hrg.): Geschichte der Wissenschaften in Lateinamerika. Rostocker Wissenschaftshistorische Manuskripte. Sonderheft (Heft 21). Rostock. 1992, S. 119-130

Fiolhais et al. 2013 Fiolhais, Carlos; Simões, Carlota; Martins, Décio: História da ciência luso-brasileira: Coimbra entre Portugal e o Brasil. Coimbra. 2013

Fischer 2017 Fischer, Georg: Globalisierte Geologie. Eine Wissensgeschichte des Eisenerzes in Brasilien (1876-1914). Frankfurt a. M.. 2017

Fischer 1939 Fischer, Walther: Mineralogie in Sachsen von Agricola bis Werner. Die ältere Geschichte des Staatlichen Museums für Mineralogie und Geologie zu Dresden (1560–1820). Dresden. 1939

Fisher 2003 Fisher, John: Bourbon Peru. 1750–1824. Liverpool. 2003

Fisher 1986 Fisher, John R.: Mining and the Peruvian economy in the late colonial period. In: Jacobsen, Nils; Puhle, Hans-Jürgen (Hrg.): The Economies of Mexico and Peru During the Late Colonial Period, 1760–1810. Berlin. 1986, S. 46-60

Fisher 1977 Fisher, John R.: Silver Mines and Silver Miners in Colonial Peru, 1776–1824. Liverpool. 1977

Fisher 1975 Fisher, John R.: Silver production in the Viceroyaltiy of Peru, 1776–1824. In: Hispanic American Historical Review. 55 (1975), S. 25-43

Flores 2000 Flores Clair, Eduardo: Minería, educación y sociedad. El Colegio de Minería, 1774–1821. México. 2000

Flores 1999 Flores Clair, Eduardo: El Colegio de Minería: una institución ilustrada en el siglo XVIII novohispano. In: Estudios de historia novohispano. 20 (1999), S. 33-65

Florian 1999 Florian Reyes, M. Loreto: La obra de Louis Proust: Traducción y creación de la lengua de la química. In: Lafarga, Francisco (Hrg.): La traducción en España (1750–1830): lengua, literatura, cultura. Universitat de Lleida. 1999, S. 131-142

Flügel 2008 Flügel, Helmut: Abraham Gottlob Werner und der „Workshop" von Schemnitz 1786. In: Berichte der Geologischen Bundesanstalt. 72 (2008), S. 16-29

Flügel 2003 Flügel, Helmut: Carl Maria Haidingers und Abraham Gottlob Werner „Klassifikationen" der „Gebirgsarten" von 1787. In: Jahrbuch der Geologischen Bundesanstalt. 143, 4 (2003), S. 535-541

Flügel/Mai 1997 Flügel, Katharina; Mai, Hartmut: Mothes, Oscar. In: Neue Deutsche Biographie 18 (1997), S. 224-225 (https://deutsche-biographie.de/pnd116941685.html#ndbcontent, abgerufen am 12.07.2019)

Fohrmann 2005 Fohrmann, Jürgen (Hrg.): Gelehrte Kommunikation. Wissenschaft und Medium zwischem dem 16. und 20. Jahrhundert. Wien/Köln/Bonn. 2005

Fors 2015 Fors, Hjalmar: The limits of matter: chemistry, mining, and Enlightenment. Chicago. 2015

Fors 2013 Fors, Hjalmar: The knowledge and skill of foreigners: Projectors and experts at the early modern swedish board of mines. In: Schleiff, Hartmut; Konečný, Peter (Hrg.): Staat, Bergbau und Bergakademie. Montanexperten im 18. und 19. Jahrhundert. Stuttgart. 2013, S. 53-62

Foucault 1974 Foucault, Michel: Die Ordnung der Dinge. Frankfurt a. M.. 1974

Frijhoff 1996 Frijhoff, Willem: Grundlagen. In: Rüegg, Walter (Hrg.): Geschichte der Universität in Europa. 2. Bd. Von der Reformation zur Französischen Revolution. München. 1996, S. 53-102

Fröschle 1979 Fröschle, Hartmut: Die Deutschen in Lateinamerika. Schicksal und Leistung. Tübingen/Basel. 1979

Füssel 2017 Füssel, Marian: Aufklärung. In: Sommer, Marianne; Müller-Wille, Staffan; Reinhardt, Carsten (Hrg.): Handbuch Wissenschaftsgeschichte. Stuttgart. 2017, S. 278-286

Füssel 2007 Füssel, Marian: Auf dem Weg zur Wissensgesellschaft. Neue Forschungen zur Kultur des Wissens in der Frühen Neuzeit. In: Zeitschrift für Historische Forschung. 34, 2 (2007), S. 273-289

Furtado/Urias 2013 Furtado, João; Urias, Eduardo: Recursos naturais e desenvolvimento. Estudos sobre o potencial dinamizador da mineração na economia brasileira. São Paulo. 2013

Gago 1984 Gago, Ramón: La enseñanza de la Química en Madrid a finales del siglo XVIII. in: Dynamis. Acta hispanica ad medicinae scientiarumque historiam illustrandum. 4 (1984), S. 277-300

Gago/Pellón 1994 Gago, Ramón; Pellón, Inés: Historia de las Cátedras de Química y Mineralogía de Bergara a finales del siglo XVIII. Incluyendo un informe inédito de Fausto de Elhuyar sobre las minas de Aralar. Bergara. 1994

Galaor et al. 1998 Galaor, Isabel; Gloner, Daniela; Hausberger, Bernd; Höflein, Michel; Probst, Gerline; Scheffel, Rita; Thamm, Susanne; Voel, Ngozi Violetta (Hrg.): Las minas hispanoamericanas a mediados del siglo XVIII. Frankfurt a. M.. 1998

Gandolfi/Figueirôa 2015 Gandolfi, Haira Emanuela; Figueirôa, Silvia F. de M.: La enseñanza de química desde las geociencias: la minería colonial y sugerencias para el trabajo interdisciplinario. In: Revista de Estudios y Experiencias en Educación. 15, 28 (2016), S. 181-196

Garate 1971 Garate, Justo: El Triunvirato Vergarés de los Amigos del País y la Familia Narros. In: Munibe (Sociedad de Ciencias Naturales). 23, 4 (1971), S. 445-45

Gárate 1989 Gárate Ojanguren, Montserrat: Comercio exterior en el País vasco (siglos XVIII-XIX). In: Historia Contemporánea. 2 (1989), S. 165-177

García/Bertomeu 2001 García Belmar, Antonio; Bertomeu Sánchez, José Ramón: Viajes a Francia para el estudio de la química, 1770 y 1833. In: Asclepio. 53, 1 (2001), S. 95-139

García/Bertomeu 2001a García Belmar, Antonio; Bertomeu Sánchez, José Ramón: Pedro Gutiérrez Bueno (1745–1822), los libros de texto y los nuevos públicos de la química en el último tercio del siglo XVIII. In: Dynamis. Acta hispanica ad medicinae scientiarumque historiam illustrandam. 21 (2001), S. 351-374

García 2008 García Hourcade, Juan Luis: Las academias de ingenieros y artilleros en el siglo XVIII. Fuentes para la historia de la ciencia y la técnica en el IHCM. In: Martínez Ruiz, Enrique; Pazzis Pi Corrales, Magdalena de (Hrg.): Ilustración, ciencia y técnica en el siglo XVIII español. Valencia. 2008, S. 259-277

Garciadiego/Martínez 2008 Garciadiego, Alejandro R.; Martínez Reyes, Magally: Francisco Antonio Bataller (1751–1800) y la adaptación de su obra en el Real Seminario de Minería. In: Revista Brasileira de História da Matemática. 8, 16 (2008), S. 105-121

Garçon 2002 Garçon, Anne-Françoise: Gabriel Jars, un ingénieur a l'Académie royale des sciences (1768–1769). In: Demeulenaere-Douyere, Christiane (Hrg.): Reglement, usages et science dans la France de l'absolutisme. Paris. 2002, S. 237-253

Gaudant 2004 Gaudant, Jean: Guillaume-François Rouelle (1703–1770), précurseur d'un enseignement géologique en France. In: Comptes Rendus Palevol. 3, 1 (2004), S. 85-98

Gavira 2019 Gavira Márquez, María Concepción: La academia de minas de Potosí. La corta trayectoria de una institución minera, 1779–1782. In: Diálogo andino. 58 (2019), S. 23-41

Gavira 2015 Gavira Márquez, María Concepción: Juan Daniel Weber en Aullagas (1790): de minero de segunda en Europa a experto en Potosí. In: Americania: Revista de estudios latinoamericanos de la Universidad Pablo de Olavide de Sevilla. 1 (2015), S. 95-122

Gavroglu et al. 2008 Gavroglu, K.; Patiniotis, M.; Papanelopoulou, F.; Simões, A.; Carneiro, A.; Diogo, M. P.; Sanchez, J. R. B.; Belmar, A. G.; Nieto-Galan, A.: Science and Technology in the European Periphery: Some Historiographical Reflections. In: History of Science. 46, 2 (2008), S. 153-175

Gerstenberger/Glasman 2016 Gerstenberger, Debora; Glasman, Joël: Globalgeschichte mit Maß. Was Globalhistoriker von der Akteur-Netzwerk-Theorie lernen können. In: Gerstenberger, Debora; Glasman, Joël (Hrg.): Techniken der Globalisierung. Globalgeschichte meets Akteur-Netzwerk-Theorie. Bielefeld. 2016, S. 11-40

Gicklhorn 1963 Gicklhorn, Renée: Nordenflycht und die deutschen Bergleute in Peru. Leipzig. 1963

Gleitsmann et al. 2009 Gleitsmann, Rolf-Jürgen; Kunze, Rolf-Ulrich; Oetzel, Günther: Technikgeschichte. Konstanz 2009

Gliech 2013 Gliech, Oliver: Der mexikanisch/neuspanische Minensektor und die internationale Silberwirtschaft (1750–1810). In: Schleiff, Hartmut; Konečný, Peter (Hrg.): Staat, Bergbau und Bergakademie. Montanexperten im 18. und 19. Jahrhundert. Stuttgart. 2013, S. 309-335

Gohau 1990 Gohau, Gabriel: Les sciences de la terre aux XVIIe et XVIIIe siècle. Paris. 1990

Gohau 1990a Gohau, Gabriel: A History of Geology. New Brunswick/London. 1990

Gomes 2007 Gomes, Guilherme Simões: Vidas de artistas: Portugal e Brasil. In: Revista Brasileira de Ciências Sociais. 22, 64 (2007), S. 33-47

Gómez o.D. Gómez Urdáñez, José Luis: Antes de los Delhuyar: La promoción política de la ciencia en España. o.D. (http://www.gomezurdanez.com/pdf.html, abgerufen am 09.11.2017)

Gonçalves 2007 Gonçalves, Andréa Lisly: As técnicas de mineração nas Minas Gerais do século XVIII. In: Resende, Maria Efigênia Lage de; Villalta, Luiz Carlos (Hrg.): História de Minas Gerais. Belo Horizonte. 2007, S. 187-204

González 2011 González Mancebo, Samuel (Hrg.): Las huellas de la química, las huellas de Segovia (Ausstellungskatalog). Segovia. 2011

Goodman 2009 Goodman, David: Science, Medicine, and Technology in Colonial Spanish America. In: Bleichmar, Daniela; De Vos, Paula; Huffine, Kristin; Sheehan, Kevin (Hrg.): Science in the Spanish and Portuguese Empires, 1500–1800. Stanford. 2009, S. 9-34

Granato/Lourenço 2010 Granato, Marcus; Lourenço, Marta C. (Hrg.): Coleções científicas luso-brasileiras: patrimônio a ser descoberto. Rio de Janeiro. 2010

Granovetter 1985 Granovetter, Mark S.: Economic Action and Social Structure: The Problem of Embeddedness. In: American Journal of Sociology. 91, 3 (1985), S. 481-510

Granovetter 1973 Granovetter, Mark S: The Strength of Weak Ties. In: American Journal of Sociology. 78, 6 (1973), S. 1360-1380

Gredilla 1911 Gredilla, A. Federico: Biografía de José Celestino Mutis con la relación de su viaje y estudios practicados en el nuevo Reino de Granada. Madrid. 1911

Greif/Ewert 2013 Greif, Stefan; Ewert, Michael: Georg Forster und die Berliner Aufklärung. Georg-Forster-Studien. Bd. 18. Kassel. 2013

Greyerz et al. 2013 Greyerz, Kaspar von; Flubacher, Silvia; Senn, Philipp: Einführung. Schauplätze wissensgeschichtlicher Forschung. In: Greyerz, Kaspar von; Flubacher, Silvia; Senn, Philipp (Hrg.): Wissenschaftsgeschichte und Geschichte des Wissens im Dialog – Connecting Science and Knowledge. Göttingen. 2013, S. 9-32

Gümbel 1876 Gümbel, Wilhelm von: Burkart, Hermann Joseph. in: Allgemeine Deutsche Biographie 3 (1876), S. 622-623 (https://www.deutsche-biographie.de/pnd136679234.html#adbcontent, abgerufen am 20.12.2019)

Gümbel 1879 Gümbel, Carl Wilhelm von: Haidinger, Carl. In: Allgemeine Deutsche Biographie (ADB). Bd. 10. Leipzig. 1879, S. 380-381

Guerra 1986 Guerra, Franklin: História Sumária da Engenharia em Portugal até ao fim do Século XIX. In: Peixoto, José Pinto (Hrg.): Historia e desenvolvimento da ciência em Portugal. I colóquio – até ao seculo XX, Lisboa, 15 a 19 de abril de 1985. 2. Bd. Lissabon. 1986, S. 1223-1243

Guimarães 1999/2000 Guimarães, Paulo: As minas portuguesas do antigo regime ao liberalismo. In: Arquelogia & Indústria. 2-3 (1999/2000), S. 53-80

Guío/Guío 2008 Guío Castaños, Guillermo; Guío Martín, Javier J.: El Palacio de Contreras y la Academia de Intendencia de Ávila. Ávila. 2008

Guntau 1992 Guntau, Martin: José Bonifácio de Andrada e Silva – Studien und wissenschaftliche Arbeiten in Mitteleuropa. In: Guntau, Martin (Hrg.): Geschichte der Wissenschaften in Lateinamerika. Rostocker Wissenschaftshistorische Manuskripte. Sonderheft (Heft 21). Rostock, S. 219-246

Guntau 1989 Guntau, Martin: Geologische Institutionen und staatliche Initiativen in der Geschichte. In: Büttner, M.; Kohler, E. (Hrg.): Geosciences/Geowissenschaften. Proceedings of the Symposium of the XVIIIth International Congress of History of Science at Hamburg-Munich, 1.-9. August 1989. Bochum. S. 229-240

Guntau 1987 Guntau, Martin: Der Einfluss schwedischer Gelehrter auf das geologisch-mineralogische Denken in Deutschland während der zweiten Hälfte des 18. Jahrhunderts. In: Girnus, W. (Hrg.): Carl-Wilhelm-Scheele-Ehrung 1986. Materialien der bilateralen wissenschaftshistorischen Tagung der Akademie der Wissenschaften der DDR und der Königlich-Schwedischen Akademie der Wissenschaften vom 23. bis 26. September 1986 in Stralsund. Berlin. 1987, S. 165-183

Guntau 1987a Guntau, Martin: Der Herausbildungsprozeß moderner wissenschaftlicher Disziplinen und ihre stadiale Entwicklung in der Geschichte. In: Berichte zur Wissenschaftsgeschichte. 10 (1987), S. 1-13

Gutiérrez 2007 Gutiérrez, Ramón: El árbol de hierro. Ciencia y utopía de un asturiano en tiempos de la Ilustración (1750–1800). Gijón. 2007

Gutiérrez 1999 Gutiérrez Guzman, Francisco: Las minas de Linares. Apuntes históricos. Linares. 1999

Habashi 2003 Habashi, Fathi: School of Mines. The Beginnings of Mining and Metallurgical Education. Quebec. 2003

Habermas/Przyrembel 2013 Habermas, Rebekka; Przyrembel, Alexandra (Hrg.): Von Käfern, Märkten und Menschen. Kolonialismus und Wissen in der Moderne. Göttingen. 2013

Hagner 2001 Hagner, Michael: Ansichten der Wissenschaftsgeschichte. In: Hagner, Michael (Hrg.): Ansichten der Wissenschaftsgeschichte. Frankfurt a. M.. 2001, S. 7-42

Hammar 2018 Hammar, Anna Nilsson: Theoretical considerations on the circulation of knowledge in everyday life. In: Östling, Johan; Sandmo, Erling; Heidenblad, David Larsson; Hammar, Anna Nilsson; Nordberg, Kari H. (Hrg.): Circulation of Knowledge. Explorations in the History of Knowledge. Lund. 2018, S. 107-124

Harders/Lipphardt 2006 Harders, Levke; Lipphardt, Veronika: Kollektivbiografie in der Wissenschaftsgeschichte als qualitative und problemorientierte Methode. In: Traverse: Zeitschrift für Geschichte. 13 (2006), S. 81-91

Harris 2008 Harris, Steven: Neworks of travel, correspondence, and exchange. In: Park, Katharine; Daston, Lorraine (Hrg.): The Cambridge History of Science. 3. Bd. Early modern science. Cambridge. 2008, S. 341-362

Hausberger 2013 Hausberger, Bernd: Das Amalgamationsverfahren des Ignaz' von Born in Hispanoamerika. In: Schleiff, Hartmut; Konečný, Peter (Hrg.): Staat, Bergbau und Bergakademie. Montanexperten im 18. und 19. Jahrhundert. Stuttgart. 2013, S. 35-52

Hausberger 2009 Hausberger, Bernd: El universalismo científico del Barón Ignaz von Born y la tranferencia de tecnología minera entre Hispanoamérica y Alemania a finales del siglo XVIII. in: Historia Mexicana. El Colegio de México. 59, 2 (2009), S. 605-668

Hausberger 1996 Hausberger, Bernd: Der Bergbau im kolonialen Hispanoamerika, in: Edelmayer, Friedrich; Hausberger, Bernd; Weinzierl, Michael (Hrg.): Die beiden Amerikas. Die Neue Welt unter kolonialer Herrschaft (Beiträge zur Historischen Sozialkunde 7). Frankfurt a. M.. 1996, S. 107-120

Haustein 2020 Haustein, Mike: Das Sächsische Kobalt- und Blaufarbenwesen. Geschichte, Technologien und Denkmale. Halle. 2020

Haustein 2014 Haustein, Mike: Christlieb Ehregott Gellert und die Amalgamation der Silbererze. In: Voigt, Wolfgang (Hrg.): Christlieb Ehregott Gellert zum 300. Geburtstag. Berlin. 2014, S. 51-68

Hée 2017 Hée, Nadin: Postkoloniale Ansätze. In: Sommer, Marianne; Müller-Wille, Staffan; Reinhardt, Carsten (Hrg.): Handbuch Wisenschaftsgeschichte. Stuttgart. 2017, S. 80-92

Heerde 2006 Heerde, Hans-Joachim: Das Publikum der Physik. Lichtenbergs Hörer. Göttingen. 2006

Helguera 2015 Helguera Quijada, Juan: Jorge Juan y las transferencias de tecnología a mediados del siglo XVIII. La máquina de vapor. In: Alberola-Romá, Amando; Mas Galvañ, Cayetano; Die Maculet, Rosario (Hrg.): Jorge Juan Santacilla en la España de la Ilustración. Alicante. 2015, S. 199-225

Helguera 2011 Helguera Quijada, Juan: The Beginnings of Industrial Espionage in Spain (1748–60). In: History of technology. 31 (2011), S. 1-12

Helguera 1988 Helguera Quijada, Juan: Las misiones de espionaje industrial en la época del Marqués de la Ensenada y su contribución al conocimiento de las nuevas técnias metalúrgicas y artilleras, a mediados del siglo XVIII. in: Esteban Piñeiro, Mariano (Hrg.): Estudios sobre la historia de la ciencia y de la técnica. Valladolid. 1988, S. 671-695

Hensel 2017 Hensel, Silke: Außereuropäische Geschichte – Globalgeschichte – Geschichte der Weltregionen aus der Perspektive einer Lateinamerikahistorikerin. In: H-Soz-Kult, erschienen am 02.12.2017 (www.hsozkult.de/debate/id/diskussionen-4357, abgerufen am 19.11.2019)

Heredia 1986 Heredia y Onis, Pablo Beltran de: Los Onís, una secular familia salmantina. Salamanca. 1986

Herrero 1992 Herrero Fernández-Quesada, María Dolores: Ciencia y milicia en el Siglo XVIII. Tomás de Morla, artillero ilustrado. Segovia. 1992

Herrero o.D. Herrero Fernández-Quesada, María Dolores: Tomás Bruno de Morla Pacheco. In: Real Academia de la Historia, Diccionario Biográfico electrónico (https://dbe.rah.es/biografias/13338/tomas-bruno-de-morla-pacheco#, abgerufen am 10.02.2021)

Herrmann 2005 Herrmann, Walther: Bergrat Henckel. Ein Wegbereiter der Bergakademie. Reprint der 1. Auflage von 1962 (Freiberger Forschungshefte D 37). Freiberg. 2005

Herrmann 1953 Herrmann, Walther: Bergbau und Kultur. Beiträge zur Geschichte des Freiberger Bergbaus und der Bergakademie (Freiberger Forschungshefte D2). Berlin. 1953

Hertner 2011 Hertner, Peter: Das Netzwerkkonzept in der historischen Forschung. Ein kurzer Überblick. In: Bommes, Michael; Tacke, Veronika (Hrsg.): Netzwerke in der funktional differenzierten Gesellschaft. Wiesbaden. 2011, S. 67-86

Heße 2008 Heße, Kristina: Männlichkeiten im Spanien der Aufklärung. Der Diskurs der Moralischen Wochenschriften El Pensador, La Pensadora gaditana und El Censor. Berlin. 2008

Heßler 2012 Heßler, Martina: Kulturgeschichte der Technik. Frankfurt/New York. 2012

Heymann 2000 Heymann, Jochen: Friedrich Justin Bertuch und die „Allgemeine Literatur-Zeitung" als Drehscheibe hispanistischer Vermittlung in Deutschland. In: Kaiser, Gerhard R. (Hrg.): Friedrich Justin Bertuch (1747–1822): Verleger, Schriftsteller und Unternehmer im klassischen Weimar. Tübingen. 2000, S. 157-168

Hirschi 2017 Hirschi, Caspar: Akademien. In: Sommer, Marianne; Müller-Wille, Staffan; Reinhardt, Carsten (Hrg.): Handbuch Wissenschaftsgeschichte. Stuttgart. 2017, S. 211-224

Hoffmann 1959 Hoffmann, Walter: Bergakademie Freiberg. Frankfurt a. M.. 1959

Holl 2004 Holl, Frank: Alexander von Humboldt – „Geschichtsschreiber der Kolonien" (14.02. 2004). In: Goethezeitportal (http://www.goethezeitportal.de/db/wiss/ahumboldt/holl_kolonialismus.pdf, abgerufen am 11.01.2019)

Holton 2009 Holton, Robert J.: Network Theories and Network Types. In: Barkhoff, Jürgen; Eberhart, Helmut (Hrg.): Networks across borders and frontiers. Demarcation and connectedness in european culture and society. Frankfurt a. M.. 2009, S. 19-31

Humboldt 2009 Humboldt, Alexander von: Amerikanische Reise. Rekonstruiert und kommentiert von Hanno Beck. Wiesbaden. 2009

Jackson 2017 Jackson, Catherine M.: Laboratorium. In: Sommer, Marianne; Müller-Wille, Staffan; Reinhardt, Carsten (Hrg.): Handbuch Wissenschaftsgeschichte. Stuttgart. 2017, S. 244-255

Jacobsen/Olšáková 2020 Jacobsen, Lif Lund; Olšáková, Doubravka: Diplomats in Science Diplomacy: Promotion Scientific and Technological Collaboration in International Relations. In: Berichte zur Wissenschaftsgeschichte – History of Science and Humanities. 43 (2020), S. 465-472

Jäger 2003 Jäger, Thomas: Frankreich – eine Privilegiengesellschaft. Wiesbaden. 2003

Jahn/Lange 1973 Jahn, Ilse; Lange, Fritz G. (Hrg.): Die Jugendbriefe Alexander von Humboldts 1787–1799. Berlin. 1973

Jaime/Jaime 2001 Jaime Lorén, José Ma; Jaime Gómez, José de: Francisco Estachería Hernández (Blancas, 1719-?). Teniente general, activo participante en las principales campañas militares europesas y americanas. In: XILOCA. 27 (2001), S. 65-74

Jentsch/Kaden 2002 Jentsch, Frieder; Kaden, Herbert: Zur Baugeschichte der ältesten Gebäude der TU Bergakademie Freiberg. In: Hoffmann, Yves (Hrg.): Denkmale in Sachsen. Stadt Freiberg. 1. Bd. Freiberg. 2002, S. 273-287

Joas et al. 2019 Joas, Christian; Krämer, Fabian; Nickelsen, Kärin: Introduction: History of Science or History of Knowledge? In: Berichte zur Wissenschaftsgeschichte. 42 (2019), S. 117-125

Julivert 2014 Julivert, Manuel: Una historia de la geología en España. En su contexto socioeconómico, cultural y político, y en el marco de la geología internacional. Barcelona. 2014

Kaden 2015 Kaden, Herbert E. (Hrg.): Catalogus Professorum Fribergensis. Professoren und Lehrer der TU Bergakademie Freiberg 1765 bis 2015. Freiberg. 2015

Kaden 2014 Kaden, Herbert: Christlieb Ehregott Gellert. Aspekte seiner Tätigkeit in Freiberg nach der Rückkehr aus Petersburg. In: Voigt, Wolfgang (Hrg.): Christlieb Ehregott Gellert zum 300. Geburtstag. Berlin. 2014, S. 77-96

Kaden 2013 Kaden, Herbert: Johann Friedrich Lempe (1757–1801). Lehrer für „Bergpurschen“ und Professor für Mathematik, Physik und Bergmaschinenwesen an der Bergakademie Freiberg. Freiberg. 2013

Kaden 2012 Kaden, Herbert: Das sächsische Bergschulwesen. Entstehung, Entwicklung, Epilog (1776–1924). Köln/Weimar/Wien. 2012

Kaden 2008 Kaden, Herbert: Das Wirken des Freiberger Lehrers für Bergrecht Alexander Wilhelm Köhler 1756–1832. Sekretär des Oberbergamtes, Lehrer für Bergrecht und deutschen Stil an der Bergakademie und regierender Bürgermeister der Stadt Freiberg. Freiberg. 2008

Kalmanovitz 2008 Kalmanovitz, Salomón: La Economía de la Nueva Granada. Bogotá. 2008

Kalmanovitz 2006 Kalmanovitz, Salomón: El PIB de la Nueva Granada en 1800: Auge colonial, estancamiento republicano. In: Revista de Economía Institucional. 8, 15 (2006), S. 161-183

Kanz 1997 Kanz, Kai Torsten: Nationalismus und internationale Zusammenarbeit in den Naturwissenschaften. Die deutsch-französischen Wissenschaftsbeziehungen zwischen Revolution und Restauration, 1789–1832. Stuttgart. 1997

Klein 2016 Klein, Ursula: Nützliches Wissen. Die Erfindung der Technikwissenschaften. Göttingen. 2016

Klein 2008 Klein, Ursula: The Laboratory Challenge. Some Revisions of the Standard View of Early Modern Experimentation. In: Isis. 99, 4 (2008), S. 769-782

Klemun 2017 Klemun, Marianne: Gärten und Sammlungen. In: Sommer, Marianne; Müller-Wille, Staffan; Reinhardt, Carsten (Hrg.): Handbuch Wissenschaftsgeschichte. Stuttgart. 2017, S. 235-244

Klemun 2014 Klemun, Marianne: Erkenntnisinstrument Reisen: Reflexionen zu einem komplexen wissens- und wissenschaftshistorischen Phänomen der Frühen Neuzeit. In: Kästner, Ingrid; Kiefer, Jürgen; Kiehn, Michael; Seidl, Johannes (Hrg.): Erkunden, Sammeln, Notieren und Vermitteln – Wissenschaft im Gepäck von Handelsleuten, Diplomaten und Missionaren. Aachen. 2014, S. 21-36

König 2010 König, Wolfgang: Einleitung. In: König, Wolfgang (Hrg.): Technikgeschichte. Stuttgart 2010, S. 7-23

König 2009 König, Wolfgang: Technikgeschichte. Eine Einführung in ihre Konzepte und Forschungsergebnisse. Stuttgart. 2009

Konečný 2013 Konečný, Peter: Die montanistische Ausbildung in der Habsburgermonarchie. In: Schleiff, Hartmut; Konečný, Peter (Hrg.): Staat, Bergbau und Bergakademie. Montanexperten im 18. und 19. Jahrhundert. Stuttgart. 2013, S. 95-124

Konečný 2012 Konečný, Peter: 250. Jubiläum der Berg- und Forstakademie in Schemnitz. Ihre Bedeutung für die Entfaltung des höheren Montanschulwesens in Österreich-Ungarn, 1762-1919. Košice. 2012

Konečný 2012a Konečný, Peter: The Hybrid Expert in the ‚Bergstaat': Anton von Ruprecht as a Professor of Chemistry and Mining and as a Mining Official, 1779–1814. In: Annals of Science. 6, 3 (2012), S. 335-347

Krempel et al. 2008 Krempel, Lothar; Hächler, Stefan; Mauelshagen, Franz; Ruisinger, Marion; Stuber, Martin: Die „Europäische Gelehrtenrepublik" des 18. Jahrhunderts: eine netzwerkanalytische Rekonstruktion des Netzes wissenschaftlicher Korrespondenznetzwerke. In: Rehberg, Karl-Siegbert (Deutsche Gesellschaft für Soziologie) (Hrg.): Die Natur der Gesellschaft: Verhandlungen des 33. Kongresses der Deutschen Gesellschaft für Soziologie in Kassel 2006. Teilband 1 und 2. Frankfurt a. M.. 2008, S. 3371-3378

Kroker 1977 Kroker, Evelyn: Kern, Johann Gottlieb. in: Neue Deutsche Biographie 11 (1977), S. 521-522 (https://www.deutsche-biographie.de/pnd118561502.html#ndbcontent, abgerufen am 29.03.2019)

Krumpel 2020 Krumpel, Sebastian: Zur quantitativen Auswertung der intertextuellen Bezüge Humboldts in seinem Essai politique sur le royaume de la Nouvelle-Espagne. In: HiN - Alexander von Humboldt Im Netz. Internationale Zeitschrift für Humboldt-Studien. 21, 40 (2020), S. 35-44

Krumpel 2018 Krumpel, Heinz: Lateinamerika. In: Ette, Ottmar: Alexander von Humboldt Handbuch. Leben – Werk – Wirkung. Stuttgart. 2018, S. 260-264

Kuhn 1967 Kuhn, Thomas S.: Die Struktur wissenschaftlicher Revolutionen. Frankfurt a. M.. 1967

Kunstmann 1848 Kunstmann, Friedrich: Die Deutschen in Portugal. In: Stricker, Wilhelm (Hrg.): Archiv zur Kenntniß des deutschen Elements in allen Ländern der Erde. 2. Bd., Frankfurt a. M.. 1848, S. 79-95

Labastida 2004 Labastida, Jaime: Humboldt en la Nueva España. In: Erickson, Raymond; Font, Mauricio A.; Schwartz, Brian (Hrg.): Alexander von Humboldt. From the Americas to the Cosmos. New York. 2004, S. 25-39

Laboulais 2008 Laboulais, Isabelle: Serving science and the state: mining science in France, 1794–1810. In: Minerva. 46 (2008), S. 17-36

Lacko 2017 Lacko, Miroslav: Bergbau und Staatsfinanzen der Habsburgermonarchie in der Zeit der Staatsreformen 1748–1749. In: Mitteilungen des Instituts für Österreichische Geschichtsforschung. 125, 2 (2017), S. 362-384

Lacko 2016 Lacko, Miroslav: Das Verwaltungs- und Wirtschaftssystem in den ungarischen und deutschen frühneuzeitlichen Bergbaugebieten aus vergleichender Perspektive. In: Der Anschnitt. 68, 4-5 (2016), S. 156-167

Lacko 2014 Lacko, Miroslav: Ungarisches Kupfer und das Staatsfinanzwesen der Habsburgermonarchie in der Zeit des Österreichischen Erbfolgekrieges (1740–1748). In: Ingenhaeff, Wolfgang; Bair, Johann (Hrg.): Bergbau und Krieg: 12. Internationaler Montanhistorischer Kongress. Sterzing/Hall in Tirol/Schwaz. 2014, S. 109–145

Lässig/Steinberg 2017 Lässig, Simone; Steinberg, Swen: Knowledge on the Move. New Approaches toward a History of Migrant Knowledge. In: Geschichte und Gesellschaft. 43 (2017), S. 313-346

Lafuente 2000 Lafuente, Antonio: Enlightenment in an Imperial Context: Local Science in the Late-Eigenteenth-Century Hispanic World. In: Osiris. 15 (Nature and Empire: Science and the Colonial Enterprise) (2000), S. 155-173

Lafuente 1988 Lafuente, Antonio: Las políticas y los métodos de internacionalización de la ciencia española durante el siglo XVIII. In: Revista de occidente. 82 (1988), S. 29-42

Lafuente 1981 Lafuente, Antonio: Política científica y espionaje industrial en los viajes de Jorge Juan y Antonio de Ulloa. In: Mélanges de la Casa de Velázquez. 17 (1981), S. 233-262

Lafuente et al. Lafuente, Antonio; De La Sota, José; Vilchis, Jaime: Dínamica imperial de la ciencia: los contextos en la cultura Española del siglo XVIII. In: Lafuente, Antonio (Hrg.): Las dos orillas de la ciencia. La traza pública e imperial de la Ilustración Española. Madrid. 2012, S. 57-76

Lafuente/López-Ocón 2012 Lafuente, Antonio; López-Ocón, Leoncio: Tradiciones científicas y expediciones ilustrado en la América hispana del siglo XVIII. In: Lafuente, Antonio (Hrg.): Las dos orillas de la ciencia. La traza pública e imperial de la Ilustración Española. Madrid. 2012, S. 77-99

Lafuente/Peset 1982 Lafuente, Antonio; Peset, José Luis: Las Academias Militares y la inversión en ciencia en la España ilustrada (1750–1760). In: Dynamis. 2 (1982), S. 193-209

Lagos 1972 Lagos, Manuel Ruiz: Documentos para la biografía del General Tomas de Morla (Publicaciones del Centro de estudios históricos jerezanos). Jerez de la Frontera. 1972

Landgraf/Araújo 2015 Landgraf, Fernando José Gomes; Araújo, Paulo Eduardo Martins: A arquitectura do alto-forno e a biblioteca perdida de Ipanema: técnica e conhecimento no Brasil Joanino. In: Anais Eletrônicos do 14° Seminário Nacional de História da Ciência e da Tecnologia (https://www.14snhct.sbhc.org.br/conteudo/view?ID_CONTEUDO=800, abgerufen am 10.10.2019)

Lang 2008 Lang, Heinrich: Technologisches Wissen und Transfer. Die Scuola für metallurgische Wissenschaften des Spirito Benedetto Nicolis di Robilant in Savoyen-Piemont in der Mitte des 18. Jahrhunderts. In: Technikgeschichte. 75, 1 (2008), S. 33-50

Lang 2004 Lang, Mervyn: La tecnología alemana en la minería virreinal. In: História de las ciencias y de las técnicas (Actas VIII Congreso de la Sociedad Española de Historia de las Ciencias y de las Técnicas). 1. Bd. Universidad de la Rioja. 2004, S. 55-63

Lang 2001 Lang, Mervyn: La tecnología minera hispanoamericana en vísperas de la visita de Humboldt. In: Estudios de historia das ciencias e das técnicas: VII Congreso de la Sociedad Española de Historia de las Ciencias y de las Técnicas, Pontevedra, 14-18 de septiembre de 1999. Pontevedra. 2001, S. 325-335

Latour 2007 Latour, Bruno: Eine neue Soziologie für eine neue Gesellschaft. Frankfurt a. M.. 2007

Latour 1997 Latour, Bruno: Science in action: How to follow scientists and engineers through society. 7. Auflage. Cambridge. 1997

Laudan 1987 Laudan, Rachel: From Mineralogy to Geology: The Foundations of a science, 1650–1830. Chicago/London. 1987

Le Brun-Ricalens et al. 2021 Le Brun-Ricalens, Foni; López Luján, Leonardo; Wey, Claude: Alexander von Humboldts „Aztekische Priesterin" alias die Chalchiuhtlicue aus der Sammlung Guillermo Dupaix. Historiografischer Essay einer Translokation von Mexico-Stadt nach London. In: HiN - Alexander von Humboldt im Netz. Internationale Zeitschrift für Humboldt-Studien. 22, 43 (2021), S. 13-28

Lehsten o.D. Lehsten, Lupold von: Waitz von Eschen gen. von Hilchen, Friedrich Sigismund Freiherr von. in: Hessische Biografie (https://www.lagis-hessen.de/pnd/139085289, abgerufen am 04.11.2020)

Leinz 1963 Leinz, Viktor: Manuel Ferreira da Câmara e José Bonifácio de Andrada e Silva ingressando na Escola de Minas de Freyberg, na Alemanha. In: Engenharia, Mineração e Metalurgia. 38 (1963), S. 213-215

Lemercier 2012 Lemercier, Claire: Formale Methoden der Netzwerkanalyse in den Geschichtswissenschaften: Warum und Wie? In: Österreichische Zeitschrift für Geschichtswissenschaften. 23, 1 (2012), S. 16-41

Lennartson 2020 Lennartson, Anders: Carl Wilhelm Scheele and Torbern Bergman: The Science, Lives and Friendshop of Two Pioneers in Chemistry. Cham. 2020

Leonardos 1962 Leonardos, Othon Henry: O Intendente Câmara. In: Engenharia, Mineração e Metalurgia. 36, 215 (1962), S. 225-228

Leste 2008 Leste, Teodoro de: Ciencia y técnica en la ilustración. In: Martínez Ruiz, Enrique; Pazzis Pi Corrales, Magdalena de (Hrg.): Ilustración, ciencia y técnica en el siglo XVIII español. Valencia. 2008, S. 63-84

Levere/Turner 2002 Levere, T. H.; Turner G. L'E.: Discussing Chemistry and Steam. The Minutes of a Coffee House Philosophical Society 1780–1787. Oxford. 2002

Lichtenbäumer 1988 Lichtenbäumer, Hans-Günter: Die École des Mines in Paris. Gründung und Entwicklung bis 1815. In: Der Anschnitt. 40 (1988), S. 2-13

Lipphardt/Ludwig 2011 Lipphardt, Veronika; Ludwig, Davis: Wissens- und Wissenschaftstransfer. In: Europäische Geschichte Online (EGO), erschienen am 28.09.2011 (http://www.ieg-ego.eu/lipphardtv-ludwigd-2011-de, abgerufen am 28.05.2020)

Liesegang 1949 Liesegang, Carl: Deutsche Berg- und Hüttenleute in Süd- und Mittelamerika. Hamburg. 1949

Lopes 2005 Lopes, Luís Seabra: A cultura da medição em Portugal ao longo da história. In: Educação e matemática. 84 (2005). S. 42-48

Lopes 1997 Lopes, Maria Margaret: O Brasil descobre a pesquisa científica: os museus e as ciências naturais no século XIX. São Paulo. 1997

Lopes 1990 Lopes, Maria Margaret: José Bonifácio de Andrada e Silva – O mineralogista – na produção Historiográfica-Brasileira. In: Quipu. 7, 3 (1990), S. 335-344

López de Azcona 1992 López de Azcona, Juan Manuel: Mineria ibero-americana. 4 Bde. Madrid. 1992

López de Azcona 1989 López de Azcona, Juan Manuel: La enseñanza de la minería en el mundo hispano durante el reinado de Carlos III (1759–1788). In: Boletin Geológico y Minero. 100, 2 (1989), S. 111-116

López de Azcona 1988 López de Azcona, Juan Manuel: La segunda Dirección General de Minas (1825–1849). In: Boletin Geológico y Minero. 99, 1 (1988), S. 125-131

López de Azcona 1987 López de Azcona, Juan Manuel: Mineros destacados del siglo XVIII. Francisco de Ângulo (1788–1815) – Primera Dirección General de Minas (1788–1815). In: Boletin Geológico y Minero. 98, 6 (1987), S. 138-149

López de Azcona 1986 López de Azcona, Juan Manuel: Mineros destacados del siglo XIX. Rafael Amar de la Torre (1802–1874). In: Boletin Geológico y Minero. 97, 2 (1986), S. 111-113

López de Azcona 1985 López de Azcona, Juan Manuel: Mineros destacados del siglo XVIII. Andrés Manuel del Río y Fernández (1764–1849). In: Boletin Geológico y Minero. 96, 1 (1985), S. 82-89

López de Azcona 1985a López de Azcona, Juan Manuel: Mineros destacados del siglo XVIII. Timoteo Alvarez de Veriña y Cardecha. In: Boletin Geológico y Minero. 96, 6 (1985a), S. 111-113

López de Azcona 1985b López de Azcona, Juan Manuel: Mineros destacados del siglo XVIII. Diego de Larrañaga y Garate. In: Boletin Geológico y Minero. 96, 3 (1985b), S. 112-115

López de Azcona 1984 López de Azcona, Juan Manuel: Mineros destacados del siglo XIX. Felipe Bauzá y Rábaxa (1802–1875). In: Boletin Geológico y Minero. 95, 4 (1984), S. 89-90

López de Azcona 1984a López de Azcona, Juan Manuel: Mineros destacados del siglo XIX. Lorenzo Gómez Pardo y Enseñá (1801–1847). In: Boletin Geológico y Minero. 95, 3 (1984a), S. 77-83

López-Ocón 2001 López-Ocón Cabrera, Leoncio: Notas sobre la recepción de Humboldt en España. Maneras de leer a un sabio a lo largo de dos décadas (1851–1871). In: Estudios de historia das ciencias e das técnicas: VII Congreso de la Sociedad Española de Historia de las Ciencias y de las Técnicas, Pontevedra, 14-18 de septiembre de 1999. Pontevedra. 2001, S. 335-347

Losada o. D. Losada Villasante, Manuel: Antonio de Ulloa y de la Torre-Guiral. In: Real Academia de la Historia, Diccionario Biográfico electrónico (https://dbe.rah.es/biografias/4351/antonio-de-ulloa-y-de-la-torre-guiral, abgerufen am 27.01.2021)

Lucero 2002 Lucero González, Santiago Amadeo: Más allá del espejo de la memoria: Los estudiantes universitarios de Durango: trayectorias institucionales y manifestaciones en la vida política y social, 1950-1966. México, D.F: Universidad Juárez del Estado de Durango. 2002

Ludwig 1995 Ludwig, Jörg: Johann Martin Hoppensack und das deutsche Bergbauprojekt in Guadalcanal 1796–1811. In: Der Anschnitt. 47, 3 (1995), S. 92-103

Lück 2015 Lück, Heiner: Die Entwicklung des deutschen Bergrechts und der Bergbaudirektion bis zum Allgemeinen (preußischen) Berggesetz 1865. In: Weber, Wolfhard (Hrg.): Salze, Erze und Kohlen. Der Aufbruch in die Moderne im 18. und frühen 19. Jahrhundert (Geschichte des deutschen Bergbaus, 2. Bd.). Münster. 2015, S. 111-216

Lüsebrink 2006 Lüsebrink, Hans-Jürgen: Von der Faszination zur Wissenssystematisierung: die koloniale Welt im Diskurs der europäischen Aufklärung. In: Lüsebrink, Hans-Jürgen (Hrg.): Das Europa der Aufklärung und die außereuropäische koloniale Welt. Göttingen. 2006, S. 9-18

Maffei 1977 Maffei, Eugenio: Centenario de la Escuela de Minas de España 1777–1877. 2. Auflage. Madrid. 1977

Maitte 2008 Maitte, Bernard: Haüy et l'enseignement de la physique. In: La revue – Musée des arts et métiers. 49 (2008), S. 61-69

Mariss 2016 Mariss, Anne: Globalisierung der Naturgeschichte im 18. Jahrhundert. Die Mobilität der Dinge und ihr materieller Eigensinn. In: Gerstenberger, Debora; Glasman, Joël (Hrg.): Techniken der Globalisierung. Globalgeschichte meets Akteur-Netzwerk-Theorie. Bielefeld. 2016, S. 67-93

Marques 2001 Marques, António Henrique Rodrigo de Oliveira: Geschichte Portugals und des portugiesischen Weltreichs (Aus dem Portugiesischen von Michael von Killisch-Horn). Stuttgart. 2001

Marques/Filgueiras 2009 Marques, Adílio Jorge; Filgueiras, Carlos A. L.: Uma Familia de Químicos Unindo Brasil e Portugal: Domingos Vandelli, José Bonifácio de Andrada e Silva e Alexandre Vandelli. In: Química Nova. 31, 4 (2009), S. 2551-2556

Marques/Filgueiras 2009a Marques, Adílio Jorge; Filgueiras, Carlos A. L.: O químico e naturalista luso-brasileiro Alexandre António Vandelli. In: Química nova. 32, 9 (2009), S. 2492-2500

Martín-Lanuza o.D. Martín-Lanuza Martínez, Alberto: Rafael Valdés y Fernández Bazán. In: Real Academia de la Historia, Diccionario Biográfico electrónico (https://dbe.rah.es/biografias/84770/rafael-valdes-y-fernandez-bazan, abgerufen am 11.07.2019)

Martínez 1986 Martínez Paricio, Jesús Ignacio: La Real Escuela Militar de Ávila de los Caballeros: ¿Una experiencia imposible? In: Busquets, Julio; Fernández Vargas, Valentina (Hrg.): La enseñanza militar en España. Un análisis sociológico. Madrid. 1986, S. 51-63

Marvin 1994 Marvin, Ursula B.: The Meteorite of Campo del Cielo Argentina: Its History in Politics, Diplomacy, and Science: In: Figueirôa, Silvia F. de M.; Lopes, M. Margaret (Hrg.): Geological Sciences in Latin America: Scientific relations and exchanges. Papers presented at the 18th Symposium of the International Commission on the History of Geological Sciences. July 19-25, 1993. Campinas. 1994, S. 155-169

Marx 2016 Marx, Christian: Forschungsüberblick zur Historischen Netzwerkforschung. Zwischen Analysekategorie und Metapher. In: Düring, Marten; Eumann, Ulrich; Stark, Martin; Keyserlingk, Linda von (Hrg.): Handbuch Historische Netzwerkforschung. Grundlagen und Anwendungen. Berlin. 2016, S. 63-84

Matilla 1987 Matilla Tascón, A.: Historia de las minas de Almadén. Vol. II: Desde 1646 a 1799. Madrid. 1987

McAuliffe 1977 McAuliffe, C. A. (Hrsg.): The Chemistry of Mercury. London. 1977

Mendes 1978 Mendes, Humberto Gabriel: A abertura e exploração da mina de azougue de Coina, no final do século XVIII, em duas plantas da mapoteca do Instituto Geográfico e Cadastral. In: Revista da Universidade de Coimbra. 26 (1978), S. 199-234

Mendonça 1958 Mendonça, Marcos Carneiro de: O Intendente Câmara. Manuel Ferreira da Câmara Bethencourt e Sá, Intendente Geral das Minas e dos Diamantes (1764–1835). São Paulo. 1958

MFA 2000 Freiberger Altertumsverein e.V. (Hrg.): Mitteilungen des Freiberger Altertumsvereins. Berühmte Freiberger. 85. Heft. Freiberg. 2000

Mier 2018 Mier Gómez, Laura: Pedro Romero de Terreros, empresario minero de Real del Monte Pachuca (1743–1781) (Tésis para obtener el título de Licenciado en Economia, UNAM). Mexiko. 2018 (http://oreon.dgbiblio.unam.mx/F?RN=782613149, abgerufen am 25.05.2020)

Mira 1992 Mira, Guillermo: Plata y tecnología en la América española del siglo XVIII. Una aproximación a los cambios productivos bajo la ilustración. In: Lafuente, Antonio; Sala Catalá, José (Hrg.): Ciencia Colonial en América. Madrid. 1992, S. 253-271

Mittler/Mücke 2005 Mittler, Elmar; Mücke, Ulricke (Hrg.): Die spanische Aufklärung in Deutschland. Eine Ausstellung aus den Beständen der Niedersächsischen Staats- und Universitätsbibliothek Göttingen. Göttingen. 2005

Molina 1999 Molina Martínez, Miguel: Problemátia en torno a la legislación minera peruana a fines de la colonia. In: Chronica Nova. 26 (1999), S. 243-260

Molnár/Weiß 1986 Molnár, L.; Weiß, A. (Hrg.): Ignaz Edler von Born und die Societät der Bergbaukunde. Zum 200. Jahrestag der Gründung der Societät der Bergbaukunde. Wien. 1986

Montero 2003 Montero, Ángel: La paleontología y sus colecciones desde el Real Gabinete de Historia Natural al Museo Nacional de Ciencias Naturales. Madrid. 2003

Moraes 2014 Moraes, Maurecir Guimarães de: O pensamento ambiental em José Bonifácio de Andrada e Silva. In: Vértices. 16, 2 (2014), S. 129-142

Morel 2016 Morel, Thomas: Circulating mining knowledge from Freiberg to Almadén: The life and career of J. M. Hoppensack (1741–1815). Vortrag beim VIIIème Congrès International et Interdisciplinaire Sciences, savoirs et politique : Alexander von Humboldt et Aimé Bonpland entre Europe et Amérique Latine, Sciences Po / IHEAL, Paris, 6 juillet 2016

Morelos/Moncada 2015 Morelos Rodriguez, Lucero; Moncada Maya, José Omar: Orígenes y fundación del Instituto geológico de México. In: Asclepio. 67, 2 (2015) (http://dx.doi.org/10.3989/asclepio.2015.21, abgerufen am 22.06.2022)

Motta 1998 Motta, Jehovah: Formação do oficial do exercito. Rio de Janeiro. 1998

Mücke 2008 Mücke, Ulrich: Gegen Aufklärung und Revolution. Die Entstehung konservativen Denkens in der iberischen Welt (1770–1840). Köln/Weimar/Berlin. 2008

Mücke/Schnalke 2009 Mücke, Marion; Schnalke, Thomas: Briefnetz Leopoldina: Die Korrespondenz der Deutschen Akademie der Naturfoscher um 1750. Berlin. 2009

Müller-Wille et al. 2017 Müller-Wille, Staffan; Reinhardt, Carsten; Sommer, Marianne: Wissenschaftsgeschichte und Wissensgeschichte. In: Sommer, Marianne; Müller-Wille, Staffan; Reinhardt, Carsten (Hrg.): Handbuch Wissenschaftsgeschichte. Stuttgart. 2017, S. 2-18

Muñoz 1992 Muñoz Dueñas, Maria Dolores: La formación de una élite minera: la Escuela de Minas de España (1777–1877). In: Mélanges de la Casa de Velázquez. 28, 3 (1992), S. 21-36

Navarro 2011 Navarro Loidi, Juan: Las Matemáticas en la Escuela Militar de Ávila. In: La Gaceta de la RSME. 14, 2 (2011), S. 309-332

Navas 2014 Navas Sierra, J. Alberto: Ciencia y reinserción internacional pos colonial. Las „expediciones cientfíficas" colombianas de 1821–1822. Un caso de 'veho historia'. México/ Bogotá. 2014

Neiva 1986 Neiva, J. M. Cotelo: A geologia em Portugal no século XIX. In: Historia e desenvolvimento da ciência em Portugal. I colóquio - até ao seculo XX, Lisboa, 15 a 19 de abril de 1985. Lissabon, 1986, S. 711-764

Neto 2016 Neto, Maria João; Malta, Marize (Hrg.): Coleções de arte em Portugal e Brasil nos seculos XIX e XX. As academias de Belas-Artes do Rio de Janeiro, de Lisboa e do Porto, 1816–1836: Ensino, Artistas, Mecenas e Coleções. Casal de Cambra. 2016

Neurath/Krempel 2008 Neurath, Wolfgang; Krempel, Lothar: Geschichtswissenschaft und Netzwerkanalyse: Potenziale und Beispiele. In: Unfried, Berthold; Mittag, Jürgen; Linden, Marcel van der (Hrg.): Transnationale Netzwerke im 20. Jahrhundert. Historische Erkundungen zu Ideen und Praktiken, Individuen und Organisationen. Leipzig. 2008, S. 59-80

Nitschke 2016 Nitschke, Christian: Die Geschichte der Netzwerkanalyse. In: Düring, Marten; Eumann, Ulrich; Stark, Martin; Keyserlingk, Linda von (Hrg.): Handbuch Historische Netzwerkforschung. Grundlagen und Anwendungen. Berlin. 2016, S. 11-30

Östling et al. 2018 Östling, Johan; Heidenblad David Larsson; Sandmo, Erling; Hammar, Anna Nilsson; Nordberg, Kari H.: The history of knowledge and the circulation of knowledge. An introduction. In: Östling, Johan; Sandmo, Erling; Heidenblad, David Larsson; Hammar, Anna Nilsson; Nordberg, Kari H. (Hrg.): Circulation of Knowledge. Explorations in the History of Knowledge. Lund. 2018, S. 9-33

O'Phelan 2004 O'Phelan Godoy, Scarlett: A German mineralogist visits Peru. In: Erickson, Raymond; Font, Mauricio A.; Schwartz, Brian (Hrg.): Alexander von Humboldt. From the Americas to the Cosmos. New York. 2004, S. 403-414

Orche/Puche 2000 Orche, E.; Puche, O.: Los asentamientos mineros en la minería aurífera de Nueva Granada durante la época colonial. In: Temas Geológico-Mineros. 31 (2000), S. 415-422

Ospovat 2003 Ospovat, Alexander: Why Werner is one of the founders of modern geology. In: Albrecht, Helmuth; Ladwig, Roland (Hrg.): Abraham Gottlob Werner and the foundation of the geological science. Selected papers of the International Werner Symposium in Freiberg 19th to 24th September 1999. 2. Auflage. Freiberg. 2003, S. 6-14

Osterhammel 2010 Osterhammel, Jürgen: Die Verwandlung der Welt. Eine Geschichte des 19. Jahrhunderts. Bonn. 2010

Osterhammel 2006 Osterhammel, Jürgen: Welten des Kolonialismus im Zeitalter der Aufklärung. In: Lüsebrink, Hans-Jürgen (Hrg.): Das Europa der Aufklärung und die außereuropäische koloniale Welt. Göttingen, 2006, S. 19-36

Osterhammel 2006a Osterhammel, Jürgen: Kolonialismus. Geschichte – Formen – Folgen. 5. Auflage. München. 2006

Osterhammel 1987 Osterhammel, Jürgen: Forschungsreise und Kolonialprogramm. Ferdinand von Richthofen und die Erschließung Chinas im 19. Jahrhundert. In: Archiv für Kulturgeschichte. 69, 1 (1987), S. 150-195

Osterhammel/Petersson 2012 Osterhammel, Jürgen; Petersson, Niels P.: Geschichte der Globalisierung. 5. Auflage. München. 2012

Ovando-Sainz 1975 Ovando-Sanz, Guillermo: La Academia de Minas de Potosí 1757–1970. La Paz. 1975

Ozanam 1998 Ozanam, Didier: Les diplomates espagnols du XVIIIe siècle. Madrid/Bordeaux. 1998

Ozanam o.D. Ozanam, Didier: Ignacio López de Ulloa. In: Real Academia de la Historia, Diccionario Biográfico electrónico (https://dbe.rah.es/biografias/53072/ignacio-lopez-de-ulloa, abgerufen am 25.03.2020)

Palacios 1992 Palacios Remondo, Jesús: Los Delhuyar. La Rioja en América. Biografía de los Hermanos Juan José y Fausto a través de fuentes y bibliografía. Logroño. 1992

Parra/Pelayo 1996 Parra, Dolores; Pelayo Francisco: Christian Herrgen y la institucionalización de la mineralogía en Madrid. In: Asclepio. 48, 1 (1996), S. 163-181

Pataca/Pinheiro 2005 Pataca, Ermelinda Moutinho; Pinheiro, Rachel: Instruções de viagem para a investigação científica do território brasileiro. In: Revista da Sociedade Brasileira de História da Ciência. 3, 1 (2005), S. 58-79

Paul 2007 Paul, Roland: Vor 250 Jahren: Johann Daniel Weber, ein pfälzischer Bergbauingenieur, wird in Steinwenden geboren. In: Historische Schlaglichter. Institut für pfälzische Geschichte und Volkskunde (www.pfalzgeschichte.de/johann-daniel-weber, abgerufen am 17.07.2019)

Paul 1981 Paul, Roland: Johann Daniel Weber – Ein Pfälzer im Dienste der Spanischen Krone. in: Scherer, Karl (Hrg.): Pfälzer – Palatines. Beiträge zur pfälzischen Ein- und Auswanderung sowie zur Volkskunde und Mundartforschung der Pfalz und der Zielländer pfälzischer Auswanderer im 18. und 19. Jahrhundert. Kaiserslautern. 1981, S. 229-244

Paulmann 2013 Paulmann, Johannes: Regionen und Welten. Arenen und Akteure regionaler Weltbeziehungen seit dem 19. Jahrhundert. In: Historische Zeitschrift. 296 (2013), S. 660-699

Peixoto/Perreira 1986 Peixoto, José Pinto; Gomes Perreira, José Francisco Vitorino: As ciencias geofisicas em Portugal. In: Peixoto, José Pinto (Hrg.): Historia e desenvolvimento da ciência em Portugal. I colóquio – até ao seculo XX, Lisboa, 15 a 19 de abril de 1985. Bd. 1. Lissabon. 1986, S. 243-289

Pelayo 1992 Pelayo, Francisco: Ensayos sobre los métodos de beneficio de amalgamación y de fundición realizados por Juan José de Elhuyar y José Celestino Mutis en Nueva Granada. In: Boletin Geológico y Minero. 103, 3 (1992), S. 162-179

Pelayo 1990 Pelayo, Francisco: Las actividades mineras de J. C. Mutis y Juan José Elhyuar en Nueva Granada. In: Revista de Indias. 50, 189 (1990), S. 455-471

Pelayo/Rebok 2004 Pelayo, Francisco; Rebok, Sandra: Un condiscípulo español e Alexander von Humboldt en la Bergakademie de Freiberg: Josef Ricarte y su informe sobre el método de amalgamación de Born (1788). In: Asclepio. 56, 2 (2004), S. 87-111

Pelayo/Rebok 2003 Pelayo, Francisco; Rebok, Sandra: Fausto de Elhuyar y la Societät der Bergbaukunde. Un proyecto científico de red europea para la difusión pública de las prácticas minero-metalúrgicas. In: Cuadernos Valencianos de Historia de la Medicina y de la Ciencia. Serie D. 5-6 (2003), S. 69-92

Pellón/Llombart 1998 Pellón González, Inés; Llombart Palet, José: La Formación científica recibida en el Real Seminario Bascongado por los estudiantes riojanos. In: Español González, Luis (Hrg.): Matemática y región: La Rioja: sobre matemáticos riojanos y matemática en La Rioja. Logroño. 1998, S. 343-368

Peralta o.D. Peralta Ruiz, Víctor: Jorge de Escobedo y Alarcón. In: Real Academia de la Historia, Diccionario Biográfico electrónico (https://dbe.rah.es/biografias/35410/jorge-de-escobedo-y-alarcon, abgerufen am 12.07.2019)

Perera 1995 Perera, Victor: The cross and the pear tree. A Sephardic journey. London. 1995

Peset 1987 Peset, José Luis: Ciencia y libertad. El papel del cientifico ante la independencia americana. Madrid. 1987

Peset o.D. Peset, José Luis: Fausto d'Elhuyar y Lubice. In: Real Academia de la Historia, Diccionario Biográfico electrónico (https://dbe.rah.es/biografias/6495/fausto-d-elhuyar-y-lubice, abgerufen am 06.05.2021)

Petzak 2020 Petzak, Julia: Abraham Gottlob Werner als Gründer der Mineralienniederlage an der Bergakademie Freiberg. In: Kandler, Susanne (Hrg.): Abraham Gottlob Werner und die Geowissenschaften seiner Zeit. Freiberg. 2020, S. 139-148

Piersig 2011 Piersig, Wolfgang: Blei – Metall der Antike, der Gegenwart, mit Zukunft, ein Werkstoff für Technik, Kultur, Kunst. Norderstedt. 2011

Pietschmann 1980 Pietschmann, Horst: Die staatliche Organisation des kolonialen Iberoamerikas. Stuttgart. 1980

Pimentel 2001 Pimentel, Juan: The iberian vision: Science and empire in the framework of a universal monarchy, 1500–1800. In: Osiris. 15 (2000), S. 17-30

Pins 1984 Pins, Jean de: Sentiment et diplomatie d'après des correspondances franco-portugaises. Paris. 1984

Pins 1978 Pins, Jean de: Un aspect inédit de la contestation politique en Grande-Bretagne au temps du second Pitt (1793–1802): Le poème „Venality", éditio, traduction et commentaire. In: École pratique des hautes études. 4e section, Sciences historiques et philologiques. Annuaire 1977–1978 (1978), S. 1271-1273

Pinto et al. 2011 Pinto, Manuel Serrano; Callapez, Pedro; Schweizer, Claudia: Two XIX century German catalogues of mineral collections in the Museu de historia natural of the Universidad de Coimbra (Portugal). In: Ortiz, J. E.; Puche, O.; Rábano, I.; Mazadiego, L. F. (Hrg.): History of Research in Mineral Resources. Cuadernos del Museo Geominero. 13 (2011), S. 213-217

Pinto 2003 Pinto, Manuel Serrano: Werner, the Bergakademie and Manoel Ferreira da Camara. In: Albrecht, Helmuth; Ladwig, Roland (Hrg.): Abraham Gottlob Werner and the foundation of the geological science. Selected papers of the International Werner Symposium in Freiberg 19th to 24th September 1999. 2. Auflage. Freiberg. 2003, S. 325-333

Pinto 2000 Pinto, Manuel Serrano: Aspectos da história da mineração no Brasil colonial. In: Lins, Fernando Antonio de Freitas (Hrg.): Brasil 500 anos – a construção do Brasil e da América Latina pela mineração. Rio de Janeiro. 2000, S. 27-44

Pinto 1994 Pinto, Manuel Serrano: A experiência europeia de Manoel Ferreira da Camara e seus reflexos no Brasil – Algumas notas. In: Figueirôa, Silvia F. de M.; Lopes, M. Margaret (Hrg.): Geological Sciences in Latin America: Scientific relations and exchanges. Papers presented at the 18th Symposium of the International Commission on the History of Geological Sciences. July 19-25, 1993. Campina. 1994, S. 245-264

Pires/Pereira 2010 Pires, Catarina; Pereira, Gilberto Gonçalves: Museu da Ciência da Universidade de Coimbra: valorização de um patrimônio científico secular. In: Granato, Marcus; Marta Lourenço (Hrg.): Coleções científicas luso-brasileiras: património a ser descoberto. Rio de Janeiro. 2010, S. 185-210

Pohl 1988 Pohl, Hans: Das Kreditwesen im kolonialen Hispanoamerika. In: Vierteljahresschrift für Sozial- und Wirtschaftsgeschichte. 75, 2 (1988), S. 188-216

Pohl 2021 Pohl, Norman: „(...) eine Art von Mittelpunkt chemischer Kentniße in Sachsen." Zum Bau des für Wilhelm August Lampadius errichteten Laboratoriums vor 225 Jahren. In: ACAMONTA. 28 (2021), S. 171-173

Pohl 2013 Pohl, Norman: Wilhelm August Lampadius, das Vergnügen und die Chemie an der Bergakademie Freiberg: Ausdifferenzierung einer Naturwissenschaft oder individuelle Selbstverwirklichung? In: Walter, Hans-Henning (Hrg.): Wilhelm August Lampadius: 1772–1842; Chemiker, Erfinder, Fachschriftsteller und Hüttenmann; Tagung vom 11. bis 14. April 2012 in Freiberg in Sachsen. Freiberg. 2013, S. 387-402

Polo 2000 Polo, Pascual Román: Los hermanos Delhuyar, la Bascongada y el Wolframio. San Sebastián. 2000

Portela 2016 Portela, Miguel: As Reais Ferrarias de Tomar e Figueiró: das origens ao século XVII. Batalha. 2016

Porter 1981 Porter, Theodore M.: The promotion of mining and the advancement of science: the chemical revolution of mineralogy. In: Annals of Science. 38 (1981), S. 543-570

Póvoas et al. 2016 Póvoas, Liliana; Lopes, César; Melo, Ireneia; Correira, Ana I.; Alves, Judite: O museu nacional de história natural – uma história atribulada e uma questão em aberto. In: Estudos do Quaternário. 14 (2016), S. 105-113

Pratt 2008 Pratt, Mary Louise: Imperial Eyes. Travel Writing and Transculturation. New York. 2008

Puche 2008 Puche Lorenzo, Miguel Angel: Introducción del léxico de la mineralogía en español. In: Actas del II congreso internacional de lexicografía hispánica. El diccionário como puente entre las lenguas y culturas del mundo. Alicante. 2008, S. 771-777

Puche 2000 Puche Riart, Octávio: Mineria en America de lengua Española: periodo colonial. In: Lins, Fernando Antonio de Freitas (Hrg.): Brasil 500 anos – a construção do Brasil e da América Latina pela mineração. Rio de Janeiro. 2000, S. 45-58

Puche et al. 1993 Puche Riart, Octavio; Ayala Carcedo, Francisco Javier: La "Orygthología" de Juan José de Elhuyar (1754–1796) y la "Oritognosia" de Andrés Manuel del Río (1764–1849), primeros tratados geológicos escritos por españoles, en América. In: Boletín geológico y minero. 104, 1 (1993), S. 80

Puche o.D. Puche Riart, Octavio: Rafael Amar de la Torre. In: Real Academia de la Historia, Diccionario Biográfico electrónico (https://dbe.rah.es/biografias/20609/rafael-amar-de-la-torre, abgerufen am 01.07.2019)

Puche o.D.a Puche Riart, Octavio: Lorenzo Gómez Pardo. In: Real Academia de la Historia, Diccionario Biográfico electrónico (https://dbe.rah.es/biografias/18520/lorenzo-gomez-pardo, abgerufen am 01.07.2019)

Puerto 1992 Puerto Sarmiento, Francisco Javier: Ciencia de Cámara. Casimiro Gómez Ortega (1741–1818) – El científico cortesano. Madrid. 1992

Puerto o.D. Puerto Sarmiento, Francisco Javier: Vicente Cervantes Mendo. In: Real Academia de la Historia, Diccionario Biográfico electrónico (https://dbe.rah.es/biografias/19186/vicente-cervantes-mendo, abgerufen am 27.04.2021)

Puig-Samper 2018 Puig-Samper, Miguel Ángel: Spanien. In: Ette, Ottmar (Hrg.): Alexander von Humboldt-Handbuch. Leben – Wirkung – Werk. Stuttgart. 2018, S. 265-271

Puig-Samper 2006 Puig-Samper, Miguel Ángel: Un viaje del espíritu: Alexander von Humboldt en España (Ausstellungskatalog). Madrid. 2006

Puig-Samper 1999 Puig-Samper, Miguel Ángel: Humboldt, un prusiano en la corte del Rey Carlos IV. in: Revista de Indias. 59, 216 (1999), S. 329-355

Puig-Samper 1995 Puig-Samper, Miguel Ángel: Antonio de Ulloa, Naturalista. In: Losada, M.; Varela, C. (Hrg.): Actas del II Centenario de Don Antonio de Ulloa. Sevilla. 1995, S. 97-124

Puig-Samper/Rebok 2007 Puig-Samper, Miguel Ángel; Rebok, Sandra: Sentir y medir. Alexander von Humboldt en España. Aranjuez/Madrid. 2007

Quelle 1939 Quelle, Otto: Vom deutschen Bergbau und Hüttenwesen in Spanien bis zur Ankunft A. von Humboldts. In: Ibero-amerikanisches Archiv. 13, 1 (1939), S. 3-12

Quevedo 1992 Quevedo, Emilio: Sozialhistorische Studien zu Wissenschaft und Technik in Lateinamerika (insbesondere Kolumbien): Bilanz und Perspektiven. In: Guntau, Martin (Hrg.): Geschichte der Wissenschaften in Lateinamerika. Rostocker Wissenschaftshistorische Manuskripte. Sonderheft (Heft 21). Rostock. 1992, S. 25-79

Rábano 2018 Rábano, Isabel: La comisión de exploración geológica de Casiano de Prado en Filipinas: un Proyecto fallido de 1852. In: Llull. 41, 85 (2018), S. 113-127

Raj 2013 Raj, Kapil: Beyond Postcolonialism ... and Postpositivism. Circulation and the Global History of Science. In: Isis. 40, 2 (2013), S. 337-347

Ramírez 2019 Ramírez Sánchez-Maroto, Carlos: Evolución histórica de la protección ambiental en la minería en España. In: Revista Internacional de Ciencias Sociales. 38 (2019), S. 19-34

Ramos 2000 Ramos, José Raymundo Andrade: Mineração no Brasil pós-colônia. In: Lins, Fernando Antonio de Freitas (Hrg.): Brasil 500 anos – a construção do Brasil e da América Latina pela mineração. Rio de Janeiro. 2000, S. 59-63

Ramos 2013 Ramos Lara, María de la Paz: Vicisitudes de la ingeniería en México (siglo XIX). Universidad Nacional Autónoma de México, Centro de de Investigaciones Interdisciplinarias en Ciencias y Humanidades. 2013

Ramos 2000 Ramos Lara, Maria de la Paz; Saldaña, Juan José: Del Colegio de Minería de México a la Escuela Nacional de Ingenieros. In: Quipu. 13, 1 (2000), S. 105-126

Raposo et al. 2014 Raposo, Pedro M. P.; Simões, Ana; Patiniotis, Manolis; Bertomeu-Sánchez, José R.: Moving Localities and Creative Circulation: Travels as Knowledge Production in 18th-Century Europe. In: Centaurus. 56 (2014), S. 167-188

Rebok 2018 Rebok, Sandra: The realization of a dream: Spain's role in Humboldt's american expedition. In: Dieciocho. 42, 1 (2018), S. 67-90

Rebok 2010 Rebok, Sandra (Hrg.): Traspasar Fronteras. Un siglo de intercambio científico entre España y Alemania. Madrid. 2010

Rebok/Puig-Samper 2007 Rebok, Sandra; Puig-Samper, Miguel Ángel: Alejandro de Humboldt y España: La preparación de su viaje americano y sus vínculos con la ciencia española. In: HiN – Alexander von Humboldt im Netz. Internationale Zeitschrift für Humboldt-Studien. 8, 15 (2007), S. 33-48

Rebok/Winkle 2019 Rebok, Sandra; Winkle, Timothy: "Mason without apron" – Alexander von Humboldt and the world of freemasonry. In: HiN – Alexander von Humboldt im Netz. Internationale Zeitschrift für Humboldt-Studien. 20, 38 (2019), S. 31-50

Recarte 1992 Recarte Barriola, Maite: La renovación educativa en la ilustración vasca: La Real Sociedad Bascongada de los Amigos del País. In: RIEV. Revista Internacional de los Estudios Vascos. 37, 2 (1992), S. 315-330

Recio 2012 Recio Morales, Óscar: Un intento de modernización del ejército borbónico del XVIII: La Real Escuela Militar de Ávila (1774). In: Investigaciones históricas. 32 (2012), S. 145-172

Rees et al. 2002 Rees, Joachim; Siebers, Winfried; Tilgner, Hilmar (Hrg.): Europareisen politisch-sozialer Eliten im 18. Jahrhundert. Berlin. 2002

Reinhard 2018 Reinhard, Wolfgang: Die Unterwerfung der Welt. Globalgeschichte der europäischen Expansion 1415–2015. 4. ergänzte Auflage. München. 2018

Rheinberger 2017 Rheinberger, Hans-Jörg: Historische Epistemologie. In: Sommer, Marianne; Müller-Wille, Staffan; Reinhardt, Carsten (Hrg.): Handbuch Wissenschaftsgeschichte. Stuttgart. 2017, S. 32-45

Richter/Schierle 1990 Richter, Thomas; Schierle, Thomas: 200 Jahre Kaltamalgamation. Jubiläumsschrift zum 200. Jahrestag der Inbetriebnahme des Amalgamierwerkes Halsbrücke. Freiberg. 1990

Rinke/Schulz 2013 Rinke, Stefan; Schulze, Frederik: Kleine Geschichte Brasiliens. München. 2013

Río 1981 Río, Ángel del: La misión de Don Luis de Onís en Los Estados Unidos (1809–1819). New York. 1981

Robel 1980 Robel, Gert: Reisen und Kulturbeziehungen im Zeitalter der Aufklärung. In: Krasnobaev, B. I.; Robel, Gert; Zeman, Herbert (Hrg.): Reisen und Reisebeschreibungen im 18. und 19. Jahrhundert als Quellen der Kulturbeziehungsforschung. Berlin. 1980, S. 9-37

Roberts 2009 Roberts, Lissa: Situation Science in Global History: Local Exchanges and Networks of Circulation. In: Itinerario (International Journal on the History of European Expansion and Global Interaction). 33, 1 (2009), S. 9-30

Rocha et al. 2011 Rocha, Carla S. A.; Barroso-Barcenilla, F.; Callapez, E. Pedro M.: O património cultural e científico do Museu da Ciência da Universidade de Coimbra: Geocolecções e actividades. In: XII Congreso Internacional sobre Patrimonio Geológico y Minero, 29 Septiembre-2 Octubre 2011, Boltaña, Sobrarbe. 2011, S. 189-198

Rodrigues/Munhoz 2016 Rodrigues, Abel; Munhoz, Renata: Brasil e Portugal no Antigo Regime: a correspondência pessoal como veículo da cultura iluminada (1808–1817) – uma abordagem a partir do arquivo particular do Conde de Barca. In: Labor Histórico. 2, 1 (2016), S. 91-104

Rodrigues 2006 Rodrigues, Abel: O Arquivo do Conde da Barca: Mnemósine de um Ilustrado. In: Ralha, M. Elfrida; Estrada, M. F.; Silva, M. do Céu; Rodrigues, A. (Hrg.): José Anastácio da Cunha: O tempo, as ideias, a obra e... os inéditos. Braga. 2006, S. 63-97

Rodrigues 1953 Rodrigues, João Lourenço: Apontamentos para a história da fábrica de ferro do Ipanema. In: Boletim do Departamento do arquivo do estado de S. Paulo/Secretaria da Educação. 11 (1953), S. 15-119

Rodriges 1992 Rodrigues, Manuel Augusto (Hrg.): Memoria Professorum Universitatis Conimbrigensis: 1772–1937. 2. Bd. Coimbra. 1992

Rodríguez/Jaime 2005 Rodríguez O., Jaime E.: La independencia de la América española. 2. Auflage. México. 2005

Rubinovich 1994 Rubinovich, Raúl: La obra geológico de Humboldt en México. In: Figueirôa, Silvia F. de M.; Lopes, M. Margaret (Hrg.): Geological Sciences in Latin America: Scientific relations and exchanges. Papers presented at the 18th Symposium of the International Commission on the History of Geological Sciences. July 19-25, 1993. Campinas. 1994, S. 47-67

Ruhland 2006 Ruhland, Volker: Verwaltungsgeschichte Sachsens. Ein Überblick. Dresden. 2006

Rumeu de Armas 1979 Rumeu de Armas, Antonio: La Real Escuela de Mineralogía de Madrid (1789–1808). In: Hispania. 39 (1979), S. 301-336

Ruiz 1972 Ruiz Lagos, Manuel: Documentos para la biografía del General Tomas de Morla. Jerez de la Frontera. 1972

Sächsisches Oberbergamt 1993 Präsident des Sächsischen Oberbergamts (Hrg.): Festschrift. 450 Jahre Sächsisches Oberbergamt Freiberg. 1542–1992. Freiberg. 1993

Said 1978 Said, Edward W.: Orientalism. London. 1978

Saladino 1993 Saladino García, Alberto: Función modernizadora de las "Sociedades económicas de amigos del país" en el nuevo mundo. In: Cuadernos Americanos. 2 (38). 1993, S. 215-236

Saldaña 1996 Saldaña, Juan José: Historia social de las ciencias en América Latina. Mexiko. 1996

Saldaña 1993 Saldaña, Juan José: Nuevas tendencias en la historia de la ciencia en América Latina. In: Cuadernos Americanos. 2, 38 (1993), S. 69-91

Saldaña 1992 Saldaña, Juan José: Wissenschaft und kulturelle Identität. Die Geschichte der Wissenschaft in Lateinamerika. In: Guntau, Martin (Hrg.): Geschichte der Wissenschaften in Lateinamerika. Rostocker Wissenschaftshistorische Manuskripte. Sonderheft (Heft 21). Rostock. 1992, S. 7-23

Saldaña 1987 Saldaña, Juan José: The failed search for ‚Useful Knowledge': Enlighted Scientific and Technological Policies in New Spain. In: Sociedad Latinoamericana e Historia de las Ciencias y la Tecnología (Hrg.): Cross-Cultural Diffusion of Science: Latin America. México. 1987, S. 33-57

Sampedro o. D. Sampedro Escola, José Luis: Francisco Angulo. In: Real Academia de la Historia, Diccionario Biográfico electrónico (https://dbe.rah.es/biografias/24974/francisco-angulo, abgerufen am 25.06.2020)

San Juan 2015 San Juan, Víctor: La armada desconocida de Jorge Juan. Madrid. 2015

Sánchez 2009 Sánchez Díaz, Gerardo: Los orígenes de la industria siderúrgica mexicana. Continuidades y cambios tecnológicos en el siglo XIX. In: Tzintzun. Revista de Estudios Históricos. 50 (2009), S. 11-60

Sánchez/Mira 1991 Sánchez Gómez, Julio; Mira Delli-Zotti, Guillermo (1991): Innovaciones técnicas en minería de metales preciosos en el imperio español durante la segunda mitad del siglo XVIII. In: Actas del V Congreso da la Sociedad Española de Historia de las Ciencias y de las Técnicas. Vol. 3 - La Revolución Francesa y su influencia en la actividad científica. Murcia. 1991, S. 1878-1896

Santos 2008 Santos, Eugénio Francisco dos: José Bonifácio revisitado: o universitário e o militar. In: Revista da Faculdade de Letras HISTÓRIA. 9 (2008), S. 281-319

Santos 2009 Santos, Nilton Pereira dos: A fábrica de ferro São João de Ipanema: economia e política nas últimas décadas do Segundo Reinado (1860–1889). São Paulo. 2009

Sarasin 2011 Sarasin, Philipp: Was ist Wissensgeschichte? In: Internationales Archiv für Sozialgeschichte der deutschen Literatur. 36, 1 (2011), S. 159-172

Sarrailh 1957 Sarrailh, Jean: La España ilustrada de la segunda mitad del siglo XVIII. México. 1957

Saxonia 2012 Saxonia Edelmetalle GmbH (Hrg.): 400 Jahre Hüttenstandort Halsbrücke [1612–2012]. Halsbrücke. 2012

Schäfer/Schnelle 1993 Schäfer, Lothar; Schnelle, Thomas (Hrg.): Ludwig Fleck. Entstehung und Entwicklung einer wissenschaftlichen Tatsache. Einführung in die Lehre vom Denkstil und Denkkollektiv. Frankfurt a. M.. 1993

Scherillo 1966 Scherillo, Antoni: La storia del „Real Museo Mineralogico" di Napoli nella storia napoletana. In: Atti della Accademia Pontaniana. 15 (1966), S. 3-47

Schiffner 1935–1940 Schiffner, Carl: Aus dem Leben alter Freiberger Bergstudenten. 3 Bde. Freiberg. 1935-40

Schimkat 2013 Schimkat, Peter: Kameralistische Naturforschung: Das mineralogische Lehrsystem von Abraham Gottlob Werner. In: Schleiff, Hartmut; Konečný, Peter (Hrg.): Staat, Bergbau und Bergakademie. Montanexperten im 18. und 19. Jahrhundert. Stuttgart. 2013, S. 231-247

Schleiff 2013 Schleiff, Hartmut: Aufstieg und Ausbildung im sächsischen Bergstaat. In: Schleiff, Hartmut; Konečný, Peter (Hrg.): Staat, Bergbau und Bergakademie. Montanexperten im 18. und 19. Jahrhundert. Stuttgart. 2013, S. 125-159

Schleiff/Konečný 2013 Schleiff, Hartmut; Konečný, Peter: Staat, Bergbau und Bergakademie: Montanexperten im 18. und frühen 19. Jahrhundert – Einleitung. In: Schleiff, Hartmut; Konečný, Peter (Hrg.): Staat, Bergbau und Bergakademie. Montanexperten im 18. und 19. Jahrhundert. Stuttgart. 2013, S. 9-11

Schmidt 1999 Schmidt, Rainer (Hrg.): Friedrich Gottlieb Klopstock. Briefe 1799–1803. Band 1: Text. Berlin/New York. 1999

Schnalke 2012 Schnalke, Thomas: Wissensorganisation und Wissenskommunikation im 18. Jahrhundert: Christoph Jacob Trew. Erschienen auf dem Portal „Europäische Geschichte Online" am 16.01.2012 (http://ieg-ego.eu/de/threads/europaeische-netzwerke/intellektuelle-und-wissenschaftliche-netzwerke/europaeische-korrespondenznetzwerke/thomas-schnalke-wissensorganisation-und-wissenskommunikation-im-18-jahrhundert-christoph-jacob-trew, abgerufen am 05.06.2018)

Schneider 2008 Schneider, Sylk: Brasilianische Diamanten und Mineralien – John Mawe und Wilhelm Ludwig von Eschwege. In: Schneider, Sylk (Hrg.): Goethes Reise nach Brasilien. Weimar. 2008, S. 45-66

Schofer 2003 Schofer, Evan: The global institutionalization of geological science, 1800 to 1990. In: American sociological review. 68, 5 (2003), S. 730-759

Schröder 2011 Schröder, W. H.: Kollektivbiographie: Spurensuche, Gegenstand, Forschungsstrategie. In: Historical Social Research (Supplement). 23 (2011), S. 74-152

Schuler 1991 Schuler, Heinz: Die St. Johannis-Freimaurerloge „Zur wahren Eintracht". Die Mitglieder der Wiener Elite-Loge 1781 bis 1785. In: Zentralstelle für Personen- und Familiengeschichte, Institut für Genealogie (Hrg.): Genealogisches Jahrbuch. Weißenthurm. 1991, S. 5-41

Schulz-Schaeffer 2000 Schulz-Schaeffer, Ingo: Akteur-Netzwerk-Theorie. Zur Koevolution von Gesellschaft, Natur und Technik. In: J. Weyer (Hrsg.), Soziale Netzwerke: Konzepte und Methoden der sozialwissenschaftlichen Netzwerkforschung. München/Oldenbourg. 2000, S. 187-210

Schulze/Fischer 2019 Schulze, Frederik; Fischer, Georg: Brazilian History as Global History. In: Bulletin of Latin American Research. 38, 4 (2019), S. 408-422

Schwartzman 2001 Schwartzman, Simon: Um espaço para a ciência: a formação da comunidade científica no Brasil. Brasília. 2001

Schwarz 2001 Schwarz, Uwe: Wilhelm Ludwig von Eschwege (1777–1855). Ein deutscher Bergmann und Geograph in Brasilien. In: Tópicos. 40, 1 (2001), S. 30-32

Seil 2012 Seil, Rainer: Ein früher Beitrag zur Geologie des Hunsrück-Nahe-Raumes (1823). Kritische Betrachtung der „geognostischen Bemerkungen" des Geologen Hermann Josef Burkart (1798–1874) zum Kreis Kreuznach. In: Bad Kreuznacher Heimatblätter. 8 (2012), S. 1-4

Sellés o. D. Sellés, Manuel: Jorge Juan y Santacilla. In: Real Academia de la Historia, Diccionario Biográfico electrónico (https://dbe.rah.es/biografias/13510/jorge-juan-y-santacilia, abgerufen am 27.01.2021)

Sennewald 2005 Sennewald, Rainer: „Auff daß sich keiner mit Unwissenheit zu entschuldigen ... suche“. In: TU Bergkademie Freiberg (Hrg.): Wissenschaft vor Ort. Bilder zu Geschichte und Gegenwart der TU Bergakademie Freiberg. 2005, S. 23-41

Sennewald 2002 Sennewald, Rainer: Die Stipendiatenausbildung von 1702 bis zur Gründung der Bergakademie Freiberg 1765/66. In: TU Bergakademie Freiberg (Hrg.): Technische Universität Bergakademie Freiberg. Festgabe zum 300. Jahrestag der Gründung der Stipendienkasse für die akademische Ausbildung im Berg- und Hüttenfach zu Freiberg in Sachsen [Beiträge zur Geschichte der TU Bergakademie Freiberg 1965–2002, Sammelband]. Freiberg. 2002, S. 407-429

Sennewald 1997 Sennewald, Rainer: Hessens Beitrag zur Entwicklung der Bergbaukunde bis in das 19. Jahrhundert. In: Magistrat der Stadt Borken (Hrg.): Die hessisch-lateinamerikanischen montanhistorischen Beziehungen vom 16. bis zum 20. Jahrhundert: 2. Montanhistorisches Kolloquium. Borken. 1997, S. 26-51

Sequeiros 2003 Sequeiros, Leandro: Las ideas geologicas de Antonio José Cavanilles (1745–1804). Reflexiones didacticas en el bicentenario de su fallecimento. In: Enseñanza de las Ciencias de la Tierra. 11, 1 (2003), S. 2-9

Serrano 1994 Serrano, Carlos: Transferencia de tecnología y relaciones de intercambio. Caso de estudio: la amalgamación y las escuelas de minería en la colonia. In: Figueirôa, Silvia F. de M.; Lopes, M. Margaret (Hrg.): Geological Sciences in Latin America: Scientific relations and exchanges. Papers presented at the 18th Symposium of the International Commission on the History of Geological Sciences. July 19-25, 1993. Campinas. 1994, S. 201-233

Sigrist 2009 Sigrist, René: Scientific Networks and Frontierts in the Golden Age of Academics (1700–1830). In: Barkhoff, Jürgen; Eberhart, Helmut (Hrg.): Networking across borders and frontiers. Frankfurt a. M.. 2009, S. 35-65

Sigrist/Widmer 2011 Sigrist, René; Widmer, Eric D.: Training links and transmission of knowledge in 18th Century botany: a social network analysis. In: REDES – Revista hispana para el análisis de redes sociales. 21, 7 (2011), S. 347-387

Silva 2010 Silva, Maria Beatriz Nizza da: A ilustração baiana. In: Revista Instituto Histórico e Geográfico Brasileiro. 446 (2010), S. 53-65

Silva 2004 Silva, Clarete Paranhos da: Garimpando memórias: as ciencias mineralógicas e geológicas no Brasil na transição do Século XVIII para o XIX. Campinas. 2004

Silva 2015 Silva, José Alberto Teixeira Rebelo da: A Academia Real das Ciências de Lisboa (1779–1834): ciência e hibridismo numa periferia europeia. Tese de doutoramento, Universidade de Lisboa (http://repositorio.ul.pt/handle/10451/17942, abgerufen am 10.07.2018)

Silva 2005 Silva Suárez, Manuel (Hrg.): Técnica e Ingeniería en España. III. El Siglo de las Luces. De la industria al ámbito agroforestal. Madrid. 2005

Silvan 1986 Silvan, Leandro: Peñaflorida y la europeización de nuestra cultura. In: I Seminario de Historia de la Real Sociedad Bascongada de los Amigos del País: ponencias y comunicaciones. San Sebastián. 1986, S. 67-98

Silvela 2015 Silvela Díaz-Criado, Enrique: El proceso de profesionalización del ejército en España: el cuerpo de estado mayor, 1810–1932 (2015) (http://e-spacio.uned.es/fez/view/tesisuned:IUGM-Esilvela, abgerufen am 15.02.2018)

Simões et al. 2003 Simões, Ana; Carneiro, Ana; Diogo, Maria Paula (Hrg.): Travels of Learning. A Geography of Science in Europe. Dordrecht/Boston/London. 2003

Simões et al. 1999 Simões, Ana; Carneiro, Ana; Diogo, Maria Paula: Constructing knowledge: Eighteenth-century Portugal and the new sciences. In: Gavroglu, Kostas (Hrg.): The Sciences in the European Periphery During the Enlightment. Dordrecht/Boston/London. 1999, S. 1-40

Singer 1965 Singer, Isidor (Hrg.): The Jewish encyclopedia: a descriptive record of the history, religion, literature, and customs of the Jewish people from the earliest times to the present day. 3. Bd. (Benzemero Chazanuth). New York. 1965

Sinner 2012 Sinner, Carsten: Wissenschaftliches Schreiben in Portugal zum Ende des Antigo Regime (1779–1821). Die Memórias económicos der Academia das Ciências de Lisboa. Berlin. 2012

Siqueira 2009 Siqueira, Maria Isabel de: A natureza a serviço Rei: a exploração das riquezas naturais na América Portuguesa. In: Anais do XXV Simpósio nacional de história. Fortaleza. 2009 (https://anpuh.org.br/uploads/anais-simposios/pdf/2019-01/1548772190_c7e7df8ce44532dde8639cce85e19c42.pdf, abgerufen am 30.09.2019)

Sommer 1928 Sommer, Friedrich: Wilhelm Ludwig von Eschwege. Das Lebensbild eines Auslanddeutschen mit kulturgeschichtlichen Erinnerungen aus Deutschland, Portugal und Brasilien: 1777–1855. Stuttgart. 1928

Sousa 1988 Sousa, Octávio Tarquínio de: Historia dos fundadores do império do Brasil. 1. Bd. José Bonifácio. São Paulo. 1988

Souza 2009 Souza, Alexandro Ferreira de: Silvestre Pinheiro Ferreira e o pensamento político luso-brasileiro do século XIX. In: Revista Estudos Filosóficos. 3 (2009), S. 12-20

Souza/Reis 2006 Souza, Tânia Maria F. de; Reis, Liana: Técnicas mineratórias e escravidão nas Minas Gerais dos séculos XVIII e XIX: Uma análise comparativa introdutória. In: Paula, João Antonio de et. al. (Hrg.): Anais do XII Seminário sobre a Economia Mineira. Universidade Federal de Minas Gerais. 2006 (http://www.cedeplar.ufmg.br/seminarios/seminario_diamantina/2006/D06A018.pdf, abgerufen am 14.03.2019)

Steffens 2003 Steffens, Martin: Baron Wilhelm Ludwig von Eschwege (1777–1855) und der Umbau der Wartburg. In: Riemann, Xenia (Hrg.): Dauer und Wechsel: Festschrift für Harold Hammer-Schenk zum 60. Geburtstag. Berlin. 2003, S. 110-127

Steiner/Kühn-Stillmark 2011 Steiner, Walter; Kühn-Stillmark, Uta: Friedrich Justin Bertuch. Ein Leben im klassischen Weimar zwischen Kultur und Kommerz. Köln/Weimar/Wien. 2011

Steinke 2010 Steinke, Hubert: Gelehrtenkorrespondenznetzwerke des 18. Jahrhunderts am Beispiel von Albrecht Haller. Erschienen auf dem Portal „Europäische Geschichte Online" am 03.12.2010 (http://ieg-ego.eu/de/threads/europaeische-netzwerke/intellektuelle-und-wissenschaftliche-netzwerke/europaeische-korrespondenznetzwerke/hubert-steinke-gelehrtenkorrespondenznetzwerke-im-18-jahrhundert-albrecht-von-haller, abgerufen am 05.06.2018)

Stöger 2006 Stöger, Georg: Die Migration europäischer Bergleute während der Frühen Neuzeit. In: Der Anschnitt. 58, 4-5 (2006), S. 170-186

Stricker 1850 Stricker, Wilhelm: Die Deutschen in Spanien und Portugal und den spanischen und portugiesischen Ländern von America. Ein Beitrag zur Geschichte der Deutschen außer Deutschland. Leipzig. 1850

Suhling 2006 Suhling, Lothar: Von der Alten zur Neuen Welt und Zurück. Meilensteine der Vor- und Frühgeschichte der Europäischen Amalgamation nach Ignaz von Born im Überblick. In: Meyer, Torsten; Popplow, Marcus (Hrg.): Technik, Arbeit und Umwelt in der Geschichte. Günter Bayerl zum 60. Geburtstag. Münster/New York/München/Berlin. 2006, S. 77-94

Sumozas 2007 Sumozas García-Pardo, Rafael: Arquitectura industrial en Almadén: antecedentes, génesis y repercusión del modelo en la minería americana. Sevilla/Cuenca. 2007

Sureda 2008 Sureda, Ricardo J.: Historia de la Mineralogía. San Miguel de Tucumán. 2008

Tamayo et al. 2017 Tamayo, Jesús; Salvado, Julio; Vásquez Arturo; Zurita, Victor (Hrg.): La industria de la minería en el Perú: 20 años de contribución al crecimiento y desarrollo económico del país. Lima. 2017

Teixeira 1980 Teixeira, Carlos: A Academia das Ciências de Lisboa e a Geologia Portuguesa. In: Memorias da Academia das Ciencias de Lisboa. 23 (Classe de ciências). Lissabon. 1980, S. 289-308

Teixeira 1967 Teixeira, Carlos: José Bonifácio de Andrada e Silva, mineralogista e geólogo. In: Memorias da Academia das Ciencias de Lisboa. 11 (Classe de ciências). Lissabon. 1967, S. 155-196

Teles 2003 Teles, Pedro Carlos da Silva: O início do ensino da engenharia: Da Academia Real Militar a Escola Central. In: Boletim da Sociedade Brasileira de Cartografia. 50 (2003), S. 3-21

Tellechea 1987 Tellechea Idígoras, J. Ignacio: La ilustración vasca. Cartas de Xavier de Munibe, Conde de Peñaflorida, a Pedro Jacinto de Alava. Vitoria-Gasteiz. 1987

TePaske 2010 TePaske, John: A New World of Gold and Silver. Leiden/Boston. 2010

Terra 1959 Terra, Helmut de: Alexander von Humboldt und seine Zeit. Wiesbaden. 1959

Thalheim 2020 Thalheim, Klaus: Abraham Gottlob Werner und seine Beziehungen zur Residenzstadt Dresden. In: Kandler, Susanne (Hrg.): Abraham Gottlob Werner und die Geowissenschaften seiner Zeit. Freiberg. 2020, S. 213-233

Thiel 2022 Thiel, Ulrich: Die Bergakademie Freiberg und das koloniale Montanwesen. Kiel. 2022

Tietz 2020 Tietz: Anke: Praktiken des Wissenstransfers in den Geowissenschaften vor 1800: Sammlungen, Transaktionen und Publizistik im europäischen Umfeld der Bergakademie Freiberg. In: Kandler, Susanne (Hrg.): Abraham Gottlob Werner und die Geowissenschaften seiner Zeit. Freiberg. 2020, S. 95-137

Tinoco 2000 Tinoco Mejía, Guillermo: Minería en América de lengua española: periodo póscolonial. In: Lins, Fernando Antonio de Freitas (Hrg.): Brasil 500 anos – a construção do Brasil e da América Latina pela mineração. Rio de Janeiro. 2000, S. 65-77

Torales 2001 Torales Pacheco, Josefina María Cristina: Ilustrados en la Nueva España. Los Socios de la Real Sociedad Bascongada de los Amigos del País. Mexico. 2001

Torre de Assunção 1980 Torre de Assunção, C. F.: Alguns aspectos das Geociências em Portugal no quadro da cultura setecentista e oitocentista. In: Comunicações dos Serviços Geológicos de Portugal. 66 (1980), S. 3-15

Torres 1986 Torres Marín, Manuel: Los de Nordenflycht (Ensayo de Genealogía Descriptiva). Santiago de Chile. 1986

Toussaint 2001 Toussaint, Friedrich: Wilhelm Ludwig von Eschwege. Ein deutscher Berg- und Hüttenmann in Portugal und Brasilien. In: Erzmetall. 54 (2011), S. 625-634

Triner 2011 Triner, Gail D.: Mining and the State in Brazilian Development. London. 2011

Urbani 1994 Urbani, Franco: Mariano Eduardo de Rivero y Ustariz (1798–1857): pionero de la mineralogia y geoquimica de Venezuela. In: Figueirôa, Silvia F. de M.; Lopes, M. Margaret (Hrg.): Geological Sciences in Latin America: Scientific relations and exchanges. Papers presented at the 18th Symposium of the International Commission on the History of Geological Sciences. 19–25 July 1993. Campinas. 1994, S. 265-288

Uriarte/Bartolucci 2011 Uriarte Santillán, Edurne Dolores; Bartolucci Incico, Jorge Ernesto: Las reformas al ramo minero. In: Montero Alarcón, Alma (Hrg.): Plata: forjando México. México. 2011, S. 494-523

Uriarte 2003 Uriarte Ayo, Rafael: El hierro vasco y los mercados europeos y colonial durante el Antiguo Regimen. In: Itsas Memoria. Revista de Estudios Marítimos del País Vasco. 4 (2003), S. 313-326

Uribe/Cortés 2014 Uribe Salas, José Alfredo; Cortés Zavala, María Teresa: Tres hombres de ciencia en la constitución del objeto geológico en México. In: Cadernos Prolam/USP. 13, 25 (2014), S. 117-135

Uribe 2006 Uribe Salas, José Alfredo: Labor de Andrés Manuel del Rio en México: profesor en el Real Seminario de Minería e innovador tecnológico en minas y ferrerías. In: Asclepio. Revista de Historia de la Medicina y de la Ciencia. 58, 2 (2006), S. 231-260

Urrea 1993 Urrea, Jesús: Los Académicos de la Purísima Concepsión. 1779–1849. In: Boletin Real Academia de Bellas Artes de la Purísima Concepción de Valladolid. 28 (1993), S. 133-148

Urrutikoetxea 1986 Urrutikoetxea, Josetxo: Peñaflorida y la Ilustración. San Sebastián. 1986

Vaccari 1998 Vaccari, Ezio: Quelques réflexions sur les instructions scientifiques destinées aux géologues voyageurs aux dix-huitième et dix-neuvième siècles. In: Travaux du Comité français d'Histoire de la Géologie. 12, 4 (1998), S. 39-57

Valadés 2014 Valadés, José C.: Luces políticas y cultura universal. Biografías de Alamán, Gutiérrez de Estrada, Comonfort, Ocampo. México. 2014

Valera et al. 2004 Valera Candel, Manuel; López Fernández, Carlos; Sáez Gómez, José Miguel; López González, José: Proyección internacional de la ciencia ilustrada española: obras científicas de autores españoles publicadas en el extranjero durante el periodo 1750–1830. In: História de las ciencias y de las técnicas (Actas VIII Congreso de la Sociedad Española de Historia de las Ciencias y de las Técnicas). 2. Bd. Universidad de la Rioja. 2004, S. 1011-1023

Valles/Hourcade 1991 Valles Garrido, J. M.; Hourcade, J. L.: Actualidad e historia de una biblioteca científica ilustrada: La del Real Colegio de Artillería de Segovia. In: Actas del V Congreso da la Sociedad Española de Historia de las Ciencias y de las Técnicas. 3. Bd. – La Revolución Francesa y su influencia en la actividad científica. Barcelona. 1991, S. 1961–1979

Valverde 2016 Valverde Pérez, Maria: Underground Knowledge: Mining, Mapping and Law in Eighteenth-Century Nueva España. In: Wendt, Helge (Hrg.): The Globalization of Knowledge in the Iberian Colonial World. Berlin. 2016 (Edition Open Access), S. 227-258

Varela 2012 Varela, Alex Gonçalves: Naturalista e homem público: a trajetória do ilustrado José Bonifácio de Andrada e Silva (1780–1823). In: Revista Convergência Lusíada. 27 (2012), S. 114-134

Varela 2010 Varela, Alex Gonçalves: Um manuscrito inédito do naturalista Manuel Ferreira da Câmara: "Nota sobre a extração das minas do Principado da Transilvânia" (1796). In: História. Ciências. Saúde – Manguinhos. 17, 1 (2010), S. 185-201

Varela 2009 Varela, Alex Gonçalves: Um manuscrito inédito do naturalista José Bonifácio de Andrada e Silva: Memória sobra a administração pública das minas no eleitorado de Saxônia, s/d., s/l. In: Revista Brasileira de História da Ciência. 2, 2 (2009), S. 259-267

Varela 2008 Varela, Alex Gonçalves: Ciência e Patronagem na Correspondência entre D. Rodrigo de Sousa Coutinho ("Pai e Protetor") e José Bonifácio de Andrada e Silva ("Venerador Sincero e Criado Humilíssimo") (1799–1812). In: XIII Encontro de História Anpuh-Rio 2008 (http://encontro2008.rj.anpuh.org/resources/content/anais/1214562031_ARQUIVO_TextoAlexVarelaANPUH.pdf, abgerufen am 24.09.2018)

Varela 2008a Varela, Alex Gonçalves: A atuação do naturalista e homem público Manuel Ferreira da Câmara na política siderúrgica do governo joanino (1808–1822). In: Revista do Arquivo Geral da Cidade de Rio de Janeiro. 2 (2008), S. 42-57

Varela 2007 Varela, Alex Gonçalves: A trajetória do ilustrado Manuel Ferreira da Câmara em sua "fase européia" (1783–1800). In: Tempo. 12, 23 (2007), S. 150-175 (http://dx.doi.org/10.1590/S1413-77042007000200009, abgerufen 24.09.2018)

Varela 2007a Varela, Alex Gonçalves: As viagens científicas realizadas pelo naturalista Martim Francisco Ribeiro de Andrada na Capitania de São Paulo (1800–1805). In: Topoi. 8, 14 (2007), S. 172-205

Varela et al. 2005 Varela, Alex Gonçalves; Lopes, Maria Margaret; Fróes da Fonseca, Maria Rachel: Naturalista e homem público: a trajetória do ilustrado José Conifácio de Andrada e Silva em sua fase portuguesa (1780–1819). In: Anais do Museu Paulista. 13, 1 (2005), S. 207-234

Varela et al. 2004 Varela, Alex Gonçalves; Lopes, Maria Margaret; Fróes da Fonseca, Maria Rachel: As atividades do naturalista José Bonifácio de Andrada e Silva em sua 'fase portuguesa' (1780–1819). In: Historia, Ciências, Saúde. 11, 3 (2004), S. 685-711

Varela/Lopes 2013 Varela, Alex Gonçalves; Lopes, Maria Margaret: A Viagem Mineralógica pela Capitania de São Paulo realizada pelos naturalistas José Bonifácio de Andrada e Silva, e Martim Francisco Ribeiro de Andrada (1820). In: Revista Eletrônica Cadernos de História. 7, 2 (2012), S. 176-207

Varela/Lopes 2007 Varela, Alex Gonçalves; Lopes, Maria Margaret: As atividades científicas do naturalista Martim Francisco Ribeiro de Andrada na capitania de São Paulo (1800–1805). In: História Ciências Saúde-Manguinhos. 14, 3 (2007), S. 947-972

Vassoler 2004 Vassoler, Ivani: The Mexican Mining Bubble that Burst. In: Erickson, Raymond; Font, Mauricio A.; Schwartz, Brian (Hrg.): Alexander von Humboldt. From the Americas to the Cosmos. New York. 2004, S. 427-435

Vega 1995 Vega Viguera, Enrique de la: La singular vida de Tomás de Morla y Pacheco, militar político jerezano. In: Boletín de la Real Academia Sevillana de Buenas Letras: Minervae Baeticae. 23 (1995), S. 159-214

Vega 1989 Vega Viguera, Enrique de la: Militares académicos (1752–1988). In: Boletín de la Real academia Sevillana de Buenas Letras: Minervae Baeticae. 17 (1989), S. 7-89

Verdera 2005 Verdera Franco, Leoncio: La evolución de la artillería en los siglos XVII y XVIII. In: Cámara, Alicia (Hrg.): Los ingenieros militares de la monarquía hispánica en los siglos XVII y XVIII. Madrid. 2005, S. 113-130

Vicente 2008 Vicente Maroto, Maria Isabel: La técnica en la España del setecientos. In: Martínez Ruiz, Enrique; Pazzis Pi Corrales, Magdalena de (Hrg.): Ilustración, ciencia y técnica en el siglo XVIII español. Valencia. 2008, S. 85-110

Villar 2007 Villar Díez, Cristina: El archivo histórico de minas de Almadén y su contribución a la recuperación del patrimonio artístico. In: Jornadas Patrimonio Industrial y la Obra Pública. Gobierno de Aragón. 2007, S. 155-168

Vitar o.D. Vitar, Beatriz: Felipe Bauzá y Rávara. In: Real Academia de la Historia, Diccionario Biográfico electrónico (https://dbe.rah.es/biografias/21081/felipe-bauza-y-ravara, abgerufen am 01.07.2019)

Vitar o.D. a Vitar, Beatriz: Joaquín Ezquerra del Bayo. In: Real Academia de la Historia, Diccionario Biográfico electrónico (https://dbe.rah.es/biografias/9142/joaquin-ezquerra-del-bayo, abgerufen am 01.07.2019)

Vogel 2015 Vogel, Jakob: Reform unter Aufsicht. Wirtschafts- und Sozialgeschichte des deutschen Bergbaus und des Salzwesens in der frühen Industrialisierung. In: Weber, Wolfhard (Hrg.): Salze, Erze und Kohlen. Der Aufbruch in die Moderne im 18. und frühen 19. Jahrhundert (Geschichte des deutschen Bergbaus, Band 2). Münster. 2015, S. 11-110

Vogel 2013 Vogel, Jakob: Aufklärung untertage: Wissenswelten des europäischen Bergbaus im ausgehenden 18. und frühen 19. Jahrhundert. In: Schleiff, Hartmut; Konečný, Peter (Hrg.): Staat, Bergbau und Bergakademie. Montanexperten im 18. und 19. Jahrhundert. Stuttgart. 2013, S. 13-31

Vogel 2008 Vogel, Jakob: Ein schillerndes Kristall. Eine Wissensgeschichte des Salzes zwischen Früher Neuzeit und Moderne. Köln/Weimar/Berlin. 2008

Vogel 2004 Vogel, Jakob: Von der Wissenschafts- zur Wissensgeschichte. Für eine Historisierung der „Wissensgesellschaft". In: Geschichte und Gesellschaft. 30, 4 (2004), S. 639-660

Vogel 1999 Vogel, Jakob: Transfer und nationale Abgrenzung. Ansätze zu einer deutsch-französischen Beziehungsgeschichte im Bergbau des 18. und frühen 19. Jahrhunderts. In: Schöttler, Peter; Veit, Patrice; Werner, Michael (Hrg.): Plurales Deutschland – Allemagne Plurielle. Festschrift für Étienne François – Mélanges Étienne François. Göttingen. 1999, S. 225-236

Voigt 2014 Voigt, Wolfgang: Die „Anfangsgründe zur metallurgischen Chemie" – ein erstes Lehrbuch. In: Voigt, Wolfgang (Hrg.): Christlieb Ehregott Gellert zum 300. Geburtstag. Berlin. 2014, S. 27-49

Vozár 1988 Vozár, Jozef: Európska nepriama amalgamácia a slovenské baníctvo. Bratislava. 1988

Wagenbreth 2015 Wagenbreth, Otfried: Geschichte der Geologie in Deutschland. Nachdruck der Ausgabe von 1999. Berlin/Heidelberg. 2015

Wagenbreth et al. 2012 Wagenbreth, Otfried; Pohl, Norman; Kaden, Herbert; Volkmer, Roland: Die Technische Universität Bergakademie Freiberg und ihre Geschichte. 3. Auflage. Freiberg. 2012

Weber 2019 Weber, Wolfhard: Briefe und Berichte eines Industriespions. Friedrich August Alexander Eversmann in England. Essen. 2019

Weber 2015 Weber, Wolfhard: Erschließen, Gewinnen, Fördern. Bergbautechnik und Montanwissenschaften von den Anfängen bis zur Gründung Technischer Universitäten in Deutschland. In: Weber, Wolfhard (Hrg.): Salze, Erze und Kohlen. Der Aufbruch in die Moderne im 18. und frühen 19. Jahrhundert (Geschichte des deutschen Bergbaus, Band 2). Münster. 2015, S. 217-408

Weber 1981 Weber, Wolfhard: Probleme des Technologietransfers in Europa im 18. Jahrhundert. Reisen und technologischer Wand. In: Troitzsch, Ulrich (Hrg.): Technologischer Wandel im 18. Jahrhundert. Wolfenbüttel. 1981, S. 189-217

Wendt 2016 Wendt, Reinhard: Vom Kolonialismus zur Globalisierung. Europa und die Welt seit 1500. 2. Auflage. Paderborn. 2016

Wendt 2016a Wendt, Helge: Introduction: Competing Scientific Cultures and the Globalization of Knowledge in the Iberian Colonial World. In: Wendt, Helge (Hrg.). The Globalization of Knowledge in the Iberian Colonial World. Berlin. 2016 (Edition Open Access), S. 7-27

Wendt 2016b Wendt, Helge: Coal Mining in Cuba: Knowledge Formation in a Transcolonial Perspective. In: Wendt, Helge (Hrg.). The Globalization of Knowledge in the Iberian Colonial World. Berlin. 2016 (Edition Open Access), S. 261-296

Wengenroth 2017 Wengenroth, Ulrich: Industrialisierung. In: Sommer, Marianne; Müller-Wille, Staffan; Reinhardt, Carsten (Hrg.): Handbuch Wissenschaftsgeschichte. Stuttgart. 2017, S. 294-303

Wenzel 2012 Wenzel, Manfred (Hrg.): Goethe-Handbuch Supplemente, Band 2: Naturwissenschaften. Stuttgart-Weimar. 2012

Weyer 2018 Weyer, Jost: Geschichte der Chemie. 2 Bde (Band 1 – Altertum, Mittelalter, 16. bis 18. Jahrhundert, Band 2 – 19. und 20. Jahrhundert). Berlin/Heidelberg. 2018

Whitaker 1953 Whitaker, Arthur P.: Las misiones mineras de los Elhuyar y la Ilustración. In: Boletin de historia y antiguedades. 40 (1953), S. 312-343

Wisniak 2003 Wisniak, Jaime: Guillaume-François Rouelle. In: Educación Química. 14, 4 (2003), S. 240-248

Wolf 1970 Wolf, Dieter: A. A. Barba : Arte de los Metales. Bespr. Ausg., hrsg. Armando, Alba, Potosí (Bolivien): Potosí 1967. XLVIII + 300 S. m. div. Abb. In: Geologie. 19, 6 (1970), S. 757-758

Woringer 1930 Woringer, August: Hessen-Kasseler und Waldecker in Portugal. In: Nachrichten der Gesellschaft für Familienkunde in Kurhessen und Waldeck. 5, 1 (1930), S. 1-9

Wurzbach 1861 Wurzbach, Constantin von: Haidinger, Karl. In: Biographisches Lexikon des Kaiserthums Oesterreich. 7. Bd. Wien. 1861, S. 206–208.

Zeuske 1995 Zeuske, Michael: Technologietransfer und „bourbonische Reformen": die sächsisch-deutschen Bergbauspezialisten in Spanisch-Amerika. In: Zeuske, Michael; Schröter, Bernd; Ludwig, Jörg (Hrsg.): Sachsen und Lateinamerika. Begegnungen in vier Jahrhunderten. Frankfurt a. M.. 1995, S. 140-163

Zimmermann 2003 Zimmermann, Christian von: Vorwort. In: Zimmermann, Christian von (Hrg.): Wissenschaftliche Reisen, reisende Wissenschaftler: Studien zur Professionalisierung der Reiseformen zwischen 1650 und 1800. Heidelberg. 2003, S. 7-18

Zimmermann 2003a Zimmermann, Christian von: Professionelle und private Blicke auf das eigene Land – Bemerkungen zu Interessen, Beschreibungspraktiken und Grenzen aufgeklärter Inlandsreiseberichte in Spanien (1745–1800). In: Zimmermann, Christian von (Hrg.): Wissenschaftliche Reisen, reisende Wissenschaftler: Studien zur Professionalisierung der Reiseformen zwischen 1650 und 1800. Heidelberg. 2003, S. 103-121

Zsámboki 1983 Zsámboki, László: A selmecbányai akadémia oktatóinak lexikona. 1735–1918. Miskolc. 1983

Zschoke 2012 Zschoke, Klaus: 200 Jahre Freiberger Gastechnik: Ausgewählte Ereignisse. Bonn 2012

7.4 Internetquellen

Académie des sciences Paris (Liste der Mitglieder seit 1666)
http://www.academie-sciences.fr

Accademia delle Scienze Torino (Liste der ehemaligen Mitglieder)
https://www.accademiadellescienze.it/accademia/soci/soci-storici

Berlin-Brandenburgische Akademie der Wissenschaften (Mitgliederliste, historisch)
https://www.bbaw.de/

Deutsches Wörterbuch von Jacob Grimm und Wilhelm Grimm, digitalisierte Fassung im Wörterbuchnetz des Trier Center for Digital Humanities, Version 01/21
https://www.woerterbuchnetz.de/DWB?lemid=G18160

Diccionário Biográfico Español
https://dbe.rah.es

Dicionário da Administração Pública Brasileira, Período colonial (1500–1822)
http://mapa.an.gov.br/index.php/dicionario/administracao-colonial

Edition Humboldt Digital (Chronologie)
https://edition-humboldt.de/chronologie

Escuela técnica superior de ingenieros de minas y energía (Geschichte)
https://www.minasyenergia.upm.es/01-historia.html

Laboratório Nacional de Energia e Geologia (LNEG) (Geschichte)
https://www.lneg.pt/cienciaparatodos/dossiers/geologia_portugal/historial

Portal diplomático (Ministério dos Negócios Estrangeiros de Portugal)
https://www.portaldiplomatico.mne.gov.pt/relacoesbilaterais/paises-geral/titulares/

Professorenkatalog Universidade de Coimbra
https://www.uc.pt/org/historia_ciencia_na_uc/autores

Royal Society (Past fellows)
https://royalsociety.org/

7.5 Bildnachweis

Besucherbuch des Amalgamierwerks Halsbrücke (SBM, 48/210)
15, 16, 17, 24, 30, 31, 32, 38

Besucherbuch der Bergakademie Freiberg (UAF, Y 116)
1, 2, 3, 4, 10, 19, 20, 21, 25, 28, 29, 33, 37, 40, 41, 43, 44, 45, 46, 60

Besucherbuch der Königlichen Bibliothek in Dresden (SLUB, Bibl.Arch.I.A,Vol.19.d)
5, 9

Akte OBA 456 (UAF)
11

Freundschaftsbuch von Traugott Leberecht Hasse (UAF, Y 118)
23

Annett Wulkow Moreira da Silva (Fotos und Grafiken)
6, 7, 8, 12, 13, 14, 18, 22, 26, 27, 34, 35, 36, 39, 42, 47, 50, 53, 54, 55, 56, 57, 58, 59

Diagramme erstellt nach TePaske 2010
48, 49, 51, 52